》叢書・歴史学研究《

加賀藩林野制度の研究

山口隆治 著

法政大学出版局

はじめに

加賀藩林制史は、「近世の林野はいったい誰のものか」という林野制度の素朴な疑問を解明する上で、学生時代から私の関心の対象であった。林野所有問題は、すでに中田薫氏や戒能通孝氏がその著書の中で手がけられて以来、杉本壽氏が『林野所有権の研究』（昭和五一年）の中で東北諸藩（弘前・八戸・盛岡・仙台藩）について、北條浩氏が『近世における林野入会の諸形態』（昭和五四年）の中で富士北面一一ケ村について、西川善介氏が『林野所有の形成と村の構造』（昭和三二年）の中で飛驒・木曾について、福島正夫・塩見俊雄・渡辺洋三氏が『林野入会権の本質と様相』（昭和四一年）の中で飛驒（吉城郡小鷹村）について研究を進められた。にもかかわらず、この問題を研究主題に据えたのは、近世の林野制度が諸藩によって大きく異なっていたため地域的に分類する必要があったこと、研究対象地が地元の旧加賀藩であるため史料調査採訪が容易であったことなどがあった。特に、若林喜三郎氏が『加賀藩農政史の研究・上巻』の「林制」の項の中で、「加賀藩の林制は、もっとも研究の後れている分野の一つで、系統的な研究報告も乏しい」と明記したことは、私をして加賀藩林制史の研究に向けさせた。

加賀藩の研究は『加賀藩史料』をはじめ、『越中史料』『加能古文書』『改作所旧記』『石川県史』『富山県史』「加越能文庫」（金沢市立図書館）、その他石川・富山両県の各郡誌や市町村史の充実により、諸藩の研究中で最も盛んであった。このような恵まれた条件の中で、多くの貴重な研究成果が生まれた。栃内礼次『旧加賀藩田地割制度』（明治四二年）、『加賀藩農政史考』（昭和四年）、若林喜三郎『加賀藩農政史の研究・上巻』（昭和四五年）、『同書・下巻』（昭和四七年）、坂井誠一『加賀藩改作法の研究』（昭和五三年）、蔵並省自『加賀藩政改革史の研究』（昭和四七年）、高瀬保『加賀藩海運史の研究』(昭和五四年)、『加賀藩流通史の研究』(平成二年)、田中喜男『加賀藩における都市の研究』(昭和五三年)、清水隆久『近世北陸農書の研究』(昭和六二年)、牧野隆信『北前船の研究』(平成元年)などがそれで、なかでも『加賀藩農政史の研究・上巻』『同書・下巻』『加賀藩改作法の研究』は、加賀藩の研究を志す者は一読せねばならない書であろう。

加賀藩農政史の研究は豊富な史料に恵まれて早くから研究が進み、特に十村制度は研究し尽くされた観さえ存す。これに対し、林制史の研究は農政史料に比べて林制史料があまりにも乏しく、これまでほとんど進展しなかった。たとえば、御林山の設置年代をみても、慶長年間説・元和元年説・寛文年間説などがあって、通説さえ存在しない。また、山廻役の設置年代をみても、寛文三年説・同五年説・同一二年説などが存し、照合された通説がみられない。しかも、寛文三年説は加賀・越前両国に足軽山廻を置いたもので、百姓山廻(山廻役)が後に置かれたとすることに固執していた。なお、能登国ではこれ以前に山廻役が置かれていたが、彼らの多くは御塩吟味人・御塩懸相見人の製塩役職を兼帯した。さらに、山廻役の兼帯職であった蔭聞役や奥山廻役についても、ほとんど研究がみられなかった。

こうした状況の中で、私は昭和五八年度文部省科学研究費補助金(奨励研究B)の交付を受けて研究を纏め、同六二年に『加賀藩林制史の研究』(法政大学出版局)を発刊した。ただ、これは林制史料があまりに貧困であったため、傍系資料や古老の経験的な事実に頼ったこと、天明三年(一七八三)の「山廻役御用勤方覚帳」の原本が行方不明になっていたこと、農政の根本政策であった改作法および改作体制の整備・維持や元禄六年(一六九三)の「切高御仕法」と林制との関係が十分に究明できなかったこと、林野所有と村の関係が詳細に考察されなかったことなどから、不備を免れないものであった。その後、私はこうした不備を補うため、平成五年度および同一二年度文部省科学研究費補助金(奨励研究B)の交付を受けて研究を纏め、同六年に『白山麓・出作りの研究』(桂書房)、同一〇年に『加賀藩山廻役の研究』(桂書房)、同一二年に『大聖寺藩産業史の研究』(桂書房)を発刊した。この機会に右の著書を一冊に纏めると共に、補正を加えておきたいと思う。なお、史料編の「山廻役御用勤方覚帳」、寛政年間の「礪波郡七木縮之覚」、明暦二年（一六五六）の「郷中山割定書幷山割帳」、延享二年（一七四五）の「礪波郡法林寺村山割帳」などについては、きわめて貧困な加賀藩の林制史料の中にあって、その研究不備を補うために収載した。これは読みやすくするため、句点を付すことにした。

長年の研究で多くの方々から御指導を受け、御助言を賜った。特に、史学へ導いていただいた恩師中田易直先生、学生時代に講義に列した森克巳・竹内理三・橋本克彦・佐々木銀弥の諸先生、林制史の基礎事項を教えていただいた所三男・北條浩の両先生、地元で林制史の教示をいただいた若林喜三郎・高沢祐一・田中善男・川良雄・牧野隆信の諸先生、史料調査の教示をいただいた中島正文・本川幹男・岩田憲二・伊藤常次郎の諸先生、論文の纏めについて御指導をいただいた森安彦・松尾正人・坂田聡の諸先生方をはじめ、地方史研究協議会・中央史学会・北陸史学会・石川郷土史学会・越中史壇会・江沼地方史研究会の会員各位、また史料調査にあたり快く閲覧の機会を与えていただいた関係各位には心より感謝したい。

最後に、出版にあたっては法政大学出版局の平川俊彦・秋田公士両氏に一方ならぬお世話になったことに感謝したい。また、校正については佐藤憲司氏のご苦労をいただいたことを併せて御礼申し上げたい。

二〇〇二年一二月吉日

山口隆治

目次

序章　林制研究史

天正九年（一五八一）八月、前田利家は織田信長から永年の戦功として能登一国を与えられた。また、利家は同一一年（一五八三）豊臣秀吉から加賀国河北・石川両郡を、同一三年（一五八五）越中国射水・礪波・婦負三郡を、文祿四年（一五九五）越中国新川郡を与えられた。次いで、二代利長は慶長五年（一六〇〇）徳川家康から関ケ原合戦の功として加賀国能美・江沼両郡を与えられた。ここに加越能三ケ国に一一九万石余を領有する加賀藩が成立した。その後、三代利常は寛永一六年（一六三九）長子光高（四代）に封を譲り小松に隠居する際、次子利次に富山藩一〇万石を、三男利治に大聖寺藩七万石を分封した。加賀藩は光高の八〇万石と利常の養老領二二万石を合せて一〇二万石となり、以後一四代慶寧《よしやす》まで継続された。加賀藩の表高一〇二万石は明治期まで変化しなかったが、その実高は新田高三三万石余を得て一三五万石余に達していた。加賀国には白山麓一八ケ村（四三〇石余）、能登国には土方《ひじかた》領（二万石余、のち御預所）の天領が存した。ともあれ、加賀藩は藩政期を通じ加越能三ケ国の大半を領有する外様大名として存続した。

加賀藩農政史の研究は史料に恵まれ、早くから多くの歴史家の関心を集め、その根幹をなす改作法および十村制度などは研究し尽くされた観さえある。改作法は三代利常が慶安四年（一六五一）から明暦二年（一六五六）まで実施した農政大改革であり、年貢増徴を主目的とし(1)、農民が商人・町人から金銭・米を借りることを禁止し、必要な金銭を藩が直接貸与すること、一村平均の定免法（豊凶と無関係の税率）を定めること、夫銀と口米（収納米の付加税）の額を定めること、「村御印」を下付すること、十村代官を設置すること（十村制度の確立）、田地割替を制度化することなどを要点としていた。これに対し、加賀藩林制史の研究は、若林喜三郎氏が『加賀藩農政史の研究』の中で「加賀藩の林制は、もっとも研究の後れている分野の一つで、系統的な研究報告も乏しい」と指摘するように[2]、長く加賀藩研究の空白分野となってきた。これは農政に比べて林制史料が少なく、それが山論文書・山売証文などに限定されていたこと、藩財政が米に大きく依存していたことなどから研究対象にならなかったためだろう。加賀藩林制史の研究は加賀藩研究の空白分野を埋めるのみならず、改作法と林制の関係を明確にするに違いない。もっとも、林制は石高を基本に統一的に農民を支配した時代にあって、農政を補助する一面も存し、林制史は農政史と共に研究すべきものだろう。本書では加賀藩および同藩と社会経済的に関係が深かった大聖寺藩・白山麓（天領）を研究対象とした[3]。

加賀藩林制の研究史をみる前に、幕藩のそれを一瞥しておきたい。幕藩の林制研究は林業研究や農政研究の中で多く行われた。主要な著書には白河太郎『帝国林制史』（有隣堂、明治三五年）、『肥後藩林制沿革史稿』（熊本大林区署、大正五年）、『人吉藩林制沿革史』（熊本大林区署、大正一五年）、『土佐藩林制史』（高知営林局、昭和一〇年）、服部希信『林業経済研究』（地球出版、昭和一五年）、徳川宗敬『江戸時代に於ける造林技術の史的研究』（地球出版、昭和二二年）、鳥羽正雄『日本林業史』（雄山閣、昭和二六年）、林野庁『徳川時代に於ける林野制度の大要』（林野共済会、昭和二九年）、『大分県の林業』（大分県、昭和三〇年）、塩谷勉『部分林制度の史的研究』（林野共済会、昭和三四年）、日本学士院『明治前日本林業技術発達史』（日本学術振興会、昭和三四年）、林野庁『日本林業発達史』（林野共済会、昭和三五年）、『日本木炭史』（日本木炭史編纂会、昭和三五年）、狩野亨二『江戸時代の林業思想』（巌南堂、昭和四二年）、『静岡県木材史』（静岡県木材組合連合会、昭和四三年）、『徳島県林業史』（徳島県、昭和四七年）、藤田叔民『近世木材流通史の研究』（新生社、昭和四八年）、杉本壽『林野所有権の研究』（清文堂、昭和五一年）、浅井潤子「御林山における幕府林業政策」（『日本歴史』第三五一号、昭和五二年）、所三男『近世林業史の研究』（吉川弘文館、昭和五五年）、『愛知の林業史』（愛知県、昭和五五年）、『岩手県林業史』（岩手県、昭和五七年）、吉本瑠璃夫『先進林業地帯の史的研究』（玉川大学出版部、昭和五八年）、『秋田県林業史』（秋田県、昭和五九年）、『岐阜県林業史』（岐阜県山林協会、昭和五九年）、『三重県林業史』（三重県、昭和六三年）、『佐賀県林業史』（佐賀県、平成二年）、『鹿児島県林業史』（鹿児島県林業史編纂協議会、平成五年）などが存す。

塩谷勉氏は『部分林制度の史的研究』で飫肥・高鍋・佐土原・鹿児島・熊本・人吉・臼杵・福岡・小倉・久留米・柳川・佐賀・小城・島原・厳原・盛岡・弘前・仙台・秋田・庄内・新庄・会津・中村・二本松・三春・棚倉・水戸・久留里・佐貫・桑名・和歌山・福山・広島・岩国・高知・徳島・高松・今治・宇和島藩などの部分林制度とその推移を究明し、その収益の分収が藩や時代により異なっていたことを明らかにした。氏は江戸前期に成立した部分林が時代思想や社会体制の大変化に堪えて現在まで存続したこと、部分林が木材生産の経済的利益を契機に、進歩的性格の異色政策として江戸中期に諸藩で実施されたこと、林野貢租が比較的低く定められていた中で、部分林が租税同様に高い税率（五公五民）であったこと、農民が部分林により高嶺の花であった針葉樹の利用権を獲得したこと、部分林が林野の生産力を高め、藩財政に貢献し、支配者の商品・貨幣経済への順応を容易にしたこと、分収林が部分林制度に発し、それを基軸に展開したことなどを明らかにした。

杉本壽氏は『林野所有権の研究』で弘前・盛岡・仙台藩を中心とした東北諸藩の林野制度の基礎的分析を行い、十数年に及ぶ長期の研究から土地と毛上物権とが個別であるという異様な所有形態であったことを明らかにした。すなわち、弘前藩では御本山・見継山・仕立見継山・漆仕立山・田山・館山・抱山・野山・試植林・取分林・見守山などの、盛岡藩では御山・御留山・御用囲山・札山・御鷹巣山・水ノ目山・塩木山（鉄山林・銅山林）・御明山・御手山・御救山・御運上山・取分林・御立林・試植林・社寺木林・御預ケ山・山野・居久根林・高ノ目林・植継山などの、仙台藩では居久根山・地付山・御拝領御林・御用木山・渡世山・売分山などの所有権と共に山林職制や林制改革を究明し、盛岡藩の御山守（御山守・御林守・野形守・野守）がすべて官選であったこと、仙台藩の山境が「伊達の無理境」と称し不自然に設定（中腹に山境が存す）されていたこと、盛岡藩が宝暦二年（一七五二）に檜山制度（檜山を御留山に編入）の大改革を実施したこと、売分山分収率が分収者と被分収者の主張によって時に変更したことなどを明らかにした。また、氏は東北地方の林野が明治期以降に官有地・民有地へと移行する過程を、国家・県（中間的行政機関）・人民側三者の立場から観た所有権思想を通して明らかにし、その所有権について「永代地上権はイコール所有権であるから、地上権契約を設定する際には万全の注意を要する」と記す。なお、氏には右書の外、『若越農政経済史研究』（文泉堂、昭和一一年）、『東北山村の聚落構造』（丸善、昭和三二年）、『封建経済構造の崩壊過程』（日本評論社、昭和三三年）、『入会林野の研究』（日本評論社、昭和三五年）、『木地師制度の研究・第一巻』（清文堂、昭和四九年）、『林野所有権の基礎的研究』（清文堂、昭和五一年）、『木地師制度の研究・第二巻』（清文堂、昭和五一年）などが存す。

浅井潤子氏は「御林山における幕府林業政策」で天城御林山における幕府の管理・保護政策を考察し、天城山の天領が約三分の一にすぎなかったこと、林産物の主要品目が飛驒国のように材木でなく、薪炭材とくに御用炭であったこと、伊豆代官が宝暦以降に江川代官の世襲となったこと（飛驒代官は二五名の交代）など、やや独特の林業政策であったことを明らかにした。つまり、氏は幕府の天城御林山での期待が「消費都市江戸の台所炭と江戸城本丸・西丸の御風呂屋御用炭を、地付村の代表として御林守を任命し監督せしめ、細部にわたる林業政策を幕府が施したところに、その特色があった」と記す。[4]また、氏は天城山（狩野山）で永祿七年（一五六四）以前に杉・檜が、江戸初期に槻・松・杉・檜・栢の五木が、明暦二年（一六五六）に槻・松・杉・檜・栢・楠の六木が、天和三年（一六八三）に槻・松・杉・檜・栢・楠・樫の七木が御停止木となり、留木制度が施行されていたことを明らかにした。

所三男氏は『近世林業史の研究』で江戸幕府・松本藩・松代藩・尾張藩（木曾山）などの林業政策を究明し、幕府の林業経営や材木調達方法、松本・松代藩の林業の在り方や農民の林野利用、木曾山の領主的経営や森林資源の消長を明らかにした。氏は木曾山の林業の究明に多くの項を割き、豊臣秀吉が木曾二郡を直轄地にし、木曾代官に支配を委ねたこと、徳川家康が関ケ原戦後に木曾を直轄地にし、木曾氏の旧臣山村良候を代官に任命したこと、家康が木曾谷の各村に木年貢・運材課役などを賦課したこと、木曾山が元和元年（一六一五）に尾張藩領となった頃から過伐が進み、寛永初年に「尽き山」が目立ちはじめたこと、尾張藩が藩財政再建のため寛文の林政改革や享保の林政改革を実施したことなどを明らかにした。寛文改革では木曾山の直轄、材木役所の設置、白木改番所の設置、留山（禁林区）の設定、取り締まりの強化などを、享保改革では禁木（停止木）制の設定（木曾五木）、留山区域の拡大、百姓控林の収公、藩・商人資本による伐木・運材の整備（木曾式伐木・運材法）などを断行した。

藤田叔民氏は『近世木材流通史の研究』で丹波材の産地山方と嵯峨・梅津・桂市場三ケ所の直売争論を、流通過程に存在した筏問屋（運材業者）の役割を含め、その時代的・年代的発展の様相を実証的に分析し、筏荷主（産地材木商人）が、終始、市場の三ケ所材木屋・筏問屋を支配していく立場をつらぬいたことを明らかにした。すなわち、氏は丹波材が享保一九年（一七三四）から寛保二年（一七四二）までの山方五二ケ村の三ケ所市場への進出（直売店設置の闘争）、嵯峨と桂に山方「出店」の設置を獲得していった過程と、明治維新後に山方五二ケ村の旧山方材木商人たちが嵯峨の山方出店をもって合資嵯峨材木会社を設立し、旧三ケ所の材木市場を産地山方によって支配した経過を明らかにした。氏は産地山方商人の林産物流通過程に対する発言権が強く、都市商人資本の産地への進出を阻止したことについて、「三カ所材木屋（商人資本）が弱体であったのに対して、産地の材木業者が、たとえば山国・黒田地域の筏判株商人にみられたように、生産手段たる山林を共有または私有の形で所有していたからではなかろうか」と記す。[5]また、氏は産地と消費地の洛中があまりにも接近していたため、丹波材の集散市場三ケ所を無視し洛中の材木屋と直接取り引きできる有利さが産地材木商人をして流通過程全般を支配させたものの、それが全国的な商品流通に参加することなく、地方市場にとどまったことを指摘した。

林野制度の研究は地割制度・山割制度・入会制度や村落構造の個別研究として行われた。地割制度については内田銀蔵『日本経済史の研究』（同文社、大正一〇年）、石井清吉『新潟縣に於ける地割制度』（新潟縣内務部、昭和四年）、戒能通孝『入会の研究』（日本評論社、昭和一八年）、中田薫『村及び入会の研究』（岩波書店、昭和二四年）、平沢清人

『近世入会慣行の成立と展開』（御茶の水書房、昭和四二年）、牧野信之助『土地及び聚落史上の問題点』（日本資料刊行会、昭和五一年）、青野春水『日本近世割地制史の研究』（雄山閣、昭和五七年）などが、山割制度については上田藤十郎「地割制度研究の発達」（『松山商大論集』第一〇巻第四号、昭和六年）、奥田彧「日本林野割替制度の研究」（『農政と経済』昭和七年）、古島敏雄『近世日本農業の構造』（東京大学出版会、昭和一八年）、古島敏雄『日本農業史』（岩波書店、昭和三一年）、西川善介『林野所有の形成と村の構造』（御茶の水書房、昭和三二年）、高牧実「近世飛騨の入会地分割について」（『日本歴史』第一六四号、昭和三七年）、原田敏丸『近世入会制度解体過程の研究』（塙書房、昭和四四年）などが、入会制度については佐藤百喜『入会権公権論』（常盤書房、昭和八年）、小野武夫『近代村落の研究』（時潮社、昭和九年）、戒能通孝『入会の研究』（日本評論社、昭和一八年）、古島敏雄編『日本林野制度の研究』（東京大学出版会、昭和三〇年）、林野庁刊『林野入会権の本質と様相』（東京大学出版会、昭和三一年）、川島武宜・塩見俊雄・渡辺洋三編『入会権の解体Ⅰ』（岩波書店、昭和三四年）、中尾英俊『林野法の研究』（勁草書房、昭和四〇年）などが、村落構造については中村吉治『村落構造の史的分析』（岩波書店、昭和三一年）、同志社大学人文科学研究所編『林業村落の史的研究』（ミネルヴァ書房、昭和四二年）、岡光夫『村落産業の史的構造』（新生社、昭和四二年）、北條浩『近世における林野入会の諸形態』（御茶の水書房、昭和五四年）などが存す。

古島敏雄氏は『近世日本農業の構造』第二篇第一章「入会採草地利用の封建的特質」で入会地利用の不平等性を考察し、耕地と一体をなした入会採草地が領主権の発動の下にあったこと、農民の階層分化を反映し採草地利用資格に不平等が存したこと、入会地管理の一形態として広く各地で割山が行われていたことなどを明らかにした。その後、氏は『日本農業史』で入会地利用の一形態としての割山（山役負担額差による不平等分割）と入会地が個人持に移行する過渡期としての割山（軒割による平等分割）が存し、これが商品経済が農村に浸透したこと（林産物・農産物の商品化に基づく購入肥料の使用）や入会林野が不足したこと（販売用の薪炭採取、耕地の増加）により発生したことを明らかにした。氏は『近世日本農業の構造』で十分に整理できなかった二種類の割山を区分したものの、その判定の具体的な

基準をどこにおくべきかを十分明確にされたとはいえなかった。(6)

西川善介氏は『林野所有の形成と村の構造』で飛驒や木曾谷の入会林野解体を究明し、山割の大部分が入会林野→永久分割で、近世に個別所有林野へとそのまま移行したことを明らかにした。氏は近世入会林野の分割について山割と永久分割とを区別した上で、入会林野解体過程の問題から後者だけを取り上げ、その個別所有林野への移行を強調し、同時に今日的な民法上の入会権解釈問題が絡みあっていることを指摘した。また、氏は古島氏の「近世中期惣村入会成立説」を批判し、それが近世前期に成立したことと共に、その入会権が「部落構造の本質的契機」(各戸の独立化が促進され、地縁共同体に対する各戸の結合関係が相対的に弱体化されたこと)から分割されたことを指摘した。なお、飛驒や木曾谷では江戸中期から林政改革が実施されたため、領主の掠奪的伐採から計画的伐採に移行したようだ。

高牧実氏は「近世飛驒の入会地分割について」で飛驒一円における入会地分割施行の基本的条件、分割方法(基準)の変遷と村落構造の変動との関連、入会地分割が小農経営に与えた影響などを考察し、旧本百姓層の特権的分割から新本百姓の成長に基づいて正徳・享保期に高割による公平化、享保期以降に農民階層の分化に基づいて高割・面割併用による平等化、地主制が広汎に進展した化政期以降に小作人層維持の必要から面割による平等割が生じたことを明らかにした。氏は飛驒国における村中入会地の分割が「天領化に伴う元祿検地の時に始まり、享保期以降飛驒一円に多くは永久分割として行われ、私有林形成の基盤となった」と記す。(7)

原田敏丸氏は『近世入会制度解体過程の研究』で近江(木之本・甲賀・栗田・小脇・山東など)・信濃・出羽・越後・越前・摂津・播磨・安芸国などの山割制度に関して近世から戦後に及ぶ事例を究明し、山割が近世初期から生じ、同中期から割替を否定した永久山割に変質していくこと、永久山割が入会林野を個人所有林へと解体する過渡期に行われたこと、村が明治維新後に割山を回収できなくなったため、完全な個人の私有地が完了したこと、山割の発生原因が村民各戸の相続または零細防止、荒廃する村中入会林野の毛上を保護育成することにあったこと、不平等割(高割)と平等割(家割)が近世初期から併存されていたことなどを明らかにした。ただ、これは山割事例七五例の大多数を占めた近江国の事例と他地域の事例を一緒に統計したため、地域的相違の激しい入会林野の問題にとってマイナス作用をもたらしたかも知れない。たとえば、入会林野は割山から再び元の入会林野に戻ってしまい、個別所有林への分割と逆の傾向にあった場合が存した。これは諸現象の多い入会林野に関する問題の中で、入会林野解体を山割制度との関係から究明したことを評価すべきだろう。

北條浩氏は『近世における林野入会の諸形態』で主に富士北面に存した東側一一ケ村の入会成立・入会紛争・入会稼ぎ・入会管理などを究明し、一一ケ村入会地の外に村利用地（切替畑・原野）・村所有地・個人所有地などが存したこと、一一ケ村内部・村持地・村々入会・村境または入会境・国境などに関する入会紛争が存したこと、享保期以前の紛争が村と村で争ったものが多かったこと、入会林野が農業生産の展開、農業以外の小商品生産（木材などの原材料、養蚕・製糸・製織などの材料、下駄・笹板などの木製品、炭などの加工品）、商品流通の展開（輸送馬の飼料、輸送用の材料）などに利用されていたこと、自村の者が使用・収益をする村中入会に関する文書がきわめて少なかったこと（規範・費用）を処理できなかったこと、入会の規範がほとんど成文化されなかったこと、名主・庄屋が単独で入会関係などを明らかにした。ただ、氏は研究対象地が絹織物の生産・流通が盛んな地域であったにもかかわらず、史料上の制約と紙数の制限から共同体との関連性および商品生産・農家生活との関連性の部分を割愛したことはいささか問題があろう。氏は村中入会を「村持」「村持林」「村林」などと呼び、「入会」用語が「通常、他村の土地で使用・収益を行うときか、もしくは、数村が同一地域で使用・収益を行う場合に使用された」と記す。(8) なお、氏には明治期以降の林野所有と村落構造に関する研究が多く、『林野入会と村落構造』（渡辺洋三共著、東京大学出版会、昭和五〇年）、『林野入会の史的研究（上）』（御茶の水書房、昭和五二年）、『村と入会の百年史』（御茶の水書房、昭和五三年）、『林野法制の展開と村落共同体』（御茶の水書房、昭和五四年）、『明治国家の林野所有と村落構造』（御茶の水書房、昭和五八年）などの著書が存す。

加賀藩林制史を最も早く研究したのは横田照一氏であった。横田氏は『石川県の山林誌』（石川山林会、明治四四年）第三章第一「旧藩時の林政」の中で、其一「森林の種類及性質」、其二「管理」、其三「保護及繁殖」、其四「利用」などについて考察し、其一で領内の山林が鎌留御林（往古御林）・御林（御仕立林）・百姓持山御林（字附御林）・持林などに区別されたこと、其二で山林が算用場奉行―山奉行―山廻役―山番の系列で管理されたこと、盗伐者を出した村に過怠免「一作一分」の増免を課したこと、其三で七木制度が寛文期（一六六一～七二）に施行されたこと、この制度が享和期（一八〇一～〇三）成果により緩和されたこと、この制度が大聖寺藩で施行されなかったこと、農民の居屋敷地・田畑畦畔に生立する七木も禁木となったこと（垣根七木・畦畔七木）、能美郡の農民が安永期（一七七二～八〇）運上銀三貫五〇〇匁を藩に上納し槻・樫を除く垣根七木・畦畔七木を伐採したこと、この制度が享和期に鎌留林の新設により能登国で廃止されたこと、档《あて》・檜・椹《さわら》・⿰木鼠《ねずこ》・淡竹などの苗木が天明期（一七八一～八八）領内に移入されたこと、早くから苗木が農民に下付されたこと、其四で藩有林が城郭・建築・道路・堤防・橋梁・用水樋などの用材確保および水源涵養を目的に設定されたこと、藩有林の樹木が罹災者に無代または低価で下付されたこと、御用木の枝葉が肝煎預り後に公売されたこと、大聖寺藩で松が春（家作用）・秋（稲架用）二度、農民に無代または安価で下付されたことなどを究明した。これは氏が「金沢藩の山林制度は旧記の徴すへきものなく、今之を審かにするを得すと雖、改革の稍や見るへきは今を去る凡二百二三十年前乃寛文年度にあるが如し」と記すように[9]、明らかな誤りが何点かみられるものの、林制史料の整理が進んでいなかった時代にあって、むしろ加賀藩林制史の黎明となったことを評価すべきだろう。

また、小田吉之丈氏は『加賀藩農政史考』（刀江書院、昭和四年）第六編「林制」の中で、一「山奉行」、二「山廻役と七木の制」、三「山廻役」などについて考察し、鎌留御林が慶長期（一五九六～一六一四）に水源涵養および用材確保を目的に設定されたこと、七木の制が能登国で元和二年（一六一六）に創始されたこと、この制が能登国で塩木を重視した関係から寛大であったこと、盗伐者を出した村に「一作過怠免」を課したこと、七木（禁木）が享和元年（一八〇一）の「山方御仕法」により上方に津出されたこと、七木が文政四年（一八二一）の「郡方御仕法」により十村の「雑津印」をもって手広く津出されたこと、山奉行が慶長期に能登国で創始、その後加賀・越中両国にも設置されたこと、山奉行が能登国で御塩奉行を兼帯したこと、山廻役が寛文三年（一六六三）定役として領内に設置されたこと、山廻役（御扶持人山廻・平山廻）が退職後に「列」となったこと、山廻役が能登国で御塩懸相見人・御塩吟味人を、領内で蔭聞役を兼帯したこと、山廻役が能美郡に設置されなかったことなどを究明した。これは「河合録」「高畠旧記」「真館覚書」などをはじめ、在地史料を多く引用し、山廻役の性格を明確にしたことを評価すべきだろう。

次いで、日置謙氏は『石川県史・第参編』（石川県、昭和四年）第五章第四節「林業」の中で、藩有林・民有林・七木の制・山林の管理・賞罰・大聖寺藩の林政・砂防林などについて考察し、鎌留御林が寛文期に能登国で用材確保および水源涵養を目的に設定されたこと、御林藪が領内で唐竹・矢篦竹の確保を目的に設定されたこと、準藩有林（御林格）の字附御林が能登国に、松山が加賀国に設定されたこと、藩が天和二年（一六八二）金沢城下の町人に月六度を限り松山の落葉搔を許可したこと、七木の制が元和二年（一六一六）能登国で創始されたこと、七木樹種が慶応三年（一八六七）に至り加越能三ケ国で共通となったこと、能登国奥郡に御林山の七木を専門に取り締まった山廻役が二人存したこと、一般の山廻役が能登国に設置されなかったこと、孟宗竹が安永期（一七七二〜八〇）石川郡の村々に植栽されたこと、松奉行（二人）・帳前役（一人）・曲尺巻役（一人）・足軽（四人）が大聖寺藩で山林管理に当たっていたこと、加賀・大聖寺藩が砂防林を熱心に行ったことなどを究明した。これは『加賀藩農政史考』の内容に準じたものが多いものの、砂防植林を明確にしたことを評価すべきだろう。

続いて、武田久雄氏は「徳川時代に於ける林野制度の大要」（『山林彙報』第三二巻第二号、昭和一二年）第一九章「金沢藩の林野制度」の中で、林野の区別・職制および管理保護・造林・利用・保安林・林野の租税・台帳および絵図・狩猟などについて考察し、松山と共に百姓持山・百姓稼山・野山（野毛）が山役を上納する官山であったこと、御林山が手寄り村の委託により管理されていたこと、十村が組毎に御林帳・松山帳・御林絵図を作成し藩に提出したこと、藩が七木の盗伐者に科料または曲事を課したこと、七木の損木が入札により希望者に払い下げられたこと、藩が御林山（黒部奥山・中宮山）から御用材・薪木呂を伐採し宮腰の材木囲場（貯木場）や野々市駅に回送したこと、藩の産物方が農民を用いて御林山・松山に松苗・杉苗を植栽させたこと、罹災者への用材払い下げ（下付）が享和元年（一八〇一）に廃止されたこと、貯用林が村の非常に備え享和元年に能登国で設定されたこと、御鷹場・鷹之巣および狩猟禁止場所が領内に散在していたことなどを究明した。これは百姓山廻と足軽山廻の区別がないこと、百姓持山・百姓稼山・野毛を官山としたことをはじめ疑問がいくつか存するものの、諸藩の林制と比較・考察したことを評価すべきだろう。なお、「金沢藩の林野制度」は諸藩のそれと共に『徳川時代に於ける林野制度の大要』（林野庁、昭和二九年）に纏められた。

さらに、中島正文氏は「黒部奥山と奥山廻り役」（『山岳』第三二号〜第三四号、昭和一三年〜一四年）の中で、奥山の濫觴・奥山の国境・奥山廻役の職制・奥山の盗伐事件・奥山廻役の記録などについて考察し、奥山廻役が慶安元年（一六四八）黒部奥山の国境警備を第一義として設置されたこと、奥山廻役が寛文五年（一六六五）から普通の山廻役に包含されたこと、奥山廻役が元禄期（一六八八〜一七〇三）から上奥山と下奥山に分かれ隔年に巡廻したこと、奥山廻役が普通の山廻役より一段上の地位にあったことなどを究明した。これは氏が「慶安元年奥山廻役が出来、続いて寛文五年加賀藩一般に山廻役の制度が出来たのである」と記すように、誤りが何点かみられるものの、奥山廻役の史料（記録・絵図）所在を明確にしたことを評価すべきだろう。なお、「黒部奥山と奥山廻り役」は『北アルプスの史的研究』（桂書房、昭和六一年）、奥山廻の記録は奥田淳爾編『黒部奥山廻記録・越中資料集成12』（桂書房、平成二年）に刊行された。

第二次世界大戦後、加賀藩林制史の研究は市町村史の刊行と共に盛大となり、新しい発表もみられた。嶋崎丞氏は「加賀藩の林政について」（『九州史学』第六号、昭和三二年）を発表し、林業が他藩（鹿児島・土佐・尾張・南部・秋田藩）に比べ自然条件に恵まれず、藩財政の基本が米経済にあったため、それが商品化の対象にならなかったこと、林政の最大目的が藩営林の確保にあったこと、藩営林が農民の負担により維持管理されたことなどを究明した。広瀬誠氏は

「黒部奥山と加賀藩——その伐採事業をめぐって」(『信濃』一七—一、昭和三九年)を発表し、藩が宝暦九年(一七五九)から他国材木の移入を停止し、黒部奥山の山林資源を伐採して藩用に当てたことを究明した。若林喜三郎氏は『加賀藩農政史の研究・上巻』(吉川弘文館、昭和四五年)第二章第一節「林業の整備」の中で、一「御林山と百姓稼山」、二「七木の縮」、三「山奉行と山廻役」などについて考察し、御林山が能登国で元和元年(一六一五)に設定されたこと、農民が自由に伐出し商品化しうる稼山が存したこと、山廻役の初見が寛文一二年(一六七二)であったことなどを究明した。これは氏が「最近林制に関する地方史料も多少入手したので、ここでは成立期の概要を記すにとどめ、細部は後日にまちたい」と記すように[10]、いまだ完結をみなかったものの、林制が改作体制の一環として寛文期に整備されたと指摘したことを評価すべきだろう。後日、氏は「近世における一作請山慣行について——奥能登寺山村の場合を例として」(『研究紀要』昭和五一年度、徳川林政史研究所)および「加賀藩の御林山と留山——奥能登寺領内留山伐採願を中心として」(『研究紀要』昭和五四年度、徳川林政史研究所)を発表し、一作請山が能登国奥郡で改作法の施行中に慣行されたこと、留山が御林山に対する「特殊の名称」でなく、それと性格が異なっていたことを究明した。

石崎直義氏は「加賀藩の林業政策」(『富山植物友の会々誌』第六号、昭和四六年)を発表し、越中国の七木制度および林制役職を究明した。高瀬保氏は「加賀藩の享保期の津軽・南部・松前交易」(『海事史研究』第一七号、昭和四六年)、「加賀藩初期の飛州北方材調達について——主として越中庄川の場合」(『研究紀要』昭和四七年度、徳川林政史研究所)、「加賀藩林制の成立について」(『研究紀要』昭和五四年度、徳川林政史研究所)などを発表し、藩が享保期(一七一六〜三五)から津軽・南部・松前藩の材木を移入したこと、藩が元禄五年(一六九二)まで飛驒国北方から材木を庄川の川下げにより移入したこと、山銭が越中国で慶長〜寛永期に高倍率で「せり上げ」されたこと、取立山(御林山)・持山林(準藩有林)が越中国で同時期に設定されたこと、山奉行が越中国で寛永一四年(一六三七)に至り山方裁許を命じられたことなどを究明した。なお、「加賀藩林制の成立について」は「越中を中心とした薪木呂」「奥能登の炭・木材の生産と流通」と共に『加賀藩流通史の研究』（桂書房、平成二年）に刊行された。宇佐美孝氏は「白山麓山村における共有林利用慣行と争論」（『研究紀要』昭和五六年度、徳川林政史研究所）を発表し、天明四年（一七八四）頃に所有権が村または個人に存する山林でも地上権が小農民を中心とした村民に保全されたことを究明した。宮沢孝子氏は「鞍骨の御林山について」（『富山史壇』第一二二号、平成九年）を発表し、氷見郡鞍骨の銭山が天正一四年（一五八六）山銭三貫文を藩に上納し成立したこと、鞍骨御林が天正一三年からの二九年間に設定されたこと、鞍骨御林が鎌留御林であったことなどを究明した。高沢裕一氏は『石川県林業史』（石川県山林協会、平成九年）第三編「藩政期の林政と林業」の中で、第一章「近世初頭の林政」、第二章「近世前期の林政」、第三章「近世中・後期の林政」、第四章「農業と林野利用」、第五章「産業振興と林野」、第六章「藩政期の治山治水事業」などについて考察し、御林山が加能両国で寛文期に設定されたこと、質入・見当・年季売・一作売した持山・高付山・立木が天保八年（一八三七）の「高方御仕法」により売主（元村）に無償で戻されたこと、売切・永代卸・又売した持山・立木が元金（無利子）を支払って取り戻されたことなどを究明した。木越隆三氏は「銭屋五兵衛の材木取引と敷金積」（『地方史研究』第二七二号、平成一〇年）を発表し、木屋藤右衛門が津軽藩・南部藩から敷金積法（海難保証金・手付金の提供）により藩の用材を調達したことを究明した。

以上のような加賀藩林制研究史の推移の中で、私自身も、これまで幾篇かの論文を発表してきた。「加賀藩の御林山について」（『えぬのくに』第二一号、昭和五一年）、「加賀藩の七木制度について」（『えぬのくに』第二二号、昭和五二年）、「加賀藩の山廻役について」（『石川郷土史学会々誌』第一〇号、昭和五二年）、「七木制度の緩和策について」（『えぬのくに』第二三号、昭和五三年）、「加賀藩の請山制度について」（『えぬのくに』第二四号、昭和五四年）、「加賀藩の入会山売買について」（『えぬのくに』第二五号、昭和五五年）、「加賀藩の植林政策について」（『石川郷土史学会々誌』第一四号、昭和五六年）、「加賀藩の焼畑について」（『石川郷土史学会々誌』第一七号、昭和五九年）などを発表し、その後『加賀藩林制史の研究』（法政大学出版局、昭和六二年）に纏めた。右の論文において私は、加賀藩の林制が改作法の施行中に農政と共に成立し、その精神「自給自足」に沿って展開したことに焦点をしぼって考察した。具体的には藩が改作法の施行中に藩有林・準藩有林・民有林の区別を明確にし、七木制度の強化や林制役職の整備を行ったことを究明した。ただ、これらは史料不足から十分に解明できなかった。

私は前掲論文の発表以後、従来の研究が比較的手薄であった、改作法と林制役職や林野制度との関係に研究を集中し、これまで幾篇かの論文を発表してきた。「藩政期山村地主の形成について」（『えぬのくに』第三四号、平成元年）、「加賀藩山廻役の階層について」（『石川郷土史学会々誌』第二二号、平成元年）、「加賀藩の山割制度について」（『えぬのくに』第三五号、平成二年）、「加賀藩山廻役の業務について」（『石川県高等学校社会科教育研究紀要』第二三号、平成二年）、「大聖寺藩の地割制度について」（『北陸史学』第四〇号、平成三年）、「加賀藩の奥山廻役について」（『えぬのくに』第三六号、平成三年）、「白山麓の『むつし』について」（『地方史研究』第二三六号、平成四年）、「出作り農民の定住」（『えぬのくに』第三七号、平成四年）、「出作り農民の土地利用」（『えぬのくに』第三八号、平成五年）などを発表し、近年『白山麓・出作りの研究』（桂書房、平成六年）および『加賀藩山廻役の研究』（桂書房、平成一〇年）に纏めた。右の論文において私は、藩が改作体制を維持するため地割と共に山割・「むつし割」「あらし割」などを認め、元祿六年（一六九三）に「切高御仕法」を発令し田畑と共に山林・「むつし」「あらし」などの売買を公認したこと、山廻役が本業務の外に補助業務・兼帯業務（御塩吟味人・御塩懸相見人・奥山廻役・蔭聞役）・代官業務を司ったものの、土木工事を中心とした十村の補助業務が時代と共に多くなったこと、大聖寺藩の林制が加賀藩のそれに比べて不貫徹なものが多かったこと、弱く、地主化（山林地主）する者がいたこと、村肝煎が十村・山廻役などに比べて地主的発展の拘束力が白山麓の農民が山林・「むつし」「あらし」などを一作請けし、季節および永住出作りを行って多くの山村集落（五〜二〇戸）を成立させたことなどを究明した。

本書の主題をなす「加賀藩林野制度の研究」は、第一章「藩有林の設定」、第二章「留木制度の設定」、第三章「民有林の成立」、第四章「植林政策の推進」、第五章「山林役職の整備」の五章からなり、第六章「大聖寺藩の林制」および第七章「白山麓の『むつし』」は加賀藩と社会経済的に関係が深かった大聖寺藩・白山麓の林制で、各章の論考を補うものであった。なお、史料編「山廻役御用勤方覚帳」は原本参照の機会を得たので、『加賀藩林制史の研究』の第二編に続き収載した。

次に、諸先達の研究を踏まえた上で、加賀藩林制史の問題点および研究方法を示す。第一章「藩有林の設定」については、慶長年間説（小田氏）・元和元年説（若林氏）・慶長〜寛永年間説（高瀬氏）・寛文年間説（日置氏・高沢氏）などの御林山の設定説が存するが、これは保安的御林と林業的御林を区別して究明すべきであろう。また、後者は御藪・準藩有林（松山・持山林）と共に改作体制の整備と深くかかわっていたことを考慮すべきであろう。第二章「留木制度の設定」については、諸藩の留木制度と比較した上で、改作法との関係から究明すべきであろう。七木は林産物と共に小田氏が「上品なる材は上方即ち京・大阪に廻漕し、其の他は地方消費を勝手たらしむ」と記すように[11]、制度の成果として他領に津出されたのだろうか。この問題は改作法の精神「自給自足」に基づく藩の林業政策すなわち藩有林・準藩有林の増設、他領材の購入との関係から究明すべきであろう。第三章「民有林の成立」については、入会山の成立過程、請山の形態、地割と山割・「むつし割」「あらし割」の関係、年季売山と永代売山の相違などの問題を改作法との関係から究明すべきであろう。売山の問題は林野が無検地・無税または雑税であったことから、田畑に比べて取扱いが自由であったという見解に縛られず、元禄六年（一六九三）の「切高御仕法」や天保八年（一八三七）の「高方御仕法」によりいかに展開したかも考察すべきであろう。特に、林野所有の問題は土地所有の問題すなわち土地私有権・耕作権・その他の諸見解が対立錯綜しており[12]、農村の諸条件からくる農民の林野所有意識の相違を考慮した上で究明すべきであろう。第四章「植林政策の推進」については、藩有林・準藩有林の植林と民有林のそれを区別した上で、山林・砂防・並木・川土居・荒地植林について樹種・時期・場所・面積・方法などを究明すべきであろう。荒地植林については時代の経済動向が大きく左右しており、その経済の発展過程を十分に考慮した上で考察すべきであろう。第五章「山林役職の整備」については、寛文三年説（小田氏）・寛文五年説（黒部市誌）・寛文一二年説（若林氏）などの山廻役設置説が存するが、これは山廻役が加賀国能美郡および同江沼郡（大聖寺藩）に設置されなかった疑問と共に、改作法の一環たる十村制度の関係から究明すべきであろう。また、その業務・階層・地主化の問題は、十村のそれと比較する中で加越能三ケ国毎に考察すべきであろう。第六章「大聖寺藩の林制」については、林制史料がきわめて少なく、横田照一氏が「大聖寺藩に於ては七木の制なく」と記すような誤解もみられ[13]、加賀藩のそれと対比する中で究明すべきであろう。第七章「白山麓の『むつし』」については、白山麓における焼畑農民の生活形態を考察する中で、「むつし」と「あらし」「そうれ」の相違、「むつし」と出作りの関係、永住出作りと定住の関係などの問題を林野制度の関係から究明すべきであろう。

本書では右の問題を念頭においた上で、加賀藩を中心に大聖寺藩・白山麓の林制を系統的・総合的に研究するが、これは農政と共に改作法の施行中に成立し、その精神に沿って展開したことが予想されよう。なお、本書では作業を進める上で、『日本林制史資料・金沢藩』『加賀藩史料』『越中史料』「加越能文庫」『日本林制史調査資料』をはじめ、市町村史の資料編、在地史料などを駆使して考察したい。

（1）改作法には給人の農民搾取を改革すること（高率年貢負担に堪える農民育成）を主目的としたという定説があった（坂井誠一『加賀藩改作法の研究』清文堂、六頁）。
（2）若林喜三郎『加賀藩農政史の研究・上巻』（吉川弘文館）二七〇頁
（3）富山藩（越中国婦負郡）の林制は本藩に類似していたので、研究の対象外とした（杉本壽『越中国山村・経済構造研究』富山県立図書館、一一七〜一三七頁）。
（4）『日本歴史』第三五一号、一八頁
（5）藤田叔民『近世木材流通史の研究』（新生社）六五五頁
（6）西川善介「入会地分割と村落構造」（『社会学評論』第二巻第六号）五六頁
（7）『日本歴史』第一六七号、五七頁

（8）北條浩『近世における林野入会の諸形態』（御茶の水書房）六頁、三三三頁

（9）横田照一編『石川県の山林誌』（石川山林会）五五頁

（10）前掲『加賀藩農政史の研究・上巻』二八〇〜二八一頁

（11）小田吉之丈『加賀藩農政史考』（刀江書院）五三七〜五三八頁

（12）中田薫氏は村持入会地が一村人民の総有であると解して「村」に入会権の帰属主体を求め、土地国有に反論して「土地私有権説」を主張した（同氏『村及び入会の研究』岩波書店、一六〜四三頁）。戒能通孝氏は「入会権の権利主体を村自体におくよりも、村民の事実的支配関係を中心に、平和時に於ては入会各村民の個人的利益として、入会地に関する問題発生の際には全利益享有者団体の共同的防衛活動として、之を理解する方が正当であると考えられるに至るは当然であろう」と述べ（同氏『入会の研究』日本評論社、二六八〜二六九頁）、入会権の帰属主体について融通性を持った見解から「土地所持権説」を主張した。西川善介氏は「入会権の帰属主体としての生活共同体に関する限り、同氏の主張されるように村の一面としてその機能が理論上分離可能であるのみならず、現実においても行政単位村とは峻別されて、しかも例外的にではなしに、ごく一般的な形で生活共同体が存在したのである」と戒能氏の見解に反論を加え、林野所持権が社会的慣習に基づいたものであったと主張した（西川善介『林野所有の形態と村の構造』御茶の水書房、一九三頁）。

（13）前掲『石川県の山林誌』五八頁。

第一章　藩有林の設定

一　幕府の御林山

近世の林野は領主直轄の「御林山」（留山を含めた保護林）と、寺社の所持する「寺社林」、村が山手米・山地子銭（山銭）を上納して、その村限りの用益を許可された「百姓持山」（百姓林・百姓山）とに大別された。この三種の外、無主の「奥山」（開放林）が存した。これは領主権力の範囲内にあったので、森林資源が後退するにつれて御用材や払い下げ材に伐採された。そればかりでなく、領主は良材の払底が著しくなってくると、この種の山林をはじめ個人持の百姓持山に対しても禁木制を施行し、有用樹種を保存木に指定してその伐採を制限した。今日の村共有林の前身に当たる林野は、百姓持山とこの開放林の一部からなり、百姓持山を個々に分割した山か、個人の所持林として認められた山かのいずれかであった。こうした入会山（郷山・村山・野山・入山・外山）には江戸中期以降、領主の営林事業の対象となるような有用樹種がほとんどみられず、僅かな自家用の「家作木」を残していたものの、その大部分は薪炭材や肥料・飼料の供給源でしかなかった。

近世の林野統制は交通の発達にともない、江戸初期の城下町の建設を中心とする建築土木用材の過大な需要により、また寺社・大名邸宅の造築あるいは火災・水害などの罹災復旧用材の必要から、さらには薪・炭などの燃料材の必要により厳重になった。築城工事についてみると、名古屋城は総材積一〇万石（一石＝一〇立方尺）以上、江戸城は総材積七〇～八〇万石、大坂城は総材積一〇～二〇万石の用材を必要とした(1)。注目したいことは薪・炭などの燃料材が城下町の建築土木用材を量的に上回り、江戸中期に毎年一七〇万俵の炭が江戸に入津されていたことだろう。右の異状現象は山林資源の枯渇を招き、かの熊沢蕃山をして「天下の山林十に八尽く」と慨嘆させた(2)。

こうした情況の中で、江戸幕府は寛文期（一六六一～七二）から荒廃林の復旧施策に本腰を入れ、留山や伐採禁止木（停止木・五木・七木）の制定をはじめ、御林山（領主直轄林）の創設・増設、山林管理および伐木制限の強化、植樹造林の勧奨などの林政改革を実施した。御林山は林業経営を対象とした林業的御林と水源涵養林・風砂防止林などの保安林を対象とした保安的御林に大別されたが、幕府の林業的御林は寛文期から公共土木用材を中心とした御用木の恒久的確保を主目的に設定された。これは幕府領の山林地帯および林業適地に設定されており、御用木の不足は御林山周辺の囲い込みや新規御林山の増設を意味した。延宝六年（一六七八）遠江・駿河両国（静岡県）に立てられた高札には「一、雨宮勘兵衛御代官所遠州豊田郡奥山領山内御留山立木之儀は不及申、枝なり共一切伐採間敷事」とあり(3)、この頃駿河・遠江両国には林業的御林が存した。この高札は元禄一三年（一七〇〇）大和国（奈良県）の山中に、正徳三年（一七一三）信濃国（長野県）の山中にも立てられた(4)。享保六年（一七二一）幕府が飛騨国（岐阜県）の山林を一円御林山に設定し、山方村落に強制的植林を施行させたのは右の傾向を代表するものであった。

幕府領における「御林」の史料的初見は、慶長一八年（一六一三）常陸国（茨城県）信太郡江戸崎の伐木再禁止令であろう。それを次に示す(5)。

條々

一、江戸崎御林ニおいて木を伐事、前々より堅御禁制之処、猥ニ伐採由太以曲事也、自今以後有相違之輩者、彼林近辺之在所為曲事之條、急度相改可申上、則御ほうびを可被下也、若脇々より於申出者、彼山之近所之在々

御料所・私領ニよらず、忽可被処厳科者也、仍執達如件
慶長十八年二月二日

図書助
対馬守
大炊助

江戸崎は中世末に佐竹義宣の所領に属しており、天正一八年（一五九〇）徳川家康が関八州を支配した時に家康領となった。その後、常陸国は徳川頼宣領を経て水戸頼房（家康一一男）領となったものの、頼房はまだ幼少であったため、父家康が事実上の主権者となった。江戸崎御林は城塞防備林を目的として伐木を禁制したもので、その盗伐が相次いだため、老中から取り締まりを警告されたものだろう。つまり、右は水源涵養や風砂防林などの保安的御林（御巣鷹山や地頭林も同列）に属するもので、本来の林業的御林ではなかった。このことは寛永元年（一六二四）越後国能勢権兵衛代官所内に建てられた高札に「一、山林竹木むざと不可伐採、若子細於有之者、奉行人へ相達可受指図事」[6]、同一六年（一六三九）肥前国長崎代官所内に建てられた高札に「一、長崎御代官所に有之竹木、公儀御用之時者、少々づゝきり候而遣可申事」とあることからも理解できるだろう。[7] このように、江戸前期には林業的御林が少なく、保安的御林が圧倒的に多かった。

諸藩の直轄林は、御林山《おはやしやま》（仙台・米沢・会津・白河・新庄・庄内・高田・佐貫・黒羽・前橋・松本・松代・金沢・彦根・津・岡山・篠山・徳島・島原藩）、御山《おやま》（盛岡・宇和島・福岡・小倉・臼杵・熊本藩）、御立《おたて》（建）山《やま》（水戸・福井・鳥取・松江・広島・山口・人吉・佐賀・厳原・鹿児島藩）、御留山《おとめやま》（名古屋・和歌山・高知藩）、御直山《おじきやま》（秋田藩）、御本山《おもとやま》（弘前藩）などと呼称された。[8] 直轄林の木材は主に藩の用材となったが、火災・水害・震災などの災害時には地域住民に有償・無償で払い下げられた。直轄林には山手・下草銭の軽租を課して下草や枯枝の採取を認めたもの、無償で下草類の採取を許したもの（直轄林の保護・育成を委託された村方）、留山（封鎖林）と称して地域住民の立ち入りを許さなかったものがあった。なお、直轄林を地域住民に解放することを明山（明所山・平山）と呼んだ。

幕府の御林山は、貞享二年（一六八五）勘定奉行の下僚に創設された御林奉行（林奉行、四人）と手代（九人）の外、郡代・代官・山廻・山守（林守）・山番らによって管理された。(9) すなわち、その体系は勘定奉行―御林奉行―郡代・代官（手代・地役人）―村役人―山守・山番となった。諸藩では御林奉行を山奉行（御山奉行）と称することが圧倒的に多く、他に山林奉行（仙台藩）・御本方奉行（秋田藩）・筋奉行（彦根藩）・山林方（米沢藩）・御山方（広島・佐賀藩）などとも称した。名古屋・徳島・人吉藩では幕府と同様に御林奉行と称したものの、山林業務を掌る役職を置かず、郡奉行がそれを兼務した藩（水戸・松代・松江・岡山・山口）も存した。(10) 宝暦四年（一七五四）の「御林奉行勤方之儀奉伺候書付」（武蔵・相模・伊豆・遠江・信濃国）によって、御林奉行の主な業務を左に示す。(11)

御林山の伐木管理
御林帳の林木加除訂正
御林山の造林管理
御林縮方の監督

幕府は慶長・正保・寛文期と三回にわたり全国の御林山を精細に調査し、これに基づいて「御林帳」（諸国御林帳・御林個所付帳）を作成した。御林帳には御林山の所在・面積をはじめ、樹種別の立木数・林相および林木伐採状況、木材市場（港津）までの輸送距離などが明細に記帳され、別に「御林絵図」が付帯された。(12) 御林帳の加除訂正は、御林奉行が各地の御林管理者たる郡代・代官・村役人らから提出された報告書に基づき行われた。文政四年（一八二一）の申渡には「植付後両三年も相立候上者、御林帳小苗木之廉へ組込候」とあって、(13) 三年を経た植林苗は御林帳に明記された。幕府の代表的な林業的御林には飛驒国・大和国（吉野）・丹波国（山国郷）をはじめ、武蔵国（大滝山）・相模国（沢山・中原）・伊豆国（天城山）・遠江国（周智・榛原郡、大久保村）・信濃国（鹿塩・大河原山、野熊山、遠山、大島山、丹沢・野沢山）などが存した。(14)

飛驒国は元祿五年（一六九二）に金森領から幕府直轄領となり、享保八年（一七二三）に伊奈代官が国中の山林伐採を一切禁止したことを契機に、同一二年（一七二七）に全山が御林山になった。すなわち、幕府は享保九年（一七二四）の調査で御林山が僅か一三九ケ所にとどまり、その大半が百姓持山同様に進退されていることに驚き、同一二年に厳重な再調査を行い、新たに四四八六ケ所を改め出し、都合四六二五ケ所の御林山を御林帳に登記した。幕府は木材宝庫の木曾山を失って以来（尾張藩に加封）、年々の所要材を補給する上で少なからず出費を招いていたため、木曾山に代わる森林資源の飛驒山林に早くから着目し、時期の到来を待ち望んでいた。木曾山は天正一八年（一五九〇）に豊臣秀吉が、慶長五年（一六〇〇）に徳川家康が確保した後、元和元年（一六一五）に家康が子の義直に譲与して尾張藩領となった。金森氏時代には山林が地頭山（台所木の採出）と百姓持山（板・榑木の採出）に分かれ、この他に家作木願場所が存した。「全山御林山」は名目であって、御林山の実態を備えていたものは僅かに御留山だけにすぎなかった。御留山を除けば、その他の山林については農民の自由伐採が公然と認められており、その大部分を占めていた入会地も入会団体の決定によって自由に分割されて、個人持山に転化されていた。領主は御留山の地盤はもちろんのこと、立木についても直接的支配の形態をとっていたものではなく、運上金の徴収権にとどまっていた。その上で、農民の山林利用、木材の伐出などに強度の統制を加えながら、一方農民の元伐稼をその資本の勢力に従属せしめることによって、そこから莫大な収益を入手できた。それにもかかわらず、そのような領主の統制下で、その権力と絡み合い、あるいは排除しながら、農民が御留山の毛上に対して排他的な権利を行使できた事実は、とりもなおさず入会権の社会的な成熟を示すものであった(15)。

次に幕府の植林についてみよう。慶長一六年（一六一一）の条々には「一、植木指木にさわるへからさる事」（川土居植林(16)）、寛永二〇年（一六四三）の覚書には「一、少々違背の儀在之者には、其身に応じ、日数を相立、為過怠、堤川除又は竹木を植立」（過怠植林(17)）、正保元年（一六四四）の覚書には「京都及び関東の諸代官に令し、務て竹木を山林に植立しむ」（山林植林(18)）、慶安二年（一六四九）の触書には「一、里方は屋敷の廻りに竹木を植」（垣根植林(19)）、貞享元年（一六八四）の覚書には「一、川筋左右之山方木立無之所々、土砂流出之間、従当春、木苗・芝之根を植立」（川土居植林）と記す。[20]今のところ、植林の史料的初見は慶長一六年の川土居植林に関する条々であろう。注目されることは、川土居植林に挿木を行っていたことだろう。これらはおおむね治山治水を目標とした植林であり、前述のごとく、林業経営を目標としたそれは寛文期以降に一般化した。

植林には、山林内に自生する天然苗（杉・檜・松など）を保護撫育して成林とする方法と人工植林により成林とする方法が存した。諸藩では藩費植林の外、公役植林・過怠植林（過料植林）・部分植林・献上植林などを行った。公役植林は貢租の一種「夫役」として植林したもの、過怠植林は盗伐や失火などの犯罪に対して植林したもの、部分植林は藩と植林者が成木後の収益をあらかじめ決めて植林したもの、献上植林は領民（武士を含む）が自費で植林して藩に献上したものであった。人吉藩では文化四年（一八〇七）に野火で御立山の立木を焼失させた農民に過料植林（指杉三〇〇本）を命じていた。[21]また、秋田藩では同九年（一八一二）に野火で御留山の青木を焼失させた農民に過料植林（杉苗三万本）を命じていた。[22]なお、人吉藩では農民に過料植林を命じた上、さらに過料を命じることもあった。松代藩では過料が一貫文・二貫文・三貫文・五貫文・十貫文・十五貫文の六段階に区分されていた。諸藩では藩有林・民有林を問わず山火事防止のため、新規の焼畑や野焼を禁止し、藩有林と焼畑の境界に「火道」または「火除林」（三〜三〇間）を設けていた。島原藩では天明二年（一七八二）に野焼を禁止したものの、害虫の被害が多くなったため、藩に届け出たそれを許可した。[23]所三男氏によれば、飛騨国では延享二年（一七四五）全村に三万四三〇〇本余の植林が発令され、次いで課役的な家別植林も実施された。これは山林の依存度が高い村々（四七ケ村）に義務付けした植林方法で、初め一戸平均二本程度、天保一二年（一八四一）一戸五〇本に増植し、その後一三年間に山方で七九万一三五二本、一村平均一三〇〇本の苗木（檜・椹・杉・黒部・栂・樅・栗など）が植林された。[24]

最後に、御林山の利用についてみよう。飛騨国では御林山が材木・榑木の伐採、白木の製作、家屋用材の下付、土木用材の下付、立木の払い下げ、薪・秣の採取などに利用された。材木は角物（大・中・小、長さ二間以上）・平物（大・中・小、長さ二間以上）・末口物（大・中・小、末口何尺）・板子（大・中・小、長さ六尺）などの総称、榑木は円木を四ツ割（長さ四尺、六尺）・六ツ割（同上）・八ツ割（同上）などにした材の総称で、それぞれ元伐稼により製作された。角物・平物・末口物には檜・欅・栂・樅・松・栗・姫子・桂などを用い、板子には檜・欅・黒部・栂・椴・姫子などを用いた。元伐稼は明和九年（一七七二）阿多野郷三七ケ村と小坂郷一一ケ村の合計四八ケ村に許可されたものの、寛政期に阿多野郷一六ケ村と小坂郷七ケ村の合計二三ケ村が除かれた。村々では毎年一〇月・一一月に材木・榑木の樹種・寸間・員数などを記した帳面を代官所に提出し、勘定所の下知を受けた後、元伐稼を行った。元伐賃・川下賃・海上運賃・出役入用などは諸御入用として幕府より支給された。白木は枌木・割木のまま出荷する材の総称で、根木（御用木の伐採跡）・末木・悪木・風折木・立枯木・根返木・その他（松・樅・姫子・雑木類）などをもって製作した。後述のごとく、白木は江戸前期から飛騨国内だけでなく、美濃・越中（加賀藩）・越前・信濃国などにも販売された。檜・栂・槻・杉・桂・椹・黒部などの白木は寛政二年（一七九〇）に他国出しが禁止されたものの、文化三年（一八〇六）一二月から再び許可された。白木稼は元伐稼のように村を限定しなかったので、多くの村がこれを行った。飛騨国では御林山が御用材（江戸城の普請用材、禁裏御所の造営用材）と共に、御用材以外の松・雑木などを御用薪（直営または請負）にも利用された。同国では農民が用材の伐採を希望した場合、家作用材（松の悪木・栗・椴・姫子・雑木など）や薪炭材を御林山より下付することを認めていた。また、幕府に運上銀を納めた者には立木（損木）の払い下げを認めていた。(25) 農民は川筋の御林山で新規に焼畑をすることを禁止されていたものの、従来からのそれは許可されていた。

二　加賀藩の御林山

加賀藩でも金沢・七尾・小松・大聖寺・富山・高岡城などの新築・修築に多大の用材が必要であり、それは領内だけでなく他国他領（南部・津軽・秋田・大坂・飛騨など）にも求められた。ことに、これは高瀬保氏が「元禄五年、飛騨が天領になるまで、加賀藩から送られた米・塩・四十物の見返りとして、駄送または部分的な川下げによって、飛騨用材がかなり運送された」と記すように、(1) 江戸中期まで飛驒国北方に多く求められた。飛驒国では益田郡の一〇〇ケ村と大野郡の一部（一三ケ村）に属した村を南方、その他の村を北方と呼んだ。南方諸村は主に台所木（領主の生産材）生産に従事したが、北方諸村は商人請負木生産が中心で、宮川流域の木材であれば越中国岩瀬湊まで川下げされた。なお、高山町の白木商人は農民から白木類（材木・榑木・板など）を購入し、越中国の外に信濃・美濃・越前国などにかなり盛大に販売していた。その後、藩は飛驒国の天領化に伴い、用材を津軽・南部・松前藩などに求めるようになった。また、城下町の建設をはじめ、火災・水害などの罹災復旧、薪・炭などの燃料にも過大の用材が必要であった。藩は慶長一八年（一六一三）に城の営繕材（丈材）三〇〇〇本を秋田藩より購入し、元和七年（一六二一）に金沢城の作事材を大坂より購入し、寛永八年（一六三一）に金沢城の修築材（材木数万・末口物数千）を宮腰湊より借用し、同一四年（一六三七）に藩用薪・炭を石川郡の山方在々より購入していた。元和七年の作事材は、大坂から淀川・琵琶湖を経て敦賀に陸送し、海路を経て宮腰湊に運んだ。(2) 藩は用材の補給に堪えうる備林を領内に確保するため、ここに本格的な領主直轄林を設定した。すなわち、藩は領主直轄林を幕府と同様に「御林山」または「御林」と呼称し、改作法の施行中に安保的御林に加えて林業的御林を増設した。諸藩でも早ければ寛永期（一六二四〜四三）、一般的に寛文期（一六六一〜七二）をピークとして領主直轄林を設定した。(3) 加賀藩の御林山について、小田吉之丈氏は次のように記す。(4)

> 加賀藩の御林山即ち鎌止《かまとめ》制度は慶長年間に始まり、其間変遷多きも其の目的は水源地として森林を設置せるあり、防風の目的なるもあり、又風致を目的とせるあり、又古城址及論地なるあり、これ等は何れも鎌止め林にして百姓分の関せざる処なり、中にも御用材を仕立つる目的の「定林」即ち用木山あり、其の他各郷村に亘り設定せられたる（山方のみ）御林山は、主として享和の御仕法以後に於て設けられたるなり、其の目的は村々百姓火災等に罹りし場合之に材木を給与し、且又村々の土木の橋梁等に使用せしむる為め、山地ある村々は其の分に應じ御林山を設置せしめ非常に供へしむ（後略）。

これは加賀藩の御林山というより、能登国のそれについて説明したものであった。小田氏は、御林山が慶長年間に水源涵養・風致・防風および古城址・論地などを鎌止にしたことに始まったと記す（保安的御林）。氏は鎌留御林と御林山を同一視されておられるようだが、これは次のように差異があった。鎌留御林はほとんど変動が見られなかったものの、御林山・御林藪などは出来・退転が存した。前者は広く領主が一時的に行った「留山」と異なり、城跡・山論地などを鎌止めとしたため、半永久的な支配を受けた。後者は財政難の打開策として伐採されたり、また領主のとった植林政策の不備もあって、しばしば変動した。領主は立木の支配を目的に百姓持山（林山）を御林山に指定編入したものの、地盤を支配することはなかった。つまり、領主は立木がすべてなくなった場合、御林山を元村の農民に戻すこともあった。また、日置謙氏は同藩の御林山について次のように記す。[5]

山林中藩有に属するものは御林と称す。能登に在りては寛文中旧七尾城跡・末森城跡及び各村の論地となれるもの等十五ケ所を選びて鎌留御林と称し、雑木の伐採はいうまでもなく、下草・枯枝といえども之を採取するを禁じたるもの即ちその濫觴にして、元祿七年更に新御林を設定するに及び前者を往古御林と呼べり。後また各村数ケ所の民有林を選定して準藩有林とす。宝暦の頃に至り字附御林といふもの是なり。享和元年改めて往古御林の外一ケ所の御林山を存し、その他を百姓稼山とす。加賀に在りては文献の存するも尠く、林制の経過甚だ明らかならず。

右の出典は明らかでないものの、享和元年（一八〇一）の「山方御仕法」に「一、寛文年中以来有来候御林山拾五ケ所ハ不及申、字附御林山分是迄之在姿ニ先指置、伐苅一切指留置可申候」とあることによって、[6]御林山の濫觴を寛文年中とし、能州の鎌留御林を一五ケ所と明記したものだろう。これは寛文年中に能登国に鎌留御林が一五ケ所存したことを記したもので、寛文年中にそれが設定されたことを記したものではない。「山方御仕法」には「一、末森元七尾古城跡幷宿村御林山・一ノ宮御林山・佛木村御林山・福浦村御林山・酒見村御林山・末坂村一青村入会御林山・三引村白浜村入会御林山・大津村御林山・笠師村塩津村入会御林山・豊田町村御林山・中嶋村御林山、〆拾三ケ所分是迄之通鎌留山ニ候間、下草ニ至迄一円手指致間敷事」とあり[7]、鎌留御林は能登国口郡に一三ケ所、同国奥郡に二ケ所存したようだ。

御林山の設定について、小田吉之丈氏は慶長年間、日置謙氏は寛文年間、若林喜三郎氏は元和元年（一六一五）とそれぞれ明記し[8]、かなりの年代的差異が存す。まず、若林氏が根拠とする元和元年に三代利常が能登国に発布した定書を左に示す[9]。

定

一、従能登国中、為商賣他国へ相越候義、如此已前之堅令停止候事

一、従能州、分国中へ商賣相越候材木舟之事、能州於浦々相改、三輪藤兵衛・大井久兵衛切手次第可致出舟、於加州・越中右之材木舟相着候者、其浦之肝煎藤兵衛・久兵衛切手相改取替可申事

一、於七尾城山伐採材木輩於有之者、相改搦捕可指上事

一、用木之山、傍（榜）示定之内不伐採様堅可相改、若猥立入もの就有之者、搦捕可差上事

一、下寄竹大小伐採之儀、堅令停止候、土方分・長九郎左衛門領内より出候分は、可為切手次第事

右申出趣、若相違之儀有之者、両人可為越度候條、被成其意急度可相改者也

元和元年卯月廿六日　判（利常）

三輪藤兵衛

大井久兵衛

右には御林山の名称が見られないものの、城塞防備林として七尾城山の伐木を禁止したこと（三条）、用木確保のため榜示を設けて一定地域の伐木を禁止したこと（四条）などを明記しており、御林山の濫觴を示したものといえるだろう。注目したいことは、保安的御林と共に林業的御林の性格がみられたことだろう。なお、右定書は有力寺社（羽咋郡気多大社・同郡妙成寺・射水郡勝興寺）に建てられた制札の山林伐採を禁止した条項と趣旨を異にしていた。

加賀国の御林

加賀国では慶長一八年（一六一三）三代利常が江沼郡九谷村に禁止木の制札を建てた。[10]

制　札

右於此山松木・栗木以下剪取事、堅令停止訖、若背此旨輩有之者、則可処厳科者也、仍執達如件

慶長十八年二月二日　　　　　　判(利常)

これは特定木（松・栗以下）の伐採を禁じた「留木制度」に近いものの、「此山」（九谷山）と指定しているので御林山の濫觴を示したものといえるだろう。今のところ、「御林」の史料的初見は万治二年（一六五九）の定書であり、「松材木・御林之竹御用之節同断」と記す。[11]この御林は御林山でなく、御林藪（御藪）を示したものであった。同年の「竹藪村々之覚」によれば、御藪の名称はみられないものの、河北郡に六ケ所、石川郡に一一ケ所の御藪が存した。この時、山奉行由比勘兵衛は例年通り一七ケ村から竹巻人足を出すように命じていた。翌年の覚書には「石川郡八幡御林・同ぬか谷御林・同押野御林・同泉野十一屋御林・同野田御林・同瀬領御林・同城力御林・同熊走御林」とあり、石川郡の御藪は前年のものと場所がかなり異なっていた。[12]天和二年（一六八二）の覚書によれば、御藪は河北郡に八ケ所、石川郡に一三ケ所、能美郡に二ケ所（今江・荒木田村）存し、場所が異なっていた。[13]すなわち、加賀国では改作法の施行中に「御林」の名称を使用していたが、それは当時「御藪」を指したものかも知れない。御林山は貞享二年（一六八五）以降、河北郡に小坂・菱池・上山・北袋・市瀬・小竹・田屋、石川郡に日御子・太平寺・粟坂・江津・田井・別所・源兵衛嶋、能美郡に寺井・符津・矢崎・今江・須天・大領中・向本折・安宅・橘・田子島などが存した。[14]

御林山は藩の御用材・薪炭材をはじめ、農民の土木および家作用材（罹災者）などに利用された。万治二年（一六五九）の定書には「一、用水川除入用之材木・在郷道之橋掛置候材木、林之竹木被下候間（中略）、百姓火事ニ逢候者松材木被下候間」とあり、[15]藩は村々に土木用材を、火事罹災者に家屋用材を下付していた。武田久雄氏は享和元年（一八〇一）の「山方御仕法」に「一、前段御林山之内ニ而、百姓作小屋足材木・舟物材木・御田地用水等入用・村方自普

請橋・往還道伏木ニ、以後御払木ニ為願申間敷候」とあることから、土木用材が万治二年より享和元年の間に「下付」から「払下」に改めたと記す[16]。ただ、右の「山方御仕法」は能登国を対象として発令されたもので、加越両国では適用されなかった。つまり、能登国では寛政一二年（一八〇〇）に一村一ヶ所以外の字附御林（準藩有林）を百姓持山に戻したため、政策転換が行われたものだろう。この時、能登国では火事罹災者も原則的に家作用材の下付が禁止された。加越両国では火事罹災者に対し御林山および準藩有林から家作用材を下付したものの、それは年々増加の一途を辿っていた。たとえば、加賀国石川・河北郡では天明二年（一七八二）に松一万五五〇〇本（目廻二尺五寸〜同二尺八寸、長さ二間〜三間）を火事罹災者に下付していた。安政四年（一八五七）の「御用留帳」によれば、石川郡では同年七月に鶴来村の火事罹災材木が御林山に不足したので、松木五三〇本（目廻二尺五寸）のほとんどを日御子村御林を除く、荒屋・井口・小柳・月橋・鶴来・知気寺・曽谷・道法寺・坂尻・四十万・粟田新保村などの村持山から伐採した[17]。この時、立枯・根返・雪折などの損木は入札をもって御林山を管理する村に払い下げられた。

　寛文三年（一六六三）算用場から石川・河北両郡の改作奉行兼山奉行四人に宛《あ》てた定書には「一、石川・河北両御郡松山幷御林之竹木縮之儀、四人江被仰付候條、折々山を廻り無油斷様ニ可申付事」とあり[18]、石川・河北郡には御林山の外に松山が存した。慶安五年（一六五二）の願書には「近年ハ松山ニ成、木・柴もはへ不申ニ付」とあり[19]、松山は改作法の施行中に松が繁茂する松林を準藩有林とし、農民の用益権を制限したものであった。寛文八年（一六六八）の願書にも「一、石川・河北山方在々持山、松林に被為成所に、百姓共かせぎ無御座迷惑仕候」と記す[20]。松山は藩の御用材をはじめ、主に農民の土木および家作用材に利用された。享保六年（一七二一）の「山廻一聞之留帳」によれば、石川郡の山廻役は宝永七年（一七一〇）道橋御用材松二九六本を同郡知気寺・井口・月橋・坂尻・小柳・荒屋・四十万村の松山から、正徳四年（一七一四）宝幢寺の建立材木を石川郡（一二五〇本）・河北郡（八三五本）の山方の松山から伐採していた。また、彼らは宝永七年（一七一〇）御城中・神社・寺院・下御広式および御家中（三五人分、九八本）などの門松を石川郡の松山から採取していた[21]。藩は松山を管理する村に下草刈りと共に松枝下し・蔭伐りなどを認め、藩が松枝の半分を取り、残り半分を枝下しの日用代として農民に与えていた。その後、藩は松枝葉を損松（立枯・根返・曲松など）と共に薪用に伐り、山中に積んで置き、それらが乾いたら入札払いにした。延宝六年（一六七八）の上申書によれば、河北・石川両郡では以前から農民が松山で「こすわさらへ」（松葉掻き）を行っていたが、町人・足軽も「六斎」に限りそれを許可された。天和二年（一六八二）の覚書には、「六斎」が毎月五日・一〇日・一五日・二〇日・二五日・二九日の六ケ日で、この日に石川郡の山廻役が廻り口（湯涌口・小原口・山科ノ上・窪村など）を巡回したと記す。[22]延宝九年（一六八一）の上申書には「一、百姓持山に松木為御植被成候はば、持山御林に罷成、百姓中迷惑可奉存候」とあり、[23]松山は百姓持山の林相優れたものを指定したため、越中国と同様に「持山御林」とも称していた。松山は御林山と同様に地元の村が管理していたため、その不取り締まりは村役人の責任となった。元禄期の「松枝茂候松山村々之覚」によれば、松山は加賀（河北）郡七ケ村と石川郡七ケ村の外に能美郡の今江・符津両村にも置かれていた。[24]

正徳元年（一七一一）には石川郡北袋・上山・小菱池・大菱池四ケ村に御林山が、享保期（一七一六〜三五）には石川郡八幡（一ケ所）・泉野（二ケ所）・泉（一ケ所）・別所（一ケ所）・田井（一ケ所）・太平寺（一ケ所）・日御子（一ケ所）・福富（一ケ所）・江津（一ケ所）村などに御林山が、八幡（二ケ所）・四十万（一ケ所）・額谷（一ケ所）・泉野（二ケ所）・泉（四ケ所）・押野（七ケ所）・八日市（六ケ所）・相越（二ケ所）・熊走（四ケ所）・城力（三ケ所）・瀬領（七ケ所）・駒帰（二ケ所）村などに御藪が、寛政期（一七八九〜一八〇〇）には能美郡寺井（四ケ所）・符津（一ケ所）・矢崎（六ケ所）・今江（五ケ所）・須天（二ケ所）・大領中（一ケ所）・向本折（一ケ所）・安宅（一ケ所）・橘（一ケ所）・田子島（二ケ所）村などに御林山が、今江（一ケ所）・荒木田（一ケ所）村などに御藪が存した。また、寛政期には石川郡の大桑山・円光寺山・米泉山・有松山・山科山・館山・末山・牛坂山・山川山・瀬領山・西市瀬山などと、河北郡の今町山・岸川山・二日市山・太田山・利屋町山・南中条山・北中条山・浅田山・長屋村領山・牧村山などに御留山が存した。[25]御留山は御林山または松山を指すのか明確ではない。

御林山・松山は農民の立ち入りが容易でなく、朽木が発生したため、江戸後期に皆伐りや新開が行われた。特に、能美郡は大聖寺藩に次いで御林山の新開が多く、数千歩の新開地を有する御林山もみられた。藩は朽木・根返り・皆伐りなどの伐採跡を御林山に再生させるため、小松御馬廻を臨時的に山奉行に任命した。能美郡今江村の十村庄蔵は天明元年（一七八一）に須天・今江・符津・矢崎村などに「御林仕立山」を設置することを条件に、松枝下しや下草刈りなどを別宮奉行に願い出て許可された。[26] すなわち、別宮奉行は下人を置き厳重に御林山を取り締まること、松苗を厚い所から薄い所に植え替えすること、田地近く七、八間を御林山から除くこと、御林山の本道・作業道を幅二間程とすること、松枝を願人に下付することなどを庄蔵に許可した。後述するように、御林仕立山の設置は安永五年（一七七六）同郡沢村の十村源次が運上銀三貫五〇〇匁を藩に上納することを条件に、七木伐採を願い出て許可されたことに次ぐ同郡の林制緩和策であった。藩は寛政二年（一七九〇）に十村庄蔵・若杉村八郎兵衛・寺井村孫三郎を「御林仕立主付」に任命し、能美郡の御林山を仕立てさせた。[27] この時、藩は御林山の雑木をすべて伐採すること、御林山内の宮や三昧に堀切をすること、御林山の多い所に「何御林」と小名を付け絵図を作成すること、松大小の員数を調べ帳面に明記すること、御林山に入る者を厳しく監視することなどを仕立法に定めていた。この頃、同郡では荒廃した御林山を再生するため、「御林仕立山」が多く設置されたようだ。なお、御用木の枝葉・末木は明和九年（一七七二）から松山の管理村に伐採代として与えられるようになったが、嘉永六年（一八五三）にはその三歩だけが与えられることに改められた。[28]

越中国の御林

越中国では慶長一九年（一六一四）三代利常が礪波郡井波村に流木の制札を建てた。[29]

庄　川

河な見、なかれ木の奉行不出うちに、若よきを持出候事可為曲言、並井波山松林きり取もの、以来聞届候とも可

成敗者也

慶長十九年八月廿五日　　判（利常）

これも特定山（井波山）の伐採を禁止していた点で、御林山の濫觴を示したものといえるだろう。慶長一四年（一六〇九）二代利長が井波村に建てた流木の制札には右制札の「並井波山松林」以下の文言がなく、御林山は三代利常によって慶長末期に設定されたようだ。藩は元和五年（一六一九）礪波郡小院瀬見村の栗林を、寛永九年（一六三二）新川郡島尻村の竹林を「取立林」に指定し、農民を番人に置いた。(30) 寛文元年（一六六一）篠嶋豊前が算用場に提出した報告書によれば、礪波郡には芹谷野・増山・徳万村・井波・年代村・野尻野・今石動城山・次郎丸村・小院瀬見村・山田野御林、山田野・浅地村・鷹栖村・伊勢領村・上向田村・中保村御藪、西明等三ケ村・東西原村・林道村・野口村・原村・樋瀬戸村・嫁兼村・広谷村・香城寺村・倉ケ原村・新屋村持山林（百姓持山林）が、氷見庄（射水郡）には鞍骨村御林、市ノ宮村・串岡村・黒川村御藪、守山城・長坂村持山林が存した。(31) すなわち、越中国でも改作法の施行中に「御林」の名称を使用し、準藩有林の「持山林」を設定したようだ。このことは、藩が正保四年（一六四七）射水郡で御林・持山林の「木読み」（松木の調査）を実施したことからも理解できるだろう。承応四年（一六五五）の上申書には「御林の内あそ谷ひらと申所者、四十ケ年以前ニくわノいん村ゟさくはいニ仕可申由申候へ共、右三ケ村としてくわノいん村ノ者共言上今ほど彼御林ニ仕置申候」とあり、(32) これは今のところ「御林」の史料的初見であろう。鞍骨村御林は古く「御城山御林」と称し、藩祖利家が越中国に入部した天正一三年（一五八五）から慶長一九年（一六一四）までの間に御林に設定されたものという。

次に、礪波・射水両郡の御林・御藪・持山林を第1表に示す。御林には松・栗・杉・樫・雑木が、御藪には唐竹が、持山林には松・栗・杉・雑木が多く生立していた。御林・持山林は虫喰い・立枯・洪水・拝領などにより退転したので、新たに出来された。御林・持山林の退転・出来は、それらを管理する村（村肝煎）から提出された請書に基づき、最終的に算用場が決定した。この請書には山廻役の奥書と山奉行の署名が必要であった。すなわち、御林・持山林の

第１表　礪波・射水郡の御林・御藪数

年代	御林		御藪		持山林		備考
	礪波	射水	礪波	射水	礪波	射水	
寛文元年（1661）	10	1	6	3	11	2	
元禄８年（1695）	12	1	7	0	10	2	御林２，御藪５退転，持山林28出来
天明２年（1782）	18	4	10	5	42	0	御林５，持山林１退転

「山廻役御用勤方覚帳」により作成.

指定編入には領主と農民間に一種のとりきめがあり、農民側から請書を提出させる形式をとっていた。村は御林山の指定を拒否することができたのであろうか。この問題については今のところ史料を欠き、明確ではないものの、村方の都合によっては嘆願書という形式を踏んで拒否できたのではないだろうか。飛騨国では入会草刈場であった箇所が新たに御留山に指定された場合、農民から他の地域にその代替地を要求することも行われた(33)。元禄八年（一六九五）には礪波郡の徳万・次郎丸御林および同郡の山田野・埴生御藪と氷見庄の市ノ宮・串岡・黒川御藪が退転し、五ケ新村・年代村・大清水村・戸出村・高儀村御林が出来された。また、天明二年（一七八二）には同郡の徳万村・庄金剛寺村・五ケ村御囲跡・高儀村御旅屋跡・大清水村御亭跡御林および安居村持山林が退転した。御林山は退転後に松・杉苗などを植栽して継続されたり、桑畑や新開にされたりした。同郡の御林山は栗林が六ケ所、松林が六ケ所、杉林が一ケ所、松・栗林が三ケ所、松・杉林が二ケ所で、持山林は栗林が七ケ所、松林が三ケ所、杉林が一ケ所、松・杉林が二ケ所であった(34)。なお、新川郡には寛政四年（一七九二）に黒部奥山・常願寺川奥山・立山中山御林の外、宝暦年間（一七五一～六三）黒部谷続きの早月谷・片貝谷・小川谷などに設置された準藩有林「御預山」が九ケ所存した(35)。作事所は宝暦年間以降、新川郡の御林山・御預山からしばしば御用材を伐採した。注目したいことは、元禄八年（一六九五）に礪波・射水両郡で二八ケ所の新持山林が増設されたことだろう。これは「松御林」「松持山林」と呼称されたように松山が多く、天明二年（一七八二）まで継続された。持山林は百姓持山たる村中入会山および村々入会山を御留山に指定したもので、百姓持山との区別は明確でなかった。農民は山役銀を納めて持山林から主に村方の土木用材を、百姓持山から主に家作材・薪材などを伐採した。礪波郡では寛延二年（一七四九）御林・御藪・持山林が山廻役八人の指導の下、「村預り」により管理されていた。同郡鷹栖村では天明二年（一七八二）御藪（三九〇八歩）を農民三一人の持高に応じて分割（最高二五〇歩・最低三〇歩）した上で管理していた。[36] 寛政二年（一七九〇）の上申書によれば、同郡樋瀬戸・広谷・香城寺村では持山林がほとんど雑木であったにもかかわらず、準藩有林に編入されたままであった。同郡では持山林の下刈り（柴草の採取）を「村預り」の農民に認めたものの、御林山のそれを認めなかった。そのため、農民は「蔓払い」と称して御林山に生立する七木苗の周囲だけ下刈りした。[37] 下刈りに参加できる農民は村内に定住して貢租・夫役などを負担する本百姓で、この条件を欠く零細農民はそれを認められなかった。諸藩でも御用木の育成に支障が生じない範囲で、御林山の管理を義務づけた村に下刈りを認めることが多かった。農民は山火事の発生に際し、御林山はもちろんのこと持山林についても周辺の農民と共に消火に当たった。[38] なお、礪波・射水両郡の山廻役は御林・御藪・持山林と共に、寺社の「寄進山」も管理していた。寄進山は寺社領高・拝領屋敷と共に村々から寄進されたもので、以前に百姓持山であった関係上、山銭納入の義務があった。

能登国の御林

能登国では元和元年（一六一五）御林山の濫觴がみられ、寛文期に一五ケ所の鎌留御林が設定されていた。鎌留御林は諸藩の御留山・御囲山・御礼山・不入山などに当たり、城跡および山論地を指定したものであった。藩は元禄七年（一六九四）鎌留御林（往古御林・古来御林）の外に、新に御林山（新御林）を設定し、その後林相が優れた百姓持山を選定して準藩有林「字附御林」を定めた。

文化一一年（一八一四）の「諸産物書上帳」によれば、口郡の御林山総数は一三七八ケ所で、この内「古来御林山」（古来御林・往古御林）が一三ケ所、「元禄七年御林山」（新御林）が九四ケ所存した。残り一二七一ケ所は字附御林であったと考えられるが、これは元禄七年（一六九四）以前に設定された御林山も含むようだ。たとえば、鹿島郡曾禰村には延宝八年（一六八〇）に設定された「地獄谷御林」と元禄七年に設定された「あさばら御林」が存した。[39]正徳二年（一七一二）には奥郡宇出津・飯田村に御林山が、小間生・六郎木・上大沢・二又・谷内・惣領・久手川・宅田・一ノ瀬・七海・谷屋・西安寺・本江・甲・河内・滝ノ町・広国・鳥越・羽根・狼煙・笹波・大谷村に御藪が、享保一三年（一七二八）には羽咋郡宿・一宮・福浦・酒見村と鹿島郡古城・中嶋・豊田・笠師・大津・白浜三引・末坂村に御林山が、同一七年（一七三二）には奥郡に「唐竹御藪」（一八〇ケ所）と「矢篦竹御藪」（一六四ケ所）が、天明二年（一七八二）には羽咋郡荻谷組に「御林山」（五ケ所）、「元禄七年御林山」（一一ケ所）、「唐竹御林藪」（一二ケ所）などが存した。[40]奥郡は口郡に比べ製塩業が盛んで、塩木を多く必要としたため、御林山が少なかったようだ。字附御林の設定時期は明確でないが、それは藩が経済政策の転換を行った宝暦期であったと考えたい。この点、日置謙氏は「宝暦の頃に至り字附御林といふもの是なり」と記すが、当たらずと言えども遠からずであろう。荻谷組では御林山・新御林・字附御林などの規模が小さく、長さ一〇〇間・幅四〇間程のものを除けば、長さ三〇間・幅一〇間程のものが多かった。これらはほとんどが松林であり、外に栗林・松雑木交林・松栗雑木交林・栗雑木交林などがみられた。

能登国四郡の御扶持人十村は寛政一二年（一八〇〇）に連名で「山方御仕法」を願い出て、翌享和元年（一八〇一）に宇出津山奉行から縮方申渡書を請けた。これには御林山・御藪の縮方、往古御林の縮方、一村一ケ所の御林設定、盗伐の規定、七木の伐採規定、寺社境内の竹木規定などを定めていた。つまり、御扶持人十村は年貢米五〇〇石を手上高することを条件に、一村一ケ所以外の字附御林を百姓持山に戻すことを藩に願い出て許可された。そのため、能登国では「山方御仕法」の施行後に御林山が減少したが、これは村方非常時に備えて置かれた「貯用林」によって補充された。[41]貯用林は享和元年に郡奉行・改作奉行から凶作用「村林」の設置提案があって設置された。村林の名称が「貯用林」または「貯用村林」と呼ばれた理由は明確でない。文化二年（一八〇五）に御扶持人十村が提出した「貯用林取捌方仕法」には、貯用林を御林山同様に取り締まること、松枝下し・下草刈りを十村が許可すること、損木を十村が許可することなどを定めていた。[42]なお、加越能三ケ国には天保改革により誕生した「御縮山」（御取揚山・御仕法山）が存した。後述するように、これは藩が町人・寺社から取り上げたもので、その利益は十村が管理して郡方・用水方の費用に当てられた。「山方御仕法」の施行後、御林山・貯用林などの管理は山奉行から郡奉行―十村に移り、七木の伐採は郡奉行の許可を得た上で十村が極印を打って行われた。なお、御藪・宮林などの管理は従来通り山奉行が行った。文化一一年（一八一四）二月、産物方が調査した能登国口郡の御林数・御藪数などを第2表に示す。

第2表　能登国口郡の御林・御藪数

十村組	山方御仕法以前	文化11年（1814）			
	御林山（古来御林，新御林）	御林山	貯用林	唐竹御藪	矢篦竹藪
鵜川	160（2，10）	51	49	11	8
本江	110（1，3）	24	23	7	17
堀松	153（1，6）	39	41	9	36
三階	245（2，15）	50	46	12	7
笠師	201（5，11）	37	31	28	2
高田	145（0，13）	37	34	13	6
鰀目	67（0，19）	20	20	8	14
竹部	149（1，11）	30	33	13	27
酒井	79（0，5）	20	16	10	1
能登部	69（1，1）	14	11	26	6
計	1,378（13，94）	322	304	137	124

『日本林制史資料・金沢藩』により作成.

広大な面積を有した御林山は越中国に多く、特に新川郡の黒部奥山・常願寺奥山・立山中山などが有名であり、礪波郡では井波御林（二三万四〇〇〇歩）・増山御林（一七万七〇〇〇歩）・小院瀬見御林（一万二五〇〇歩）・今石動御城跡御林（二万歩）などが、射水郡では鞍骨御林（不詳）が知られた。また、能登国口郡では古来御林の一つ末森御城跡御林（八万一〇〇〇歩）が知られた。[43] 改作奉行は嘉永元年（一八四八）奥郡十村宛に、村々の野毛・無地・論地・山方平地などを新開地にしたい場合、願い出るよう申し渡した。この触書に応じ、領内の村々から多くの新開願いが十村に出された。安政二年（一八五五）には諸郡の御扶持人十村が改作奉行に対し、村々から御林山の伐採跡・空地および生木地（百姓持山との替地）などの新開願いがあったことを報告した。[44] 礪波郡の新田裁許は同三年に改作奉行に対し、地主が山地を請人・小作人に取られないため新開願いを出していると報告した。領内の山林は幕末期に恒常的に荒廃した。明治二年（一八六九）会計寮が口郡治局に宛てた達書には「能州御林山過半荒果候へとも、稼山迄較候へは良材も無之とも難計候」

とあり[45]、能登国では百姓持山だけでなく、御林山も大変荒廃していた。農民は百姓持山に良材も塩木もほとんどなかったため、それらを村から離れた奥山に求めた。算用場は慶応三年（一八六七）に七木を三州で統一すること、一村一ケ所以外の御林山を百姓持山とすること、普請用材の下付を廃止すること、寺社境内の山林を稼山とすることなどを趣旨とする「山方御仕法」を発令した。加賀藩の林制は藩の統治能力の弱体により大きく緩和され、御林山・準藩有林・百姓持山などの区別がなくなった。

明治政府は明治二年（一八六九）に幕藩領主の直轄林を官有林に編入した。郡治局は同三年（一八七〇）に保安林および百姓持山を除き、御林山を農民・町人・士族・卒族・寺社などの一般人に払い下げた[46]。残った御林山は所有が確証しない山林と共に今日の国有林の基礎をなした。なお、入会山の一部は農民が地租を賦課されることを恐れて所有権を主張しなかったので、官有林に編入された[47]。

一　幕府の御林山

（1）児玉幸多編『体系日本史叢書11・産業史II』（山川出版社）一九九頁
（2）『神道大系21・熊沢蕃山』（神道大系編纂会）一四五頁
（3）『日本財政経済史料・第三巻』（財政経済学会）五四四頁
（4）『右同』五四六～五四八頁
（5）『右同』五四三頁
（6）『右同』五四四頁
（7）『右同』五三七頁
（8）『日本林制史資料』（臨川書店）を参照。
（9）前掲『日本財政経済史料・第四巻』二〇六頁。明和六年（一七六九）には御林奉行見習二人が置かれた。
（10）前掲『日本林制史資料』を参照。
（11）前掲『日本財政経済史料・第四巻』二〇七頁

(12) 御林帳は「料所《りょうしょ》林帳」とも呼ばれ、雪折・風折・根返り・立枯などの損木は朱書された（『地方凡例録・上巻』近藤出版社、一二九頁）。
(13) 前掲『日本財政経済史料・第三巻』五五七頁
(14) 『右同』五五〇頁。伊豆国には幕府の天城御林をはじめ、田中山・小坂・日向・畑毛・縄地・河内・奈古谷・堀之内・相玉御林などがあった。天城御林は江戸中期に御用材から御用薪炭材、特に御用炭材の採取地として利用された。御用炭は、江戸の台所炭や江戸城本丸・西丸の御風呂屋口御用炭となった（浅井潤子「御林山における幕府林業政策」『日本歴史』第三五一号）。
(15) 前掲『林野所有の形態と村の構造』一二六～一六六頁
(16) 『徳川禁令考・前集第五』（創文社）一五一頁
(17) 『御触書寛保集成』（岩波書店）六八六頁
(18) 前掲『日本財政経済史料・第三巻』五三三頁
(19) 前掲『日本財政経済史料・第二巻』九二二頁
(20) 前掲『御触書寛保集成』七〇六頁
(21) 前掲『日本林制史資料・人吉藩』四六八頁
(22) 前掲『日本林制史資料・秋田藩』三八〇頁
(23) 前掲『日本林制史資料・島原藩』四五頁
(24) 所三男『近世林業史の研究』（吉川弘文館）一〇二～一〇三頁
(25) 前掲『日本林制史資料・江戸幕府領』三二八～三三一頁、三三三頁、四三二頁

二 加賀藩の御林山

(1) 高瀬保「加賀藩初期の飛州北方材調達について」（『研究紀要』昭和四七年度、徳川林政史研究所）四三〇頁。飛騨用材では赤板・白板・木具などが駄送・川下げによって移入された（『日本林制史調査資料・金沢藩一一号』徳川林政史研究所蔵）。
(2) 『加賀藩史料・第弐編』（清文堂）一八二頁、四六八頁、六四七頁、八二〇頁
(3) 前掲『体系日本史叢書11・産業史II』二〇一頁
(4) 前掲『加賀藩農政史考』五三八頁

(5)『石川県史・第参編』八六八〜八六九頁。西川善介氏は飛騨国の事例中で「御留山の場合には領主が支配するものは一部の毛上であって、その地盤については毛上の支配を通じて、その限り支配するに過ぎなかったということである」と、また秋田藩の事例中で「御留山において藩が支配したのは、毛上の一部主として青木であって、雑木その他の毛上は農民利用に委ねられていたことである」と記す(前掲『林野所有の形成と村の構造』一四六頁)。後者について、岩崎直人氏は「元来御留山平山は地籍上の名称にして、従って其区域も確定し一旦御留山に編入せらるれば、一時的の事情によりて妄りに解除することなく、文化一二年の調査に依れば、殆ど無立木地に近き箇所も各地に存したるが、尚御留山と称したるも是が為なり」と記す(岩崎直人『秋田杉林の成立並に更新に関する研究』興林会、三三頁)。さらに、戒能通孝氏は「旧時代中多くの山野に対し、領主が直山、留山等の名前を以て、松杉檜等の伐採禁止、水源の保護等を目標として来た箇所に対しても、直山、留山の名義だけを以てしては、必ずしも藩有林、幕有林であったとはおもって居ない」と記す(戒能通孝『入会の研究』日本評論社、四七八頁)。なお、秋田藩では御留山の雑木伐採を認める場合と、それをまったく認めない場合があった(村井英夫『秋田藩林野史研究序説』一二頁)。

(6)前掲『日本林制史資料・金沢藩』三四四頁

(7)『右同』三五二頁。仙台藩でも天和三年(一六八三)頃から論山(山論地)を「新御林」に編入した(前掲『日本林制史資料・仙台藩』六四頁)。

(8)前掲『加賀藩農政史の研究・上巻』二七二〜二七三頁

(9)前掲『加賀藩史料・第弐編』三〇一頁

(10)『右同』一六八頁。松本藩でも、慶長一八年(一六一三)頃に御林が指定されていた(前掲『近世林業史の研究』二五九頁)。

(11)前掲『日本林制史資料・金沢藩』二二二頁。寛永一五年(一六三八)の達書には、「先年上り山ニ罷成候木同山堺之儀、北ハ道切南ハ谷切、今度御吟味之上を以新塚致仰付候條、上り山之内江鶴来村・月橋村之伐者不及申、其外在々より之御山江一切立入申間敷候」と記す(「森田武家文書」石川郡鶴来町本町)。藩は石川郡に存した「上り山」に境塚を定め、鶴来・月橋両村の人々が立ち入ることを禁止した。「上り山」は同年に御留山となっていたが、その後御林山に編入された可能性が強い。

(12)『改作所旧記・上編』(石川県図書館協会)一九頁、三九頁

(13)前掲『改作所旧記・中編』一二頁

(14)『右同』五六頁および前掲『改作所旧記・下編』一四六頁、一八〇頁

(15)前掲『日本林制史資料・金沢藩』二九頁〜三〇頁。石川郡では橋・道などの修復を金沢商人や地元商人が入札をもって行って

いた（前掲「森田武家文書」）。

(16)『徳川時代に於ける林野制度の大要』（林野共済会）三六六〜三六七頁

(17)前掲「森田武家文書」

(18)前掲『日本林制史資料・金沢藩』五九頁

(19)『右同』二三頁

(20)前掲『改作所旧記・上編』一七七頁

(21)前掲「森田武家文書」

(22)前掲『改作所旧記・上編』二二三〜三一二頁

(23)前掲『改作所旧記・中編』二頁

(24)「日暦」（金沢市立図書館蔵）

(25)前掲『日本林制史資料・金沢藩』一九七〜一九八頁。文化一〇年（一八一三）の「廻口村々松山幷御林松木しらへ帳」によれば、御林・松山の松（一尺以上）は石川郡鶴来村に三四〇八本、月橋村に一万一二二六本、小柳村に一万六〇六本、井口村に九六三八本、知気寺村に四五五二本、荒屋村に五四七〇本、日御子村に五五一本の合計四万五四五一本が存した（前掲「森田武家文書」）。年代不詳の「山廻り口之覚」によれば、石川郡には山廻役が七人存し、末村太郎左衛門が八ケ村と牛坂村山、法嶋村太兵衛が一〇ケ村と小原山、大額村久左衛門が八ケ村、木津村市右衛門が七ケ村と坪野村山、高尾村六兵衛が九ケ村、平松村市兵衛が五ケ村と倉嶽山、鶴来村次右衛門が七ケ村と能美郡往還を廻り口としていた（前掲「森田武家文書」）。

(26)前掲『加賀藩史料・第九編』三九八〜三九九頁

(27)前掲『加賀藩史料・第拾編』一四〇〜一四一頁

(28)「七木御格帳」（金沢市立図書館蔵）および前掲「日暦」

(29)『井波町史・下巻』三九頁

(30)『富山県史・通史編III』一三四四頁

(31)「山廻役御用勤方覚帳」（本書史料編所収）

(32)「藤井久征家文書」（氷見市鞍骨）

(33)前掲『林野所有の形態と村の構造』一四〇頁

(34) 前掲「山廻役御用勤方覚帳」
(35) 「七木ニ係ル文書類」(金沢市立図書館蔵)
(36) 前掲「山廻役御用勤方覚帳」
(37) 「礪波郡七木縮之覚」(福光町立図書館蔵)
(38) 前掲『日本林制史資料・金沢藩』三五七頁
(39) 『鹿島町史・資料編』八三二〜八三三頁。藩は宝暦五年(一七五五)御林山・御藪の場所・個数を各村から改所奉行に報告させた(前掲『日本林制史資料・金沢藩』二四七〜二四八頁)。
(40) 前掲『日本林制史資料・金沢藩』二〇〇〜二〇二頁、二二八頁、二三五〜二三七頁、二六八〜二八三頁
(41) 『右同』四一五頁
(42) 『右同』三七七〜三七八頁
(43) 『右同』二八六〜二八七頁
(44) 『右同』五三一〜五三二頁。明治四年(一八七一)の「元官林伐木跡開墾地表」によれば、鳳至郡には一〇五ケ村の官林(二六万八七〇〇歩余)に田開墾予定地一〇〇〇歩と畑開墾予定地一万五六六七歩が存し、珠洲郡には二〇ケ村の官林(一六万七〇〇〇歩余)に田開墾予定地一三〇〇歩と畑開墾予定地六〇〇〇歩が存した(『石川県史料・近世篇5』四四〜五一頁)。
(45) 『右同』六五〇頁
(46) 『右同』六五二頁。次に、加賀藩の御鷹場(御鷹山)について簡単に記す。
加賀国には金沢郊外の粟ケ崎・大豆田・小立野・七ツ屋などに、越中国には礪波・射水両郡の高岡・今石動・東岩瀬などに御鷹場(御鷹山)が存した。御鷹場は野鳥・野禽が棲息する湿地または原野で、そこに「御鷹場札」を建て、藩主および三千石以上の藩士以外の狩猟を禁止した場所であった。これには年中狩猟が禁止されたものと、一定期間(一〇月〜三月)だけ「御留場」としたものがあった。三代利常は慶長年間に「加賀鷹」と称する鷹匠制度を設け、歴代藩主もこれを継承した。藩主の放鷹は初め士分関係の従者だけで百人を越えていたが、六代吉徳はこれを七五人程度に減じた。七代重煕は倹約令に基づき放鷹の廃止を命じたものの、それは「止不申候」の有様であった(前掲『加賀藩史料・第六編』九二〇頁)。一〇代重教は天明六年(一七八六)鷹匠二三人(内九人隼)、鳥見役七人、餌指三人、足軽二二人の士分関係者と十村・村肝煎らを従え、越中国で放鷹を行った(前掲『加賀藩史料・第九編』七八三頁)。御鷹場以外でも懸もち・流しもちは使用が禁止されていた。藩は貞享二年(一

六八五）御鷹場預りの村に「御鷹幷諸鳥殺生」と明記した「見合札」（紙札）を配布し、鷹匠が携帯した鑑札と照合させた。これは元禄八年（一六九五）に木札に改められ、加賀国河北・石川両郡に三三七枚が、越中国に二〇五四枚が発布された（前掲『加賀藩史料・第五巻』三三〜三四頁）。農民は藩主の放鷹に際し馬（鹿毛・栗毛・黒毛の馬）の提供、舟の準備、橋・道路の修理などを行い、鷹巣を探索し雛になるまで番小屋を建て監視した（前掲『改作所旧記・上編』二七五頁）。もっとも、鷹巣がある場所は雛になるまで一時的に留山となった。なお、能登国奥郡には享保一七年（一七三二）一二ケ所の鷹之巣場所（隼の巣）が存した。

(47) 御林山から入会山に至る林野の分布・面積を明示することはできないので、明治八年（一八七五）の『皇国地誌』によって、能美郡徳橋郷の耕地・山林などの面積を第3表に示す（『石川県史資料・近代篇4』二〜一〇五頁）。各村には個人の所有に帰する山林・原野が存し、これに反別未定の林野を加えると、官有林（御林山・一部入会山）との比は二対八ほどになった。明治三〇年の調査によれば、民有林（山林・林・藪・その他）は石川県全体で七万五八〇七町余、官有林（供用林・保安林）は四万七九九五町余で、官有林が大幅に増加していた。郡別内訳をみると、江沼郡は民

第3表　能美郡徳橋郷の耕地・山林分布状況

村名	田面積	畑面積	宅地面積	山林面積	原野面積	官有地面積
鍋谷	38.2町	8.6町	3.8町	354.4町	4反	5反
仏大寺	8.9	2.5	0.8	165.6	0.1	1
鵜川	22.1	5.4	2.3	68.3	0.9	1
立明寺	5.0	1.6	0.2	2.2	0.4	0.4
遊泉寺	8.9	4.8	1.5	78.1	2	0.7
植田	14.3	21.7	2.8	3.9	11	2
古府	57.0	21.0	5.8	0.2	13	5
河田	78.4	29.5	5.3	15.6	6	3
小野	27.3	4.0	2.2		2	2
千代	78.2	21.4	5.0		10	3
能美	27.4	7.1	1.5		0.3	0.5
一針	71.7	13.7	3.8		0.8	1
平面	50.7	5.4	2.5		0.1	1
島田	50.5	6.9	3.2		0.02	0.4
寺畠	5.9	0.9	0.4	9.4	0.6	0.1
和気	48.8	12.3	4.9	93.6	1	3
盲谷	18.5	4.7	1.1	47.3	0.3	1
上八里	28.7	5.0	1.6	19.1	0.3	1
下八里	18.6	5.0	1.5	18.5		1
佐野	74.3	9.4	5.3	10.1		3
牛島	78.4	2.7	2.8		0.5	0.5
末信	35.4	8.2	2.5			0.6
小長野	30.2	1.7	1.9		0.2	0.7
大長野	63.6	3.2	3.5		0.1	1
小杉	34.0	0.6	1.3			0.5
野田	32.9	1.8	2.0		0.05	0.9
長野田	109.2	7.1	4.4		0.8	1
荒屋	16.1	0.6	1.0		0.01	0.3

有林が五一五〇町余、官有林が八七九町余で、能美郡は一万一七九七町余、一万四九〇九町余で、石川郡は七七四八町余、三万一五八五町余で、河北郡は八四九三町余、五七町余で、羽咋郡は一万三六六二町余、一〇〇町余で、鹿島郡は七〇六〇町余、一七三町余で、鳳至郡は一万七九〇四町余、二三二町余で、珠洲郡は三九八八町余、五六町余であった（『石川県史資料・近代篇22』八八〜九〇頁）。

第二章　留木制度の設定

一　七木制度の設定

七木制度は、諸藩が特定木の伐採を禁止した「留木制度」と同類であった。諸藩では早くから用材確保のため藩有林・民有林を問わず一定樹種を指定し、その無断伐採を禁止した。留木（禁止木）は諸藩の地域または時代により区々であり、それは次第に増加した。名古屋藩（木曽）では「五木」と称する檜・椹・槇・明檜・黒部（𪳆《ねずこ》）が、和歌山藩では杉・檜・槻・柏・楠・松が、秋田藩では「青木」（公木）と称する杉・松・檜・赤檜・黒檜および「八木」と称する栗・桂・朴・欅・桐・松・槻・栩《くぬぎ》が、人吉藩では杉・檜・栂・槻・松・桐・樅・桂・桑・椹・槇・椚・朴・樫など二三種が禁止木となっていた(1)。留山制度は留木制度を進めた山林保護策で、一定地域の山林を対象に農民の無断伐採を禁止したものであった。留木制度は諸藩で直轄林に先行して多く実施された。『地方凡例録』には「百姓林たりとも持主の自由に良材を伐て遣ふことならず、若し要用に伐取ときハ願出、差図の上にて伐ることなり」と記す(2)。次に、諸藩の主な留木を『日本林制史資料』から抽出して第4表に示す。

前述のごとく、加賀国江沼郡九谷村では慶長一八年（一六一三）松・栗以下が、越中国礪波郡井波村では慶長一九

第4表　諸藩の留木

藩名	時代	留木名	備考
弘前	元禄12年（1699）	杉・松・檜・椹・桐・槻・槐	他に漆・桑も留木
盛岡	正徳2年（1712）	杉・松・檜・槻・桂・栗	
秋田	享保7年（1722）	杉・松・檜・栗・赤檜	のち朴・槻・桂・桐・栩も留木
庄内	元禄5年（1692）	杉・松・檜・樫・栗・桐・栓・桂	
新庄	正徳3年（1713）	杉・松・檜・槻・桐・栗・桂	他に漆・柏・姫松も留木
米沢	正保3年（1646）	杉・松・槻・栗・朴・漆	他に桑も留木
会津	慶安2年（1649）	杉・松・明檜・槻・漆・桑・樆	他に要七木が存す
仙台	宝暦4年（1754）	檜・槻・桂・桐・榧・槐・朴	
名古屋	宝永5年（1708）	檜・椹・槇・明檜・楓	木曽五木と称す
津	宝永3年（1706）	杉・松・檜・槻・栂・樅・樫	
福井	承応2年（1653）	杉・松・槻・槇・桐	
和歌山	正保2年（1645）	杉・松・檜・槻・柏・楠	（紀州・勢州）
広島	享保11年（1726）	檜・槻・栗・栂・樅・楠	すでに桐・樫も留木
山口	延宝7年（1679）	杉・松・檜・槻・樫・桐・栃・桑	
宇和島	元禄10年（1697）	杉・松・檜・槻・桐・栂・楠	他に椴・栃・黄蘗も留木
徳島	承応2年（1653）	槻・桐・柏・楠・桑・朴・柿	
高知	元禄3年（1690）	杉・檜・榧・槇・桐・楠	他に古来留木・近来留木が存す
福岡	宝暦10年（1760）	杉・檜・槻・樅・楠・柚	
小倉	弘化3年（1846）	杉・松・檜・槻・楠・銀杏	
佐賀	元禄4年（1691）	杉・松・榎・椋・楠	
島原	文政8年（1825）	杉・檜・桐・楠	
鹿児島	正保3年（1646）	杉・松・榧・桐・楠・椨	

留木は『日本林制史資料』収載の比較的古いものを明記した．諸藩では上記の外，柿・梨・梅・椿・櫨・竹なども留木とした．

年（一六一四）松が、同国同郡小院瀬見村では元和五年（一六一九）栗が、同国新川郡嶋尻村では寛永九年（一六三二）松・竹が、能登国七尾城付近では元和元年（一六一五）諸木・竹が禁止木となっていた。能登国では元和二年（一六一六）全域で杉・檜・松・栂・栗・漆・槻の七樹を指定し、百姓持山に生立するものでも自由伐採および売買を禁止した。能登国は製塩および薪・炭生産が盛んで山林が濫伐傾向にあったため、早く七木制度が実施されたようだ。まず、元和二年（一六一六）三代利常が能登国に発布した定書を示す(3)。

定

一、能登国中山々材木之事、杉・檜木・松・栂・栗・うるしの木・けや木等下々為賣買伐採之事堅停止候、当地用所ニおいてハ印判次第ニきらせ申候事

一、右之外雑木分国中にて賣買いたし候事令赦免候、寂前如申出候三輪藤兵衛・大井久兵衛切手を以出シ可申候、自然他国へ指越候ニ付而者相改急度可申事

一、竹大小ニよらす切取候事堅令停止候、用所ニついてハ印判を可遣候事
一、にが竹此方より遣候奉行人令相談きらせ、値程を定可遣之候、但年々切取候竹之内五分一其村百姓ニ可遣之事
一、能州気多社はやしの事、宮廻二町四方令寄進之條傍示を定社家中へ可相渡候、其外之材木此外用所次第印判を可遣候事
右相定候所無異義候ニ可申付候、若猥之義於有之者両人可為越度者也
元和二月七月二日　判（利常）
三輪藤兵衛
大井久兵衛

右は杉・檜・松・栂・栗・漆・槻の七樹を留木に指定しており、これは七木制度の濫觴を示したものだろう。唐竹（淡竹）・苦竹（雌竹）は郡奉行の印判（極印）を受けて伐採することを定めており、これも事実上の留木（七木）であった。なお、苦竹は伐採時に五分の一が地元農民に下付された。右文書には、小田吉之丈氏が「当時未だ七木の文字現われず」と記するように、[4]「七木」の名称がみられなかった。今のところ、七木の史料的初見は寛永四年（一六二七）能登国鳳至郡の「御法度之事」であり、「一、七木之内松・杉・栗・けや木・うるし・桐木・竹、此内壱本茂切申間敷候」と記す。[5] 注目したいことは、元和二年に「用木」を具体化して「七木」（停止木）に定めたことだろう。七木はその後も史料に「御用木」「御用竹木」「御法度之竹木」「御停止之竹木」などの名称で表れた。

加賀国（河北・石川郡）では、寛文三年（一六六三）に松・杉・樫・槻・桐・唐竹を禁止木とした。[6] 寛文八年（一六六八）の覚書には「七木・唐竹之儀先年より之首尾肝煎ニも相尋候得共」とあり、加賀国では寛文八年以前に「七木」の名称が使用されていた。[7] また越中国（礪波・射水郡）では万治元年（一六五八）に「御用木・から竹」と表現されたものが、寛文三年に松・杉・檜・槻・栗・桐（新川郡は松・杉・樫・桐・槻）となった。[8] 寛文九年（一六六九）の定書に

は「御領国中七木幷御林之松木・唐竹等盗申もの有之者」とあり、越中国でも寛文九年以前に「七木」の名称が使用されていた。[9] 礪波・射水両郡と新川郡は七木樹種が常に異なり、加能両国に比べて変動が多かった。たとえば、礪波・射水両郡では享保二年（一七一七）に松・杉・桐・樫・槻（五樹）が、同五年（一七二〇）に松・杉・桐・樫・槻・檜・栗（七樹）が、同一一年（一七二六）に松・杉・桐・樫・槻・檜（六樹）が七木であった。[10] なお、加賀国でも天明六年（一七八六）に石川・河北両郡が松・杉・樫・槻・桐の五木を、能美郡が松・杉・樫・槻・桐・檜・唐竹の七木を指定し、樹種が郡により異なっていた。[11]

ところで、『増訂加能古文書』『輪島市史』は慶喜二年（一六四四）の山林縮に関する御法度書を、慶長二年（一五九七）の誤記として収載した。その一部を次に示す。[12]

御法度立書之御事

一、七木の儀者　不申上ニ及御事

一、唐竹　藪之御事

一、野竹　藪之御事

（中略）

一、薙畑仕候共、草山之雑木ニ而も木込之所いたし申間敷御事

一、炭釜相立申候共、雑木ニ而も御用木ニ罷成申候者伐申間敷御事

一、在々脇之者家作り申時分ハ致吟味、七木少も遣申候者有様ニ村肝煎方ゟ十村かたへ理り可申御事

一、御田地・同畠新開迄も少も荒シ不申候様ニ、村肝煎方ゟ脇百姓堅申付、其上油断仕候者御座候者、有様ニ可申上御事

一、御田地かげニ罷成候七木枝下シ申候者御理可申上御事

一、猟師方ゟ網之浮木ニ桐木遣申候者、如跡々懸御目ニ、御用ニ不立木之分を木主と致相談、売買可仕御事

右之趣私共与中へ堅申付、御掟之通相背候者御聞御見付被成次第急度可被仰付候、其時一儀之子細申上間敷候、
仍後日之書付如件

慶喜弐年正月廿一日　　名舟与　太郎左衛門

嶋田勘右衛門様
小森　又兵衛様
三吉　佐　助　様

右には「十村」「七木」用語がみられるので、慶喜二年を慶長二年と解することにはいささか無理があろう。つまり、従来の通説では十村制度が慶長九年（一六〇四）に、七木制度が元和二年（一六一六）に創始していた。「慶喜」は私年号（偽年号・異年号・逸年号）であり、現在、能登国奥郡（珠洲・鳳至郡）に限って「慶喜二年正月」の年月を有する文書が八点存す。[13]その二点には「申正月」と明記することから、慶喜二年が寛永二一年（一六四四）であることが判明するものの、なぜ能登国奥郡で使用されたのかは明確でない。注目したいことは、算用場の役人や郡奉行が禁止されていた私年号を使用していたことだろう。朝廷は「一年号帝ニワタル例ナシ」とし、寛永二〇年一二月に「正保」と改元した。[14]五代綱紀は寛永二〇年一一月一六日に誕生しており、寛永二〇年一二月を慶喜元年とすると共に、翌年正月だけを祥瑞記念として使用したとも考えられよう。ただ、これは能登国奥郡に限って使用された説明にならず、また所三男氏は慶喜年号の文書が木曾・天竜地方にも三点ほど存したと述べており、いま一度精解なる検討を必要とするだろう。なお、慶喜年号の作成者および伝達は僧侶を中心に行われたが、それを特定することはできない。右の御法度によれば、七木の用語は寛永年間（一六二四〜四三）一般的に使用されていたものの、山廻役はいまだ創設されず、[15]村肝煎が七木縮を行っていた。「薙畑」は焼畑のことであり、能登国奥郡の山間部でも「薙畑」用語が使用されていた。

七木制度は能登国奥郡で創始され、その後能登国口郡および加賀・越中両国でも施行されたものの、七木の種類は

時代や地域によって異なっていた。元禄三年（一六九〇）の津留に関する達書は次のように記す[16]。

津留之内七木他国・他領江出不申御定ニ候、七木とまて有之、木之品無之ニ付御算用場江尋ニ遣候之処、杉・檜・樫・槻・桐・松・栗之由、去共山御奉行衆手前ニ而縮之木者依郡右色々過不足も有之躰ニ候、御算用場ニは御国一統七木之品御定書は無之候間、各江申遣承合候様ニと申来候間、委細は返事可被仰聞候、以上

三月五日　　　　　　　　　　　小左衛門

木保内蔵様

七木は諸郡によって種類が不足したため、加越能三ケ国（御領国）統一の定書は算用場に存在しなかった。第5表のごとく、七木は加越能三ケ国だけでなく、郡によっても樹種が異なっていた。加賀国では元禄一二年（一六九九）に杉・松・樫・槻・桐を「五木」と称し、目廻り八尺以上のものを帳面に記載した。享保一一年（一七二六）には加賀国が杉・松・樫・槻・桐・唐竹の六木、越中国礪波・射水郡が杉・松・樫・槻・桐・檜・栗の七木、同国新川郡が杉・松・樫・槻・桐の五木、能登国が杉・松・樫・槻・桐・栗・竹の七木で、天明六年（一七八六）には加賀国石川・河北郡が杉・松・樫・槻・桐の五木、同国能美郡が杉・松・樫・槻・桐・唐竹の六木、越中国礪波・射水郡が杉・松・樫・槻・桐・檜・栗の七木、同国新川郡が杉・松・樫・槻・桐・檜・栗の七木、能登国が杉・松・樫・槻・桐・栗・栂の七木（郡奉行管轄）で、時代および国郡により異なっていた[17]。なお、宇出津山奉行の管轄区域では唐竹が加わって八木となっていた。それは「一、是迄三州之七木区々ニ付、以来松・杉・槻・樫・檜・栂・唐竹を三州共七木与相定候事」と[18]、慶応三年（一八六七）四月に至って三州共通となった。同時に、藩は御林山をおおむね一村に一ケ所設定し、他を百姓持山・百姓稼山としたため、御林山・松山・字附御林などの区別がなくなった。すなわち、諸郡で異なった林制は、ここに至って一本化された。明治三年（一八七〇）七月、郡治局は七木制度の欠陥すなわち伐採手続きが煩雑であったこと、七木が多く生立する山林を御林山同様に扱ったこと、七木縮が厳重であったことなどを反省し、百姓持山および士族・社寺・農民・町人の垣根七木を自由伐採させた[19]。もっとも、七木制度は幕末期に木材需要の減退

が目立ったこと、混乱期の濫伐による木材の滞貨が著しかったことなどからその機能をほとんど失っていた。

万治元年（一六五八）の触書には「川西在々山方・里方共、持山幷屋敷廻・田畑あせくろ迄の御用木・から竹下ニ而伐採申儀、跡々より堅御法度ニ付而、雑木・小竹ニ而も切手不取伐取不申様」とあり、[20] 七木制度はいよいよ強固となって、屋敷廻および田畑畦畔の七木までも無断伐採が禁止された。すなわち、垣根および畦畔に生立する七木は木数・間数・樹種などが作事所に報告され、農民・頭振は藩用に適さないものについて伐採が許可された。これを垣根七木・畦畔七木と称した。七木の払い下げ・拝領・伐採などの手続きはきわめて煩雑で、伐採までに半年以上の日数を要した。たとえば、農民・頭振は火災・所替・稲架建てなどに際し、十村の切手に郡奉行が裏書したものを山奉行から受け取り七木を拝領した。また、百姓持山の損木払いは山廻役が員数・間尺を書いておき、その価格を見積りの上で許可された。[21] さらに、蔭伐（畔端二間以内の障木を伐採すること）は山廻役が間数・樹種などを記した帳面に十村が判を押し、郡奉行が請書した上で算用場に提出し許可された。[22] 万治二年（一六五九）の達書によれば、松は払い下げ・拝領・伐採（百姓持山）などを問わず、すべて山奉行が極印を打った上で売買された。七木の末木・枝葉はすべて農民に与えられていたが、元祿九年（一六九六）頃からその半分が伐採人足の日用代に充てられた。七木の伐採規格は江戸中期に加賀国が目廻三尺以上、越中国が目廻五尺以上で、目廻四尺六寸以下のものは七木から除かれた。なお、目廻五尺の七木は五間が御用木、残りが末木となった。[23] 山役銀については、延宝元年（一六七三）の達書に「一、山役銀之儀者、此所ニ不限其村領之内或ハ新開或者林を留山ニ被仰付候而も、山役之内引申例無之候間其通可罷成候」とあり、[24] 百姓持山が御林山に設定された後も免除されなかった。

次に三州の七木変遷を第5表に示す。栗は松ほど強い取り締まりを受けず、時々七木から除外された。栗は果実が副食や救荒食となる上に、材が民用や公用の建築・土木材として多く利用されたので、準禁止的な要木として扱われた。能登国の檜について、斎藤晃吉氏は「藩庁の役人によってアテとヒノキが混同され、アテの天然材をもってヒノキ林と見られて禁伐木に入れられたのではなかろうか。あるいは一般的に重要樹種として見られていたヒノキである

第５表　加越能３ケ国の七木

国名	年代	七木名	備考
奥郡	元和２年（1616）	杉・松・檜・槻・栗・栂・漆	
奥郡	寛永４年（1627）	杉・松・槻・栗・桐・漆・唐竹	「七木」の史料的所見
奥郡	慶安５年（1652）	杉・松・檜・槻・栗・桐・栂	
加賀 越中 能登	寛文３年（1663）	杉・松・樫・槻・桐・唐竹 杉・松・檜・槻・栗・桐 杉・松・樫・槻・栗・桐・栂	栗は伐採許可（石川・河北郡） 新川郡は杉・松・樫・槻・桐
加賀 越中 能登	正徳４年（1714）	杉・松・樫・槻・桐・唐竹 杉・松・樫・槻・桐・栂 杉・松・樫・槻・栗・桐・栂	能美郡は杉・松・樫・槻・桐・栂 新川郡は杉・松・樫・槻・桐
加賀 越中 能登	享保５年（1720）	杉・松・樫・槻・桐・唐竹 杉・松・檜・樫・槻・栗・桐 杉・松・樫・槻・栗・桐・栂	 新川郡は杉・松・樫・槻・桐
加賀 越中 能登	寛政２年（1790）	杉・松・樫・槻・桐・唐竹 杉・松・檜・樫・槻・栗・桐 杉・松・樫・槻・栗・桐・栂	能美郡は杉・松・樫・槻・桐・栂 新川郡は杉・松・樫・槻・桐
加賀 越中 能登	文化３年（1806）	杉・松・樫・槻・桐・唐竹 杉・松・檜・槻・栗・桐 杉・松・樫・槻・栗・桐・唐竹	 新川郡は杉・松・樫・槻・桐
加賀 越中 能登	慶応３年（1867）	杉・松・檜・樫・槻・桐・唐竹 杉・松・檜・樫・槻・栂・唐竹 杉・松・檜・樫・槻・栂・唐竹	三州共通の七木となる

前掲『加賀藩史料』『日本林制史資料・金沢藩』「日本林制史調査資料・金沢藩」などにより作成．加賀・越中両国では，栂の代わりに檜・槇を充てた．

から、形式的に禁伐木としていたのであろうか」と疑問視された(25)。能登国奥郡の檜については、現在も輪島市三井町辺で档《あて》・椹《さわら》を「ヒバ」と呼んでいるように(26)、檜に類似する档・椹と混同していた可能性が強い。このことは「木曽檜」で知られる木曽山が檜の純系林でなく、その五〇%が檜に酷似する椹・明檜・槇などであったことからも理解できるだろう。なお、『石川県史』は「能登の各郡に於ける档・ヒバ・ネズコ及び淡竹は、凡そ天明の頃藩外より輸入せられたるなり」と明記するものの(27)、寛文七年（一六六七）の覚書には「一、御用に付、去年あての木・草槇之木之由にて、所々より枝少宛剪上候」とあり(28)、この頃領内には档が若干なりとも生立したものだろう。鳳至郡門前町浦上の泉家には幹周三・九メートル、樹齢四〇〇年の「元祖能登档」が二本生立しているので、档は江戸前期に能登国奥郡に生立していたようだ。「元祖能登档」は奥州藤原秀衡の末裔泉兵右衛門が江戸前期に奥州から苗木を持ち帰ったものという。これには、前田綱紀が殖産興業の一環として津軽から草槇（檜葉）苗を取り寄せ、能登国各郷に配与したという伝説も存す。

二　七木制度の緩和

慶長八年（一六〇三）の定書には「一、材木商売之儀、自今以後当町一所に而可改之事」とあり[1]、二代利長は金沢市中の材木売買改めを泉野新町に一任させていた。このことは、加賀国に農民が自由伐採して商品化しうる百姓稼山が存したことを示すものだろう。また、元和元年（一六一五）の定書には「一、従能州、分国中へ商売相越候材木舟之事、能州於浦々相改、三輪藤兵衛・大井久兵衛切手次第可致出舟、於加州・越中右之材木舟相着候者、其浦之肝煎藤兵衛・久兵衛切手相改取替可申事」とあり[2]、この頃能登国にも百姓稼山が存したようだ。能登国の材木は加越両国に販売されたものの、他領に移出されることはなかった。百姓稼山（渡世山・家業山）は販売用の材木・薪・炭などを生産する山林で、一般の入会山とは性格が異なった。ただ、村々では百姓持山の一部を期間を定めて商人などに伐採させたので、百姓稼山を単に「百姓持山」と呼ぶこともあった。つまり、百姓持山は伐採期間の数年間だけ百姓稼山になる場合があった。藩は改作法の施行中に諸産業を小物成（銀納）として統一的に掌握し、十村が小物成代官を兼帯し郡奉行と共にそれを徴収した。林産物の小物成は山役が圧倒的に多く、炭役・苦竹役・漆役・蠟役・薪役・木呂役・木地役などが続き、藩の収入源として重視された。

加賀藩では五代綱紀の晩年から赤字財源となり、財政整理が歴代藩主の重要な政策課題となった。六代吉徳は大槻朝元を重用すると共に、「古格復帰の仕法」（改作法の復帰）を実施したものの、新開地の引免・収納の改善・農民の生活規則などを行うことにとどまった。一〇代重教は宝暦五年（一七五五）に赤字補填の目的から銀札を発行したものの、たちまち物価が騰貴し財政が逼迫した。これを宝暦の「銀札くずれ」と称した。天明五年（一七八五）には総借

第6表　加越能3ケ国の定小物成

国名	郡名	定小物成	山役	漆役	蠟役	炭役	苦竹役
加賀	能美	39貫364匁	29貫297匁	732匁		432匁	
	石川	30貫877匁56	28貫622匁	313匁	250匁	644匁	
	河北	50貫103匁01	43貫559匁18	335匁	351匁	175匁	
越中	射水	21貫093匁55	15貫780匁		389匁		
	礪波	36貫838匁54	27貫776匁	97匁	255匁	1貫126匁	
	新川	29貫642匁03	14貫348匁	312匁	703匁	1貫250匁	
能登	口郡	53貫886匁40	48貫051匁20	5匁			3貫536匁20
	奥郡	48貫084匁47	41貫257匁	523匁	151匁	1貫602匁	233匁

天明7年（1787）の「加越能小物成帳」（『日本林制史資料・金沢藩』）により作成.

銀高一一万貫匁余・金一八万両余・米三四万四〇〇〇石余となり、貸銀する町人がほとんどなかったという。一一代利脩は安永七年（一七七八）に年寄役村井長穹を「御領国山林産物しらべ方主付」に任命し、藩の利益になる諸産物を調査させた。産物方は林産物（枚木・杪・柴・雑木・萱・炭など）だけでなく、農産物・水産物・工産物なども調査し、貯用銀を支出して産業振興に貸し付けた。加賀藩では藩用の高級材（檜・杉など）を他国他領から購入したため、領内生産のそれが少なかった。産物方は財政難を救うほどの効果を上げないまま、隠居の前田重教が天明五年（一七八五）に実施した「天明の御改法」を機に廃止された。御改法は家中の救済と風紀の粛正を主目的に、三〇年賦の質代返済や新田開発・穏田摘発・年貢増徴などを行ったものの、翌年六月に重教が病死したため、僅か一年弱で終わった[3]。安永一〇年（一七八一）から天明五年（一七八五）までの貯用銀貸付先は織物業が第一位（銀二二五貫八五〇匁・米三〇〇石・銀五〇枚・繰綿四二貫で、林業が第二位（銀一〇四貫六九二匁・金二五両）で、漁業が第三位（銀六七貫匁）で、その他が第四位（銀六四貫二〇〇匁）であった[4]。参考までに、天明六年（一七八六）加越能三ケ国の定小物成（林産物）を第6表に示す。

一二代斉広は「改作法復古」と称し改革を行い、文化一〇年（一八一三）に海保青陵の影響を受けた村井長世（長穹の子）を「産物方主付」に起用した。産物方は株仲間の結成や江戸市場への販路開拓を主眼とする積極姿勢をみせたものの、斉広が行った徳政・借知・年貢増徴・借金などの政策不在の中で窒息した。斉広は改革に不協力だと、文政二年（一八一九）に十村三一人を逮捕し、その内一八人を能登島に流すと共に、改作奉行および十村制度を廃止した。長世は翌年に職を解かれた後、文政元年（一八一八）に改めて「産物方主付」に任命された。産物方は長世が死去した文政一〇年（一八二七）以後も続き、天保改革で廃止された。一三代斉泰は奥村栄実を登用して天保八年（一八三七）から「借財方御仕法」「高方御仕法」などの反動政策を実施し、産物方を押し潰した。また、斉広は文政以来の悪政を非難した寺島蔵人を能登島に流刑し、本多利明の門人上田作之丞が作った政治結社の黒羽織党を弾圧した。その後、産物方は同一四年（一八四三）と文久三年（一八六三）にも設置された。産物方は山方関係についてみれば、植栽業務が中心であった。文政元年（一八一八）には領内各地に「植物方主付」を置き、村々の野毛・荒地・河原などに植苗するように命じた。幕末期には繊維・織物の産業が盛んであったため、桑苗の植栽が目立って多く、漆苗・楮苗・油木苗・竹苗などもかなり植栽された。漆は弘化四年（一八四七）の「漆苗植付仕法」により加越能三ケ国購入代金が貸し付けられたため、翌年までに二四万六〇〇〇本が植栽された。これら植栽はその時代の経済動向をよく反映していた。産物方は領内の産業を大いに推進したものの、藩の自給経済政策の中で、あまり発達しなかった。つまり、商品の生産・流通は幕末期に至っても未熟な段階にあった。なお、元治元年（一八六四）には町・宿などの流通拠点三〇ケ所に産物会所を置き、地域の産物を集めて販売した。

享保一一年（一七二六）算用場から改作奉行に宛てた達書には「御領国中御林山並百姓持山、且又垣根等七木・用水材木等伐り渡候ニ付、近年七木致減少候条」とあり、[5]七木は江戸中期に領内全域でかなり減少していた。能美郡沢村の十村源次は安永四年（一七七五）に年間三貫五〇〇匁の七木運上銀を上納することを条件に、百姓持山・田畑畦畔・野毛・河原などの七木伐採を郡奉行に願い出て許可された。[6]この時、百姓持山・垣根廻・田畑畦畔などの七木管理は別宮奉行の手を離れて郡奉行に移った。なお、樫・槻の大木分は従来通りに扱われた。十村源次は七木伐採の手続きが煩雑であること、別宮奉行所の与力や足軽山廻が賄賂強請など不正を働いたことなどを嘆き、郡奉行に口上書を提出したという。[7]新川郡でも寛政六年（一七九四）に銀七〇枚と山役銀一四貫三〇〇匁を藩に上納して七木を伐採した。銀七〇枚（三貫一〇匁）は天正寺組（一四五匁）・長江跡組（一四一匁）・黒崎先組（一七三匁）・石割組（一五〇匁)・新堀組(一三〇匁)・神田組(一五〇匁)・嶋尻跡組(一六〇匁)・石仏組(一五六匁)・黒寄組(一六四匁)・浮田先組(一七八匁)・山田組(一五七匁)・舟見組(一一四匁)・沼保元組(一八二匁)・生地組(四三匁)などで割符されていた。同年の「七木しらべ帳」には「礪波郡之内七木役銀指上伐取申度旨先達而奉願御聞届被下候ニ付」とあり、(8)礪波郡でも同年に七木運上銀を藩に上納して七木を伐採した。寛政年中(一七八九~一八〇〇)射水郡でも新川郡に倣って七木伐採の願書を藩に提出したが、(9)これが藩に受け入れられたかは定かでない。明治元年(一八六八)の「旧領地租税録」には加賀国の七木運上銭三五五貫文、越中国の七木運上銭三〇一貫文を記し、(10)その後も加賀・越中両国の各郡では七木伐採の願書が藩に提出されていた。

寛政四年(一七九二)の覚書によれば、郡方使用の松は算用場が許可した上、山廻役が極印を、足軽山廻が出極印を打って渡した。作事所使用の松は作事所が極印を、宮林・垣根廻の松は郡奉行が極印を打って渡した。極印には「出極印」「小極印」「里山廻極印」の三種があった。「出極印」は宝暦元年(一七五一)に算用場から足軽山廻に渡されたもので、同九年から松に打ち、「全」の文字が彫られていた。「小極印」は万治二年(一六五九)に算用場から足軽山廻に渡されたもので、享保一一年(一七二六)からこの名称となり、「イヨクリマテ」および「正」の文字が彫られていた。「里山廻極印」は寛文三年(一六六三)に郡奉行から山廻役に渡されたもので、村名または山廻名の文字が彫られていた。(11)藩は百姓持山・垣根廻・田畑畦畔などの七木を御用で伐採した場合、村方に代銀を支払わず、明和九年(一七七二)から末木・枝葉を村方に与えた。ただ、農民・頭振は藩が江戸後期に百姓持山・垣根廻・田畑畦畔などの七木だけでなく、間尺以上の雑木も自由伐採を禁止したため、年貢未納時に垣根廻・田畑畦畔などの七木を密々に伐採して売った。なお、寛政期(一七八九~一八〇〇)の覚書には「一、十村・新田裁許・山廻居垣根之分伐取自分ニ用木仕候分ハ、御極印打申ニ不及」とあり、(12)十村・新田裁許・山廻役は垣根廻の七木伐採時に極印を受ける必要がなかった。

能登国では享和元年(一八〇一)七月に「山方御仕法」が改定され、百姓持山および垣根廻・田畑畦畔の七木・唐竹が「津出」されることになった。これには七木・唐竹の肩に割印を押す十村の極印が必要であった。翌享和二年二月に郡奉行両人が能登国の十村・新田裁許・山廻役宛に確認した「山方御仕法」の一部を左に示す。(13)

能州四郡七木御縮方御仕法替、去ル酉年（享和元年）被仰渡候ニ付、都而七木極印組付十村ゟ打渡候筈ニ候間、自今別紙草案之通相調、十村江相達極印請取扱可申候、唐竹他村江持運候砌ハ送り手形出申筈ニ候、且又七木津出之砌も右同様ニ積届所江送り手形出申筈ニ候事、右之趣可得其意候、以上

壬戌二月廿二日

（能登郡奉行）高田　弥左衛門
（同）神保縫殿右衛門

能州四郡
山廻・新田才許・無役御扶持人中

右の七木・唐竹は能登国から加賀・越中両国に限って津出されたもので、いわゆる「領内留り」であった。小田吉之丈氏は「山方御仕法」(14)の改定により「上品なる材は上方即ち京・大阪に廻漕し、其の他は地方消費を勝手たらしむ」ことになったという。これは文政四年（一八二一）に「御郡方仕法」が改定され、能登国から七木・唐竹・炭・板・垂木・木小羽などの林産物が津出された時も同様であった。(15)この時、山廻役は無極印（無雑津印）の七木を取り上げた後、見咎人に半分を与えた。また、これは天保改革で炭・薪・材木・竹などの移出無口銭の規定を改め、それらに百分の一の口銭を課した後、天保一〇年（一八三九）の改作方復元潤色となった。後述するように、天保改革は借金に苦しむ武士・町人・農民らの債務を整理した「借財方御仕法」と、享和二年（一八〇二）以後の寺社・町人らの取高（買った田畑）を藩が取り上げた「高方御仕法」を実施した。つまり、天保改革は米穀中心の改作法への復帰を目的としたため、農村商業・株仲間解散などの産業政策を否定することになった。加賀藩でも江戸後期に至って掠奪的伐採から計画的伐採への移行がみられたものの、植林政策の不備から十分なものとはならなかった。嘉永二年（一八四九）の「浦方御定」にも「能州浦々幷越中氷見庄等浦方ゟ村々持藪竹、船積を以御国賣竹之趣ニ而他国江積廻候躰

第7表　黒部奥山の伐採事業

年代	伐採人	伐採樹種（数）	伐採場所	備考
宝暦11年(1761)	山田屋佐兵衛(宮腰)	𪳲・杉		
13年(1763)	河瀬屋又三郎(滑川)	𪳲・杉		
明和3年(1766)	河瀬屋又三郎	𪳲・杉	城前山	
安永2年(1773)	小山屋甚三郎(滑川)	𪳲・杉	長倉山	
5年(1776)	新屋市兵衛(高岡)	杉・槻・桐	有峰巣鷹山	
7年(1778)	吉野屋吉右衛門(魚津)	𪳲・杉	黒なき谷	
天明元年(1781)	作事所	𪳲(板4000束)・雑木(1827本)	さんな引山	仕入銀18貫目 1束は板50枚
2年(1782)	作事所	𪳲・杉(2739本)	黒なき谷・樫なき谷	仕入銀15貫目
3年(1783)	作事所	𪳲・杉(3200本)	猫俣谷・樫なき谷	仕入銀15貫目
4年(1784)	作事所	𪳲・杉	針木谷・滝谷	仕入銀10貫目
5年(1785)	作事所	𪳲	樫なき谷	仕入銀15貫目
寛政5年(1793)	神田村惣五郎	𪳲・杉	城前山	
文化11年(1814)	太田屋伝助(不詳)	𪳲・檜・椹	信州境	2000両(20ケ年)
文政3年(1820)	戸出村茂兵衛	𪳲・杉・檜(500本)	立山熊倒・奥院	
天保6年(1835)	大村屋輪五郎(東岩瀬)	𪳲・唐檜(3000本)	信州境	1500両(10ケ年)
7年(1836)	松崎藤左衛門	𪳲・杉・槻・栂	信州境	
9年(1838)	名越彦右衛門	杉・檜	信州境	

寛政6年（1794）の「山廻勤方壱々書記留帳」（『黒部奥山廻記録・越中資料集成12』桂書房），江戸後期の「越中新川郡三位組黒部奥山御用覚帳」（『同書』），江戸後期の「加能越産物方自記」（金沢市立図書館蔵）などにより作成.

相聞江候、元来他国賣出方之義ハ堅ク指留」とあり、[16]その後も七木・唐竹は炭・薪などと共に他領出（津出）を禁止されていた。なぜ七木制度が緩和されたのだろうか。小田吉之丈氏は「七木制の設定より約百余年にして封内の森林繁茂し、或は密に過ぎ或は老枯するあり。漸くして良材の腐朽するあるを以て、藩は享和元・二年に亘り『山方御仕法』とて間伐の自由を許し」と述べ、[17]その緩和が制度の成果によるものと解した。これは「山方御仕法」の改定前、江戸中期に御林山および準藩有林（松山・持山林・御預山・字附御林）を増設し、宝暦九年（一七五九）頃から黒部奥山などの御林山を伐採して用材に当てたことと深い関係があった。藩は宝暦九年に経済政策の転換を実施し、他国用材の買い上げを縮小すると共に領内の用材を使用することを定めた。この政策転換の一因となったのは、運搬ルートが困難で伐採事業が遅れていた黒部奥山の開発であった。黒部奥山は𪳲・杉・檜などの良材が無尽蔵視されるほど豊かであったが、屈強な運材ルートを擁せず、また黒部川の下流に用材の消費地が少なかったため、開発が遅れていた。参考までに、主な黒部奥山の伐採事業を第7表に示す。

黒部奥山の伐採方法には、藩の自営的伐採と民間の運上伐採があった。前者は作事所が杣人・木挽・運材人夫らを雇傭して城修築をはじめ藩用材を自営的に伐採したもので、所要の木材を容易に、無代同様に調達することが可能であった。これには黒部奥山以外の御林山において地元村に労役を課して藩所要材を調達する課役伐採があったが、これは江戸前期をもってみられなくなった。後者は原木代に相当する運上銀を徴して民間の業者や地元村に立木を払い下げる運上生産で、施行形式の上から「個人請」と「村請」と呼べるだろう。個人請は宝暦以降に多く、その大半が領内の業者に限られていた。彼らは採取山・採取物・運上銀額（冥加金）・採取期間（三～七年）などを明記した願書を所管役所に提出して許可を得て、杣人・木挽・運材人夫らを雇傭して請山の指定木を伐採した。村請は杣人・木挽・運材人夫らの給与をはじめ、木材伐採・運搬上の必要経費をすべて村費で賄うことを原則としていたものの、実際には村内外の業者が利益金の一部を村に還元する方策が多かった。村請は地元村に限り認められたもので、江戸前期から同中期の凶作年に多く、地元救済策が加味された社会政策的事業の一つでもあったと言えるだろう。産物方は黒部奥山の伐採事業費とし、天明二年から同四年までに銀一七八貫三三三匁三分九厘を支出した。留意したいことは、これら伐採事業が黒部川筋や村近くの御林山・準藩有林に限られていたことだろう。もちろん、産物方は常願寺奥山・立山中山をはじめ、領内の御林山の伐採にも費用を支出した。「加能越産物方自記」の天明元年（一七八一）七月二一日条には、経済政策の転換以降の状況を次のように記す。(18)

一、御城方御普請幷御領国所々御作事方御普請御用材木、前々他国材木御買上ニ而、右所々御用相立候処、宝暦九年以来之御普請方御入用材木、御領国御林山等ニ而杉・樅・槻・松等伐渡、近年之御作事所伐出奉行被仰付、新川黒部川奥山等ニ而伐出、御用木相成候付、他国材木御買上茂至而無数相成申候、右之通ニ付、御領国之御林都而木数次第ニ減、御林退転ニも可相成所々有之様相聞候、別而加州三郡松木御林之分、宝暦九年以来類焼人或ハ用水入用等ニ拝領願多相成、年々過分木数伐渡申候、如此ニ而者御林山次第退転而仕儀ニ奉存候（後

略)

巳七月廿一日

小森貞右衛門
小杉　源兵衛

村井五兵衛様

御林山は他国用材の買い上げ縮小により次々に伐採され、次第に退転に向かった。藩（産物方）は領内の産業振興に務め、御林山への植林を奨励すると共に再び他領用材の買い上げを元に戻した。前記のように、加賀藩では江戸初期に御用材木を南部・津軽・秋田をはじめ、飛騨・大坂などに求めていた。藩は寛文七年（一六六七）に領内から三〇〇石以上の雇船一二〇艘と水主二〇一八人を徴発し、南部・津軽・能代などから一一万一八八〇本の材木（杉・草槇など）を領内の各湊（宮腰・安宅・伏木・七尾・魚津湊）に輸送した。[19] 高岡の材木商人鳥山屋善五郎は享保一二年（一七二七）に藩の資金援助を受け、雇船一七艘で南部・津軽・松前などから一万五二四二石（購入総額金三一七〇両）の御用材を領内の各湊（宮腰・所口・伏木湊）に輸送した。その総額内訳は津軽材が三五三三石（二三％）、南部材が四〇三五石（二七％）、松前材が七六七二石（五〇％）で、宮腰湊に六三％、伏木湊に三〇％、所口湊に七％が運送された。鳥山屋次郎兵衛は宝暦二年（一七五二）から同四年まで毎年四〇〇両前後の木材を南部・津軽・松前などから購入し、それを藩や宮腰・富山町人に販売していた。[20] 高岡・放生津の材木問屋は享保以前にも津軽・南部・松前などから材木を購入し藩の御用材を供給していた。加賀国粟崎の木屋藤右衛門や同国宮腰町の銭屋五兵衛も藩と結び、津軽・南部などから御用材を購入・輸送した。三代藤右衛門は享保年間（一七一六～三五）に御作事方材木御用を、四代藤右衛門は宝暦年間（一七五一～六三）に材木問屋・御作事方材木御用・大坂御廻米御船裁許などを、五代藤右衛門は明和年間（一七六四～七一）に御作事方材木御用を努めた。木屋家は「御作事場材木御買上ケ御用」を元文二年（一七三七）から寛政六年（一七九四）まで五八年間も努め、津軽・南部などの藩有林から杉・檜・草槇などの御用材を購入・輸送した。[21] 一方、銭屋五兵衛は文化九年（一八一二）に宮腰町の木材問屋を努めたのを機に八〇〇石の松木船を新造し、海運業に本格的に取り組んだ。以後、銭五は材木荷受問屋として南部・津軽・松前などから輸送された御用材を委託販売し、資産を増大させた。銭五一族は材木商売を独占したものの、同業者の反感を買い、嘉永四年（一八五一）に材木問屋を罷免された。そして、彼は翌年の河北潟干拓事業をめぐる疑惑事件で牢死し、一族逮捕・財産没収・家名断絶となった。なお、同家は材木の外、米・生糸・蠟・海産物なども扱った。以上のように、藩は宝暦九年（一七五九）の金沢城焼失を契機に経済政策の転換（他国材木の買い上げ縮小）を計ったものの、実施できず、他国御用材を移入し続けた。なぜ加賀藩は他国から御用材を移入し続けたのだろうか。藩は肌が綺麗で耐久力に優れた草槙（翌檜）を御用材として愛好したものの、江戸前期には領内にそれがほとんど存在しなかったため、津軽・南部から移入し続けた。その後、藩は草槙苗を鳳至郡を中心に本格的に植栽し、江戸後期に輪島塗の生地材として許可したものの、御用材とすることはなかった。この問題は領内に檜・杉・草槙などの良材が少なかったためだけでは済まされず、しばらく棚上げにして後考にゆだねるほかない。

ついでに言えば、町方が使用した薪・炭の燃料も領内の流通にとどまった。たとえば、加賀国能美郡の山方村落は小松町や金沢城下に薪・炭を、石川郡の山方村落は金沢城下および野々市駅に薪・炭を、越中国礪波郡石黒組は福光町および金沢城下に柴・杪・薪を、同射水郡の山方村落は高岡・伏木・氷見町に薪・杪・柴を、新川郡弥助組は富山城下・上市町に柴・杪を、能登国外浦は金沢城下に炭・木材・板を、同内浦は越中国・金沢城下に炭・木材・垂木・板を多く販売していた[22]。海保青陵は文化二年（一八〇五）に来藩し材木が領内普請で二、三割しか使用されていないことをみて、飛騨・信濃・美濃国の材木同様に他国に販売すべき旨を藩の重役に説いた。前記のごとく、藩は海保青陵の影響を受けた年寄役村井長世を産物方主付に任命し、領内の産物振興に当てたものの、あまり成果が上がらなかった。ともあれ、藩は改作法の精神たる「領内の自給自足」を維持し続けたため、七木制度の緩和も自給体制に動揺をきたさない程度であっただろう。

三　盗伐者の逮捕

幕府・諸藩は早くから直轄林および留木の盗伐者を死罪・牢獄などに処してきたものの、享保頃（一七一六～三五）からは追放（重追放・中追放）および科料が一般的になった。[1] 元和元年（一六一五）三代利常が能登国に発した定書には「一、於七尾城山伐採材木輩於有之者、相改搦捕可指上事」の一条があり、[2] 加賀藩では当初、御林山の盗伐者を逮捕・処罰していた。寛文二年（一六六二）には加賀国石川郡窪村の農民が松を盗伐して磔を、同郡野々市村の農民二人が籠舎（禁牢）または科料を命じられた。[3] この頃、御林山・松山および百姓持山の七木について盗伐規定が整備されたようだ。翌寛文三年の林制に関する総合的な定書には「一、松木御林之竹木盗候者、何者によらずとらへ、籠舎又者裁許人江可相断、見付候者候はゞ褒美（金一歩）可被下事。但、百姓分盗候者其身追出、其村一作免一歩上可申事」とあり、[4] 御林山・松山の七木・唐竹を盗伐した者は籠舎を、百姓持山のそれを盗伐した者は村追放を命じられた。また、百姓持山の盗伐者を出した村には「一作免一歩」（一作に租米一歩の増免）が課せられた。寛文九年（一六六九）の定書には「御領国中七木幷御林之松木、唐竹等盗申もの有之者、向後其村免壹歩一作可申付」とあり、[5] その後御林山・松山の盗伐者を出した村にも「一作免一歩」が課せられた。享保四年（一七一九）の十村上申書（石川・河北郡）によれば、頭振《あたまふり》（水呑百姓）は七木を盗伐した場合、延宝八年（一六八〇）から定検地所（公事場）に引き渡され、赦免後も「里子《さとご》百姓」（軽犯罪者）として諸事の労役に当てられた。その上申書を次に示す。[6]

一、松木盗伐之者ハ追出被仰付、其村江は一作壹歩上免可被仰付旨御書出御座候、先年ハ百姓も頭振も無其譯禁籠被仰付、夫々科之軽重ニより被仰付候

延宝八年ゟ頭振ハ公事場へ被遣夫々科次第被仰付候、御赦免之者ハ里子ニ被仰付候、百姓分重き科之者ハ禁籠被仰付後追出ニ被仰付候、軽キ科之者ハ禁籠被仰付其後御赦免被成候、両所共其村一作過怠免被仰付候、科軽

重により所江御返被為成御赦免之儀と奉存候、今以御格違申儀無御座様ニ奉存候、以上

亥十一月

石川・河北
御扶持人十村

この上申書には「松木盗申者近年ハ追出ニ成申者無之候、いつれも一作一歩過怠免・禁籠被仰付御赦免所江帰り申候」の付帯条項があり(7)、その後村追放は漸次廃止される傾向にあったようだ。文化二年（一八〇五）の「山方御仕法」には、盗伐者を出した村がみずから出訴した場合、過怠免五厘を免除し、盗伐者を差し出した場合、残り五厘も免除することを記す(8)。慶応元年（一八六五）の定書には「追出之義いつ頃相止候哉相知不申、過怠一作免一歩上候義ニ今以其通ニ御座候、但、其村ゟ盗伐候義及断候得は過怠免ハ不仰付候」とあり(9)、村追放はすでに廃止されていたものの、「一作免一歩」は明治まで継続された。寛政元年（一七八九）の定書には「百姓垣根・野畔ニ有之七木相願不申伐取候得ハ、本人御縮等にて過怠免者不被仰付候旨承伝候」とあり(10)、礪波郡では許可なく垣根廻・田畑畦畔の七木を盗伐した者に禁牢を命じたものの、村方の「一作過怠免」は免除された。新川郡では、百姓持山（個別所有）の七木盗伐者でも「一作免一歩」が課せられた(11)。次に、享保期の定書から七木盗伐の罰則規定を第8表に示す。

第8表　七木盗伐の罰則規定

林野種類	盗伐者	村肝煎	村方	備考
御林山・持山林	100日禁牢	200日禁牢	過怠免	村役人20日程手鎖
他人の百姓持山	70日 〃	100日 〃	〃	村役人30日程外出禁止
自分の百姓持山	50日 〃	50日 〃		村役人20日程外出禁止
自分の垣根林	50日手鎖	50日手鎖		村役人20日程外出禁止

「菊地文書」（富山大学付属図書館蔵）により作成.

この外、同定書には集団盗伐者が厳罰に処せられたこと、十村・新田裁許・山廻役の盗伐者が曲事に処せられたこと、村方に過怠免が課せられたこと、寺社領の盗伐も村方に過怠免が課せられたことなどを記す。右のごとく、藩は林制の整備期に厳罪をもって盗伐者を取り締まった。したがって、藩は足軽山廻・百姓山廻が手荒な方法で盗伐者を逮捕することを容認していた。元禄一二年（一六九九）石川・河北両郡の郡奉行が十村・山廻役に宛てた達書を次に示す(12)。

盗人ニより山廻共も乍見付も気遣捕不申様ニ存候、向後ハ村々肝煎・与合頭共ニ急度申付置、松盗人有之體見聞候ハヽ百姓共大勢罷出、いケ様ニ成ともいたし捕可申候、疵付候而も假當座ニ相殺候而も百姓共不念ニ罷成間敷候條、少もなつミ不申捕可申候

己卯八月十日

（加賀郡奉行）永原権丞

（同）長瀬端兵衛

石川・加賀郡
十村中・山廻中

百姓山廻が盗伐者を逮捕する場合にはいささか遠慮が生じたようであり、藩は彼らが逮捕に際して盗伐者を殺傷することを容認していた。山廻役は近隣の村から農民を雇い入れ盗伐者を逮捕した。これ以前、元禄三年（一六九〇）石川郡長国寺上地町の五郎兵衛（博徒）は、盗伐した松を担いで百姓持山から出て来たところを足軽山廻に逮捕され、耳鼻を削ぎ落とされた上で村追放を命じられた。(13) 延宝三年（一六七五）の覚書によれば、松盗伐八件（加賀国）の内訳は木呂（商売）が四件、家作り用材が一件、稲架用材が二件、不詳が一件であり、盗伐者は村追放の一人（家作松八四本を盗伐）を除き、全員が籠舎を命じられた。(14) 留意したいことは、これらの逮捕者がすべて三人グループに分かれた足軽山廻であったことだろう。なお、右の松は幹回り八寸から一尺七寸までのもので、大木は含まれていなかった。寛政期の「御領国七木之定」によれば、礪波郡井波村は元文二年（一七三七）に御林番人善太郎が松を盗伐したため、同郡江道村は宝暦七年（一七五七）に同村善右衛門が松数十本を盗伐し山廻役に逮捕されたため、同郡松永村は明和七年（一七七〇）に同村仁太郎が松を盗伐したため、それぞれ「一作過怠免」を課せられた。また、盗伐者は手鎖の後、禁牢を命じられた。これ以前、同郡大西村善六組一七ケ村は正徳二年（一七一二）に組内の農民が松を盗伐したため、「一作過怠免」を課せられた。井波村では瑞泉寺屋敷高・鍛冶および大工屋敷高・御扶持人および十村懸作高などを過怠免から除かれていた。(15)

明和九年（一七七二）鳳至郡荻嶋村庄左衛門は同村の字附御林から松を盗伐し、足軽山廻に逮捕され、手鎖の十村

預り後、金沢の町会所で禁牢を命じられた。この時、荻嶋村は過怠免（収納米・秋春夫銀）「四百六匁八分三厘」を命ぜられたが、その内訳は村肝煎分が二〇匁三分四厘、組合頭両人分が一六匁二分八厘、百姓分が三七〇匁二分二厘で、百姓分中の五〇匁を庄左衛門が支払った。庄左衛門は持高を切高し、自村・他村の縁者から金を貸りて支払った。[16]七木を盗伐した十村にも籠舎を命じられたのだろうか。貞享四年（一六八七）河北郡御所村の十村長次郎は誤って松の大木を伐り、銀一〇〇枚の過怠銀（五年賦）を課せられたものの、籠舎を免れた。[17]松の盗伐者は増加の傾向にあり、元禄九年（一六九六）だけでも領内に盗伐人が約八〇〇人存した。[18]藩は七木の切株（損木の切株を含む）に山廻役の極印を打たせて盗伐を押えたものの、あまり効果がなかったようだ。なお、盗伐者は自分の盗伐を隠すために他人を密告したので、ときどき無実の人が咎人として逮捕された。

御林山・御藪・準藩有林などが存する村では盗伐の監視のため、一村申し合わせて山番人を置くこともあった。文化二年（一八〇五）御用番から能登国の十村に宛てた達書には次のような一条が存す。[19]

一、御林山等番人之義ハ、村方ゟ給米も宛行置候儀候得ハ、厳重ニ相守可申義、万一盗伐之竹木有之節者早速村役人江断可申筈ニ候、等閑ニ致置、外ゟ相顕ニおいてハ詮義之上山番人禁牢申付候事

山番人は「村々山番等も相立置候所、山番与申名目而已ニ而相廻り不申躰」[20]と、盗伐の監視を十分に果たしえず、籠舎を命じられることもあった。また、山番人の不始末は「御林幷百姓持山縮方之義、山廻役之者共相廻シ為改候所、手立等仕密々ニ盗伐申者茂有之候、第一其村肝煎・組合頭不存義ハ無之筈之所、隠置不相断段不届至極ニ候」[21]と、当然ながら村役人の管理不行届きともなった。そのため、村役人は月に数度、御林山・準藩有林を巡回していた。なお、山番人は村から給米が支給された。

一　七木制度の設定

（1）前掲『日本林制史資料・名古屋藩』『同書・和歌山藩』『同書・秋田藩』『同書・人吉藩』などを参照。「長宗我部氏掟書」には

「一、竹木・杉・檜・楠・松・其外万木、公儀御用木のため、付記置者（中略）、奉行中迄不申届者、剪事堅停止也」とあり（佐藤進一編『中世法制史料集・第三巻』岩波書店、一九八頁）、留木は中世に遡ってみられた。所三男氏は「留木は停止木の『禁木』に対し、『制限木』ともいうべき制度で、民用や公共用材の存続を図ることを主眼とするものであったから、民間の必要に応じて申請されれば伐採を許可された保護樹であった」と述べ、尾張藩（木曾）の留木と停止木を一応区別していた（前掲『近世林業史の研究』六二八頁）。

(2) 前掲『地方凡例録・上巻』一二六頁
(3) 前掲『加賀藩史料・第弐編』三七八頁
(4) 前掲『加賀藩農政史考』五四二頁
(5)『輪島市史・資料編第二巻』一一三～一一四頁
(6) 前掲『日本林制史資料・金沢藩』五九頁
(7)『右同』七八頁
(8)「御領国七木之定」（富山県立図書館蔵）
(9) 前掲『日本林制史資料・金沢藩』八三頁
(10) 前掲「礪波郡七木縮之覚」
(11) 前掲「七木御格帳」
(12)『輪島市史・資料編第一巻』一一一頁
(13) 能登国奥郡に発令された「慶喜」年代文書の表題を次に示す（『能登輪島上梶家文書目録』石川県立図書館、七八～七九頁）。
「指上申名舟与借塩釜賃銀之事」（慶喜弐年正月廿日）
「御法度定書之事」（慶喜弐年正月廿一日）
「川除普請に付与中人足願」（慶喜弐年正月廿二日）
「用水川崩に付与中人足願」（慶喜弐年正月廿二日）
「永代立申田中屋敷之事」（慶喜弐年正月廿七日）
「寛永拾九年若山与御収納方請払之事」（慶喜弐年正月九日）
「下人共人なみの百姓取立願」（慶喜弐年正月廿一日）

「寛永弐拾年ニ御数寄屋炭指上ル事」（慶喜弐年正月十五日）
(14) 森本角蔵『日本年号大観』（目黒書店）四〇頁
(15) 拙著『白山麓・出作りの研究』（桂書房）八頁
(16) 前掲『日本林制史資料・金沢藩』一二九頁
(17) 前掲「七木御格帳」
(18) 前掲『日本林制史資料・金沢藩』六〇〇頁
(19) 『右同』六五二頁
(20) 『右同』二八頁。南部藩でも、屋敷廻・田畑畦畔に生立する青木（檜・杉など）や漆の無断伐採を禁止していた（竹内利美編『下北の村落社会』未来社、六頁）。
(21) 前掲「御領国七木之定」
(22) 前掲『日本林制史資料・金沢藩』八八頁
(23) 前掲「七木御格帳」。石川郡では天明四年（一七八四）から払い松の売買が町方（金沢木屋）渡り八分五厘、郡方渡り一分五厘と定められた。河北郡大樋村の小原屋七郎右衛門は、天明元年（一七八一）正月に河北郡の御林山から払い松一〇〇〇本（代銀一二貫目）を、同年三月に羽咋・鹿島・鳳至郡の御林山から払い松二〇〇〇本（代銀一四貫目）を、同年六月に石川郡吉野谷村の御林山から払い松九〇〇本を伐採し、松板と炭に作って販売していた。これ以前、七郎右衛門は石川郡の中宮山から雑木を代銀三一貫五〇〇目で伐採し、薪木呂三五八五棚に作って販売していた。石川・河北両郡では古田用水普請の用材に垣根木・三昧木を用いていたが、宝暦年間（一七五一〜六三）からは新田用水普請と同様に拝領木を用いるようになった（「加能越産物方自記」金沢市立図書館蔵）。
(24) 前掲『日本林制史資料・金沢藩』八八頁。鹿島半郡の農民も、正保頃（一六四四〜四七）百姓持山が御林山に編入された後も山手米を上納していた（『藩法集4・金沢藩』創文社、五二七頁）。
(25) 斎藤晃吉編『アテ造林史』（石川県林業試験場）一五頁
(26) 田中波慈女『林業実態調査報告』（林野庁）一一六頁。檜の呼称は全国各地で異なっており、奥羽・北海道では「ヒノキ」、関東では「アスナロ」、日光では「シラビ」、山城では「アテビ」、大和では「アスカベ」、木曾では「アスヒ」と呼称された。能登档には、コアテ・クサアテ・カナアテ・エゾアテの四種が存した（仁瓶平二『あて・羅漢柏』石川県山林会、六頁、四五〜四六頁）。

（27）『石川県史・第参編』八七八頁。栗谷川仁右衛門（盛岡藩士）が著した「山林雑記」には、天保年間（一八三〇〜四四）檜（榁木《はんぎ》）が田名部・津軽・松前から大坂・加賀藩に移出されていたことを記す（『日本農書全集56』農文協、六七頁）。

（28）前掲『改作所旧記・上編』一五九頁。寛保三年（一七四三）礪波郡でも档苗を山中に植栽した（前掲「山廻役御用勤方覚帳」）。

二　七木制度の緩和

（1）前掲『加賀藩史料・第壱編』八七六頁

（2）前掲『日本林制史資料・金沢藩』五頁

（3）田畑勉「宝暦・天明期における加賀藩財政の意義」『史苑』三〇巻一号

（4）前掲「加能越産物方自記」

（5）前掲「七木御格帳」および前掲「七木ニ係ル文書類」

（6）前掲『加賀藩史料・第九編』一一二頁。十村・新田裁許・山廻役の中には百姓持山・垣根廻などの七木を御用木として差し出す者がいた。天明二年（一七八二）には鳳至郡の本郷村三郎左衛門（御扶持人）が持山の杉四〇〇〇本（銀一〇貫目）を、同郡の貝吹村新三郎が垣根廻の杉・档二〇本（米一五〇石）を、鹿島郡の武部村弥兵衛（十村）が垣根廻の槻五本・杉一本を、河北郡八田村作兵衛（新田裁許）が持山の槻を御用木として藩に差し出すことを郡奉行に申し出ていた（前掲「加能越産物方自記」）。

（7）『黒部史誌』二六六頁

（8）「福光村肝煎文書」（福光町立図書館蔵）

（9）「右同」。能登国では寛政八年（一七九六）に垣根廻・田畑畦畔などの雑木伐採（良木を除く）が許可された。これ以前、能登国では間尺以上の雑木を無断伐採できなかった（前掲「七木ニ係ル文書類」）。

（10）前掲『日本林制史資料・金沢藩』六一三頁、六一六頁

（11）前掲「七木御格帳」。新川郡の山廻役は寛政六年（一七九四）頃、七木伐採時に「均」と彫られた極印を使用していた（前掲「七木ニ係ル文書類」）。

（12）前掲「七木ニ係ル文書類」

（13）前掲『日本林制史資料・金沢藩』三六一頁

(14) 前掲『加賀藩農政史考』五三七〜五三八頁

(15) 前掲『日本林制史資料・金沢藩』四一二頁

(16)『同右』四九八頁。弘前・秋田・庄内・南部・福井・名古屋・和歌山・徳島・土佐藩などは江戸前期から材木・薪・炭などを大坂・江戸・諸藩などに移出した。延宝年間(一六七三〜八〇)には大坂に土佐(六)・尾張(四)・紀伊(六)・北国(一)・阿波(二)などの材木問屋や薪問屋(二七)・炭問屋(一〇)が、正徳年間(一七一一〜一五)には阿波(六)・日向(四)・北国(四)・秋田(二)・尾張(三)・土佐(五)などの材木問屋や薪問屋(一六)・炭問屋(一七)が存した。秋田・名古屋・土佐藩は領主的林業地帯で、領主・特権商人を中心とした材木の生産流通機構が形成されていた(『体系日本史叢書13・流通史1』山川出版社、一七四〜一七五頁)。土佐藩では寛文一三年(一六七三)に檜一万六二〇〇本、貞享四年(一六八七)に檜一万七五〇〇本を大坂に移出していた(前掲『日本林制史資料・高知藩』五一頁)。上記以外の藩は加賀藩同様に、江戸後期に至っても材木・薪・炭などの領外移出を禁止していた。なお、仙台・熊本・人吉藩などは江戸後期から材木・薪・炭などを江戸・大坂・長崎などに移出した。

(17) 前掲『加賀藩農政史考』五三七〜五三八頁

(18) 前掲「加能越産物方自記」。天明元年(一七八一)には藩の作事所が石川郡の中宮御林から薪木呂を、能美郡の浮柳御林から松九〇本を伐採していた(前掲「加能越産物方自記」)。

(19)『金沢市史・史料編8』二八〜三五頁

(20) 高瀬保『加賀藩海運史の研究』(雄山閣)一二六頁、一二五頁

(21) 木越隆三「銭屋五兵衛の材木取引と敷金積」(『地方史研究』第二七二号)。「木屋家累世記録」によれば、初代木屋藤右衛門は寛永年間(一六二四〜四三)から、二代木屋四郎兵衛は寛文年間(一六六一〜七二)から「御薪御用」を努めたという。木屋家では五代藤右衛門の時代から加賀藩との関係が深まり、扶持も安永六年(一七七七)に五〇石、天明元年(一七八一)に八〇石となった。この頃、同家は他藩の調達に応じ、安永二年(一七七三)に福井藩から二〇〇石、同四年(一七七五)に津軽藩から一〇〇石の知行を受けた。その家業は天明六年(一七八六)の親子断獄や加賀・福井・津軽・富山・大聖寺藩および藩士からの調達もあって衰退した。その後も、同家は天保一五年(一八四四)に加賀藩の幕府上納金八万両の一部銀三〇〇貫目を負担し、文久・元治期に金二万両の調達に応じた。同家は営業が藩米の廻送とその売買に比重が移ったため、幕末に至るにつれて持船が減少した。すなわち、持船は寛政一二年(一八〇〇)に二二艘あったが、天保期に八艘、安政期に四艘、幕末に二艘に減少した。

一方、同家は土地への投資を積極的に行ったため、天保期に持高七七〇石に及んでいた。木屋家と血縁関係があった島崎徳兵衛家も享保期に廻船業に従事し、南部川内との材木取引があったようだ。この外、宮腰・大野・粟崎には享保期から津軽藩の材木を加賀藩に廻送した丸屋・安宅屋・川端屋・輪島屋・加納屋などが存した（『金沢市史・資料編8』三九一〜四一一頁、六四六〜六五二頁）。

(22) 高瀬保『加賀藩流通史の研究』（桂書房）二四六〜二六二頁。能美郡産の炭は多くが御用炭で、天明元年（一七八一）頃に十村の沢村源次がその値段を決定して金沢城下に販売していた。茶湯炭の上は一〇貫目が五匁、木堅炭の上は一〇貫目が五匁三分であった（前掲「加能越産物方自記」）。

三　盗伐者の逮捕

(1) 前掲『地方凡例録・上巻』一三五頁。津藩では慶安二年（一六四九）たばこ火の不始末から山林を焼失させた農民を死刑に処した（前掲『日本林制史資料・津藩』四四頁）。名古屋藩では寛文九年（一六六九）槇皮を剝ぎ取った農民を斬首に、その妻子を領内追放に処した（前掲『日本林制史資料・名古屋藩』七一〜七二頁）。

(2) 前掲『日本林制史資料・金沢藩』五頁

(3) 『右同』五一頁。万治三年（一六六〇）には礪波郡西佐野村の西光寺住職が神木二本を伐採したため「御国追放」を、同村民と和田新町肝煎が伐採に荷担したため過料銭一貫文を命ぜられた（『右同』四八頁）。

(4) 前掲『加賀藩史料・第四編』三五頁

(5) 前掲『日本林制史資料・金沢藩』八三頁

(6) 『右同』二一四頁。津田進『加賀藩の里子制度』（有斐閣）を参照。

(7) 『右同』二一四頁

(8) 『右同』三七六頁

(9) 『右同』五九六頁

(10) 前掲「礪波郡七木縮之覚」

(11) 前掲『日本林制史資料・金沢藩』二三八頁

(12) 『右同』一七二〜一七三頁

(13)『右同』一三四頁
(14)『右同』一〇三〜一〇五頁。藩は万治三年（一六六〇）稲架用に曲がった松の使用を許可した（『右同』四五頁）。石川郡別所村の農民六人は宝永七年（一七一〇）稲架木に松を使用したため、五人が町牢に、一人が公事場牢に入れられた（前掲「森田武家文書」）。
(15)前掲「御領国七木之定」
(16)前掲『日本林制史資料・金沢藩』二六一〜二六二頁
(17)『右同』一一三頁
(18)『加賀藩御定書・後編』（金沢文化協会）四六八頁
(19)前掲『日本林制史資料・金沢藩』三七六頁
(20)『右同』二九一頁
(21)前掲「御領国七木之定」

第三章　民有林の成立

一　入会山の成立

中世の入会山は林産物の商品化が進んだ地域を除き、一般的に領主の所有が多く、領主が支配した村々の農民が入会って利用した。したがって、入会論争は領主と領主の境界争いとして展開した。つまり、中世の掟は領主が作成し、領主が支配した村民が遵守するものであった。大永六年（一五二六）の「今川仮名目録」には「田畠幷山野相論之事」「田畠山境相論越度方事」、天文五年（一五三六）の「塵芥集」には「以入会山野為作場事」「境界不立山相論事」、同一六年（一五四七）の「甲州法度之次第」には「山野之地事」の入会論争の条項を記す。[1]入会山は山林資源の需要が増大するなか、村々が境界の具体的な線引きを要求したため、惣有山へと分割された。つまり、戦国期からは入会権を有する村々が共通の掟を作成し、それを村民が守ることになった。

近世の入会形態は一個の地域共同体にその権利が帰属し、各戸がその共同体に参加することによって入会権を取得し、分割することによって権利を喪失することを原則としていた。もちろん、これには入会権利者が入会団体に分裂し（本百姓と無高や大前と小前）している場合、地域共同体が毎年交替に入会う場合、特定人だけが入会う場合なども少なくない。このことは近世の村が石高と貢租負担者の一致を求めたもので、一定地域の住民団体とか一定の行政的土地区画という性質のものでなかったことを示す。留意したいことは、入会権が行政的単位の村以外の垣内（出村・新村）にも認められていたことだろう。入会権は本来、土地所有権と直接間接に関係なく、毛上に対する権利であったが、これは商品経済が発達すると共に、土地に対する管理処分までを包括するものになっていった。つまり、入会権利者は江戸後期に農民社会の慣習によって入会山の所持権を保障されるに至った。また、小作人は諸役・夫役を納入するようになったため、高持階層と並んで地域共同体に積極的に参加し、入会地に対して一定の資格を獲得するようになった。藩は農民を村法の公権力の拘束下に置いたものの、入会山における村々の自律を認め、その村法に秩序を任せていた。なお、村々入会山は、一般に地元村と入会村が平等の入会権を持つ場合が最も多かった。このことは入会地の所持関係を決定するものが用益関係であって、地盤が入会地と無関係であったことを示すものだろう。

加賀藩は天正一三年（一五八五）以来、山地子銭を上納した村に入会山の利用権を認めてきた。越中国では、同年に二代利長（利勝）が代官に命じて川上（礪波郡南部）から山地子銭四四貫文を徴収させた[2]。能登国では、翌年に藩祖利家が代官に命じて鹿島郡坪川村から山地子銭九七〇文を徴収させた[3]。ただ、これには「右山入之義、わりきなきりハ無用ニて候、かまにてかり候事」の条件が付帯されていた。また、同郡たね・ころさ両村では天正一五年（一五八七）と翌年に山地子銭三貫八六六文を上納していた[4]。いま一例、同一五年に今井彦右衛門（藩祖利家の奉行）が鳳至郡山田郷院内村の農民に宛てた達書を示す[5]。

急度申遣候。いん内村山銭過分に上候処も、山なきの由申候へば、山銭にしたがって山をもわけつかわし申候。
此上兎角申候ば、従此方急度可申付候。謹言。
天正拾五年五月廿八日　　今井彦七(判)
山田院内村百姓中

右のごとく、藩は村々から山銭（山地子銭）を徴収し、その負担額に応じて入会山の利用権（入会権）を認めた。

そのため、村の中には自発的に山銭の増額を藩に願い出て従来の利用権を確保する村も現われた。山銭を上納しえない村は利用権を失い、近隣の村から請山して燃料・飼料用の薪・草などを得た。藩祖利家は慶長三年（一五九八）七尾町奉行三輪藤兵衛に命じて能登国鳳至・羽咋両郡の山地子銭を郷・組単位で三割または五割増徴させた。(6)

慶長三年より山地子銭打増之所々

一、穴水南北　五わり増　一、三　井　五わり増
一、諸　橋　五わり増　一、町野上中下　三わり増
一、輪島組　三わり増　一、宇出津　五わり増
一、堀松庄　三わり増

右如書付、當年より本高頭に令増倍、収納可申付候也

慶長三年六月廿六日

藤兵衛

印(利長)

山地子銭の増徴策（せり上げ）は慶長三年に能登国鳳至・羽咋両郡から始まり、次第に領内全域で実施されたようだ。(7) 山地子銭の増徴は田畑に比べ、せり上げ幅が大きかった。(8) 藩は同年七月に能登国における山地子銭の算定基準を次のように設定した。

能登国山地子銭之事

一、いづれの郡にても、馬五疋有之上は、二疋も三疋も所によつて多少可有之候。
一、いづれの郡にてもおしなべて、馬には百文、人には五十文づつたるべき事。
一、山入にて、しば薪のうりかひもなき所にては、馬に六十文、人に三十文ほどづつたる事。
一、長木用木出候在所は各別に候。其ほどは見はからひ可申付候事。
一、在所のおとな百姓以下の屋敷つゞき林なども、長木の出候所同前に可申付候。

一、寺道場あぜち商人後家などの家は、三十文計づつ可申付候。但いづれも念を入候はで、大ながしに仕候ては、いかほどと申候ても不入事候。かたく可申遣候、以上。

七月廿三日　印(利長)

今井彦七殿

まず、それは馬一頭(一駄)が一〇〇文、人一人(一背)が五〇文と基本線を示し、自給用の薪・柴を供給する入会山は山地子銭を安く見積り、長木・用木を伐り出すそれは格別に見積り、寺・道場・隠居者・商人・未亡人は特に安く見積り三〇文程と定めた。農民には藩が共有地として許可する以上、民有地ならば山銭の割当が当然であるという認識があったようだ。もとより林野は検地帳にも登記されず、税の対象外地であったが、藩は財政の窮迫と共に税を課し、その種類と共に税率も増加させることになった。

越中国でも慶長期に山銭の増徴が行われた。礪波郡下山田村では、慶長九年(一六〇四)従来の山銭三〇〇文を七〇〇文に増徴して利用権が認められた。(9)

越中利波郡般若野ノ内、下山田村山銭三百文ノ所、当年ヨリ七百文可相立旨申上候、則申付候、無滞様ニ可上之者也

慶長九年十一月四日　はひ(判)

下山田村小八郎

いま一例、同郡沖・院瀬見両村は米二六俵四斗を上納して入会山から木を伐り出してきたが、沖村太郎兵衛は慶長一〇年(一六〇五)米一五俵を追加して四一俵で利用権の独占を計ったため、院瀬見村農民はさらに二八俵を追加して米七〇俵で利用権を得た。(10)

已上

越中河上沖村・いせみ村山銭御納所方之事、年に弐拾六俵四斗之所、拾五俵増之可指上由、沖村太郎兵衛就申上、

最前彼山沖村へ雖被仰付、此度弐拾八俵増之、合七拾俵年々可致進納旨申上候條、右之山いせみ村百姓中被仰付
候由御諚候間、可成其意者也

慶長十年八月廿一日　　横山大膳（判）（以下二人略）

いせみ村百姓中

注目したいことは、藩が慶長一〇年（一六〇五）から山銭の米納を認めていたことだろう。同年の「納御山銭米之事」（鳳至郡赤崎村）には「岡塚分明前村ゟ合四斗者、右請取所如件」とあり[11]、能登国でも同年から山銭の米納が行われたようだ。右の外、礪波郡五位庄では慶長一七年（一六一二）山銭三貫三〇〇文（一六ケ村）が一〇貫文（四ケ村）に、氷見庄一宮村では元和四年（一六一八）山銭五〇〇文が一貫二〇〇文（請山）に、礪波郡北市・東城両村では同一〇年（一六二四）山銭五俵が三〇俵に、射水郡金山谷村では寛永一三年（一六三六）山銭一五貫文が四二貫文に、礪波郡隠尾村では同一五年（一六三八）山銭一八九文が一貫一〇〇文に増徴された[12]。寛永以降の事例には「除御用林」「除御用木」とあり、藩は本格的に用木の確保に乗り出していた。

ところで、加賀藩では給人（藩士）が山林を所有することを認めていたのだろうか。慶長五年（一六〇〇）前田利政（利家次男）が家臣の桜井八左衛門に与えた知行所付状を示す[13]。

百四拾表　鈴峯　牧　新兵衛分
六拾表　同所　川瀬左平次分
弐百表　村松　宇野与右衛門分
合四百表　桜井八左衛門
右相除山川・竹木・野川可領知者也。仍如件。
慶長五年七月十三日　　利　政（判）

利政は家臣の桜井八左衛門に四〇〇俵の地を加増したものの、山川・竹木などを除外していた。小早川秀秋（秀吉

の甥）の知行宛行状には山川・竹木などの除外がみられず、山手銭が付与されていた。なお、農民は元和三年（一六一七）から前田氏と給人が調達していた薪銭・炭・鍛冶炭・能州柵木・ころ木・なる木などの諸役を免除された。[14] 仙台・岡山・佐賀藩では知行所内の山林管理を給人に委託し、これに対し用材伐採・損木伐採・下草採集などを許可していた。この外、諸藩には藩士が藩有林を管理保護した「御預山」や、藩士が功労として拝領した「拝領山」が存した。前者は一般的に薪材伐採・下草採集などが、後者は用材伐採・薪材伐採・下草伐採などが許可されていた。

こうした山銭増徴は近世初期の建設・土木ブームによる木材需要が要因し、この期に山論（山出入・山問答）を急増させた。つまり、江戸前期には領内の濫過伐に伴う御林山・準藩有林の設定や農民の用益林野に対する各種の規制により、農民が用材・薪炭材・柴草などを自由に採取できなくなったので、林野の所持権をめぐって山論が激化した。彼らは入会山が何村に帰属するのか、その山へ何村と何村がいつ頃から入会っていたかを明確にすることによって、それぞれの用益を保持しようと図った。山論には林野の境界不分明に要因する紛争と、慣行上の用益権を確保するための紛争と、両者の絡み合った紛争があった。これは村と村の境界争論、一村と数村と数村や他領村と自領村との争論に区別されたが、その実質は林野資源の争奪にあったことは言うまでもない。山論の解決方法には紛争当事者間の話し合いによって和解をする場合、自村や他村の顔役の調停および領主や所管役所の裁定によって解決する場合があったが、領主が異なる村落間のそれには幕府に訴え出て裁定を受ける場合もあった。なお、奥山は口山（里山）に比べて伐採後の回復が遅く、薪炭材でも更新までに一〇〜二〇年を要し、家作木の針葉樹に至っては天然更新が困難であった。まず、天正一七年（一五八九）藩が裁決した山論を示す。[15]

蓑谷村・北野村与山々出入依有之、双方申分不相果故、互にしんさいに及候処、北野村百姓越度に相かたむき候。向後者其村之山へ、北野より入候事有間敷候、以来為證拠如此に候処也、如件

天正十七年九月廿二日　　又次郎(印)

蓑谷村百姓中

藩は礪波郡蓑谷村の言い分を認め、北野村を越度と裁決した。すなわち、北野村は山論地の入会権を禁止された。いま一例、慶長八年（一六〇三）藩が裁決した山論を示す。(16)

今度伊波之百姓与令相論之事、隣郷之山境有之上者、伊波之百姓境無之由申所非分候條、如前々あしのへを境として、自今以後可為七ケ村之山者也

已　上

慶長八年六月十六日　　南方等伯（判）（以下七人略）

河崎村・谷村・戸板村・蓮台寺村・今里村

清玄寺村・五領村きもいりどもへ

藩は礪波郡河崎村など七ケ村の言い分を認め、井波村を非分と裁決した。ただ、これは井波村の農民が「境無之」というように、入会山の境界がまだ明確でなかったようだ。この外、礪波郡では元和五年（一六一九）里山村と庄・金剛寺両村が、寛永一二年（一六三五）隠尾村と湯山村が山論を発生させた。(17)

山地子銀（山銭・山年貢）は改作法の施行中に小物成として銀納化され、「山役」と改称された。すなわち、一部物納だった小成物は小物成と改称され、諸産業が統一的に掌握されるに至った。小物成には山役・野役などの地代的性格のものと、漆役・蠟役・木呂役などの生産的性格のものがあった。山役は里方村落にとって大変な苦痛源となっており、農民は「木柴之かせきを以御山地子銀皆々指上申儀罷成不申ニ付、御田地より出来米之内過分ニ御米を売指上申候」の方法でこれを上納していた。そのため、藩は「野銭・山銭・米に而上申度由、百姓依望申其分ニ被仰付候」と、承応元年（一六五二）から山役の米納を許可した。(18) 宝永四年（一七〇七）の覚書には加賀国の山地子銭について次のように記す。(19)

覚

一、加州山地子先年ハ銭之御定ニ而御座候、何時ゟより米被召上候哉、銭一貫文ニ付米三石宛ニ而寛永七年迄米

被召上候、同八年ゟ右之米朱封銀ニ而慶安四年迄被召上候、値段は高下御座候
一、承応元年・弐年右之米ニ而被召上候
一、同三年ゟ米値段壱石ニ付三拾弐匁四分宛ニ御極銀子被召上候
右之通古キ覚書ニ御座候ニ付書上申候、以上

宝永四年四月拾弐日

田井村　次郎吉
御所村　源兵衛

御改作御奉行

加賀国では山地子銭が寛永八年（一六三一）米納（銭一貫文＝米三石）から銀納に変更され、承応元年（一六五二）と翌年に再び米納となり、同三年から銀納（米一石＝銀三二匁四分）となった。また、「改作所雑記」には能登国の山役について次のように記す。[20]

一、山役銀之事、天正之頃ハ銭ニ而上納、其後米ニ而上納仕候、然処口郡ハ承応二年・三年ニ御改作地ニ相成、其節銀ニ相直リ申由（後略）

一、右山役之儀、何頃ヨリ歟米ニ而上ケ申之所、承応二年迄ハ米、三年ヨリ銀ニ直リ候旨ニ而、則三年ニ御算用トゲ申旨緩目ヨリ承ル、左候得ハ御改作地ニ相成申ニ付、銀ニ直ルト存候（後略）

能登国口郡でも、改作法の施行中すなわち承応三年から山役が銀納化された。同様に、越中国でも承応三年から山役が銀納化された。山役は持高または百姓株に応じて農民から徴収された。右のごとく、入会山は村が藩に山銭（山役）を上納して利用権（入会権）を得たもので、明暦二年（一六五六）の「村御印」交付により正式に成立した。礪波郡下川崎村の十村であった宮永十左衛門は「寛文山と申候儀者、寛文年中迄年々山役銀入札等ニて一作宛之請山ニ御座候所、寛文十二・三年之頃前々之山役銀ならしを以定役銀ニ被仰付（中略）、寛文山と唱申由承伝申候」[21]と、礪波郡の寛文山（入会山）が寛文一〇年（一六七〇）の「村御印」再交付により成立したことを記す。入会山は数ケ村が

入会う「村々入会山」と一ケ村が入会う「村中入会山」が存し、一般的に百姓持山と呼ばれた。百姓持山は他に百姓稼山・百姓林・百姓持林・百姓自分林などと呼ばれた。百姓持山・百姓稼山・百姓林・百姓持林などは村民が共同管理し使用収益するもので、諸藩の村山・村持山・百姓山・野山・郷山・家業山・刈敷山などに当たった。百姓自分林は農民個人が管理し使用収益するもので、諸藩の地付山・居久根林・抱山・符人林・居懸山・家懸山・百姓証文山などに当たった。[22] ただ、百姓自分林は個人分割していた持山を再び入会山に戻すこともあって、百姓持山・百姓稼山・百姓林・百姓持林などと明確に区別できなかった。

百姓持山には利用権の山役の外、その用益の炭役・漆役・蠟役・茅野役・薪木呂役などが賦課された。これは「村御印」に記載された定小物成と、新に出来・退転された散小物成とに区別されていた。寛文一〇年（一六七〇）の「村御印」によれば、炭役は能登国奥部が一貫五七六匁（五一ケ村）、越中国礪波郡が一貫一二匁（五ケ村）、同新川郡が一貫七九匁（二二ケ村）、加賀国能美郡が四六〇匁（七ケ村）、同国石川郡が三九七匁（一二ケ村）で、漆役は能美郡が九九五匁（三四ケ村）、奥郡が五一七匁（一四七ケ村）、河北郡が三三五匁（四〇ケ村）、新川郡が三一一匁（三七ケ村）、石川郡が二九三匁（一九ケ村）で、蠟役は新川郡が六七八匁（一〇五ケ村）、射水郡が三七六匁（五五ケ村）、河北郡が三五一匁（一五三ケ村）、石川郡が二五〇匁（六六ケ村）で、薪木呂は新川郡が一貫一七六匁（一三ケ村）であった。[23] 炭役は能美郡大杉村が二六九匁で圧倒的に多く、江戸後期に至っても変化がみられなかった。鳳至郡の門前地区は一八ケ村中、一五ケ村が鍛冶炭を生産していた。天明七年（一七八七）の「加越能小物成帳」によれば、石川郡では炭役が大幅に増加したが、これは武士だけでなく、金沢城下の町人も次第に炭を燃料にしたことを示す。

入会山は明治五年（一八七二）の「官有地払下規則」により入会慣行があったにもかかわらず、その一部は官林として入札によって払い下げられた。そのため、明治政府は農民が慣行的な入会地を失い、水源地の山林をも伐採したので、深刻な問題を抱えることとなった。政府は無税地同様の官有林を払い下げることによって所有者を確定し、地租収納の基礎を確定しようとした。入会山は明治六年（一八七三）の地租改正によって官有地・私有地と明白に区別されて公有地と規定されたが、それは翌年の官民有土地区別によって解体を遂げ、一部は官有地、一部は民有地となった。[24] この時、共有地の一部はこれまでの濫伐を防止するため、各個の農家に分割された。後年、共有林整理の対象となった山林は一般に町村制実施に至るまで名称の上で「共有林」と呼ばれていたが、法律上は私有林と共に民有地第一種の取り扱いを受けてきたものであった。しかも、この共有林とは町村所有、数ケ村所有と共に数人共有をも含めて慣用したものであった。

二　請山制度の確立

請山には領主が直轄林を村または農民に一定期間貸与し、山手米・山手銀・薪炭などを請主から徴収するものと、広大な入会山を有する村がそれを持たない村に期限を定めて貸与し、山手米・山手銀などを請主から徴収するものがあった。後者には請主が卸方に永山手米・永山手銀を支払って無期限に入会う永請山・定請山が存した。高崎藩の郡奉行大石久敬が著した「地方凡例録」（寛政年間の知識）には、「卸山《オロシヤマ》と云は外村より山手米《ヤマテマイ》を出し場処を定め入来るを云、永小作同容《ドウヨウ》にて年季もなく前々より入来るに付、地元村にても取上ることハ相成ぬ法なり、又請山と云は他村の山を年季を限り証文を入れ、何箇年季にも極め、山手米永《ヤマテマイエイ》を差出し立入を云、常の小作同様なり」と記す。[1] すなわち、請山は請方の立場から呼んだもので、卸方の立場からは「卸山」と呼ばれていたが、卸山に年季がなかったと記すことは誤りだろう。加賀藩ではいつ頃から請山（借地入会山）が実施されたのだろうか。正保四年（一六四七）の山論文書には「一、六拾年以前ゟ花見月村之内ニ而薪出来候処、去々年ふと出入出来仕候」とあり、[2] 鹿島郡黒氏村は天正一五年（一五八七）頃から花見月村に永請山を行っていた。礪波郡五位庄では慶長一七年（一六一二）矢部村など一六ケ村が、氷見庄一宮村では元和四年（一六一八）同村久左衛門が藩から請山を行っていた。[3] 次に、寛永一八年（一六一三）鳳至郡鈴屋村が寺山村から請山した証文を示す。[4]

山請やま手米之御事
合六升者　　但京升也
右之山切申所ニ、とち木・ひら木数ハ八拾、此米六升ニ相究申候、米相渡し候て、木出し可申候、若米ニちゝ仕候者、右之木おさえ御取可被成候、其時一儀申間敷候、仍而後日之証文如件
寛永拾八年三月十五日　　　　　　　鈴屋村　長　助（花押）
寺山村　くほさま参
同惣中殿

鈴屋村は山手米六升を寺山村に納め、入会山から「とち木・ひら木」を合せて八〇本伐採した。右は「一作請山」の文字が見られないものの、事実上の「一作請山証文」であった。なお、これには山手米が期限より遅れた場合、伐採した木材をすべて押収してもよいと定められていた。つまり、右には年季（期限）を明記しないものの、一年の年季が定められていたようだ。万治四年（一六六一）同郡正院新保村が寺山村から卸山した証文には「壱作下し」と明記されていた。(5)

当壱作下し申山之事
合弐拾めハ　　山手銀
右之請之山、所者くろむね山之内鈴郡・鳳気至郡山さかいハ、水之なかれを切りテほうりうのせを切り堀こし迄水之なかれ切り、年中塩たき木ニ請申候、若山きり不申共右さため之山手銀急度相渡し可申候、為其後請状相渡し申所如件
万治四年二月廿五日　　　　　　　正院新保村　嘉右衛門（花押）
寺山村肝煎　九郎左衛門殿

与頭
三郎兵衛殿
同
太郎左衛門殿

正院新保村は山手銀二〇匁を寺山村に納め、入会山「里峰山」（宝立山）から塩木を伐採した。これは期限（年中）を定め、山名・境名を明記し、寛永の証文に比べて書式が整ってきた。請方は一～三人の場合、十数人の場合、惣村の場合があり、惣村の場合には肝煎・組合頭だけを記し、卸方の肝煎・組合頭・村惣中を記名した。ただ、これは請方が受動的に書いたため、文言が「壱作下し」とまったく反対の用語を使用していた。寛文一〇年（一六七〇）鳳至郡鈴屋村が寺山村から再び請山した証文を示す。(6)

来年一作請申枚木山之事

一、百五拾目　　丁銀

右者はい木山手代銀ニ相渡シ申候、然ハ山定ハ、八太郎之内上れんほ田之谷内右方ゟ之嶺ヲ少登り候而、大嶺お見下シ谷切其ゟ嶺おい牛尾村之下川迄、同川上へむき申はけきりに、嶺ゟ下ハ谷切ニ相極申候、然所ニ来年正月ゟ十月晦日迄前申通可申候、万一境ヲ違壱本ニ而も伐候か、又ハ七木相背候か、余村ゟ壱人も引込入申候か、惣而定相背候者、如何様共可被仰付候、為其請状如件

寛文拾年十一月晦日　　鈴屋村与合頭
与介（略押）
（以下二人略）

寺山村
九左衛門殿
同村
与頭中
村中

鈴屋村は山手銀一五〇匁を寺山村に納め、入会山「田之谷」から枚木《ばい》を伐採した。これは期限（正月～一〇月）を定

め、山名・境名と共に七木および請山以外の木を伐採しないこと、請方全員および村役人が署名・連判することを明記し、「一作請山証文」の書式が整っていた。明暦二年（一六五六）鳳至郡麦生野村が円山村から請山した証文を示す。(7)

御請申壱にきり山之あさなうつ木谷たきおきり、ふきやこさかおきり、それよりおくいわいり申間敷候、くほ田のたいら・あれた谷・中尾ミちおきり、せん年より此山壱作請来り申候、七木不及申ふさた仕候ハヽ被仰付、此山やのしもいりやいニきり申候、山手米八年ニ五斗御蔵納申候、山いり申とて作なとそくない申候ハヽ、急度可被仰付、若ことわりなくニおくいはいり申候者、急度御せんさく可被仰付候、依而後日之証文如件

明暦弐年四月五日

麦生野村 助十郎（印）

円山村 源七郎殿

左衛門殿

（以下二人略）

麦生野村は山手米五斗を円山村に納め、入会山から雑木を伐採した。これは境名と共に七木の伐採禁止を記すものの、期限・山名を記してない。請作料は改作法の施行中に山手米から山手銀に変わったものだろう。いま一例、延享二年（一七四五）鳳至郡下鳥越村が寺山村から請山した証文を示す。(8)

当年一作塩士請申薪山之事

一、六貫八百文　　壱ケ所釜尾山

一、五貫文　　壱ケ所桜水両平

廿二人組山

〆拾壱貫八百文

右之山手銀相渡し山請取申所相違無御座候、御法度之七木立置、木笹之分当七月晦日切ニ伐り仕廻可申候、然上ハ火の用心幷ニ飛山根かぶほり不申様ニ、山師・馬かた共へ急度申縮り仕候、其上みたり成義御座候ハヽ、此方

へ御案内可被成候、其時如何様共縮り可申付候、為後日証文仕所如件

延享二年四月拾四日

山請主下鳥越村
三右衛門(印)
(以下三人略)

寺山村肝煎
吉左衛門殿

組合頭中

下鳥越村は山手銀一一貫八〇〇文を寺山村に納め、入会山から塩木(雑木・笹)を伐採した。「一作請山証文」は山名・境名・請作料・請作期間・請方および卸方などを常に明示し、盗伐禁止・火災予防・山菜保護などをも明記した。「一作請山証文」は能登国奥郡に集中しており、その多くは「塩薪請山証文」「薪請山証文」であった。このことは、一作請の形態が塩木・薪の採取に適したことを示すものだろう。ちなみに、塩木代は塩生産費の中で最も多く、約半額を占めていた。若林喜三郎氏は奥郡の「請山証文」一六五通から請山を塩薪山・薪山・枚木山・芝山(柴山)・笹山・稼山・春伐山に分類し、一作請山慣行に卸方の自主規制が強く働いていたことを指摘した。(9) さらに一例、宝暦一二年(一七六二)新川郡南保村が笹川村から請山した証文を示す。(10)

かや山証文之事

一、壱石五斗　　上中米

場所　　尻ケ谷境あねがさ上しくらよりおくらの内迄山境

右かや山当一作請申所相違無御座候、然上ハ先年より切かりの外相さわり申間敷候、為後年之請証文仕所如件

宝暦拾弐年九月五日

南保村肝煎
九右衛門(印)
(組合頭二人略)

笹川村肝煎
清右衛門殿

同組合頭
宗次郎殿

同名中

笹川村は山林に恵まれた村で、薪木呂の販売と山林の一作卸しが現銀収入の大半を占めていた。寛文一〇年（一六七〇）の「村御印」では木呂役が一四一匁二分であったが、これ以前は二二五匁であった。「茅山証文」は笹川村をはじめ、周辺の村々で多くみられるので、新川郡でも一作請山が慣行されていた。一作請山は山林への依存度が高い地域で広く行われた制度であったようだ。後述するように、焼畑地帯の村々にも「むつし一作証文」「あらし一作請証文」「そうれ一作請証文」などの「一作請山証文」が多く存した。白山麓では天和期（一六八一〜八三）から「むつし一作請証文」がみられるものの、これ以前の古いものはみられない。これは一作年季が元禄期に八年ほどで、天保期に一五年を越え、能登国奥郡のものと大きく異なっていた。

一作請山は能登国奥部・越中国新川郡および焼畑地帯に限られていたが、永請山は加越能三ケ国で早くから実施されていた。「年季山証文」は年季を明記した点で「永請山証文」と異なったものの、一応「永請山証文」の範疇にあったといえるだろう。まず、延宝四年（一六七六）鳳至郡舞谷村が佐野村に永卸山した証文を示す(11)。

一、舞谷村ゟ佐野村江留土ゟ初、此方永代下シ山ひの地ノ内ニ樫木三本、舞谷村ゟ長尾村へとらせ、此木長尾村ニ材木きり申候所ニ、さの村甚九郎被参届置吟味被成候ニ付而、紙面之肝煎中ヲ頼佐野村へわび事仕候所ニ御聞被成忝奉存候、然ハ右永代下し山手米壱ケ年ニ三斗宛、当年たつ之年ゟ六年之間佐野村ゟ請取申間敷候間、山之義ハ永代佐野村ニ支配可被成候、為其書付仕所如件

延宝四年三月十三日　　舞谷村組合頭　総七郎(印)

佐野村肝煎　太右衛門殿

舞谷村は佐野村に永卸した山「ひの地」の樫三本を長尾村に伐採させたため、佐野村が山手米三斗を六年間にわたって納めないことを定めた。永請山は自給用の薪・柴草を採取したもので、販売することを目的としていなかった。

加賀藩でも、所三男氏が「寛文期を過ぎるころには、開墾による林野面積の後退も目立ってくるので、立木・柴草の採取をめぐっての紛争がようやく表面化してくる」と述べるように(12)、寛文期以降に永請山をめぐって山論が多発した。山論のほとんどは村々の示談（和談）によって解決したが、時には当事者間の解決が困難となり、藩（領主）にその裁定を仰ぐこともあった。宝永元年（一七〇四）鹿島郡垣吉村と田鶴浜・新屋両村の山論裁定を示す(13)。

一、高田組垣吉村山之内、田鶴浜村・新屋村永請山之内、垣吉村ゟ入合山と申懸り及出入、双方書付并絵図右三ケ村相談之上相納させ、三ケ村之者為出口上聞届候、詮儀之上田鶴浜・新屋永請山と相考申ニ付右両村之者入合草・柴苅、垣吉村ハ入不申様ニ申渡候、則書付絵図十村平右衛門方へ対シ候而相渡申候、以上

（中略）

宝永元年五年九日　　　中島村　与一

（以下一〇人略）

御改作御奉行

垣吉村は田鶴浜・新屋両村に永卸した入会山に入会権が存すると申し出たものの、藩（堀松相談所）は両村の永請山に垣吉村が入会わないように裁定した。近郷一〇ケ村の肝煎が署名したのは、彼らにこれまでの貫例を報告させる意味があったためだろう。つまり、山論は戦国期から江戸初期まで近郷の村肝煎が仲裁者となって解決された。いま一例、享保五年（一七二〇）鹿島郡久江村と水白・小竹・尾崎など三ケ村の山論裁定を示す(14)。

御請申上候

久江村持山之内、私共在所へ永請山ニ仕、山年貢米弐石九升六合毎歳久江村へ相渡置申候所ニ、享保元年永請山之内争論仕候而難分立、度々御奉行所江御断申上候所ニ今般御詮義之上、右論所之儀、絵図面を以久江村ゟ申上候通ニ、山道を限此分久江村へ不残相渡、其外永請山之分、久江村ゟ前々ゟ草刈来リ申由申上候、私共方ゟ申上候ハ、請山之分久江村ゟ入込草刈不申旨申上候所ニ、慥成証拠も無之候へ共、原山之者共論所境目証拠ニ相立申候へハ、久江村ゟ請山之内、草刈申義も右証拠ニ准入込刈申所紛有之間敷旨、委細ニ被仰渡奉承知候、併請山之

内、久江村ゟ草刈候而ハ、耕作方ニ指問申ニ付、是以後久江村ゟ草等刈不申候様ニ被仰渡難有忝奉存候、然上ハ於以来申分且而無御座候、為其御請上之申候、以上

享保五年三月期日

水白村肝煎
助右衛門（印）
同村組合頭
彦左衛門（印）
（以下五人略）

沢田十郎兵衛殿
山森　多宮殿

水白など三ケ村は久江村から永請けした入会山に入会権が存すると申し出たものの、藩は久江村の言い分を認め、水白など三ケ村が「草等刈不申候様」と裁定を下した。文化五年（一八〇八）の願書には「何卒前段与三左衛門等ゟ取揚候弐ケ所共、水白等三ケ村江永下シ仕相稼候様被仰付可被下候」とあり、[15] 水白など三ケ村は享保五年の裁定以降、日常に使用する薪・柴草にも困窮したため、再び久江村領に永請山を確保し、さらに三左衛門らが差し止められていた野毛山二ケ所をも永請山としたい旨を願い出た。このことは、永請山が自給用の薪・柴草の採取を目的にしていたことを示すものだろう。右二例は、一方の言い分が認められた山論裁定のケースであった。

前述のごとく、能登国には寛文年中（一六六一～七二）城跡・山論地などを指定編入した鎌留御林一五ケ所が存した。越中国でも山論地が御林山に指定編入されたものの、その多くは能登国同様に江戸中期で終焉していた。天明二年（一七八二）の「御林藪等字場所丁間書上申帳」によれば、羽咋郡荻谷組宿村では正徳二年（一七一二）に論所となった貸谷古神明跡が御林山に編入された。[16] なお、山論中は山論地を一時的に「鎌留山」に指定し、農民の立ち入りを禁止した。いま一例、文化一〇年（一八一三）鹿島郡東馬場村と西馬場村の山論裁定を示す。[17]

鹿島郡西馬場村・東馬場村稼山地、文化三年以来及争論候ニ付、重々遂僉義得候共、双方とも証跡ニ可相成書物等茂無之、聞伝之義等及申分候ニ付、役所詮議之上、前山之分指省、中山・奥山与申場所、両村山役銀高ニ応シ

割渡申儀ニ裁判申渡、右山分ケ之義、双方我意不申出様請書差出在之義ニ候得とも、猶更右之族無之様、厳重可相心得候、仍而五ケ村組合肝煎等早速罷出、双方村役立会、山地歩数見調理山分ケいたし可申候、尤境筋等夫々絵図ニ相認可指出者也

(文化十年)酉二月廿二日

御郡奉行所（印）

西馬場村役人・東馬場村役人・五ケ村組合肝煎

(三ケ村肝煎略)

東馬場・西馬場両村では文化三年（一八〇六）以来、入会山論の審議を重ねてきたものの、両村には書付・絵図などが残っていなかったため裁定が下らなかった。今度、藩は両村の前山を除く中山と奥山を山役銀高に応じて山分け（山割・割山）させた。本来、請主方には山林の所有権が存在しなかったものの、永請山を繰り返して行う場合には所有権が移動することもあったようだ。以上のごとく、入会山論争の藩裁定には、次の三ケースが存した。

一方（村）の申し分を認める場合

御林山に指定編入する場合（江戸中期で終焉）

山分け（山割）を命ずる場合

入会山論は近世封建制下の経済構造に深く根付いていたから、領主権力がその完全な解決策を求めること自体が矛盾した行為であった。したがって、藩は一応公権による正邪の判断を下す場合もあったが、むしろ訴訟当事者間の妥協を直接間接に強要し、あるいは専制的に論所を御林山に指定編入したことが多かった。山論は商品経済社会が進展する中で、田畑・秣場・海などの境界争いと共に年々増加し、入会山（請山）の分割を促進させた。

三　山割制度の確立

近世の地割は加賀藩をはじめ、長岡・越前・名古屋・高知・今治・松山・宇和島・大洲・福岡・薩摩・琉球藩などで施行されたが、その名称は碁盤割・田地割・割地・割田・鬮持・鬮取・地組・坪地組・名割・苗割・前割・棟割・車地などと各藩で異なっていた。(1)地割は貢租を公平にする目的からほぼ二〇年を原則として一村内の耕地を割替えたが、研究史上、その発生要因については川欠・山崩などの自然的条件を前提とした理論と、それに切高など社会的条件を加味した理論が存す。(2)

加賀藩の地割制度を最初に研究した栃内礼次氏は、「御改作始末聞書」を根拠に「寛永十八年ノ『上リ知』ハ田地割制度ヲ発生シ、平均免法ヲ行ハシメ、一ツハ以テ改作法ノ主旨ノ一ヲ実現シ、他ハ以テ定免法ニ至ル階梯ヲ作レリ。蓋シ改作法ノ形体ヲ完備セシハ田地割制度発生ノ後ニアリト雖、其発動ハ先ヅ田地割制ヲ以テセリトナスベシ」と記す。(3)すなわち、地割制度の発生要因が寛永一六年（一六三九）富山（一〇万石）・大聖寺（七万石）両支藩の創設に伴って給人の知行地に「上リ知」（直轄地）が生じたので、この機会に農民の負担をできる限り均分化することであったと述べ、それを改作法の前段階として位置付けした。(4)現在、市町村史のほとんどは栃内説に従い、地割制度の創設を寛永一九年（一六四二）と記す。

慶安四年（一六五一）礪波郡太田村の地割に関する達書によると、(5)太田村（庄・千保両川に挟まれた水害多発地）では慶長一一年（一六〇六）に「百姓中内輪之定書」をもって、また改作法施行中の慶安四年に藩の強制力をもって地割が実施された。越中国では慶長一〇年（一六〇五）を中心に総検地が行われ、それに伴って村高に応じて貢租を賦課する「村請制」が慶長～寛永期に成立するので、水害を受けやすかった同村では早くも検地帳の高と実高とに差が生じたため地割を実施したものだろう。寛永一九年（一六四二）三月三日付の目安場奉行伊藤内膳から礪波郡十村中宛の達書には「一、在々田地割之事、去年新知渡り平均ニ成候分ハ不及申、右百姓之内新給人・先給人両様相抱、先給人高免之手前有之ハ、免違之分ハ村中ゟ与内候様ニ可申付候」(傍点筆者)とあり、[6] 藩は寛永一八年(一六四一)の「上リ知」発生を契機に翌年から地割の制度化に踏み切ったようだ。

このように、地割は改作法に先立って施行されたが、これは従来一村内でも区々であった給人免を平均化し、年毎に変えない定免法にする改作法の目的と同趣旨であった。注目すべきことは、給人免の差異から生ずる貢租の不公平を農民の与内(余荷・余内・闔・冠)によって調整し、自然的条件と無関係に「村請制」に伴う階層維持の関係から地割を実施した村が存したことだろう。ともあれ、「河合録」には「寛文二年正月初之申渡ニも、地割不致処ハ早々ニ致可申と申渡有之、其後とても前々より地割致さぬ村々ハ地割可致様申渡(後略)」とあって、[7] 地割制度は改作体制が確立した寛文期に一応定着していた。こうして、地割制度は改作体制の一環として地租改正まで継続されたが、[8] 貨幣経済の農村浸透に伴う元祿六年(一六九三)の「切高御仕法」によって農民階層の分化が進み、地主・小作問題が生じる中で、[9] それは小作人(小百姓・頭振など)擁護と貢租増徴を目的として実施されるようになった。すなわち、寛政一〇年(一七九八)藩は地主・小作関係に規制を加え、地割の中間(四年目)に全耕作者(地主・小作人)を対象として鬮替制を施行した。[10] つまり、鬮替は小作権を強化したもので、高持百姓を対象とした地割を拡大したものといえよう。[11]

入会山は林産物の需要が拡大するなか、その用益を各戸が均等に利用するため、一村や村々の農民の合意をもって分割された。入会山の分割は、入会権者個々に林野を割渡し、一定期間が過ぎると割替を行って用益の公平を計る暫定的な「割山」(山割替・年季割)と、林野を個々に永久分割する「分け山」(永代割)とに区別された。後述するように、加賀藩で「割山」と「分け山」が明確に区別されず、単に「山割」と呼ぶことが多かった。分割方法には農民の持高に割る不平等割と各戸に割る平等割、両者の併用割、高割・家割に山役を絡めた分割があったが、加賀藩では山役の負担に応じた分割が多かった。なお、分割の対象地は「里山」(内山)と称する村近くの林野で、村から遠く離れた奥山（惣山・外山・入山）は村中の非本百姓も利用できる入会山として温存された。原田敏丸氏によれば、山割替は入会山利用の一形態としての山割、永代割は入会山が個人所有へ移行する過渡期としての山割で、越前・近江国を中心に慶安から元祿に至る時期に発生した。[12] 井ケ田良治氏によれば、中世山国庄（皇室御領）の惣庄山は近世初頭の慶長一一年（一六〇六）と寛永七年（一六七〇）の両度を画期として里山・奥山共に、その大部分が本郷・枝郷（小塩・黒田）計一〇ケ村の各村持山および個人山に分割された。つまり、惣庄山は太閤検地が行政区画として各村落を認めたため、惣庄単位の身分階層秩序が支配秩序の地位を失い、各村毎に分割せざるをえなかった。注目したいことは、中世名主本家の家筋が圧倒的に多くの分割地（私有山林）を私有したことだろう。なお、同庄の鳥居河内守（荘官）は天文年間（一五三二～五四）に惣庄山（一部惣村山）の共同体的規制を打破し、私的分割を行っていたという。[13] 明暦二年（一六五六）礪波郡井口郷一一ケ村の「郷中山割定書幷山割帳」を示す。[14]

井口之郷拾壱ケ村、御山銭ニ応シ割符仕申ニ付定書之事

一、割山ニ罷成申内、少シニ而茂盗申候者、銀子五匁宛過銀為出、山主取可申事
一、山拾《(ママ)》ヲニ割、内輪与合鬮取可申事
一、山割申候義、上・中・下三段ニ割可申候
一、小山之義者、小山銭ニ応シ割可申候
一、右山割立鬮取申迄者、草山之分者入込ニ苅可申候、木柴之分者小山共ニ壱本茂苅申間敷事
一、草柴出シ申道、引場勝手次第何之山ニ而茂通り可申事
一、牛馬置申小場之阿たり、惣山境を入残シ可申候

右之通、相談之上を以相定申候間、少シ茂相違御座有間敷候、為其連判仕処如件

明暦弐年五月十六日

窪村肝煎
孫右衛門
（一〇ケ村肝煎略）

第9表　井口郷11ケ村の鬮数

村名	村高	山役	鬮数
東西原	254石	20匁	0.5本
中	559	69	1.0
蛇喰	822	114	1.5
井口	667	69	1.0
宮後	450	34	0.5
池尻	610	45	0.5
久保	492	103	1.5
田屋	751	117	1.5
池田	504	55	1.0
石田	517	56	0.5
東石田	120	12	0.5
計	5,746	694	10.0

井口郷一一ケ村では、村々入会山（赤祖父山）を山役銀高に応じて上・中・下の三段の一〇番（一〇鬮）に山分けした。第9表のように、その鬮数は山役銀高に応じて分けられていたものの、例外（石田村）も存した。石田村（村高五一七石・山役銀五六匁）はなぜ鬮数〇・五本であったのだろうか。これは同村が古くから入会慣行として有した社会的な権利によるものだろう。山割は平野に近く利用度の高い口山（前山）から順に、一番小山割（口山）・二番野山割・三番草山割・四番柴山嶺筋割・五番野毛山割（大野村近く）の五割に分けて実施されたもので、赤祖父川源流は水持林として総山のまま残された。注目したいことは、山割が井口郷一一ケ村の自治に任せられていたことだろう。井口郷続きの林道（村高七五七石・山役二三匁）・利久（村高八一〇石・山役九六匁）両村では、慶安四年（一六五一）七月から一〇月にかけ村々入会山（原ノ谷・打尾・北谷・火ノ谷・大草蓮など）を三鬮として分割した。[15] ただ、これは二鬮を林道村が一鬮を利久村が有し、山役銀高に応じた山割ではなかった。林道村が二鬮を有したのは、同村が入会山に近かったためでなく、その特殊性が考慮されたことによるものだろう。これは、今のところ村々入会山を分割した最古のものであろう。いま一例、明暦四年（一六五八）鹿島郡久乃木など五ケ村の山割証文を示す。[16]

書付を以申上候

一、石塚谷内五ケ村入合山御座候所、五ケ村相談之上ニて、当年ゟわり山ニ罷成申候、就其我々両人之山銭者、同名中ゟ高山銭御座候所、石塚谷内わり山之義候間、おのおのなみニならし可被下と相断申所村中ハ山銭高応シわり山可相渡由被申上候、いろいろわび事仕山銭御ならし被成わり山当分ニ請取申義忝奉存候、自然後日おいて石塚谷内入合ニ罷成申候者、右之山銭高程御納所可仕候、少も以来申分有間敷候、為其書付如件

明暦四年七月廿日　　飯川村 藤右衛門（印）

甚　介(印)

惣　中参

久乃木・西・若林・飯川・坪川など五ケ村は、明暦四年（一六五八）石塚谷に存する村々入会山を山銭高に応じて割山した。[17] 右には「後日おいて石塚谷内入合ニ罷成申候者」とあって、石塚谷は山割後に再び入会山に戻される可能性があった。その後、五ケ村では文化一三年（一八一六）山境（村境）の大きな塚を設け、村々入会山の前山を山役銀高に応じて山分けした。右のごとく、村々入会山は不平等な利用条件を解決するため、村相互間で分割された。貞享元年（一六八四）の十村報告書には「一、山之儀は入会ニ御座候、然共御領・土方領共ニ弐拾四・五年以前ニも御座候哉、双方申談割山ニいたし人々支配仕候」とあり、[18] 能登国では御領・土方領共に万治二年（一六五九）頃から村々で割山を実施していた。次に、加越能三ケ国の山割を発生順に整理して第10表に示す。越中・能登両国では早くから山割が実施されていたが、これは加賀国でも同様であった。つまり、村々入会山は改作法の施行中に村の範囲が確定し、貢租を一村共同責任とする体制が整った時期に山銭高に応じて分割された。

村中入会山は村民合意の上で戸別割（家割・個人割）されることがあって、これも山割と称された。礪波郡井波村の「貞享三年山割帳」によれば、[19] 貞享三年（一六八六）井波村では村中入会山を柴山割と草山割に分け、それぞれ鎌数九四丁で戸数割した。これは平等割でなく、柴山割・草山割ともに一人で一〜三丁を受けた者、二人で一丁を受けた者、三人で一丁を受けた者があった。なお、井波村はこの頃すでに在郷町を形成していたので、村民のほとんどが町名や屋号を名乗っていた。右は村中入会山の山割を示した最も古い事例であるが、村割と戸別割は並行して実施されたようだ。参考までに、柴山割・草山割の鎌数と持数を第11表に示す。次に、元禄一五年（一七〇二）礪波郡西明村（井口郷続き）の「山割納得状之事」を示す。[20]

山割納得状之事

一、私共在所持林分持高ニ応シ持来申所ニ、明暦元年ニ山割仕、其後四拾ケ年余山割不仕候ニ付、続目等失紛敷

第10表　加越能３ケ国の山割

国名	郡名	村名	年代	文書名	分割方法	出典
加賀	江沼	荒谷	正徳３年(1713)	山割帳	高割	「荒谷町区長文書」(江沼郡山中町)
	能美	波佐谷	文化５年(1808)	山割定	高割	「宮庄衛家文書」(小松市波佐羅町)
	能美	大杉下	弘化４年(1847)	林山割帳	高・面割▲	『大杉地区調査報告書』(加南地方史研究会)
	江沼	荻生	安政６年(1859)	松高山地割帳	高・面割	「荻生町区長文書」(加賀市荻生町)
	江沼	荒谷	明治21年(1888)	山割鬮分帳	高・面割★	「荒谷町区長文書」
越中	礪波	林道等	慶安４年(1651)	山割定書之事	山役割	『井口村史・下巻』
	礪波	井口郷	明暦２年(1656)	越中山割定書併山割帳	山役割	「院瀬見区長文書」(井波町立図書館蔵)
	礪波	井波	貞享３年(1689)	山割帳	高割	「井波町肝煎文書」(同上)
	礪波	竹	元禄13年(1700)	乍恐口上書ヲ以申上候	高割	『富山県史・史料編III』
	礪波	西明	元禄15年(1702)	山割納得状之事	高割▲	「伊藤富夫家文書」(東礪波郡城端町)
	礪波	院瀬見	年代不詳	山割定書之事	高割▲	「井波町肝煎文書」
	新川	下番	正徳３年(1713)	林割仕付而定書之事	高割★	「田近貞夫家文書」(上新川郡大山町)
	礪波	上梨	正徳３年(1713)	林割人々当帳	高割▲	「村上忠松家文書」(東礪波郡平村)
	礪波	松尾	享保５年(1720)	林割鬮組覚	高割▲	「上松尾区有文書」(東礪波郡平村)
	婦負	楡原	享保５年(1720)	山割定書之事	高割	『細入村史・史料編』
	婦負	楡原	享保８年(1733)	茅山割定書之事	高割▲	『細入村史・史料編』
	礪波	法林寺	延享２年(1745)	山割帳	高割▲	「法林寺区長文書」(福光町立図書館蔵)
	礪波	久保	宝暦14年(1764)	山割覚帳	高割	『井口村史・下巻』
	礪波	小山等	寛政６年(1794)	郷山割仕定書之事	山役割	『富山県史・史料編III』
	礪波	久保	明治元年(1868)	茅場割野帳	高・面割▲	『井口村史・上巻』
	礪波	福光	明治３年(1870)	山割御願申上候定書帳	高・面割▲	「福光村肝煎文書」(福光町立図書館蔵)
	礪波	見座	明治12年(1879)	山地鬮組帳	高・面割★	「見座区有文書」(東礪波郡平村)
能登	鹿島	飯川	明暦４年(1658)	書付ヲ以申上候	山銭割	『七尾市史・資料編第３巻』
	鳳至	麦生野	寛文８年(1668)	不詳	山役割	『柳田村史』
	鳳至	南山	寛文９年(1669)	山わけ申定書之事	山役割	『珠洲市史・資料編第３巻』
	鳳至	笹川	元禄８年(1695)	不詳	高・面割	『柳田村史』
	鹿島	笠師	正徳３年(1713)	乍恐口上書ヲ以申上候	高割	『中島町史・資料編』
	鳳至	白丸	享保４年(1719)	山分ケ定書之事	高割	『内浦町史・資料編第２巻』
	鹿島	笠師等	享保13年(1728)	山割帳	高・面割	『中島町史・資料編』
	鹿島	八幡	元文元年(1736)	先年割替数等覚	高割▲	『七尾市史・資料編第２巻』
	鹿島	飯川	年代不詳	山割縮定書連判之事	高割	『七尾市史・資料編第３巻』
	鹿島	坪川等	文化13年(1816)	入会山割替定書之事	山役割	『鹿島町史・資料編』
	鳳至	仁江	文化14年(1817)	山割帳	高・面割★	『珠洲市史・資料編第３巻』
	鹿島	千野等	文政５年(1822)	不詳	山役割	『七尾市史・資料編第３巻』
	鳳至	当目	文政11年(1828)	山分仕ニ付定書之事	高・面割▲	『柳田村史』
	羽咋	二所等	嘉永元年(1848)	覚	山役割	『志賀町史・資料編第２巻』
	鳳至	佐野	安政４年(1857)	山地割定書之事	高・面割▲	「大畑武盛家文書」(鳳至郡能都町)
	鹿島	庵	明治元年(1868)	山割議定書	高・面割	『七尾市史・資料編第２巻』
	鹿島	曲り	明治７年(1874)	人々持山ニ相定申議定	山役割	『能登島町史・資料編第２巻』

表中の▲は田地割に付随したこと，★は永代割であったことを示す．

相成、其上近年切高ニ付所々ニ而山請取、弥筋境紛敷在之ニ付、唯今山わり仕者規格之通り、人々持高ニ応シ引山仕、残り分割山ニ仕、鬮取之上ヲ以互ニ請取可申候、為其納得如件

元禄十五年八月

西明村
豊右衛門（花押）
（以下四〇人略）

西明村では明暦元年（一六五五）に村中入会山を持高に応じて高割（不平等割）したものの、その後四〇年余の間に境目が紛らわしくなり、また持高にも変動が生じたため、元禄一五年に再び持高に応じて高割を実施した。注目したいことは、「近年切高ニ付所々ニ而山請取」すなわち切高に伴い売山が盛んに行われていたことだろう。右は「切高御仕法」施行後の事例であり、割山地の売買・譲渡・質入などの禁止規定はみられない。村中入会山は入会権の公平、小農民の零落防止、草木の保護などを前提に、①新百姓が独立して林産物が不足したこと、②御林山・準藩有林の増設で山林利用が制限されたこと、③新田開発の進展で肥料用の草が不足したこと、④牛馬の増加で飼料用の草が不足したことなどの理由から戸別割された。西明村では明暦元年に山割を行ったが、これは田地割（地割・碁盤割）に付随して実施された可能性が強い。高《たか》付山《つきやま》（田付山）は田畑に付属した山林であり、田畑と共に売買されたり、分割されたりすることが多かった。入会山は「切高御仕法」施行後に田畑の付随物から独立して売買の対象となると共に、分割された入会山の一片が

第11表　井波村の柴山割・草山割

	小字名	鎌数	人数	備考
柴山割	ほしさし平	6丁	9人	
	下尻高	14	28	五歩かんせみ山
	上尻高	16	27	
	かんせみ山	11	20	
	きね坂	5	8	
	ミのて平	4	7	
	ひなたひら	5	8	
	杉谷ノ高	12	18	五歩杉谷高
	御屋敷	15	26	
	猿はな東平	6	13	弐歩弐厘横入猿はな
草山割	八はげ	15丁	27人	
	浅ノ谷南平	8	14	五歩大窪西平割
	七林口	20	30	
	八し北谷	4	9	
	青はげ大谷	8	20	
	西熊谷	14	22	
	大谷石切平	6	6	
	大窪蛇谷	6	9	
	大窪西平	6	10	五歩浅ノ谷
	杉谷大平	7	15	弐歩弐厘大谷ひら

永代売りされた。入会山は村々に分割された後、さらに村内で個人に分割されたが、その個人持山は「切高御仕法」施行後に村内外を問わず盛んに売買されていった。その結果、村内には個人持山を十二分に所有する者と然らざる者との山論が激化し、それを防ぐため寄合が活発になった。いま一例、文化五年（一八〇八）能美郡波佐羅村の「山割帳」を示す。[21]

山割定

一、波佐良村先年ゟ御高鬮拾六半ニ相成、山くじ拾五くじニ候故、壱くじ半山不足、依而山過不足有之不宜、近年村方難渋深相成、最早退転ニ茂及ビ可申処、一作引免被仰付、金平又右衛門、村方情子主附ニ相成候故、村方百姓中相談上、金平又右衛門方ゟ銀子弐百目借用いたし、山壱くじ半持山無之人江相渡、御高之通拾六半ニいたし山割ニ懸申候、以来切高等仕候者有之共、山離シ売一円相成不申候間、山高順道ニ取持仕、成立候様一統相心得可申事

文化五年辰二月　　金平村　又右衛門
（以下二人略）

惣百姓中

波佐羅村は地割に付随して倉谷山を分割したものの、山鬮が一本半不足したため、借用銀をもって補った。留意すべきことは、山鬮の不足が売山によって生じたことだろう。文化一三年（一八一六）の「五ケ村入会山割替定書之帳」には「一、割山所持之人々地面売買仕候ハヽ、五ケ村之外売出申間敷事」とあり[22]、鹿島郡坪川など五ケ村は五ケ村以外への売山（地面）を禁止していた。この定書には割山中での焼野を禁止していた。注目したいことは、山割地の売買禁止が利用権でなく、「地面」のそれであったことだろう。こうした事例は少ないものの、第五章六「村肝煎の活動」で引用した宝暦八年（一七五八）の「永代売渡シ申杉林山之事」（鳳至郡長沢村）や享和二年（一八〇二）の「永代相渡申山之事」（同上）にもみられた。このことは、元禄六年（一六九三）に「切高御仕法」が実施されたこと

に伴い農民が山林の所有権を意識しはじめたことを示すものだろう。この点、従来の通説はあくまで利用権（収益権）の売買であったという説に固執しており、いま一度再考の必要があろう。文政六年（一八二三）の山割願書には「私共在所人々持来候百姓稼山地年々譲替等仕候処、山地持分高下出来、御役銀歩数ニ不応指出申者御座候ニ付、村方一統相談納得之上、当春惣山地歩数相調べ理人々割取仕度」とあり、[23]同郡良川村は文化一三年（一八一六）の山割後に「譲替等」が行われたため、再び山割を願い出ていた。[24]山割地（割山）の売買は原田敏丸氏が「概ね文化・文政期の史料から割山の売買が問題となり」と記すように、江戸後期に山割制度上の大きな問題となっていた。すなわち、山割地の売買・譲渡は割替期間が長期化すれば、地面の売買・譲渡と実質的にほとんど変わらなくなった。つまり、山割は入会山利用の一形態として出発したものの、制度上はともかく、山割地が個人持山と同様に扱われることになった。

次に、田地割と山割の関係をみよう。江戸中期の礪波郡院瀬見村の「山割定書之事」を示す。[25]

山割定書之事

一、引山ハ鬮壱本ニ五百歩宛跡々之所ニ而引取、不足分ハ何方ニ而も勝手次第引可申事、但持山割之分ハ十八本ニ割、引山引申間敷事

一、山境紛敷無之様ニ仕、境目苅過不申様ニ可仕事

一、柴山去年苅跡々分ハ当山取人勝手次第苅可申候、去年苅跡々分ハ先山主当年中ニかり取可申候、来年迄之当山主徳分ニ可仕候、草山苅跡々分ハ相対ニ而見図り草山相渡可申候

一、重而山割之義ハ、田地割之翌年割立シ可申事

一、山猥ニ相成候ニ付、山番人仁兵衛相立申候、山鬮壱本ニ米壱斗宛、年々至暮蔵宿米ニ而無滞相渡可申候

一、他村之者参草柴猥ニかり申候ハバ、鎌幷荷縄もの荷其外着類不残はぎ取可申候、若かり申もの有之ハ、早速村中肝煎可申事、尤里ふじん成事仕過申間敷候

一、林之内へ馬はなし申間敷候、若林之内へ馬出申もの見付次第、だれだれ
ニ而も追払可申候
一、頭ふり之人々ハ、奥山入相之所勝手次第ニかり可申候

一条は引山の鬮一本を五〇〇歩とし、残りを鬮引とすること、二条は山境を明確にして境目を刈りすぎないこと、三条は柴山の末苅部分を先山主が刈ってもよいこと、四条は田地割の翌年に山割を実施すること、五条は盗伐者を監視するため山番人を置くこと、六条は他村の盗伐者から鎌・荷縄・衣類などを押収すること、七条は山林に馬を放して草を食べさせないこと、八条は頭振を除いて山割することなどを定めていた。留意したいことは、山割を田地割の翌年に実施すると定めていることであろう。山割定書には山割年季（割替期間一〇～二〇年）を記すものが多く、山割が田地割に付随して行われていたことを示す。つまり、加賀藩のように田地割制度が発達していた地域では、山割が単独で実施されるよりも、田地割に付随して行われることが多かった。ただ、年代不詳の「先年割替年数等覚」によれば、鹿島郡八幡村では延宝七年（一六七九）・正徳四年（一七一四）・享保二年（一七一七）・同一四年（一七二九）・寛政元年（一七八九）・文化四年（一八〇七）などに地割を、元文元年（一七三六）・延享三年（一七四六）・宝暦二年（一七五二）などに山割が実施されていた。[26] 山割年季は江戸後期から次第に長期化し、江戸末期に二五年を越えた。山割年季が短い場合には育成中の立木を伐採せねばならず、山林が荒廃したため、その保護の目的から長期化したものだろう。このことは、山割が地割に付随することなく、次第に単独で実施されたことを示す。ともあれ、山割はその長期化に伴い、次第に割替が実施されなくなり、ついには永代割となる場合もあった。参考までに、山割定書から山割年季を抽出して第12表に示す。一条の引山は一番割（一〇〇～六〇〇歩）が多くこれに当てられ、山割場所近くに新田畑を有する農民は、一鬮に若干（一〇〇歩）の割山が認められ時代と共にその歩数が増加した。山割場所近くに新田畑を有する農民は、一鬮に若干（一〇〇歩）の割山が認められ

第12表　加越能３ヶ国の山割年季

年代	郡村名	年季
年代不詳	鹿島郡飯川村	10年
元文元年（1736）	鹿島郡八幡村	10
延享２年（1745）	礪波郡法林寺村	15
寛政６年（1794）	礪波郡小山村	15
文化13年（1816）	鹿島郡良川村	20
弘化４年（1847）	能美郡下大杉村	25
明治元年（1868）	礪波郡久保村	20
３年（1870）	礪波郡福光村	20
	平均年季	17

た。八条に若干の説明を加えれば、頭振は山割への参加を認められず、奥山（惣山）での薪材伐採だけが認められた。鳳至郡沖波村では、寛政四年（一七九二）に三石四斗四升以上の農民が持高に応じて分割した(27)。また、安政四年（一八五七）鳳至郡佐野村および明治元年（一八六八）鹿島郡庵村でも頭振を除いた農民だけで分割した(28)。つまり、この山割は小百姓・懸作百姓・頭振らを除外した不平等分割であった。このことは分割基準が一丁前（一軒前）を基本としながらも、入会山の成立事情や村の構造によって不平等があったことを示す。なお、分割された山林（鬮地）は村内の農民間で交換され「替山証文」に明記された。

宝永四年（一七〇七）河北郡御所村の十村から改作奉行に宛てた返答書には、山割方法について次のように記す(29)。

一、百姓持山割符之儀、村御印高ニ割符、持高応支配仕候、但右村御印高之外其以後新開高出来仕候而も山割符ハ不仕候
一、村中百姓之内下人等迄歳拾五歳より六十才迄之人数毎春相改、其人数ニ持山割符仕村々も御座候
一、先年村家高ニ山割付置、今以其格ニ百姓人ニ山支配仕村も御座候
一、山役銀高之内半分村高ニ懸、半分村中歳拾五より六十迄人数毎春相改、其人数高割懸候而、山ハ入合ニ支配仕村も御座候
一、村御印高之内七拾ケ年計以前之新開高由ニ而、則作人他村より懸作百姓ニ付、先年より此懸作高ニハ山割符不仕、其村百姓中迄山支配仕村も御座候

宝永四年四月十二日　　御所村源兵衛

御改作御奉行

御所村源兵衛組下には、百姓持山を村別の山割（一条）・人数割（二条）・高割による戸別割（三条）などの山割方法が存した。四条は百姓持山を分割せず、入会として利用する村が存したこと、五条は山割から懸作百姓を除外した村が存したことを記す。五条については、右の前書きに「新開百姓江ハ持山わけ為持申候哉、但古百姓迄持山相当り裁

許仕候哉」とあり、懸作百姓に山割を許可した村も存したようだ。

また、正徳元年（一七一一）石川・河北両郡の十村から改作奉行に宛てた返答書には次のように記す。[30]

就御尋申上候

一、山方山役之儀ニ付、山割之様子御尋被成候、先年より極而山ヲ高ニ割申儀無御座候、或ハ御分割又かま持出申人数ニ割、又ハ先年より出し来候人々山役銀ニ割付申所も御座候、且又御分幷高両様ニ割付申所も御座候、

一統相極申格無御座候

一、切高取申者ハ約束次第高ニ付ケ山遣申者も御座候、又ハ高迄渡し、山ハ本主持居申者も御座候、以上

卯九月十日　　石川・河北御扶持人

御改作御奉行

一条は高割に代って面割《つら》（屋割）・人数割・山役銀負担額割・面割高割併用形態などの分割方法が存したこと、二条は切高時に山林を付帯する場合、付帯しない場合が存したことを記す。留意したいことは、正徳期（一七一一〜一五）に面（百姓株）を基準とする平等割の面割と村民全員を対象とする平等割の人数割が実施されていたことだろう。宝永四年（一七〇七）河北郡御所村の十村から改作奉行に宛てた返答書には「一、村中百姓之内、下人等迄、歳十五歳より六十歳迄之人数毎春相改、其人数に持山割符仕村も御座候」とあり、[31]人数割は一五〜六〇歳までの村民全員に分割した方法であったようだ。加賀藩では改作法の施行中に村々入会山を山役銀高に応じて村割し、村中入会山を改作法の整備期間中に高割で戸数割し、正徳期から面割や人数割および面割と高割の併用形態を実施し、化政期から面割・人数割併用形態の分割基準を平等化へと進めた。分割方法は薪・炭の商品化が進むなか、金肥普及により持高相応の採草地利用が崩れてきたため、農民の平等利用の要求が強くなった。二条は、元禄六年（一六九三）の「切高御仕法」施行後に村肝煎が田畑および山林を買い集めていたことを示すものだろう。つまり、村中入会山は全体が一度に山割の対象となって解体されないまでも、売山および御林山の新設もあって次第に変質・解体し、個別化が進んだ

といえるだろう。

正徳三年（一七一三）新川郡下番村の「林割仕付而定書之事」には、永代割（永久割）について次のように記す。(32)

一、私共持高当暮御地割仕付而請書相究、幷只今林割も仕定ニ而当春定書文書ニ書入置申候、然共何之相定申数々御田地割之定書ニ林割之品々不品成儀共御座候付而、右定書ニ仕置申儀者不及申、唯今又候書入申通是以後同名中相守候様、如斯納得之上を以相定申候御事

正徳三年七月廿一日

下番村
中兵衛(印)
(以下一八人略)

これは田地割に付随して実施された林割で、右文末に「是以後者永代林割仕間敷候」と記し、永代割であった。山林は個人分割された後に立木の伐採を禁止したものの、下草・野土はこれまで通り共同利用が可能であった。つまり、下番村では正徳期から個人所有へと移行する永代割も実施された。いま一例、寛政一二年（一八〇〇）同郡本宮村の「永代林割定書之事」を示す。(33)

永代林割定書之事

一、ふか谷よりあかこ谷迄又下村ノ上林割

一、鳥越より下小場迄、道下くわこす永代わり

右之通り同名納得之上申分無御座候、以上

寛政十二年申三月十一日

本宮村
新右衛門
(以下三一人略)

肝煎
作十郎殿

与合頭
善右衛門殿

本宮村では、同年四月一五日に山林二三五歩と河岸《はば》を高割（五〇・七石）・面割（三二石）の併用形態で永代分割し

た。また、同村では嘉永五年（一八五二）地割に付随して小見村境の鳥越・宮林などに存した「あらし」を永代分割した。「あらし」は草地すなわち茅林を指し、それまで七年目毎に割替えられてきた。小見村では、寛政五年（一七九三）から「上うずか」と称する茅林を三〇年毎に分割していた(34)。さらに一例、文化一四年（一八一七）珠洲郡仁江村の「割渡申山野帳」を示す(35)。

右村中相談納得之上山割仕、先年之通儀右衛門持山之分竿指除、先年ゟ仲間山之分弥兵衛竿ニ割申分、永代割ニ相定、七歩五厘高ニ割、弐歩五厘面・山ニ割、人々持高・面等ニ応し人々鬮取仕、無甲乙割渡申所相違無御座候、以上

寅十一月　　検地人南山 重兵衛(印)

儀右衛門殿

仁江村では儀右衛門の持山を除き、すでに分割していた仲間山（入会山）の一部を高割（七五石）・面割（二五石）の併用形態で永代分割した。儀右衛門は持山を売山または質入れにより得たもので、山割地から除外されたものだろう。その後、儀右衛門はこの持山（柴山・杪山）を山代米三〇石八斗で同村の農民に卸していた(36)。個人分割された山林は再び入会山に戻ることが存したのだろうか。原田敏丸氏によれば、近江国五個荘地方では近世に始まった割山が明治から昭和まで継続され、その中で個人分割された山林が再び元の入会山に戻った(37)。もっとも、飛驒国・信濃国（木曾谷）では入会山が永代割によりそのまま個人所有となった(38)。入会山は明治以降も山割や売買によって解体されたが、入会形態で残ったものも少なくなかった。つまり、入会山は地租改正に伴ってかなり山割されたものの、全域が山割の対象となったわけではなかった。なお、藩有林は、明治以降にそれらを管理してきた農民や町人・士族・卒族・寺社などに払い下げられた。

寛永一一年（一六三四）越中国礪波郡小瀬村の「山荒し割帳」には、「あらし割」について次のように記す(39)。

当年我々田地ならしいたし申候、就其買地之義ハ不及申ニ、山荒し同くさかり堺迄も、其上はつれはつれの遠堺

ニ不寄此割申候、然所ニわり残し之荒し
一、立石之荒し　但此度わり度候へ共□□□不申ニ付て、此度わり不申候
一、南草連ノ荒し　下嶋村小左衛門ニ跡ゟ下置申ニ付て、わり不申候
一、上そ之けくほ荒し　うるし谷村宗五郎へ跡ゟ下申ニ付て、面此度わり不申候
一、うりをの高きり山ノ荒し
一、かに□五右衛門桑原之高ノひら、これも中のミねをきり、かまてけや木をきり、上ハわり申候、其ゟ下桑原
之かまても作り所之分ハわけ申候
右合五ケ所ハ惣山□《ふか》んニいたし、此度之検地ニ割不申候、後日ニこたち次第ニ三人之者とも談合致割符可仕候、
若三人之内不致相談もかけいり作り申候者、過代として銀子五拾目可出候、右之荒し以来ニおいて何時割申候共、
如此度高次第ニわけ可申候
一、林も此度割不申候、則惣林ニいたし置申上ハ、自然押壱本ニて、誰ニ不寄きり申渡候者、三人として相談仕
きり可申候、但是跡ハ持分々御座候へ共、此度之検地ニ付て右之通り惣林ニ残申候、仍為後日申定之状、如
件（傍点筆者）

寛永拾壱年五月四日

尾瀬村
介　市(印)
五右衛門(印)
又市郎(印)

すなわち、礪波郡小瀬村では田地ならし（地割を前提とした内検地）に際し、「開津割」「荒し割」「草苅り場割」「林割」などが実施されていた。文書中には「わり残し之荒し」とか「林も此度割不申候」とあって、これ以前にも「荒し割」「山割」が実施されていたようだ。割替方法は「高次第ニわけ可申候」とあるように、農民の持高に応じて割替えられた。ともあれ、小瀬村では「あらし割」が地割と同時に実施されていた。注目されることは、南アルプス

（長野・山梨・静岡・愛知・神奈川県）の山麓で使用されていた焼畑用語「そうれ」（草連）が字名に用いられていたことだろう。[40] また、これには「桑原之高ノひら」とあって、江戸前期に同村で桑・養蚕と「あらし」耕作が複合していたことも注目されるだろう。次に、石川郡坂尻村の「むつし割帳」の一部を示す。[41]

むつし割

壱　寺山

一、壱口　十兵衛

北水流、南道境、東新境、此分蔵判出下之事

壱　同

一、壱口　吉右衛門

孫右衛門

東本境、西畘境、北畔迠

弐　丸山

一、壱口　権兵衛

伊助

東境

三　丸山割出シ

一、壱口　伝兵衛

十兵衛

四　あらしき

一、壱口　権兵衛

五　　同　所
一、壱口　　権兵衛
六　　同　所
一、半口　　権兵衛
一、半口　　庄右衛門
七　　同所畔
一、壱口　　長兵衛
南本境、北端
八　　同　所
一、壱口　　同　人（二口目）
南本境
九　　同　所
一、壱口　　十兵衛（三口目）
南新境
十　　同　所
一、壱口　　十兵衛
四郎兵衛（四口目）
十壱　　同　所
一、壱口　　四郎兵衛
東新境　　仁右衛門（五口目）

坂尻村では、江戸後期に寺山・丸山・あらしき・はか谷・北山などと称する字名の「むつし」を二一口として農民三三人で割替えた。これは「むつし割」と明記するものの、実際には「むつし割替」であった。すなわち、同村には地割を実施した史料がみられないが、この「むつし割」は地割と共に実施されたものだろう。「むつし」は入会所有であり、一人で一口を受けた場合、一人で二口以上を受けた場合などがあった。それは農民の持高に応じて割替えられた不平等割であり、頭振（無高層）を除くものであった。坂尻村では「むつし割」と共に「藪割」も行われていた。弘化四年（一八四七）能美郡大杉下村では田地割を実施し、田地六一五歩と畑地七八三歩をそれぞれ鬮数五五本もって割替えたが、同時に「山割」「野割」「六敷割」「猪喰六敷割」「かや畑割」なども実施した。その後、二五年を経た明治四年（一八七一）にも同様に割替が行われた。大杉上村でも田地割（鬮数四三本）に付随して「むつし割」「山割」などが行われた[42]。文政二年（一八一九）の「持高田畑山有坪」の末尾には「右之通人々高田地・田畑・山林・むつし等ニ至迄書写、本帳ハ享保十四酉年仕置、為末々之如此写取申者也」とあり[43]、越前国南条郡瀬戸村（青山藩）でも享保年中（一七一六〜一七三五）地割と共に「山割」「むつし割」などが行われていた。同村助左衛門は瀬戸山橋爪・城山口など一〇ケ所に田地八石弐斗三升弐合を、大庄谷岡・小庄谷岡など一三ケ所に畑地を、村ケ谷奥之割・村ケ谷口之割など一五ケ所に「むつし」を所有していた。以上のように、「むつし割」は山割の範疇にあったといえるだろう。

四　百姓持山の売買

「売山証文」には、農民が百姓持山の利用権（入会権・耕作権）を留保した上で所有権を一定期間売却して貨幣を調達する「年季売山証文」と、農民が百姓持山の利用権と所有権を同時に永代売却して貨幣を調達する「永代売山証文」とが存した。この外には「年季売山証文」の延長線に存し、農民が百姓持山の所有権だけを一定期間質入れ（担保）して貨幣を調達する「質入山証文」が存した。「年季売り」は貨幣経済の発展に伴い、農民が百姓持山を担保として金を借用するもので、農民（売主）は売却後も百姓持山を利用することが可能であった。この時、売主は買主から山役銀を取り藩に納入しなければならなかった。「永代売り」の場合には利用権・所有権が共に買主に移動したため、所有権が他村民に移動することによる諸負担（年貢・諸役・村普請など）の問題が発生した。諸負担の問題は封建社会を混乱させる深刻な問題であり、幕府は寛永二〇年（一六四三）に「田畑永代売買禁止令」（一条）を発布していた[1]。つまり、幕府が「年季売り」を認めつつも、「永代売り」を禁止したのは、利用権の移動に伴い諸負担の問題が発生したためであろう。このことは、享保三年（一七一八）幕府が「質地条目」（三ヶ条）を発布し、「質入山」（質入地）を一〇年に限って認めたことからも理解できるだろう。ともあれ、「永代売り」は禁止令の発布後も増加しており、加賀藩が元禄六年（一六九三）に「切高御仕法」を発令したのも当然であった。

具体的に、「年季売山証文」と「永代売山証文」をみておこう。まず、慶安元年（一六四八）珠洲郡馬緤《まつなぎ》村常俊太左衛門が同村大兼正弥左衛門に二五年季で売却した証文を示す[2]。

我等持山之内弐十五年切ニ売渡し申事

一、中兼正山さかいふくら池　東者けやき境　木五百伐壱口

一、大あそ滝のうへ山　滝ヲさかい　木五百伐壱口

右之山私当年御年貢米ニ手搛申候故、弐拾五年きりニ相定、代米壱石四斗壱升一合ニ売渡し申処相違無御座候、慶安弐年ゟ弐十五年間ハ天下一度（統）之徳政如何用（様）之御置目被仰出候とも、於此山ハ年忌（期）之内ハ少しも出入申間敷候、若何角と申候者此証文を以如何用共可被仰付候、為其後日之証文相渡申処如件

慶安元年十月三日

馬緤村山主　常俊太左衛門（印）

連判　吉兵衛（印）

本や（印）

同村　大兼正弥左衛門殿

右は、今のところ加賀藩の「年季売山証文」中で最も古いものだろう。山境（四至）を明確に記してないことをみると、売主は二五年経過したのち元金と金利を支払って形式的に百姓持山（所有権）を取り戻したのだろう。売山は村が行う場合と農民個人および数人が行う場合が存した。前者は入会山の一部を売却したもので、江戸初期には「惣百姓中」が証文に署名（同意）し、近村の肝煎が証人となった。後者は個別分割した入会山を売却したもので、自村の肝煎の同意が必要であった。なお、右証文の年季は二五年と大変長かったが、その多くは「切高証文」のそれと同様に一、二年季であった。次に、寛永三年（一六二六）新川郡うれ村（有峰）上野・下方が同村丸山弥兵衛に永代売却した証文を示す。(3)

永代ニ売渡し申あらし之事

但、つほ本ハはばたノははの下

白木卅具ニ右永代ニ売渡し申所実正也、いらいニおいて子々孫々出来候て何様之儀申候ハヽ、此状おもつてかたく御せんさく可被成候、其由ニ惣村中之儀ハ不及申ニ、所肝煎衆証文ニ而御座候、仍而後日状永代状、如件

寛永三年閏四月一日

上　野（判）

下　方（判）

惣村中（判）

うれ村　丸山弥兵衛殿まいる

有峰村上野・下方は「あらし」（薙畑用地）を白木三〇具で同村丸山弥兵衛に永代売却した。これは、今のところ加賀藩の「永代あらし売証文」中で最も古いものだろう。これ以前、有峰村では慶長一九年（一六一四）および寛永二年（一六二五）に田地を永代売却していた。(4) このことは同村に藩有林と別に、農民が土地所有権を意識していた百姓

持山が存したことを示す。土地所有権は毛上・地盤共に独占的・排他的な永続支配権を所有する現在の権利と違っていたことは言うまでもない。加賀藩では、他藩で行われたような売山者に対する没収・村追放・強制植林などの処罰はみられなかった。ともあれ、正徳五年（一七一五）金沢中間相談所から石川・河北両郡の十村中に宛てた達書には「一、御郡中百姓持山永代売渡申儀、元禄六年以前ハ証文等無之候而茂、田地御格之通請取置候者、永代支配仕候様ニ可申渡事」とあり、(5)「永代売り」は元禄六年（一六九三）の「切高御仕法」施行前から行われていた。加賀国に続く天領白山麓にも、近世初期の「永代売山証文」が多くみられた。(6)もちろん、「永代売山証文」は貨幣経済が発達した中世にも存した。ただ、山林は領主の所有物が多く、その売買は農民とまったく関係のないところで行われた。したがって、農民は山林の所有権が移動した後も、従来通り山林を利用することが可能であった。参考までに、中世の「永代売山証文」を示す。(7)

永代売渡申山之事

一、合山者 おくハたかひとめ、たきをさかひ、南ハおゝさかい、北ハたにをさかひ 此内卅文公方三年貢

右件山者御用者之銭二貫八百文ニ永代うり渡申事実正也、若此山ニおいて子々そんそんまで違乱煩申物出来候ハゞ、此書文前して地下公方より御罪くわあり候、其時一口の子細も申間敷候、仍永代之書文之状如件

明応七年十月廿一日　藤《きゅう主》兵衛

新保《うりぬし》の住人　正乗

右は、明応七年（一四九八）能美郡（山内荘）新保村正乗が同村藤兵衛（道場主か）に山林を銭二貫八〇〇文で永代売却した証文であった。山境（四至）は明確に記されているものの、売主と買主（給主＝所有主）の署名位置は近世のそれと反対であった。注目したいことは、山方で個人所有の山林がすでに商品化の対象となっていたことだろう。

加賀藩は幕府が発令した寛永二〇年（一六四三）の「田畑永代売買禁止令」に先立ち、元和元年（一六一五）に「自今以後御公領分・給人知によらず、田畑売買堅御停止之事」と、[8] 田畑の移動を承認した上で同年以降の田畑売買を禁止していた。寛永八年（一六三一）の定書では田畑の売買を無効とし、その代価を買主の損失と定め、[9] 寛文九年（一六六九）の「改作奉行勤方覚」では耕作不能者から田畑を取り上げ、入婿・養子・入百姓の方法で新農民を入れ田畑支配を継続させた。[10] すなわち、藩は改作法において農業労働力の確保に務め、走百姓の防止や欠落人の呼び返しを命じ、この方針を継続した。改作法は農民の過去の負債を帳消にする一方、手上高・手上免を伴う高率年貢を農民に強要したため、農民は年貢未進に追い詰められた場合、合法的な質入れ（年季・無年季）または非合法的な永代売りにより経済的な措置を講じなければならなかった。永代売りは将来取り締まりが厳重になって無効になる恐れがあった。前述のごとく、質入れは実質的に永代売りとなることが多く、藩は元禄六年（一六九三）一二月に「切高御仕法」を発令し、田畑・山林などの売買を公認した。[11]

覚

一、御郡中百姓之内、持高作損年貢相滞耕作難仕に付、相對を以下に而持高之内他之百姓に相渡置、以後に至り右之田地取返申度旨出入仕及断候。此儀任願本百姓に高為相返候而者、耕作麁抹に仕、田地作損年貢等相滞、百姓之こらしめにも不罷成候間、向後は請取候者之田地に為仕、取返申度旨断承届申間敷候條、此旨百姓共江委細為申聞、田地作損不申様に急度可申渡事。

一、右之趣申渡候而も、不覚悟にて年貢難渋仕、皆済相滞、持高耕作難勤百姓有之候はゞ、村肝煎・組合頭吟味仕、十村遂僉議、其身に應開作可仕候程之高見計為持置、相残る分切高に仕、余高望人聞立候而、其品双方書付を以拙子共へ可申聞候。則切高望人可申付事。

一、右之品有之、切高に申付候者、先年此方に取置候百姓持高に付札可仕事。

一、百姓せがれ数多所持仕者、相果候而跡高相続之儀は、前々より親任遺書、二男・三男迄も夫々親持高配分申付來候得共、次第百姓持高減少仕勝手よはく罷成候。然ば向後相続は嫡子一人に申付、次男・三男は何方に成共奉公仕歟、又は夫々似合之かせぎ等兼而仕付置可申候。親相果候以後、尤嫡子介抱可仕旨、百姓共へ能可申聞事。

一、嫡子病気歟又は耕作難仕躰之者に者、十村・御扶持人其品可申断事。

酉十二月十二日

毛利又太夫
脇田知右衛門
（以下六人略）

羽咋・能登郡十村御扶持人中

すなわち、一条は農民が作損により年貢を未納し用地を他人に渡した場合、取り返しを認めないこと、二条は農民が年貢難渋で持高を耕作できない場合、応分の持高を残して切高させること、三条は切高を届出の農民持高帳に登記させること、四条は田畑の相続を嫡子一人に認め、二・三男に分高させないこと、五条は嫡子が病気で耕作できない時、十村・御扶持人に届出させることなどを定めていた。「切高御仕法」は加越能三ケ国で同時に施行された。法令の施行理由には、一条に農民が田畑を取り返したいと望んでも「百姓こらしめ」のために許さないこと、二条に農民が年貢難渋で持高を耕作できない場合、応分の持高以外を「望人」に切高させたことなどから、高持農民（中堅農民）の農業経営を維持するための逆説的な「こらしめ」を強調した消極的な方策と、高持農民から「手餘り地・請作地」を取り上げ、それを下百姓・頭振らに賦与し本百姓として取り立てた積極的方策とが存す。(12) いま少し法令の内容を詳細にするならば、それは年季預け・永卸しなどを切高とすること、町人・寺社への切高を禁止すること、御扶持人・十村・山廻役およびその子・兄弟への切高を禁止すること、町人・寺社の倅・兄弟・親類が村入りする場合、切高を許可すること、下百姓が持高を切高したい場合、上百姓の名で持高帳に登記替えを許可すること、取高の希望者がない場合、御扶持人・十村が取高人を選んで交渉することなどを定めていた。「切高御仕法」は元祿期に頻発した年貢未進と、それに伴って発生した紛争を抜本的に解消するための農村改革であったが(13)、これは藩の期待に反して高持農民へではなく、頭振、二・三男、非百姓らの無高層に取高させる結果となった。つまり、頭振、二・三男、非百姓の無高層は小百姓化が公認されたものの、貧窮農民は頭振に転落した。藩は元文期に切高の制限を考慮し、寛保元年（一七四一）に皆切高を禁じて一、二升高を残すことを命じ、享和元年（一八〇一）に残高二升と定めた。[14] これを「名高」と称した。「田畑永代売買禁止令」は本百姓の没落、その結果生ずる貢租・諸役の未納を未然に防止することが目的であったので、これを農民側からみれば、貢租・諸役を明確にしておく限り、事実上の土地売買が自由であったといっても差し支えないだろう。この点、「切高御仕法」は決して「田畑永代売買禁止令」の施行目的に反したものではなかった。次いで、元禄六年（一六九三）の「切高御仕法」施行後の「永代売山証文」を示す。[15]

永代ニ売渡シ申はく水山之叓

一、壱ケ所　はく水山東ハ宗末村仁兵衛堺、黒丸村久右衛門山堺、西方ハ弐子村作右衛門山堺、南ハ往還切北方ハ境ハ黒丸村久右衛門山ニてせ切之さかい

右はく水山我等方ゟ遠所ニ而立毛そまつニ罷成、其上御公儀様御諸役銀ニ手𢯭申ニ付切高可仕所、少高所持仕申内永代之切高ニ仕候へハ以来百姓ニ相続申儀難成奉存、右之はく水山ニ代銀百六拾目ニ永代ニ売渡シ慥ニ請取、御公儀様諸役銀ニ指上皆済仕り申所実正ニ御座候、則壱匁壱分三りん宛年々可被指上候、ケ様ニ我等相究置申上ハ、於子々孫々ニ少茂違背有間敷候、自然惣同名中相談ニより山小分等仕候共、於以来此山之儀者配分有間敷候、為後々年我等連判之証文相渡シ申所如件

元禄拾三年十一月十五日

南山村 仁右衛門(印)
同村肝煎 助　作(印)
同与合頭 藤　六(印)
同 又　六(印)

宗末村 又兵衛殿

右は、元祿一三年（一七〇〇）珠洲郡南山村が入会山「はく水山」を銀一六〇匁で宗末村に永代売却した証文であった。これは村肝煎・組合頭が奥書した上で「惣百姓中」が署名（同意）し、入会権・所有権を永代売却したものだろう。ただ、この証文には「子ノ《（延享元年）》六月十五日ニ代銀三百目相返り、証文請取申候」と奥書があり、南山村は後年に至って売山を宗末村から取り戻していた。また、右には売主が買主から毎年山役銀を取り藩に上納すること、売山を除いて山小分することを定めていた。売山は山割と共に入会山を次第に解体させる要因になった。金沢中間所の報告書には「元祿六年以来山取置候儀者、其村々肝煎・組合頭判形仕置候分者切高並ニ取人支配可仕候、肝煎・組合頭判形無之候者、銀米相渡売主証文いたし置候共、為相返銀米取主損ニ可申渡事」とあり[16]、売山証文は「切高御仕法」の施行後、村肝煎・組合頭の奥書が必要となり、それが無いものは無効となった。売主が個人の場合には、さらに請人の承認が必要であった。

享保六年（一七二一）の書付には「一、前々より、村中入会にいたし来候山林・秣場等を、相対を以て分け持切に割合申間敷事」とあり[17]、幕府は高持百姓の零落を防止するため、農民が村中入会山を任意で分割することを禁止していた。ただ、幕藩には「地割許可書」に相当する「山割許可書」がみられないので、他に故障の申し立てがなければ違法とせず、村中の総意をもって分割を許可したものだろう。入会山の分割は農民にとって重要な出来事であり、将来山論の原因ともなる心配があったから、その結果を村役人に証文で報告し、惣百姓の連判を残して相互に問題を発生させないような対策を講じていた。そのため、村では「山割帳」を備えて、各持分の面積・場所を明確にし、さらに持分毎に記入された「山割絵図」なども作成した。こうした村の処置は、山論が発生して幕藩の吟味などがあった場合、村の不注意を指摘されないための備えでもあった。後述のように、農民は山割地に対し排他的な個人の所有権を主張することができ、永代売買の対象地として個別取引きが可能になった。

ここで、能登国における百姓持山（高付山を除く）の「売山証文」「質入山証文」を第13表に示す。山林は実面積の算出が困難であり、証文には山何ケ所という表現が多い。また、売却理由は宮普譜・火災普請・村方入用銀の三例を

第13表　能登国の山売証文

年代	郡名	村名	売主	代価	山役銀	売買別	出典
慶安元年(1648)	珠洲	馬緤	太左衛門▲	1.4石		年季売	『珠洲市史・資料編第3巻』
明暦4年(1658)	珠洲	成徳	治右衛門▲			売渡	「正福寺文書」(珠洲市若山町)
貞享3年(1686)	珠洲	国兼	藤左衛門▲	230匁	1.0匁	売渡	「正福寺文書」
元禄2年(1689)	珠洲	内山	宗四郎▲	75匁	1.7匁	売渡	「正福寺文書」
12年(1699)	鳳至	笹川	彦十郎	120匁		永代売	『柳田村史』
13年(1700)	鳳至	小泉	七郎右衛門	80匁		永代売	『輪島市史・資料編第2巻』
15年(1702)	珠洲	北方	真頼	0.75石	0.8匁	永代売	『珠洲市史・資料編第3巻』
宝永元年(1704)	珠洲	寺家	弥三郎	106匁		売渡	『珠洲市史・資料編第3巻』
正徳2年(1712)	珠洲	寺家	五郎右衛門	250匁	7.0匁	売渡	「三崎修栄家文書」(珠洲市三崎町)
享保4年(1719)	珠洲	細屋	仁助▲	2.5石	0.5匁	永代売	「道下四郎右衛門家文書」(珠洲市蛸島町)
11年(1726)	珠洲	清水	九郎右衛門	1.9石		質入	『珠洲市史・資料編第3巻』
17年(1732)	鳳至	西院内	宗四郎ら▲	16.9石	2.6匁	永代売	『輪島市史・資料編第2巻』
19年(1734)	鳳至	西院内	弥兵衛▲	2.0石	0.4匁	永代売	『輪島市史・資料編第2巻』
元文2年(1737)	鹿島	笠師	能登	1.5石		永代売	『中島町史・資料編下巻』
寛保3年(1743)	珠洲	片岩	七左衛門	2.5石	0.2匁	永代売	『珠洲市史・資料編第3巻』
延享2年(1745)	珠洲	大坊	正福寺▲	33貫		質入	『珠洲市史・資料編第3巻』
4年(1747)	珠洲	杉山	三七▲	0.4石	0.15匁	永代売	『珠洲市史・資料編第3巻』
寛延2年(1749)	珠洲	大坊	正福寺▲	33貫		質入	『珠洲市史・資料編第3巻』
宝暦4年(1754)	珠洲	清水	嘉右衛門	6.0石	0.6匁	売渡	『珠洲市史・資料編第3巻』
8年(1758)	鹿島	瀬嵐	与四兵衛	20貫		質入	『中島町史・資料編下巻』
13年(1763)	珠洲	片岩	彦市	1.75石	0.1匁	永代売	『珠洲市史・資料編第3巻』
安永2年(1773)	珠洲	清水	喜三郎	3.5石	0.3匁	売渡	『珠洲市史・資料編第3巻』
6年(1777)	珠洲	細屋	仁右衛門▲	6.0石	0.5匁	永代売	「道下四郎右衛門家文書」
天明3年(1783)	珠洲	中田	三右衛門	0.5石	0.2匁	売渡	『珠洲市史・資料編第3巻』
7年(1787)	珠洲	北方	忠次郎	29.7石	7.5匁	永代売	『珠洲市史・資料編第3巻』
寛政7年(1795)	珠洲	清水	勘十郎	2.0石	0.5匁	売渡	『珠洲市史・資料編第3巻』
享保3年(1803)	珠洲	細屋	仁助▲	35貫	0.5匁	永代売	「道下四郎右衛門家文書」
文化7年(1810)	羽咋	福野	伝兵衛	0.4石	0.05匁	永代売	『志賀町史・資料編第2巻』
11年(1814)	鳳至	三田	三助	350匁	0.2匁	永代売	『能都町史・第3巻』
14年(1817)	鹿島	鵜浦	三右衛門	13貫	1.0匁	永代売	『七尾市史・資料編第3巻』
8年(1825)	珠洲	飯塚	太兵衛ら▲	20貫		永代売	『珠洲市史・資料編第3巻』
天保7年(1836)	羽咋	矢田	弥三郎	10匁		永代売	『志賀町史・資料編第2巻』
14年(1843)	珠洲	上山	久佐衛門ら	14貫	7.5匁	永代売	「縁筵助家文書」(珠洲市若山町)
嘉永2年(1849)	羽咋	館開	市兵衛	92.5匁		永代売	『志賀町史・資料編第2巻』
3年(1850)	鹿島	二宮	十右衛門	38.5貫	12.5匁	永代売	『鹿島町史・資料編』
安政6年(1859)	鹿島	笠師	太右衛門	120匁	0.15匁	永代売	『中島町史・資料編下巻』
万延元年(1860)	鳳至	神和住	義太郎	5.5貫	10匁	永代売	「丑屋浅右衛門家文書」(鳳至郡柳田村)
2年(1861)	鳳至	神和住	佐小次郎	2歩		永代売	「丑屋浅右衛門家文書」
文久3年(1863)	鳳至	神和住	善三郎	8.9貫		永代売	「丑屋浅右衛門家文書」

表中の▲は他村に売り渡したことを示す．なお，珠洲市には上記の他，約140点の「売山証文」が存す（『珠洲市古文書目録』）．

除き、すべて「御収納不足」であった。さらに、第13表から次の事柄が指摘できるだろう。

永代売が圧倒的に多い（切高御仕法後）。

山林は田畑に比べて価値が相対的に低い。

山林は自村および他村に売却された。

売山は「切高御仕法」の施行後に、特に盛んになった。

加賀藩では江戸初期の検地（越中国は慶長九年、加能両国は元和二年から実施）により山林が「惣有」（入会山）となり、元禄六年の「切高御仕法」により「惣有」から「所有」へと移動した。もっとも、ここでいう「所有」は完全なる所有権でなく、領主の権力的支配が留保した不完全所有権であった。前述のごとく、江戸前期には「惣有」の観念がまだ強く、売主（百姓）は売却後も従来通り山林を利用することが可能であった。「年季売り」から「永代売り」に移動したことは、山林（担保）の資産価値が増大し買主に渡ったこと（処分権の成立）を示すものだろう。つまり、「永代売り」は村方に大きな混乱を引き起こしたため、農民は山林が移動しない「質入山」の方法で金を借りるようになった。「質入山証文」は「年季売山証文」とは異なり、借主は借金を返済できなければ山林を引き渡さなければならなかった。「質入山証文」は江戸初期に質入年季が明記されていないので、山林は買主（質取人）に渡っていなかったようだ。「無年季質入山」は次第に「年季質入山」へと変化し、買主の権利が強化されるようになった。買主は売主（質入人）が元利（山役銀など）を滞納すれば山林を取り上げ、別人に貸し与えることが可能となった。買主の中には自村・他村に多くの山林を所有し、山林地主となる者が現われた。続いて、「質入山証文」を示す[18]。

質入山証文之事

一、弐匁者　山役銀

代百目者（壱匁役銀ニ付五拾匁宛）　文丁銀

私義当年作方ニ手段茂無御座候ニ付、持山之内当分質入ニ致代銀慥ニ請取改作上歩（丈夫）ニ仕候、七月切迄ニ元利ヲ以

御算用急度致シ候、為其判形如件

文化八年未四月

大畠村質入人 甚左衛門（印）

同村肝煎 平左衛門（印）

同組合頭 長左衛門（印）

竹橋村 九兵衛殿

右は、文化八年（一八一一）河北郡大畠村甚左衛門が竹橋村九兵衛に百姓持山を代銀一〇〇匁と山役銀二匁で無年季質入れした証文であった。これには「当分質入」とあり、甚左衛門は元利を支払って質入山を取り戻す意志を持ち、質入れ後もそれを利用したようだ。

享保六年（一七二一）藩は改作法への復帰を志向する「農政仕法」（一二条）を発令した。これは年貢収奪の強化を指示し、年貢が不足する時、まず家財・牛馬・竹木などを売り払い、家族を奉公に出して賃金収入を得て年貢に当てること、村方で奉公し難い時、金沢へ奉公に出すこと、十村・農民が分限相応に生活を切り詰めること、古い新開地の免を年季にかかわらず上げ、近年の新開も土地が良ければ手上免をすること、万策が尽きた場合、懸作高の売却を認めることなどを定めていた(19)。同一一年（一七二六）算用場から諸郡の御扶持人・十村に宛てた達書には「近年一統改作之御法猥に罷成、第一農業不精にいたし候故、上田・中田・下田所共に土地不相応取劣り、無益之費無際限相聞候に付而、三ケ年以来古法に立帰、則役人も被仰付、諸事相調理申儀各存候処に候」とあり(20)、藩は同九年から農政の方向を改作法復帰に転換させた。これは同一四年（一七二九）および同一九年（一七三四）の達書で再確認された後、同一九年の「御郡御定書」の中で「律儀成百姓」の育成と「いたづら成百姓」の排除をはじめ、改作法の諸条項を文言のまま復元された(21)。ただ、五五条には「一、御郡中に罷在頭振、百姓に成候はゞ、御郡奉行江案内可仕事。附、百姓手前つぶれ頭振に成、御郡に罷在候はゞ、是又可致案内事」(22)とあって、改作法の施行時は頭振が高を取得して百姓となり、百姓が高を失って頭振になるような現象は見られなかった。藩は激しい持高構造の変化に危機感を強め、改作法への復帰を志向したものだろう。元文三年(一七三八)改作奉行から諸郡の御扶持人・十村に宛てた達書には「一、改作之御法近年者心得違いたし候者有之躰に候條、古き御格を覚候者江立寄委細に承置、組支配等厳重相心得可申候。若難相知儀者改作所江可尋事」とあって、(23)藩は改作法に強く志向すると共に、具体的に切高・分高の制限を厳しく定めた。後述するように、藩はその後も何度か「切高御仕法」を制約したものの、思うような抑制を実施できなかった。

天保八年(一八三七)藩は「借財方御仕法」と「高方御仕法」を発令して天保改革を実施した。「借財方御仕法」は町方の借金をすべて無利足(元金)の年賦で返済すること、村方の無利足の貸借を年賦で返済すること、質物を元金(無利足)の一〇分の一を返し一年以内に取り戻せることなどを、「高方御仕法」は質入高(質物)を元主に返却すること、町人・寺社に渡した切高(売買高)を取り上げること、農民に渡した切高を売主が代銀を支払って取り戻せることなどを定めていた。山林には「高付ニ相成居候山」が存したため、「借財方御仕法」「高方御仕法」が適用された。「高方御仕法」の凡例には持山・立木の質入高・切高などに関しおおむね次のように記す。(24)すなわち、持山・立木を質入・見當・年季売り・一作売りしたもの、高付山の山林だけを売ったもの、売り渡した後も元村が山役銀を納めているものなどは、取り上げた上で元主(元村)に無償で戻させること、持山・立木を売切・永代卸・又売りしたものは、元金(無利足)を支払って取り戻させること、寺社への売切については拝領山と区別がつきにくく特別に認めること、土山は元金で元主に返却させたものの、立木は生育を確かめ当時の値段で元主に返却させることなどを定めていた。町人・寺社から取り上げた山林は「御縮山」(御取揚山・御仕方山)と称し、その利益は十村が管理して郡方・用水方の経費に当てられた。嘉永四年(一八五一)能州口郡の十村は御縮山をすべて鎌留山にして村役人に管理させ、その字名・間数・木種などを記帳すると共に境に杭を打った。(25)御縮山が藩から元主に返却されたことは、藩が百姓持山の所有権を認めていたことを示すものだろう。なお、「高方御仕法」には「一、高付ニ相成居候山も山計売置候分ハ取揚、山ニ付居候高村へ相渡候、何れ右之分ハ高と山と離れ不申趣意ニ候事」とあり、(26)高付山は次第に田畑と離れて売買されるようになった。高付山は農民の持高に応じて割当てられた肥料・飼料用の採草木地が多く、切高時に田畑に付属して売り渡された。「切高証文」の中には「但高附山壱ケ所後谷」などと明記するものもあったが、(27)その大半には「高付山」の名称がみられなかった。

藩は天保改革の開始時に産物方を廃止し、その業務を新たに設置した物価方役所に引き継がせた。物価方役所は領内の商売自由化を打ち出し、天保九年(一八三八)に炭・薪・材木・竹が無株・無役銀、売薬・薬草が株立・無役銀となったものの、十村・分役などの商業活動を抑制したため、十分な効果を上げることができなかった。つまり、物価方役所は物価下落を主眼として産業振興を計ったものの、品不足から来る物価上昇を抑止できず、目的を果たせないまま同一三年(一八四二)に廃止された。同年の達書には領内の山林が荒廃し薪・炭などが「払底」となり、高値になったことを記す。(28)このように、天保期には生産と需要が共に増大したものの、需給関係から物価が上昇した。こうした現象は加賀藩だけでなく、諸藩でも見られた傾向であった。

最後に、「むつし」の売買をみておこう。能美郡神子清水村又右衛門は天保四年(一八三三)二曲村源兵衛に居屋敷・野山と共に「むつし」を銀五二匁で売却した。(29)神子清水村の質入年季は江戸後期に七年季から一二年までの比較的長いものであった。石川郡坂尻村の枝家は代々肝煎を務めた家柄で、「むつし年季売代書上帳」が存し、嘉永六年(一八五三)から明治二六年(一八九三)までの「むつし」年季売三七件を記す。(30)その一部を左に記す。

一、壱口　　しょう谷入口
代五百四拾目
但シ、嘉永六年丑切長兵衛江賣ル
一、壱口半程　　下湯谷
代百四拾目

但シ、右同年切次右衛門等江賣ル
一、四口　　しょう谷
代壱貫目
但シ、嘉永七年寅切庄右衛門等江賣ル
一、壱口　　東しょう
代三百目
但シ、右同断
一、壱口　　中林山
一、壱口　　竹沢平
代六百四拾目
但シ、安政二年卯切又右衛門等江賣ル

右の質入年季は明確でないものの、加賀藩では二年季から四年季の短いものが多かった。[31] 枝家は江戸末期に自村・他村から「むつし」・山林などを多く買い取り、山林地主になっていた。能美郡の山間部では領内を越え、天領白山麓に「むつし」・山林などを売り渡した。能美郡阿手村次郎左衛門は、安政三年（一八五六）居屋敷・田畑・山林などと共に「むつし」を金三〇両で白山麓島村松右衛門へ売却した。[32] 逆に、白山麓の村々から加賀藩の村々へ田畑・山林などと共に「むつし」を売却した場合も少なくなかった。一例を示すと、白山麓二口村助右衛門は、天保九年（一八三八）鶴来商人の安藤屋市右衛門へ畑・杪山などと共に「むつし」を売却した。[33]

指引方ニ相渡申證文之事
一、私持分字名太宮と申所畑壱ケ所、四方境之内不残也
一、字名荒シ平むつし・杪山壱ケ所、四方境之内少茂不残也

右之通り代銀子借用方ニ相渡シ申所実正ニ御座候、然ル上ハ御年貢諸役き殿方ゟ御勤被成御勝手次第ニ御支配可被成候、少茂相障申者無御座、万一何角申者出来申候者私罷出き殿へ御苦労掛申間敷候、為後日売渡シ證文相渡申所仍而如件

天保九年七月　日

二口
助右衛門（略押）

同証人
兵右衛門（印）

鶴来
安藤屋市右衛門殿

安藤屋市右衛門は買い取った「むつし」畑・杪山などを所有する寄生地主となったものの、藩は天保八年（一八三七）以来、懸作者の現地移住を禁止していたので、元の農民が小作するほかなかった。前述のごとく、加賀藩では町人地主の存在を認めたものの、寄生地主化することを禁止していた。

五　百姓持山の利用

御林山および準藩有林は、川除材・用水材・道橋材・災害者救済材および薪材・炭材などに多く利用された。また、損木はそれらを管理した村の農民に入札をもって払い下げられたが、それは十村が切手または書付を作成し、郡奉行が裏書したのち村に渡された。百姓持山は山役銀高に応じて数村または一村に割当てられたもので、惣山で利用する場合と個人分割で利用する場合があった。つまり、これは一般的に居村近くが個人林または仲間林、内山が村中入会、外山（奥山）が村々入会の所有形態であった。仲間林は帰属主体が地域共同体になく、特定の耕地所有者の団体に存した山林を継承したものであった。これは家作・燃料・肥料・飼料などの採草木地をはじめ、薪・炭・板・小羽など

林産物の供給地（百姓稼山）として多く利用された。農民は百姓持山を利用目的に応じ、林山・薪山・草山・その他の名称をもって呼称した。

林《はやし》　山《やま》

建築材・土木材・家具材などを伐り出した山。林山は個人分割されたものもあったが、村々入会・村中入会のものが多かった。農民は大工・木挽や親類・隣人の技術・労力を得て家を建築したため、自分または他人の林山を見て廻り、所有者から必要な樹木を購入するなど、数年をかけて建築材を調達した。建築材は山道および運搬手段が不備であったため、村領の三〜四キロ以内に多く求められた。農民は林山の七木を損傷させないようにして、主に雑木を伐採して建築材に用いた。もちろん、農民は藩の許可を得て、松・杉・槻などの七木を伐採することも可能であった。

越中国五箇山および白山麓では明治期に農民が三月上旬から雪が残る山に入り、杉・栃・橅《ぶな》・楢・栓《せん》などを伐採し、それを木呂にして手橇《そり》で運び出した。これを「春木山《はるきやま》」と称した。木呂は春先の雪解け水を利用して川流し、下流の村々で臼・鍬柄・薪などに加工されることもあった。五箇山では川流し（流木）が盛んであり、庄川筋には数人の木呂業者・木材業者が存した。ただ、彼らは出水時に河川の沿岸や海辺に漂着した木呂を付近の農民が拾得したこともあって、それを満足に回収することができず、致命的な損失を蒙ることもあった(1)。両地域では昭和四〇年頃まで「春木山」が継続されていたが、現在ではほとんど見られなくなった。なお、能登国奥郡では「春伐山」（二月下旬〜三月下旬）と称し、薪（塩木を含む）を多く伐採した。

薪　山

燃料用の薪を伐り出した山。薪山は村々入会・村中入会が多かったが、個人分割された場合も存した。薪山は主に枚《ばいた》（鋸で伐る薪）を伐り出した「枚山」（枚木山）と主に杪《ほえ》（鉈《なた》で伐る薪）を伐り出した「杪山」とに大別された(2)。枚山は「はへ山」、杪山は「柴山」（芝山）とも呼ばれた。枚山は約一五年周期、杪山は約一〇年周期で伐採したので、一年分の一〇～一五倍の薪山が必要であった。薪山は「炭山」「塩薪山」と呼ばれ、炭材や塩木の供給地としても利用された。薪材には空木《うつぎ》・榛《はん》の木・沢胡桃《さわぐるみ》・令法《りょうぼ》・合歓《ねむ》・黒文字・黄檗《きはだ》などが、炭材には水楢・小楢・山紅葉・猿滑《さるすべり》などが多く使用された。薪材は木の芽が吹き出さない間（三月上旬から四月上旬）に伐り、秋まで入場《にゅうば》に棚積みして置き、乾燥したものを背で家まで運んだ。五箇山・白山麓では薪を「春木山」により多く伐採した。五箇山では枚二間《けん》ほどと杪二〇〇束ほど、白山麓では枚一間半ほどと杪二四〇束ほどを一冬に使用したという。(3) 一間は長さ三～四尺（約〇・九～一・二メートル）の枚材（丸太）を六尺（約一・八メートル）幅に並べ、それを六尺の高さに積み上げた量であった。杪は長さ六尺、直径一尺ほどの束にし（黒文字・万作《まんさく》の皮、藤蔓などを使用）、丸太の土台の上に太い方と細い方を交互に二嵩《かさ》半（一嵩は太い方と細い方の一重ね）棚積みされた。杪棚は一度藤蔓で固定された後、屋根用（船杪）の三束を並べて萱で覆われた。

薪山は都市生活者が増大するに伴い薪・炭の需要が増加したため、特に重要視された。つまり、薪・炭の生産は農民の貨幣獲得に適し、農閑余業として活発化したため、江戸中期には薪山の荒廃が進み、薪・炭値段が高騰する状況が慢性化した。江戸後期、幕府は江戸周辺の御林山を薪山・炭山として農民に利用させた。秋田藩では御薪山（藩用）を農民に開放し（運上銀を収納）、高知藩では留山を薪山として周辺の村々に開放した。(4) 薪山は明治期に多く国有林に編入されたため、百姓稼山が狭められることになった。

草山

肥料・飼料・屋根用の草・萱などを刈り出した山。草山は田畑肥料・牛馬飼料の供給地となった草刈山（秣場《まぐさば》・草飼山・肥山《こえやま》・肥草山・草場）と、屋根材・炭俵材の供給地となった萱山（萱場・萱野）とに大別された。草山には年貢対象地と対象外地があり、また前者には村高に含められたもの、村高外のものが存した。「地方凡例録」には、草年貢・野年貢・草役米・野役米・野手米《のて》・野役米永などが草山に賦課されたことを記す。(5) 草年貢（野年貢）は草山を検地して反別（面積）を決め、一反米または永いくらと年貢高を定めたもので、田畑の本途物成（本年貢）に属した。草役米（野役米）は小物成であり、江戸中期までは草銭《くさせん》・野銭《のせん》とも称した。加賀藩では柴・笹・萱・草などが生える山を「野《の》毛山《げやま》」（野毛）と称し、草山同様に扱ったものの、対象の小物成は山役であった。嘉永二年（一八四九）射水郡太田村では藩に萱役を上納し、村内に萱場を開いていた。(6) なお、草山中には燃料用の笹が繁茂する「笹山」（笹原）も多く存した。

萱山は草刈山に比べれば、個人分割の利用が多かった。このことは、江戸中期以降、金肥（干鰯《ほしか》・油粕・石灰など）の出現によって草肥（刈敷《かりしき》・緑肥）の利用価値が低下したことを示すものだろう。「地方凡例録」は「萱野銭ハ高外の萱野に反別ありて、反毎に何程と、萱野生立の善悪に拘わらず、米永にて定納す、尤も高内の萱野もあり、是ハ本途畑年貢に入れて萱畑と唱へ、越後蒲原郡など多し」と記す。(7) 山方村落では萱葺き屋根の家屋が多く、それは一五〜二〇年ほどで葺き替えねばならず、広い萱山が必要であった。具体的には一戸の屋根に萱六〇〇〇〜七〇〇〇把が必要であり、農民は数年をかけてそれを入場に貯えた。この外、山方村落では炭俵材・小屋の屋根材・雪囲い材などに萱を多く使用した。

その他

加賀藩の山間部では、焼畑（薙畑《なぎはた》）が広く行われていた。焼畑は二〇〜三〇年の休閑年数を経て再びそれが可能であったため、広大な焼畑用地が必要であった。越中国では焼畑用地を「あらし」（アラシ・荒らし・阿らし・あ羅し・荒し、荒・嵐などと書く）または「そうれ」（草嶺・草連・草蓮・惣蓮・惣林・惣礼・惣荒・草利・草令・草里・草萊・双里・蔵礼・蔵蓮・沢蓮などと書く）と称し、加賀国ではそれを「あらし」または「むつし」（ムツシ・陸・陸仕・睦支・睦地・六仕・六師・六鋪・無つし・無津志・無辻などと書く）と称した。(8) 焼畑用地は稗・粟・大豆・小豆・大根などの生産地であ

第14表　白山麓の持山利用

利用名称	名称の説明
むつし	焼畑用地（焼畑終了後の休閑地）および焼畑地．中世以来の焼畑用語
あらし	「むつし」に同じ．中世以来の焼畑用語（「むつし」より古い用語）
荒山	「むつし」「あらし」の上部に存する焼畑不適地．杪山・炭山などにも利用
深山	荒山に同じ．遠く離れた山を呼ぶ場合にも使用
嶽山	荒山に同じ．奥山を呼ぶ場合にも使用
杪山	薪を伐出した山．荒山・深山・嶽山などを利用
炭山	炭材を伐出した山．荒山・深山・嶽山などを利用
参畑	利用権が共有の個人所有林．山田とも称す（嶋村）
桑原	山桑が群生する所．「むつし」「あらし」中に多い
杉原	杉木が群生する所．杉林とも称す
栗原	栗木が群生する所．栗林とも称す．天然林が多い
栃原	栃木が群生する所．栃林・栃山とも称す．すべて天然林
萱原	萱が群生する所．萱場・萱山とも称す．男萱は植栽
山畑	山中に存する常畑・焼畑．出作り地では焼畑を指す
石灰山	石灰を採掘した山

るだけでなく、薪材・炭材・鎌柄材などの供給地および薇《ぜんまい》・蕨《わらび》・蕗《ふき》・独活《うど》・山芋・山葵《わさび》・黄蓮《おうれん》・片栗など副産物の生産地としても利用された。参考までに、白山麓における百姓持山の利用を第14表に示す。この外、百姓持山は、水持林（水源地の保護）・雪持林（雪崩の防止）・風持林（風の防止）・宮林（御神林・道場林）などにも利用された。これらはほとんどが村中入会山（惣山・惣林）であり、村掟をもって管理されていた。

百姓持山の山境は不明確な場合が多く、しばしば境界争い（山論）が発生した。そのため、「売山証文」（むつし売証文・あらし売証文・そうれ売証文などを含む）には四方境を明示したものが多く、絵図を付帯したものも存した。寛保三年（一七四三）の「永代売山証文」（珠洲郡）には「山字名ハねこ山与申所。但、此山境西之方ハ惣山境堀切、北之方ハ道切、下ハいたニ切、東之方ハ川切、南之方ハ荒田切、皆面ニシテ」と記す。[9] 次に「売山証文」から山境名を抽出して第15表に示す。

尾境は、一般に「大尾境」「尾境」「指尾境」の三種に区分された。大尾境は川の分水嶺にあたる大きな尾根を境としたもので、「売山証文」には「おゝ境」「おう尾境」などと明記した。尾境は谷の分水嶺にあたる普通の尾根を境としたもので、「売山証文」には「お境」「を境」「尾境」などと明記した。指尾境は山崩によって生じた小さな尾根を境としたもので、「売山証文」には「さし尾境」「サシオ境」などと明記した。峰境は尾境

第15表　山境の名称

分類	境名称
尾境	大尾境，尾境，指尾境，峰境，峠境
谷境	沼境，迫境，窪境，溝境，大谷境，小谷境，細谷境
山境	目婦境，霧境，むつし境，あらし境，そうれ境，荒山境，深山境，桑原境，杉原境，茅場境，御林境，持分境，在所分境，孫左衛門作境，甚右衛門境
道境	大道境，往来境，小道境，山道境，細道境，馬道境，下道境，新道境
川境	大川境，小川境，堀切境，谷川境，滝境，池境，川岸境
その他	休場境，石境，岩境，壁境，木境，ねじ木境，切株境，塚境

と同意に使用されていた。いま、大尾境・尾境・指尾境等を第1図に示す。

沼境は谷までに至らず、水流れのない窪地を境としたもので、加賀国の山間部では「ぬま境」、越中国の山間部では「のま境」と呼称した。「沼」は土壌が肥え、適度の水分が存する場所であり、独活・山葵・薇などの山菜がよく生育した。特に薇は男薇が少なく、女薇が一五～二〇本も株になって生育したので、農民は沼を大切にしたという。加賀国の山間部では「迫境《さこざかい》」と呼称し、谷の行き詰まった場所を境とした。迫境は沼

第1図　尾境の略図

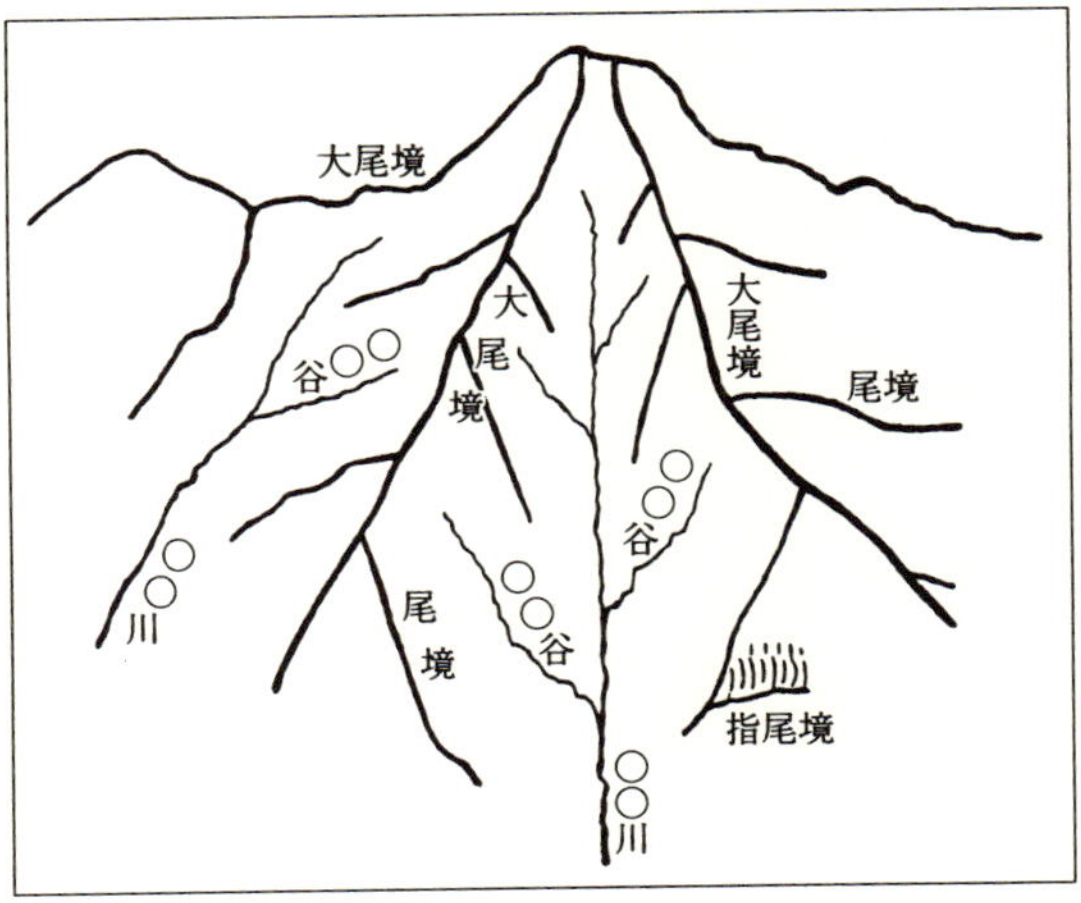

第2図　白山麓の「むつし」境図

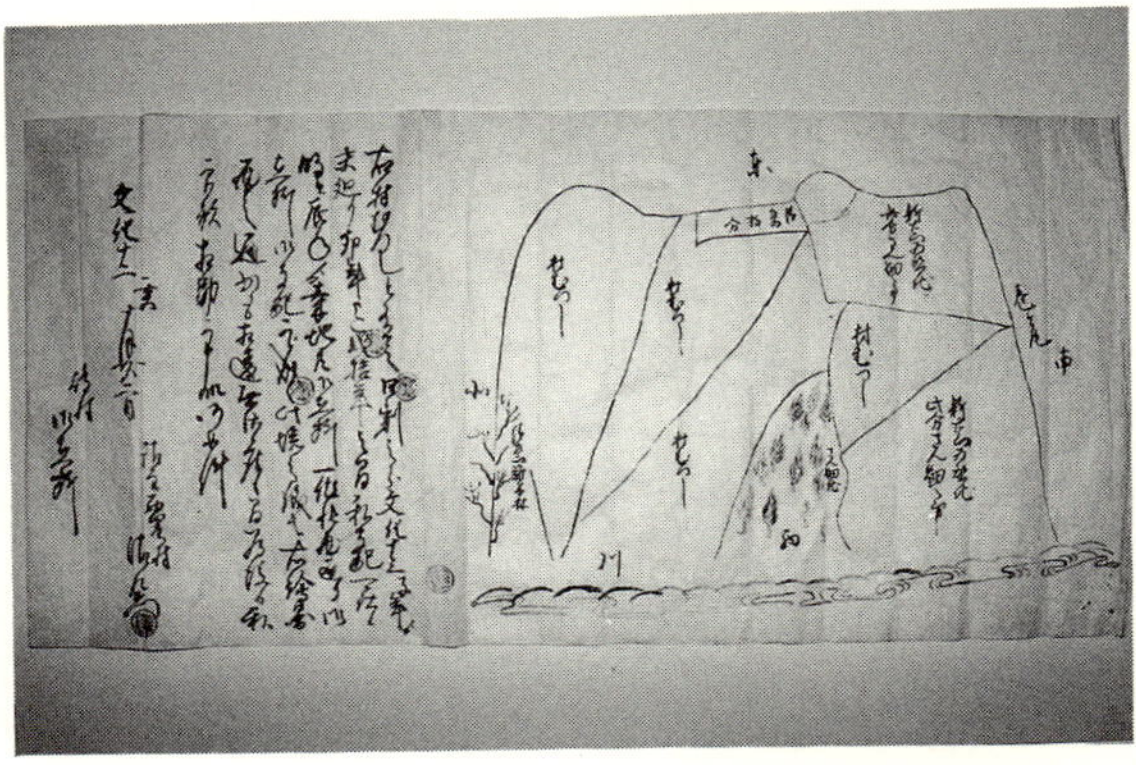

（白山民俗資料館蔵）

境と同意に使用された。

目婦境は丸い尾根（分水嶺が不明確）の傾斜急変地を境としたもので、加賀国の山間部では「めぶ境」、越中国の山間部では「まぶ境」と多く呼称した。(10)「作り境」「むつし境」「あらし境」「そうれ境」「荒山境」「深山境」「霧境」などは目婦境と同意に使用された。霧境は焼畑の高度限界を表わす用語であり、越前国の山間部でも多く使用された。御林境は御林山を境としたもので、「御山境」とも呼称した。孫左衛門作境・甚右衛門境は「持分境」と同意に使用されたが、両者には若干の差異が存した。つまり、前者は請山の境、後者は個人持山の境を示した。

右の外、山境は石境・野石境・岩境・壁境などと称し、自然石・岩・壁などを境界の証に多く利用した。加賀藩の山間部では岩・壁などの先端部を「ハナバス」と呼び、それを目印とした境を「ハナバス境」と称した。木境（大木を境木とする）・切株境（クネ境）・結び木境（ねじ木境）などは永久的なものでなかったので、これらを巡って境界争いが発生した。(11)ねじ木は高さ二メートルほどの黒文字・山紅葉などを幹ごと輪に結んだもので、一〇年ほどで幹が合体したという。

「売山証文」には、「有坪《ありつぼ》」（持山の所在地）を明示したものが多い。「坪」は道・溝・畦畔・柵・塀・建物などで区画された古代条里制の土地を指し、「坪付」と称する地籍簿に田地の段別・所在などを明記した。(12)有坪（在坪）は持山の地名を明示したもので（面積の記載なし）、他に「字」「字名」「所」「坪」などとも書いた。室町中期には有坪（在坪）、江戸前期には字・所、江戸後期には字名が多く使用されていた。江戸末期からは、漸次「字名」に固定された。百姓持山の境は、一般に「境」「限」「切」の三種によって明示された。境・限（限尾境）は多く使用されたものの、切（道切）は越中国の山間部で江戸前期に限って使用された。切は単独で使用されることが少なく、境と併用された。越前国大野郡では鎌倉初期から限が、同前期から限と境が、室町中期から境（堺）が使用された。(13)境は堺の外に、「さかい」「さかへ」「さかひ」「サカイ」などとも書いた。

一　入会山の成立

（1）　前掲『中世法制史料集・第三巻』一一五頁、一七一～一七二頁、一九六頁。なお、西川善介氏は「一般には中世末から近世初頭にかけてすでに私的所持の林野と入会林野とがいちおう明確な一線を画しておった」と記す（前掲『林野所有の形成と村の構造』三三五頁）。

（2）　「川合文書」（富山大学図書館蔵）

（3）　日置謙編『加能古文書』（名著出版社）一一七一～一一七二頁

（4）　『七尾市史・資料編第三巻』一九六頁

（5）　前掲『加賀藩史料・第壱編』三五五～三五六頁

（6）　『右同』五七六～五七七頁

（7）　射水郡東広上・西広上両村は年貢米の増額を藩に願い出て許可された（『右同』八九五頁）。

越中中郡之内東ひろかみ村・西ひろかみ村臺所入年貢米之事、近年百俵に付而拾二俵宛令納所候所、當年より高百俵に付拾八俵充物成可納所旨申上候。然者両村臺所分之きもいり、くしだ村三右衛門・本開発村彌四郎両人に申付候條、令裁許、年貢所當無滞様可納所者也。

已　上

慶長九年十二月七日　　利　長（判）

くしだ村百姓　三右衛門

本開発村百姓　彌　四　郎

（8）　『右同』五七八～五七九頁

（9）　『富山県史・史料編Ⅲ』七二〇頁

（10）　前掲『加賀藩史料・第壱編』九二〇～九二一頁

（11）　『輪島市史・資料編第二巻』一一〇頁

（12）　『富山県史・史料編Ⅲ』七二三～七三六頁、九一二頁、九二〇頁

（13）　前掲『加能古文書』九一六頁

（14）　前掲『日本林制史資料・金沢藩』八～一一頁

(15) 前掲『加賀藩史料・第壱編』三八七頁

(16) 『右同』八七八頁

(17) 前掲『加賀藩史料・第弐編』四四一～四四二頁、七五四頁。元和五年（一六一九）鳳至郡久手川村と稲舟村の山論裁定状を示す（『輪島市史・資料編第二巻』九一頁）。

今度山ノ出入互ニ仕候所ニ、久原左右衛門様・山口内匠様・村田喜太郎様、下ニ而御扱被成候ニ付て、山銭弐百六拾文其方へ毎年相立可申候、然ハ跡々ゟ入来りのことく、杉の木口・ほそいけ口・百文山、是三ツ之山へ入可申候、右之外山へ入申間敷候、仍為後日互之一札とりかわす所如件

元和五年三月廿三日　稲舟村 三郎左衛門（略押）

久手川村 三郎右衛門殿参ル

(18) 前掲『日本林制史資料・金沢藩』二二二頁

(19) 『右同』一八九～一九〇頁

(20) 前掲『日本林制史調査資料・金沢藩四八号』

(21) 前掲「山廻役御用勤方覚帳」

(22) 前掲『部分林制度の史的研究』四五～五一頁

(23) 「加能越三箇国高物成帳」（金沢市立図書館蔵）

(24) 前掲『石川県林業史』二五六～二七二頁

二　請山制度の確立

(1) 前掲『地方凡例録・上巻』二二一頁

(2) 『鳥屋町史』四三三頁

(3) 『富山県史・史料編Ⅲ』七二三頁、七二六頁

(4) 『輪島市史・資料編第二巻』三〇九頁

(5) 『右同』三〇九～三一〇頁

(6)『右同』三一〇頁
(7)『輪島市史・資料編第一巻』三五九～三六〇頁
(8)『輪島市史・資料編第二巻』三二七頁
(9)若林喜三郎「近世における一作請山慣行について」(『研究紀要』昭和五四年度、徳川林政史研究所)二一〇～二一一頁
(10)「笹川区有文書」(下新川郡朝日町笹川)
(11)『輪島市史・資料編第二巻』二九九頁
(12)前掲『体系日本史叢書11・産業史II』二〇二頁
(13)前掲『日本林制史資料・金沢藩』一八三～一八四頁
(14)『鹿島町史・資料編』七三四頁
(15)『右同』七三五頁
(16)前掲『日本林制史資料・金沢藩』二八一頁
(17)『鹿島町史・資料編』七二五頁。飛驒国では領主が訴訟当事者間の妥協を直接間接に強要し、専制的に山論地を御留山に指定編入することが多かった(前掲『林野所有の形成と村の構造』四九頁)。享保一八年(一七三三)の覚書には「一、山論之儀前々より申出及公事沙汰候所も有之候共、多く者双方慥成証拠も無之候ニ付、古来より御留山ニ被付置」とあり(前掲『日本林制史資料・広島藩』七四頁)、広島藩では野山・腰林などにおける山論を避けるため、論地をすべて「御留山」に編入していた。

三　山割制度の確立

(1)青野春水『日本近世地割制史の研究』(雄山閣)
(2)地割の発生要因について、古島敏雄氏は自然的条件を前提とした理論で『古島敏雄著作集・第三巻』(東京大学出版会)を著し、青野春水氏は自然的条件に社会的条件を加味した理論で前掲『日本近世地割制史の研究』を著した。
(3)栃内礼次『旧加賀藩田地割制度』(壬生書院)八六頁。加賀藩の地割研究には、この外、小田吉之丈『加賀藩農政史考』、若林喜三郎『加賀藩農政史の研究』、前掲『日本近世地割制史の研究』、高沢裕一「割地制度と近世的村落」(『金沢大学経済論集・第六号』)、原昭午「加賀藩の田地割制度について」(『研究紀要』昭和四六年度、徳川林政史研究所)などが存す。若林氏は地割制度の動機の一つを寛永一七年(一六四〇)・同一八年の大凶作に伴う年貢未進にあったと解し(前掲『加賀藩農政史の研究・上

巻』一四三頁)、また青野氏は加賀藩の地割制が村請制、改作法、切高仕法との関係から「検地・村請→余荷→内検→村型割地→藩型割地→鬮替」の過程で施行されたと解した(前掲『日本近世地割制史の研究』二二九頁)。

(4) 改作奉行河合祐之は、その著「河合録」の中で「第一村之作甲乙無之処改作御法之枢要ニて、地割ハ夫か為之名法也」と(前掲『藩法集6・続金沢藩』九一三頁)、地割を改作法の前段階として位置付けした。また、宝永四年(一七〇七)の「耕稼春秋」にも「一、加能越三州ハ御改作の刻、村々惣百姓田地割有て、其以後無断田地割致さぬ御格也」とあり(前掲『日本農書全集4』二六二頁)、石川郡御供田村の十村土屋又三郎の目にも同様に映っていた。

(5)『富山県史・史料編Ⅲ』九二〇頁。太田村では、明暦三年(一六五七)・寛文六年(一六六六)・同七年(一六六七)にも地割を実施していた(『加賀藩初期十村役金子文書』礪波市教育委員会、九八頁)。

(6)『富山県史・史料編Ⅲ』九一二頁

(7) 前掲『藩法集6・続金沢藩』九一三頁。「河合録」には「坪持とハ田地割不致村方ニある事也、一村平均する事なく、何方より何方迄ハ誰之分として、人々切持居候を坪持と云(後略)」とあり(前掲『藩法集6・続金沢藩』九一七頁)、その後も地割を実施しない村が存した。

(8) 明治一八年(一八八五)の「約定一札書遣之事」には「一、明治九年地租御改ニ付、村方銘々持地反別・地価等取調可申上旨御達ニ付、取調御届申上置候処、今度又候銘々反別・地価・地租等名寄帳可指出旨御達ニ相成候得共、黒崎村ニ於テハ地所等永代持切ニ相成候テハ、地所甲乙之不同有之候ニ付、名寄之通持切ニ難致候間、従前之通田地割等鬮替可致事ニ百姓一同協議之上決定仕候ニ付、旧高三拾人向ケ甲乙ニ別レ約定証書違互ニ取替申候」とあり(『七尾市史・資料編第二巻』二四一頁)、鹿島郡黒崎村では地租改正後の明治一八年に地割が実施された。また、富山県新川郡五位尾村では農地改革後に地割(鬮替か)が実施された(『上市町誌』二九八頁)。

(9) 切高によって地主と小作人が対立したことは「司農典」に詳しい(前掲『藩法集4・金沢藩』六〇三〜六〇四頁)。

(10) 寛政一〇年(一七九八)の「高請卸方仕法書之追加」(二一ケ条)は(鎌田久明「金沢市立図書館蔵『高方仕法一件』について」『金沢大学経済論集・第六号』および『鳥屋町史』七五九〜七六三頁)、前年藩が地主・小作関係に規制を加えるため発令した「高請卸方仕法書」(一三ケ条)の確認書であった。この中から重要条項と思われるものを次に記す。

高請下方仕法書之追加

一[1]、村々百姓持高拾石ニ付弐石宛当時持田地之内勝手次第之場所手作之方江為致引田可申、残リ八石ハ村役人之方江田坪取集、村中一統打寄、暨他村江下シ作者有之分ハ小作茂呼寄、五ケ村組村役人幷組中棟取之肝煎立会詮儀之上、土地善悪惣用水廻方之様子屎物多少等ヲ考、順等ニ結ヒ合鬮ニ仕立、手作請作者共入交同様ニ鬮取仕来、出作之田坪当冬十一月十五日切ニ相極可申事。但、持高拾石ニ付弐石ゟ内致引田候義不苦、弐石ゟ多引田相成不申、勿論引田ヲ下シ高ニ致義不相成事。附、御田地割之節早稲田苗代田等引地之分、本文引田弐石之内江籠可申事

一②、小作之者作田ニ応、苗代之分、為致引田ニ可申事

一③、他村ゟ小作之分ハ、自村百姓幷自小作之者共ニ為組合鬮為引候而、其鬮之内随分手寄之処為作候様ニ可致事

一⑨、小作者五人組ニ為請合田地下シ可申、若五人組一統難渋者ニ而危候者、隣五人組を相組与極置、加相組を為請合可申候、自然五人組請合不申候者其小作江者田地下申間敷事。但、小作之者作田年貢米致未進候者、家財代替其身幷妻子等同居人為致奉公、給米取立候而も致不足候者其身之親類ニ為償、其上ニ不足之分ハ請合之者共ゟ可致弁米候、尤其翌年ゟ右奉公人給米ハ請人江為引取、弁米之分ハ無利足ニ而可致返済事。附、小作無拠品ニ而耕作手後候ハ、五人組ゟ助合可申、行届不申候ハ相組ゟ助合、夫ニ而も手余候ハ村役人江断村中加勢可仕、勿論無謂怠り候小作在之候者五人組ゟ早速村役人江断可申事

一⑪、右之通、高請下シ方仕法当冬中ニ相極、来未年ゟ戌年迄四ケ年相用可申、戌冬中致鬮替未四年相用可申、以後四年目之鬮替請下シ方相改可申事。但、弐拾ケ年目惣御田地割ハ、是迄之通仕来之振を以苗代早稲田等之分為致引地ニ可申、前段持高拾石ニ付弐石宛之引田者四ケ年目鬮替迄之定候事。附、四ケ年之間切高之分、年限中ハ鬮替等難成候、併小高持又ハ入百姓等ニ而切高取人手作致度候者、村役人江相達切出人相対納得を以坪分ケ可仕、其義難成候者先重而之鬮替迄ハ年貢米を以差引可仕、御田地割与鬮替与唱を違可申、勿論鬮替ハ田方迄之事

一⑬、鬮替ゟ鬮替迄之内、親作之者小作江下高引取致手作義不相成候、自然小作之者故障有之田地難為作候者、五人組ゟ村役人江断、村役人ゟ高主江申達、指図之上引取致手作可申、高主手作相望不申候者、外小作江下シ附申義不苦事

一⑭、鬮替之節、小作下シ高本作之者致手作度旨相願候者可為其通候、小作ゟ取揚、外小作江致下シ高候義、道理有之候ハヽ村役人江断、尤之品承届為致手作可申候、無理ニ取揚申義ハ致間敷候事

一⑮、四ケ年之内江本作手作相止候歟、出作を相減下作ニ致度候者、村役人江断、村中寄合候序評議之上田坪斗代米等相極、請高望候者江為致鬮取可申、尤重而村惣鬮替之刻一体ニ打込、同様鬮結可致斗代図事

一⑰、高請下方前段之通仕法相立候上者、以後相対を以田地致請下シ間敷、自然相対致請下候者急度御咎可被仰付、勿論相対

下シ小作未進米等之故障出来候共、村役人曾而及貧着間敷事

一[18]、小作請田畠、又下シ之義堅ク相成不申事

一[21]、是迄下シ来候高、当冬右仕法ニ付、親作不勝手を申立取揚、来年ゟ手作致度申旨相願候共、村役人等承届申間敷事ニ候、
乍併何与歟到而無拠尤之品有之候者、其段主附等江申聞指図次第ニ可相心得事

右親作小作高請下方仕法、去冬申渡覚書之表分リ兼、村役人等心得違も有之、当作御郡中仕法全ク相揃不申、依之今般拙者共御郡中仕法仕立方主附被仰渡候ニ付、御改作御奉行所江御窺申上、前条之通委細申渡候間、承知之通ニ候、尤右ケ条書之外ハ去冬相渡置候覚書之通相心得可申候、尚更追付相廻リ口達ニも可申渡候、以上

寛政十年九月

鵜川村　政右衛門

本江村　惣　助

羽咋・鹿島両御郡村々　肝煎・組合頭・惣百姓中

右は、次のように要約できるだろう。

持高一〇石に付き二石の引地をした後、全耕作者（地主・小作人）で耕作高に応じて鬮引した。

鬮替期間を四年毎とし、田地のみを対象に実施した。

鬮替期間中に、地主が一方的に小作人から田地を取り上げてはならない。

鬮替期間中に、本作が手作を止めた場合には村中寄合の上で希望者に請作させてもよい。

なお、鹿島郡黒崎村では畑地も鬮替の対象となっていた（『七尾市史・資料編第二巻』二四二頁）。

(11)　加賀藩では、天保一一年（一八四〇）に寛政九年（一七九七）の「高請卸方仕法」を一部改正し、小作人を除いた高持百姓のみで鬮替を実施させたが（前掲『加賀藩史料・第十四編』九三二〜九三五頁）、その後も全耕作者（地主・小作人）で鬮替が実施されたようだ（『七尾市史・資料編第二巻』二四二頁）。

(12)　原田敏丸『近世入会制度解体過程の研究』（塙書房）七七頁。飛驒国では山割が天領化にともなう元禄検地時に始まり、享保期以降に多く永久分割されたという（高牧実「近世飛騨の入会地分割について」『日本歴史』第一六四号）。

(13)　同志社大学人文科学研究所『林業村落の史的研究』（ミネルヴァ書房）一一四〜一一六頁

(14)　「院瀬見区長文書」（井波町立図書館蔵）

(15)「井波町肝煎文書」(右同)
(16)『七尾市史・資料編第三巻』二八八～二八九頁
(17)『鹿島町史・資料編』四三九～四四〇頁
(18)「公用集」(金沢市立図書館蔵)
(19)前掲「井波町肝煎文書」
(20)「伊藤富夫家文書」(東礪波郡城端町北野)
(21)「宮庄衛家文書」(小松市波佐羅町)
(22)『鹿島町史・資料編』四四〇頁
(23)『鳥屋町史』四四〇頁
(24)前掲『近世入会制度解体過程の研究』一〇一頁
(25)前掲「井波町肝煎文書」
(26)『七尾市史・資料編第二巻』四四八頁
(27)『諸橋村史』一六八頁。享保七年(一七二二)の覚書によれば、幕府は新規の山割に際し、入百姓にも持高に応じた山林を分与するよう指導していた(前掲『地方凡例録・下巻』一一二頁)。
(28)「大畑武盛家文書」(鳳至郡能都町宇出津)および『七尾市史・資料編第二巻』二三一頁。なお、古島敏雄氏によると、入会山の分割方法は小物成負担の差額による不平等分割が一般的で、林産物の商品化が進む幕末から明治にかけて平等分割も生じた(同氏『日本農業史』岩波書店、二八一～二八二頁)。高牧実氏によれば、飛騨国では正徳・享保期に入ると高割による不平等分割が、化政期以降に人数割による平等分割がみられた(前掲「近世飛驒の入会地分割について」)。
(29)前掲『日本林制史資料・金沢藩』一八七～一八九頁
(30)『右同』一九五～一九六頁
(31)『右同』一八八頁
(32)「田近貞夫家文書」(上新川郡大山町本宮)
(33)「右同」
(34)「右同」

(35)『珠洲市史・資料編第三巻』六六八～六六九頁
(36)『右同』六六九頁
(37) 前掲『近世入会制度解体過程の研究』一四六頁
(38) 前掲『林野所有の形成と村の構造』九七～一一一頁
(39)『富山県史・史料編Ⅲ』九〇八頁。寛文一二年（一六七二）には礪波郡嶋村で、延宝六年（一六七八）には同郡中江村で、正徳三年（一七一三）には同郡上梨村で、安永五年（一七七六）には同郡小来栖村などで「あらし割」が実施された（『越中五箇山平村史・下巻』三八七～三九七頁）。
(40) 慶安四年（一六五一）には礪波郡林道・利久両村で「大草蓮ノ割」が（『井口村史・下巻』二二七頁）、文政八年（一八二五）には同郡嶋村で、安政四年（一八五七）には同郡上梨村で地割と共に「草嶺割」が実施された（『越中五箇山平村史・下巻』三八八～三九〇頁）。
(41)「枝家文書」（石川県立図書館蔵）
(42) 加南地方史研究会編『大杉地区調査報告書』一〇～一二頁
(43)「伊藤助左衛門家文書」（福井県南条郡今庄町瀬戸）

四　百姓持山の売買

(1) 前掲『徳川禁令考・前集第五』一五六～一五七頁。田畑永代売買禁止令には「山林」の名称がみられないものの、屋敷地と共に規制対象となっていた（前掲『徳川禁令考・前集第二』一三一頁）。
(2)『珠洲市史・資料編第三巻』六〇八頁
(3)『富山県史・史料編Ⅲ』九〇七頁
(4)『右同』四〇六～四〇七頁、四一四頁
(5)「御用見聞之記」（金沢市立図書館蔵）
(6) 天正二年（一五七四）の「永代売山証文」を次に示す（『尾口村史・資料編第一巻』三八七頁）。

合壱ケ所（中略）
　　永代売渡申山之事

右彼山者依有要用為代銭与糸三ばたはなかに永代売渡申処実正也、但此於山ニ公方之御年公代百文ツヽ毎年ニ御立候て末代御知行可有者也、於然上者臨時参役壱粒壱銭有間敷候也、若又此山ニおいて、後日ニ我ら子々孫々ゟ兎角違乱煩申輩出来候ハヽ、任大法之旨堅御成敗有へき者也、其時全一儀之子細申間敷候、仍而為後日永代売券之状如件

天正二年七月八日

売主　仏師野村　五郎兵衛（略押）

(7)「春木盛正家文書」（小松市泉町）
(8) 前掲『加賀藩史料・第弐編』三六二頁
(9)『右同』六三四頁
(10) 前掲『加賀藩御定書・後編』四五四頁
(11) 前掲『加賀藩史料・第五編』二六四〜二六六頁
(12) 高沢裕一氏は「多肥集約化と小農民経営の自立」（『史林』第五〇巻一・二号、五三頁）の中で、若林喜三郎氏は前掲『加賀藩農政史の研究・上巻』（二六二頁）の中で前説を、佐々木潤之介氏は「加賀藩成立に関する考察」（『社会経済史学』第二四巻二号、七六頁）の中で、清水隆久氏は『近世北陸農業技術史』（片山津町教育委員会、一〇頁）の中で後説を導き出した。
(13)「高方御仕法」は「切高御仕法」の施行要因を「一、元祿年中凶年等に寄、不得止事取扱方多端に而、いつとなく規矩を失、切高区々に相成」と記す（前掲『加賀藩史料・第拾壱編』二二頁）。
(14) 前掲『加賀藩史料・第七編』一一六頁および前掲「加賀藩史料・第拾壱編』二六頁
(15)『珠洲市史・資料編第三巻』三七三頁
(16) 前掲「御用見聞之記」
(17) 前掲『地方凡例録・下巻』一三九頁
(18)『津幡町史』八〇八頁。年季売りは上方筋で「本物返し」と呼ばれ、売主は金子を買主から無利息で借り、年季を定めて田畑・山林・屋敷地などを売却した。買主は受け取った田畑・山林などを年季中に限って手作・小作が可能であった。年季売りは「地主へ田地を返すことに付年季売ハ法度にてはなし」であった（前掲『地方凡例録・上巻』二一九頁）。
(19) 前掲『加賀藩史料・第六編』二四五〜二五〇頁
(20)『右同』五五三頁

(21)『右同』六四四～六四六頁、八五五～八五八頁、八七八～八八五頁
(22)『右同』八八四頁
(23) 前掲『加賀藩史料・第七編』一一頁
(24) 前掲『日本林制史資料・金沢藩』四二三～四二六頁
(25)『右同』五〇七～五〇八頁
(26)『右同』四二三～四二四頁
(27)『志賀町史・資料編第二巻』七八頁。「地方凡例録」には「山林は田畑と違ひ切々にハ分難く、一方付て分ねバならず」とあり、幕府も山林を田畑の付属物とみなしていた(前掲『地方凡例録・下巻』一五五頁)。
(28) 前掲『日本林制史資料・金沢藩』五四五～五四六頁
(29)『石川県鳥越村史』三九〇頁
(30) 前掲「枝家文書」
(31)『石川県鳥越村史』三七九頁
(32)『右同』三九一～三九二頁
(33)『尾口村史・資料編第一巻』四一三頁

五　百姓持山の利用

(1)『越中五箇山平村史・上巻』五一三頁
(2) 五箇山では、特に太い枚を「とね」と呼んだ(『右同』五二〇頁)。
(3)『越中五箇山平村史・上巻』五二〇頁および伊藤常次郎氏(加賀市分校町)よりの聞き取り。
(4) 前掲『日本林制史資料・高知藩』四四六頁
(5) 前掲『地方凡例録・上巻』三〇九～三一〇頁
(6) 前掲『日本林制史資料・金沢藩』四九六～四九八頁
(7) 前掲『地方凡例録・上巻』三一二頁
(8) 前掲『白山麓・出作りの研究』五二～六八頁

（9）『珠洲市史・資料編第三巻』六二二頁

（10）慶応二年（一八六六）の「えひたへかえ事證文之事」には、「有坪字屋等之原と申処、此境東者まふ境、南者尾めふ境、西者尾境、北者私持分、上者尾めふ境、四方境之内諸木少しも不残也」とあり（『尾口村史・資料編第一巻』三五四頁）、「まぶ境」「めぶ境」は古く異なる用語であったようだ。ただ、古老からの聞き取りでは両用語の違いがみられなかった。

（11）「クネ境」は白山麓、「ねじ木境」は越中国・白山麓で多く使用された。藤を植えて木に巻き付け境界の証にすることもあった。

（12）「坪付」用語は、古く享祿二年（一五二九）の「越知山大谷寺所々御神領坊領目録事」（越前国丹生郡）にみられた（『福井県史・資料編5』二八六～二八八頁）。

（13）承元二年（一二〇八）の「越知山大谷寺奉寄進神領敷地神田上免田畠御油所在家等間事」には、「四至、東限沢、西限海、南限古坂山幷赤井谷織田境、北限大鷹取幷焼尾境」とあり（『同書』二五七頁）、鎌倉前期には「限」と「境」が併用されていた。

第四章　植林政策の推進

一　山林植林の実施

幕府・諸藩の植林政策は江戸初期以来の濫伐および新田畑開発による山林の減少、それに伴う旱害・水害に対処して盛んになった。すなわち、それは治山治水と林産資源の増産をめざして行われた。加賀藩の植林には、山林植林・砂防植林・並木植林・川土居植林・荒地植林の五種類が存した。まず、御林山・準藩有林の山林植林についてみよう。

万治三年（一六六〇）算用場奉行が加越能三ケ国の十村に宛てた達書を次に示す。[(1)]

急度申遣候、面々組下百姓松・杉其外何木ニよらず竹木面々定之内ニ植申度候は、公儀ゟうへ苗可被下候間、御算用場江可相断候、山奉行へ可申渡候、以来百姓之勝手次第伐取候様被仰出候、公儀ゟ向後御かまへ無之候間、右之通可申聞候、為其申遣候、以上

万治三年三月十一日

伊藤内膳
笹田助左衛門
平岡小左衛門

すなわち、藩は万治三年（一六六〇）に苗木を要求する農民に対し、松苗・杉苗などを無償で下付することを定め、同年三月二九日に越中国川西および加賀国能美・石川・河北郡の農民に初めて松苗・杉苗などを下付した。[2] 同年五月の覚書には「最前も如申触百姓屋敷其外田畑之内ニ植置竹木従御公儀無構候間、百姓勝手次第可仕候」とあり、[3] 藩は農民が野毛山・原野などに苗木を植栽して山林に仕立てた場合、仕立林の利用権を植栽者に認めた。延宝九年（一六八一）河北郡十村が連名で藩に宛てた上申書には「一、百姓持山に松木為御植被成候はば、持山御林に罷成、百姓中迷惑可奉存候」とあり、[4] 藩は御林山および準藩有林にあまり植林せず、農民が植林した苗木が成育した頃に百姓持山を御林山および準藩有林に指定編入していた。その後、藩は松苗・杉苗の下付を止め、御林山・準藩有林の植林をそれらを管理する村々に一任させた。松苗は山林から天然の苗木を抜き取ったものが多かったが、石川郡では江戸中期から種子を苗圃に播き苗木を養成する方法も行われた。したがって、石川郡の山廻役には「実生小松」を養成する業務が存した。右のごとく、藩は江戸前期から山林植林を奨励したものの、成木後に百姓持山を藩有林・準藩有林に指定編入したため、農民が植林意欲を失い、十分な成果を上げることができなかった。つまり、植林は藩費植林・過怠植林・部分植林・献上植林などと異なり、どちらかと言えば「公役植林」（夫役植林）に近いものであった。仙台藩では雑木が多い村山や居久根林（屋敷林）が部分林（売分山）になる場合、徳島藩では野山に五木を植林した場合、それらを御林山に編入していた。後者では植林の代償として成木後の枝下し時に四分、伐採時に一分の落枝・伐採木を植林した村に与えていた。[5]

天明元年（一七八一）能登国四郡十村宛の達書には「惣て御林山等年々木立薄ク相成候ニ付、一・両年以前ゟ産物方御席ゟ被仰渡ニ付、所々御林山等江松・杉苗等追々為植付候、彌不縮之族無之様厳重可申渡候」（三ヶ国 十村中）とあり、[6] 藩は御林山・準藩有林への植林をそれら管理の村に奨励していた。山廻役は郡奉行を通じ算用場から入用銀を受け、地元の農民を人夫に使用して御林山・準藩有林に植林させた。前記のごとく、能美郡今江村の十村庄蔵は同年に須天・今江・

符津・矢崎村の四ケ所に、十村庄蔵ニ名は寛政二年（一七九〇）に同郡に御林仕立山を設置した。彼らは「御林仕立主付」となり、「出来苗松厚所より松無之所に植替」方法により御林山を仕立てた。(7) 天明元年（一七八一）石川郡末村では産物方から植林費用を受け、御林山の明地（六〇〇〇歩）に杉苗・松苗を植栽した。この時、産物方は杉苗十本に二匁八分、松苗十本に一匁八分を植付人足に支給した。同二年（一七八二）珠洲郡では松苗三六〇八本・杉苗九〇〇本、鳳至郡では松苗四五〇〇本・杉苗九〇〇本、鹿嶋郡では松苗一万三三五五本・杉苗二五〇本・栂苗四九〇本、羽咋郡では松苗一万二八一〇本を御林山に植栽した。同三年（一七八三）礪波郡常国村では御林山の明地に杉苗六四七本（代銀三〇七匁九分）を植栽した。(8) 右のごとく、藩は産物方を設置した安永七年（一七七八）頃から積極的に山林植林を行うようになった。なお、仙台藩では文化四年（一八〇七）以後一〇ケ年間にわたり、宮城郡丸森村御林に藩費植栽費（苗木代・地拵費・植栽費・手入費など）一ケ年に二〇〇両の予算をもって二〇万本を植林し、他に御城修復用材のため一ケ年に一〇両をもって一万本を植林した。(9)

加賀藩は関東の諸藩に比べ、杉苗の植栽がきわめて少なかった。これに関し、正徳元年（一七一一）能登国口郡の十村が算用場に宛てた報告書には次のように記す。(10)

野毛無地之処ニ杉苗植申様ニ先年も被仰渡候、今般委細御紙面之趣奉得其意候、能州之義は海近く御座候故風強、時ニより汐吹上申ニ付杉苗植候而も枯申候、百姓居屋鋪廻或山之内風當り不申処ニ杉苗植置、長サ貳間・三間ニ罷成、風當候得は末枯ニ罷成申ニ付杉大切ニ御座候

正徳元年十一年二日　羽咋・鹿嶋郡　十村中(印)

御算用場

能登国は周囲が海で強風が吹いたため、杉苗をあまり植栽しなかったようだ。なお、文政七年（一八二四）羽咋郡末吉村の肝煎・組合頭が郡奉行に宛てた覚書には「右私共在所鎌留御林山之内下草等、林茂小松育方不宜候間、下草根揃被為仰付可被下候」とあり、(11) 鎌留御林でも地元の農民により下草刈りが行われた。その後、藩は安政六年（一八

五九）鹿島郡深元村など五三ケ村の御林山の損木伐採跡地に、入用銀三七七匁一分五厘を山廻役に渡し松苗を植栽させた。[12] 明治二年（一八六九）の「御改正方」には「松木幷雑木林共目廻り壹尺以下之分根返しニいたし入札払ニ申付、跡地元地味相応之木品相選、下條之通仕立替候て可然」とあり、[13] 藩は御林山の根返り松・雑木（一尺以下）などを入札払いにし、その跡地に苗木を植栽させた。この時、藩は枝積「四十五度」以外の山地に赤松苗（一歩に四本）を、「四十五度」以内の山地に竹苗・杉苗を、「九十度」以外の山地に桑苗を植栽するように指示した。産物方は江戸後期から越中国礪波・新川両郡をはじめ、領内の御林山を開墾して厖大な桑苗を植栽した。

右のごとく、御林山・準藩有林の植林は加越能三ケ国共に土木工事用材の赤松が圧倒的に多く、建築用材の杉・檜・档・栂などが少なかった。このことは、加賀藩の林業政策が領内山林の経済化を第一目標にしていなかったことを示す。広大な面積を占めた加賀国の中宮山、越中国の黒部奥山・常願寺奥山・立山中山などの御林山は、南部の一部を除いて植林に不向きな花崗岩の山地で、その岩山の上に腐植土が僅かに堆積したような山地が大部分であったから、そのような山地に植栽した樹木が無事に根付いたとしても、成長が大変遅く、他地域に比べ長い年月を要した。こうした山地の植林は下刈りを何年も継続しなければならず、林業的な成果があまり期待できなかった。結局、農民は狭い山地に数多くの苗木を植栽し、伐採適期にある立木を抜き伐り（間伐）して未成熟の樹木と苗木とを残し、これを保護育成することによって山林の天然更新を計った。育成林業は江戸後期に間伐制度と新植林方法を中心に実施されていたものの、秋田・南部・津軽・松前藩などの他領から杉・檜・草槇などの御用材を移入し続けたことをみても、それは安定生産を可能にするところまで到達できなかった。

次に、百姓持山の山林植林についてみよう。万治三年（一六六〇）算用場から郡奉行に宛てた覚書には次のように記す。[14]

覚

一、何方ニ而ものけ《(野毛)》山幷野方ニ木苗ヲうへ、林ニ仕可然処候ハ勝手次第ニ木苗ヲ植、林ニ仕立可申候、以来迄其

者之林ニ可被仰付候事

（中略）

万治三年十月十六日　　御算用場

武部四郎兵衛殿

千秋彦兵衛殿

藩は早くから農民が野毛山・野方（原野）に苗木を植栽し、山林に仕立てて利用することを奨励していた。この時、農民は山林の利用権を認められたものの、その所有権は認められなかった。植林地は圧倒的に入会山が多かったので、一村単位の外に数ケ村の共同管理も少なくなかった。このことは、農民が植林後の立木を勝手に伐採・売買できなかったことを示すものだろう。延宝八年（一六八〇）村肝煎・組合頭から山奉行に宛てた「御請申上候」には次のように記す。(15)

御請申上候

一、山々随分はやし申様ニ縮仕申候、はへたたせ不申村之義ハ、第一肝煎之不縮故ニ御座候間、以後山御見合之上彌はへ立申躰無之候ハゝ、急度御吟味可被仰付旨畏奉存候、勿論柴山ニ出来仕松苗も猥ニ苅払不申様ニ堅仕申候（後略）

延宝八年十月十六日　　与下肝煎・与合頭

脇田知右衛門殿

野村半兵衛殿

百姓持山の植林は利用権を有する村（村々）に一任されていたものの、その不締まりは村役人の責任となった。農民は柴山の下草刈り時に、松苗を苅らないよう山奉行から命じられていた。百姓持山では天然の樹木および天然苗を一部移植したものの、本格的な植林はあまり行われなかった。この頃、農民はせっかく植林に励んでも、成木と同時に上収されて「留木」となり、少なくとも彼らの自由にならない林木と化す心配があったため、一般に植林意欲を刺激するまでに至らず、あまり植林の成果をあげられなかった。ただ、これには農民が耕地開発を強く要求したことにともなう採草地の確保という問題があって、藩が植林を大いに奨励したにもかかわらず、一部の地方を除いてあまり成功しなかったこともあった。つまり、農民には山林植林に対する動機が経済的・精神的にまだ十分育っていなかったようだ。

羽咋郡矢駄・穴口・大嶋・館・大阪・福井村では、安政五年（一八五八）上棚村から永請山した千鳥谷・女郎谷・むしなか谷などの野毛山に松苗を植栽した。[16] 諸藩でも天保改革の一環として産物会所を設け、領内の特産物を統制して販売利益を得る専売制を試みたが、農民（生産者）や商人の抵抗にあって多くは成功しなかった。前記のごとく、延宝八年（一六八〇）の調査では能登国に草槇が存在せず、天和二年（一六八二）の調査では加賀国石川郡田井村に明檜が一本しかみられなかったので、[17] 草槇・明檜（档）などは江戸中期に至って本格的に領内の山中に植林されたようだ。たとえば、礪波郡では寛保三年（一七四三）村々の百姓持山に档苗が植栽された。[18] 能登国奥郡の山方では天明期から天保期に档の小羽板を生産し、輪島湊・大野湊・宮腰湊などに販売していた。[19] この頃、輪島周辺では輪島塗の木地材として档を利用していた。この外、農民は百姓持山をはじめ、川土居・荒地・無地などに漆・桑・櫨《はぜ》・油桐・楮・竹などの苗を植栽した。なお、孟宗竹は明和三年（一七六六）足軽岡本右太夫により江戸から金沢に移入されたという。[20]

前述のように、加賀藩の植林政策は、飛騨国で行われた農民の強制的植林や、東北・九州の諸藩で盛んに行われた部分植林・過怠植林・献上植林などと異なっていた。[21] 加賀藩では百姓持山を御林山・準藩有林に指定編入したこと、七木伐採手続きがきわめて繁雑であったこと、農民が七木の拝領に期待したことなどにより植林の成果があまりみられなかった。享保一三年（一七二八）宇出津山奉行から算用場に宛てられた覚書には「然処ニ多分ハ持高之内ニ林不立御林を目当ニ拝領相願候段先格相違仕」とあり、[22] 宇出津奉行は農民が御林山の七木を拝領することを期待し、苗木を植栽しないと算用場に報告していた。ともあれ、藩は明治三年（一八七〇）七木制度の廃止に際し、「従来七木御縮方之儀、厳重之仰渡も御座候所、時々極印等請候節種々煩敷次第御座候ニ付、百姓反而懈怠茂致、相厭候姿も有之、生育方茂不宜と奉存候」と、[23]その制度自体の欠陥を認めていた。

並木植林は往還道（街道）の植林で、松並木・杉並木が一般的であった。「庁事通載」には「一、慶長六年往還並松為御植被為成候」とあり、[24]慶長六年（一六〇一）二代利長は北国街道（北陸道）に松苗の植栽を命じた。藩は天明三年（一七八三）北国街道の河北郡大樋村から倶利伽羅村までの間に松苗一一七七本を、同五年（一七八五）能美郡の杉木街道に杉苗一五〇〇本を、文化一二年（一八一五）北国街道の石川郡泉村から五歩市村までの間に松苗二六五五本を植栽した。[25]往還道の並松に稲架を作ることや馬を繋ぐことは禁止されていた。一里塚・境塚（他領境界）にも松が多く植栽された。川土居植林は川堤防（川土手）の植林で、雑木・漆・櫨が多く植栽された。「公用集」には「川土居所持仕村々為防川土居ニ雑木植、御田地損不申様兼々可仕旨、御算用場御奉行様江仰渡之趣承届畏奉存候」とあり、[26]農民は田畑を水害から護るため熱心に川土居植林を行っていた。苗木は「土地不適」のため生育が悪く、また洪水によって流されることも多かった。荒地植林は無地・荒地の植林で、四木と称した桑・茶・楮・漆が多く植栽された。「改作所旧記」には、「在々荒地・野方並下畠に桑苗つけ、百姓勝手可然候條、十村共見届為植候様に可被申渡候」とあり、[27]藩は寛文元年（一六六一）農民が荒地・野方（原野）・下畠などに桑苗を植栽することを大いに奨励していた。天明二年（一七八二）には新川郡沼保村で桑苗一万四八〇〇本（代銀六五二匁四分）が、射水郡（高岡古城・同畑）で桑苗一万五七六六本が、能美郡植田村半助組で桑苗三〇〇〇本が植栽された。礪波郡藤橋村与五郎は同四年（一七八四）に桑苗四五万二〇〇〇本（代銀四貫八一〇匁）、同五年に桑苗四五万本を井波御林で養成し領内に販売した。文政元年（一八一八）産物方（三次）は領内各地に「植物方主付」を置き、国産のため荒地・野毛・川土居に桑・茶・楮・櫨《はぜ》などを植栽させた。[28]川土居植林は治水を目的としたもので、幕府・諸藩でも早くから実施された。漆は日照地・肥沃地・適湿地というような贅沢を好む特用作物で、簡単に無地・荒地に苗を植栽しても思うような生産を得られず、

第16表　加賀藩の並木・川土居・荒地植林

名称	年代	樹種	郡名	場所	出典
並木植林	慶長６年（1601）	松	加越能三ケ国	北国街道	『加賀藩史料・第壱編』
	元和２年（1616）	松	金沢城下	野田道	『加賀藩史料・第壱編』
	寛文６年（1666）	松	河北	北国街道	『加賀藩史料・第四編』
	貞享元年（1684）	松	石川	宮腰往来	『加賀藩史料・第四編』
	元年（1684）	松	能美・石川	境塚松	『加賀藩史料・第四編』
	正徳３年（1713）	松	石川・河北	北国街道	『改作所旧記・下編』
	天明３年（1783）	松	河北	北国街道	「加能越産物方自記」
	５年（1785）	杉	能美	杉木街道	「同上」
	文化12年（1815）	松	石川	北国街道	『加賀藩史料・第十二編』
川土居植林	寛文６年（1666）	松	河北	浅野川	『改作所旧記・上編』
	元祿12年（1699）	雑木	鹿島	二ノ宮川	『日本林制史資料・金沢藩』
	明和６年（1769）	雑木	新川	常願寺川	『越中史料・第三巻』
	文化13年（1816）	漆	諸郡	諸川	『加賀藩史料・第十二編』
	弘化２年（1845）	松・杉	礪波・射水	庄川	『日本林制史資料・金沢藩』
荒地植林	寛文元年（1661）	桑	諸郡	諸村	『加賀藩史料・第参編』
	２年（1662）	桑・茶・楮	石川	諸村	『日本林制史資料・金沢藩』
	４年（1664）	漆	石川	末村	『改作所旧記・上編』
	正徳元年（1711）	杉	羽咋・鹿島	諸村	『日本林制史資料・金沢藩』
	天明元年（1781）	松	石川	五郎嶋村	「加能越産物方自記」
	文政元年（1818）	漆	諸郡	諸村	『加賀藩史料・第十二編』
	嘉永３年（1851）	漆	能登四郡	諸村	『加賀藩史料・藩末編上巻』

失敗する場合が少なくなかった。加賀藩では他藩にみられるような立派に漆を植栽した農民に対し、年貢徴収を免除・軽減することはみられなかった。なお、農民は無地・荒地に漆苗を植林した後、植栽地を共有地でなく個人分割して管理することが多かった。次に、並木植林・川土居植林・荒地植林を整理して第16表に示す。

苗木には天然の稚木を山林から抜き取り僅かに技術的な工夫を加えたものと、種子を苗圃に播き稚木を発生させこれを養成したものが存した。一般には前者を「野生苗」、後者「養成苗」と称した。なお、挿木苗・取木苗などは後者に属した。延宝三年（一六七五）の覚書には「一、浜ニ為御植被成候松、山より指植申人足出申候」とあり[29]、砂防植林の松苗は山林から抜き取ったものが多かった。また、文化一二年（一八一五）の覚書には「苗松こぎ渡山々、窪山・高尾山・大額山、右山々に而こかせ候」ともあり[30]、並木植林の松苗も山林から抜き取ったものが多かった。このように、加賀藩では「拾い苗」と称した野生苗が多く植栽されていたようだ。養成苗では、寛政年間（一七八九〜一八〇〇）に杉苗・檜苗・草槇苗などが水質の多い山林中で挟木（挿木）によって養成されていた。[31] 能登国では、山林中での挟木を「野挿《のざし》」と呼んだ。寛文六年（一六六六）の覚書によれば、石川・河北両郡には「接木畠」が存し、柿木三〇〇本、梨木五〇本が接木によって養成されていた。[32] 最後に、加賀藩の苗木養成方法を簡単に示す。

播種法――秋に母木から熟した種子を採取し苗圃に播き、稚苗を二度ほど植え替え（床替え）て苗木とした。最も一般的な苗木養成方法であった。[33]

挿木法――初夏に母木から枝を鎌・鉈などで斜に切り取り、それを山地に直接挿入して苗木とした。これは杉・檜・草槇・栂などの苗木養成に多く利用した。

取木法――母木の下枝を地面に埋め二股の小杭で止め、一年後に根元を切り一本の苗木とした。これは檜・栂などの苗木養成に利用したものの、少なかった。

分根法――伐採した根を四、五寸ほどに切り田床に植え込み（切り口を地上に少し出す）、水で薄めた人尿をかけて苗木とした。これは桐苗の養成に多く利用した。

二　砂防植林の実施

元祿一六年（一七〇三）の「改作方勤仕帳」には「一、浜端田地砂吹入、作不出来ニ罷成候処ハ為砂除之苗松拝領仕度旨、十村書付出候得者、私共村廻之時分様子見届、右書付ニ奥書を加、御算用場裏印を以御郡奉行より為請取申候」とあり、[1] 藩は浜辺の田地に砂が吹き込むことを防ぐため、松苗を下付し植栽を大いに奨励した。つまり、浜辺・潟辺の村々では毎冬飛砂（砂の移動）によって田畑・家屋などを失ったため、早くから砂防植林を熱心に行った。まず、寛政五年（一七九三）河北郡大根布村の肝煎が十村を通して郡奉行に宛てた願書を示す。[2]

乍恐以書付奉願候

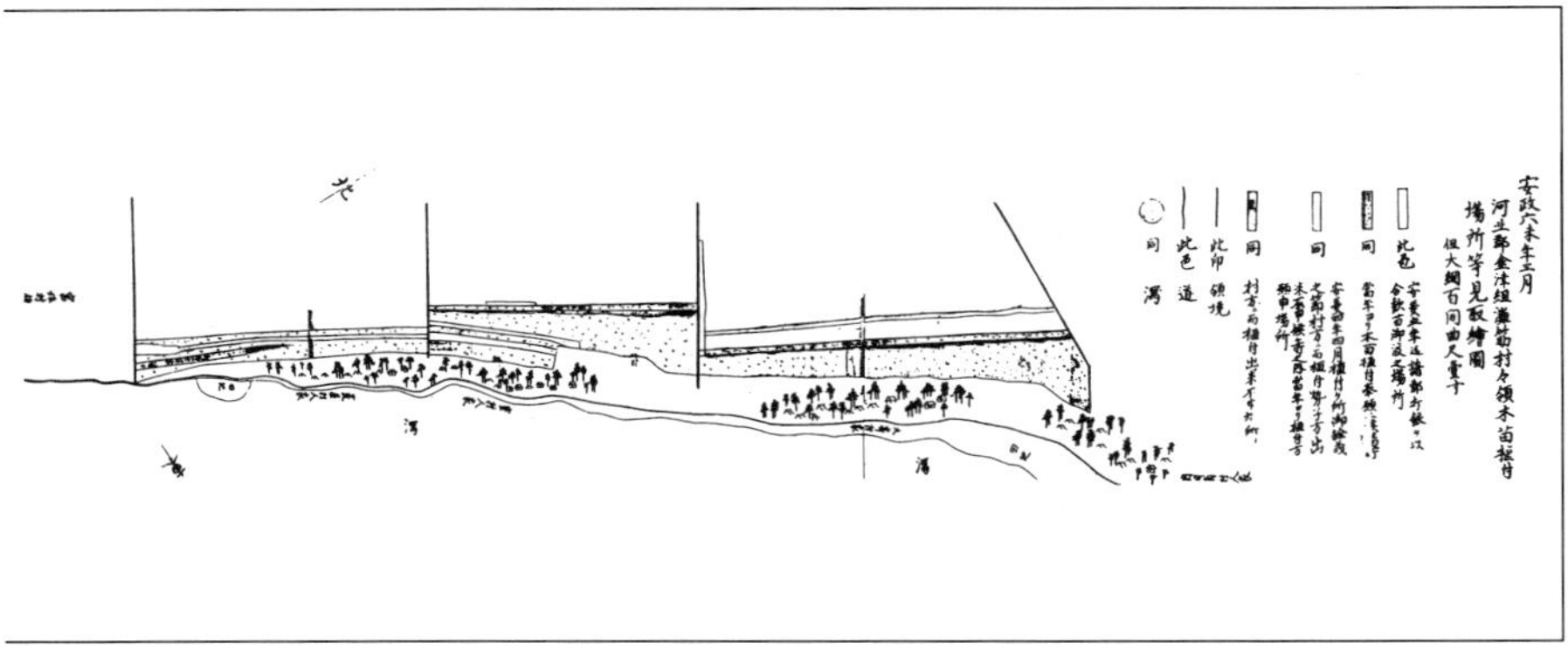

一、私共在所之儀者、村圍林等も無御座、潟縁に家建居住仕候故、年々家腰江砂吹懸、當時家続後方砂山岸に懸り、遂危居住難罷成候に付、領地之中屋鋪替之場所、村中示談仕候得共、家建替可申場所無御座候間、何卒相成候儀に御座候者、領続本根布村領北之上二百五十間借地仕、屋鋪替仕度奉存候、此段本根布村詮議被成下、指支不申候者奉願候通被為仰付可被下候、尤村家数七五軒之内三十軒餘砂吹懸、當時危場所御座候、尚相残り申者共、随分手段を盡して砂防候得共、此末五三年之居住茂難計奉存候間、追而右借地江家建被為仰付候様奉願上候、以上

寛政五年三月

大根布村肝煎　四郎右衛門
同村組合頭　與兵衛
（組合頭三人略）

白尾村　理右衛門殿

河北郡大根布村は河北潟の西端に位置し、毎冬飛砂が家屋を埋めたため、七五戸中の三〇戸が本根布村から二五〇間を借地して移転した。このように、飛砂は田畑・潟・川・家屋などを埋め、農民の生活をも奪った。安政六年（一八五九）河北潟の西端に位置した金津組の村々が行った砂防植林図を第３図に示す。

『石川県史』には、「砂防工事は承応三年河北郡に施行せられたるを初とし、後各郡に及ぼしたるものにして、その方法は何れも簀垣を築き、内側に黒

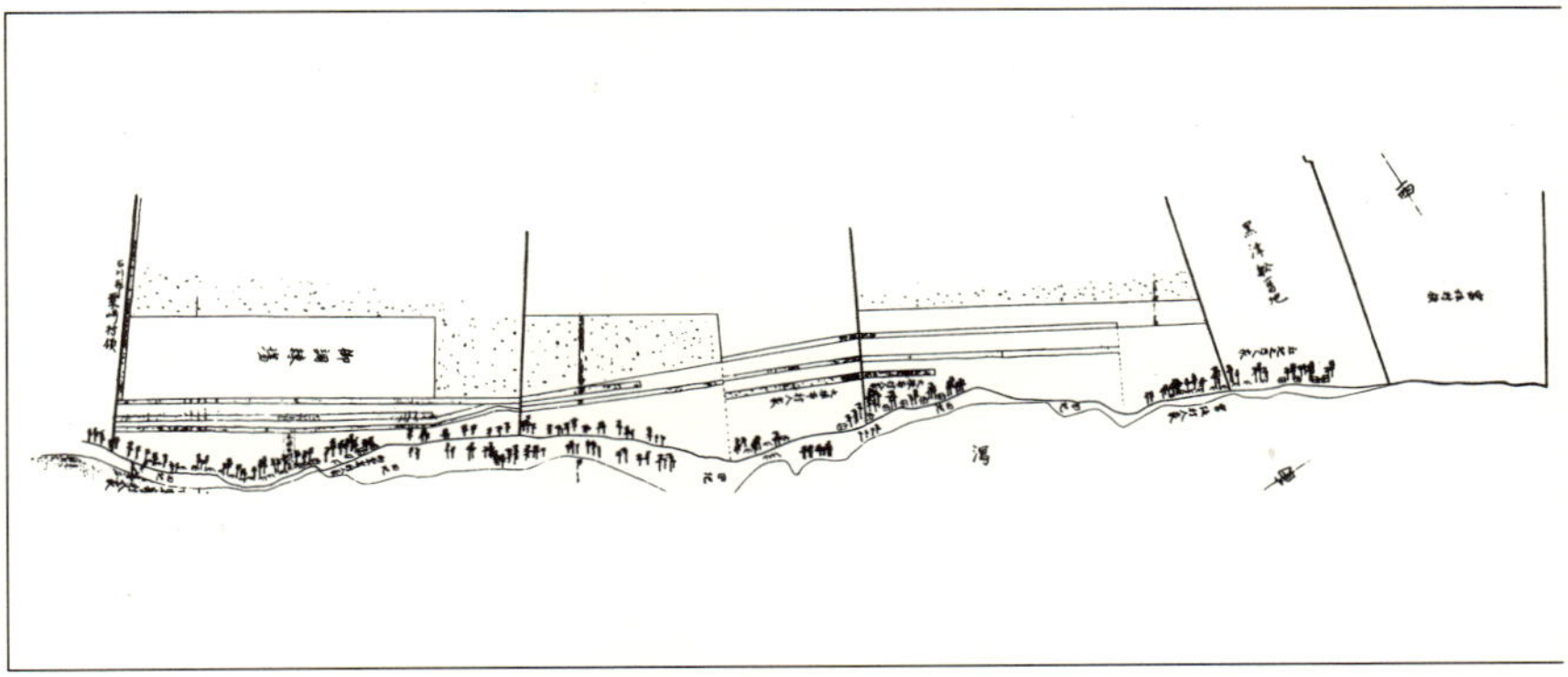

第３図　安政６年河北郡金津組砂防植林図（石川県立歴史博物館蔵）

松・合歓《ねむ》木・柳・ハヒネヅ等を植え、又野草の繁殖を保護する為に苅草を禁止せしなり」と記す。(3) すなわち、加賀藩の砂防植林は承応三年（一六五四）河北郡で初めて実施され、それが羽咋・石川・能美郡などに波及したことを記す。慶安五年（一六五二）石川郡十村中が郡奉行に宛てた願書には「一、大野浜松植申儀、近年平夫ニ被為仰付候ニ付而、耕作之つかへニ罷成百姓共迷惑仕候」とあり、(4) 石川郡の大野浜では慶安五年以前に砂防植林が行われていた。注目したいことは、元和三年（一六一七）に夫役が銀納化（一〇〇石に付き銀一四〇目）されていたにもかかわらず、改作法の施行前まで「平役」（無償人足役）が行われていたことだろう。延宝三年（一六七五）の覚書には、改作法の施行前に松植栽人足・御植木持ち人足・並松植人足・松枝下し人足・御林藪竹まき人足・同垣根作り人足・同竹子番人・御鷹巣見人足・苺取り人足・石切人足・米出し人足・川船橋人足・御普請人足などが無償で行われていたと記す。(5) つまり、藩は改作法の施行後から次第に藩営植林を夫役で行うようになったものだろう。一方、藩は改作法の施行後に百姓持山および野毛山・原野などの植林を農民に任せ、その補助を行う政策に転換させた。前記のごとく、藩は万治三年（一六六〇）に松苗・杉苗などを農民に無償で下付し、野毛山・野原などを山林に仕立てた場合、その利用権を農民に認めていた。次に、加賀藩の砂防植林を整理して第17表に示す。

加賀藩では、河北郡を中心に羽咋・石川・能美郡などで砂防植林が行わ

第17表　加賀藩の砂防植林

年代	郡名	浜名	植樹名	本数	出典
慶安５年（1652）	石川	大野浜	黒松		『改作所旧記・上編』
承応３年（1654）	河北	白尾浜	黒松		『高松町史』
寛文元年（1661）	河北	白尾浜	黒松		『石川県河北郡誌』
延宝４年（1676）	石川	大野浜	芒	300株	『改作所旧記・上編』
６年（1678）	河北	粟崎浜	合歓木・柳	各1,000本	『改作所旧記・上編』
７年（1679）	河北	木津浜	黒松		『石川県の山林誌』
貞享元年（1684）	石川	大野浜	黒松		『改作所旧記・中編』
元禄12年（1699）	石川	大野浜	黒松	2,000本	『改作所旧記・中編』
13年（1700）	河北	粟崎浜	黒松	1,000本	『改作所旧記・中編』
14年（1701）	河北	粟崎浜	黒松	5,189本	『改作所旧記・中編』
14年（1701）	河北	高松浜	黒松	1,000本	『改作所旧記・中編』
15年（1702）	河北	粟崎浜	柳	2,000本	『改作所旧記・中編』
16年（1703）	河北	粟崎浜	黒松	1,500本	『改作所旧記・中編』
17年（1704）	河北	粟崎浜	黒松	1,500本	『改作所旧記・下編』
正徳元年（1711）	石川	大野浜	黒松・合歓木		『改作所旧記・下編』
２年（1712）	河北	粟崎浜	黒松	3,000本	『改作所旧記・下編』
５年（1715）	石川	大野浜	黒松・合歓木		『改作所旧記・下編』
５年（1715）	羽咋	塵浜	黒松	20,400本	『改作所旧記・下編』
６年（1716）	河北	粟崎浜	黒松	1,000本	『改作所旧記・上編』
享保17年（1732）	河北	黒津船浜	黒松	1,000本	「加州郡方旧記」
元文元年（1736）	河北	粟崎浜	黒松	1,000本	『加州郡方旧記』
２年（1737）	羽咋	塵浜	黒松		『石川県史・第参編』
宝暦３年（1753）	羽咋	塵浜	黒松		『石川県の山林誌』
明和元年（1764）	羽咋	塵浜	黒松		『石川県の山林誌』
天明５年（1785）	能美	美川浜	黒松		「加能越産物方自記」
６年（1786）	河北	白尾浜	黒松		『石川県の山林誌』
寛政３年（1791）	羽咋	富来浜	黒松		『富来町史・資料編』
７年（1795）	河北	富来浜	黒松		「加州郡方旧記」
享和３年（1803）	羽咋	富来浜	黒松・合歓木		『富来町史・資料編』
文化４年（1807）	能美	安宅浜	黒松	190,000本	『石川県史・第参編』
文政２年（1819）	河北	白尾浜	黒松		『石川県の山林誌』
12年（1829）	河北	白尾浜	黒松		『石川県の山林誌』
天保２年（1831）	能美	美川浜	黒松		『美川産業史』
９年（1838）	河北	高松浜	黒松		『石川県の山林誌』
15年（1844）	羽咋	富来浜	黒松・合歓木	17,875本	『富来町史・資料編』
嘉永３年（1850）	羽咋	今浜浜	黒松		『石川県史・第参編』
安政元年（1854）	能美	小舞子浜	黒松・合歓木		『美川産業史』
４年（1857）	河北	高松浜	黒松・合歓木	25,000本	「加州郡方旧記」
文久元年（1861）	能美	安宅浜	黒松・合歓木		『石川県の山林誌』

れた。植林費用は地域負担が建前であったものの、その後は借用形式で藩から補助された。羽咋郡羽咋・兵庫両村は、正徳五年（一七一五）植林費銀七貫一五五匁余（五ケ年計画）の借用を藩に願い出て許可された。石川郡五郎嶋村は、天明二年（一七八二）補助銀三四〇匁と村負担銀一六〇匁をもって海浜に黒松苗一〇〇〇本を植栽した。[6]この時、産物方は地元農民を「松苗等植付方主付」に任命し、砂防植林の指導に当てた。文久三年（一八六三）の「本役並兼役被仰付候年月等書上申帳」には、同元年に河北郡七黒村権十郎・同郡庄村兵右衛門両人が「松苗等植付方主付」に任命されたことを記す。[7]なお、両人は山廻役・新田裁許などと同様に誓詞を藩に提出していた。砂防植林は簀垣《すがき》（砂除垣）を設置し、その中に黒松・合歓木・柳・ニセアカシア・萩・芒などを植栽する方法が一般的であった。この方法は一応の完成までに五ケ年を必要とした。[8]

一年目　簀垣の新設
二年目　簀垣の修繕、風下に合歓木・柳・ニセアカシア・萩・芒などに苗木を新植
三年目　簀垣の修繕
四年目　黒松苗を風下に新植
五年目　黒松苗の補植

簀垣は飛砂を防ぎ、風力を弱め、雑草を繁茂させるのに適していた。これは延長一〇〇〇間（約一八〇〇メートル）未満が多かったものの、天保五年（一八三四）富来浜のものは六六九〇間（約一万二〇〇〇メートル）もあった。[9]黒松苗は長さ一尺五寸のものから六尺のものまであり、場所に適したものを植栽した。黒松苗には一本ずつ支柱として小竹が添えられることもあった。合歓木は苗木を植栽せず、その種子を蒔くこともあった。植林地は一時的に「鎌留」となり、黒松苗が成長するまで一般人の立ち入りが禁止された。延宝四年（一六七六）郡奉行が石川・河北両村の十村に宛てた達書には次のように記す。[10]

一、大野・粟ケ崎浜手之竹木・かや・芝等あらさざる様ニ是又可申渡、松・かや・萩等其外植置せ候草木、たと

へ奉行人候とも此方より指図なくして、以心得ほり移し候事有之間敷候、但所之者支配之草木之儀ハ其者勝手次第ニ候、是以他所之者斬あらさざる様ニ郡奉行可相心得事

一、松原之苔前々之通取せ申間敷候、但大野川之向宮腰之方松原苔制札ハ為引可申事

辰十月廿七日　　林　十左衛門

千秋半右衛門

淵上村三郎兵衛・田井村次郎吉・木津村十兵衛・高松村新左衛門

すなわち、植林地は黒松・芒・萩などを保護するため、刈草および苔の採取が禁止されていた。これは同年の覚書に「粟ケ崎浜に松為植被成候條、右松原之中江人馬相通不申様に堅可申付候」ともあり[11]、人馬が植林地を通ることも禁止されていた。砂防植林の状況は、村々を巡回した郡奉行によって算用場奉行に報告された。享保二年（一七一七）大野・粟ケ崎浜植林の報告書には、長さ一五町（約一六〇〇メートル）・幅三町（約三〇〇メートル）にわたって黒松苗が、五郎嶋村領に萩八〇株・芒二六〇株、粟ケ崎村領に萩六六〇株・芒四三株、大野村領に芒二七〇株が、三ケ村に多数の合歓木が植栽されていたことを記す[12]。

一　**山林植林の実施**

（1）前掲『日本林制史資料・金沢藩』三八頁

（2）『右同』四〇頁

（3）『右同』四一頁

（4）前掲『加賀藩史料・第四編』六三二頁

（5）前掲『日本林制史資料・仙台藩』四〇四頁および前掲『日本林制史資料・徳島藩』一四六〜一四七頁。石川郡では享保三年（一七一八）松山に松苗を植栽した農民に手間賃として松株の掘り取りを認めた（前掲「森田武家文書」）。

（6）前掲『日本林制史資料・金沢藩』二六七頁

(7) 前掲『加賀藩史料・第九編』三九九頁。鳳至郡の本郷村三郎左衛門は江戸後期に百姓稼山の杉四〇〇〇本を藩に献上し、銀一〇貫目を得た(前掲「加能越産物方自記」)。

(8) 前掲「加能越産物方自記」

(9) 前掲『日本林制史資料・仙台藩』五四九～五五〇頁

(10) 前掲『日本林制史資料・金沢編』一九八～一九九頁。天明五年(一七八五)藩は能美郡今江村の十村に命じ、那谷道の並木に杉苗(長さ三～四尺)一五〇〇本を補植させた(前掲「加能越産物方自記」)。

(11) 『右同』四一五～四一六頁

(12) 前掲『徳川時代に於ける林野制度の大要』三六〇頁

(13) 前掲『日本林制史資料・金沢藩』六五〇～六五一頁

(14) 『右同』四四～四五頁

(15) 『右同』一一五～一一六頁

(16) 『右同』五四三～五六〇頁

(17) 『右同』一一七頁

(18) 前掲「山廻役御用勤方覚帳」

(19) 前掲『アテ造林史』二〇頁および『輪島市史・資料編第一巻』五三六頁

(20) 『石川県史・第参編』八七八頁

(21) 前掲『林野所有の形成と村の構造』一六八頁、福島正夫・潮見俊隆・渡辺洋三編『林野入会権の本質と様相』(東京大学出版会)三三～三五頁、前掲『部分林制度の史的研究』六四～八六頁などを参照。

(22) 前掲『日本林制史資料・金沢藩』二二五頁

(23) 前掲『加賀藩史料・藩末編下巻』一二二八頁

(24) 前掲『加賀藩史料・第壱編』八四六頁

(25) 前掲『加賀藩史料・第拾弐編』四〇三頁。正徳三年(一七一三)の達書には「御郡方往還道並松植添候儀、今般相伺候所ニ為植可申旨被仰渡候条、百姓共のさく之障を相考、時々其村領切ニ為植可申候」とあって(前掲「森田武家文書」)、並松の植栽は村領毎に村人によって行われていた。なお、能美郡の往還道並松は石川郡の山廻役が管理していた。

(26) 前掲『日本林制史資料・金沢藩』一七〇頁。川土居には櫨《はぜ》・榎なども植栽された（『石川県史・第参編』八八三頁）。

(27) 前掲『加賀藩史料・第参編』九一九頁

(28) 前掲「加能越産物方自記」および前掲『加賀藩史料・第拾弐編』七六四頁。産物方は天明二年（一七八二）近江・越前両国の漆掻き職人に加賀国での商売を差止め、松任町の笠間屋六郎右衛門に仕入させた。なお、漆商人・漆塗師は金沢城下の漆問屋であった田野嶋屋与兵衛から漆を購入した（前掲「加能越産物方自記」）。産物方（五次）は文久三年（一八六三）領内に漆苗一六万六四七五本、石川・河北・口郡に櫨苗七九一〇本を植栽させた（「産物方御用留」金沢市立図書館蔵）。

(29) 前掲『日本林制史資料・金沢藩』九七頁

(30) 前掲『加賀藩史料・第拾弐編』四〇四頁

(31) 日本学士院編『明治前日本林業技術発達史』（学振刊）六四五頁。白山麓（牛首・嶋村）では、江戸後期に焼畑跡地（二年休閑したもの）で雪に強い「白山杉」「桑島杉」と呼ばれた杉苗を栽培した。農民は傾斜地に五〇年ほど経た母木から採取した種を播き、二年目・三年目の春に二回移植し、一〇月中旬に出荷した（前掲『白山麓・出作りの研究』二二一～二二三頁）。石川県は明治二九年（一八九六）石川県農学校附属地を設置し、同三三年に羽咋郡火打谷、同三六年に石川郡吉野谷、同三九年に鹿島郡石動山および能美郡西俣に模範林業場を設置し、檜・杉・唐松・赤松・黒松・櫟などの四〇種に及ぶ苗木を養成した（前掲『石川県の山林誌』七四～七五頁）。

(32) 前掲『改作所旧記・上編』一五〇～一五一頁。寛永一四年（一六三七）には藩の「接木畠」が設置されていた（前掲『日本林制史資料・金沢藩』一六頁）。

(33) 次に、三五年間にわたって苗種子を採取してきた三谷又吉氏（加賀市曾宇町）から聞き取りした種子採取法を簡単に記す。

母木の選定は皮肌の光沢《つや》を見て行った。杉は七〇～八〇年ほど、黒松・赤松は四〇～五〇年ほど経たものを選んだ。母木は目廻七尺～八尺も存し、幹にロープを巻き、それを跳ね上げながら木登りした。種子を採取する枝は上部の幹にロープで結び、枝が折れないようにしてから採取した。風の強い日は木が大きく揺れ、その根元がはっきりと見えて生きた心地がせず、年老いてからは「腰縄」（命綱）を幹に結び安全をはかった。種子は小枝（一〇センチほど）に付けたまま切り落とし、婦人（二人）がこれを拾って種子だけを袋に詰めた。母木一本からは二斗ほど、一日に約四斗を採取した。杉種子は年平均八～一〇石、黒松種子は年平均二～三石、赤松種子は年平均三斗ほど採取された。杉種子は加賀市（九割以上）・白峰村・穴水町・輪島市など、黒松種子は加賀市瀬越町、赤松種子は加賀市熊坂町で多く採取された。

採取した種子は火打谷林業試験場（羽咋郡）に送られ、乾燥されたのち希望者に売られた。一方、木苗は長さ五〇メートル、幅一・二メートルの畝に種子を蒔き、土を使用せず刻んだ藁を敷き、その上に黒簀をかけて栽培された。木苗（一〇センチほど）は一年後に床替えし、二年後にも床替えして三年後の暮れに出荷された。

二　砂防植林の実施

(1) 前掲『日本林制史資料・金沢藩』一八一頁
(2) 前掲『加賀藩史料・第拾編』四一〇～四一一頁
(3) 『石川県史・第参編』八八三頁
(4) 前掲『日本林制史資料・金沢藩』二三頁
(5) 『右同』九四～九七頁
(6) 『羽咋市史・近世編』二四七～二四八頁および前掲「加能越産物方自記」
(7) 前掲『日本林制史資料・金沢藩』五六九頁
(8) 『石川県河北郡誌』二七三頁
(9) 『富来町史・資料編』九五一～九五五頁
(10) 前掲『日本林制史資料・金沢藩』一〇九頁
(11) 前掲『加賀藩史料・第四編』五一〇頁
(12) 前掲『日本林制史資料・金沢藩』二〇九～二一〇頁

第五章　山林役職の整備

一　十村役の設置

天正九年（一五八一）八月、藩祖利家は永年の戦功によって織田信長から能登一国を与えられた。また、利家は豊臣秀吉から同一一年（一五八三）に加賀国河北・石川両郡、同一三年（一五八五）に越中国射水・礪波・婦負三郡、文禄四年（一五九五）に同国新川郡を与えられた。続いて、二代利長は徳川家康から加賀国能美・江沼両郡を与えられた。ここに加越能三ケ国に一二〇万石を領有する加賀藩が成立した。

利家は能登入国に際し、村内の有力者に扶持高一五〜二〇俵を与えて郷村支配を命じた。天正一〇年（一五八二）羽咋郡中川村太郎右衛門は能登入国の戦功として、利家から扶持高一五俵を賜った。[1]また、同年鳳至郡粟蔵村彦丞は諸々の功労として、利家から扶持高五〇俵を賜った。[2]彦丞は羽咋郡相神村弥五郎の一四〇俵に次ぐ扶持高を賜っており、中世末期から下町野郷一九ケ村で重要な位置にあったようだ。こうした初期扶持百姓は能登国だけでも四四人を数えた。[3]利家は近郷の有力寺社に扶持高を寄進すると共に、炭焼・陶工・木地師などの技術職人を保護した。天正一〇年（一五八二）八月、利家は羽咋郡の菅原天神に扶持高五〇俵、同社僧成喜坊・遍照坊両人に四〇俵、同郡の瀧谷妙成寺に一三俵、同郡の一宮気多大明神に四〇〇俵の田地を寄進した。[4] 同年一一月、利家は能登国奥郡の炭焼に対し、山林の自由伐採を許可した。[5]

右の保護政策は、領地が拡大するにつれて加越両国でも行われた。利家は天正一四年（一五八六）石川郡の佐那武明神に田地二町、河北郡の黒津舟権現に田地二町、同一五年（一五八七）新川郡の宝福寺に田地一〇〇俵、同一六年（一五八八）新川郡の立山寺に田地一〇〇俵を寄進した。[6] また、利長は天正一四年（一五八六）礪波郡の埴生八幡宮に田地六〇俵、文祿二年（一五九三）礪波郡今石動の永伝寺に田地一〇〇俵、慶長一九年（一六一四）射水郡氷見の上日寺に山林四町を寄進した。[7] さらに、利長は文祿二年（一五九三）新川郡上瀬戸村の陶工彦右衛門に、慶長五年（一六〇〇）同郡芦見村の陶工孫市に、同七年（一六〇二）同郡黒川村付近の陶工両人に山林の自由伐採を許可した。[8] 右のごとく、利家は能登入国に際し、その功労として村内の有力者に扶持高一五〜二〇俵を与えて郷村支配を命じた。また、利家・利長は加越能三ケ国の有力寺社に田地・山林などを寄進すると共に、炭焼・陶工・木地師などの技術職人に山林の自由伐採を許可した。こうした保護政策は、郷村支配確立を意図したものであった。

「御郡方旧記」「御定書」「真館覚書」「十村勤方類聚」「河合録」などには、慶長九年（一六〇四）に十村が創設されたことを記す。「御郡方旧記」収載の「十村役由来」には次のように記す。[9]

一、御国十村と申は、天正より慶長七、八年之頃迄は、其所長百姓より諸事申渡候、慶長九年初而能州へ本保与次右衛門殿指被遣、郷士之内にも御奉公相望申者、或は長百姓之内御提出近在拾ケ村程宛支配被仰付候に付、十村と御唱被成、其後加州・越中之御振合に而段々十村役被仰付候

一、加州石川郡十村支配之義は、天正十一年より元和元年迄三拾四ケ年は、其所之長百姓より諸事申渡候、則肝煎と申候、元和元年大坂落城之後近在拾ケ村程宛支配仕候に付、十村肝煎と御唱被成候

すなわち、慶長九年（一六〇四）利長は本保与次右衛門を能登国奥郡に遣わし、最初に鳳至郡輪島村十蔵を十村に任命した。十村は長百姓の中から適任者を選任したものの、郷士の中から任命される場合もあった。その後、十村は

加越両国に設置されたが、加賀国石川郡では元和元年（一六一五）に肝煎（長百姓）を十村肝煎と改称したと記す。ただ、「十村勤方類聚」[10]には「一、十村之濫觴御尋に御座候、越中筋に而慶長九年本保次郎左衛門殿御廻り、十村肝煎御立被成候」とあり、十村は慶長九年に能越両国で同時に設置されたことを記す。「十村由緒」には礪波郡戸出村又右衛門・射水郡五十里村助左衛門が慶長九年に任役されたと記すので[11]、能越両国では同年に十村が設置されたものだろう。このことは、十村の設置が慶長九年から実施された越中国総検地と深い関係があったことを示す。

十村は他藩の大庄屋に相当する役職で、十ケ村ほどを支配したことから「十村肝煎」と呼ばれた。十村は他に「十村頭」「十村組頭」「十村組肝煎」「十村組頭肝煎」「十村組之肝煎」などとも呼ばれたが、万治元年（一六五八）からは加越能三ケ国で十村と称したようだ。能登国奥郡では、初期扶持百姓が慶長期から寛永初期にかけて「頭肝煎」、寛永後期から「十村肝煎」、万治元年から「十村」と史料に見られた[12]。寛永八年（一六三一）の定書は十村と村肝煎・長百姓を区別するものの、十村を頭肝煎・十村肝煎・十村頭・十村などと記す[13]。十村は肝煎（村肝煎）に由来して十村肝煎と呼ばれ、その後これを略して十村と称したものだろう。

初期扶持百姓は長百姓が利家から便宜的に扶持高を与えられたもので、彼らを十村に任役すれば、十村組に不都合が生じた[14]。彼らは、元和二年（一六一六）から同六年（一六二〇）までの領内総検地を契機に整理された。その一例を次に示す。

一、元和弐年御検地之時分、横山山城殿御吟味被為成、能州御扶持人ニはつれ申候扶持高之由ニ而、弐拾俵高被召上、三拾俵高慶安三年迄被為下来候得共、是以終御印者頂戴不仕、三代目弥六も御扶持被下候

すなわち、羽咋郡相神村弥五郎は一四〇俵の最高扶持高を賜っていたが、それは元和元年（一六一五）までに五〇俵に減額され、さらに同二年の総検地で三〇俵となった。いま一人、鳳至郡粟蔵村彦蔵は元和六年の総検地に際し、五〇俵から三〇俵に減額された。それを次に示す[15]。

一、元和六年迄、右五拾俵之御扶持被下来候之所、御検地之上ニ而如何様之儀御座候哉、三拾俵与御図帳ニ御載、

残所御収納被仰付候、乍然御理申上儀茂難成、慶安四年迄其通ニ被下候由、承伝申候

右のごとく、初期扶持百姓は元和二年から同六年までの領内総検地を契機に整理された。十村には扶持高を没収された者、最初から扶持高を与えられない者がいたため、元和二年から鍬米と称する役料が支給された。鍬米制度は、十村が組中から鍬一丁（一五歳より六〇歳までの男子）に米二升宛を徴収するものであった。初期扶持百姓の多くは寛永一二年（一六三五）の「組寄」（十村組の大組化）を経て、[16]改作法の施行中に御扶持人十村に任命され、御印物・鑓一本・馬一疋などを賜った。御扶持人十村の創始について、「河合録」収載の「十村子細之事」には次のように記す。[17]

一、三ケ国に而御用相勤候十村共之内二拾人程、承応二年之春より万治元年迄に御扶持人十村に被仰付候、尤能州に而熊木村太右衛門・相神村弥六・大沢村内記・粟蔵村彦左衛門・中居村三右衛門五人は、高徳院様より御扶持被下置候得共、御扶持人十村与申義は、右承応二年之頃初り候歟与申事之由

すなわち、藩は十村制度の確立期に加越能三ケ国の十村中より二〇人程選出し、承応二年（一六五三）より万治元年（一六五八）まで御扶持人十村に任命した。これによって、御扶持人十村の創設は承応二年と解することに説が一致しているようだ。ただ、野島二郎氏は「十村子細之事」が史料として信憑性に欠ける事柄を指摘し、「十村由緒」[18]および「先祖由緒並一類書上申帳」の新川郡嶋尻村刑部由緒により、その創設を慶安四年（一六五一）と解した。まず、「十村由緒」の記述を左に記す。[19]

一、微妙院様御代、慶安元年私親嶋尻村刑部十村被仰付、御収納米御代官被仰付、御用相勤申候所ニ、慶安三年ニ新川郡十村之内、御郡之様子委細存候者御用之旨山本清三郎殿江被仰出候所ニ、親刑部義ハ親代ニも年久敷十村相勤、御郡之様子委細ニ存旨被仰上候所ニ、親刑部小松江被為呼、御尋之儀委細申上候、慶安四年ゟ御郡段々御開作地ニ被仰付候砌、図り等仰付候所ニ、仕様宜旨被仰出、同年四月伊藤内膳殿・山本清三郎殿御取次ニ而、親刑部御納所米之内、現米拾俵拝領仕、御扶持人十村ニ被仰付難有奉存候

越中国新川郡では慶安四年（一六五一）正月から改作法が着手されており、嶋尻村刑部は改作法の準備および尽力

によって御扶持人十村に任命されたと考えられよう。また、御扶持人十村は十村同様に遠隔地（新川郡・能登国奥郡）から設置されたとも考えられよう。ともあれ、嶋尻村刑部は承応元年（一六五二）に御扶持人十村として越前国へ御用を務めており[20]、慶安四年（一六五一）に刑部は御扶持人十村に任役されたものだろう。なお、嶋尻村刑部は他の十村に先だち、慶安元年に十村代官（収納代官）、同四年に御扶持人十村に任役され、数回にわたり鑓二三本・長柄鑓一〇本・馬一疋・鉄砲五挺などを賜った。ところで、「十村勤方類聚」には御扶持人十村の創設について次の一条を記す[21]。

一、御扶持人十村は承応元年始而被仰付候事。但、御印物頂戴は同二年正月十五日に御座候、此節御領国にて九人被仰付、何茂御鑓一筋宛拝領被仰出候事。附、御印物頂戴御請書は、伊藤内膳様・山本清三郎様・菊池大学様、此様に而御三人御宛所にて、九人連名を以御請書上置候事

藩は承応元年に加越能三ケ国中より十村九人を選出して御扶持人十村に任命したものの、都合上、御印物および鑓一本は翌年正月一五日になって与えたことを記す。御扶持人十村は、その創設期に御印物と共に鑓一本および馬一疋を賜った。「十村旧記」には、承応二年正月に鑓一本および馬一疋を拝領した御扶持人十村一四人の名前を記す[22]。

覚

一、御鑓一本・御馬一疋　戸出村　又右衛門
一、御鑓一本　宮丸村　次郎四郎
一、御鑓一本　田中村　覚兵衛
一、御鑓一本・御馬一疋　嶋村　次郎右衛門
一、御鑓一本　下条村　瀬兵衛
一、御鎧一本　大熊村　兵右衛門
一、御鑓一本　御供田村　勘四郎

一、御鑓一本　熱野村　少兵衛
一、御鑓一本　田井村　五兵衛
一、御鑓一本・御馬一疋　嶋尻村　刑　部
一、御鑓一本・御馬一疋　二塚村　又兵衛
一、御鑓一本　だらにじ村　九郎左衛門
一、御鑓一本　上飯野村　三　助
一、御鑓一本　江上村　三郎左衛門
〆
右承応二年正月小松に而拝領仕候、御郡廻り申時分為持可申旨被仰出候

「御改作始末聞書」には「一、承応二年正月八日、田中村角兵衛・戸出村又衛門・宮丸村二郎四郎・下条村瀬兵衛・嶋村二郎右衛門江御鑓壱本宛、都合五本被下候」とあり、[23]御扶持人十村一四人中の前五人は承応二年正月八日に、残り九人（「十村勤方類聚」に記す九人）は同年正月一五日に御印物と共に鑓一本・馬一疋を拝領した者であった。このことは、「十村勤方類聚」の「一、御扶持人十村は承応元年始而被仰付候事」を立証するものだろう。「御改作始末聞書」には、御扶持人十村の創設事情を次のように記す。[24]

一、承応元年暮、玄蕃様ゟ豊前様江戸出村又兵衛（又右衛門之事）・田中村覚兵衛（角兵衛之事）十村頭ニ被仰付候間、小松江罷登候様可申渡旨御状被遣候ニ付、豊前様より呼ニ被遣、罷越仰承り、小松御城江罷登候所、久越様奉行ニ而両人之者共十村頭ニ可被仰付、御扶持も可被下与被仰出候段、御申渡ニ御座候処、右又兵衛久越様江申上候ハ、御返事ニ而ハ無御座候、御心得を以宜被仰上可被下候、御扶持可被下旨難有奉存候、然共寛永十九年十一月五日、私方江御前御入被為成、台所之次座敷ニ而、大橋又兵衛様・平岡志摩之助様を以、又兵衛ハ幸十村不仕義一段之義ニ被思召候間、向後誰人申付候而も、十村仕間敷候、左候へハ、御座敷を御立預ケ可

被成与御意被成、同十九日ニ、高岡ゟ伊藤内膳様御下奉行相川七之助様御越、御屋敷之御譜請被仰付候、右御意之旨小松ニ而申上候へハ、有躰ニ能申上候、いかにも御覚被為成候、十村ニ而者無之候、御扶持被下、十村頭可被仰付旨御意ニ付、御受申上候、是御扶持人之始与相見へ候

寛永一九年（一六四二）一二月、藩は戸出村又兵衛に十村頭を任命したものの、彼はそれを断ったため、その後誰一人として引き受ける者がなかった。ところが、戸出村又兵衛は承応元年（一六五二）に至って十村頭を引き受けたため、田中村覚兵衛も引き受けることになった。文末に「是御扶持人之始与相見へ候」あるのはまさしく御扶持人十村を指すもので、二人の「由緒書」にも「承応元年之暮、小松江被為呼」と、[25]御印物と共に鑓一本を拝領するため小松に向かった事実を記す。併せて、元禄六年（一六九三）の「戸出村又八書出」にも「承応元年戸出村又兵衛・田中村角兵衛十村頭に被仰付、同二年右両人御扶持頂戴、同年御馬・御槍等も拝領被仰付候義、先祖之者留書内に御座候」と記す。[26]ここに至り、御扶持人十村の創設は「十村勤方類聚」により承応元年（一六五二）と解すべきことが明らかになった。この点、新川郡嶋尻村刑部は慶安四年（一六五一）にその先駆として任役されたといえるだろう。

寛文元年（一六六一）藩は、御扶持人十村の上に無組御扶持人十村を設置した。「河合録」収載の「十村子細之事」には、その創設事情を次のように記す。[27]

一、無組御扶持人之始は、山本清三郎等四人、寛文元年改作奉行被仰付、存寄可申上旨被仰出候処、一郡一人宛成とも、縮に成候ものを諸事目あかしに被仰付候様仕度、左候得ば嶋尻村刑部・田中村覚兵衛、中納言様御代より惣十村之縮に被仰付、御扶持被下置候、然れども組下をかゝへるは遠慮仕候事も御座候間、十村を指除、惣十村之縮に仕度、組下を上候人、手前にしつきやく仕候間、御代官御増被仰付候様仕度旨申上、其通可申付旨被仰出候与有之、此時分初り候与相見得候事

すなわち、寛文元年（一六六一）藩は御扶持人十村より一郡一人宛に無組御扶持人十村を選出し、「諸事目あかし」とした。新川郡嶋尻村刑部・礪波郡田中村覚兵衛両人は同年に無組御扶持人十村となり、組を外れて諸郡十村の監督

第18表　加賀藩の十村役列

十村名	寛政9年(1797)	享和元年(1801)	文化7年(1810)	天保10年(1839)
無組御扶持人	1	1	1	1
無組御扶持人列	2	4	2	3
無組御扶持人並	4	3	4	2
組持御扶持人	3	2	3	4
組持御扶持人列	5	5	6	6
組持御扶持人並	6	7	5	5
平十村	7	6	7	7
平十村列	8	8	8	9
平十村並	9	9	9	8

『加賀藩史料』により作成.

にあたった。貞享三年（一六八六）の「加越能等扶助人由来記」には「寛文元年迄十村相勤、同年十村御赦免被為成、御扶持被為下置」とあり[28]、両人は寛文元年に無組御扶持人十村となったものだろう。なお、無組御扶持人十村は御扶持人十村と併称して「御扶持人」とも呼ばれた。十村は無組御扶持人十村・御扶持人十村・平十村の三種に分けられ、また三種には本役の退老者「列」と本役の見習者「並」が置かれた。寛政九年（一七九七）の十村役列では、左記のように九階層に区分されていた[29]。

(1)無組御扶持人　(2)無組御扶持人列　(3)組持御扶持人
(4)無組御扶持人並　(5)組持御扶持人列　(6)組持御扶持人並
(7)平十村　(8)平十村列　(9)平十村並

文政二年（一八一九）一二代斉広は農民の生活奢侈を戒め、加越能三ケ国の十村三一人を投獄および能登島流刑に処した。十村はほとんどが有能な御扶持人十村であり、藩は御扶持人十村の業務手腕に大きな期待をかけていたようだ。同四年（一八二一）斉広は十村を廃して郡奉行に農民の直支配を命じ、御扶持人を惣年寄、御扶持人並・平十村を年寄並と改称させたものの、政務が著しく渋滞し円滑を欠いたため、天保一〇年（一八三九）から十村を復活させた。明治三年（一八七〇）九月、藩は十村を廃し、御扶持人を郷長棟取、平十村を郷長、新田裁許を郷長次列と改称させた。同年一〇月、藩はこれらを里正棟取・里正・里正次列と改称し、翌年の廃藩置県を迎えた。

寛政九年から天保一〇年までの十村役列を第18表に示す。「列」「並」の史料的初見は、今のところ承応三年（一六五四）石川郡福留村間兵衛が御扶持人並に任命されたものだろう[30]。つまり、「列」「並」の設置は承応元年（一六五二）

の御扶持人十村創設が契機となったものだろう。「並」（一五〜二〇歳）は原則的に扶持米を支給されなかったので、当初、「列」の下位に置かれたようだ。十村役列は、改作法の功労と業務上の実績によるものであった。このことは、有能な十村および子息を遠隔地に移し、前任者の組を支配させた引越十村をみても明らかであろう。つまり、引越十村はすでに元和三年（一六一七）から存したものの、(31) それは改作法の施行中に集中していた。一例を示すならば、礪波郡水牧村新四郎は、明暦元年（一六五五）に鳳至郡山岸村に引越しさせられた。(32) ともあれ、引越十村は郷村支配に大きな威圧を加えるものとなった。

　次に、加越能三ケ国の十村組数・十村数についてみよう。十村組は当初、一組が十数ケ村であったが、それは病死者・不埒者の除去、新村の成立などのため、寛永一三年（一六三六）に小組（十数ケ村）・大組（数十ケ村）に分けられた。その後、十村組は承応三年（一六五四）をはじめ、寛文五年（一六六五）・享保一六年（一七三一）・寛政九年（一七九七）・文政七年（一八二四）・天保一〇年（一八三九）・慶応三年（一八六七）などに改編された。享保一六年から明治三年（一八七〇）までの十村組数を第19表に示す。新川郡には元禄一〇年（一六九七）以前から浦方十村（一組）が存したが、それは文政四年（一八二一）に廃止された後、天保一〇年（一八三九）からは普通の十村となった。享保一六年の組数は浦方一組が除かれていた。礪波郡の組数は五箇山二組（下梨組・岩淵組）を含み、これは同郡他組の十村二人が兼帯していた。寛政九年には最小組が八ケ村、最大組が九二ケ村、一組平均村

第19表　加賀藩の十村組数

国名	郡名	享保16年 (1731)	寛政9年 (1797)	文政7年 (1824)	天保10年 (1839)	慶応3年 (1867)	明治3年 (1870)
加賀	能美	10	10	10	7	7	7
	石川	9	9	9	8	8	8
	河北	7	7	7	6	6	6
越中	礪波	10	10	10	16	16	16
	射水	7	7	7	10	10	10
	新川	13	14	14	16	16	16
能登	羽咋	4	4	4	5	5	5
	鹿島	7	7	6	6	6	6
	鳳至	8	8	8	8	8	8
	珠洲	3	3	3	4	4	4
合計		78	79	78	86	86	86

『加賀藩農政史考』により作成.

第20表　加賀藩の十村数

十村名	文政３年（1820）	安政６年（1859）	文久３年（1863）	慶応３年（1867）
無組御扶持人	8	1	3	0
無組御扶持人列	0	0	0	0
無組御扶持人並	0	3	2	1
組持御扶持人	11	12	14	19
組持御扶持人列	0	3	1	0
組持御扶持人並	19	12	13	7
平十村	44	40	48	46
平十村列	5	5	2	0
平十村並	1	2	1	0
合計	88	78	84	73

安政６年（1859）および文久３年（1863）の「御扶持人十村等御礼人惣列名書」（金沢市立図書館蔵），『加賀藩農政史考』などにより作成．

数が約四二ケ村であった。[33] 十村は各郡に普遍的に置かれたものでなく、その人数は明確でなかった。参考までに、文政三年（一八二〇）から慶応三年（一八六七）までの十村数を第20表に示す。

「河合録」収載の「十村子細之事」には、十村の業務について次のように記す。[34]

一、十村勤方之事、身分は軽く候へども、格別重き御用相勤候もの也、都而一組一組之人支配いたし、其組御収納方は不及申、都而高方等一組に付諸事不預事無之、尤正直才力之事は申に不及、改作方御法之趣得与致会得居、田地方功者に有之、算筆も達者に有之、常々村廻いたし、農を勧、驕るものを懲し、出精可為致訳に候事

すなわち、十村は身分が軽かったものの、その業務は重く収納方・田地方（改作方）などを司った。十村は農事に優れた才能を有し、組内の村々を巡回して農民の督励にあたり、業務に忠誠を尽くすため誓詞を改作奉行所に提出した。誓詞は十村創設期より明治に至るまで継続されたものの、その文案は時代により少々異なった。改作奉行所は、元文三年（一七三八）に次のような十村誓詞の要領を示した。[35]

十村共誓詞申付覚

一、御扶持人十村役被仰付候節は、十村共一統之誓詞并見立誓詞、此両様之誓詞可申付事、但名代役茂同事

一、平十村より御扶持人十村に被仰付候節は、十村共一統之誓詞は最前之誓詞用申段申渡、見立誓詞迄可申付事、但御扶持人十村に被仰付候節、名相改候はゞ両様之誓詞可申付事

一、平十村役被仰付候節は、十村一統之誓詞迄可申付候事、但名代役茂同事
一、御扶持人十村并平十村共せがれ等、名代役之誓詞いたし罷在候者、本役に被仰付候節は、身當り之誓詞相済不申儀故、御扶持人に被仰付候はゞ両様之誓詞、平十村に被仰付候はゞ一統之誓詞迄可申付事
右先例等致詮議所如此に候事
元文三年

右は元文三年八月二日に算用場が改作奉行所に示談した後、同所から十村に通達された。御扶持人十村は連名誓詞と見立誓詞（個人誓詞）を提出したものの、平十村は連名誓詞だけを提出した。

十村は郡奉行（人支配）・改作奉行（高支配）監督の下に、村肝煎・組合頭などの助力を得て業務を執行した。十村の業務を記した書物には、江戸中期に礪波郡和泉村彦三郎が著した「十村留記」、江戸中期の「越中諸代官勤方帳」（十村勤方帳、一五一条）、宝永二年（一七〇五）の「能州代官十村勤方」（二六一条）、江戸後期に礪波郡戸出村又右衛門が著した「御用留帳」、江戸後期に鹿嶋郡武部村弥左衛門が著した「公用集」（二九八条）、寛政五年（一七九三）の「十村旧記留」などが存す。[36] 次に、「越中諸代官勤方帳」から主な十村業務を抽出して第21表に示す。十村の業務は司法業務・徴税業務に比べ、一般業務が圧倒的に多かった。一般業務では民政業務（郡奉行支配）に比べて改作業務（改作奉行支配）が多く、時代と共に増加した。このことは、十村が改作方を主目的に設置されていたことを示すものだろう。なお、創設期には走百姓（逃散農民）の取り締まり業務が存した。[37]

その業務は多岐にわたっており、御役所（御用所・御用場）と呼ばれた十村宅の一隅で手代数人の補助を得て処理された。手代には十村手代（内手代）と代官手代（納手代）の二種が存し、共に誓詞を提出した。彼らは寛文元年（一六六一）まで名代《みょうだい》と呼ばれていた。藩は同八年（一六六八）加賀国の森下・野々市・小松、越中国の杉木新・小杉新・東岩瀬、能登国の堀松・宇出津などに十村相談所（寄合所）を置き、改作所から下僚二人（交代）を派遣し、郡内の十村を集めて月一回の相談会を開かせた。藩は十村詰番と称し、十村を金沢の御算用場に一〇日（一ヶ月）詰めさせた。

第21表　加賀藩の十村業務

種類	業務内容
一般業務	養子縁組，家督相続，遺産相続，土地売買（田畑・山林・屋敷・屋敷地） 相互扶助（作付遅滞者・病人・障害者・未亡人），人命救助（難破人・溺死人・行倒人・変死人・宿送人），災害救済（木材給与・米銀貸付・郡打銀免除） 宗門改め（宗門改帳・寺請証文），改宗寺替，同心托鉢（同心調査・鑑札交付） 道路修理（往還道・脇道・除雪），橋梁修理，渡船修理，堤防工事，倉庫修理（御収納蔵・作食米蔵・高札場） 農業監督（作付・作食米貸付・肥料代貸付・小売米・田地割・開墾・用水），漁業監督（海魚買上げ・川魚買上げ・捕鯨），林業監督（竹木伐採・根返り木処分・陰木伐採・筅竹藪・松茸買入・松苗分与・木材川流し），鉱業監督（鉱山採掘） 農業調査（牛馬数・麦・菜種作付歩数・米価），戸籍調査（人口・戸数・年季奉公・転住），表彰請渡（孝行・敬老） 郡内巡視（村廻り・御郡廻り・改作廻り・五箇山廻り），交通航海（大名・廻国上使・天領代官・遊行上人・往還道掃除・旅館管理・切手交付・駅馬管理・船舶取締・漂流物取締），領境交渉（境塚修理・塚松植替） 役人任用（十村・村肝煎・組合頭・用水肝煎・駅馬肝煎・往還道番人・作食蔵番人，潤改役人・船足見分人），書類送達（触書・請書・願書・奉書・村御印写），藩府出勤（書類送付）
司法業務	風俗取締（伎芸遊楽者・勧進者），新築取締（家屋・作小屋），火災防止（火用心・消火・火災報告），拾得物取締（拾得物・発掘物），捨子取締，逃亡者取締，障害者取締，乞食取締，掃除坊主取締，動物取締（鶴・鷹・馬・犬・狼） 盗難取締（巡回・盗賊尋問・盗賊逮捕・盗伐者逮捕・盗難品引渡し），犯罪者捜索（犯罪者・犯罪容疑者），入出獄管理（入獄者・出獄者），流刑者取締，没収物処分
徴税業務	台帳調整（高付帳面・百姓付帳面），隠田見分，田地増減（地目変更・検地・引高・手上高），税額決定（税額記入簿調査・新開免決定・見立減税・免税審査・入米歩改・新米改・皆済状継立・滞納者尋問・不足分徴収・立会見立），給人蔵宿取締，春秋夫銀徴収，定小物成銀徴収，郡打銀徴収，宿方課役徴収，関税徴収，藩債募集，製塩管理

これは、寛文四年（一六六四）加越能三ケ国の御扶持人十村を小松城に一五日詰めさせたことに由来したようだ。ただ、十村は彼らの代わりに各郡一人宛の番代を派遣し、各郡の業務取次を行わせた。彼らは誓詞を藩に提出し、郡打銀より給銀が支給された。遠郡では、番代を補助する場付手代（何郡手代）を数人置いた。

次に、十村の苗字帯刀・御目見（御目見得）・役料（給与）などについてみよう。「十村勤方類聚」には、十村の帯刀について次のように記す。[38]

一、十村帯刀之義、明暦二年正月十三日小松御在城之砌、中村久悦殿奉りに而、刀指候儀被仰出候処、帯刀之儀は勝手次第に被仰付置候様、其節御請申上置候事

すなわち、明暦二年（一六五六）十村は小松城で帯刀を要請し三代利常から許可されたので、組内の巡回に際して帯刀

したものだろう。「租税志」には「其巡村スルヤ双刀ヲ佩ヒ、民ヲシテ畏ル所アラシム、十村上言シテ曰ク、大刀ハ行正ニ便ナラスト、僅ニ小刀ヲ佩フルノミ」とあり、(39) その後十村は巡村時に小刀だけ差したようだ。ただ、「年代記」には「宝暦十一年（一七六一）巳十村刀指義始る」とあり、(40) 彼らは他領他国への出張または巡見上使の対応に帯刀をした。寛政一三年（一八〇一）の上申書には「私共平生方名字・帯刀御免之儀、享保以来宝暦・明和之末迄数度奉願候得共、御詮議中今以御聞届無御座候」とあり、(41) 御扶持人十村は享保以来、数度にわたって日常の苗字帯刀を藩に嘆願してきたものの、許可されることがなかった。右上申書には、苗字帯刀の嘆願理由を次のように記す。(42)

一、富山様御領分者、御扶持人役之者、當時本役二人並役一人罷在、孰茂前々より平生家名相名乗帯刀仕候、町人之内にも時々名字御免之者も御座候、私共他国懸引申御用筋に者、家名相名乗帯刀被仰付候へ共、平生方諸書物等村名に而一刀を帯し候故、他国応対等之砌甚不都合之儀御座候而赤面仕申儀に御座候

御扶持人十村は他国他領への出張に際し、苗字帯刀が許可されていたものの、日常のそれは許可されず、来客時の対応に不都合があった。彼らは富山支藩の御扶持人十村・同並などをはじめ、他藩の割本・大庄屋らも苗字帯刀が許可されていることを例にあげ、それを強く嘆願した。文政四年（一八二一）の「御郡方御仕法ケ條書」には「一、惣年寄役、常に苗字相名乗、他国者懸合之節帯刀可仕事。一、年寄並、他国者掛合之節、是迄之通り苗字帯刀可仕候事」とあり、(43) 惣年寄（御扶持人）は文政四年から日常に苗字が許可された。ただ、彼らは天保五年（一八三四）から日常に苗字が許可された年寄並（平十村）と共に、同一〇年（一八三九）に再禁止された。(44) なぜ十村は苗字帯刀を強く嘆願したのだろうか。十村は寄生地主化する要素が充分に存したものの、藩の強い拘束力によって地主的発展を阻止されていた。また、彼らは産業振興を管理・監督する立場にあって営業することを許可されず、地主化そのものが大変困難であった。こうした状況の中で、十村は名誉や家格の位置付けとなった苗字帯刀を強く嘆願し、一方、藩は十村の家格意識を利用して彼らに業務を遂行させせようとした。このことは江戸後期に村内の家格が漸次解体し、村内の差別が解消しつつあったことを示すものだろう。江戸後期、幕藩では財政難の打開策として農民・町人より御用金

第22表　加賀藩の十村役料

十村名	扶持高	鍬役米	代官帳	代官口米
無組御扶持人	○	×	2500石	33.0石
御扶持人十村	○	○	2000	26.4
平十村	×	○	1500	19.8

『加賀藩史料・第壱編』『越中史料・第一巻』『加賀藩農政史考』などにより作成.

（献金）を求め、その金額に応じて苗字帯刀を許可した。苗字帯刀は一代限り（苗字、苗字帯刀、苗字一代・帯刀子孫）とか孫までとかに限定される場合と、永代にわたって許可される場合とがあった。(45)

御目見は三代利常の治世に御扶持人が小松城で許可されたが、その後は年頭御礼（御目見）だけになった。御目見は寛文九年（一六六九）まで竹の間、それ以降は御式台で行われたようだ。(46)安政六年（一八五九）の年頭御礼には加越能三ケ国から無組御扶持人十村・御扶持人十村・平十村・新田裁許・御扶持人山廻・平山廻など二五七人が招待され、一四七人（一一〇人不参加）が参列した。(47)彼らは一番座（七四人）と二番座（七三人）に分けられ、御料理（一汁三菜）を頂戴した。この時、十村は脇差をし、紬合を着用して参列した。十村は早くから紬合の着用を認められていたが、村肝煎以下は木綿・麻布以外の着用を禁止されていた。(48)

次に、十村の役料（給与）を第22表に示す。御扶持人十村は創設期に田地（一〜五町）を支給されたが、その後は石高支給となった。無組御扶持人十村は鍬役米が支給されなかったので、御扶持人十村に比べ少々多額であった。御扶持人十村並には扶持高が支給されなかった。(49)鍬役米は男子がいない家からも徴収したが、村肝煎・掛作百姓からは徴収しなかった。浦方村落からは、鍬役米の代わりに棟役銀（十村は免除）を徴収した。棟役銀は慶長八年（一六〇三）から農民一戸に銀三匁を徴収したもので、正保四年（一六四七）からは郡打銀（川除普請銀・里子給銀・渡舟給銀など）に代わり廃止された。(50)代官口米は一石に口米二升を徴収した代官役料で、無組御扶持人十村は二五〇〇石（代官帳五冊分）、御扶持人十村は二〇〇〇石（同四冊分）、平十村は一五〇〇石（同三冊分）の租米を扱った。代官帳一冊分は五〇〇石であったものの、正米は三三〇石であり、代官口米は六石四斗ほどになった。この外、御扶持人十村は定小物成銀取立役・散役才許・郡打銀主付などを兼帯し、それぞれ役料を得た。定散小物成銀取立役は、取立銀の五〇分の一（のち一〇〇分の一）を給与された。(51)文政四年（一八二一）藩は鍬役米・代官口米を廃止、惣年寄に八〇石、年寄並に三〇石の役料を支給した。なお、十村は御領国一番皆済・御郡一番皆済と称し、収納米を納期前に皆済させた功により金品を賜った。寛延元年（一七四八）の年頭御礼時には、加越能三ケ国で九人の十村が御領国一番皆済（白銀五枚・紬二端）・御郡一番皆済（白銀三枚・紬二端）として金品を得た。この時、収納米を納期内に皆済させた十村五九人も白銀三枚を得た(52)。

十村には代官をはじめ、定散小物成取立役・御郡打銀主付・蔭聞役などの兼役が存した。「十村勤方類聚」には十村代官について次のように記す(53)。

> 一、十村等御代官は、承応二年初而被仰付候事、承応二年は御領国一統江は不被仰付候事、但万治二年御領国十村山廻一統江被仰付候事、附、此許には慶安五年十月四日河北郡十村肝煎中与申宛所に而、御代官被仰付候、則御腰物印物頂戴罷在中候

すなわち、藩は承応二年（一六五三）から万治元年（一六五八）まで侍代官と十村代官（二〇人）を併置し、同二年からは十村代官（山廻役も任命）だけを設置した。新川郡嶋尻村刑部は慶安元年（一六四八）に十村代官に任命されており(54)、十村の中には慶安年間（一六四八〜五二）に代官となった者もいたようだ。これ以前は、村肝煎（のち十村）が侍代官と共に徴税を行っていた。天正一〇年（一五八二）鹿嶋郡鰀目《よのめ》村太間は「カキトリ役」（船役）を、同一三年（一五八五）氷見庄（射水郡）神代村甚右衛門は租米を徴収していた(55)。また、鹿嶋郡熊木村太右衛門・羽咋郡相神村弥六・鳳至郡大沢村内記・同粟蔵村彦左衛門・同中居村三右衛門らは改作法の施行中、笹島豊前（越中国）・木村甚左衛門（加賀国）二人の侍代官と共に「上り知」（旧給人の知行地）の租米を徴収していた(56)。十村代官は改作奉行の下に直属し、改作奉行―十村代官という租米・春秋夫銀収納の体制が成立していた。文政四年（一八二一）藩は十村代官を廃止して侍代官を置いたものの、百姓が納得せず、天保一〇年（一八三九）に十村代官を再置した。このことは、十村代官が侍代官の非分阻止を目的に創設されたことを示す。なお、侍代官は御扶持人十村と同額の二〇〇〇石（代官帳四冊、正米一三二〇石）の租米を扱った。十村代官は他藩に類をみない百姓代官であり、十村制度の本質が十村代

官の設置にあったといっても過言でないだろう。十村代官は万治二年（一六五九）より役料として口米（一石に二升宛）が支給された。

御扶持人十村は定散小物成取立役を兼帯し、定散小物成銀・関税・礼銀・運上銀などを徴収した。定散小物成取立役は、寛文一〇年（一六七〇）から定小物成銀を徴収する定小物成取立と散小物成銀を徴収する散役才許に分離された。定小物成は御印税とも称し、寛文一〇年から村御印に税名・税額が記載された。これは十村の見図によって決定されたものの、容易に変更されなかった。散小物成は散役・浮役とも称し、臨時に創業・廃業するものに課せられた。これは定小物成が定まった後に追加されたため、定小物成の税名と同一のものが多かった。[57]また、御扶持人十村は御郡打銀主付を兼帯し、御郡打銀を徴収した。御郡打銀は川修理・道修理・橋梁普請・蔵修理・船渡し・航路灯明など御郡方の費用に宛てた雑税で、寛永一二年（一六三五）の定書には「御郡打銀之内」をもって往還道・往還橋を修理したことを記す。[58]これは元禄八年（一六九五）から各郡が同額となったものの、工事の多少により費用が異なり、郡別（能美・石川・河北・口郡・奥郡・礪波・射水・婦負郡）に収支した。さらに、御扶持人十村は浦口銭取立方主付・検地打役などを、無組御扶持人十村は改作所直属の諸郡御用頭取を兼帯した。この外、十村は廻国上使巡見御用主付をはじめ、臨時的な諸事主付（諸役御用）を兼帯した。なお、十村の子弟は分役と共に、御仕立村勢子役・屎物方主付・桑楮植付勢子役・変地勢子役などの臨時役を勤めた。[59]十村分役は改作奉行が人選した新田裁許・同並・同列と郡奉行が人選した山廻役・同列を指す。元禄一六年（一七〇三）の「改作方格帳」には、蔭聞役について次のように記す。[60]

一、山廻之内、一御郡に三四人宛誓詞申付、御扶持人幷十村其外肝煎等裁許善悪之儀、私共方江内證申聞候様に、元祿六年より申渡、毎度書付見届申候事。附札に、加様に可有之儀と、當時之ごとく十村共之せがれ・弟に申付候は、何之用に茂立間敷候、向後は、新田裁許は其之組之十村に申付、新田裁許指止、陰聞は山廻共之内人柄を撰申付可然事

藩は元禄六年（一六九三）より各郡三、四人の山廻役を蔭聞役に兼帯させ、十村・村肝煎から農民までの動向を改

作所に内報させた。これ以前、蔭聞役は十村子弟が任役されたものの、あまり効果が上がらなかったようだ。天保一四年（一八四三）の「先祖由緒并一類附帳」によれば、鳳至郡時国村藤左衛門は寛文九年（一六六九）蔭聞役に任役されていた。[61] 享保三年（一七一八）の新田裁許誓詞前書には、蔭聞役が新田裁許の兼役となっていたことを記す。[62] また、天保一〇年（一八三九）の十村役列定には「蔭聞役、新田才許ノ兼役ナリ」とあり、[63] その後は新田裁許の兼役となった。なお、享保一七年（一七三二）には蔭聞役が加賀国に三人、越中国に三人、能登国に二人存した。[64]

二　山奉行の設置

加賀藩は江戸初期に山奉行を設置し、七木の取り締まりを中心とした山林管理を命じた。慶長二〇年（一六一五）三月五日付の達書には「一、山奉行非分改候事」とあり、[1] 算用場は加賀国（石川・河北郡）における山奉行の非分改めを郡奉行に命じていた。これは今のところ加賀国における山奉行の史料的初見であろう。山奉行は当初、その権限が弱く、郡奉行が足軽山廻と共に業務の一部を肩代わりしたこともあった。

越中国の山奉行について、天正一五年（一五八七）前田利次（利秀）が礪波郡今石動の永伝寺に下付した「柴山寄進状」には次のように記す。[2]

乍恐令啓上候、仍遙不遂尊顔候、此方御普譜も相究申体ニ御座候条、軈而罷下、心計可申上候、就中山之儀、愛宕山之尾を限北江二谷、柴山に令進上候、堅山留被成、可被立御用候、若又不致承引者於有之者、拙者山奉行に被仰付、可被成御留候、罷下可得尊意候、恐惶謹言

七月六日　　　　前又二 利　次(印)

永伝寺様・御同宿中

右の山奉行は本来のそれと異なり、山論に際して臨時的に置かれた仲裁人のことであろう。元和六年（一六二〇）

第23表　能登国の山奉行兼御塩奉行

年代	名前
承応２年（1653）	近藤次右衛門
２年（1653）	富野次太夫
年代不詳	葛野藤太夫
万治２年（1659）	近藤四郎右衛門
寛文４年（1664）	服部覚兵衛
６年（1666）	印紋庄兵衛
７年（1667）	佐藤帯刀
９年（1669）	山本加助
10年（1670）	熊谷伊兵衛
12年（1672）	野村半兵衛
延宝５年（1677）	脇田知右衛門
６年（1678）	印牧権左衛門
元禄３年（1690）	寺西庄兵衛
９年（1696）	谷五兵衛
宝永７年（1710）	辻権蔵
享保３年（1718）	津久見甚兵衛
６年（1721）	横井甚三郎
12年（1727）	飯尾浅右衛門
延享２年（1745）	青木唯右衛門
宝暦元年（1751）	横山三郎兵衛
文化２年（1805）	堀與八郎
２年（1805）	山田三郎左衛門
天保10年（1839）	齋藤丈五郎
10年（1839）	小畠弥五郎
10年（1839）	平野安左衛門
嘉永３年（1850）	金岩安左衛門
文久２年（1862）	片岡伝太夫

『加賀藩農政史考』により作成.

礪波郡次郎丸村・長楽寺村と同郡西明寺村とが争った山論文書には「一、持分山之儀、下苅御法之由承候間、山之御奉行衆へ今度罷越従御意申候処ニ、下苅如前々之其主々可仕と御意被成候、恭奉存候御事」とあり[3]、次郎丸村・長楽寺村は山論裁決を「山之御奉行衆」の今井左太夫・古河六左衛門両人に願い出た。今井・古河両人は山奉行であり、元和六年（一六二〇）には越中国でも山奉行が置かれていたようだ。このことは、加越両国の山奉行が御林山の設定と共に設置されたことを示す。越中国では山奉行が寛永一四年（一六三七）頃に郡単位で置かれたものの、その後射水・礪波郡は両郡で一人となった。なお、山奉行は加賀国と同様に、寛文期（一六六一～七二）に郡奉行により兼帯されたかは明確でない。

能登国では慶長年間（一五九六～一六一四）に山奉行が置かれ、後に「御塩方」（御塩奉行）を兼帯した。能登国奥郡では早くから御塩奉行が置かれていたが、寛永一四年（一六三七）頃には島田勘右衛門・小森又兵衛・山下吉兵衛の三人が珠洲郡飯田村に居住していた[4]。近藤次右衛門・富田治太夫両人は承応二年（一六五三）鳳至郡宇出津村に引越し、「山奉行兼御塩方」となり、塩手米の取り扱い、塩の収納、塩の蔵納、塩問屋の管理、塩積出船の管理などの製塩業務を行った。山奉行兼御塩奉行は、鳳至郡宇出津村に居住したことから「宇出津山奉行」とも称した。次に、宇出津山奉行の氏名を第23表に示す。能登国の山奉行は改作法の施行中に、御塩奉行を兼帯し（定員二名）、天明五年（一七八五）から破損船裁許も兼帯した。山奉行が御塩奉行を兼帯したのは、山奉行が塩木の取り締まりを行っていたためだろう。宇出津山奉行は文政四年（一八二一）から天保一〇年（一八三九）まで廃止され、郡奉行が能登国の山方御塩御用を兼務した[5]。「郡方古例集」収載の享保一三年（一七二八）の覚書によって、宇出津山奉行の山林業務を示す[6]。

七木の取り締まり
損木の入札払い
植林の奨励
難破船（登米船）修理材木の下付
百姓居屋敷・垣根廻の竹木拝領の取り扱い

ところで、鹿島半郡には初め山奉行が置かれず、特定の個人がそれを請負っていた。半郡では正保期（一六四四〜四七）に百姓持山を御林山に指定編入し、その管理を西馬場村の山裁許人河嶋清兵衛に命じていた。農民は家屋用材・土木用材などを必要とした時、御林山の諸木（苦竹を含む）を山裁許人に願い出て伐採していた[7]。その後、半郡では延宝元年（一六七三）頃から能登国の他郡と同様に「山方御仕法」を適用するようになった。鹿島半郡は天正八年（一五八〇）に長氏が織田信長から安堵された領地で、前田氏の家臣（与力格）となった後も独自の支配が認められていた。これは寛文七年（一六六七）に長氏の内紛を契機に前田氏の支配となった。

加賀国の山奉行について、「庁事通載」収載の元祿九年（一六九六）の覚書には次のように記す[8]。

覚

一、石川郡・加賀郡山御奉行、先年は由比勘兵衛殿・山森伝兵衛殿・大塚小太夫殿、此御三人ニ山奉行被仰付候、其後由比勘兵衛殿御壹人ニ被仰付候、拾ケ村程御才許被成、寛文三年より御改作御奉行岡田左七殿・河北弥左衛門殿・松原八郎左衛門殿・水上喜八郎殿、此四人ニ被仰付候
一、先年松枝下刈被仰付刻、横山左衛門様・奥村因幡様・今村弥平次様・津田玄蕃様・成瀬内蔵御出被為成、御下才許ハ与力衆ニ成候、其後成瀬市正様・奥村又十郎様・横山主膳様・森川勘解由様ニ御奉行被成候義も御座

候、其時分人足日用銀壹人ニ五分充被下候、若松枝御払残御座候得は、右五分充之図りを以松枝を被下候、又御家中役人ニ而下刈被仰付候義も御座候

一、先年ハ山御奉行御三人之割、山廻りハ御足軽五人・十人・貳十人充御割場より御取被遣候

一、寛文十二年御改作御奉行御才許被成候時分より、在々百姓之内石川郡上野村十右衛門・泉野村次郎右衛門・同村太右衛門・野々市村吉兵衛・同村太兵衛・加賀郡小坂村七郎左衛門・津幡村三右衛門、此七人ニ山廻被仰付、御代官も同年より被仰付候

一、寛文六年より右山奉行御郡御奉行へ被仰付候

（中略）

元禄九年八月十五日

すなわち、加賀国（石川郡・河北郡）では先に由比勘兵衛ら三人が、その後由比勘兵衛一人が山奉行に任命されたものの、寛文三年（一六六三）からは改作奉行園田左七ら四人が山奉行を兼帯した。「十村旧記」の記録は「庁事通載」と同趣旨であるものの、「拾ケ村程御才許被成」を「十一ケ年程御裁許被成」と記す[9]。つまり、由比勘兵衛一人が山奉行に任命されたのは承応二年（一六五三）頃ということになり、また由比勘兵衛ら三人が任命されたのはさらにそれ以前ということになろう。寛永一五年（一六三八）石川郡桃雲寺に野田山を寄進し、その松枝・柴萱などの自由伐採を許可した時、郡奉行が「御山奉行中」に意見を求めた[10]。万治二年（一六五九）雪折・立枯・根返りなど損松払いの不正取り締まりを石川郡十村中に命じた時、山奉行は由比勘兵衛が一人であった[11]。「庁事通載」の四条に記す「寛文十二年」は「寛文三年」の誤りであり、寛文三年（一六六三）からは改作奉行兼山奉行、同六年（一六六六）からは郡奉行兼山奉行となった。改作奉行兼山奉行は、寛文三年一〇月二八日から同六年までの短期間にすぎなかった。左に、加賀国（石川郡・河北郡）における山奉行の沿革を示す[12]。

年代不詳　　由比勘兵衛ら三人を任命

承応二年（一六五三）頃　由比勘兵衛一人を任命
寛文三年（一六六三）　改作奉行（園田左七ら四人）が兼帯
寛文六年（一六六六）　郡奉行が兼帯

能美郡には山奉行が置かれず、石川郡の別宮奉行（別宮口留番所）が御林山および百姓持山の七木管理に当たった。後述するように、同郡には山廻役が置かれず、小松町に居住した足軽山廻と別宮口留番所に属した与力衆が山林を巡回して盗伐者の逮捕に当たった。このことは、能美郡の山林役職すなわち十村制度が不備であったことを示すものだろう。寛文三年（一六六三）算用場から石川・河北両郡の改作奉行兼山奉行四人に宛てた定書には、山奉行の業務を次のように記す。[13]

一、石川・河北両御郡松山幷御林之竹木縮之儀、四人江被仰付候條、折々山を廻り無油斷様ニ可申付事
一、松山・御林之竹木、手寄之在々江預け置、縮之儀ハ十村頭江申付、山茂り候者様子見計、下刈之枝葉百姓ニとらせ可申事
一、松・杉・桐・槻・樫・唐竹御用之外爲伐申間敷候、但百姓持高之内ニ有之分ハ最前被仰出候通被下候間、自然御用ニ伐取候ハヽ、其時々御奉行人代銀請取相渡候様ニ可仕候、大木・大唐竹之儀ハ、四人江相尋伐取候様ニ可申付事
一、栗之木之儀ハ、百姓支配ニ被仰付候間、随分茂らせ百姓たそくニ可仕事
一、御用ニ伐取候竹木之分、不依多少時々御奉行人切手ニ御用所御印有之を以可相渡事
一、雪折・立枯松・末木・枝葉之分ハ、出瓦焼薪御奉行切手・算用場御印を以可相渡事
一、百姓火事ニ逢候歟、又家破損修理等仕候付而被下材木之儀ハ、御郡奉行切手ニ御算用場御印を以可相渡事
一、御用ニ伐候竹木、向後所々百姓遣不申、末木・枝葉取集村肝煎に預置、切手ヲ取四人江可相渡候、拂方算用場以相談猥ニ無之様ニ可申付候

一、毎年正月御城中餝松竹、同御家中江被下松、別紙帳面ニ記遣候間可得其意事
一、むさと松木とりあつかい候もの有之候ハゞ可懸吟味事
一、松木御林之竹木盗候もの、何者ニよらすとらへ籠舎又ハ才許人江可相斷、見付候者ニハ褒美を可被下事、附り百姓分盗候者追出、其村一作免壹歩上可申事
一、雪折・風折・立枯念ヲ入可相改、付り雪前無滞竹巻せ可申事
一、所々明地を見図り、木之實をまかせ可申事
右之通被仰出之通相違有間敷者也

寛文三年十月廿八日　　今枝民部
奥村河内（以下二人略）

（改作奉行）園田左七殿
松原八郎左衛門殿（以下二人略）

山奉行の業務は時代および支配地域の林制の違いから細部で異なっていた。つまり、加能越三ケ国では林制が多少違っていたため、山奉行の業務もそれぞれ異なった。高沢裕一氏は享保一三年（一七二八）の上申書に「百姓居屋敷・田畑之外ニ林立申七木は不残御林ニ而」（一条）と記すことから、同年に能登国で百姓持山の雑木（七木以外）が伐採禁止になったと解した(14)。これは山奉行が農民の屋敷廻り・田畑畦畔を除く百姓持山の七木を簡単に伐採せず、御林山のそれ同様に扱うという方針を示したものだろう。また、同氏は持高内の「七木等」の伐採規定（五条）に関し、「なぜ『等』を付けているのか」と疑問を示した。これも山奉行が百姓持山の雑木の大木分を簡単に伐採させず、山奉行に「一往相斷申」した上で伐採するという方針を示したものだろう。さらに、同氏は天明元年（一七八一）の申渡に「御林山・御林藪ハ不及申、百姓稼山雑木之外、七木之分ハ都而御林ニ而」とあることから、百姓稼山の雑木が

御林山から外されたと解した。これも前の説明に類するものだろう。

三　山廻役の設置

山奉行の下僚には足軽山廻と百姓山廻（山廻役）が置かれていた。越中国礪波・射水両郡では万治元年（一六五八）足軽山廻数人を巡回させ、山方・里方の御用木・唐竹以下の伐採を監視させた。[1] これは今のところ「足軽山廻」の史料的初見であろう。また、同二年（一六五九）の覚書には「山廻共昼夜無油断見廻り、少ニ而も猥之仕合於有之ハ可申上旨申付候」とあり、[2] 藩は山奉行由比勘兵衛の下に足軽山廻五人を増員し、足軽山廻一〇人体制で石川・河北両郡の御林山・松山を巡回させた。同三年（一六六〇）の覚書には、石川・河北両郡に畑儀左衛門・細木九郎右衛門・吉田孫左衛門・豊島彦左衛門・山科忠右衛門ら五人の足軽山廻が鑑札（木札）を所持し御林山・松山を巡回したことを記す。[3] ともあれ、元禄九年（一六九六）石川・河北両郡十村の上申書には「一、先年者山奉行御三人之刻、山廻は御足軽五人・十人宛御廻被成候、時により雪折・風折抔御座候得共、十人・二十人充御割場より御取被遣候」とあり、[4] 加賀国では寛文三年（一六六三）以前に足軽山廻が置かれ、それは年々増加する傾向にあった。このことは足軽山廻が増加する盗伐者に対応できなかったことを示すもので、藩は元禄一二年（一六九九）頃から村肝煎・組合頭にも盗伐者の逮捕を命じた。この時、藩は彼らが盗伐者に対し「疵付候而も、仮當座ニ相殺候」することを認めていた。[5]

山廻役の設置について、小田吉之丈氏は「山廻役は、寛文三年に始まり最初は武人足軽をして之に充らしめしも、漸次百姓分村役人中より登用せり」と、[6] また日置謙氏は「寛文三年十月から山廻を置き、初は武人であったが、後に百姓中に就いて御郡所が選任することになった」と記す。[7]『魚津市史・上巻』以外の『市町村史』はすべて右説に従い、寛文三年（一六六三）に百姓山廻が設置されなかったことを記す。[8] この外、若林喜三郎氏は「百姓山廻が寛文三年まで遡り得るかどうかは不明である」と記す。[9] 加賀国の山廻役について、元禄九年（一六九六）石川・河北両郡十

村の上申書には次のように記す。(10)

一、寛文三年御改作奉行被成候時分より、在々百姓之内石川郡上野村十右衛門・泉野村次郎右衛門・同村太右衛門・野々市村吉兵衛・同村太兵衛、加賀郡小坂村七郎右衛門・津幡村三右衛門、此七人に山廻被仰付、御代官も同年に被仰付候

すなわち、加賀国（石川郡・河北郡）では園田左七ら四人が寛文三年（一六六三）一〇月二八日に改作奉行兼山奉行となった際、山廻役七人を置き、同時に山廻代官も任命した。このことは、文化一三年（一八一六）石川・河北両郡の極印字形に関する改作奉行より算用場宛の返答書によって一層明確になるだろう。(11)

一、里山廻り極印之義ハ、寛文三年山奉行改作奉行兼帯被仰付置候砌、百姓之内山廻りニ被仰付、其節御算用場より山廻り共江相渡申由ニ承伝候、当時里山廻役申付候得者極印字形之義私共役所において、遂詮義村名或ハ名前抔頭字を以、極印拵相渡申候

子六月

林　弥　四　郎(印)
高沢平次右衛門(印)

御算用場

右のごとく、加賀国（石川郡・河北郡）では寛文三年（一六六三）足軽山廻の外に、山廻役が設置された。ただ、「改作所旧記」には、寛文三年（一六六三）里山廻が石川郡に五人、河北郡に三人存し、同五年（一六六五）河北郡に一人、同一三年（一六七三）同郡に一人が増員されたことを記す。(12) 山廻役は藩が七木制度や御林山・準藩有林の増設によって有用樹の保護を計るなか、その支配体制の強化を目的に整備されたと言えるだろう。山廻役には、里山を巡回した里山廻役と新川郡の黒部奥山を巡回した奥山廻役が存した。能美郡には山廻役が存せず、別宮奉行所の与力三人および小松町に居住した足軽山廻二人が七木の取り締まりを行っていた。(13) 清水隆久氏は「山廻役が皆無あるいは少ないものも、山林面積とのかかわりがあるように思われる」と述べるものの、能美郡には山林面積が多く、山廻役が設

置されなかった理由にならない。これは同郡が江沼郡と共に最も遅く加賀藩に領有され、十村制度が十分に整備されなかったためであろう。文化一五年（一八一八）の「寝覚の蛍」には「山廻り足軽二人、毎日山々里々を駈めぐり、もし苅柴などの中に松・杉の小枝にてもあれば、厳しく見咎、又山中深くわけ入、七木の切株を見付、其根に腰を懸てゆすり、賄賂の沙汰軽ければ、忽役頭へ告て、伐主は百日の入牢、としどし二・三人其難に逢へり」とあり[14]、足軽山廻は農民に対して横暴を極めていたようだ。

越中国の山廻役について、「石埼記録」は「寛文三年十月、始メテ山廻ヲ仰付ラレ、七木御縮等、山方ノ御用ヲ勤メシメラレタリ、代々御扶持ヲ頂戴イタシ候者、此役トナレハ、御扶持人山廻ト呼フ」と[15]、また「年代記」は「寛文三年、御郡方、山廻り始る」と記す[16]。すなわち、越中国でも寛文三年（一六六三）に山廻役および山廻代官を任命した。このことは寛文五年（一六六五）の「御礼座列」に「山廻役新川郡舟見村久兵衛・生地村伝兵衛・芦峅村十三郎・江口村八右衛門・堺村源左衛門、射水郡小杉新村庄右衛門、礪波郡上野村十右衛門・十日市村九郎兵衛・杉木新町儀右衛門・中田村七郎兵郎」とあることからも理解できるだろう[17]。

能登国では寛文三年（一六六三）以前に山廻役が設置され、その多くは御塩吟味人・御塩懸相見人などの製塩役職を兼帯していた。鳳至郡皆月村彦は慶安三年（一六五〇）に、同郡浦上村兵右衛門は明暦元年（一六五五）に、珠洲郡大谷村頼兼は明暦二年（一六五六）に御塩懸相見人を兼帯していたので[18]、能登国奥郡では山廻役が改作法の施行中に製塩役職を兼帯したようだ。その後、同国口郡でも山廻役が製塩役職を兼帯したものであろう。御塩吟味人は主に洩塩・出来塩の監視、釜数・浜数の調査などの業務を、御塩懸相見人は主に塩桝量・俵拵えの監督、塩納・塩輸送の監督などの業務を行った。次に、寛政五年（一七九三）の「十村等名書」により能登国の山廻役を第24表に示す。奥郡には御林山を専門に巡回する山廻役が二人存したものの、第24表からは確認できない[19]。

山廻役は十村・新田裁許同様に、業務に忠誠を尽すため連名誓詞を御郡所に提出した。その一例、享保三年（一七一八）の山廻誓詞を左に記す[20]。

第24表　能登国の山廻役

種類	郡名	村名	名前
御扶持人山廻	羽咋	中川	太八郎▲
	羽咋	土橋	新兵衛●
	羽咋	菅原	行長▲
	鳳至	諸橋	次郎兵衛▲
	鳳至	皆月	彦▲
	鳳至	鹿磯	藤次右衛門▲
	鳳至	道下	三郎左衛門▲
	鳳至	宇出津	兵蔵▲
	珠洲	若山	延長▲
	珠洲	大谷	頼兼▲
平山廻	鹿島	田鶴浜	平兵衛▲
	鹿島	吉田	恒右衛門▲
	鹿島	野崎	清兵衛▲
	鹿島	一青	孫十郎
	鹿島	川崎	刑部●
	鹿島	三階	覚右衛門
	鳳至	木住	八郎左衛門▲
	鳳至	藤波	武右衛門▲
	鳳至	道下	理左衛門▲
	鳳至	中居	金左衛門
	鳳至	本江	三郎左衛門▲
	鳳至	宇出津	藤三郎▲
	鳳至	中居南	藤蔵▲
	鳳至	走出	八郎兵衛
	珠洲	高屋	長次郎▲
	珠洲	正院	六郎右衛門
	珠洲	鹿野	恒方●
	珠洲	折戸	次助▲
	珠洲	小路	六兵衛
	珠洲	蛸嶋	孫三郎
	珠洲	宗玄	忠左衛門
	珠洲	山岸	新四郎▲

寛政5年（1793）の「十村等名書」（金沢市立図書館蔵）により作成．▲は御塩懸相見人，●は御塩吟味人の兼帯を示す．

敬白天罰霊社

上巻起證文前書之事

一、私共山廻被仰付候、就夫ニ御後闇義毛頭仕間敷候、被仰渡候通切々精ヲ出、山幷御林廻り可申候、御林又者山々之義者不及申上ルニ、在々持山林・垣根廻りニ而も、御法度之竹木剪取申者見付申候ハヽ、親子・兄弟・一門・縁者・知音たりといふとも下ニ而相済申間敷候、若金銀米銭其外酒肴何色之物ニ而も、私儀礼物を以侘言仕候而も聊承引不仕、罷帰次第早速御案内可申上候御事

一、御用ニ竹木被仰付候数之外剪申間敷候、人足役人仕申刻無油断申付、杖突役人依怙贔屓仕間敷候、大工・大鋸・杣罷出候共無油断申付、日数・時附有様ニ可申上候、附り為御用与何方江罷出候共、見聞之通罷帰り無偽可申上候御事

一、山々幷御林廻り申刻於在々百姓其外何者ニよらす非分之儀申懸、金銀米銭之儀者不及申上ルニ、其外ニ而も一切取申間敷候、附り雨降之時分簑笠かり申儀御座候ハヽ、重而其主江慥ニ相返シ可申候御事

一、山々在々ニ泊り申刻、如御定宿賃相渡きちんニ可仕候、米買共代銀渡切手取置可申候、其外何様之馳走も請申間敷候事

一、川除用水材木百姓其外何者ニよらす被下候、御林之竹木、惣而御用ニ為剪申材木之儀者、木数・間尺相改極印を相渡可申候、附り御払竹木之儀も員数念を入相改、且又極印打枝葉之分ハ員数等相改可申候、私共役儀ニ付何事ニ不寄御奉行被仰渡候儀違背仕間敷候、若又御奉行之手前対御公義非分成事御座候ハヽ見聞次第有様可申上候事

一、御普請方幷船橋懸役其外御用被仰付候刻、随分精ニ入相勤、日用人買上物色々船橋道具等麁抹ニ成不申様員数等有様可申上候

一、新川郡之儀者作雑木幷持山林・垣根雑木裏書之尺数ゟ多為伐申間敷候、附り猟師買申桐幷持山林、垣根之七木御用ニ立間敷哉与御尋候刻者、罷越相改有様ニ可申上候、在々自分山・自分林切々精ニ入廻り可申事

一、御穏秘ケ間敷儀見聞仕候共、一切他見・他言仕間敷候

一、御代官被仰付候趣諸事精を出シ相勤可申候、手代等も誓詞可申付候、就夫何ニ寄す礼物一切取間敷候、惣而小百姓中無費様ニ可仕候、勿論自分貸借手廻ケ間敷仕間敷候、附り何様之御用被仰付候共無油断才許可仕候事

右條々於相背者忝も左ニ申降神罰・冥罰可罷蒙者也

　　享保三年十二月

右から山廻役の主な業務を抽出すると、次のようになろう。

七木盗伐の摘発

御用竹木伐採の監督

川除・用水材木下付の改め

御普請方・船橋懸役の勤方

御隠密（蔭聞役）の勤方

代官の勤方

山廻役の名称は、他藩でほとんどみられないものであった。弘前・盛岡・仙台・秋田・庄内・新庄・白河・黒羽・松代・福井・岡山・鳥取・広島・山口・臼杵藩では山守《やまもり》（林守）、徳島・宇和島・高知藩では山番、佐賀・島原・鹿児島藩では山留、小倉・熊本藩では山ノ口（山口役）と称した。彼らは村役人が多く兼帯したため、大庄屋・大肝煎らが兼帯した山横目・山目付・大山守などによって統括されていた。彼らは主に留木盗伐の摘発を業務とし、米・銀・下草（御林山）などの役料を得ていた。なお、盛岡藩では寛永八年（一六三一）に、仙台藩では同九年（一六三二）に山守が置かれていた。(21)

山廻役は十村分役として制度化され、十村同様に御扶持人山廻・平山廻の階層が存した。また、これには本役を後退した者を「山廻列」とする待遇も存した。(22) 御扶持人山廻の史料的初見は、慶安三年（一六五〇）鳳至郡皆月村彦扶持高一五俵を得て山廻役兼御塩懸相見人となったものだろう。(23) 加越両国でも延宝八年（一六八〇）石川郡吉野村弥七郎が御扶持人山廻となっていた。(24)「石埼記録」は「以下五役ヲ古来ヨリ分役ト唱フ、押立トモ唱フルナリ、新田才許ハ改作所人撰、山廻りハ御郡奉行撰ニテ申付ル」と前書きし、①新田裁許、②新田裁許列、③新田裁許並、④山廻、⑤山廻列の十村分役を記す。(25) 留意したいことは、山廻役に「並」（見習い）が存しないことであろう。もっとも、新田裁許並は文政二年（一八一九）に高木村藤右衛門が任命された以外に見当たらない。(26) 寛政五年（一七九三）の「十村等名書」には、山廻並に関して注目すべき三事例を記す。(27)

天明六年山廻り並、同七年山廻役并御塩方吟味役
居村ゟ金沢迄十九里半程旅宿極り不申
河崎村 刑　部 歳四十一

天明七年三月初山廻並、同八年八月山廻役
居村ゟ金沢迄二十九里程旅宿今町中居屋次助
中居村 金左衛門 歳四十三

天明七年三月初山廻並、同八年八月山廻役
居村ゟ金沢迄二十九里程旅宿今町中居屋次助
中居南村 藤　蔵 歳五十七

すなわち、鹿島郡河崎村刑部は天明六年（一七八六）に、鳳至郡中居村金左衛門・同郡中居南村藤蔵は同七年（一七八七）に初めて「山廻並」、翌年に山廻役となった。ここにいう山廻並は臨時増員された山廻加人（本役加人）を指し、山廻役の倅が任命された見習加人とは異なるようだ。

いま、加越能三ケ国の山廻役数を郡別に整理して第25表に示す。安政六年（一八五九）能美郡には平山廻列が一人みえるものの、その存在は明確でない。元禄一〇年（一六九七）郡奉行から御扶持人十村（石川・河北両郡）宛の達書には「能美郡往還並松之内、御払木有之候而も少分之儀、其上石川郡山廻に為改候間、代銀も石川郡御扶持人一所に支配可仕候」とあり[28]、能美郡には山廻役が置かれなかったため、石川郡の山廻役が並松の払い下げを行っていた。安政六年（一八五九）の十村数は加賀国が一九人（能美郡六人・石川郡八人・河北郡五人）、越中国が四七人（礪波郡二三人・射水郡一〇人・新川郡一四人）、能登国が一八人（羽咋郡七人・鹿島郡一人・鳳至郡六人・珠洲郡四人）の合計八四人で、山廻役数とほぼ同数であった。このことは、山廻役が郡別に十村組の山方を巡回していたことを示す。寛政五年（一七九三）から文久三年（一八六三）までの山廻役には大幅な差異がなく、山廻役は十村同様に多く世襲していたようだ。なお、山廻役は明治三年（一八七〇）九月に十村・新田裁許と共に廃止された。参考までに、安政六年（一八五九）の「御扶持人十村等御礼人惣列名書」により加越能三ケ国の山廻役を第26表に示す。

次に、山廻役の役料・苗字帯刀・御目見などについてみよう。

能登国では山廻役が改作法の施行中に扶持高を受け、御扶持人山

第25表　加賀藩の山廻役数

国名	郡名	寛政5年	安政6年	文久3年
加賀	能美		1	
	石川	10（1）	13（1）	10（1）
	河北	4	5	5
越中	礪波	8（1）	5	6
	射水	6	7	5
	新川	14	16	14
能登	羽咋	4（3）	7（2）	7（2）
	鹿島	9（2）	7（1）	7（1）
	鳳至	13（5）	20（3）	18（3）
	珠洲	9（2）	9（2）	11（1）
合計		77（14）	90（9）	83（8）
備考		列1人を含む	列15人を含む	列1人を含む

前掲寛政5年の「十村等名書」，前掲安政6年および文久3年の「御扶持人十村等御礼人惣列名書」などにより作成．（　）は御扶持人山廻数を示す．

第26表　加賀藩の山廻役

●御扶持人山廻

郡名	村名	名前
石川	吉野	弥三助▲
羽咋	土橋	新兵衛
羽咋	菅原	周作
鹿島	中嶋	与一
鳳至	諸橋	次郎兵衛
鳳至	鹿磯	藤次郎
鳳至	道下	孫左衛門
珠洲	大谷	頼兼
珠洲	上戸	真頼

●平山廻

郡名	村名	名前
能美	上清水	弥十郎▲
石川	下安江	六郎右衛門
石川	二口	太郎兵衛
石川	吉野	甚右衛門
石川	諸江	孫右衛門
石川	笠舞	平兵衛
石川	成	三右衛門
石川	吉野	弥十郎
石川	鶴来	庄太郎
石川	上野新	惣太郎
石川	吉野	弥伝次▲
石川	村井	為之助▲
石川	針道	半兵衛▲
河北	大衆免	伊兵衛
河北	北中条	惣太郎
河北	津幡	七右衛門
河北	七黒	権十郎
河北	才田	次郎左衛門▲
羽咋	柳田	久右衛門

●平山廻

郡名	村名	名前
羽咋	領家	藤蔵
羽咋	大嶋	堺兵衛
羽咋	堀替新	彦助
羽咋	杉野屋	伝兵衛
鹿島	吉田	恒右衛門
鹿島	在江	藤十郎
鹿島	徳丸	彦左衛門
鹿島	高畠	小一郎
鹿島	芹川	源四郎
鹿島	在江	藤右衛門▲
鳳至	中居	加左衛門
鳳至	鵜川	助左衛門
鳳至	木住	八五郎
鳳至	名舟	九郎右衛門
鳳至	走出	喜八郎
鳳至	鈴屋	金三郎
鳳至	宇出津	彦之丞
鳳至	中居南	順作
鳳至	大野	佐一郎
鳳至	山岸	新四郎
鳳至	浦上	兵右衛門
鳳至	宇出津	藤四郎
鳳至	馬場	嘉平次
鳳至	道下	七三郎
鳳至	宇出津	久五郎
鳳至	鵜川	寅次郎
鳳至	宇出津	孫次郎▲
珠洲	寺家	徳右衛門
珠洲	正院	六郎右衛門
珠洲	飯田	勘四郎
珠洲	松波	庄太郎

●平山廻

郡名	村名	名前
珠洲	馬渡	次左衛門
珠洲	折戸	次助
珠洲	高屋	忠平衛
礪波	大瀧	猪之助
礪波	上市	五平太
礪波	戸出	卯三郎
礪波	浅地	勘右衛門
礪波	権正寺	喜七郎▲
射水	小杉三ケ	他吉郎
射水	開発	源之丞
射水	鞍川	保二
射水	串岡	源兵衛
射水	大白石	又太郎▲
射水	下八ケ新	兵九郎▲
射水	久々江	伊左衛門▲
新川	上市	五平太
新川	平柳	武右衛門
新川	石割	弥左衛門
新川	嶋尻	刑部
新川	町新庄	小三郎
新川	舟見	義兵衛
新川	東岩瀬	勘左衛門
新川	舟見	長蔵
新川	入膳	宗左衛門
新川	滑川	九七郎
新川	西水橋	吉郎
新川	滑川	九郎兵衛
新川	太田本江	覚右衛門
新川	宮地岩峅	義左衛門▲
新川	生地	清次▲
新川	東岩瀬	善作▲

前掲安政６年の「御扶持人十村等御礼人惣列名書」により作成．▲は列を示す．

廻となった。前記のごとく、慶安三年（一六五〇）鳳至郡皆月村彦は扶持高一五俵を支給され、山廻役兼御塩懸相見人となった。寛政五年（一七九三）鳳至郡宇出津村兵蔵は御扶持人山廻中最高の扶持高五〇石を支給されたが、これは十村中最高の扶持高六一石を支給された礪波郡戸出村又右衛門に次ぐものであった。御扶持人山廻は山廻役全般の監督指導を目的とし、加越両国でも寛文三年（一六六三）以降に置かれた。山廻役の役料を第27表に示す。扶持高は職務上の功労や服務上の実績を加味されたもので、御扶持人山廻を代々勤めた場合、御扶持人山廻と平山廻を勤めた場合、御扶持人山廻と平十村を勤めた場合が存し、区々であった。寛政五年（一七九三）の平均扶持高は一三・二石で、十村のそれ二四・二石に比べてかなり低かった。万治三年（一六六〇）の覚書には「山廻御鉄砲之者、村々百姓手前より礼物など受候様に相聞候に付、被放御扶持候」とあり、[29]足軽山廻四人は農民に対し非分を働き扶持高を放された。奥山廻役は山廻役より業務が多かったため、代官帳を一冊（五〇〇石）分多く受けた。新川郡では山廻役の代官帳が寛延期（一七四八～五〇）に八三〇石、天明六年（一七八六）に七五〇石、同八年（一七八八）に六五〇石と減少した。[30]鍬役米は山廻役からも徴収したのだろうか。「河合録」には「一、鍬役米分役ハ一家内取立不申、村肝煎ハ身当り不取立家内之分取立候事」とあり、[31]十村分役は家内全員、村肝煎は本人のみが免除されていた。ただ、「改作所雑記」には「一、新田才許ハ其身壱人鍬米取不申、山廻ハ鍬米取り申事」とあり、[32]新田裁許は古く本人のみが免除されていたものの、山廻役は一切免除されなかった。元祿一五年（一七〇二）の覚書には「一、山廻共松盗人捕、御断申上候へ者、為御褒美金一歩一切拝領被仰付候事」とあり、[33]山廻役は盗伐者の逮捕に際し褒賞金一分一朱を支給された。「上田源助旧記」には、山廻役の苗字帯刀について次のように記す。[34]

一、山廻之儀者役前も軽、元祿・享保之比迄、折々被仰渡候趣御紙面等之内所々に相見、役儀被仰渡候砌、前々より御扶持人手前に而人柄相撰、請合紙面指出候上被仰付、御扶持人・十村人支配被仰付置候役向とは別段と奉存候（中略）、名字帯刀之儀若一様御免被下候而者、役前下々に而相分り不申、御縮方之為不宜奉存候、人支配・役筋相分り候様被仰付可被下候

山廻役は寛政一三年（一八〇一）苗字帯刀を藩に願い出たものの、十村同様にそれを禁止された。ただ、これは日常の苗字帯刀を禁止したもので、他国に出張する際には十村に準じそれが許可されていた。その後、彼らは明治二年（一八六九）新田裁許と共に日常の苗字帯

第27表　加賀藩の山廻役料

山廻名	扶持高	代官帳	代官口米
御扶持人山廻	○	1000石	13.2石
平山廻	×	1000	13.2
奥山廻	×	1500	19.8

『加賀藩史料・第壱編』『越中史料・第一巻』『加賀藩農政史考』などにより作成.

刀を許可された。[35] 寛文一〇年（一六七〇）の覚書には「御郡中御扶持人・十村并山廻・御代官仕者、年頭御礼申上儀、来正月十二日御寺御参詣之刻にて可有之候間」とあり、[36] 山廻役は御扶持人・十村と共に年頭御礼（御目見）が許可されていた。[37] これは寛文八年（一六六八）「竹の間」から「御式台」に移され、一番座・二番座に分けて行われた。

最後に、山廻役の兼役（山廻代官・蔭聞役・御塩懸相見人・御塩吟味人）についてみておこう。「十村勤方類聚」には「一、十村等御代官は、承応二年初而被仰付候事、承応二年は御領国一統江は不被仰付候事、但万治二年御領国十村山廻一統江被仰付候事」とあり、[38] 山廻代官は万治二年（一六五九）十村代官と共に加越能三ケ国に置かれた。加越両国では寛文三年（一六六三）に山廻役が設置されたので、万治二年には能登国だけに置かれたものだろう。元禄一六年（一七〇三）の「改作方勤仕帳」には「一、山廻之内一御郡ニ三・四人宛誓詞申付、御扶持人并十村其外肝煎等裁許善悪之義、私共方江内證申聞候様ニ、元禄六年より申渡、毎度書付見届申候事」とあり、[39] 山廻役は元禄六年（一六九三）から蔭聞役を兼帯した。寛政六年（一七九四）の覚書には「一、山廻之義ハ、何れも古来分蔭聞役を第一といたし、都而御郡職之横目を相兼居申事ニ候間、平日其心得を以相勤可申儀ニ候事」とあり、[40] その兼帯創設期には蔭聞役の業務を第一としていた。栃内礼次氏は蔭聞役が元禄六年に創設されたと記すものの、[41] 鳳至郡時国村藤左衛門は寛文九年（一六六九）それに任命されていたので、[42] その創設年代については再検討が必要だろう。前記のごとく、能登国は藩の製塩中心地であった関係上、山廻役は多く製塩役職すなわち御塩懸相見人・御塩吟味人などを兼帯した。越中国射水・新川両郡でも山廻役が製塩役職を兼帯したのだろうか。それについて注目すべき一事例を左に記す。[43]

小杉新村
八左衛門
歳四十四

天明七年十二月山廻并御塩吟味人

居村ゟ金沢迄十四里程旅宿袋町塩屋伊助

すなわち、射水郡小杉新村八左衛門は天明七年（一七八七）に山廻役兼御塩吟味人となった。また、新川郡入膳村与四郎も文政八年（一八二五）に山廻役兼御塩吟味人（境出来）となった。[44] このように、越中国でも山廻役が製塩役職を兼帯していた。なお、加賀国能美郡では山廻役が存せず、製塩役職との兼帯もみられなかった。

四　奥山廻役の設置

藩祖利家は文祿四年（一五九五）に越中国新川郡を領有すると、軍事上の目的から飛驒・信濃・越後国に接した黒部奥山を重視し、慶長三年（一五九八）に黒部峡口の浦山村伝右衛門を京都の伏見に呼び、黒部奥山の状況を尋ねた(1)。また、三代利常は寛永一七年（一六四〇）に浦山村伝右衛門を小松城に呼び、黒部奥山の取り締まりに尽力するように命じた。利常が浦山村伝右衛門に与えた「印判状」を次に示す(2)。

新川郡黒部奥山之儀、具聞歓喜之事候、併深山之内垣上等有之儀、不審成事ニ候条、是以後モ浪人・山賊躰之者忍居歟、曁山越等他国道路之徒者等於有之ハ、召捕、可訴出候、持鏡・硯・扇子令拝領候、此三つの器ハ、不遠□□《現当》之器也、毎見□《弄》につけて、内役之儀無怠慢心懸、尤口外相慎、不知不遠可相勤事、付乗馬免許事

中納言利常(印)

寛永十七年十二月

新川郡長百姓
浦山村松儀伝右衛門

すなわち、三代利常は浦山村伝右衛門に対し今後も浪人・山賊などの潜伏者や他国への通行者を厳重に取り締まるように命じ、持鏡・硯・扇子などを与え、乗馬を許可した。中島正文氏は、文中の「内役」が奥山廻役の濫觴であったことを指摘した(3)。天保四年（一八三三）の「先祖等由緒書上申帳」（浦山村栄助家）には「寛永六年十月、微妙院様御鷹野之刻、浦山村領之内鶏野与申所ニ、御亭可被為御建旨被為仰出、被為遊御建、右御亭被為成御預、難有守立罷在候、然内寛永十七年十二月、微妙院様又候伝右衛門儀被為遊御召、御次之間江被為召出（中略）、以後黒部奥山御締方之儀幷御内御用之儀被為仰渡（後略）」とあり(4)、内役とは寛永六年（一六二九）利常が鷹狩り用に造営した御亭

（御旅屋）を管理する役儀であったようだ。

延宝五年（一六七七）の「芦峅村十三郎由緒書上申控」には、奥山廻役の創設について次のように記す。(5)

就御尋申上候

一、慶安元年六月十三日、従中納言様私親三左衛門被召呼被仰出候は、此跡佐々内蔵助殿御通被成候ざらざらごえ信州迄、為御奉行大岡甚兵衛殿・岡田助三郎殿・金森長右衛門殿為見に可被遣候之間、私父子案内可仕旨被仰付、ざらざらごえ見通り罷帰り、ざらざらこえ山道之次第御絵図上申候、其節私ニ御扶持被下、並御鉄砲・玉薬・小道具迄拝領仕、于今致所持候

一、承応二年之春、私ニ殿村四郎左衛門を相司ニ被召加、御扶持二十俵宛被下、新川郡山廻り両人共仕申候、同三年十一月晦日ニ御扶持高御印被為成下、致頂戴所持仕、冥加至極、難有忝奉存候

一、寛文六年六月二十四日、私御代官被仰付、裁許仕申候

一、延宝元年之春、せがれ五左衛門・内山村三郎左衛門・吉野村喜左衛門相司ニ被召加、三人中間ニ御代官被仰付山廻リ仕申候

利常は幕府への領国絵図（正保絵図）提出に際し、御領境を明確にできず、慶安元年（一六四八）みずから越後国境の大所村を視察すると共に、大岡・岡田・金森ら奉行に黒部奥山の見分と絵図の作成を命じた。(6)この時、芦峅村三左衛門・十三郎父子は、右奉行を助けて「さらさ越え」ルートの測量を行った。芦峅村十三郎は承応二年（一六五三）に扶持高二〇俵を受け、殿村四郎右衛門（十村）と共に新川郡山廻役となった。(7)右の「新川郡山廻リ」は奥山廻役を指すもので、改作法の施行中に設置された。奥山廻役の史料的初見は延宝五年（一六七七）と遅いが、これは奥山廻を単に「新川郡山廻役」と記したためであろう。なお、芦峅村十三郎は寛文六年（一六六六）に山廻代官となった。奥山廻役は黒部奥山の国境警備という特殊業務から重視された。延宝元年（一六七三）には芦峅村五左衛門・内山村三郎左衛門・吉野村喜左衛門の三人体制となり、宝暦期（一七五一〜六三）には四人体制となり、化政期（一八〇四

第28表　加賀藩の奥山廻役

年代	奥山廻名
承応２年（1653）	芦峅村十三郎，殿村四郎左衛門
延宝元年（1673）	芦峅村五左衛門，内山村三郎左衛門，吉野村喜左衛門
元祿６年（1693）	太田本江村宗兵衛，内山村三郎左衛門，下梅沢村市郎右衛門
宝永元年（1704）	太田本江村宗兵衛，内山村安右衛門，下梅沢村市郎右衛門
宝暦９年（1759）	太田本江村覚右衛門，浦山村伝右衛門，三ケ村嘉左衛門，石田新村平兵衛
安永４年（1775）	三ケ村長兵衛，石仏村平兵衛，高月村兵三郎，山室町村茂左衛門
寛政５年（1793）	三ケ村長兵衛，石仏村平右衛門，神明村小右衛門，山室町村茂左衛門
文化12年（1815）	江上村三郎左衛門，石仏村藤十郎，舟見村太郎右衛門，上市村平左衛門
嘉永２年（1849）	太田本江村覚右衛門，嶋尻村刑部，平柳村半十郎，上市村五平太

寛政５年（1793）の「十村等名書」，『黒部奥山廻記録・越中資料集成12』（桂書房）などにより作成．

〜二九）からは奥山廻加人（本役加人）を臨時的に置いた。奥山廻加人は十村・平山廻から任命された。奥山廻役の増員は、盗伐事件の頻発に伴う巡回地域の拡大によるものであった。いま、奥山廻役を古記録から抽出して第28表に示す。なお、「加賀藩御定書」には「一、奥山と申は吉野より奥之分、幷新川郡立山を奥山と申旨」とあり[8]、新川郡の吉野村以奥（神通川渓谷）は黒部川・常願寺川の渓谷と共に奥山と呼ばれていた。「右書」には項目を「加賀越中両国奥山之事」と、石川郡の吉野村以奥（白山渓谷）も奥山と呼ばれていたと記すものの、誤りであろう。

宝永二年（一七〇五）の「御條数書山廻御用勤方之事」（四四条）には、次のように奥山廻役の業務を五条記す[9]。

一、新川郡奥山御領堺相廻申儀、同郡百姓山廻之内三人先年ゟ御郡奉行申渡置候ニ付、毎年上筋・下筋を隔年ニ毎六月・七月之内相廻、罷帰次第ニ御領境之様子御郡奉行江書付出之申候

一、新川郡黒部川之上奥山ニ而御用木剪出シ申刻者、御郡奉行ゟ木数・目廻間尺・木之名目等相記、何方迄流出シ誰江可相渡之紙面を請為伐之、指図之所迄流シ出シ夫々改、剪人足賃銀百姓山廻請取切手ニ御郡奉行奥書御算用場会所江印を以、御銀請取人々相渡シ切手取置申候

一、新川郡有嶺村之山松子宜時分、御郡奉行申渡シを請罷出、右村ゟ人足出シ見分仕為取之、右奉行江相渡シ申候、召仕候人足賃銀山廻請取切手ニ御郡奉行奥書を以御銀を請取、其組十村江相渡申候

一、新川郡立山之硫黄取申為御用先年御射風罷越候節、御郡奉行申渡シを請、

手寄次第ニ右御異風相添罷越、指図を請、人足ニ申付硫黄取之相渡シ申候、尤人足賃銀百姓山廻請取切手ニ御異風奥書を取御銀請取、其組之十村江相渡申候

一、新川郡黒部川洪水度毎流木之内御用ニ可相立分、為御拾魚津居住御代官弐人川原江罷出候節、兼而御郡奉行申渡シを請、手寄を以罷出、右御代官与申談シ、御用木分相撰、御用ニ難相立分者先格ニ而右川筋百姓共江被下候ニ付相見仕候

すなわち、一条は新川郡の山廻役中より奥山廻役三名を選出し、隔年に上奥山と下奥山を巡回すること、二条は黒部奥山の御用木伐採に際し、奥山廻役が現場に出て剪人足を監督すること、三条は有峰村の松茸採取に際し、奥山廻役が松山に出て採取人足を指揮すること、第四条は立山の硫黄採掘に際し、奥山廻役が異風に同行して採掘人足を指揮すること、五条は黒部川への流木に際し、奥山廻役が御用木の選別をすることなどを定めていた。一条は奥山廻役の本業務、二条・三条・四条・五条は補助業務（新川郡山廻役）といえるだろう。後述するが、山廻役の業務は本業務に比べて十村の補助業務が多く、その傾向は時代と共に強くなっていった。明治二年（一八六九）の「旧藩御扶持人十村等勤方大綱書上」には「一、私共本役之儀ハ、奥山等境目筋境界縮可仕役向ニ御座候」とあり、[10]その業務は黒部奥山の国境警備が第一、七木の取り締まりが第二で、明治三年まで変わることがなかった。二条について付記すれば、黒部奥山の伐採には藩が事業として行った「御手前山」と町人が請負として行った「請山」が存した。伐採材木は多く木呂にして川下げ、挽板にして駄送（人力）された。前者は四割を、後者は三割を藩に上納し、残りを杣賃銀などの雑用費に当てた。信州国境での伐採材木は信州側（松本藩領）に運び出された。この時、杣人は信州から多く雇われたものの、必ず新川郡からも数人が雇われた。

天明七年（一七八七）の「新川郡奥山廻り勤方儀委細書上申候」には、奥山廻役の巡回状況を次のように記す。[11]

一、私共奥山廻候儀、飛州・信州・越後御境目筋、前々之通相違之有無之義見分仕、幷他国ゟ道筋ヲ付、御要害等相除申義モ御座候哉、万端心付見分仕申候

一、登山仕申時節之義、春之内ハ奥山深雪ニ而登山難仕、夏中ハ谷々雪端等切掛リ勿論谷川水高ニ而通路難成、秋彼岸過ニ相成候得ハ、奥山御境目筋等初雪降申ニ付難相廻御座候、依之前々ゟ二百十日比減水之時節見斗登山仕、彼岸比迄之内相廻リ罷帰リ申儀ニ御座候、就夫上飛州御境目ゟ下越後御境目迄相廻リ申義、数ケ月モ相掛リ申ニ付、一年ニハ難相廻御座候故、上奥山・下奥山と隔年ニ相廻リ申候、右之通先年ゟ御境目専要ニ相廻リ来リ候処、寛保年中以来上奥山ノ内へ他国者入込、御林盗伐仕候義御座候由、近年義右体ノ趣御座候ニ付、安永三年御郡所ゟ右御縮方義、別而被渡之趣御座候ニ付、増人足相願御境目筋其外谷々歩行可成程綿密ニ相廻リ見分仕申候

一、奥山御境目等之義ハ隠密之趣ニ付、私共義格別誓詞被仰付相勤申候、依之召連申杣人足モ人格相選ミ、奥山御境目筋之義、并閑道等其外御林之様子都而山内之義、他人江ハ不及申親子兄弟タリ共他言不仕様ニ厳重ニ申渡、誓詞見届召連申候

右之通、他国御境目廻申義ニ付、古来ヨリ奥山相廻申時節ハ、私共帯刀仕相勤来リ申候、右私共奥山廻勤方之義、就御尋書上之申候、以上

天明七年未十月

新川郡奥山廻
三ケ村 長兵衛(印)
同 石仏村 平右衛門(印)
同 山室町村 茂左衛門(印)
同 神明村 小右衛門(印)

御改作御奉行所

奥山廻役は黒部奥山の国境警備を第一義として「二百十日比減水之時節」に入山し、彼岸頃までに下山した。黒部奥山は雪解けが遅く、夏になっても水嵩が減少せず、初秋まで入山が困難であったようだ。黒部奥山は飛驒・信濃・

越後と国境を接する広大な地域で、これを一度に巡回することは無理であり、元祿期（一六八八～一七〇三）からは上奥山と下奥山に分け、それを隔年に巡回した。上奥山は初め針り木峠のあたり、下奥山は黒薙・下駒ケ岳のあたりまで巡回したが、その範囲は次第に拡大された。上奥山では寛保年中（一七四一～四三）七木の盗伐や岩魚の密漁が頻発し、黒部川源流の真砂岳・中岳・鷲羽岳などや後立山（鹿島槍ケ岳）まで巡回ルートが拡大された。[12] 下奥山は安永四年（一七七五）の三吉盗伐事件後に後立山まで拡大されたものの、地形が険岨であり、上駒ケ岳（白馬岳）・鑓岳のあたりまで多く巡回した。上奥山・下奥山の境界は後立山であったが、左岸はすべて上奥山に付けられた。文久三年（一八六三）上奥山の巡回は山中で二〇泊（六月二八日から七月一九日まで）、安政三年（一八五六）下奥山の巡回は山中で一〇泊（六月二七日から七月七日まで）を要した。[13] 奥山廻役は帯刀し、足軽山廻（四人）は逮捕用の手錠と捕り縄を携帯し、数人の杣人足を同行した。杣人足は巡回ルートの拡大により増員され、天保期（一八三〇～四四）には上奥山が四〇人（小見など六ケ村）、下奥山が三〇人（内山など七ケ村）となった。彼らは黒部奥山に近い村々から一定数選ばれ、寛政期（一七八九～一八〇〇）には一人に一日一匁四分の日用銀が後日、滑川の役所で支給されていた。ただ、飯米・衣類・履物・道具（山刀・鎌）はすべて自弁であった。日用銀が支給されない場合には、杣人足を出した村の余荷《よない》銭で補った。彼らは季節労働者であったから、遊休期間中の継ぎに農業を手がけたり、日雇い稼ぎに出向く者が多く、宝暦以降に出稼ぎ（他領稼ぎ）を行う者も現れた。杣人を統率した杣頭は「指人」「杣人足指人」などと呼ばれたが、彼らはいずれも優れた登山技術を有した登山家であった。なお、彼らは奥山廻役と同様、その役目上から誓詞を郡奉行に提出した。

五　山廻役の業務

山廻役の業務は、一般業務・補助業務・兼帯業務の三種に大別された。一般業務は本業務、補助業務は十村の補助業務、兼帯業務は山廻代官・蔭聞役・御塩懸相見人・御塩吟味人などの業務を指す。一般業務・補助業務は、天明三年（一七八三）礪波郡下川崎村十左衛門が著した「山廻役御用勤方覚帳」収載の「宝永弐年御條数書山廻御用勤方之事」（四四条）を記す。[1] また、兼帯業務は、宝永二年（一七〇五）十村・十村代官の業務二六一ヶ条を収めた「能州代官十村勤方」（内題「能州分諸代官本役幷品々御用勤方帳」）を記す。[2]

一般業務

(1) 農民への指示伝達――山廻役は毎年正月金沢（算用場）に出向き、改作奉行から指示を受けて農民に伝えた。[3]

一、毎年正月三郡共ニ金沢江罷出、於御算用場改作奉行申渡候趣承届罷帰申候

(2) 縮木の取り締まり――山廻役は郡奉行の指令を受け、十村組をたびたび巡回して御林山・御藪・往還など縮木の取り締まりに当たった。また、彼らは一年に両度村肝煎・組合頭などに竹木の状況を書き出させ、これに奥書して郡奉行に提出した。

一、一郡切十村組々ヲ手分仕置候而、御林幷竹藪・往還並松都而御郡之内ニ而、御縮之諸木御縮之筋夫々御郡奉行申渡之趣を以、手分之十村組々之領度々相廻、竹木枝葉ニ至迄猥成儀無之様ニ、常々村々肝煎・組合頭江申渡シ、一ヶ年ニ両度為致請書付、廻り口之百姓山廻奥書仕御郡奉行江出申候、勿論猥之族見聞次第ニ其筋村々致吟味、其様子右御奉行江相断申候

(3) 七木帳の作成――山廻役は郡奉行の指令を受け、大きな七木の木名・目廻間尺・場所などを帳面に記した。また、彼らは雪折・風折などの損木が生じた場合、郡奉行に報告した。

一、三郡共御林者勿論惣而其御郡之内ニ而、松・杉・桐・槻大木之分、先年御郡奉行申渡を請、夫々見届木之名目幷目廻・有所等帳面ニ記出置候、右書立置候諸木之内雪折・風折・立枯有之刻者、右奉行ニ相断請指図申候

(4) 縮木の伐採――山廻役は郡奉行の指令を受け、足軽山廻に渡された紙面で木名・員数・目廻間尺などを確認の

上、礪波・射水両郡における縮木の伐採に当たった。新川郡の場合には、山廻役が直接紙面を受けて伐採した。(4)

一、三郡ニ而伐木礪波郡・射水郡ハ御縮り之諸木迄御郡奉行承届、山廻足軽ニ為相見、其御郡手寄之百姓山廻り可罷出旨、右奉行申渡シを請罷出、山廻足軽江御郡奉行ゟ相渡り候木数幷目廻間尺・木之名目付紙面見届、木株極印打申所相見仕候、新川郡之儀者都而諸木共御郡奉行承届伐申刻、山廻足軽ハ不罷出、其手寄百姓山廻江木数幷目廻間尺・木之名目付之紙面相渡り候、罷出為伐、則木株ニ打申極印御縮之諸木迄ニ打、雑木ニ者打不申候、三郡共若諸木之枝おろし申儀、右格を以相務申候

(5) 材木の下付――山廻役は郡奉行より渡された帳面で木名・員数・目廻間尺などを確認の上、川除・波除・用水の普請用材、火災者の家造用材、村の橋造用材などを下付した。

一、三郡共川除又者御郡ニよ里波除・塩除、其外用水御普請入用材木幷宿々在々火事ニ逢申者家作材木、且又百姓自分ニ而懸申橋材木等剪渡シ申節者、木数・目廻間尺・木之名目付御郡奉行書記候紙面を以、山廻役人罷出為伐之夫々相渡シ申候、右橋材木之儀者枝共ニ被下候

(6) 黒部奥山の巡回――奥山廻役は郡奉行の指令を受け、黒部奥山を上奥山・下奥山に区分し、一年交替で六月・七月中に巡回した。

一、新川郡奥山御領堺相廻申儀、同郡百姓山廻之内三人先年ゟ御郡奉行申渡置候ニ付、毎年上筋・下筋を隔年ニ毎六月・七月之内相廻、罷帰次第ニ御領境之様子御郡奉行江書付出之申候

(7) 奥山縮木の伐り出し――奥山廻役は郡奉行より渡された紙面で木名・員数・目廻間尺などを確認の上、黒部奥山の縮木伐採に当たった。また、彼らは縮木の川流し後、杣人足に賃銀請取紙を渡した。

一、新川郡黒部川之上奥山ニ而御用木剪出シ申刻者、御郡奉行ゟ木数・間尺・木之名目等相記、何方迄流出シ誰江可相渡之紙面を請為伐之、指図之所迄流シ出シ夫々改、剪人足賃銀百姓山廻請取切手ニ御郡奉行奥書御算用場会所江印を以、御銀請取人々相渡シ切手取置申候

(8) 損木（御林山）の入札払い――山廻役は郡奉行より渡された紙面で木名・員数・目廻間尺・場所などを確認の上、御林山・御藪・往還などの損木（雪折・風折・立枯など）を入札払いにした。また、彼らは十村と共に人足を出して根返り松を起こした。

一、三郡共御林之諸木幷往還並松御竹藪風折・雪折・立枯・根返シ有之刻者、御郡奉行其竹木有所幷目廻り・員数等目録ニ相記、入札申触候得者、望申者共其所々江罷越、村肝煎等相添見届候上入札右奉行江出シ、当札相極次第山廻役人江右奉行ゟ員数・木之名目等相記候紙面を以罷出為剪渡申候、並松根返シ之分ハ組々十村ニ山廻役人相加り罷出、其領ゟ人足出為起置申候、難起分ハ右格を以入札払ニ罷成剪渡申候

(9) 損木（百姓持山）の伐採――山廻役は郡奉行より渡された紙面で木名・員数・目廻間尺などを確認の上、百姓持山・百姓屋敷廻などの損木を伐採した。

一、百姓持山林ニ而御縮之諸木立枯・雪折・風折・根返シ、且又百姓・頭振居屋敷廻ニ有之、御縮諸木持之百姓願之上、御用ニ無之被下候分、御郡奉行申渡シを請山廻役人罷出、右奉行ゟ木数・間尺・木之名目等記申紙面を請為伐相渡申候

(10) 木株の取り締まり――山廻役は郡奉行の指令を受け、御林山・百姓持山などの木株を盗掘しないように村肝煎・組合頭らに申し渡した。

一、御林幷百姓持山林ニ而伐木之株掘取申間敷旨御郡奉行申渡シ、山々相廻り候度毎ニ村々肝煎・組合頭江急度申付候

(11) 蔭木の伐採――山廻役は郡奉行の指令を受け、農民・頭振らの屋敷廻および田畑際に生立する蔭木を伐採させた。[5]

一、百姓・頭振居屋敷廻幷田畠際ニ有之、御縮之諸木枝葉茂田畠日陰罷成候分、且又百姓持山小松生立不申候傘枝葉も下枝下シ申儀、断之上御郡奉行申渡を請罷出、枝おろさせ申候

(12)　花松などの伐渡し——山廻役は郡奉行より渡された紙面で木名・員数・目廻間尺などを確認の上、御花松・御餝松（二葉松・五葉松）などを伐り渡した。

一、高岡瑞龍寺御花松幷御仏殿毎暮御門餝松相渡り候節、御郡奉行ゟ員数等紙面を請相見仕候

(13)　損木売買の監視——山廻役は郡奉行の指令を受け、損木の入札払いを監督し、木呂に極印を打たせた。

一、御林之諸木幷往還並松御竹藪共雪折・風折・立枯入札を以買請候者共、手前ゟ為商売相払申節、御縮之諸木之分者売人改書付村肝煎・組合頭江出候上ニ致奥書、組々十村幷其御郡百姓山廻方江出シ申ニ付、遂吟味何日を限売仕廻可為案内旨、右書付致添書相渡シ為売可申候由、万一木呂ニ仕申首尾ニ御座候得者、木呂伐り木一本ニも極印打為売之、枝等有之候得者枯申所を見届、是又何日切ニ為売可申旨、御郡奉行江相達候而其通ニ可申付由ニ候

(14)　他領材木の購入——山廻役は郡奉行の指令を受け、売主の切手を照合の上で他領材木を購入させた。[6]

一、能州御公領地幷他領此方様御領御縮之諸木を、越中三郡江之者為商売買請舟積仕、越中浦方江相廻候節者、御郡奉行江相断候上其浦方肝煎・組合頭罷出、右木買請申者持参仕御公領或他領木主売切手之表と見合遂吟味、為致浜揚商売仕候様ニ可申渡旨、其御郡手寄山廻役申渡を請ケ、右之趣を以支配仕、畢竟相改候木数を其浦肝煎・組合頭帳面ニ記出候様ニ申付、員数見届為致浜揚申候旨、致奥書右奉行江出申候、富山御領分之売木買人手寄之所者、陸を取寄セ申儀も御座候、此分者買請申者之村肝煎吟味仕、其組十村手寄山廻役人江相断候旨、あなたノ木主ゟ売切手之表見届、十村・山廻役人致奥書為買請申候

補助業務

(1)　作食蔵などの修理——山廻役は郡奉行の指令を受け、十村・御扶持人と共に作食蔵・定渡船などの修理および新造に当たった。

一、三郡作食蔵破損修理、且又御郡ニよ里定渡舟破損修理或新艘合申時分、御郡奉行申渡シを請、御郡切ニ手寄次第罷出、其組十村・御扶持人等相加り諸事相勤申候

(2) 堤防などの工事——山廻役は川除奉行の指令を受け、十村・御扶持人と共に川除・塩除・用水などの工事に当たった。

一、三郡川除幷用水御普請御郡ニ♁塩除御普請有之刻、川除奉行申渡シを請、御郡切ニ手寄次第罷出、其組十村・御扶持人等ニ相加り相勤申候

(3) 境塚の修理——山廻役は郡奉行の指令を受け、十村と共に富山藩の十村と合議して境塚の修理に当たった。

一、婦負郡与此方様与御境塚之内、損シ築置申時分、其手寄山廻之内御郡奉行申渡を請、其組十村ニ相加りあな た御領十村与対談仕相勤申候、右奉行江連判を以案内書付出申候

(4) 道橋などの修理——山廻役は郡奉行の指令を受け、十村と共に道橋などの修理、塩除の工事に当たった。

一、三郡之内道橋修理又ハ御郡ニよ里波除御普請有之節、御普請之品ニ♁御郡奉行申渡シを請ケ、御郡手寄次第ニ罷出、組之十村等ニ相加り諸事相勤申候

(5) 用水取分の決定——山廻役は改作奉行の指令を受け、十村と共に富山藩の十村と合議して用水取分の決定に当たった。

一、婦負郡牛ヶ首用水射水郡之内、彼用水筋村々♁水取分申格ニ付而、射水郡百姓山廻之内手寄を以、壱人右為裁許改作奉行申渡置候ニ付、例年用水之節あなた御領之裁許人与諸事申談シ、右郷筋相廻水取分様夫々申渡候、若水論仕時分者、射水郡其組十村与申談、あなた御領十村幷用水裁許人与相談、右用水取分様之御格先年♁相極有之趣、相違不仕様双方江申渡候、右用水裁許之百姓山廻江毎年射水郡彼用水下村々♁高ニ応シ給米出申付、先年♁改作奉行申渡を請申通請取申候

(6) 用水の工事——山廻役は川除奉行の指令を受け、十村と共に富山藩の十村と合議して用水の工事に当たった。

一、右郷筋双方御普請有之刻、射水郡右用水下高当り入用中勘銀請取切手ニ組々十村奥書仕、川除奉行江出シ銀子請取、段々相払御普請相済次第ニ諸切手取集、算用帳面十村方江出シ、相しらべ次第奥書を以川除奉行江出申候

(7) 郡奉行巡視の御供——山廻役は郡奉行の春秋巡視に同行し、十村・御扶持人と共に縮木の取り締まりを村肝煎・組合頭らに諭告させた。

一、御郡奉行毎春秋御郡廻被成候節、御郡之廻り口切ニ右奉行ニ付添、村々肝煎・組合頭手寄之所々江相集、御林其外御縮之諸木幷御藪御縮之筋書立を以申渡シ、相済御請帳面ニ其組十村・御扶持人・廻り口百姓山廻連判奥書仕、右奉行江出申候

(8) 改作奉行巡視の御供——山廻役は改作奉行の春夏巡視に同行し、十村・御扶持人と共に改作方を村肝煎・組合頭らに諭告させた。また、彼らは各村の作況に異常が存する場合に善後策を講じた。

一、改作奉行春夏村廻之節、右申渡シを請、自身幷せがれ之内罷出、村々相応之農作やしない仕様末々迄見届候而、不精之所者夫々申付候

(9) 廻国上使通行の準備——山廻役は郡奉行の指令を受け、十村・御扶持人と共に廻国上使通行の準備（旅館・馬など）に当たった。

一、廻国上使御通之刻、御宿拵道橋掃除人・馬裁許御賄方其外品々御用之内十村・御扶持人相加候歟、又者山廻迄歟御郡奉行申渡シを請罷出、夫々指図を請相勤申候

(10) 藩主通行の準備——山廻役は郡奉行の指令を受け、十村・御扶持人と共に藩主通行（参勤交代）の準備（馬・渡船など）に当たった。

一、江戸御上下之刻、寄馬幷舟橋駒裁許馬渡シ所、惣而品々御用之内十村・御扶持人相加り申歟、又ハ山廻迄其時々御郡奉行申渡を請罷出、先年格を以夫々相勤申候

(11)　大名ら通行の準備――山廻役は郡奉行の指令を受け、十村・御扶持人と共に天領代官・支藩主・他国大名・遊行上人ら通行の準備（人足・馬・渡船など）に当たった。

一、御公領御代官幷大蔵大輔様・飛騨守様其外他国大名衆御通、遊行上人廻国之刻、道橋掃除幷舟渡所川々、川越為寄人馬裁許等之内、十村・御扶持人相加り申歟、又者山廻迄其時々御郡奉行申渡を請夫々相勤申候

(67)　没収物の処分――山廻役は郡奉行の指令を受け、十村・御扶持人と共に農民・頭振らの闕所物を処分した。

一、三郡百姓・頭振等禁籠仕者手前家財闕所罷出候節、御郡御奉行申渡シを請、御郡切ニ手寄次第罷出、其組十村・御扶持人等ニ相加り裁許仕闕所帳ニ連判仕候、右闕所物御払ニ罷成候時分者申渡を請罷出、右之者共与申談シ罷出品々改相渡シ申候

(13)　消火の指揮――山廻役は郡奉行の指令を受け、十村・御扶持人と共に旅館・収納蔵・作食蔵・材木蔵などの消火指揮に当たった。(7)

一、三郡之内御旅屋幷御収納蔵・作食蔵・御材木囲之近所、其外村々幷御郡奉行支配宿々火事出来之刻、見聞次第御郡切ニ早速罷出、其組之十村・御扶持人江申談、村々ゟ罷出候人足共ニ申付、夫々申付火為防申候、尤十村・御扶持人ゟ御郡奉行江之案内書付ニ連判仕候、若於火事場盗賊又者不審成躰之者有之節、十村・御扶持人ゟ申合相捕へ御郡奉行江相断申候

(14)　旅館の管理――山廻役は郡奉行の指令を受け、藩主使用の旅館（新川郡浦山村）を管理した。また、破損部分が存した場合には郡奉行に連絡した上で修理に当たった。

一、新川郡浦山村御旅屋支配仕儀、同村百姓山廻江御郡奉行ゟ兼而申渡シ置候ニ付、毎年御上下以前御旅屋見届破損所有之候得者、組之十村江断書付出之、御郡奉行江相達候上見分候大工罷越候ニ付、破損所為見届、追而修理奉行罷越候節、罷出万端指図を請相勤申候、御材木等餘候得者、修理奉行右百姓山廻江預ケ置申ニ付、改請取之預切手右奉行出シ翌年修理有之節、奉行右之預切手持参仕ニ相渡申候

(15) 諸道具の管理——山廻役は郡奉行の指令を受け、藩主使用の旅館付き諸道具を管理した。
一、右御旅屋附御道具之儀、御郡奉行ゟ品々帳面ニ記、御旅屋支配之山廻江相渡置候ニ付、御上下之節、夫々裁許人ゟ断次第ニ其品改相渡シ、御用済改請取置申候、若損シ申品有之候得者、其裁許人ゟ損シ申趣共書付取之、御郡奉行江右帳面一所ニ出之、右損シ申品々ケ條ニ付札印取置申候

(16) 旅館などの掃除——山廻役は郡奉行の指令を受け、藩主通行時に旅館・露地などの掃除に当たった。
一、御上下前廉右御旅屋幷御露次共内外掃除之儀、御郡奉行ゟ毎年支配之百姓山廻申渡シを請、為自分掃除仕置、尤御着之刻其組十村手寄山廻之内、御郡奉行申渡を請罷出掃除等申付、召仕候人足賃銀右之者共請取切手ニ御郡奉行添書を以御銀請取、人々江相渡申候

(17) 作食米脇借の監視——山廻役は改作奉行の指令を受け、御蔵所で作食米の脇借を監視した。
一、定作食米貸渡奉行罷出候刻、相見ニ可罷出旨改作奉行申渡シを請、手寄之蔵所江罷出、脇借物ニ為引取不申様ニ申付候、人々指札之通俵数無相違請取申段見届、則借用帳人々判本見届、其趣書付を以案内仕候

(18) 肥料代の貸し付け——山廻役は改作奉行の指令を受け、十村と相談の上で農民に肥料代銀を貸し付けした。
一、百姓共田畠やしない代銀拝借仕ニ付、改作奉行申渡を請、其組十村与申談シ、御銀相見を以村々肝煎共江相渡候、以後村々江罷出相調置申やしない員数見届、御銀拝借帳面人々判本見届、其組之十村ゟ連判奥書仕右奉行江出申候

(19) 貸米の検査——山廻役は改作奉行の指令を受け、村々に貸与された貸米を検査した。
一、元祿拾弐年境村之者共御貸米就被仰付、塩焼申者共手前品々かせき油断不被仕様ニ可申付旨、境村奉行ゟ同村山廻可申付与指図を請相勤申候

(20) 新米売買の調査——山廻役は改作奉行の指令を受け、皆済以前の新米売買を調査して同奉行に報告した。
一、毎秋百姓収納米皆済不仕内其組十村紙面指添不申、新米売買仕者有之候者、双方承届為致書付可及案内旨、

改作奉行申渡シを請、御郡切手寄を以町方・宿方江罷出見聞仕、若右之族有之候者、其組之十村江茂相達、右奉行江書付出申候

(21) 米小売の監督――山廻役は郡奉行の指令を受け、米価騰貴時に販売所で米小売を監督した。

一、米高直之年御郡切ニ於町方御米小売被仰付候刻、御郡奉行申渡シを請、小売場江手寄次第両人充代り代りニ罷出付居、御算用場覚書之趣を以諸事相勤、俵成御米為斗立減米見届、小売人手前帳面ニ俵成員数減米員数之所印仕、其外見届候品々帳目録ニ印仕、畢竟小売相止候、以後御郡奉行江相見仕趣目録ニ記出申候

(22) 松子採取の指揮――山廻役は郡奉行の指令を受け、松山で松茸の採取人足を指揮した。

一、新川郡有峯村之山松子宣時分、御郡奉行申渡シを請罷出、右村ゟ人足出シ見分仕為取之、右奉行江相渡シ申候、召仕候人足賃銀山廻請取切手ニ御郡奉行奥書を以御銀を請取、其組十村江相渡申候

(23) 硫黄採掘の指揮――山廻役は郡奉行の指令を受け、異風と共に硫黄の採掘人足を指揮した。(8)

一、新川郡立山之硫黄取申為御用先年御射風罷越候節、御郡奉行申渡シを請、手寄次第ニ右御異風相添罷越、指図を請、人足ニ申付硫黄取之相渡シ申候、尤人足賃銀百姓山廻請取切手ニ御異風奥書を取御銀請取、其組之十村江相渡申候

(24) 流木の選別――山廻役は郡奉行の指令を受け、代官と相談の上で洪水など流木の選別に当たった。また、彼らは不用木を川筋の農民に払い下げた。

一、新川郡黒部川洪水度毎流木之内御用ニ可相立分、為御拾魚津居住御代官弐人川原江罷出候節、兼而御郡奉行申渡シを請、手寄を以罷出、右御代官与申談シ、御用木分相撰、御用ニ難相立分者、先格ニ而右川筋百姓共江被下候ニ付相見仕候

(25) 塩木など棚数の確認――山廻役は郡奉行の指令を受け、十村と共に川流しの塩木など棚数を改めた。

一、新川郡境村塩焼申薪木呂、奥山ゟ毎年境川江流出申ニ付、棚数改申分御郡奉行申渡シを請、組之十村并同郡

百姓山廻相加り棚数相改、御極之通役銀取立、散小物成取立人江相渡シ申候

(26) 手代誓紙の遂行——山廻役は手代を同行し、郡の相談所で誓紙を書かせた。(9)

一、三郡共手代召置候刻、御郡切ニ相談所江召連罷出、為致誓紙候節、改作方下裁許御算用者判本見届申候

兼帯業務

(1) 蔭聞の励行——山廻役は蔭聞役を兼帯し、十村・御扶持人らの善悪を改作奉行に報告した。

一、三郡百姓山廻之内御郡切十村并御扶持人手前、其外末々迄善悪之儀、蔭聞役改作奉行申渡候ニ付、見聞仕趣毎月両度充右奉行江書付出申候

(2) 製塩の監督——山廻役は御塩吟味人を兼帯し、浜方村々を巡回して製塩の監督に当たった。

一、御塩才許宇出津奉行奥郡御塩焼申村々江御縮之筋為申渡相廻候節、受取所切ニ罷出、覚書を以村々肝煎・組合頭相集申渡候ニ付、御縮之筋急度相守候様ニ申付候

(3) 塩の品質検査——山廻役は御塩吟味人を兼帯し、一ケ月に三度ほど製塩村に出向き塩の品質検査に当たった。

一、出来御塩為斗候儀、一ケ月三度充日限を極罷出、御塩善悪升目吟味仕、為斗之俵毎ニ其御塩焼主名付、肝煎并右相見ニ罷出候者共名板札ニ記入置之、為致蔵納村肝煎と相見之者戸前相封付置申候、尤一ケ月三度宛出来御塩見届度毎人々焼申御塩過不足相改、御塩員数名付其組十村方ゟ書記遣之申候

(4) 俵拵えの監督——山廻役は御塩懸相見人を兼帯し、俵拵えを監督して塩帳面に記入した。

一、毎年御塩焼仕廻次第受取所切御塩員数帳面ニ記、御塩才許江出候上小代官御塩請取ニ罷出候ニ付、其節罷出積並を以俵数改相渡、蔵之戸前小代官と相見之者・村肝煎相封付置、追而渡方之節者小代官与村肝煎罷出、荷切跡封仕置候

(5) 廻塩枡量の監督——山廻役は御塩懸相見人を兼帯し、廻塩枡量の監督に当たった。

一、右御塩翌年之春御廻塩ニ罷成升廻在之節、受取所切ニ罷出相見仕候

(6)塩蔵の管理——山廻役は御塩懸相見人を兼帯し、大風・大雨時に十村と共に塩蔵の管理に当たった。

一、大風・大雨等之節、御塩蔵之内無心旨塩焼申村々肝煎方ゟ及断候得共、受取所切ニ其組之十村ニ相加罷出見届、其様子等代官中へ相断申候

(7)塩枡の管理——山廻役は御塩懸相見人を兼帯し、塩士から損枡を取り上げて新枡を渡した。

一、御塩枡損候得者塩焼共ゟ相断申ニ付、組之十村と申談連判書付御塩才許人へ出候上、受指図、御作事所ゟ新斗枡受取塩焼共へ相渡、古枡御塩才許人へ相渡申候

(8)塩積船の修理——山廻役は御塩吟味人を兼帯し、破損した塩積船の修理に当たった。[10]

一、奥郡ゟ所ニ御廻塩積申船若手寄浦方ニ而破損仕、為支配小代官罷出候節、御塩才許受申渡罷出、組之十村与申談相勤申候

「山廻役御用勤方覚帳」は「一、御代官役之儀、三郡十村・御扶持人勤様与同事ニ御座候」と記し、代官業務を割愛していた。いま、「能州代官十村勤方」から代官業務を抽出して示す。

収納米の徴収　出船米の引き渡し　残米の積み替え
皆済状の交付　船運賃の検査　知行高などの調査
収納米の払い下げ　枡廻人賃銀の検査　春秋夫銀の徴収
詰米の収納　明俵・斗枡の保管　代官帳の整理
詰古米の出船改め

寛文三年（一六六三）の山林定書には「一、松山・御林之竹木、手寄之在々江預け置、縮之儀ハ十村頭江申付、山茂り候は様子見計、下刈之枝葉百姓ニとらせ可申事」とあり、[11] 御林山・松山・御藪の管理は十村にも及んでいた。このとに、享和元年（一八〇一）の「山方御仕法」には「一、御林山之外百姓稼山・垣根廻・田畑畦弁堂宮林・三昧・墓等

之七木方ニ付、以後故障出来候而も、組十村取捌候而宇出津御奉行之手ハ離レ候間、左様可被相心得候事」と記し[12]、能登国では七木の取り締まりが山奉行支配から十村支配へと移行した。注目したいことは、山廻役の本業務であった損木の入札払いを十村一任としたことであろう。しかも、それは「宇出津御奉行江相不申上」という具合であった[13]。加賀藩の十村に対する期待には並々ならぬものがあり、農政面では改作奉行―十村という系列を形成していたが、林政面でも従来の郡奉行（山奉行）―山廻役の系列を脱し、新たに郡奉行―十村の系列を出現させた。このことは、土木関係（道橋修理・堤防工事・用水工事など）を中心に十村の補助業務が年々増加したことを示す。安政三年（一八五六）の「御用留」には「近年御用方繁多ニ而、賃銀も多相成甚迷惑仕候」とあり[14]、河北郡大衆免村伊兵衛（山廻役）は補助業務の増加に伴う出費を大いに嘆いていた。このように、山廻役の業務は藩が十村の業務手腕に大きな期待をかけたこともあり、本業務から補助業務へと主体が移っていった。

六　村肝煎の活動

藩祖利家は能登入国と同時に「惣地下之儀可肝煎」のため、有力農民に村肝煎を命じた。村肝煎は初め藩から直接任命されたものの、寛文八年（一六六八）頃からは頭振を除く全村民の同意により改作所の許可を得て任命された。今のところ、村肝煎の史料的初見は天正一一年（一五八三）利家が鹿島郡庵村高橋に惣百姓を肝煎するよう命じた文書であろう[1]。村肝煎は古く開発地主（草分け）すなわち中世的豪農が多く、十村大組化の過程中に旧十村もこれに転化した。村肝煎は組合頭と共に改作法の施行中に整備され、十村の指揮監督下に置かれた。「河合録」は村肝煎の概要を次のように記す[2]。

村肝煎之事

一、村肝煎ハ其一村へ付、御収納方ハ不及申、都て一村惣人数之頭をいたし万事引統取扱也、仍て人柄も宜敷、

且持高も相応ニ無之てハ不相成、尤改作所より申付ル役人也
一、右村肝煎は其一村百姓一統納得いたし、誰へ肝煎被仰付候様願出ス者へ申付ル古格也
一、格別之大高村幷山方等ニて、垣内幾ツニも離レ居候て、村方等肝煎壹人ニても廻り兼候村方ハ、先年より肝煎両三人相立候処も有之
一、一村同苗納得幾重ニも不相揃区々ニ相成、此上は差図次第ニ可相心得と歟、又ハ幾重ニも治定不致と歟之節、御扶持人幷其組十村人撰之上納得ニ不拘、誰へ申付候ハヾ可然旨申出之、承届申渡スヲ見付肝煎と云
一、小村ニて其村ニ肝煎可相務人柄之もの無之、前々より隣村等之肝煎、其村之肝煎をも相勤るを寄肝煎ト云
一、其村方ニ肝煎ニ可立人物無之時、隣村等之肝煎より当分其村肝煎を兼帯して相勤ル、是を兼帯肝煎と云、納得ニ不拘
一、引越肝煎は其御郡之内にて、癖付悪敷村方等風義可立直為メ、他村より人撰其村肝煎ニ申付、格別隔り候ニ付其村へ引越させ相勤さすを云也
一、肝煎当分加人ハ天保之末ニ礪波ニ始ル、肝煎立代り納得之人も無之間歟、又は其村仕法中他村之組合頭等指加ル歟、又ハ人柄試等之趣ニて申付ルを云
一、当分肝煎代り前同様之趣ニて、其組裁許切申渡置もの也
一、格別衆ニ抽候勤功得実之肝煎、及老年抜群之ものニ付、其肝煎退役願候節跡役納得ニ不拘、其者せかれへ申付とも義有之事
一、都て肝煎病死等ニて缺役ニ相成候得は、跡御用方早速其組裁許より申渡、当分ハ組合頭一統申談相勤ルも有之、又組合頭之内と歟壹人へ当分跡御用申付候も有之、此壹人へ申談ルヲ、当分肝煎代り申渡候と云也
一、肝煎ハ其組裁許縁者ニて無之もの宜譯ニ候、去なから自然旧縁等有之ものニ候得は、其段可申聞筈之事
一、肝煎誓詞は於相談所定役御算用者見届候事

第29表　加賀藩の村肝煎給米

村高	里方給米	山方給米
50石未満	1.5石	2.0石
100石未満	2.0	2.5
200石未満	2.5	3.0
300石未満	3.5	3.5
500石未満	4.5	4.5
800石未満	5.5	5.5
1000石未満	6.0	6.0
1500石未満	7.0	7.0
2000石未満	7.5	7.5
2000石以上	8.0	8.0

『越中史料・第二巻』により作成.

すなわち、村肝煎は村内の人事・農事・収納など諸般の事項を統轄する任務を持ち、村内に発生したすべての問題に関与した。重要事項は十村および奉行に報告し、村切りに処理した。村肝煎は一村一人を原則としたものの、大高村や山方で小字が数ケ村に分散する村は両三人を有することもあった。村肝煎には見付肝煎・寄肝煎・兼帯肝煎・引越肝煎などが存した。見付肝煎は一村・同苗（五ケ村組合の肝煎）の納得が得られず十村・御扶持人らが選定したもの、寄肝煎は小村で適任者が存せず隣村の肝煎が兼帯したもの、引越肝煎は村の悪習慣などを改善するため他村民を任命したものであった。この外、用水の取り入れや分水を司った江肝煎が存した。「河合録」には「肝煎扶持米とて一村より余荷《よない》ニて出ス米を、役料之姿ニて取ル也」とあり、[3]村肝煎は一村中より余荷として徴収した扶持米（役料）が与えられた。村肝煎の役料は延宝三年（一六七五）に一定したが、これ以前は田畑や銀子が支給されていた。[4]いま、村肝煎の役料を第29表に記す。この役料は三分の二を村高に、三分一を戸数に課して徴収した（頭振は一戸に二升）。村肝煎が二人存する場合には、その役料を二等分した。

「三百二条旧記」には「一、御郡村之改作に被仰付以後、村肝煎之外に組合頭与申者御立置被成、耕作並諸事締仕候」とあり、[5]組合頭（組頭・長百姓）は改作法の施行中に郷村支配機関（十村―村肝煎―組合頭）に組み込まれた。組合頭は村肝煎の相役としてその業務を補佐し、村の大小により二〜六人ほど置かれた。組合頭は一定の役料を受けなかったものの、その日懸り銀子を村万雑《まんぞう》から支給された。また、彼らは寛文五年（一六六五）から隔年に（藩主の在国年）一人三〇〇文宛ほどが支給された。[6]百姓惣代（村方三役）は臨時の連名者（百姓の代表者）であり、一ケ村に数名存した。

前述のごとく、十村および分役は藩の強い拘束力によって地主的発展を阻止されていた。また、彼らは産業振興を管理・監督する立場にあって、営業することを許可されなかった。村肝煎は村統轄の役割が強く、困窮者の救済にも務め、年貢・役銀などの未納者から田畑・山林・居屋敷などを購入した。村肝煎は貨幣経済の農村浸透にともない、次第に地主化していった。次に、山方の村肝煎が山林・田畑などを購入して山林地主となった二例を示す。

鳳至郡長沢村谷内家

第4図　鳳至郡三井地区略図

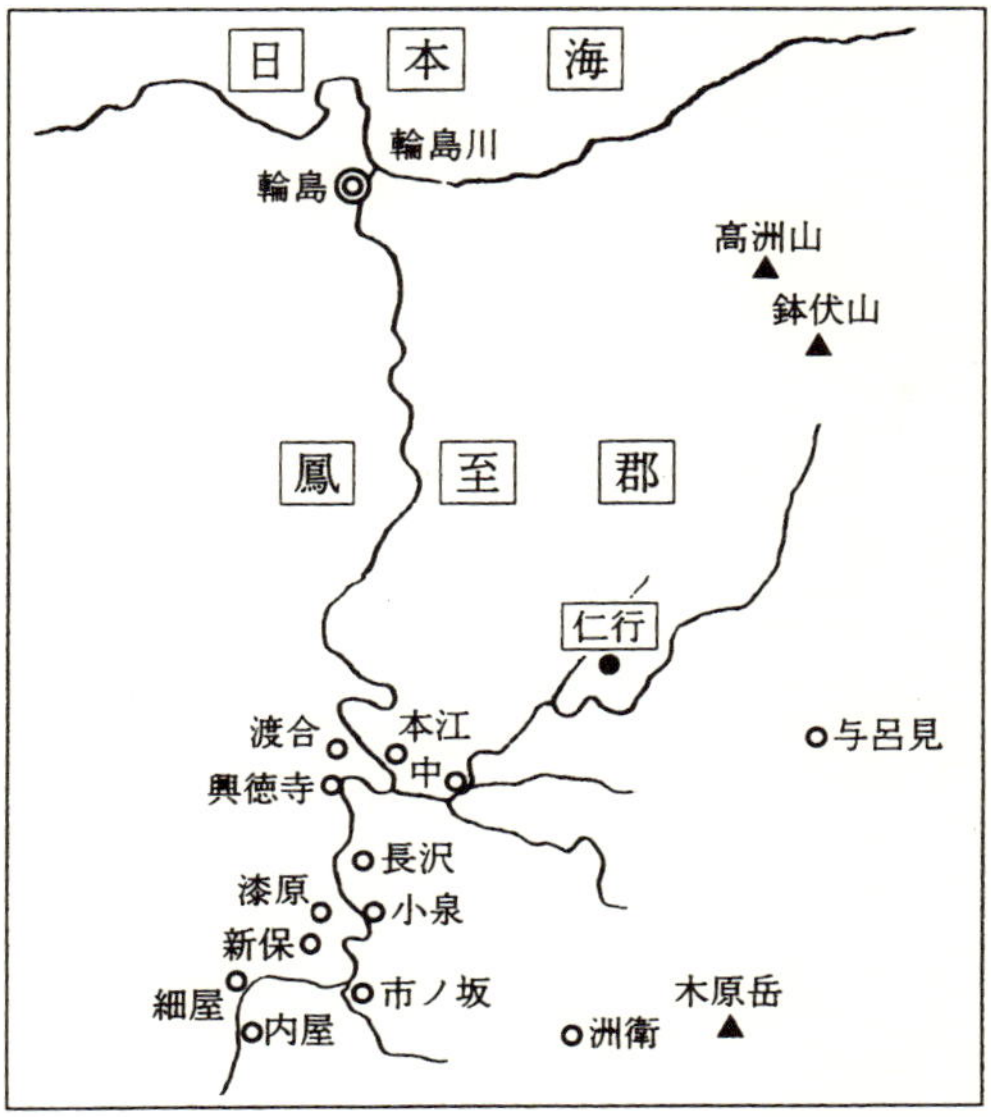

まず、寛文一〇年（一六七〇）の「村御印」により長沢村を概観しよう。長沢村の村高は二五七石余で、三井地区（長沢・小泉・新保・細屋・内屋・市ノ坂・洲衛・与呂見・仁行・中・本江・渡合・興徳寺・漆原）の平均村高二二四石を上回った。また、同村の免〇・五八％は同地区の最高であった。定小物銀は一四九匁（山役一四五匁・漆役二匁・苦竹役一匁・蠟役一匁）で、山役一四五匁は同地区の最高額であった[7]。次に、享保一三年（一七二八）の「村中人々持高男女人数牛馬数書上申帳」により長沢村の構成を第30表に示す[8]。長沢村には三歳の幼児から八〇歳の老人まで一四七人（男七四人・女七三人）が居住し、一戸当たり七人の家族（平均年齢三四歳）が存した。家数二〇戸は本百姓のみの数であり、下百姓（本百姓の子弟や下人）・頭振の数は除かれていた。正徳三年（一七一三）の「田地割願書」には「小百姓納得之上、高下無之様割可申者也」とあり[9]、長沢村には小百姓が存した。また、文化一二年（一八一五）の「借宅願書」には「私儀、先年

第30表　鳳至郡長沢村の構成

名前	持高	山役	人数（男/女）	馬数	牛数
五左衛門▲	28.624石	12.107匁	8（2/6）	4	
九七△	21.447	10.180	12（8/4）	2	
万九郎	16.306	8.620	8（6/2）	2	
次郎九郎	25.527	11.440	6（3/3）	4	
右衛門三郎	8.153	6.118	11（5/6）	1	1
右衛門四郎	7.750	6.110	8（4/4）	1	1
長間	8.153	5.948	9（3/6）	2	
新三郎△	14.938	8.229	7（3/4）	2	
次郎三郎	11.062	7.097	7（2/5）	1	1
五郎兵衛	7.755	6.090	8（6/2）		1
次郎右衛門	16.306	8.360	8（5/3）	2	
市右衛門	16.306	8.670	7（2/5）	2	
孫十郎	0.053	3.625	7（3/4）		
孫作	0.180	3.625	2（1/1）		
左衛門太郎	10.341	6.725	7（5/2）	2	
孫右衛門	23.428	9.387	10（5/5）	3	
助五郎	19.391	10.026	6（2/4）	2	
助作	7.920	5.367	7（3/4）		
長助	5.171	5.215	5（3/2）	2	
山三郎	8.153	6.028	4（3/1）		1
合計(20戸)	256.964	148.967	147	32	5

享保13年（1728）の「村中人々持高男女人数牛馬数書上申帳」（「谷内家文書」）により作成．▲は村肝煎，△は組合頭を示す．

ら紺屋仕、大坂大和屋仕入藍玉を以染物仕、（中略）私儀元来頭振之儀ニ御座候得ハ、外ニ可励産業も無御座候」とあり、(10) 頭振勘左衛門は大坂から藍玉を購入して紺屋（染物屋）を営んでいた。牛馬数三七頭は三井地区の平均数に近かった。長沢村は新田開発の困難な山間部に位置し、百姓面《つら》が一定していたため、二、三男の分家は容易でなかった。百姓面は村を構成する独立戸を指し、同時に家格（上面・中面・下面）を示す基準ともなった。したがって、各村では退転家の再建、分家、他村からの転入などを厳しく制限していた。(11) 特に、田畑の少ない山間部では耕地の細分化を防止するため、村内の農民数を制限する必要があった。

寛延四年（一七五一）と宝暦一〇年（一七六〇）の「村中人々持高男女人数牛馬数書上申帳」でも、長沢村の村高二五七石と家数二〇戸に変化がみられない。農民数は寛延四年が一三五人（男七四人・女六一人）で、宝暦一〇年が一四三人（男八一人・女六二人）であった。注目したいことは享保一三年（一七二八）から宝暦一〇年までの間に五左衛門（約一〇石）・長助（約五石）・助五郎（約五石）らが持高を増加させ、助作（約六・七石）・右衛門四郎（約六・五石）・右衛門三郎（約四石）らが持高を減少させたことだろう。このことは田畑・山林などの分解・売買が一層盛んになり、本百姓体制に構造的な変化がみられたことを示す。つまり、長沢村でも下百姓（本百姓の子弟・下人）・頭振らの中に高を所持する者が出現し、農民層の分解が進展したものだろう。同村では貨幣経済が村々に浸透するなか、鳳至郡三井地区の人々に知られた一人の山林地主が出現した。すなわち、長沢村の肝煎を務めた五左衛門は、江戸後期に山林・田畑・漆山などを購入して山林地主となった。次に、「谷内家文書」の中の「売山証文」「切高証文」を整理して第31表・第32表に示す。第31表から次のことがわかるだろう。

第31表　長沢村谷内家の山売証文

年代	郡名	村名	売主	物件数	代価	売買別
宝永元年（1704）	鳳至	長沢	山三郎	山（1）	1.86石	永代売
元年（1704）	鳳至	長沢	山三郎	山（1）	1.86石	永代売
享保12年（1727）	鳳至	長沢	助五郎	山（1）	100匁	永代売
12年（1727）	鳳至	長沢	右衛門四郎	山（1）	3.00石	永代売
12年（1727）	鳳至	長沢	久七	山（1）	12.69石	永代売
15年（1730）	鳳至	興徳寺	孫三郎	山（1）	100匁	永代売
15年（1730）	鳳至	長沢	右衛門三郎	山（1）	4.12石	永代売
15年（1730）	鳳至	長沢	五郎兵衛	山（1）	4.00石	永代売
18年（1733）	鳳至	長沢	山三郎	山（1）	52.8匁	永代売
20年（1735）	鳳至	長沢	才重郎	山（1）	115匁	永代売
寛保3年（1743）	鳳至	長沢	万九郎	山（1）	400匁	永代売
延享3年（1746）	鳳至	長沢	才重郎	山（1）	2.80石	永代売
3年（1746）	鳳至	長沢	万九郎	山（1）	180匁	永代売
寛延2年（1749）	鳳至	長沢	万九郎	山（1）	4.0貫	質入
宝暦3年（1753）	鳳至	長沢	九七	山（1）	10.00石	永代売
8年（1758）	鳳至	長沢	新三郎	山（2）	1.8貫	永代売
8年（1758）	鳳至	長沢	孫右衛門	山（1）	26.64石	永代売
11年（1761）	鳳至	長沢	才重郎	山（2）	15.30石	永代売
11年（1761）	鳳至	長沢	長間	山（1）	1.56石	永代売
享和2年（1802）	鳳至	長沢	左衛門太郎	山（1）	2.8貫	永代売
文政4年（1821）	鳳至	興徳寺	仁左衛門	山（1）	22.4貫	永代売
慶応3年（1867）	鳳至	興徳寺	三郎五郎	山（1）	12両	永代売
3年（1867）	鳳至	興徳寺	佐吉	山（2）	21両	永代売
3年（1867）	鳳至	長沢	右衛門三郎	山（3）	9両	永代売
3年（1867）	鳳至	長沢	万九郎	山（1）	3両	永代売
明治3年（1870）	鳳至	興徳寺	助三郎	山（1）	2.00石	永代売
年代不詳	鳳至	興徳寺	作次郎	山（1）	10貫	永代売
年代不詳	鳳至	興徳寺	仁右衛門	山（1）	70貫	永代売

「谷内家文書」により作成.

第32表　長沢村谷内家の切高証文

年代	郡名	村名	売主	物件数	代価	売買別
享保5年（1720）	鳳至	打越	孫四郎	田（1）	650匁	永代売
18年（1733）	鳳至	長沢	山三郎	畑（1）	52.8匁	永代売
宝暦8年（1758）	鳳至	長沢	万九郎	田（1）	5.17石	永代売
8年（1758）	鳳至	長沢	才重郎	田（1）	2.58石	永代売
寛政3年（1791）	鳳至	長沢	助五郎	田（1）	7.0貫	永代売
嘉永7年（1854）	鳳至	打越	孫四郎	田（1）	28匁	永代売
明治2年（1869）	鳳至	長沢	右衛門三郎	田（1）	1.12貫	永代売
2年（1869）	鳳至	長沢	長間	田（1）	4.50貫	永代売
3年（1870）	鳳至	長沢	長間	田（1）	1.50匁	永代売

「谷内家文書」により作成.

売却理由はすべて年貢不足・役銀不足であった。
売山は田畑に比べて相対的に価値が低かった。
永代売が圧倒的に多かった。
売山は自村のものが多かった。

宝暦八年（一七五八）の「永代売渡シ申杉林山之事」には「私杉山木数相改、百五拾本永代貴殿ニ土共売渡シ申所相違無御座候」（傍点筆者）とあり、[12]売主は利用権（入会権）と共に土地の所有権をも五左衛門に売り渡していた。売主には山林を買い戻そうとする意志が少なかったので、その多くが五左衛門の所有となった。注目したいことは、山林が田畑に付随することなく単独で売買されていたことであろう。つまり、三井地区は田畑が少なく、他地区に比べて山林の価値が高かったことを示す。右証文には、買主から指し上げられた山役銀を売主が藩に上納すること、後年に山割を実施しても迷惑をかけないことなどを定めていた。また、享和二年（一八〇二）の「永代相渡申山之事」にも、「私持山毛ノ上土地共貴殿へ永代相渡申所実正也」（傍点筆者）と記す。[13]この頃、農民は藩有林・民有林の区別が明瞭でなかった江戸前期までと異なり、百姓持山が個人分割（山割）されたり、分割地が売買されたりしたことにより、山林の土地所有を強く意識するようになっていた。享保一二年（一七二七）組合頭久七が山林一ケ所を米一二・六九石で、宝暦八年（一七五八）組合頭新三郎が山林二ケ所を銭一貫八〇〇文で五左衛門に売り渡したことは、組合頭が経済的優位者でなかったことを示す。五左衛門は江戸後期に田畑と共に山林を多く購入し、山林地主へと成長していった。彼は林業的経営を行うというより、むしろ高利貸し業により山林地主となり、後述する酒造業を副業としていた。ともあれ、彼の出現は幕末期に長沢の村構造を大地主と多数の零細農民へと分化させることになった。

寛政三年（一七九一）の「切高売渡シ定証文之事」には「来春雪きへ次第ニ山畠・林等ニ至迄不及申ニ、地割仕候て貴殿ニ急度切渡シ可申候」とあり、[14]三井地区では地割に付随して山割（山畑・山林）が実施されていた。明治二年（一八六九）の「御高譲り替証文」にも、「右私シ御上納方ニ指支候ニ付、持高内草高弐石山壱ケ所指添へ貴殿方へ譲り、礼代米銀者慥ニ請取、不残御公儀様へ御上納仕」と記す。[15] この外、文化一〇年（一八一三）興徳寺村与四兵衛は漆山（漆八二本）を銭一二貫文で、同年に熊野村太郎右衛門は漆山（漆四五〇本）を銭三三貫二四〇文で、年代不詳（文化期か）興徳寺村仁右衛門は漆山（漆一一〇本）を銭一二貫文で五左衛門に年季売りした。[16]

「谷内家文書」には、鳳至郡中居村九右衛門と同郡中居南村又三郎に関する文書を数点含む。その一点、寛文六年（一六六六）の「酒造申米員数書上申御帳」には次のように記す。[17]

一、今年耕作損亡之地有之間、猥に米費すべからず。酒造候儀、江戸・京都・大坂・堺之津、幷各酒之所々、其外於国々在々所々累年造来候員数、其所々給人代官より改之、其半分つくらせ申べし。勿論新規之酒屋一切可令停止。於違背者、給人御代官越度たるべし。万一密におほく造之輩あらば、訴人に出べし。御穿鑿之上、其品にしたがひ御ほびの高下有之候而、急度可被下候。又あだをなさざるやうに可被仰付。彼酒屋は可被行罪科者也。

寛文六年十一月八日

第33表　中居村九右衛門・中居南村又三郎の酒造米高

年代	九右衛門	又三郎	合計
寛文5年（1665）	40石	45.00石	85.00石
6年（1666）	20	25.50	45.50
7年（1667）	20	25.50	45.50
8年（1668）	10	11.25	21.25
9年（1669）	10	11.25	21.25

「谷内家文書」により作成.

右は幕府が酒造米高を例年の半分に制限することを諸藩に命じた覚書であるが、翌年の覚書にも「一、諸国在々所々において酒造之儀、去卯十一月七日相触候趣を守り、重而仰有之迄何ケ年も減少たるべき事」と記す。[18] 中居村九右衛門・中居南村又三郎両人はこうした酒造制限令に基づき、寛文期に第33表のごとく酒造を行った。「改作所旧記」には「去年之半分」「去年之通」「昨年之五分一」「昨年之三分二」「昨年之三分一」等と記し、酒造米高は寛文六年（一六六六）以降、年々減少する傾向にあった。酒造制限令は江戸時代を通じて発令されており、これはあまり守られなかったようだ。中居村九右衛門・中居南村又三郎両人の文書は、寛文一一年（一六七一）の「酒造之御触之写」を最後にみられない。享保六年（一七二一）の「質物書入手形之事」によれば、同年に中

第34表　長沢村五左衛門の酒造米高

年代	五左衛門
安永6年（1777）	25石
天明5年（1785）	20
6年（1786）	20
寛政元年（1789）	20
明治3年（1870）	60

「谷内家文書」により作成.

居村九右衛門は酒造株・酒道具などを代銀六〇〇匁で五左衛門に質入れした。その質入証文を次に記す。[19]

質物書入手形之事

一、六百目者　本新銀也

右之銀子慥ニ借用仕処実正ニ御座候、則供銀壱ケ月ニ付壱歩七ノ加利足ヲ未年二月切ニ、本子共ニ急度御算用相立可申候。万一遅々仕候はば、私しやうばい物酒株幷酒道具共少も不残急度相渡シ可申候。為後日請ケ人相立手形仕相渡申処如件

享保六年丑九月廿三日

本人　中居村酒屋　九右衛門(印)

請ケ人同村　吉右衛門(印)

同断漆村　又　助(印)

長沢村五左衛門

その後、五左衛門は質流れした酒造株・酒道具などを得て酒屋を経営した。安永七年（一七七八）の覚書によれば、同六年に五左衛門は肝煎職を次郎右衛門に譲り、酒造業に専念して米二五石を酒造した。また、寛政元年（一七八九）の「酒造諸道具御極印御受帳」によれば、天明五年（一七八五）五左衛門は米二〇石を酒造し、郡奉行がその道具（四尺桶一・渡桶四・本漆桶二・澄桶二・水桶四・米清桶一・半切桶八・酒舟一）に極印を押していた。[20]いま、五左衛門が酒造した米高を第34表に示す。安政三年（一八五六）の覚書によれば、同年に五左衛門は酒造米不足のため、越中国放生津町（新湊）の蔵米五石を購入（一石に八〇匁）して酒造した。[21]なお、同年の「紙面を以御願申上候」には、酒一合売りが一四文で、一升売りが一三〇文であったと記す。[22]

江沼郡九谷村阿知良家

天保一五年（一八四四）の「加賀江沼志稿」により九谷村を概観しよう。九谷村の村高は二三六石余で、奥山方（山中・下谷・菅谷・栢野・風谷・大内・枯淵・我谷・片谷・坂下・小杉・生水・上新保・大土・今立・荒谷・真砂）の平均村

第5図　江沼郡奥山方略図

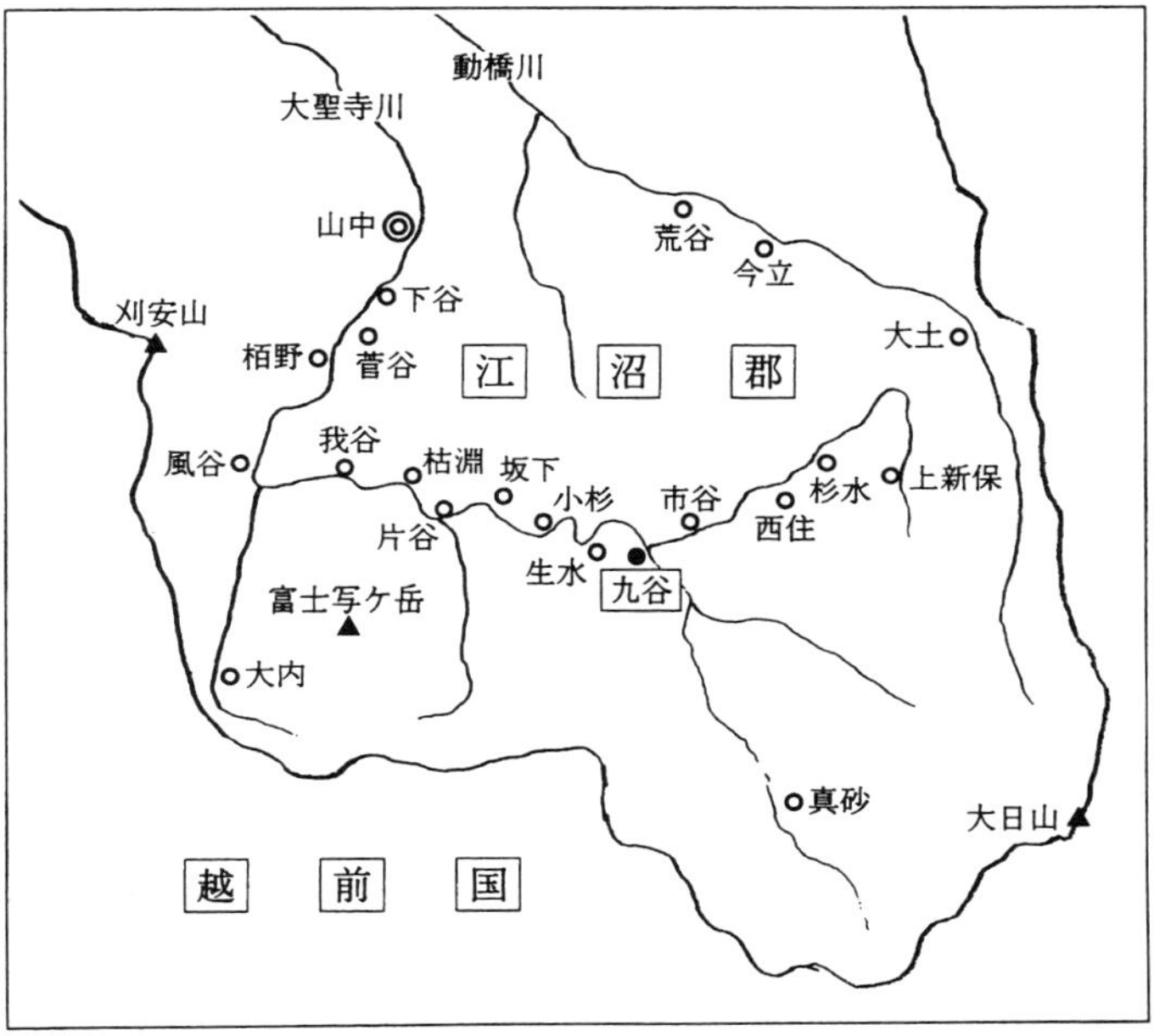

高一二四石を上回った。また、同村の免〇・一五％は真砂村の免〇・一二％に次いで二番目に低かった。小物成銀は山役二〇匁八分・炭役二〇匁で、山役は同地区の平均額二八匁四分より低かった。家数は二〇戸で、持高一〇五人（男二五人・女八〇人）、頭振二九人（男一三人・女一六人）が居住し、他に馬が四頭飼われていた。宝暦九年（一七五九）には鍬役米を供出した一五歳から六〇歳までの男子（鍬数）が四一人存した[23]。右のごとく、奥山方は大聖寺藩の十村組中（八組）、村高の平均が最も低く、その新田率〇・五％も領内の平均一一・三％に比べてきわめて低かった。すなわち、奥山方では米の生産がきわめて少なく、その不足は焼畑による雑穀生産（蕎麦・粟・大豆・小豆）で補われていた。「加賀江沼志稿」には、奥山方（山中谷・四十九院谷）の状況を次のように記す[24]。

下谷ヨリ奥山方、アチラ谷深山ノ半覆迄、山畑

ヲ作ヲムツシ畑ト云。山林ヲ切、夏土用ニヨクホシ、二百十日前ニ焼耕シ、蕎麦種一升ニ油菜種一合混、種カス。蕎麦熟シ刈取。来春ニ至ニ油菜成長シ、初夏ニ成熟ス。刈取耕シ、粟ヲ作。三ケ年目大豆・小豆・芋其地ニ応ジテ作。四ケ年目粟・芋、五ケ年目小豆・芋ヲ作、五ケ年作。六年目ニハ其畑ヲ捨ル。捨ル事十五年、二十年マデ始ノゴトク作配ス。地ノヨキ所ニハ桑・楮ヲ植ル。桑ハ山桑トテ種類違ナリ。ムツシ畑ニ糞物ヲ不用。

奥山方では一年目に蕎麦、二年目に粟、三年目に大豆・小豆・芋、四年目に粟・芋、五年目に小豆・芋などを作付けし、六年目以降はそれを十五〜二十年ほど放棄した。注目したいことは、一年目に蕎麦が作付けされており、既に奥山方で焼畑が水田の補助耕作となっていたことだろう。右に記す「ムツシ」は、焼畑用地・焼畑適地のことを指す。奥山方では、「むつし」が田畑・山林同様に売買の対象となっていた。次に、元禄九年（一六九六）の「おろし申山むつし之事」を記す。(25)

おろし申山むつし之事

一、西又と申山むつし銀子拾五匁ニ仕壱廻おろし、則代銀是取切ニ仕候、右之山むつしニ何方ニもかまい無御座候、何時ニ而貴殿御勝手次第五年ニ而も七年ニ而も、但シ拾年ニ而も御気分次第御作り可被成候、自然此むつしニ出入出来候ハバ、私共相誘、貴殿之御苦悩少も懸申間敷候、為其後日証文仕所如件

元禄九年子正月七日

市ノ谷村 九右衛門(印)
同 重兵衛(印)
同村肝煎 九郎兵衛(印)

生水村 善七殿

奥山方の生水村善七は、市ノ谷村九右衛門・同村重兵衛両人に西又（入会山）と称する「山むつし」を銀一五匁で一作卸した。今のところ、これは大聖寺藩における唯一の「むつし一作卸証文」であろう。奥山方でも、「切高御仕

法」の施行に伴って山林・「むつし」などが盛んに売買された。九谷村の肝煎安右衛門（阿知良家）が天明六年（一七八六）から寛政一二年（一八〇〇）までの諸事を覚書きした「万手帳」には、寛政九年（一七九七）安右衛門が九谷村の農民から買入れした「むつし」のことを記す。(26)

覚

辰正月
一、壱貫三百六拾五文　喜兵衛
此方ニむつし弐枚　大谷・水なし

同
一、七百五拾文　吉兵衛
此方ニ小こば口川原むつし取

同
一、三百文　庄右衛門
此方ニ小こば口川原むつし取

同
一、三百文　平兵衛
此方ニはへ上り口川原むつし取

同
一、五百文　九右衛門
此方ニはへ上り留原むつし取

同
一、弐貫四百六拾文　平兵衛
此方ニ中嶋たるみ谷むつし・大原川むつし取

同
一、八百六拾八文　宗兵衛
此方ニ東又むつし取

同
一、三斗三升八合ひへ　宗次郎
此方ニわき谷むつし取

同
一、四斗五升ひへ　丑右衛門
此方ニ小川原むつし取
同
一、五百弐拾文　平次郎
此方ニ京ねん原むつし取
同
一、七匁三分八厘　平次郎
此方ニ中又むつし取

右の外、「万手帳」から安右衛門が農民に貸銭（金銀）したものを第35表に示す。

第35表　九谷村安右衛門の貸銭

年代	村名	名前	借銭	担保
安永元年（1772）	真砂	仁右衛門	1,696文	
元年（1772）	真砂	助左衛門	2,819文	
天明8年（1788）	真砂	九郎右衛門	7,028文	
寛政元年（1789）	九谷	庄右衛門	2,570文	
元年（1789）	九谷	忠右衛門	1,796文	
2年（1790）	塔尾	源助	1両	
2年（1790）	塔尾	長次郎	2,000文	
3年（1791）	塔尾	源助	1,000文	
4年（1792）	小杉	与吉	2,225文	
4年（1792）	小杉	与右衛門	1分	
4年（1792）	小杉	与右衛門	2,071文	
4年（1792）	九谷	作兵衛	4,204文	仏壇，むつし
4年（1792）	九谷	源兵衛	11,910文	家
4年（1792）	九谷	甚兵衛	851文	山林
4年（1792）	九谷	与右衛門	220文	
4年（1792）	坂下	文兵衛	510文	
4年（1792）	清水	里右衛門	1,986文	麻畑
4年（1792）	清水	善六	1,500文	田
5年（1793）	九谷	庄右衛門	715文	
7年（1795）	九谷	弥右衛門	3,890文	
7年（1795）	坂下	次郎右衛門	2,408文	掛軸（73匁1分）
7年（1795）	九谷	宗次郎	2,517文	
7年（1795）	九谷	平吉	2,167文	
7年（1795）	小杉	与吉	稗1.5斗	（炭1表）
9年（1797）	河南	善右衛門	1,070文	
9年（1797）	九谷	仁右衛門	1,600文	

天明6年（1786）の「万手帳」（「阿知良家文書」）により作成．

第35表のごとく、安右衛門は高利貸を営み、借主から「むつし」・山林・麻畑・家・掛軸（如来様）・仏壇（上だん）などを担保に取り金銭を貸し付けした。貸付範囲は居村を越え、真砂《まなご》村から河南村まで及んでいた。安右衛門は村肝煎および打越勝光寺の道場主を務め、前期地主制の萌芽として山林（むつし）地主となった。このことは、奥山方に貨幣経済が浸透して農民階層が分解していたことを示すものだろう。

奥山方では日用品の炭・杪《ほえ》・薪などを生産し、藩（藩主・藩士）や町人に販売した。宝永元年（一七〇四）の「乍恐申上候」には炭の値段について次のように記す。[27]

乍恐申上候

一、私共在所炭を焼かせぎニ仕候付、御用炭幷御家中様方へ茂指上申候炭御直段之儀、当年茂堅炭拾〆目ニ付三匁、中堅炭拾〆目ニ付弐匁八分宛去年之御直段並ニ被為仰付可被下候、随分炭念ニ入無相滞指上可申候間、御慈悲を以被為聞召上ハ難有忝可奉存候、以上

宝永元年九月十六日

大土村・坂下村・九谷村・市谷村

上新保村・杉水村・荒谷村・今立村

〆八ケ村

御算用場

奥山方八ケ村は、藩使用の炭値段を昨年並（堅炭一〇貫目当たり三匁、中堅炭一〇貫目当たり二匁八分）に定めてほしいと算用場に願い出た。これに対し、算用場は会所からの指紙（希望値段を書いた紙）を参考にして炭値段を決定した。当時、藩士は農民との値段交渉を禁止されていたため、炭の希望値段を記した指紙を算用場に提出していた。その後、算用場は指紙を禁止し、一方的に炭値段を決定するようになった。天保頃の定書には「御算用場御直段立之義ハ古来ゟ御家中切之御定ニ而、御徒中ハ旧例ニ而御直段を以払候、割場・町方等ハ古来ゟ相対値段ニ而」とあり、[28] 割場（足軽）は町方と同様に民間の取引値段で炭・杪を購入していた。なお、文政四年（一八二一）の定書には「一、四十九院村・片谷村之炭、於御城下売買停止之事」とあり、[29] 四十九院・片谷両村は城下で炭を売買することを禁止されていた。明和六年（一七六九）の覚書には、杪の値段について次のように記す。[30]

一、九匁五分　荒　谷杪百束代

一、九匁弐分　山中谷杪同

一、八匁　　三　谷杪同

（中略）

右御家中炭・杪当年御直段如斯相極候条可被得其意候、以上
丑十一月廿六日　　　　　　　　　　　　　　算用場
溝口甚兵衛殿
山井理右衛門殿

荒谷（東谷）・山中谷（西谷）・三谷の村々では、杪を生産して藩や町人に販売した。正保三年（一六四六）の「江沼郡土地台帳」には、三地区の村々に「はへ山」「ほへ山」が存したことを記す。[31]杪代は、運搬賃（駄賃）が三地区で異なったため区々であった。奥山産の杪は、口山（前山）のそれに比べ長時間燃えたという。元禄頃の願書によれば、荒谷杪一〇〇束は七匁八分、山中谷杪一〇〇束は六匁四分、三谷杪一〇〇束は五匁八分三厘であった。[32]なお、明和六年（一七六九）の覚書には、堅炭一〇貫目が三匁四分、中堅炭一〇貫目が三匁であったことを記す。元禄七年（一六九四）の覚書には「一、炭・薪・煎茶他領へ出すもの御停止候」とあり、[33]炭・薪は米・塩・酒・茶などと共に早くから他領津出を禁止されていた。このように、九谷村は炭・杪などの生産地となっており、安右衛門は「むつし」と共に炭山・杪山・薪山などをも購入したものだろう。安右衛門家は「むつし」・山林などを買い集め、明治前期には「三歩あるけば阿知良家の土地を歩く」とまでいわれた山林地主に成長していた。

一　十村役の設置

（1）前掲『加賀藩史料・第壱編』一六三頁。「加能越里正由緒記」（金沢市立図書館蔵）には越中国を除く、利家・利長・利常三代における加能両国の御扶持人十村二四人の由緒を記す。
（2）『輪島市史・資料編第一巻』一三頁
（3）前掲『加賀藩農政史の研究・上巻』八八〜八九頁
（4）前掲『加賀藩史料・第壱編』一六三〜一六七頁
（5）『右同』一八一頁

(6)『右同』三三〇頁、三三二頁、三四三頁、三五五頁
(7)『右同』三七七頁、四六四頁および前掲『加賀藩史料・第弐編』二八五頁。
(8)『右同』四六五頁、七四七頁、八六〇頁。利長は慶長一九年(一六一四)に能登国宝達金山の山師五人に諸役を免じ、小屋木・炭木などの自由伐採を許可した(前掲『加賀藩史料・第弐編』一八九頁)。
(9)「御郡方旧記」(金沢市立図書館蔵)
(10)前掲『加賀藩史料・第壱編』九〇一頁
(11)「十村由緒」(金沢市立図書館蔵)。若林喜三郎氏は、十村が慶長八年(一六〇三)に創始した棟役銀を徴収する目的から置かれたと記す(前掲『加賀藩農政史の研究・上巻』一一三頁)。
(12)和島俊二「奥能登の初期十村」(草稿)
(13)前掲『加賀藩史料・第弐編』六二九～六四〇頁
(14)前掲「加能越里正由緒記」
(15)「右同」
(16)前掲『加賀藩史料・第壱編』八九六頁。十村大組化の理由について、「河合録」は「右十村之名目ニ不相成以前ゟ寛永頃迄之内、十ケ村程支配致ス者之内、病死或ハ不埒者等御指除之跡組ヲ、其近村向寄等御用立候十村之内江組寄ニ被仰付候、且新村も今之如ク村数多く支配致ス義ニ成候由」と記す(前掲『藩法集6・続金沢藩』七七八頁)。
(17)『右同』八九七頁
(18)野島二郎「加賀藩の十村制度について」(『日本歴史』第一六五号、五八頁)
(19)前掲「十村由緒」。鳳至郡粟蔵村彦丞は「慶長九甲辰ゟ御扶持人十村与名目被仰付相勤申候」と記すものの、これは扶持高を与えられた十村の意味合であろう(『輪島市史・資料編第一巻』一三頁)。
(20)前掲「御郡方旧記」
(21)前掲『加賀藩史料・第壱編』八九九頁
(22)前掲『加賀藩史料・第参編』三九三～三九四頁。御扶持人十村の創設について、「上田源助旧記」は「御郡方十村役之儀、慶長年中御取立御座候而、承応元年頭取之者御扶持人に被仰付(中略)、御扶持高之儀も御城中に而頂戴仕、御時服・御武具・御馬等之類度々拝領被仰付」と記す(前掲『加賀藩史料・第拾壱編』七頁)。

(23)「御改作始末聞書」(金沢市立図書館蔵)。同書は礪波郡の十村武部敏行が著したもので、別名を「農政記聞」(上巻四九条、下巻八六条、追加二一条)と称した。

(24)「右同」

(25)前掲「十村由緒」

(26)前掲『加賀藩史料・第参編』三九四頁

(27)前掲『加賀藩史料・第壱編』八九七頁。文書中には寛文元年(一六六一)山本清三郎ら四人を改作奉行に任命したことを記す。三代利常は改作草創期に臨時的に改作奉行を設け、郡奉行の所管であった農政業務を専任させたものの、改作法が一応成就した明暦二年(一六五六)に廃止した。五代綱紀は寛文元年に改作法施行後最初の危機(領内一斉の減免要求)に際し、山本清三郎ら農政のベテラン四人を選んで常置の改作奉行とし、「免相指引」などを専任させた。その後、改作奉行は十村・農民らの賞罰を一任され、郡奉行との職務分掌も明瞭に区別された。改作奉行は定員が四人で、元禄期に一〇人となって以後連綿し、算用場内に置かれた改作所で業務を遂行した。その増員は改作奉行の職務内容の拡大を意味し、製塩業務の御塩方、一般財務を管理した勝手方を兼帯し、大坂御銀裁許として現地に赴任する者もあった。彼らは禄高四〇〇~五〇〇石を受け、農民との接触が多かったので、天明期の高沢忠順、文政期の寺島蔵人のような改作法復古主義者で、上司と衝突して処罰された硬骨な人物が現れた。その後は文政期の関重秀、天保期の名越彦右衛門のような強行派タイプを経て、安政期の河合祐之のような柔軟派タイプが続いた。改作奉行は文政四年(一八二一)から天保一〇年(一八三九)まで十村と共に廃された。彼らは十村と共に改作体制の成立・維持につとめたものの、下からも上からも信頼されず、十村が彼らの手先として駆使された(前掲『加賀藩農政史の研究・下巻』四四〇~四四二頁)。

(28)「加越能等扶助人由来記」(金沢市立図書館蔵)

(29)前掲『加賀藩史料・第拾編』七七九~七八〇頁。御扶持人が不足した場合には平十村から選出された(前掲『加賀藩御定書・後編』四二七頁)。

(30)前掲「加能越里正由緒記」

(31)礪波郡中条村の十村又右衛門は、元和三年(一六一七)新開のため戸出村に引越を命じられた(前掲「十村由緒」)。

(32)「右同」

(33)前掲『加賀藩農政史考』九二~九四頁

(34) 前掲『加賀藩史料・第壱編』八九八頁
(35) 前掲『加賀藩御定書・後編』四六一頁。藩は時折、十村に由緒書を提出させた。
(36) 「越中諸代官勤方帳」(富山県立図書館蔵)には十村代官・山廻役の業務三二ケ条を、「能州代官十村勤方」(金沢市立図書館蔵)には山廻役が兼帯した製塩役職の業務数十条を記す。「能州十村等勤方」の内容は「能州代官十村勤方」に同じ。
(37) 前掲『加賀藩史料・第弐編』三六〜三七頁
(38) 前掲『加賀藩史料・第壱編』九〇〇頁
(39) 前掲『加賀藩史料・第拾壱編』九頁
(40) 『越中史料・第三巻』(名著出版社)六七頁
(41) 前掲『加賀藩史料・第拾壱編』一〇〜一一頁。「御郡典」には「一、長脇指不可帯候」とあり(前掲『加賀藩史料・第拾弐編』八一七頁)、文政二年(一八一九)頃十村は日常の帯刀が禁止されていた。
(42) 『右同』一一頁
(43) 前掲『加賀藩史料・第拾参編』八八頁
(44) 前掲『加賀藩史料・第拾五編』一二頁
(45) 松本藩では文久三年(一八六三)御用金四〇両で一代苗字、一〇〇両で帯刀、一〇〇〇両で子孫苗字を許可した(『講座日本歴史・近世2』岩波書店、二三八頁)。また、臼杵藩では慶応三年(一八六七)杉苗二六〇〇本を献上した農民に苗字を許可した(前掲『日本林制史資料・臼杵藩』二九〇頁)。
(46) 前掲「御郡方旧記」
(47) 「御扶持人十村等御礼人惣列名書」(金沢市立図書館蔵)。年頭御礼は、文政四年(一八二一)から天保一〇年(一八三九)までの十村廃止期にも継続された(前掲『加賀藩史料・第拾参編』九三頁)。
(48) 前掲『加賀藩史料・第四編』二一五頁。十村は病気の時、籠に乗って廻村した(前掲『加賀藩農政史考』一五頁)。
(49) 前掲『加賀藩史料・第壱編』八九八頁。五代綱紀は十村の扶持高世襲を認めたものの、不手際があればそれを没収した(前掲『加賀藩御定書・後編』四二七頁)。
(50) 前掲『越中史料・第二巻』九三頁、三〇六頁
(51) 『右同』三七二〜三七三頁

(52) 前掲『加賀藩御定書・後編』四九九頁
(53) 前掲『加賀藩史料・第壱編』八九九～九〇〇頁
(54) 前掲「加能越里正由緒書」
(55) 前掲『加賀藩農政史考』三五頁
(56) 前掲『改作所旧記・上編』一二頁。「理塵集」には「一、御国の侍は御改作以後は給人は百姓に不取合、百姓は給人へ不構に付」とあり（『近世地方経済史料・第七巻』吉川弘文館、二三三頁）、藩は給人と農民との貸借関係を禁止し、すべて十村を通じて行わせた。
(57) 定散同一の小物成には、澗役・鳥賊役・川原役・鳥役・室役・紺屋役・綿役・伝馬役・地子役などが存した。
(58) 前掲『加賀藩史料・第弐編』七六八頁
(59) 前掲『越中史料・第三巻』四九〇頁
(60) 前掲『加賀藩御定書・後編』四二二頁。享保一三年（一七二八）の蔭聞役誓詞（一条）には「一、私共儀影聞役被仰付奉畏候随分精を出し相勤可申候、依之同郡並他郡共御扶持人並平十村且又山廻り等此外十村等之忰手代諸百姓に到る迄、奉対御公儀御闇儀見聞仕候はば、親子兄弟知音たりとも不穏置御注進可申上候、取沙汰に而承り申趣段先申上候御事」と記す（米沢元健『加賀藩の十村制度』富山県郷土史会、三〇一頁）。
(61) 『輪島市史・資料編第一巻』一八頁
(62) 前掲『加賀藩農政史考』五三一頁
(63) 前掲『越中史料・第三巻』四八九頁
(64) 前掲『加賀藩農政史考』四四頁

二　山奉行の設置

(1) 前掲『日本林制史資料・金沢藩』四頁
(2) 前掲『加賀藩史料・第壱編』三五八頁。年代不詳（寛文期か）の「乍恐申上候」には「一、上様越中へ御入国被成廿九年之間御林被成、御山奉行鶴見彦介様ゟいままで少も相違申御事無御座候」と記す（前掲「藤井久征家文書」）。すなわち、鶴見彦介は天正一三年（一五八五）頃に山奉行に任命されていたことを記すものの、これも臨時的な山論の仲裁人を指すものだろう。

(3) 「北野区有文書」(東礪波郡城端町)
(4) 前掲『加賀藩史料・第弐編』八一九頁
(5) 前掲『日本林制史資料・金沢藩』四一二～四一三頁
(6) 『右同』二二四～二二八頁
(7) 前掲『加賀藩史料・第四編』三四七～三四八頁
(8) 前掲『日本林制史資料・金沢藩』一六〇～一六一頁
(9) 前掲『加賀藩史料・第五編』三六一頁
(10) 前掲『日本林制史資料・金沢藩』一八頁
(11) 『右同』三五頁
(12) 『右同』一六〇～一六一頁
(13) 『右同』五九～六〇頁
(14) 前掲『石川県林業史』一一三～一一四頁

三 山廻役の設置

(1) 前掲『日本林制史資料・金沢藩』二八頁
(2) 『右同』三五頁
(3) 前掲『改作所旧記・上編』三七頁
(4) 前掲『加賀藩史料・第五編』三六一～三六二頁。寛政三年(一七九一)頃の覚書には、石川・河北両郡で享保一一年(一七二六)に足軽山廻が二四人となっていたと記す(前掲「七木御格帳」)。
(5) 前掲『日本林制史資料・金沢藩』一七二～一七三頁
(6) 前掲『加賀藩農政史考』五五〇頁
(7) 日置謙編『加能郷土辞彙』(北国新聞社)九三一頁
(8) 『魚津市史』は、寛文五年(一六六五)に山廻役が設置されたと記す(『魚津市史・上巻』五九五頁)。
(9) 前掲『加賀藩農政史の研究・上巻』二七九頁

(10) 前掲『加賀藩史料・第五編』三六二頁

(11) 前掲『日本林制史調査資料・金沢藩六一号』

(12) 前掲『改作所旧記・下編』二九三頁、二九五頁、三〇五頁

(13) 清水隆久『近世北陸農業史』(農文協) 五三頁

(14) 『寝覚の螢』(石川県図書館協会) 二六~二七頁

(15) 前掲『越中史料・第二巻』四六二頁

(16) 『右同』四六二頁

(17) 「杉木文書」(富山県立図書館蔵)。新川郡泊村与三右衛門の由緒書にも「一、寛文七年ゟ親彦丞ニ山廻り被為仰付相勤申候処ニ、長病ニ罷成、天和弐年五月御赦免被為成」と記す(前掲「加能越里正由緒書」)。

(18) 『輪島市史・資料編第一巻』一一~三六頁

(19) 「河合録」には「奥郡ニ山方御用相勤ル山廻両人有り、是ハ貯用迄之土木御縮等を勤ル也」と記す(前掲『藩法集6・続金沢藩』七九五頁)。

(20) 前掲『日本林制史資料・金沢藩』二一一~二一三頁。黒羽藩の山奉行・山守も誓詞を藩に提出していた(前掲『日本林制史資料・黒羽藩』九〇~九一頁)。

(21) 前掲『日本林制史資料・仙台藩』一〇頁。秋田藩では江戸前期に御山守が(前掲『日本林制史資料・秋田藩』三九頁)、佐賀藩では江戸中期に大山留が(前掲『日本林制史資料・佐賀藩』三四六頁)、津藩では元和二年(一六一六)に百姓山廻二人が(前掲『日本林制史資料・津藩』一七五頁)、山口藩では江戸中期に臨時的に百姓山廻が置かれていた(前掲『日本林制史資料・山口藩』一五七頁)。秋田藩の御山守や津藩の百姓山廻は藩から扶持を受け、江戸後期に苗字・帯刀を許可されていた。

(22) 弘化二年(一八四五)河北郡太田村甚兵衛は平山廻を後退し、褒賞銀三枚を与えられ「山廻列」となった(前掲『日本林制史資料・金沢藩』四七六頁)。

(23) 『輪島市史・資料編第一巻』二四頁

(24) 前掲『改作所旧記・下編』二三四~二三五頁

(25) 前掲『越中史料・第三巻』四八九頁

(26) 前掲『加賀藩史料・第拾五編』一〇頁

(27)「十村等名書」(金沢市立図書館蔵)
(28)前掲『改作所旧記・中編』一八四頁
(29)前掲『改作所旧記・上編』三六頁
(30)前掲「七木ニ係ル文書類」
(31)前掲『藩法集6・続金沢藩』七九三頁
(32)前掲『日本林制史調査資料・金沢藩四八号』
(33)前掲『改作所旧記・中編』三〇二頁
(34)前掲『加賀藩史料・第拾壱編』九〜一〇頁。「河合録」には「一、御扶持人十村以下分役ニても、他国引合候刻ハ都て大小帯シ、苗字相名乗申例之事」と記す(前掲『藩法集6・続金沢藩』八三〇頁)。
(35)前掲『加賀藩史料・藩末編下巻』七九〇頁
(36)前掲『改作所旧記・上編』二二三〜二二四頁
(37)前掲「御郡方旧記」。十村・新田裁許・山廻役は、天明六年(一七八六)から足袋と下駄を履いて年頭御礼に出た(「同書」)。
(38)前掲『加賀藩史料・第壱編』八九九〜九〇〇頁
(39)前掲『日本林制史資料・金沢藩』一七九頁
(40)「宮永正平家文書」(小矢部市下川崎町)
(41)前掲『旧加賀藩田地割制度』四〇頁
(42)『輪島市史・資料編第一巻』一八頁
(43)前掲『日本林制史調査資料・金沢藩四六号』
(44)「米沢紋三郎文書」(下新川郡入善町)

四　奥山廻役の設置

(1)前掲『黒部奥山廻記録・越中資料集成12』六頁。黒部峡口に位置した大平・笹川・山崎・舟見など七ケ村には、慶安二年(一六四九)に越境者を取り締まるため鉄砲が下付された(『同書』一四八頁)。
(2)『右同』六頁

(3) 中島正文『北アルプスの史的研究』(桂書房) 一五頁
(4) 前掲『黒部奥山廻記録・越中資料集成12』一五四頁
(5) 『右同』七頁
(6) 藩は元祿一〇年(一六九七)頃から奥山廻役に意見を求め、本格的な国境絵図を作成した。ただ、その後は軍事上の理由から国境絵図が作成されなかったようだ(『右同』二〇六〜二一一頁)。
(7) 『右同』九頁
(8) 前掲『加賀藩御定書・後編』四七一頁
(9) 前掲「山廻役御用勤方覚帳」
(10) 前掲「米沢紋三郎文書」
(11) 「佐伯家文書」(富山県立図書館蔵)
(12) 元祿七年(一六九四)信濃国の農民は岩魚を密漁し、正徳二年(一七一二)同国の農民は針の木峠を越えて「野口山」で黒檜([木+鼠]《ねずこ》)を盗伐した。文化一三年(一八一六)にはぬくい谷で[木+鼠]製の「修羅」(大木を運ぶソリ)が、針木谷入口で賊小屋(三戸)が、同谷で賊小屋(二戸)および[木+鼠]板一五〇枚(長さ三尺〜六尺、幅五寸〜一尺三寸)が発見された(前掲『黒部奥山廻記録・越中資料集成12』三二一〜三三三頁、一六六〜二〇五頁)。
(13) 『右同』三五六〜三六二頁、三八三〜三八八頁
(14) 文化期(一八〇四〜一七)の杣人誓詞を次に記す(『右同』三一一頁)。

天罰起證文前書之事

今般奥山廻り被成、私共人足ニ被召連候ニ付、御境目筋并閑道暨山々之様子御林之躰、都而山内之儀他言仕間敷旨被仰渡、得其意候、仮令相尋候者御座候とも、他国他領之者江ハ勿論、親子兄弟たりとも、聊申聞セ間敷候、若右之趣於相背者、仏神之蒙御罰、未来永々浮世更ニ有御座間敷候、依而誓詞書付上之申候、以上

年号月日　　杣名前　判

相廻候役人両所

五　山廻役の業務

（1）前掲「宮永正平家文書」

（2）前掲「能州代官十村勤方」。加賀国河北・石川両郡の山廻役勤方については、天明三年（一七八三）の「河北郡山廻勤方書上申帳」（「洲崎喜久男家文書」、河北郡津幡町太田）や同年の「石川郡御用勤方書上申帳」（同上）が存す。洲崎家は後記の森田家（石川郡鶴来町本町）と共に、江戸中期から明治期に至るまで山廻役・蔭聞役を歴任した家柄であった。ちなみに、河北郡では文政三年（一八二〇）倉見村小坂半右衛門・淵上村近藤佐次右衛門・堅田村石黒新次郎・北中條村佐々木半七・太田村洲崎又右衛門の五人が山廻役を務めていた。次に、天明三年の「河北部山廻勤方書上申帳」を記す。

一、私共勤方之儀ハ、松山七木御縮方之儀ニ御座候得者、御郡之内人々廻口御定御座候間、相廻御縮方仕候時々より仲間申談同道仕候而、相廻申義も御座候、若松木盗伐申者御座候得者、捕其品々相改村方肝煎江預ケ置、早速御郡御奉行所江御断申上候、其外御用筋之義御奉行所被仰渡次第、罷出相勤申候、松山御縮之儀厳重ニ相守申候、御用罷出申候節ハ往来共御縮方心懸之通申候

一、御作事方御用材木松木為御伐被成時者、御郡御奉行御指紙を以被仰せ渡次第ニ其山江罷出、御指紙面之通ニ相渡申候

一、御郡村之橋松材木・用水松等御奉行所御指紙十村江御渡被成候得者、都而村方より私共江指出次第ニ罷出、木数・間尺見届極印打為伐相渡申候、此外火事家作松拝領松木等右同様ニ相渡申候

一、御家中江御拝領苗松、御郡御奉行所御指紙之通罷出相渡申候

一、御舞殿松御見立御役人御出之節罷出申候、御見分相済御こかセ之節是又罷出夫々見届こかセ申候

一、鳥構山枝下し申儀ハ、日限相極罷出見届申候

一、御寺并両末寺花松、御郡御奉行所御指紙相向次第罷出相渡申候

一、風折・立枯・雪折松等御座候節者、其山々江罷越相しらへ御注進申上候、御指図次第罷出為伐村方江預ケ置、追而御払之節御定書を以代銀取立帳指上申候、付札、風折等損木松御座候節ハ、其山持村々より断次第廻り口里山廻壱人・相見之者并山廻足軽中之内壱人、御役所御山方兼帯之者壱人都合四人罷出、見分之上為伐除其段被御達ニ仕、代銀毎年暮方村々より上納被仰付候事

一、往還並松并山往来ニ而も根返松・風折等仕候得者、早速罷出為伐除人馬往来之指支不申様ニ仕、跡より御注進申上候

一、御代官御蔵納之義ハ、百姓向次第御蔵所江罷出申候、付札、当時御蔵納之節罷出不申躰猶御詮議之事

一、堂形御役所弐日詰番順番を以相勤申候
一、宮腰御蔵封切相見ニも罷出申候
一、御上下之節御郡御奉行所御役附御紙面之通、其所々江罷出相勤申候
一、難船御座候得者被仰渡次第罷出相勤申候
一、御郡奉行御改作御奉行より御普請等、附役人被仰付候節罷出相勤申候
一、百姓御田地日蔭ニ罷成候松木蔭伐被仰付候節、罷出蔭伐御奉行御指図を請為伐、木数・間尺相改極印を打領心切ニ村肝煎・組合頭江預ケ置申候
一、御郡方砂除苗松被仰付候得者、御印紙之通り罷出相勤申候
一、山方松苗生立申候得者、随分相廻猥成義無御座候様ニ、持山村方肝煎・組合頭に申渡候
一、御城中御餝松・御門松幷御寺方御門松、御奉行より帳面を以被仰渡木数相改相渡申候
一、御家中江相渡申門松之義ハ、御割場江御郡御奉行所より人足御申遣、御割場より役方御指紙御渡被候間、口之木数相しらへ為伐金沢町端江為持集置、御郡御奉行所御指紙相向次第右御家中江相渡申候
右私共勤方之義被仰渡候ニ付、帳面ニ相調上之申候、以上

卯三月

堅田村伝右衛門
大衆免村弥右衛門
山廻兼役　鈴見村善　六
右同断　八田村作　兵　衛

小寺武兵衛殿
駒井宇右衛門殿

石川郡の山廻役勤方は河北郡のそれとほぼ同趣旨であったものの、「石川郡御用勤方書上申帳」の一条には「松山幷御林等御縮方」と、松山と共に御林の取り締まりを明記していた。この外、後者には実生小松の養成、松脂の採取、中宮山（御林山）の巡回、御用宿方の管理、肥料代の貸し付け、変死人の検視、新米の調査、松葉掻きの監視など、前者にみられない業務を記す。なお、嘉永五年（一八五二）の「石川郡御用勤方書上申扣」（前掲「森田武家文書」）には、御塔婆松の準備、八幡御藪の巡回、

損竹の払い下げ、七木売買（白山麓）の管理、宗門横目の御供など、天明三年の勤方内容にみられない業務を記す。

（3）「能州代官十村勤方」には、「一、山廻之者共内口郡者ハ毎年正月、奥郡者ハ御在国年之正月金沢へ罷出、於御算用場改作奉行受申渡罷帰申候」とあって、能登国奥郡の山廻役は藩主在国年に限って御算用場に出張した。これは奥郡が遠隔地であったためだろう。

（4）「能州代官十村勤方」には「上知分ニ者足軽山廻ハ罷出不申、百姓山廻之内出申相極候」とあって、鹿島半郡（旧長家領）でも山廻役が七木の伐採を行った。

（5）元禄一一年（一六九八）の覚書には「一、陰伐松、惣而田畠畔端より二間之内木為御伐可有之候」とあり（前掲『改作所旧記・中編』二〇四頁）、蔭木の伐採は田畑際二間以内に生立するものに限って許可された。

（6）「山廻役御用勤方覚帳」には「一、前々相勤候御用之内稀成儀ニ付、一作御用之分者指除申候」とあり、一時的な業務は除かれていた。

（7）「越中諸代官勤方帳」には「一、三郡御林山幷百姓持山若火事出来候節ハ、即刻組之十村懸付、尤御郡奉行江案内申達右奉行支配足軽・百姓山廻・組之十村・組口御扶持人同道、焼跡間数且又焼申諸木之員数相改」とあって、山廻役は御扶持人・十村と共に御林山および百姓持山の火事を消火指揮し、焼失間数・焼失木数などを見分け郡奉行に報告した。

（8）山廻役は郡奉行の指令を受け、温泉場の建設・銅の採掘・薬草の採取などを指揮した。

（9）「能州代官十村勤方」には「一、村々領之内ニ異死之者在之節ハ、御郡切其組十村方ゟ案内仕ニ付、罷出十村ニ相加見分仕趣、十村之連判書付御郡奉行へ出申候」とあって、山廻役は十村と共に変死者の検視に当たった。変死者が他国者の場合には塩詰にして村外れに埋めておき、その身内に連絡した。

（10）「能州代官十村勤方」には「鹿嶋郡御代官仕山廻百姓之内壱人奥郡御塩御用勤方」とあって、鹿島郡の山廻役一人は奥郡の製塩役職を兼帯した。

（11）前掲『日本林制史資料・金沢藩』五九頁

（12）『右同』三五四頁

（13）『右同』三五四頁

（14）「本岡三郎家文書」（金沢市元町）

六　村肝煎の活動

（1）前掲『加賀藩農政史考』一〇五頁

（2）前掲『藩法集6・続金沢藩』八四三～八四四頁。寛文一一年（一六七一）の起請文には、切支丹取り締まり・村況報告・村算用帳の作成・村民扶助・勧農などの村肝煎業務を記す（前掲『加賀藩史料・第四編』三三八頁）。

（3）『右同』八四三頁

（4）前掲『越中史料・第三巻』五四一頁。大聖寺藩の村肝煎は、寛政一一年（一七九九）頃から役米を蔵所で受け取るようになった（「七日市町区長文書」加賀市七日市町）。

（5）前掲『加賀藩史料・第四編』八五頁。若林喜三郎氏は、組合頭が一村を構成する小部落（垣内・隔地）となんらかの関係があることを記す（前掲『加賀藩農政史の研究・上巻』二五四頁）。

（6）前掲『加賀藩史料・第四編』八七頁

（7）『輪島市史・資料編第二巻』三三一～三三五頁

（8）「谷内家文書」（石川県立歴史博物館蔵）。「谷内家文書」には、「売山証文」（二八点）・「切高証文」（一〇点）・「漆山年季証文」（三点）・「酒造文書」（二二点）などが存す。

（9）「右同」

（10）「右同」

（11）弘化三年（一八四六）鳳至郡横地村の「面数制限定書」を次に示す（『輪島市史・資料第二巻』六三頁）。

覚

一、当村方百姓持来候御高弐百六拾八石七斗之内、昨年迄百姓三拾五軒ニ而所持仕候処、其内三右衛門与申者壱人無高水呑ニ而彼者兼而百姓面相願申候得共、昔古ゟ村方之定ニ而、百姓水呑ニ不限新面指出シ候義決而相成不申義ハ不申及、一統承知之通リ村方之義定ニ御座候得共、元来当村家数三拾六軒之内三右衛門壱人水呑ニ致置候義如何敷御座候ニ付、此度村方一統御示談村方御高之内草高壱斗四升七合右三右衛門ニ相譲リ、当年ゟ百姓ニ取立申候、依而村方百姓都合三拾六軒ニ相定候、以後前段之通リ相心得可被申候、且又此後村方弟・子供ニ至迄別家等致新面相願候而も、以後ハ右三拾六軒之外壱人も新面指出シ申義相成不申候、万一後々年ニ及び右三右衛門例を以新面相願申候とも毛頭聞届不申候、為後年一統示談之上前段相定申候ニ付、村方百姓一統印章仕候処、依テ如件

弘化三午六月

横地村肝煎 三郎太郎
同村役人 右衛門四郎

同村 惣百姓中

頭振三右衛門は草高壱斗四升七合（百姓面）を譲渡され、村方一統の合意をもって新百姓となった。

(12) 前掲「谷内家文書」
(13) 「右同」
(14) 「右同」
(15) 「右同」
(16) 「右同」
(17) 「右同」
(18) 「右同」
(19) 「右同」
(20) 「右同」
(21) 「右同」
(22) 「右同」
(23) 『加賀市史・資料編第一巻』一〇四～一〇五頁。正保三年（一六四六）の「江沼郡土地台帳」には九谷村の村高を一〇六石七斗三升、元祿一四年（一七〇一）の「大聖寺領高辻帳」にはそれを一三六石七斗三升（新田三〇石）と記す（『加賀市史料一』加賀市立図書館、一五頁、五三頁）。九谷村には蓮如の四男蓮誓が開創した「九谷坊」や、藩祖利治が殖産興業の一環として九谷焼を生産した「九谷窯」が存した。
(24) 『右同』一九〇頁
(25) 「生水町区長文書」（山中町立図書館蔵）
(26) 「阿知良家文書」（山中町立図書館蔵）
(27) 前掲『加賀市史料五』一五頁

（28）『右同』三四四頁。享保二〇年（一七三五）の覚書には「一、歩行《かち》組藤沢茂兵衛義、直下村忠四郎ゟ杪三百六拾五束買請、内百束代相渡、残る弐百六拾五束代皆済之砌指支」とあって、下級武士は安い三谷杪特に直下杪を購入していたようだ（『右同』三四七頁）。

（29）『右同』二九九頁

（30）『右同』三四五〜三四六頁

（31）前掲『加賀市史料一』二〜三八頁

（32）前掲『加賀市史料五』一五五〜一五六頁。三谷杪百束代「五匁八分三厘」は、人足七人分（一人分は米三升と銭三五文）として計算した（『右同』一五六頁）。

（33）『江沼郡誌』五五二頁。寛政一一年（一七九九）の「御法度御縮り覚」にも「一、奥山方取分越前境之村々、杪・くず炭等に至迄少茂他領へ出し不申様厳敷可申付候」とあり、その後も炭・杪の他領出しは禁止されていた（前掲「七日市町区長文書」）。速水融氏は和歌山藩尾鷲組における山林地主の形成過程について究明された（同氏『日本経済史への視角』東洋経済新報社、一六九〜二一五頁）。

第六章　大聖寺藩の林制

一　松山と雑木山

本題に入る前に、大聖寺藩の農政を一瞥しておこう。三代利常はかねてより自分の隠居および富山・大聖寺両支藩の創設を江戸幕府に願い出ており、寛永一六年（一六三九）六月二〇日にこれが許可された。これは利常の正室が徳川秀忠の娘で、光高の正室が徳川家光の養女であった関係から実現をみたものだろう。利常は四七歳の若さで小松に隠居し、加賀藩八〇万石を長子光高（四代藩主）に、富山藩一〇万石を二子利次（藩祖）に、大聖寺藩七万石を三子利治（藩祖）にそれぞれ分封した。ここに加賀藩は三藩分立の統治となった。本藩は、光高の八〇万石と利常の養老領二二万石とを合わせて一〇二万石となった。三藩分立は、外様大名最大の勢力分散を見せかけようとした苦肉の策であった。ただ、利常には両支藩に分封した石高が多すぎたという反省も存したようだ。

藩祖利治が得た七万石とは、江沼郡一三三ケ村分六万五七三一石五斗九升と、越中新川郡九ケ村分四三〇〇石余の合計であった。ただ、江沼郡那谷村は利常の養老領として除外された。万治三年（一六六〇）八月、二代利明は新川郡九ケ村（目川《めがわ》・吉原・上野《うわの》・入善・八幡・道市《どいち》・青木・椚山新《くぬぎやましん》・君島）と、能美郡六ケ村（馬場・島・串・日末・松崎・佐

第6図　大聖寺藩主略系図

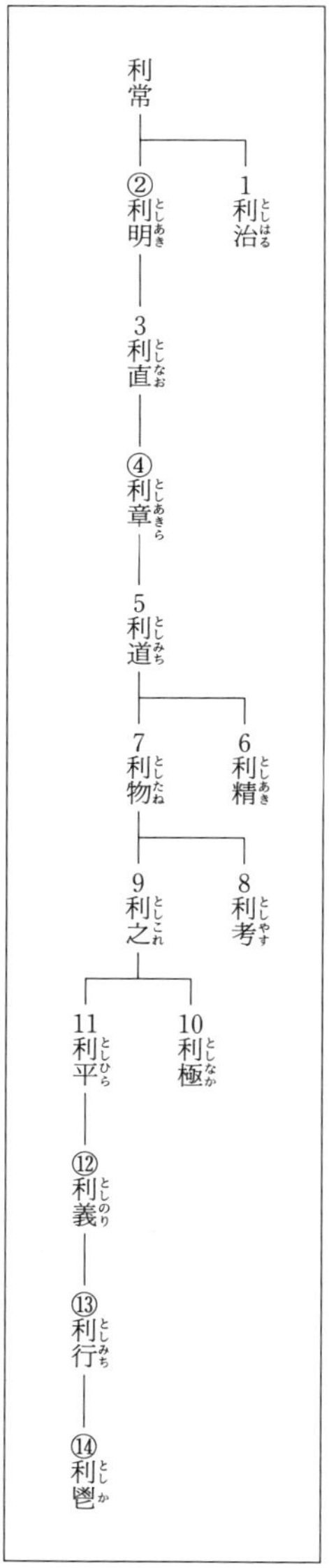

○は本藩からの養子を示す．

美＝四三〇二石一斗四升）とを交換した。つまり、藩領は江沼郡全域の外に能美郡六ケ村を加えたものとなった。六ケ村はのちに島から箕輪、串から串出・串茶屋、松崎から村松、佐美から浜佐美が分村し、一一ケ村となった。大聖寺藩は藩祖利治・二代利明によって基礎ができた。九代利之は、文政四年（一八二一）に新田一万石余と加賀藩からの蔵米二万石を加え、一〇万石とする旨を幕府に願い出て許可された。以後、大聖寺藩の石高（村数一四三村）は、廃藩置県に至るまで変化がなかった。

大聖寺藩の農政は本藩のそれを多く模倣したものの、整備された制度や機構は少なかった。それは藩の財政を管理した算用場（算用場奉行・勘定頭）を通じ、主に御郡所（郡奉行・改作奉行）が実施した。ただ、大聖寺藩は創設期から財政難が続いたため、郡奉行の権限が本藩に比べて強く、農政の重要事項は最高行政府の御用所（初め寄合所）で決定され、郡奉行が多く実施した。また、郡奉行は松奉行の業務を一部肩代わりした。元禄五年（一六九二）の定書によれば、郡奉行・改作奉行は勘定頭の指示を受け、十村・村肝煎を指揮し、農民と給人の隔絶、農民移動の取り締まり、農民奢侈の取り締まり、農民の農業出精、検地の実施、年貢の収納、用水・道橋の修理、隠田の取り締まり、新田開発の取り扱い、材木下付の取り扱い、郡打銀の取り扱い、作食米の取り扱いなどを行った。(1)

改作法は利常が慶安四年（一六五一）から明暦二年（一六五六）まで実施した財政政策（農政改革）で、窮乏化した給人（知行地を有する平侍）と農民の救済を主目的としていた。すなわち、これは農民が商人・町人から金銭を借りることを禁止し、必要な金銭を藩が直接貸与すること、毛見法（出来高に応じて税率を決めること）を止め一村平均免の定免法（豊凶に関係なく税率を決めること）を定めること、十村代官を配置すること、田地割を制度化することなどを要点としていた。大聖寺藩でも、加賀藩同様に改作法が実施された。郡方裁許人が万治元年（一六五八）頃に加賀藩に提出した伺書には次のように記す。(2)

去月廿二日御紙面到来令拝見候

一、大正持御領改作被仰付、百姓共忝がり御収納滞無之候得共、此以前御借物、かじけ百姓程多借り罷在候之故、成立不申候条、如当御領之御借物御用捨、上免被仰付可然旨、御郡裁許四人之者共書付、則入御披見申候

一、御領分最前上免被仰付、当御家中江者増免被下候得共、飛驒守殿御勝手茂難続、各別之儀に候条、御家頼へ増免不被下候而茂苦間敷儀に候、各被存通、是又相立御耳申候

一、去年従加賀守様大正持御領江御取替被成候米銀、当年被取立候得ば、上免茂不罷成由立御耳申候、右御紙面之通、委細加賀守様江申上候所、何茂尤に被思召候、併飛驒守殿御思案被聞召届、其上に而可被仰出旨に而、則生駒源五兵衛幷御用人松原頼母・猪俣助左衛門召寄申渡、飛驒守殿江三人之者共伺申候所、大正持御領分加賀守様被加御意、百姓も成立、別て忝被思召候、殊更上免永代之儀に候得者、如何様共可然様被仰付被下候様にと、御請被仰上候、然共四人書付之ごとく、此跡に御借物御赦免、幷去年加賀守様より御借被成候米銀取立被指延、上免之儀見積候而可相極旨、加賀守様御意候、此通可被仰渡候、為其以継飛脚申入候、以上

九月五日　　　　奥村因幡（以下二人略）

前田対馬様（以下六人略）
人々御中

藩祖利治は、万治元年頃に五代綱紀の了承を得て改作法を実施したようだ。『加賀藩農政史考』は「万治三年九月ち改作仰付、江沼郡」と記す。(3) 加賀藩では家中の奉祿についても増免したが、大聖寺藩では財政難を理由に増免しな

かった。大聖寺藩は本藩への返済金・米を延期し、ようやく改作法を実施した。その後、藩は本藩のアドバイスを受け改作法を施行したものの、不貫徹な面が多かった。(4)

林野の利用収益は川海藪沢のそれと同様に、少数の特定寺社と荘園領主の占有事例を除き、古代・中世を通じて「公私共に」が原則であった。つまり、林野は近世初頭に一変するまで大部分が無主の状態に放置されていた。これは江戸城の大改修工事をはじめ、全国各地の築城・町造りなどの過大な用材需要によって、この空前の建築ブームがほぼ一段落する寛文期までの六〇年間に、開発可能な森林資源の八割までが掠奪的な採取林業によって喪失した。また、農地開発にともなう林野面積の後退や需要の不均衡による財価の高騰は、右の山林事情に拍車をかけることになった。こうした状況の中で、幕藩は領内の山林に対する伐木規制を一段と強化するだけでなく、御林山・準藩有林などの設定に乗り出し、次第にその面積を拡大すると共に、一方「五木」「七木」などと称する禁木（留木）制を設けて有用樹の保護に努力し、その適用を百姓持山にまで拡大した。こうした林業政策は領内山林の財政化をめざすと共に、公共用材を含めた自家用材の保護と荒林に原因する洪水被害の軽減を計る意図も介在していた。

大聖寺藩の山林は、松山（松御山・御山）と呼ばれた藩有林と雑木山（百姓持山・百姓稼山）と呼ばれた民有林とに大別された。前者は主に城下を中心とした建築土木用材および罹災救済用材、後者は田畑肥料・家畜飼料および家屋材・薪炭材の供給地に利用された。加賀藩では、慶長年間（一五九六～一六一四）利常が改作法の前段階的な意図から「御林山」（藩有林）を設置した。大聖寺藩では加賀藩の藩有林を踏襲したものの、領内に松木が多く生立したため、それを「松山」と呼称したようだ。「加賀江沼志稿」には、「邦内ハ御山ナル故、松木ヲ大切ニセズ、故ニ松木不足スル也ト云リ。其事官府ヨリ尋玉フ。住昔山井甚右衛門知郡ノ時、邦内ノ松山ヲ不残松高山トシタル事有。其時邦内ノ土民松木ヲ切事芥ノゴトクス」と記す。(5) すなわち、藩は明暦四年（一六五八）頃に領内の松山をすべて「松高山」（百姓持山）としたものの、農民が松を伐り尽くしたため、再び藩有林に編入した。このことは、明暦四年以降に藩有林を「松山」と呼称したことを示す。松高山は本年貢同様に山高を請けた（反別なし）村中入会山のことであった。後述するが、農民は松が多く生立する雑木山を単に「松山」と呼ぶこともあった。松山は松が多く生立した山林を藩有林に指定したもので、時代によって変動した。この頃、藩には山奉行が置かれず、富山藩と同様に郡奉行が山林管理を行っていた。

「御算用場留書」の元祿一六年（一七〇三）九月二〇日条には「松山之分大小皆切ニ可被仰付候条、入札を以売払之趣被仰出候」とあり、[6]松山の立木は藩財政のため町人に売り払われた。文政期（一八一八～二九）の「江沼郡之内十八箇村松山凡歩数幷概略之図」によれば、大聖寺城下に近い大菅波・小菅波・作見・富塚・片山津・尾中・黒崎・深田・小塩・高尾・小塩辻・宮地・野田・塩浜・極楽寺・岡・敷地・山田など一八ケ村には松山が存し、その総歩数は六六万二八八〇歩、松総数は五万三〇七五本であった。[7]また、「加賀江沼志稿」には日谷村に山代谷・大陣ケ谷・小陣ケ谷・土山・馬坂・大谷・南谷・北谷・中北谷・エバラ谷・シド子・牛ケ谷・コウド・イノ谷などの松山と、城山・曾ウ谷・エメン谷・ボダ谷・コイチケ谷・口曲り宮谷・市ノ谷・一年ブシ・二年ブシ・十郎谷・江戸谷・ユ谷・二ノ谷・三ノ谷・清水谷・東股・中ノ股・三郎谷・ヲヲボラ・小ボラ・アケ原・蛇モクタキ・カサコ・コエンボ・トチノキなどの村持山が存したことを記す。[8]日谷村以外の山地名については、残念ながら松山と村持山の区別がみられない。前述のごとく、松山は時代によって場所が変動したため、その数を明確にすることはきわめて困難であるものの、多くの村々にそれが常設されていたようだ。松山には利用されなかったものもあって、藩士小原文英は江戸後期に滝ケ原・菩提・馬場・荒屋・湯上・戸津村など遠隔地の松山を百姓持山とすべき意見書を藩に提出した。[9]このように、大聖寺藩の松山は加賀藩の御林山と同様に、藩用材の保護と

第36表　大聖寺藩の松山歩数・松木数

村名	歩数	字数	松木数
大菅波	15.795歩	8字	1,240本
小菅波	14.738	4	1,999
作見	16.750	4	875
富塚	62.544	7	530
尾中	7.859	9	1,079
片山津	38.168	14	4,949
黒崎	84.452	13	9,212
高尾	56.383	22	5,690
深田	36.296	17	3,592
小塩辻	72.813	5	2,960
宮地	23.400	2	1,805
小塩	15.078	7	1,600
塩浜	25.082	17	
野田	2.768	4	255
極楽寺	89.790	10	7,892
岡	6.345	4	505
敷地	27.269	17	4,171
山田	67.350	19	4,721
	662.880		53,075

領内の公共事業用材の補充を最大目的としており、営利用材の確保をほとんど目的としていなかった。藩は松山への農民の立ち入りを禁止していたが、江戸中期に至って薪炭材や柴草の採取が次第に困難になると、期間を定めて松山の枯草・落葉・下草などの採取を農民に許可した。ついでに言えば、大聖寺藩は森林資源やそれを搬出する大聖寺川の水運に恵まれていたものの、加賀藩同様に他領材を移入し続け、それを経済的に利用するに至らなかった。なお、松山は檜・椹に比べて材質の劣る赤松が大部分を占めていたこと、赤松が領外への売木として不向きな樹種であったことから、その大半が藩用備林に属していたことを指摘したい。

大聖寺藩には「御藪」と称する藩有の竹藪が存した。山代御藪は領内第一の御藪であり、天保期（一八三〇～四四）には見定寺御藪（南北一七三間、東西七二間、西市御藪とも称す）・山王御藪（南北八四間、東西七六間）・立石御藪（南北一五〇間、東西三二間）・塩焇《えんしょう》御藪（南北一一四間、東西一一七間）・竜宮院御藪（南北一一七間、東西三六間）の五藪からなっていた。前者の三藪を「上藪」、後者の二藪を「下藪」と称した。山代御藪は、二代利明が寛文五年（一六六五）に孟宗竹・唐竹などを植栽したものという。[10]立石・塩焇・竜宮院御藪には番卒二人が置かれ（一〇年交代）、両人は毎年三月に銀二匁を支給された。山代村の大野屋文蔵は文政期（一八一八～二九）に竜宮院御藪の半分を畑に、小塩辻村の九代鹿野小四郎は御藪一〇〇石余を開田したという。[11]御藪の竹は建築用の外、竹刀・弓矢・鳥指竹などに利用された。風折・雪折などの損竹は藩士に払い下げられ、竹刀などに利用された。[12]

松山・御藪には厳しい取り締まりが行われた。寛政一一年（一七九九）の「御法度御締り覚」には次のように記す。[13]

一、松木盗剪候義堅御停止候条、人々子供ニ至迄厳敷申付置候、尤枝葉之義者不及申ニ、枯枝ニ而茂剪取申者有之候者、本人幷役人共急度曲事可被仰付候事

一　山代村御藪近辺之村々男女子供ニ至迄農業ニ罷出候節、竹幷竹子一本ニ而茂盗取不申様、常々厳敷可申渡候

松・竹の盗伐者は曲事（処罰）に仰せ付けられ、村役人にも類責が及んだ。天明四年（一七八四）の「秘要雑集」には「実性公御代寛文五年、日谷村の市右衛門といふ者、松の木盗剪候に付、吸坂にてはりつけの刑に被仰付」と

あり[14]、松山の松盗伐者は寛文期（一六六一〜七二）磔刑に処せられた。享保一〇年（一七二五）の定書には「一、山廻り横目盗松見付候者江、山代銀之外拾歩一盗人方ゟ取立、右見付候者江可遣事」とあり[15]、足軽山廻は盗伐人から山代銀の一〇分の一を取り、それを盗伐の発見者に渡した。その後、盗伐者は享保期（一七一六〜三五）から科料（罰金）だけを徴収されるようになった。「日記頭書」の文化一二年（一八一五）六月二八日条にも「一、松木盗取候もの科料銀儀ニ付、算用場・郡所・松奉行被申渡」と記す[16]。

藩は火事・洪水・地震などの罹災者に対し、家作用・店作用の松・杉・槻などを下付した。「日記頭書」の文政一三年（一八三〇）五月条には「一、永町荻生屋長右衛門方ゟ出火、類焼人多松木等被下」とあり[17]、大聖寺永町の火事罹災者は藩から松が支給された。直下村の火事罹災者（一一人）は安政四年（一八五七）松方役所から一戸に松二三本が下付された。もっとも、この松は天保九年（一八三八）同村が一時的に藩預けした村持の松高山（荒谷・ショワ谷）から伐採したものであった[18]。

百姓持山は一般に「雑木山」と呼称したものの、それは利用目的から「松高山」（松山）「はへ山」「杪山」「柴山」「草山」などとも呼んだ。松高山は松を中心に家作・道橋作用材を伐る山、はへ山は枚《ばいた》・薪・炭材を伐る山、杪山は杪を伐る山、柴山は柴を伐る山、草山は萱・笹・草などを刈る山のことであった。百姓持山は村が藩に山役を納めて利用権を得た山林のことで、共有地（入会山）または個人有地として利用された。入会山は毛上の需要が増大するにともない年々減退に向かったので、江戸中期に「山法」（村法）によって林野の採取に関する規制（採取期限・採取量・採取用具）が強化された。入会権は生活共同体としての「村」に帰属する権利であったので、個人の用益権は村の構成員であることを条件に承認された。ただ、この入会権の資格については、時代により地域によって、慣習と解釈を異にする場合が多かった。百姓持山を持たない浜方村落では、「請山」（年季有り）と称して山方村落から山林を借り受けた。次に、正保三年（一六四六）の「郷村高辻帳」から各村の松高山・はへ山・杪山・柴山・草山を抽出して第37表に示す。松高山は領内一三四ケ村（大聖寺町を含む）中の六五ケ村（四八・五％）に、はへ山は一〇ケ村（七・四％）

第37表　大聖寺藩の百姓持山種類

村名	松山	はへ山	杪山	柴山	草山	山役	村名	松山	はへ山	杪山	柴山	草山	山役	村名	松山	はへ山	杪山	柴山	草山	山役
宇谷	○			○		77.8匁	篠原	○					13.0匁	滝	○			○		56.4匁
滝ケ原			○	○		382.7	新保	○					2.7	中津原				○		51.8
菩提			○	○		114.5	柴山	○					64.8	四十九院			○			129.6
山本					○	4.3	潮津	○					86.4	塔尾	○			○		47.0
松山					○		片山津	○					121.0	橘					○	19.5
大分校	○					26.0	富塚	○					28.1	奥谷				○		123.2
小分校	○					27.2	黒瀬	○				○	129.6	長井	○				○	22.5
箱宮	○					122.0	荒木	○					19.5	塩屋	○				○	11.7
二ツ梨				○	○	141.4	河南	○			○		45.5	片野	○				○	43.4
荒屋	○			○		565.6	別所	○					41.4	黒崎	○				○	86.8
湯上	○			○		229.8	中田					○	22.5	上木	○				○	26.0
戸津					○	265.1	長谷田					○	77.8	下福田	○				○	64.5
林					○	141.4	上原					○	64.8	上福田	○				○	151.2
額見	○					56.2	土谷					○		右	○				○	121.0
那谷				○		243.0	山中	○			○		129.6	三ツ	○					21.0
柏野	○			○		45.4	下谷			○	○		13.0	荻生	○				○	5.3
須谷	○			○		10.7	菅谷			○	○		64.8	極楽寺	○				○	56.2
水田丸	○				○	38.9	栢野			○	○		18.0	深田	○					
小坂	○				○	43.2	風谷			○	○		8.7	橋立	○				○	108.0
横北					○	86.4	大内			○	○		6.5	小塩	○				○	49.7
二ツ屋	○						我谷		○	○			15.2	田尻	○					43.2
上野	○					13.2	枯淵		○	○			15.2	高尾	○				○	67.4
尾俣	○				○	21.6	片谷		○	○			15.2	敷地	○				○	86.4
桂谷	○				○	43.2	坂下		○	○			20.8	岡	○				○	32.4
山代	○				○	172.8	小杉		○	○			19.5	大聖寺	○				○	
大菅波	○					47.6	生水		○	○			17.0	熊坂	○			○		256.2
小菅波	○					41.1	九谷		○	○			20.8	細坪	○				○	77.8
作見	○					30.3	一谷		○	○			5.2	百々	○				○	
山田	○				○	60.5	西住			○			7.8	曽宇	○				○	413.3
尾中	○					5.2	杉水			○			13.4	直下	○	○			○	413.3
千崎	○					14.0	上新保			○			2.2	日谷	○	○				413.3
塩浜	○					129.6	大土		○	○			21.2	南郷	○				○	77.8
野田	○					21.6	今立		○				108.0	菅生					○	8.7
宮地	○					45.4	菅生谷	○			○		7.2							

正保３年（1646）の「郷村高辻帳」（『加賀市史料一』）により作成．なお，山役は天保15年（1844）の「加賀江沼志稿」（『加賀市史・資料編第一巻』）より抽出．

に、杪山は二二ケ村（一六・四%）に、柴山は二二ケ村（一六・四%）に、草山は四一ケ村（三〇・六%）に存した。山代・黒瀬・熊坂・橋立・伊切村の松高山には松茸が多く生えたので、藩は松茸採りのシーズン中、これを「留山」とした。はへ山・杪山・柴山は主に日常用燃料の供給地、草山は稲作肥料・家畜飼料の供給地として利用された。草山は江戸中期以降、油粕・干鰯《ほしか》・石灰など金肥の出現により減少した。奥山方では雑木山を昭和三〇年代まで焼畑地としても利用した。

直下村の松高山について、天保九年（一八三八）の「松木預け覚帳」には「巳午申の三ケ年の不作ニ付、丸山・ショワ谷・荒谷の松木伐り盗み候ニ付、一村寄合の上相談仕候処、此山の木を御上へ預け置くこそ宜しからんと異議なく纏りたり。此訳は後日河よけ普請・村の用木・橋木の為めなり。依って村協議通り松方御役所へ伐木禁止の儀願上候得者、願の通り御聞届け下され候間、是より後は松木壱本なりとも伐るものあらば、他人は云ふまでもなく村の人にても禁牢になるものなり。若し松木入用の時は願を上げて御聞届之上伐るものなり。願出には河普請又ハ用木など其扱ひ方を認めいだすこと、丸山・ショワ谷・荒谷山の地面は預け申さず故、土芝は何時打取りても迷惑を致すことなし。それ故丸山の山やく金拾九匁也、荒谷・ショワ谷山役金三拾七匁也、山役金二口〆五拾六匁是を家数五拾六軒割当する事、是を次役へ送るものなり」と記す[19]、直下村では天保の凶作により松高山（丸山・ショワ谷・荒谷）の松盗伐が続出したため、一村協議の結果、松高山を藩に預け置くことに意見が纏まった。そのため、村人は松入用時に藩の許可を得て、松山（藩有林）化した松高山から伐採することとなった。注目したいことは「丸山・ショワ谷・荒谷山の地面は預け申さず故、土芝は何時打取りても迷惑を致すことなし」と、村が地面を除いて毛上だけを藩に預けていたことだろう。このことは同村が山役を藩に上納していたことにより、松高山の土地所有権を強く意識していたことを示す。その後、同村では安政二年（一八五五）三月に松三八本（川普請材・橋材）と土芝二八〇〇枚を、同三年三月に松二三本（用材・橋材）と土芝二一〇〇枚を、同年一〇年に松五本（用材）を、同四年三月に松二四本（用材・橋材）と土芝二九〇〇枚を、同年七月に松二五三本（火災用木）を丸山・ショワ谷・荒谷から伐採していた[20]。ところで、同村は松高山を松山にする要求を松方役所に自発的に願い出たものの、一旦松山に編入されることになれば、その上木の自由伐採を禁止され、それを犯せば公的罰則が適用された。つまり、同村の農民は松山の規定を厳守することを義務づけられた。なお、この松高山は明治初期に官山となった後、地租改正時に村に返還された。

最後に、小物成についてみておこう。「加賀江沼志稿」には、林産物の小物成として山役・松役・松葉役・漆役・栗役・炭役・紙役など七種を記す。山役総額は銀七八九三・八一匁で、一ケ村の平均額は銀五八・九匁であった。多額負担の荒屋・曾宇・直下・日谷村などは、薪・杪などを大聖寺城下の藩士・町人らに販売していた。松役は吉崎（一〇匁）・横北（四匁）両村、松葉役は串村（六七・六匁）、漆役は下福田村（六匁）、栗役は下福田村（二匁）、炭役は我谷（七六・四匁）・大土（四八・六匁）・大内（四二匁）・風谷（四二匁）など九ケ村、紙役は川南（一〇〇匁）・上原（三四・七匁）・塚谷（三四・七匁）など五ケ村に課せられていた。[21]高沢裕一氏は「大内村は全戸が製炭業に従事し、もともと製炭のために入植した村であったように思われる」と記すものの、[22]大内・風谷両村は口留番所に炭を供給したので、炭役が同額であったものだろう。なお、山役の負担者は貢租・夫役のそれと同様に、高持百姓（本百姓・役家）に割当てられた。

二　七木制度の実施

加賀藩では、元和二年（一六一六）能登国で松・杉・檜・栂・栗・漆・槻の七種を七木（留木・禁木）とした。七木樹種は時代や地域によって区々であり、それは慶応三年（一八六七）に至って松・杉・檜・樫・槻・栂・唐竹の七種が加越能三ケ国共通の禁木となった。七木制度は改作体制の整備にともなって次第に強くなり、百姓の屋敷廻や田畑畦畔に生立する七木までも対象となった。これを垣根七木・畦畔七木と称した。横田照一氏は「大聖寺藩に於ては七木の制なく」と、[1]斉藤晃吉氏は「大聖寺藩には七木の制が元来なかった」と記すものの、大聖寺藩でも加賀藩・富山藩と同様に七木制度を施行した。大聖寺藩における「七木」の史料的初見は、今のところ享保一八年（一七三三）の「万年代記覚」であろう。それを次に示す。(2)

宝暦五歳亥ノ五月廿一日ニ御作事所より御奉行様御出被成候而、七木御改被成候

一、三本杉　　甚　八
内弐本宝暦七年九月十八日ニ御切被成候
一、四本け屋木　　彦右衛門
内弐本ミをい新長ニ入
一、壱本け屋木　　宗次郎
但シ、新長ニ入
一、壱本け屋木　　源太郎

一、四本杉　　藤次郎
一、拾本け屋木　　藤次郎
但シ、川ばたうろ木弐本として、内壱本大木御切ニ成候
一、弐本け屋木　　太右衛門
但シ、新長（帳）ニ入
一、壱本け屋木　　庄　助

惣〆弐拾六本
内七本杉、此内弐本切申候、残り五本也。拾九本け屋木、内壱本切申候、残り拾八本也。
惣〆五本杉木、惣〆十八本け屋木、七木〆弐拾三本御預り申候

すなわち、大聖寺藩では宝暦五年（一七五五）に松・杉・槻の三種が禁木となっていた。注目したいことは、七木改めが松奉行でなく作事奉行によって行われていたことだろう。作事奉行は百姓持山の七木を伐採する場合、それに応じた代金を持主（村）に支払っていた。また、享保二一年（一七三六）の「乍恐申上候」には次のように記す。(3)

乍恐申上候

一、私共在所引網猟仕ニ付、網之うけニ桐木入申候故、越前方ニ而買申候得共、急用之節間ニ合不申度々難義仕候、依之私共領之内桐木植そだて網之うけニ仕度奉存候間、御慈悲ヲ以被為仰付被下候ハバ、難有忝可奉存候、
以上

享保廿一年四月廿日
伊切村肝煎
治郎兵衛（印）
同村組合頭
茂右衛門（印）

十村
甚四郎殿

右之通相違無御座候、奉願候通被仰付可被下候、以上

甚　四　郎

前川弥右衛門様
木村四郎左衛門様

右は、伊切村肝煎・組合頭が浮子《うき》用の桐を村内で植栽したいと十村を通じて藩に願い出たものであった。この願書が藩から許可されたかは定かでないものの、伊切村の漁民はこれ以前、桐を越前国より購入して浮子に利用していた。このことは、桐が大聖寺藩で七木となったことを示す。寛政一一年（一七九九）作事奉行から我谷村肝煎宛に出された達書にも、桐が禁木となっていたことを記す(4)。さらに、宝暦七年（一七五七）郡奉行から目付十村宛に出された達書には「一、御郡中七木之義、人々随分心懸有之可申候事」とあり、大聖寺藩でも「七木制度」が施行されていたことを記す(5)。ともあれ、大聖寺藩では松・杉・槻・桐の四種と唐竹が七木に指定されていた。

文化二年（一八〇五）の「御法度書之事」には「一、松木御法度之儀常々被仰付得其意申候、然上者今度堅被仰付於以後松木青葉・古株等ニ至迄少も取申間敷候、若青葉少ニ而も取者於有之者、急度越度可仰付候」とあり(6)、藩は松山および雑木山の松を盗伐しないように村々に命じていた。ただ、この法度の末尾には「一、山縮之儀前文通申渡候得共、当寅の春ゟ別而相改申候間、以後者青葉持来候者見当り次第過銀として銀弐拾目宛当人より急度指出可申事」とあり、松の盗伐者は過銀二〇匁を科された。藩士は餝松が割場の杣人から渡されたものの、一般人はそれが認められなかった(7)。明治二年（一八六九）深田称名寺では実言院二十五回忌に際し、花松の代わりに栂の枝を使用していた(8)。七木の伐採はまったく許可されなかったのだろうか。「御算用場留書」の元祿一三年（一七〇〇）二月八日条には、「吸坂焼物師次郎兵衛又当年ゟ焼申度旨、依之黒瀬村領之内近辺ニ而松木弐棚買請申候様ニ願上、願之通被仰付其通

松奉行へも申渡ス」と記す。[9] すなわち、藩は陶工師（吸坂焼物師）が燃料用の松を黒瀬村から購入することを許可していた。いま一例、宝暦一三年（一七六三）の覚書を次に示す。[10]

覚

一、三拾目六分者　文封丁銀

右者山田村・敷地村領松山落シ枝、御境之通私共願上申ニ付被仰付、依之御定之通神木植松・境松・墓松・水除砂除堤之松指除可申候、五階七階残シ出来松壱本ニ而茂根剪仕間敷候、併松枝他領江出シ申間敷候、山仕廻之儀者当七月晦日切可仕候、自然八月江越申候者御定之通山御取上可被成候、尤山仕廻之節者御案内可申上候、御運上銀之儀者当七月廿日切急度取立指上可申候、若御定之内限相延候者弐割増一ケ月壱歩七之加御利足指上可申候、自然闕女（如）之儀御座候者為村中急度指上可申候、為後日証文如件

宝暦十三年三月

浜佐美村肝煎　吉三郎
伊切村同　治兵衛
笹原新村同　伊左衛門
十村　間兵衛

渡部安治様

右之通見届申処相違無御座候　以上

篠原新・伊切・浜佐美三ケ村の塩師は塩木の入手に困苦し、山田・敷地両村の松山に生立する松の下枝を銀三〇匁六分で落とさせてほしいと十村を通じて松奉行に願い出た。藩は松の伐採（根切り）を禁止したものの、五～七階を残した下枝を落とすことを許可した。このことは、右三ケ村が塩木（枯松葉を含む）を確保できなかったことを示す。加賀藩（石川郡・河北郡）では元祿六年（一六九三）から松の枝下ろしが許可されたので、これに準じた政策であった

といえるだろう。[11]ちなみに、松枝は松山を管理する村方に人足日用として三分の一が下付され、残りの三分の二が入札払いされた。藩は早くから領内の陶工師・塩師に対し松および松枝の使用を認めていたものの、江戸後期から村々に対しても松の伐採を比較的自由に許可した。[12]吉崎・那谷両村では松役一〇匁を藩に納入して雑木山の松を伐採した。藩は御用材・板類の多くを三国湊・宮腰湊から移入し、堀切湊（塩屋湊）から織部河道まで川船で運び、藩邸内の御材木蔵に備蓄した。[13]川上げ物資は、瀬越村の亭彦八の送り切手が必要であった。藩は古く領内の奥山方から木材を川流し、領内のみならず、領外にもそれを販売していた。小松京町の加登屋七右衛門は寛文四年（一六六四）領内の山中から松木三三本を伐採し、堀切湊から金沢城下に移出した。[14]この頃、川下げ材木は大聖寺城下の木呂場で陸揚げ・備蓄されていた。

三　地割制度と山割

大聖寺藩の地割がいつ施行されたかは明らかでない。二代利長は慶長一九年（一六一四）に江沼郡内で検地を実施しているので、[1]その頃「村請制」の成立にともなって地割も創始されたものだろう。また、万治元年（一六五八）頃には改作法が施行されたので、[2]これと前後して地割が制度化されたものだろう。ただ、それは加賀藩のように、改作法に先行して制度化されたものかは明らかでない。地割の史料的初見は、今のところ寛文五年（一六六五）江沼郡真砂村の「田地割野帳」であろう。[3]すなわち、同村では居屋敷と共に野畑・山畑を農民（一六人）の持高に応じて割替えた。これに次ぐものは、「御郡所筆記六」収載の元禄四年（一六九一）一〇月一〇日付の郡奉行から高尾村百姓中宛の「地割許可書」であろう。[4]

一、其村百姓共持高人々高下有之由、地割相願候ニ付則申付候、来年ノ耕作手つかへざる様ニ今年ゟ地割可仕候、

以上

元禄四年辛未年十月十日　　　　河崎六右衛門

高尾村百姓中　　　　池内　伝兵衛

これは、高尾村から十村を通じて郡奉行に提出された「地割願書」に対する許可書であった。大聖寺藩でも、加賀藩同様に一村単位で藩へ願い出る形式をもって地割が施行されていた。ただ、この末尾には「右元禄已来地割之義此外不相見へ、其後毎歳居引願のみ有之也」とあり、「地割願書」は元禄四年のもの以外にみえず、その後「居引願書」が毎年藩に提出されていた。つまり、元禄以降は「地割」に代わって「居引」が実施されていた。「御郡所筆記六」には、居引に関する次の三史料を記す。まず、享保一九年（一七三四）一二月の条には「一、居引願千崎・大畠・塩浜・笹原・田尻境目紛敷罷成候ニ付、来未春居引願書付を以十村ゟ相願、高米勘定頭へ相達、来春仕候様申付ル」とあり[5]、翌年に千崎・大畠・塩浜・笹原（篠原）・田尻村では勘定頭からの「居引許可書」を十村を通じて受け取り、居引を実施した。また、明和三年（一七六六）一二月の条には「居引願アリ」と記す[6]。次いで、明和六年（一七六九）八月の条にも「一、瀬越村ニ当年御高居引致候ニ付、居屋敷幷くろ等ニくぬぎ多有之、炭ニやき払度由相願、尤炭やき大杉谷之もの雇申度由ニ候へ共、当山方之もの相頼為焼候様申付ル、併山方ニ罷越がたく申候ハバ勝手次第ニ申渡候」とあり[7]、同年に瀬越村でも居引を実施した。いま一例、寛保元年（一七四一）荒谷村の「居引帳」（一冊）には次のように記す[8]。

右者居引御願申上候所、被仰付候ニ付、元文六年二月八日ゟ三月八日迠居引仕、相済申候所、持高田畠之分人別ニ割賦仕候場所請取申候、則此御帳面ニ御付立被成候所、相違無御座候、且又後々ニ至リ居引仕候義者、只今年子ニ極置候義者不仕候、末々ニ至リ居引仕度義御座候者、村中納得之上ヲ以御願可申上候、此度如斯相極申上候者、何角申分無御座候、為其連判如件

寛保元年酉八月九日　　　　忠兵衛（以下四二人略）

肝煎
七兵衛殿
与合頭
武右衛門殿
（与合頭二人略）

荒谷村では十村を通じて郡奉行から「居引許可書」を受け、元文六年（一七四一）二月八日から三月八日まで田畑を農民（四七人）の持高に応じて居引を実施した。すなわち、これは田地四〇〇歩（苗代二〇歩・下田二〇歩を含む）・畑地四一〇歩・屋敷地三〇〇歩（引地・屋敷地を含む）をそれぞれ一鬮一〇石として四〇鬮で割替えた不平等割であった。したがって、鬮は一人で二本を引く者もあれば、数人（二～四人）で一本を引く者も存した。なお、荒谷村では二〇石以上を所持する農民が三人で、一〇石前後を所有する者がほとんどであった。この末尾には「右居引仕リ人々持高割賦いたし候所、在所中被申候通手前共茂申分無之候、若田畠境之石弁さしき等間違申候儀出来いたし候者、右竿取・帳前召連罷出相唀埒明可申候」とあり、これは村型居引であった。右帳には次の定書三ケ条を付記す。(9)

検地竿（曲尺《かねじやく》）を七尺二寸と定め、帳前（一人）・竿取人（四人）は居村の者を雇うこと。

村高三九五石を四〇〇石として一鬮一〇石の四〇鬮で割替え、不足分の五石を銀で補うこと。

頭振の屋敷地として一五歩を割当てること。

藩は居引の実施にあまり干渉せず、おおむね農民の自治に任せていたので、検地竿も「村竿曲」と称して村々で異なっていた。また、加賀藩の算者・竿取人は不正防止のため他村の者が多く雇われていたが、大聖寺藩では居村の者も認められた。注目したいことは、右帳に「一、畠平わり・むつし之わり寛保弐年三月仕り、同三年正月廿二日帳面ニ書記、則人別ニ奥書判形有之候」とあり、居引の翌年には「畠平割」（二ケ所）と「むつし割」（引むつし一ケ所・鬮むつし六ケ所）が実施されていた。後述するように、荒谷村には「居引帳」と共に寛保四年（一七四四）の「山割帳」（一冊）が存し、居引の翌々年に山割も実施されていた。(10) 前述のごとく、居引とは実質的に地割であったが、松山藩では村高の一応固定した村において土地丈量（検地）をともなわず、田畑の石高のみを公平に査定した「居坪《いならし》」が実施されていたので、[11] もともと居引は検地をともなわない簡略化した地割であったかも知れない。『大漢和辞典』によると、[12] 居引の「居」は「い」「すえる」「すわる」と読み、「引」は「いん」「ひき」「びき」と読むから、「いびき」「すえびき」となろう。もっとも、「居」は歴史的に「い」と読む場合が多いので、「いびき」と読む方がよかろう。

「勘定頭覚書」収載の文化一三年（一八一六）二月の算用場から郡奉行宛の達書には次のように記す。[13]

近来村々地割之儀ニ付心得方悪敷相成、毎歳才許ゟ願指出候ニ付、遂詮儀抜出四五村を申付候得共、年々村数多願ヲ差出候事ニ相成、是ハ古代ゟ領分ニ無拠異変無之而ハ、願差出事不相成御停止之事候、子細ハ願等可差出と相極候村々ハ、其前年ゟ人々心得ヲ以田畠へ培等仕込迄不致相待居候所へ、其年も願不相叶候得ば、田畠共ニ培之仕込不致ヲ其儘ニ作付候故、不作ヲ致候元(基)意ト相成候、先以不怪事候、此儀ハ一統存居候事ニ候へ共、近頃別而風儀悪敷相成願さへ出し候得ハ、両三年之内ニハ願相叶事ニ相心得、田畠共ニ甚夕麁抹ニ相成躰相聞候、是以後地割之儀古来之通申付候、乍然川崩・山崩・其余領内異変之儀致出来候得ば、不依何時才許見分之上ニ候得バ、相願遂詮儀可申付候、是迄之通道等せばく相成、潟高かき方等も多在之、などと申立ニ而相願候而も此末不承届候、仍常々人々之持高大事ニ相心得、第一農業入情可致之旨可被申渡事

算用場

文化十三年子二月

山本澪左衛門殿

石原　与三八殿

追加

本文之通ニ候得共、異変等之外地割無之逼至《ひっし》之差支在之節ハ、其段奉行人ゟ願出候ハバ、得と遂穿鑿依其趣意承り届儀可在之事

藩では村々から郡奉行へ提出された「地割願書」中、毎年四、五通（村）を選んで許可書を与えてきたが、近頃では願書が増加する一途で、田畑耕作の大きな障害となっていた。元来、藩では割替期間を定めず、川欠・山崩などの

自然災害によって検地帳の高と実高とに差異が生じた場合にのみ許可してきたが、この頃右の理由以外でも願書を提出していた。これは、切高などに伴う地主・小作問題の多発から願書が増加したものだろう。右の達書には「居引」用語がみられず、その後再び「地割」用語に戻った感があろう。しかし、小塩辻村の十村鹿野虎作が著した「宗山遺稿」には「瑞竜院利長公の制として居引・鬮替法を励行して、地表平坦なる処必ず長割を施行す。郡内中央の村落は大略長割たるなり」とあり(14)、その後も「居引」用語が使用されていた。居引（長割）が二代利長によって江沼郡の中央部（平坦部）で施行されたとしているが、前述のごとく、これは元禄以降に使用された用語であり、「地割」「田地割」「田割」などの用語と併用された。元禄以降、地割から居引（簡略化した地割）に代わったのは、検地（土地丈量）が村にとって大きな経済的負担となったためであろう。しかし、その後の居引が実質的な地割であったことをみると、検地なしでは村落内の石高を公平に査定できず、農民の持高にも公平を欠いたため、再び検地を実施したものだろう。ともあれ、大聖寺藩では、その後も永く「居引」用語が使用されていた。

加賀市百々《どど》町には文化七年（一八一〇）の「田割帳」をはじめ、同年の「田割野帳」、文化三年（一八一六）の「屋敷ならし帳」、天保七年（一八三六）の「田割帳」などの比較的纏まった地割史料が存す(15)。文化七年の「田割野帳」によると、百々村では六尺七寸の検地竿で実測し、田地二万四八〇〇歩を「い割」（越高分六三・四歩を含む）「ろ割」「は割」の九鬮組に分割し、それを八番とならし（総地）に分け、農民の持高に応じて鬮引した。また、文化一三年（一八一六）の「屋敷ならし帳」によれば、同村では草高二〇五・三二石中、一八三石を八人の高持が占め、残り二二石をならし（総地）とした。屋敷割については石高制の関係上、屋敷地も石盛が公平でなければならなかったためで、実際に割替えたのではなく、持高と比較する程度のものであった。百々村では地割と同時に山林を割替えたが、社地・堤・村道・墓地などの公用地は総地として鬮地から除外した。いま、文化一三年の「屋敷ならし帳」と慶応三年（一八六七）の「御高人別御改帳」によって(16)、持高の移動を第38表に示す。第38表のように、百々村では持高に大きな変動がみられたが、これは「切高御仕法」に伴う小作層の自作農化が深く関係していた。村では地割の終了後、農

第38表　江沼郡百々村の持高移動

農民名	文化13年	慶応３年
惣右衛門	28石	20石
宇右衛門	28	19
市右衛門	25	7
伝右衛門	24	20
五郎兵衛	24	29
太右衛門	24	18
六右衛門	20	17
久左衛門	10	14
久次郎		18
清次郎		9
和助		9
清兵衛		8
久右衛門		5
七右衛門		5
重助		5
惣地		2
合計	183	205

民の耕作地の割地・字名を書き上げ、「万歩帳」を作成した。百々町には明治七年（一八七四）の「万歩帳」が存す。[17]

「宗山遺稿」には「瑞竜院利長公の制として居引・鬮替法を励行し」とあって、大聖寺藩でも鬮替制が施行されていた。牧野隆信氏は柴山村の地割に関する論文の中で、①田地のみ実施したこと、②割替期間が四年で短いこと、③田地の鬮組合帳を簡単に変更しないこと、④昭和二六年まで実施されていることなどの特色を指摘した。[18] これは地割の説明ではなく、柴山村民が「くじがえ」と称していたように、鬮替のそれであった。このことは、明治一九年（一八八六）江沼郡柴山村の「実施取調之義ニ付内願」によっても明らかであろう。それを左に記す。[19]

実施取調之義ニ付内願

今般御内儀ノ御旨趣ニヨリ当村地内実地ノ取調ヲナシ事実相違ノ有無開申可仕処、当村儀ハ旧来地割ノ習慣有之候得共、地租御改正ノ節夫々毎地ニ所有者ヲ定メ既ニ地券ヲ下附セラレシ上ハ、地券面ト実地ト齟齬スベキ儀無之筈之処、因襲ノ久シキ隠然旧慣ヲ墨守シ現ニ交換仕而已ナラズ為ニ実地毎筆ノ境界ヲ乱シ、或ハ田畑宅地山林原野ノ区分モ錯雑ニ渉リ総地ニ総変動ヲ来シ、修成ノ手続キ難運場合ニ付、今般地主一統熟議ヲ遂ケ各自ノ地所ヲ確定シ将来断ジテ交換セザルコトニ取極メ、更ニ毎筆ニ渉リ実地ヲ丈量シ番号順記帳字限リ絵図面及一筆限リ地価帳ニ至ル迄調整仕、予テ進達ノ分ト御引換ノ様仕度、尤モ既定ノ反別並地価トモ一村合計上ハ決シテ動カシ不申候間、甚恐入儀ニハ候得共、比際何卒特別ノ御詮議ヲ以テ御許容被成下度、尤御裁可ノ上ハ早々調査方着手仕度、比段伏テ奉内願候也（傍点筆者）

江沼郡柴山村
地主惣代　田中伝九郎（印）
（以下二一人略）

同所		焼場割		大平割		奥大平割		三ひらき割		大久保割	
当り鬮	を	当り鬮	わ	当り鬮	か	当り鬮	よ	当り鬮	た	当り鬮	れ
⑥	120	①	50	①	80	⑤	80	⑦	65	①	70
③	120	③	50	②	80	③	80	⑥	40	④	70
④	120	⑦	50	③	80	⑥	80	⑤	40	②	70
⑤	120	④	50	④	80	③	80	②	40	⑦	70
⑤	120	⑤	50	⑤	80			④	40		
⑦	120	②	50	⑥	80			③	40		
①	140	⑥	50	⑦	80			①	40		
	860		350		560		320		305		280

堂様割		地蔵谷割		かまや		同所		同所		同所	
当り鬮	そ	当り鬮	つ	当り鬮	ね	当り鬮	な	当り鬮	ら	当り鬮	む
⑥	50	⑤	28	④	100	③	100	①	80	④	50
①	50	②	50	②	100	④	100	②	80	③	50
⑤	50	⑥	50	①	100	⑦	100	⑥	80	⑦	50
④	50	④	50	③	100	⑥	100	⑤	80	②	50
②	50	⑤	50	④	100	②	100	④	80	⑤	50
③	60	③	50	⑤	100	⑤	100	③	80	⑥	50
		①	50	⑥	100	①	100	⑦	80	①	50
		⑦	60	⑦	100					①	50
										⑤	60
	310		388		800		700		560		460

石川縣令岩村高俊殿

すなわち、柴山村では明治一九年に最後の地割を実施した後も鬮替が継続されていた。つまり、同村では藩政期に遡って地割の中間（四年目）に鬮替が行われ、戦後まで継続された。これは同村が柴山潟端に位置し、同潟の排水口が土砂で閉塞したので、田地がしばしば水害に見舞われたためだろう。また、加賀市荻生町の古老によると、[20]荻生村では五年毎に鬮替を実施してきたが、農民は鬮替が近づくと耕作に精を出さず、田地が大変荒れたので、大正期に全村民（地主・小作人）申し合いの上で、総田地（苗代地一〇〇〇歩を除く）を一鬮三〇〇〇歩として一六鬮で割替えたという。

従来、大聖寺藩の山割に関する史料はみられず、それが施行されたか明らかではなかったが、前述のごとく、荒谷・百々両村では地割（居引）と共に山割が実施されていた。荒谷村には寛保四年（一七四四）の「山割帳」（一冊）が存し、その末尾には次のように記す。[21]

右者元文六年居引被仰付、田畠・むつし等ノ割則別札有之候、山ノ割之義者一度ニいたし候而者作方之勝手悪敷ニ付、在所中相談之上を以相延し、寛保三年三月九日ゟ同廿三日迠相済、則帳面ハ寛保四年二月御写被成候所、人々持山場所さかい等帳面之通相違無御座候、境祢ぢ木等も間違申間敷候、為其人々判形仕候所如件

寛保四年二月廿九日

忠兵衛（以下四二人略）

第39表　安政６年江沼郡荻生村の山割

字名	丸山東平		さんまい道下		がめ山		同所		堂場はた北平		山境割		笹山割		同所		うるし谷割		丸山西平割		堂平割	
番	当り鬮	い	当り鬮	ろ	当り鬮	は	当り鬮	に	当り鬮	ほ	当り鬮	へ	当り鬮	と	当り鬮	ち	当り鬮	り	当り鬮	ぬ	当り鬮	る
1	②	100	⑦	50	②	50	⑤	50	⑥	60	⑥	70	④	100	⑤	100	⑥	60	⑦	40	⑤	120
2	①	100	⑥	50	④	50	⑤	50	②	60	④	70	⑦	100	⑥	100	⑤	60	③	40	⑥	120
3	③	100	①	50	⑤	50	⑥	50	④	60	①	70	⑤	100	③	100	②	60	④	40	④	120
4	④	100	③	50	①	50	①	58	⑤	60	③	70	②	100	①	100	⑦	60	⑤	40	①	120
5	⑤	100	⑤	50	②	50			①	60	②	70	⑥	100	②	100	③	60	⑥	40	②	120
6	⑥	100	②	50	④	50			③	60	⑤	70	①	100	⑦	100	④	60	①	40	⑦	120
7	⑦	100	④	50	⑥	50			⑦	60	⑦	70	③	100	④	100	①	60	⑦	55	③	120
8			①	100															⑦	40		
9																			③	60		
合計		700		450		350		208		420		490		700		700		420		395		840

肝煎
七兵衛殿
与合頭
武右衛門殿
（与合頭二人略）

荒谷村では元文六年（一七四一）居引（田畑・むつし）と共に山割を実施したものの、山林が多く「一度ニいたし候而者作方之勝手悪敷」となったため、翌々年の寛保三年（一七四三）に実施された。この時、同村では入会山一ケ所を除く、草山（三割り）・山林（二割り）・山剝《さんばく》（八割り）などを農民の持高に応じてそれぞれ四〇鬮で割替え、「居引帳」とは別に「山割帳」を作成した。この末尾には「右小百姓中被申候通り私共持山等相違無御座候」とあって、同村では小百姓四四人が村肝煎・組合頭に願い出る方法で山割を実施した。草山・山林などの鬮は「村総持」の一本を除き、すべて数人（二〜八人）が組になって引いた。つまり、それは「親山」と呼ばれる組の代表者により鬮が引かれた後、再び組内で話し合いや鬮引きで分割された。右のごとく、荒谷村では山割が居引に付随して実施されていた。加賀藩・大聖寺藩の里方村落や浜方村落では、林野が田畑の付属地すなわち肥料用の採草地として取り扱われていたため、地割に付随して山割が実施されることが多かった。明治二一年（一八八八）の「山割鬮分帳」によれば、[22] 荒谷村では一鬮七・二町歩として四〇鬮で割替えているが、これは同村最後の山割で、居引に付随することなく単独で実施された。

第40表　江沼郡荻生村の持山歩数

農民数	歩数	農民数	歩数
仁左衛門	624	長右衛門	229
彦右衛門	496	与右衛門	222
小兵衛	486	清五郎	191
七兵衛	389	孫八	114
久右衛門	372	浅右衛門	95
清七	371	太右衛門	89
六左衛門	370	長蔵	85
長八	337	清助	77
九郎右衛門	335	久左衛門	73
間右衛門	287	弥左衛門	72
孫七	268		
合計			5,582

安政六年（一八五九）の「松高山地割帳」によると、[23]荻生村では丸山東平・さんまい道下・がめ山など二四字を農民の持高に応じて割替えた。いま、これを第39表に示す。割替方法は地割と同様で、山林二四字（二万一五六六歩）を基本的に一番から七番までに分け、これを農民の持高に応じて一五六鬮で割替えた。鬮は一人で数本ないし数人で一本を引く場合があり、鬮引後に個人へ割振られた。「松高山地割帳」には、安政六年以前に割替えられた山境（二四七歩）・大久保（九六七歩）・馬かくし（一一一八歩）・奥大平（九五八歩）・上割（六一〇歩）・鷹打場（七三三歩）・きつね馬場（四六〇歩）・がめ山（四八九歩）など八字（五五八二歩）の持山歩数を明記しているので、第40表に示す。なお、山境・大久保・奥大平・がめ山の四字は安政六年にも割替えられたが、山地歩数が異なるので、同一地ではなかった。これも持高に応じて割替えられた不平等割であった。同村では文久二年（一八六二）にも「増ケ谷平割」（一一二九歩）を実施していた。明治二一年（一八八八）の「江沼郡荻生邸山林見取全図」によれば、[24]同村では同年に最後の山割を実施した。

前述のごとく、江沼郡荒谷村では居引に付随して山割と共に「むつし割」を実施していたが、同じ奥山方の今立・大土両村でも地割に付随して山割と共に「むつし割」（薙畑割・山畑割）が実施されていた。安政六年（一八五九）の「惣山・山畑境改書」によれば、大土村では全村民三三人の同意をもって、杪山・山畑を村高九六石と見積り、一鬮八石の一二鬮で割替えていた。[25]「同書」には「一、古屋ノ大ら大道下覚右衛門替地」とあって、山畑は鬮引き後に交換されていた。鬮は杪山の牛山谷・東谷などと山畑の宇山・東谷・一ノ原・二ノ原などを除き、一二鬮に割替えられたものがなく、いくつかの山地を合せて作っていた。頭振は杪山割・山畑割が共に持高に応じた不平等割であったため、杪山・山畑の耕作権が認められず、高持百姓から山畑を請作し、日常の薪杪を惣山から採取していた。大内村では「むつし割」が明治中期まで継続されていた。まず、明治二六年（一八九三）の「一村約定証」を示す。[26]

一、むつし木切ることならず。

二、まいねんつくるはたけのくろ、ごけんどをりむつしにたてぎすることならず。

三、むつし草かること、宮本太三郎ぜきによむつしくさかることならず、谷口久与門あはら谷わるみぞより奥かるならず。

四、わり方高わり七分、屋わり三分。

右之こと壱年かぎり。

一条では焼畑用地の諸木伐採を禁止、二条では「むつし」周囲の道五間へ植林を禁止、三条では「むつし」の草刈を禁止、四条では高割七分と戸数割三分の併用割替などを定めていた。この村定は一ケ年のみの効力しかなかったことを付記するように、毎年初寄合で確認された。明治二七年の「壱村触約定証」によれば、同村では一五戸が高割七分と戸数割三分の併用で分割された。[27]このように、村の共有林は明治期の地租改正を契機に、これまでの濫伐の弊害もあって各戸に一層多く分割されるようになった。

大聖寺藩の浜方村落では「コツサ山割」と称し、村の松山を戸数に応じて分割して自家用燃料のコツサ（枯れた松葉）を掻いた。文化三年（一八〇六）橋立村の「御法度書之事」には、「毎年わけ山打割仕渡置候処、コツサ分け不申内、少々ニ而モ盗取申者於有之者、くらい銀与し而昼之内弐匁、夜中者五匁宛相極申候、急度相守可申候事」とあり、[28]橋立村では「分け山」と称して毎年「コツサ山割」を行っていた。片野・深田・田尻・黒崎村では、昭和三〇年代まで「コツサ山割」が継続された。黒崎村では、春の晴れた日、各戸が決められた入会山（田山・長山・逢坂山・谷田山など）に出て行き、雑木林を除く松山を鍬の柄で測量して五〇～六〇歩ほどの区画に分け、それを各戸が鬮《くじ》を引いて決めた。これを「役鍬」と呼んだ。各家は割当て区画で八〇束ほどのコツサを掻き、それを松山に積んで置き、秋に家まで運んだという。

四　植林政策の推進

大聖寺藩の植林も、加賀藩同様に山林植林・砂防植林・並木植林・川土居植林・荒地植林の五種類が存した。これらは早くから実施されたものの、砂防植林を除き、あまり盛んではなかった。山林植林は百姓持山の松山編入および七木制度の実施により、また並木・川土居・荒地植林は木苗の「土地不適」により、その成果は少なかった。ただ、砂防植林は農民が田畑・家屋などを飛砂から守るため、熱心に行われた。

第41表　大聖寺藩の砂防植林

年代	浜名	植樹名	間数	出典
元祿元年（1688）	片野浜	黒松	200間	『江沼郡誌』
明和３年（1766）	上木浜	黒松・合歓木	900	『石川県史・第参編』
天明６年（1786）	片野浜	黒松		『加賀市史料一』
寛政２年（1790）	上木浜	黒松・柳		『石川県史・第参編』
天保４年（1833）	塩屋浜	黒松・合歓木	180	「加賀江沼志稿」
４年（1833）	瀬越浜	黒松・合歓木	480	「加賀江沼志稿」
７年（1833）	伊切浜	黒松・合歓木	3600	「加賀江沼志稿」

山林植林

まず、山林植林についてみよう。「加賀江沼志稿」には「我邦内ニ往昔杉少シ。四十六七年已前山中火災二度有也。其時材木ノ乏敷ニ困窮ス。村中ノ土民材木無テ不叶ト、黒谷山薬師山ノ松木ヲ大節ニシ生成サセ、且杉ヲ植ルニ天狗モ沢山ニ往ベキ杉林トナルナリ」とあり(1)、山中村の農民は寛政期（一七八九～一八〇〇）百姓持山に杉苗を植栽して杉林を仕立てた。また、「宗山遺稿」には「一、那谷の山林に杉木を植え、年々その幾許たるかを知らず。同領は能美郡大杉谷に接し殆ど二里に延ぶ。此の山林の麓をして終に満栽して余地莫からしむ」とあり(2)、九代鹿野小四郎は江戸後期に那谷村の山林に杉苗を植栽した。この杉林は「小四郎山」と呼ばれ、加賀市分校町と小松市那谷町の境に現存す。右のように、山林植林は江戸後期に本格化したものの、松・杉などの七木が簡単に伐採できなかったため、あまり盛んではなかった。なお、藩は往還並木の幼木を折ったり、抜いたりした村に、「過怠植」として損害分の三倍の苗木を植栽させたという。

砂防植林

次に、砂防植林についてみよう。明和三年（一七六六）藩は御郡所から数百人の人夫を出し、上木浜に長さ九〇〇間（約一六〇〇メートル）の砂防垣を作って、その中に黒松苗・合歓木《ねむのき》などを植栽した。[3] また、寛政二年（一七九〇）にも御郡所から数百人の人夫を出し、黒松苗・柳などを植栽した。[4] さらに、「日記頭書」の天明六年（一七八六）三月二八日条には「一、片野村領分塩屋村領迄之間、砂除植木被仰付事」とあり、[5] 藩は同年に片野浜に黒松苗を植栽した。『江沼郡誌』には「延宝、元禄の頃（一七世紀後半）より、防風砂扞等の森林を造成し」と記すものの、[6] 本格的な砂防植林は江戸後期（一八世紀後半）からであったようだ。大聖寺藩の砂防植林を第41表に示す。なぜ砂防植林は江戸後期に至って本格化したのだろうか。「茇憩紀聞」には江戸後期の片野浜・上木浜の状況を次のように記す。[7]

昔は大池の上砂山と片野村前の山と、よほど隔りて、此の所に大池より流るゝ小川ありしとぞ。其の後年々砂押出し、川埋り流も絶え、中坂の下迄も池になり居たる由。依て今の掘抜御普請ありて、村前へ流る。御普請ありしは百五・六十年許以前の事と、片野ものいへり。又昔は今の砂山の所一円檜木林なりしに、或時木と木とすれ合ひ出火して、不残焼失すと云ふ。今長者屋敷の辺に、焼木と覚しき木根あり。又大池もめくらが池も、ひとつ池にありしに、砂押入り埋り、大池とめくらが池は入江にて埋り残りたると云。上木村の海手探き谷なり。昔は此の辺檜林なりしとぞ。其の後も此の谷は木々生い茂り、村の小童などは化物出づるとてゆかざりしと云ふ。今は一円砂押出し、いにしへの形はなし。

右のように、古く片野浜から上木浜までは檜林が広がっており、その中には大池（鴨池）から盲が池まで続く大きな池（周囲二キロ）が存したものの、檜林の焼失にともなう飛砂により入江の所で埋まった。その後、大きな池は飛砂により大池・盲が池などの五池に分かれ、特に大池の水は年々増加し溢れそうになった。延宝六年（一六七八）魚屋長兵衛は銀三貫八五〇目で掘抜工事（長さ八九間）を請負い、大池の水を勘定谷に流し出した。寛政六年（一七九四）の「御郡之覚抜書」には、大池から盲が池に向かって「小池」「ニゴリ池」「ダイバカ池」の三池が存したことを記す。[8] 今も黒松林の中には、地元の古老が「アンニャガ池」「アンサガ池」「ダイバ池」と呼ぶ三池が存す。

元禄一二年（一六九九）の「正保二年以前ゟ在之新村絵図ニ相見へ不申村々」には「一、中浜村。（上木村高之内）但出来之年数知不申候。親村ゟ西ノ方ニ当ル、道程拾弐丁七間」とあり、[9] 片野・塩屋両村の中間には中浜村または浜中村と称する上木の出村が存した。中浜村民は正保二年（一六四五）以前に越前国の三里浜から移住し、漁業と製塩業を中心に生活していたという。享保期（一七一六～三五）村周辺には檜林が存し、盲が池から流れ出る川水を利用して若干の田畑（二石二斗九升二合）を耕作したという。また、檜林の中には小高い山（標高約七三メートル）が存し、そこから小川も日本海へと流れ出していたともいう。同村では塩木に檜を伐採して当てたため、飛砂が激しくなり砂丘化が進み、天保年間（一八三〇～四四）に廃村となった。村民は廃村に際し、塩屋・瀬越・塩浜村に移住したという。上木村でも江戸後期に飛砂が激しくなり、延享元年（一七四四）には畑一町が、安永三年（一七七四）には田畑・家屋二一戸が砂に埋まった。特に、安永三年には二五〇間（約一四五〇メートル）にわたって最高八〇尺（約二四メートル）もの砂が押し出し、村民の一部は天高山の西南に移った（現上木出村）。村高九六〇石（一五〇戸）を有した同村は、天保一二年（一八四一）までの一〇〇年間に村高四六〇石（七〇戸）になったという。[10]

右のような状況の中で、藩は松山・松高山を問わず、本格的に砂防植林を行った。砂防植林を熱心に行ったのは、小塚藤十郎・鹿野小四郎・井斎長九郎・西埜長兵衛・西清次郎・吉野和平らであった。小塚藤十郎は藩に植物方の設置を建言し、文政七年（一八二四）に植物方奉行、翌年に松奉行となった。藤十郎は山野に出掛けて綿密に土質を調べ、長い年月をかけて伊切・篠原・片野・上木・瀬越・塩屋浜に黒松苗三五万本を植栽した。彼は檜を植栽現場に突き立てて人夫の監督を行ったため、檜の石突きを三度も取り換えたという。小塩辻の十村であった九代鹿野小四郎は殖産興業に熱心であり、天保七年（一八三六）と翌年に伊切・篠原浜六〇町歩に黒松苗を植栽した。小四郎は土を詰めた俵を砂の中に埋め込み、この俵の中に黒松苗を植栽したという。塩屋の村肝煎であった井斎長九郎は小塚藤十郎の良き協力者であり、天保四年（一八三三）から安政四年（一八五七）まで私財を投じて塩屋浜に黒松苗を植栽した。

上木の村肝煎であった西埜長兵衛、片野の村肝煎であった西清次郎、瀬越の村肝煎であった吉野和平も、私財を投じて上木・片野・瀬越浜に黒松苗を植栽した(11)。なお、瀬越の北前船主であった大家七三郎・角谷甚平は、吉野和平の砂防植林を援助した(12)。

植林方法は砂丘化した山野に砂防垣を築き、その中に合歓木・ニセアカシア・柳などを植えた後、黒松苗を植栽した。黒松苗の植栽が終了すれば、その場所に「鎌留」と書いた木札を建て、農民の立ち入りを禁止した。「救荒籾御蔵略記」には「一、籾御蔵廻り並木植候御詮儀ニ付、松奉行中江及示談男松弐百本越前表より買上、川ノ方・東之方二方江植ル」とあり(13)、黒松苗は越前国から多く購入していたようだ。黒松苗の多くは飛砂によって砂に埋まり、翌年には砂防垣の修理と共に黒松苗を補植せねばならなかった。また、成木になった黒松も松食虫のために枯れ、藩は松食虫の駆除を松山近くの村に命じた。享保一〇年(一七二五)藩は富塚・片山津・潮津村から人夫数百人を出させ、松山の松食虫を駆除したものの、人の手でする仕事であり、あまり効果がなかった(14)。

油桐の栽培

動橋川以南の村々では享保期以降、百姓持山および川土居・無地に多くの油桐苗・椨苗などが、領内各村では荒地・無地に茶苗・桑苗が、紙屋谷(長谷田・中田・上原・塚谷村)では荒地・無地に楮苗・三椏苗などが植栽された。まず、桐油・椨油の生産についてみよう。元祿七年(一六九四)算用場が三ケ浦(塩屋・瀬越・吉崎)肝煎・組合頭に宛てた定書には「一、雑穀并油之木実・たもの実等入津之節、仲瀬越村之方へ令案内、其上ヲ以川登相極可申候」とあり(15)、この頃大聖寺藩の油屋は油桐実・椨実を他領より購入し、それを大聖寺城下で桐油・椨油に製造して荏油と共に販売していた。注目したいことは、油桐実・椨実がまだ領内で本格的に栽培されていなかったことだろう。小浜藩(若狭国)では宝永年間(一七〇四〜一〇)出雲・石見・越前・但馬・丹後国から油桐実を購入し、若狭油として佐渡・江戸・尾張・大坂などに販売していた(16)。福井藩は寛文八年(一六六八)頃から条件付きで「油木実」の他領出しを許可していた。[17] つまり、大聖寺藩の油屋は越前国から油桐実・椨実を購入し、大聖寺城下で桐油・椨油を生産していたようだ。その後、一〇〇年以上も桐油・椨油に関する資料はみられない。文政四年（一八二一）算用場が塩屋浦番人中に宛てた定書には「一、木ノ実油・荏ノ油幷油木ノ実・たもの実・荏等他領出之節ハ、油種問屋送リ切手ニ御算用場横目付添印ヲ以相通可申事」とあり、[18] 大聖寺藩の油屋は桐油・椨油および油桐実・椨実を他領に販売していた。福井藩は小浜藩に比べ桐油の生産が遅く、延享年間（一七四四〜四七）松岡町に数戸の油屋が、寛政二年（一七九〇）城下に油問屋が設置された。[19] 福井藩では菜種油・綿実油が「御国不用之油」であったため、松岡町の油屋は同一二年（一八〇〇）藩の許可を得、種油を「沖出し」と称して三国湊で他国産の桐油・油桐実と交換した。「沖出し」は文化元年（一八〇四）に禁止されたものの、翌年から桐油一樽に口銭一匁を上納して継続された。つまり、大聖寺藩の油屋は桐油・椨油および油桐実・椨実などを、それらが津留品となっていた福井藩（三国湊）に販売したものだろう。なお、菜種油・荏油および菜種・荏などは渡廻船で上方に、駄送で小松に多く販売された。

大聖寺藩は油肝煎・油種問屋を設置し、桐油・椨油・菜種油・荏油・綿実油などの生産・販売を支配させた。油肝煎は主に桐油・椨油などの生産・販売を、油種問屋は菜種油・荏油・綿実油などの生産・販売を取り締まった。文政元年（一八一八）には平野屋五兵衛が油肝煎に、魚屋七郎右衛門が油種問屋に任命されており、町方・郡方に油屋が存した。郡方では天保期に小菅波（三匁）・森（一〇匁）・山代（一〇匁）・右（一〇匁）・山中（一〇匁）などの村に油屋が存し、桐油・椨油を生産していた。[20] 油屋荘左衛門は江戸中期に桐油・椨油の生産で財を成し、京都に出て和歌を学び、源直守と称する歌人になったという。[21] 江戸後期には油役銀が五四七匁六分二厘、油種問屋役銀が金一両であり、桐油の生産が最も多かった。[22] 桐油の値段は菜種油の「弐文下り」と定められており、[23] 嘉永二年（一八四九）には菜種油一樽（五貫目）が九五匁、桐油一樽が九一匁であった。[24] ちなみに、福井藩は一〇ケ年の平均値段をもって菜種油・桐油の値段を定め、[25] 天保九年（一八三八）菜種油一合が九〇文、桐油一合が八〇文であった。[26] 油棒は明和二年（一七六五）三五人全員が廃止されたものの、同五年（一七六八）五人が行商を許可された。彼らは享保二〇年（一七三五）にも全員が廃されており、その存在は油経済に大きく左右された。文化期（一八〇四〜一七）には小商札を持った町方の小商人が五〇八人存し、この内油鑑札を受けた油棒が五五人含まれていた[27]。郡方では天保期に小菅波（八匁）・片山津（八匁）・四丁町（四匁）などの村に油棒が存した[28]。

藩は享保期から山方の曾宇・直下・日谷村を中心に、上野・山代村などに油桐の植栽を奨励し、本格的に桐油の生産を行った[29]。『江沼郡誌』には「中古直下村の住民中、故ありて古来油桐樹を栽培せる越前国に移住せしものあり、後にその帰住せしこと旧記に散見するを以て、或は当時の移植に創まりしならんかと思はる」と記す[30]。また、高沢裕一氏は「油桐は古くから自然に生えていたものか、あるいは植栽されたのかについては、記録に徴すべきものが見当らないので何ともいえない」と記す[31]。小浜藩の伊藤正作（農学者）が天保一一年（一八四〇）に著した「農業蒙訓」によれば、油桐は栽培後六〜七年で実を結び、一二〜一三年頃から収穫が可能で、三〇〜四〇年が最盛期であった。なお、油桐は男木（雄木）と女木（雌木）が区別できず、男木の場合を想定して何本も植え付けなければならなかった[32]。越中国滑川・東岩瀬の商人三人は嘉永二年（一八四九）に「大聖寺桐油」を例に示し、能登国鹿島郡矢田組の村々に油桐の栽培を勧めた[33]。矢田組では同年から油桐を栽培したものの、その実を収穫したかは明確ではない。その頃、大聖寺藩は油桐実を年間五〇〇〇石ほど生産しており、それは明治五年（一八七二）足羽県（越前北部）の生産高三六五八石に比べても多かった。桐油は灯油をはじめ、雨合羽・雨傘・障子紙などの塗料となり、絞粕は田畑の肥料に、木材は下駄・箱などに利用された。桐油は菜種油を三分の一ほど混入し、塩を少し加えて灯油に用いたものの[34]、毒性が強く、食用にはならなかった。桐油は明治二〇年代に石油ランプが普及し、需要が激減した後、大正期に工業用の機械油・塗油・印刷インキなどに多く利用された[35]。その後は徐々に減少し、太平洋戦争後の昭和二六年に衰退した。

第42表　大聖寺藩の茶役

村名	茶役	村名	茶役
菅生	1.4匁	吉崎	1.1匁
敷地	11.9	塩屋	0.5
下川崎	0.4	瀬越	0.5
大菅波	7.9	右	6.5
作見	7.9	大聖寺	11.5
富塚	11.9	南郷	11.5
中代	1.4	黒瀬	2.7
加茂	1.4	荒木	3.6
西島	4.25	保賀	25.5
星戸	1.5	山代	29.4
上野	2.7	尾俣	1.4
二子塚	0.8	桂谷	1.4
森	2.1	別所	9.2
二ツ屋	1.4	中田	6.5
河原	1.4	長谷田	18.2
動橋	2.7	上原	2.7
小分校	5.3	塚谷	0.6
宇谷	5.3	山中	10.8
滝ケ原	2.7	菅谷	2.5
箱宮	7.9	荒谷	1.1
塩浜	6.6	新保	2.7
高塚	2.7	菅生谷	0.6
矢田	1.4	柏野	6.1
月津	6.6	須谷	0.9
額見	4.0	極楽寺	1.4
串	43.0	岡	0.9
下粟津	6.6	山田	11.9
二ツ梨	6.6	尾中	1.4
荒屋	4.0	高尾	5.1
湯上	4.0	片野	2.5
戸津	4.0	黒崎	5.4
林	5.3	橋立	2.7
日谷	1.4	小塩	4.0
直下	1.4	田尻	1.1
曾宇	1.4	大畠	1.3
百々	1.4	千崎	2.7
細坪	7.8	小塩辻	2.7
熊坂	11.8	片山津	18.4
奥谷	3.5	潮津	5.3
橘	2.7	野田	2.7
永井	11.4	宮地	2.7
篠原	2.7	柴山	2.7

「加賀江沼志稿」により作成．

茶の栽培

次に、茶の生産についてみよう。大聖寺藩では加賀藩・富山藩と共に、殖産興業の一環として領内で茶の栽培を行った。大聖寺藩では寛文期（一六六一～七二）二代利明が、富山藩では二代正浦《まさとし》が宇治からの茶実を購入し、それを村々に配分したという。宝永四年（一七〇七）の「耕稼春秋」には「石川郡・河北郡にハ茶園多く持て仕立商売する者ハなし。江沼郡・能美郡悪茶多く作りて売買有」とあり、[36] 江沼・能美両郡では粗悪な煎茶を生産し、金沢・小松・大聖寺・富山などに販売していた。この頃、生産地は江沼郡が中心で、能美郡では符津・矢崎・今江・八幡・若杉などの数ケ村に限られていた。[37] 明和五年（一七六八）江沼・能美両郡の茶生産量は一万六八〇〇斤（代銀一九貫二五〇匁）で、近江国は二万三七八五斤（代銀二九貫七三一匁）であった。[38] 次に、大聖寺藩の茶役を第42表に示す。茶役は領内一四三ケ村中の八四ケ村で課せられ、その総額が四五四・九五匁で、一村平均額が五・四匁であった。ちなみに、茶運上銀は文政期に六貫匁で、これは絹運上銀の七貫五〇〇匁に次ぐものであり、藩の重要な財源となっていた。串《くし》・山代・保賀・片山津・長谷田・敷地村は旅籠・茶屋用の茶を多く生産したので、茶役が高かった。「加賀江沼志稿」には山中茶・河南茶・直下茶が名茶として知られたことを記す。[39] ただ、直下村は茶役が僅か一・四匁、河南村は茶役が〇匁であり、いささか信憑性に欠けるものだろう。注目したいことは、表中に「打越」の村名がみられないことだろう。ついでに言えば、打越村は正徳二年（一七一二）以前も茶役の賦課がみられなかった。

茶生産は天保期の価格急落にともない一時的に減少したため、茶商人が製茶技術の導入に努めた。茶商寺井屋長右衛門（大聖寺町）は弘化元年（一八四四）宇治から茶師清吉・吉平らを招き、領内の農民に焙炉法を伝授させた。この時、打越村の農民は吉平から宇治茶の製造法を熱心に学び、やがて領内第一の生産地を成立させた。藩士東方蒙斎・芝山は嘉永五年（一八五二）信楽から茶師磯五郎を招き、農民・藩士・僧侶らに製茶法を伝授させた。藩は安政六年（一八五九）茶商矢田屋清三郎・同大和屋宗三郎らの建議を入れて矢田村に製茶場を建設し、茶を福井藩の産物方に依頼し長崎に移出した。産物方は明治元年（一八六八）茶の栽培を奨励し、大和屋宗三郎を神戸港に派遣し輸出茶の販路を拡大させた。[40]

藩は茶の流通・価格統制、口銭徴収、洩茶の取り締まりなどを目的に茶問屋と下問屋を設置した。茶問屋は天和二年（一六八二）に金沢町人の香林坊源兵衛・高岡屋太右衛門が、貞享三年（一六八六）に庄村平右衛門・小松町人の茶屋三郎右衛門が、元禄一一年（一六九八）に串村甚四郎が、文化一〇年（一八一三）に串村甚四郎・田中屋十左衛門・吉田屋伝右衛門（茶頭取）が、同一四年（一八一七）に串村甚五郎が任命された。また、下問屋は天和二年に串・作見・大聖寺の住民が、元禄一一年に村松村三郎右衛門・大和屋七右衛門が、文化一四年に羽織屋半兵衛が任命された。大和屋七右衛門は上口（越前方面）を、村松村三郎右衛門は下口（能美方面）の串川筋を、甚四郎家の番人は浜道・山道などを通過する茶を監視し、七右衛門・三郎右衛門両人は甚四郎から年に銭二貫文を得た。なお、橘茶屋八兵衛は正徳二年（一七一二）頃に茶横目を努め、橘口留番所を通過する茶を監視していた。吉田屋伝右衛門・矢田屋清右衛門・二見屋忠助・荒屋村甚右衛門・高塚村与三四郎・月津村惣四郎らの茶商人は小松の茶商二五人と共に、茶問屋から焼印札を受けて茶の購入・販売を行った。[41] 甚四郎は毎年二月に口銭を清算し、三分の二を藩に上納、残り三分の一を収得していた。安永八年（一七七九）には六一五匁（上納分一二三〇匁）を、文化九年（一八一二）には一三六貫九七一文（上納分二七三貫九四二文）を収得していた。[42]

藩は文化一〇年に茶問屋の独占体制を廃し、田中屋十左衛門を茶問屋に、吉田屋伝右衛門を茶頭取に任命した。独占体制の廃止理由は明確でないものの、茶の津出が増加したためであろう。しかし、この三人体制は十分な機能を発揮できず、四年後に廃された。藩は同一四年に再び甚五郎の独占体制に戻し、新たに羽織屋半兵衛を下問屋に任命した。[43]つまり、茶問屋は再び町奉行から郡奉行の支配に移った。羽織屋は川下げ茶の送り切手を発行し、茶の津出を監視した。

元禄一一年（一六九八）算用場が串村甚四郎に発した条目には茶問屋の主要業務を記す。[44]すなわち、この条目は串村・大聖寺町に茶問屋を置いてもよいこと（二条）、他領から茶商人を招き過ぎて売主に迷惑をかけないこと（三条）、農民が茶代金を前借する場合、他買人と話し合い暫定的に行うこと（四条）、茶を持参する農民を平等に扱うこと（五条）、農民が茶問屋・茶商人に売る茶一斤に口銭二文を課すこと（六条）、他領出し茶一斤に口銭三文を課すこと（七条）、他領の茶商人が直買する茶一斤に口銭三文を課すこと（九条）、口銭二文宛を藩に上納し、一文宛を茶問屋の取分とすること（一〇条）、武士・町人・農民らの私用茶に口銭を課さないこと（一一条）、一番茶（五月末まで）一斤を三〇〇目、二番茶（六月一日より）一斤を四〇〇目とすること（一二条）、他領の茶商人を依怙贔屓しないこと（一三条）、関所が上口を、串村茶問屋が下口を、茶問屋番人が脇道・浦方などを通過するなどを改めること（一四条）、店売り・競売りに口銭を課すこと（一五条）などを定めていた。なお、領民は天保二年（一八三一）に能美郡福島村で無許可の茶を売り、加賀藩の茶問屋下役人から厳重な注意を受けた。彼は本来ならば品物をすべて取り揚げられ、罰せられるところであったが、他領者であったため特に許された。[45]

茶苗は幅一・五メートルほどの畝に深さ二〇センチの溝を掘り、熟して落ちた茶実を植えて育成された。二年目の春、熊手で雑草を取り、土を少し掘り上げ根をすかし、乾いた土を入れて根を活性化させた。三年目・四年目にも雑草を取り、夏季・秋季に肥料を施し、五年目の春に新芽を摘んだ。五年目・六年目の一番摘み後に茶木を二〇～二五センチの高さで水平に刈込み、下枝の発育を促した。七年目にはそれを丸く刈込み、一〇年目に四〇～五〇センチの成木となった。二〇年を経たものは根元近くで切り、新芽を吹かせて仕立て直した。茶摘みは五月上旬（春茶・一番摘み）と七月上旬（秋茶・二番摘み）に行われた。茶は江戸中期にはまだ高価な飲みもので、神仏および先祖の命日に供えられていた。(46)

桑の栽培

続いて、絹の生産についてみよう。天明九年（一七八九）の「絹布重宝記」には「小松・大聖寺などとて所々より出る中に、城が端といふ所より出る絹、至而鹿品なり」とあり、(47)加賀絹は江戸後期に小松・大聖寺・城端を中心とする地域で生産されていた。これは「羽二重」と呼ばれた織物に属し、全体として町方織物という色彩が強く、絹屋と呼ばれた織元により糸問屋から購入した生糸を用いて製織された。絹屋は天和三年（一六八三）小松に二八〇戸、元禄六年（一六九三）城端に一八二戸存した。城端には絹屋の外に、絹手間（一〇〇戸）・糸手間（四二戸）・糸絹仲人（一〇戸）・絹仕入（一四戸）などが存し、機織り・糸繰りの下請業が発達していた。生糸は城端・福光・五箇山・八尾・上市・滑川などをはじめ、能登・加賀・越前国から購入された。

大聖寺藩ではいつ頃製絹業が始まったのだろうか。餅屋善六は、元禄年間（一六八八～一七〇三）荻生村で「竹の浦絹」を織っていた女工（元西陣織）が庄村に嫁入りしたのを機に村内の婦女を自家に集めて製絹業を始めたという。(48)善六の子孫彦八は正徳年間（一七一一～一五）八代利章の命により絹肝煎となり、絹の生産・集荷・販売などを取り締まった。彦八の子孫彦九郎・彦右衛門・仁左衛門・彦吉らも絹肝煎を世襲した。京屋茂左衛門は餅屋太郎左衛門の子三四郎を養子に迎え、絹屋を営んでいた。三四郎は正徳一揆の時に一揆勢の農民を軽視して怒りをかったため、酒を振る舞って謝罪した。また、茶問屋の串村甚四郎は絹屋を営み、不当に茶口銭を徴収したため、一揆勢の農民から襲撃された[49]。沢屋仁左衛門は延享年間（一七四四〜四七）庄村から大聖寺城下に移住し、下級武士の婦女の内職より製絹業を始めたという。沢屋仁左衛門は福田町の東側に居住し絹頭役となり、大聖寺城下の絹を検査し京都に販売した。仁左衛門の子孫市右衛門（二代）・市右衛門（三代）・伊右衛門（四代）・市右衛門（五代）・伊右衛門（六代）は絹頭役を世襲し、絹一疋に口銭一厘、糸一〇〇〇匁に口銭一厘を得た[50]。吉田伝右衛門は享保一七年（一七三二）に絹屋を営み、糸問屋から春子（春蚕）・夏子（夏蚕）を購入していた[51]。庄絹・大聖寺絹は村々や下級武士の婦女を用いて、工場制手工業の形態で生産された。

庄絹は「コズハ絹」と、大聖寺絹は「御内儀絹」と呼ばれたが、大聖寺城下では庄絹を軽視して「田圃絹」と呼んだ。庄絹・大聖寺絹には重目・中目・撰糸・コブシなどの種類があった[52]。この外、領内には「御国八丈」とよばれた八丈や「ヌキ紬」（九谷村）と呼ばれた紬があった。庄絹・大聖寺絹の生産量は文政年間に二万五〇〇〇疋、天保年間に二万疋、安政年間に四万疋、慶応年間に二万疋、明治三年（一八七〇）に一万疋が生産された[53]。丸糸裁許役は庄産の生糸を、糸縮役は大聖寺産のそれを取り締まった。彼らは不良糸の他領販売および他領糸の購入を監視し、販売糸一把（二〇〇匁）に口銭二分を課した。なお、糸問屋には文政二年（一八一九）に北川屋九郎兵衛、慶応元年（一八六五）に作見屋休兵衛・糀屋重次郎が任命されていた[54]。庄絹・大聖寺絹は絹問屋に集められた後、絹肝煎・絹頭役の検印を受け絹荷持により京都絹問屋に主に馬で運ばれた。京都絹問屋は享保一〇年（一七二五）頃に吉野屋次右衛門・糸屋長右衛門・一文字屋庄右衛門・伊勢屋清右衛門・糸屋十右衛門が、宝暦一二年（一七六二）頃に一文字屋庄右衛門・糸屋長左衛門・糸屋助次郎・日野屋吉右衛門が存した[55]。一文字屋は古くから庄絹・大聖寺絹の外に、小松絹・城端絹・井波絹なども取り扱っていた。糸屋は大聖寺藩と最も密接な関係にあり、長左衛門家を北糸、助次郎家を南糸と呼んだ。彼らは藩命により絹市場を独占的に支配し、資力と染色技術を背景に絹業界に君臨した。絹問屋は安政二年（一八五五）に一四人となったという。絹荷持は江戸後期に月三回（一日・一〇日・二〇日）絹を京都に運び、約三〇〇〇両を売上げたという。

庄村は江戸後期に里方・浜方の村々から、大聖寺町は山方・奥山方および越前国府中・越中国八尾・白山麓などから生糸を購入した。生糸は浜方のものに比べ、山方のものが良質であった。また、これは春蚕糸（春蚕）・晩蚕糸（晩蚕）の二種があって、春蚕糸の方が良質であった。菅谷・下谷村では山繭（天然繭）から作る山蚕糸を、新保・佐美村では玉繭から作る真綿を、串・中津原村では産卵紙を生産していた[56]。桑苗は三年ほど苗畑で育成した後、畑地・荒地・無地などに六尺間隔で多く移植された。桑苗は四年目から摘葉が可能であったが、これまでに藤蔓・雑草・雑木などに負けて枯死するものもあった。農民は枯枝の剪定や桑畑打ち（土中に雑草を入れる）などを行い、桑苗に巻きつく藤蔓や周囲の雑草・雑木を鎌や鉈で切った。九代鹿野小四郎は下粟津・嶋・矢田野・矢田・月津・串・二ツ梨・箱宮・上野村の山林を桑畑に開き、膨大な数の桑苗を植栽した。桑苗には荆桑《けいそう》と魯桑《ろうそう》の二種が存した。前者は生糸の収量が少なかったものの、後者に比べて強かった。

楮の栽培

次に、紙の生産についてみよう。前田利家は文禄元年（一五九二）河北郡二俣村の紙職人に山林を与え、御料紙の納入を命ずると共に、紙肝煎・紙組合頭を置いて紙職人を支配した。歴代藩主も紙付用の張板を供給し、貸銀・貸米を行って彼らを保護した。紙職人は杉原紙・奉書紙・檀紙・上包紙・中折紙・元結紙・鼻紙などの御料紙および日常紙を生産し、金沢城下に続く小立野に紙店を設けていた。田島村の紙職人は元禄七年（一六九四）御料紙の生産を藩に願い出たが許可されなかった。元禄年間（一六八八〜一七〇三）には能美郡の五ケ村、石川郡の五ケ村、加賀郡の一〇ケ村、礪波郡の一九ケ村、射水郡の四ケ村、新川郡の三ケ村、口郡の六ケ村、奥郡の四ケ村などで杉原紙・中折紙・厚紙・宿紙・雑紙・唐笠紙などが生産されていた[57]。江戸後期には能美郡相滝村、石川郡内尾・辰巳・市原村、河北郡田上・銚子口村、礪波郡五箇山、射水郡仏生寺村、新川郡蛭谷・稗畠・北島村、羽咋郡走入・神子原村などが知られていた。相滝紙は厚紙の包装紙・帳簿紙などが有名であったものの、相滝村に良質の水がなかったため、近隣の神子清水村に移された。五箇山紙は江戸後期に井波町の紙商人により礪波・射水郡および加能両国に販売された。[58]

「秘要雑集」には「山中谷紙すきの初りは、延宝四年に中田村次郎右衛門倅五郎兵衛、すき習ひに二俣村へ、足軽小頭栗村茂右衛門と云者を添て被遣。是より追々広まる」とあり、[59] 二代利明は延宝四年（一六七六）に中田村五郎兵衛・足軽栗村茂右衛門を河北郡二俣村に派遣し、御料紙の製造法を習得させた。「御献上紙御料紙由緒覚帳」には「正保三年、富山様・大聖寺様此方様へ御願に付、両御領之紙漉之者江、御料紙漉方指南可仕旨被仰渡、江沼郡より中田村五郎兵衛と申者、二俣村江被遣候」とあり、[60] 藩祖利治は正保三年（一六四六）に中田村五郎兵衛を数度にわたって二俣村に派遣し、御料紙の製造法を修得させたものだろう。中田村では中世に遡って和紙業を行い、五郎兵衛の父次郎右衛門は江戸前期に村肝煎兼紙肝煎を努めていたという。藩は御料紙と共に日常紙を「紙屋谷」と呼ばれた中田・長谷田・上原・塚谷村で生産させた。紙屋谷は上原出村の土谷村を加えて「紙屋谷五ケ村」と称することもあった。[61]「加賀江沼志稿」には河南村でも和紙業が行われていたと記すものの、これ以外の記録がみられず、誤記の可能性が高い。なお、菅生町の尾山屋与平と五間町の浜屋宇与門は江戸後期に敷地村で紙漉きを行っていた。[62]

紙屋谷では、江戸後期に御前延紙・銭手形紙・過書紙・相滝紙・半切紙・中折紙・連紙・帳紙・唐傘紙・合羽紙・茶紙・鳥子紙・塵紙などを生産していた。[63] 御前延紙・銭手形紙は御料紙職人を努めた中田村の角屋・大茂谷両家で生産された。日常紙の中折紙は中田村が、塵紙は塚谷村が他村より良質であった。藩は加賀藩と同様に、専売制により紙の生産量・値段などを統制した。紙屋谷では毎年一二月に紙運上銀八六〇匁を藩に上納していた。[64] 大聖寺城下には正徳一揆頃に、十村兼紙問屋兼塩問屋の平野屋五平衛と紙問屋目付の徳田屋清兵衛が置かれていた。[65] 紙屋谷の村肝煎・組合頭一四人は、正徳三年（一七一三）に大聖寺福田町の麦屋仁市郎宅を借りて紙商売を始めた。日常紙は品質に応じて三段階の現銀売をもって、ふっくり紙（不良紙）は一束・一丸以上、端不押（端が延びていない紙）・塵紙は一帖以上の希望者があれば販売された。一帖は紙二〇枚で、一〇帖を一束、一〇束を一丸と称した。日常紙は他領の紙より安価とし、三日・一三日・二三日の市日に販売された。つまり、日常紙は紙商人が増加して高値になっても、藩士の購入価格より安く販売された[66]。このように、紙屋谷は正徳一揆の改革により大聖寺城下で日常紙を直売することが許可された。上原村の西野庄右衛門は江戸後期の有名な紙商人であり、十村鹿野源太郎に協力して風谷村から中田村に至る紙屋用水を完成させた。

日常紙は正徳一揆後に藩士の掛売り（代銀後払い）が一般化したので、紙職人は生活が困窮し、紙値段も自然と高くなった。そのため、算用場は藩士の紙代銀を月毎に紙屋谷の紙職人に支払い、藩士は翌月に算用場の立て替え分を支払った。ただ、一二月分は同月二四日までに支払い、翌年越しは禁止されていた。藩士は立て替え分の支払い時に、手形に氏名・代銀を明記して算用場に提出した。右のごとく、紙職人は藩士に日常紙を直売したものの、掛売りが一般化したため、生活が困窮した。日常紙は享保一〇年（一七二五）九月から再び藩士相対の現銀販売となった。この時、算用場は紙値段が不当に高騰しないように紙屋（紙店）に足軽一人を巡回させた[67]。なお、紙屋の玄関口には幅一尺余の紙暖簾が下げられていた。紙は他領に販売されたのだろうか。紙問屋は天明元年（一七八一）に紙の販売権を確保し、その他領出しを願い出て同五年（一七八五）に許可された[68]。ただ、紙の他領出しは生産量からみてきわめて少ないものであっただろう。藩は江戸後期に買紙制を廃止し、請紙制に近い専売制に戻したものの、十分に機能しなかった。紙職人は転々とする藩の紙政策の中で、厳しい紙生産を強いられた。

加賀藩では紙原料として楮・三椏・雁皮の外、麻・桑・木槿《むくげ》などを使用した。楮には「黒ひょう」「おぶち」の二種類があった。農民は山林から抜き取った天然苗を養成畑に移植し、根元に薄く施肥して育成した後、南向きの肥沃な山畑に植栽した。彼らは九月・一〇月中に楮を刈取り、五尺くらいに切り揃え、縄で束ねて軒下に立て掛けて置き、秋から翌春に楮商人や紙職人に売った[69]。大聖寺藩ではどの村で楮が栽培されたのだろうか。「加賀江沼志稿」には「邦内ノ楮七歩、他邦ノ楮三歩也」とあり[70]、紙屋谷では領内産の楮を七割、他領産のそれを三割ほど使用した。楮は紙屋谷・中津原・滝・荒谷・今立・日谷・直下・曾宇・百々村などおよび丹後・但馬・若狭国などに求められた[71]。藩は農民が楮の売買時に楮商人・楮職人とよく争ったので、紙の生産量・値段・手間賃などを考慮して楮値段を決定するよう指導していた。なお、雁皮は江戸後期に桂谷・四十九院・荒谷・今立・那谷村などで多く栽培されていた。

「民家検労図」には加賀藩の紙漉き法を次のように記す。[72] まず、楮の枝先を下にして釜で蒸し、川水に浸した後に表皮を「芋引金」と呼ぶ道具で剝いだ。その表皮を蕎麦茎・煙草茎の灰汁と一緒に釜でべたべたになるまで煮込んだ。それを品質により上中下の三段階に選別し、石の上に乗せて槌で叩き、水に溶かして箱船で漉いた。この時、灰汁で煮込んだ「ねり」を一緒に入れて漉いたが、これは黄蜀葵《とろろあおい》の異名で、根の粘液が紙漉き用の糊となった。漉いた紙は一山（一日分）を「しぶ紙」で覆い藁を並べた上に重石を置いて水切りし、それを一枚ずつ干板に張って乾燥させた。紙屋谷の紙漉き法も加賀藩のそれに準じていたものだろう。

紙屋谷では明治一〇年（一八七七）頃から紙漉きの技術改善を行ったので、紙職人がほとんど専業に転じた。紙職人は同二五年（一八九二）頃に西洋紙が大量に輸入されたため激減した。紙屋谷では同三三年（一九〇〇）に高知県から技術者を招き、半紙の改善を行ったものの、成功しなかった。紙職人は大正七年に加州製紙株式会社を設立し、半紙・吉野紙・典具帳などを生産したものの、これも成功しなかった。[73] 紙屋谷では同一一年に紙職人が一五一戸（専業二三戸）、昭和二年に六一戸（専業二三戸）と減少し、第二次世界大戦後に姿を消した。

漆の栽培

最後に、漆器の生産についてみよう。大聖寺川の最上流部、大日山麓には山中漆器の発祥地と伝えられる真砂町が存す。明治三〇年（一八九七）には二六戸、昭和二年には一八戸が存したものの、今は僅か四戸となり（冬季は無人）、近い日に廃村となるだろう。真砂村はいつ成立したのだろうか。享和三年（一八〇三）の「芠憩紀聞」には次のように記す。[74]

此の村往古越前越智山の麓田倉の助兵衛という者、真砂の蓮光谷という所へ来り住居し初むと云ひ伝ふ。昔九谷より奥に人家なし。或時川上より古き椀ながれ来り、不思議におもひ尋行しに、真砂村とてあり。木地挽を業とす。山中の木地細工当村より習ひしとぞ。故に木地真砂といへり、今は木地挽ものなし、杓子を業とす。

すなわち、真砂村は古く越前国今南東部の越智山麓（福井市）田倉に居住していた助兵衛が大日山麓の蓮光谷（蓮覚谷）に移住したのに始まり、村の存在は川上から流れて来た古い椀により下流の人々に知られたという。木地師は木地原木を求め尾根通りから入山したため、長い間、川下の村人に知られないことが多かった。椀貸伝説は川下の村役人が「木地屋」「木地山」などの村名を勝手に付けたように、木地集落と川下村落の無連絡から派生した。注目したいことは、真砂村の木地師が享和三年（一八〇三）頃に木地を挽かず杓子だけを生産していたことだろう。天正八年（一五八〇）の綸旨には「越前州今南東郡吉河・鞍安・大同丸保塗師屋轆轤方之蕪頭事」とあり[75]、この頃木地師はまだ今南東郡の山間部に居住していた。吉河は丹生郡朝日町、鞍谷は武生市、大同丸保は南条郡南条町付近を指し、木地師は鞍谷に存した「鞍谷御所」の仲介を得て朝廷から綸旨を受けたという。「御算用場留場」の元禄一一年（一六九八）七月二〇日条には「岩屋村ニ慶長八年九谷山永沽券之証文有之旨申越候」とあり[76]、大野郡岩屋村（勝山藩）には慶長八年（一六〇三）に九谷村から山林を購入した時の「永代売山証文」が存した。この証文は、元禄一一年に岩屋村喜七郎が真砂村の山中で炭焼きを行っていて足軽山廻に逮捕された際に提出されたという。つまり、真砂村は慶長八年以降に成立した可能性が強い。今のところ、「真砂」の史料的初見は明暦四年（一六五八）の村御印であろう[77]。

草高

一、四拾石者鳥毛より奥

此免相　弐ツ成

右者九谷村領之内永代可致御納所候、売買之木剪事者右領内何方ニ而茂木剪可申所如件

明暦四年八月朔日

阿波加権右衛門(印)

河村　武右衛門(印)

小沢　三郎兵衛(印)

真砂村は明暦四年（一六五八）に九谷村領の「鳥毛」以奥をもって草高四〇石、免二ツ（年貢米八石）の独立村となり、村領内の自由伐採が認められた。真砂村は綸旨を所有していたため、九谷出村とはならず、例外的に独立村となった。元祿一二年（一六九九）の覚書には「八拾ケ年斗以前九谷村領之内山を請、家居仕木地挽共罷在、四拾四ケ年以前明暦二年新高被仰付真砂村与申候」とあり、[78] 真砂村は元和五年（一六一九）頃に九谷村から請山し、明暦二年（一六五六）に独立村となったという。真砂の村人は古く近江国東部の山間部に居住し仏具・食器・家具などを生産・販売していたものの、木地原木の入手困難から越前国今南東部の山間部に、さらに朝倉氏の滅亡により加賀国江沼郡の大日山麓に移ったものだろう。木地師は近世初期から同中期にかけ木地業と漆器業が結び発展するなか、木地原木を求めて奥山へと移住した。真砂村は初め大日村、前田利治の治世に真砂村と称したものの、他村の人々からは「木地山」「木地山真砂」とも呼ばれていた。

真砂村の村高・戸数は寛文五年（一六六五）に村高四〇石・戸数一七戸、明和六年（一七六九）に村高三〇石（免一ツ二歩）、天保一五年（一八四四）に村高三〇石（免一ツ二歩）・戸数二七戸（高持三三人・無高七人）であった。[79] 真砂の村人は寛文五年頃に木地原木の栃を伐り尽し、橅《ぶな》を用いて杓子を製作していたが、村人の中には山中温泉に移住して土産品を製造する者もいた。[80] 寛文五年の「田地割野帳」によれば、真砂の村人は居屋敷と共に野畑・山畑などを百姓（一六人）の持高に応じて割替え、薙畑（焼畑）による稗・粟・蕎麦・大豆・小豆などの雑穀生産を中心に、木地挽き・漆掻き・炭焼きなどを行って生活していた。木地屋は山間部で居住したため栃実を非常食としたが、真砂村にはその習慣がなかった。明和六年（一七六九）には小四郎組（十村組）に属し、権右衛門が村肝煎を努めていた。なお、明治六年（一八七三）の地租改正時には最後の田地割を実施し、真砂谷・大日谷・連覚谷・割谷などの薙畑用地（むつし）五〇〇町歩余を二六戸で均等分割した。[81] 寛政六年（一七九四）の「御郡之覚抜書」によれば、真砂村は南谷（岩屋越有り）の下真砂村、川向いの口真砂村、連覚谷の奥真砂村（大日村）三村から成っていた。[82] 大日村には寛延二年（一七四九）大聖寺藩士杉谷与兵衛が、享保一七年（一七三二）大田錦城の祖父橋本一閑が、寛延二年（一七四九）山村兵助が流刑された。[83] 正徳四年（一七一四）の「加越能大路水経」には「真砂村に関あり。百姓番人也。此所木地屋村なり」とあり、[84] 南谷の下真砂村端には大聖寺藩の口留番所が存し、百姓番人が二人置かれていた。真砂村には墓地が存せず、死人は下真砂村で火葬され、御骨を檀那寺である長慶寺（福井市）に納めたという。長慶寺は古く南条郡桝谷に存し、越前・美濃両国の木地師の檀那寺となっていた。[85]

前述のごとく、山中村では真砂村から伝えられたという木地業が享和三年（一八〇三）以前に成立していた。正徳五年（一七一五）加賀藩士の大野木克明が著した「山中入湯日記」には、総湯から医王寺までの薬師道筋に立ち並ぶ土産店で木地製品を購入したと記す。[86] また、「湯方近来日記」の延享二年（一七四五）三月二五日条には、扇子屋新宅に宿泊した鯖江藩士五人が土産店で木地製品を購入したと記す。[87] このことは、山中木地が真砂木地と共に江戸前期に遡って成立していたことを示す。山中村の湯宿は木地製品が土産品となることを確認し、寛文期（一六六一～七二）に真砂木地師を薬師下に移住させたものだろう。ただ、西谷の山中には六呂谷・茗荷・割谷などの中世地名が多くみられ、九谷A遺跡からは戦国期の轆轤師屋敷跡・作業小屋跡と共に荒型（木地の原型）・砥石（四点）などが出土しているので、山中木地は中世に遡って製造された可能性が高い。九谷村の木地師は、同村に存した「九谷御坊」（室町後期）の木地製品を製造するため居住したものだろう。西谷の木地師も江戸前期から山中村に移住し、土産品の木地製品を製造したものだろう。山中木地は椀・盆・鉢・燭台・茶托・玩具などの土産品を中心に製造され、宝暦期（一七五一～六三）から「栗色塗」「朱溜塗」と呼ばれた塗りが始まり、寛政期（一七八九～一八〇〇）から山野屋九郎兵衛・額見屋惣七らの努力により上方に販売された。元治二年（一八六五）能登国口郡番代の梅田甚三久が著した「梅田日記」には「一、同道ニ而薬師下夕之木地屋へ罷越木皿幷食籠等買調、猶又木地屋毎に立寄木地類見物いたし」とあり、[88] 薬師下の木地屋は湯客の見学コースとなっていた。

次に、山中漆器の発展過程を簡単に示す。[89]

(1) 寛文期（一六六一～一六七二）――椀・鉢・盆・玩具などを製造。

(2) 元禄期（一六八八〜一七〇三）――燭台・茶托などを製造。
(3) 宝暦期（一七五一〜一七六三）――塗物（栗色塗）を製造。
(4) 寛政期（一七八九〜一八〇〇）――山野屋九郎兵衛が上方に販路を開き、山崎屋伝吉・額見屋惣七らが尽力。
(5) 文化期（一八〇四〜一八一七）――出倉屋三郎右衛門が招いた丸岡の御用塗師が朱塗・青塗・石黄塗などの良品を製造。簑屋平兵衛が筋挽の糸目物を製造（筋物挽の祖）。
(6) 文政期（一八一八〜一八二九）――京都の蒔絵師善助が蒔絵の技法を笠屋嘉平に伝授。
(7) 天保期（一八三〇〜一八四四）――会津の塗師重右衛門が漆の配合・乾燥法、蒔絵師由蔵が蒔絵の技法を岡屋新助・越前屋六兵衛らに伝授。三谷屋伝次郎・山屋文三郎らが販路を拡大。
(8) 嘉永期（一八四八〜一八五三）――山屋久三郎・三国屋弥右衛門らが薄挽木皿・筍弁当などを製造。
(9) 慶応期（一八六五〜一八六七）――山野屋理八が長崎、山屋久三郎・三谷屋伝次郎・松本文吉らが江戸に販路を拡大。藩が漆器会所・物産会所などを設置、蒸気機関を利用し塗下木地を製造。
(10) 明治期（一八六八〜一九一二）――三谷屋伝次郎が東北に販路を拡大。山下文卿が文房蒔絵を製造。

山中漆器は薬師下に居住した山中および西谷・真砂木地師が生産した土産品の木地製品に始まり、丸岡・会津などの漆器技術を取り入れて成立した。山中村の湯宿は多く漆器問屋を兼業していたため、湯客の減少は大打撃となった。天保四年（一八三三）の「口上書を以奉願候」には「一、世間一統不景気ニ而入湯之客人無之ニ付、木地等も引口無之難渋之所、諸品高直ニ相成、日々暮方手尽此迄相凌候」とあり[90]、天保期には湯客が減少したため、山中漆器の売上げが激減した。こうした状況の中で、三谷屋九右衛門は天保八年（一八三七）に漆器問屋を勤め、安政五年（一八五八）に鍵屋藤右衛門の屋敷を購入して湯宿を経営した[91]。漆器は江戸末期に山中村を支える産業となっていたものの、その生産高は明確でない。

「加賀江沼志稿」には「山中木地品類名目、郡中第一製造也」とあり[92]、山中木地は領内の第一位であったものの、真砂・九谷・小杉・生水・坂下・片谷・枯淵・我谷・栢野・菅谷・下谷村などでも木地製品が製造されていた。木地原木は、橅《ぶな》・栃・槻・桑・槐・朴・桐・栂・梅・桜・栢・柿・椨・合歓・銀杏・紅葉などの二〇種類に及んだ。橅《ぶな》は乾燥が少なく杓子類、栃は割れが少なく光沢があり鉢物類、槻・桑は木目が美しく艶があり茶器・盆類に多く用いられた。木地原木は領内の村々をはじめ、越前国今立郡・同国南条郡の村々に求められた。安政五年（一八五八）山中村文治郎は今立郡藪田村から同郡志津原村の山間部に移り、椀類・盆類の木地製品を製造した。また、万延二年（一八六一）山中村喜三七・喜七郎・甚七・孫四郎らは志津原村の山間部で椀類・皿類・盆類の木地製品を製造した。彼らは木地山を借り受け（請山）、数年にわたって同地の山間部で木地製品を生産し、志津原村の馬宿人足を雇い風谷峠を超えて山中村に運んだ[93]。漆器商人は早くから塗師・木地職人らの生産者と明確に区別されており、彼らは江戸後期に大聖寺城下で漆器販売店を構えていた。彼らが安政五年（一八五八）に建てた道標が旧山中道の入口付近に現存す。塗色には朱・石黄・弁柄・青漆・梨地・塗込・溜塗・栗色・黒うるみ・唐金塗・銀・錫塗などが、蠟色物には根来・竹皮・砂子・梨子地・はけめ・玉子塗・虫喰塗・せんとく・堆米・堆黒・白檀・金箔・銀箔などが、蒔絵物には吉野絵・南部絵・漆絵・並蒔絵・本金ミカキなどが存した[94]。

領内には江戸後期に漆掻き一六人が居住し、一人に金一歩の運上金が課せられていた[95]。また、下福田村には江戸後期に漆役六匁が、山中村には文久元年（一八六一）に漆役一〇〇疋が課せられていた[96]。漆は木地原木同様に奥山方の村々をはじめ、越前国今立・南条・大野郡の村々に求められた。漆の栽培法について、「耕稼春秋」には「御領国片山里并山方屋敷の内、或ハ畠の中、又ハ畠の廻りなどに五間十間に一本宛植る。漆も廻りを堀厩糞なとしてよし。厚く植れハ木陰にて畠物宜しからさる故、成程所々に植る物也。漆に男木女木有。男木ハ葉先とがりてするどに見ゆる。花ハ付共実ならず。女木ハ葉の先丸く実なる、漆多く取物也。其上漆にもち漆、水漆とてあり。もち漆ハつや能目も引、上也。水漆ハ目も軽くつやもおとり、次也」と記す[97]。漆掻きは夏の土用に入ってから「一番掻き」を、それから一一月までに「二番掻き」を行った。漆は「一番掻き」の場合、質が最上であったが、大抵は質が落ちる「二番掻き」まで行った。根元から手が届く高さの幹に五〜七本ほど横に傷をつけ、傷をつけた順に金属のへらで掻き取り、内側を油で拭っておいた漆用の筒の中に入れた。筒が一杯になれば桶に移し、中折紙に渋を引いたもので蓋をしておき、冬に商人に売った。なお、漆の実も八・九月に採取し、蠟を作る商人に売った。

五　松奉行と松山廻

松奉行・松山廻について論ずる前に、大聖寺藩の十村制度を一瞥しておこう。藩の農政は本藩と異なり、郡奉行―十村という系列で多く実施された。十村は、加賀藩治世（慶長五年から寛永一六年まで）に遡って創設されたようだ。弘化三年（一八四六）の「聖藩年譜草稿」には「寛文六年（一六六六）十二月在々の百姓共へ向後家わけ申間敷旨、厳敷十村共へ被仰渡有之」と記す。[1] 十村は組を担当した組付十村（定員四〜六人）と、組を持たず役務を行った目付十村（手振十村、定員二人）との二種が存した。また、十村には頭十村・十村見習・十村加人・十村格と称する名称が存した。十村格は献金・藩益を尽くした者に与えた名誉職で、実務に就くことはなかった。十村組は一向一揆の遺制を継ぎ八組としたものの、時代によって区々であった。天保一〇年（一八三九）には、西ノ庄（一六ケ村）・北浜（一九ケ村）・潟廻り（二二ケ村）・能美境（一九ケ村）・那谷谷（二二ケ村）・四十九院谷（一九ケ村）・山中谷（一七ケ村）・奥山方（二一ケ村）の八組が存した。[2] 十村組の村数は加賀藩に比べて少なく、二組を併せ持つ十村も存した。なお、能美郡の一一ケ村は大聖寺町方の支配とした。次に、時代別の十村（目付十村・組付十村）名を第43表に示す。

第43表の外、享保八年（一七二三）には目付十村二人・組付十村六人が、明和元年（一七六四）には目付十村二人・組付十村五人が、同三年（一七六六）には目付十村三人・組付十村五人が存した。[3] 宝永二年（一七〇五）頃には目付十村二人・組付十村五人の外に、采女方（三代利直の弟前田利昌）の十村二人（治兵衛・半助）が存した。[4] 享保一八年（一

第43表　大聖寺藩の十村

年代	種類	十村名
寛文10年 (1670)	目付 組付	五郎右衛門（島） 六兵衛（中島），重蔵（山中），武兵衛（山中），平兵（庄），庄次郎（不詳）
元禄11年 (1698)	目付 組付	半兵衛（不詳），半右衛門（不詳） 長右衛門（荒谷），八郎右衛門（不詳），宗左衛門（保賀），彦左衛門（不詳），小四郎（小塩辻）
宝永2年 (1705)	目付 組付	安右衛門（山代），新四郎（右） 伊右衛門（山中），八郎右衛門（不詳），宗左衛門（保賀），五兵衛（大聖寺），小四郎（小塩辻）
享保元年 (1716)	目付 組付	文兵衛（小塩辻），新四郎（右） 次郎右衛門（片山津），五郎右衛門（島），宗左衛門（保賀），清兵衛（山中），五兵衛（大聖寺），半助（分校）
享保18年 (1733)	目付 組付	五郎右衛門（島），長兵衛（不詳） 半四郎（不詳），文兵衛（小塩辻），伝兵衛（不詳），与四郎（吉崎），久五郎（不詳），半助（分校）
安永6年 (1777)	目付 組付	源兵衛（山中），半次郎（不詳） 間兵衛（日末），平兵衛（山代新），宗左衛門（保賀），小四郎（小塩辻）
安政6年 (1859)	目付 組付	 平右衛門（山代新），源太郎（小塩辻），善助（小菅波），重作（庄）

『加賀市史料』『加賀藩農政史考』『山中町史』などにより作成.

七三三）片野村長太夫は目付十村に任役されたものの、それは目付十村の急死にともなう一時的な措置であろう。寛政一〇年（一七九八）荒谷村長右衛門は山中村を除く、奥山方二〇ケ村の組付十村に任命された[5]。文政四年（一八二一）藩は本藩に倣い十村を廃して郡奉行に農民の直支配を命じ、十村を年寄並と改称したものの、藩政に円滑を欠いたため、天保一〇年（一八三九）に十村を復元させた。明治三年（一八七〇）九月、藩は十村を廃し、彼ら（目付十村・組付十村）を郷長（のち里正）と改称させた。

十村の業務は勧農、租税の徴収、組内の治安維持、農民の生活指導など、行政事務全般にわたっていた。これはおおむね加賀藩と同趣旨であり、ここに略す。これは一般業務・徴税業務・司法業務に分けられ、一般業務が圧倒的に多かったものの、一般業務中の改作業務（改作奉行支配）は民政業務（郡奉行支配）に比べて少なかった[6]。このことは、大聖寺藩の改作方（特に新田開発）が遅れていたことを示すものだろう。十村は手代数名を採用し、自宅の一隅（御役所）で手代と共に業務（事務）を処理した。手代は十村同様に、御郡所に誓詞を提出した。また、十村相談所（藩邸内）には番代が置かれ、十村代官の補助には代官手代（納手代）が充てられた。

次に、十村の役料・苗字帯刀・御目見などについてみよう。組付十村は、役料として鍬役米二升（一五～六〇歳までの男子）が支給された。明和四年（一七六七）には鍬役米を六人に割り（組付十村五人）、一人分を藩（御郡除物方）に上納し、文化元年（一八〇四）にはそれを七人に割り（組付十村五人）、二人分を藩に上納した。すなわち、文化元年には鍬役米二人分五〇石七升二合一勺四才を藩に上納した。[7] 鍬役米は月割（九～一二月まで二ケ月扱い）をもって支給したものの、月半ばの任役者は日割の支給となった。[8] 目付十村は鍬役米が支給されず、享保元年（一七一六）藩（算用場）から御切米一〇石（一年分）が支給された。[9] なお、十村手代は日用銀として年に銀八〇匁が藩から支給された。[10]

十村代官は役料として代官口米（一石に米二升宛）が支給された。その史料的初見は、元禄五年（一六九二）の定書に「一、十村代官被仰付候条、御収納米不縮無之様ニ無油断可被申付候事」と記す。[11] 同一一年（一六九八）には目付十村二人を除く、組付十村五人が十村代官として一一月一〇日までに二万六〇〇九石二斗五升（代官帳二万九六九五石=御公領・給知共）を徴収した。[12] 明和四年（一七六七）には代官口米を六人に割り（組付十村五人）、一人分を藩に上納し、文化元年（一八〇四）にはそれを七人に割り（組付十村五人）、二人分を藩に上納した。[13] 享保一二年（一七二七）代官手代三人は租米蔵納の尽力により百疋（金一歩）を、村肝煎五人および小百姓一人は鳥目一貫文を藩から与えられた。[14] 元禄一〇年（一六九七）滝村善四郎・同郡坂下村長三郎両人は年貢未納を十村彦左衛門に糾弾され、御用所から御領追放（所払）を命じられた。[15]

小物成取立役（組付十村の兼役）は役料として口米（取高銀の百分の一）が支給された。口米は明和四年（一七六七）まで六人に割り（目付十村五人）、一人分を藩に上納したが、その後は藩への上納分も取り分となった。[16] また、御郡打銀主付（組付十村の兼役）は役料として口米が支給された。御郡打銀は各村に課された雑税（草高一〇〇石に一二匁宛）で、川修理・道修理・橋梁普請・蔵修理・船渡し・航路灯明など御郡方の費用に宛てられた。この外、十村は廻国上使巡見御用主付・用水開鑿主付をはじめ、臨時的な諸事主付（諸役御用）を兼帯し、それぞれ役料を得た。

十村の苗字は、天保五年（一八三四）以降に多く許可された。小塩辻村の九代鹿野小四郎は天保六年（一八三五）に組付十村となり（病気退役中、倅庄二郎が十村加人勤務）、同一四年（一八四三）に苗字御免となった。[17] 十村格となった北前船主の中には、苗字帯刀を許可される者がいた。橋立村の二代梶谷与兵衛は安永二年（一七七三）に十村格となり、同七年（一七七八）に帯刀が許可された。また、橋立村の六代久保彦兵衛は文政一二年（一八二九）に十村格となり、天保九年（一八三八）に苗字御免となった。[18] 十村格の苗字帯刀は、主に藩への献金（冥加金）に対し与えられた。帯刀御免は北前船主が侍格になったことを示す。十村の年頭御礼（御目見）は、天明五年（一七八五）正月二日に創始されたようだ。この時、十村は町医・町年寄らと共に御中式台で年頭御礼を受けたが、十村は奏者から町医・町年寄の先に紹介されたという。[19] 島村五郎右衛門（目付十村）は、寛文六年（一六六六）二代利明の御婚礼御祝儀に十村を代表して参列した。[20]

右村新四郎（堀野家）・島村五郎右衛門（和田家）・保賀村宗左衛門（荒森家）・小塩辻村小四郎（鹿野家）・動橋村源左衛門（橋本家）・分校村半助（和田家）らは代々十村を務めた。堀野家の先祖は新田義貞の家臣で江沼郡熊坂村に住し、その末裔が文明期（一四六九～八六）朝倉敏景により滅ぼされた後、初代新四郎が同家を中興したという。八代新四郎は藩祖利治の治世に地頭（武士）から「御直百姓」に転じ、西ノ庄（右庄）の農民を召集して国境警備の任に当たった。一一代新四郎は正徳一揆に際し、百姓への処置が大変よく、御切米五石を加増された。これ以降、同家は御切米一五石を受け、代々十村を務めた。[21] 和田家の先祖は和田主水という浪人で、天正一〇年（一五八二）の柳ケ瀬役（近江国）に参戦し、二代利長から能美郡粟津村に土地を与えられて農民となった。その子孫は粟津村から同郡島村に移って五郎右衛門と名乗り、代々十村を務めた。分校村半助は藩祖利治の大聖寺入封の時、島村五郎右衛門の推薦で加賀藩から分校村に移されて十村となった。そのため、半助は「御打入の十村」と呼ばれたが、同家も和田姓を名乗り、代々十村を務めた。[22] 荒森家の先祖は不明であるが、初代宗左衛門は天正二年（一五七四）に保賀村で死去したという。元祿一〇年（一六九七）宗左衛門は十村次郎兵衛が「年内収納取立方不才許ニ付、役義取上申渡」となったため、その跡役を継ぎ初めて組付十村となった(23)。宗左衛門は正徳一揆の時、組下の農民から打壊しを受けそうになったものの、未遂に終わり難を逃れた。同家は初め森姓、のち荒森姓を名乗り、屋号を荒屋と呼び、明治まで一三代にわたって十村を務めた。同家は帯刀も許可されていたというが、定かではない。本善寺の過去帳には宗左衛門・宗左門・惣左衛門と明記するものの、十村任役後は宗左衛門と記したという(24)。鹿野家の先祖は蓮如上人の北国布教頃から越前吉崎に住し、坊士として和田本覚寺（堂司）の院務を輔けていたという。鹿野姓は蓮如院の地を鹿之山といい、北潟湖中に浮かぶ島を鹿嶋と称したことに因んだものという。初代小四郎は天和元年（一六八一）船乗りから加賀吉崎の村肝煎に選ばれ、元祿四年（一六九一）に目付十村となり、同六年（一六九三）に地の利がよい小塩辻村に引越した。すなわち、小四郎は同村市川五兵衛の跡屋敷・下人・田畑・山林などを代銀一貫匁で購入して移り住んだ。これを引越十村と称した。加賀藩の十村を務めた市川五兵衛（今川家の家臣）は橋立の村肝煎と謀り年貢を横領し、切腹して相果て、遺族が所払いとなったという。同家からは「農事遺書」を著した初代小四郎の外、殖産事業に尽力した九代小四郎・一一代源太郎・一二代虎作の有能な十村が出た。特に、九代小四郎はその業績が顕著であり、天保一四年（一八四三）に苗字御免となり、嘉永六年（一八五三）に三人扶持、安政七年（一八六〇）に頭十村兼新田裁許となった。彼は藩領内全域にわたり新堤・築堤・溜池などを設けて水利を図り、山地を開墾して畑地となし、砂丘地に黒松苗を植栽して砂防林となし、那谷山林（約二里）に杉苗を植栽した。また、彼は畑地に茶・桑を植えて製茶・養蚕を盛んにし、養魚を奨め、副産業の奨励を行った(25)。

大聖寺京町の平野屋五兵衛（紙・塩問屋）は元祿一三年（一七〇〇）に組付十村となり、町役（町屋一軒役）を赦免された(26)。正徳一揆で農民の打壊しを受けた山代村の河原屋安右衛門（目付十村）、山中村の堀口伊右衛門（組付十村）、享保一二年（一七二七）の文書にみえる山中村の柳屋喜兵衛（組付十村）らも町人であった(27)。このように、大聖寺藩では農民以外の町人・北前船主なども十村になった。安政六年（一八五九）頃には、山代新村の木崎平右衛門・中島村の中谷宇平両人が十村となった。ただ、彼らは目付十村・組付十村でなく、開作十村と称したようだ。[28]なお、十村格には山中村の二代能登屋源兵衛がはじめて任命されたという。[29]その後、十村格には宝暦九年(一七五九)に橋立村の初代梶谷与兵衛が、同一一年(一七六一)に同村の初代角谷与市が、安永二年(一七七三)に同村の二代梶谷与兵衛が、文政一二年(一八二九)に同村の五代久保彦兵衛が、天保八年(一八三七)に同村の一一代西出孫左衛門が、弘化二年(一八四五)に同村の初代増田又右衛門が、安政六年(一八五九)に山中村の俵屋重兵衛が任命された。[30]ともあれ、十村は正徳一揆で打壊しの対象となり、明治四年(一八七一)の蓑虫一揆で農民から「一、十村廃止候事」(すでに十村は廃止)と要求されたように、農民にとって批判的な存在でしかなかった。

最後に、十村分役の新田裁許についてみておこう。十村分役には新田裁許と山廻役が存在したものの、大聖寺藩には山廻役が置かれなかった。加賀藩の新田裁許は元禄三年(一六九〇)に創設されたが、大聖寺藩のそれは江戸後期に至って設置された。九代鹿野小四郎は天保年間(一八三〇〜四四)山代村の荒屋源右衛門(六代鹿野文兵衛の四男)を新田裁許に推薦し、敷地村領の「平床」に溜池を築き、田地一〇町歩を開墾、塔尾村の農民七人を移住させた。これが新田裁許の最初であったという。[31]「加賀江沼志稿」には「平床、敷地ノ出村。文政□年村御印渡」とあり、[32]平床村が天保期以前の文政期(一八一八〜二九)に行政上の独立村となったと記すものの、信憑性に欠けるものだろう。

第44表　大聖寺藩の新田裁許

順番	村名	新田裁許名
1	山代	荒屋源右衛門
2	小菅波	開田九平
3	動橋	橋本平四郎
4	小塩辻	鹿野小四郎
5	小菅波	開田九平次
6	小塩辻	鹿野源太郎
7	中島	中谷宇兵衛
8	小塩辻	鹿野庄次郎
9	右	堀野栄太郎
10	小塩辻	鹿野虎作

「宗山遺稿」により作成.

これ以降、小菅波村の開田九平・動橋村の橋本平四郎らを経て小塩辻村の一一代鹿野虎作まで一〇人が新田裁許を務めた。右村の堀野栄太郎が新田裁許の時、動橋村の平岡重五郎(重作の長男)・一一代鹿野虎作両人は新田裁許見習を、小菅波村の開田善助(九平次)・庄村の桂田庄作両人は同勢子役を任命された。新田裁許の主な業務は新田開発の督励、新開村の掌握、柴山潟端の浮草刈り(川掘)などであった。なお、九代鹿野小四郎は改作主付十村となり、領内の開墾に着手したため、天保年間(一八三〇〜四四)再び新開ブームを迎えた。

大聖寺藩の松山は主に松奉行―松山廻（足軽山廻）の系列で管理された。松奉行について、『石川県史』は「大聖寺藩に於いて林務を董督するものを松奉行と称し、定員を二名とす。蓋し松奉行は、加賀藩の山奉行と称するものに同じといへども、領内の山林は概ね松樹なるが故にこの名あり」と記す。[33] 松奉行の概要は知りえるものの、その設置年代は明らかでない。「加賀江沼志稿」には「此松山（仏経木山）御印明暦四年渡ル。山井甚右衛門・林九郎右衛門裏書有。此持山ノ松ニ限、伐取節松奉行印不入」とあり、[34] 明暦四年（一六五八）に松奉行が存したことを記す。ただ、山井甚右衛門・林九郎右衛門（九郎兵衛）両人は郡奉行であり、右は信憑性に欠けるものだろう。「大聖寺藩士由緒書」によれば、奥村助六は延宝二年（一六七四）松奉行となった。[35] 元禄五年（一六九二）算用場奉行から郡奉行・改作奉行宛に出された達書には「一、用水川除入用之材木幷在江道橋懸ケ直し候節ハ、其所之井林之木可被下候間、普請奉行切手ニ改作奉行致裏書、山奉行方ヨリ受取可相渡、手先奉行有之節者右同断、但井林之木ニ而難成普請ハ、御郡打銀を以林木可相渡事」とあり、[36] 右には用水・川除および道橋の用材を「山奉行」から受け取ったことを記す。すなわち、松奉行の名称はまだ定まっていなかったようだ。元禄八年（一六九五）の定書以降には山奉行の名称が使用されなくなった。次に、「大聖寺藩士由緒書」から松奉行を抽出して第45表に示す。

第45表　大聖寺藩の松奉行

年代	名前
延宝２年（1674）	奥村助六
元禄２年（1689）	木村八郎左衛門
10年（1697）	宮永市太夫
宝永２年（1705）	宮永市太夫
４年（1707）	宮永市太夫
６年（1709）	橋本藤兵衛
享保元年（1716）	安達久左衛門
20年（1735）	田中平蔵
元文５年（1740）	小沢三郎兵衛
寛延３年（1750）	金子容山
明和４年（1767）	生田摠右衛門
８年（1771）	溝口一楽●
天明４年（1784）	渡辺伴左衛門
寛政元年（1789）	小原直人●
５年（1793）	五十嵐小膳●
５年（1793）	一色織居
10年（1798）	生駒儀右衛門
文化３年（1806）	安達弥藤次
文政２年（1819）	河野盧水●
４年（1821）	笠間助市
７年（1824）	依田勘六●
８年（1825）	村井甚兵衛▲
８年（1825）	小塚藤十郎
10年（1827）	角谷常吉■
10年（1827）	小塚藤十郎■
天保３年（1832）	梶谷敬左衛門●
９年（1838）	竹内喜太夫●
14年（1843）	倉知嘉兵衛●
15年（1844）	駒沢幸次郎●
15年（1844）	伊藤孫作●
嘉永元年（1848）	麻生弥市●
５年（1852）	早崎次郎兵衛
安政３年（1856）	大井守人●
５年（1858）	林幸左衛門■
万延元年（1860）	生駒寛兵衛▲
文久元年（1861）	佐分利兎一郎▲
２年（1862）	九世大作▲
慶応２年（1866）	竹内鉄右衛門▲

『加賀市史料』により作成．●は松奉行兼用水奉行，▲は松奉行兼植物方，■は松奉行兼用水奉行兼植物方を示す．

『石川県史』は松奉行の定員を二名と記すものの、天保期（一八三〇〜四四）の「大聖寺藩官録帳」には野崎直弥・笠間助市・嶋田久次郎の三名を記す(37)。嶋田久次郎は「松奉行兼用水奉行」であったものの、それは必ずしも二名と定まっていなかったようだ。松奉行は明和八年（一七七一）溝口一楽が用水奉行を兼帯して以来、彼らの多くが用水奉行・植物方を兼帯した。元祿八年（一六九五）算用場から松奉行宛に出した定書には、松奉行の業務を次のように記す(38)。

定

一、目通り四尺廻り以上之木ハ惣而払申間敷事

一、御郡所々山々ニ而松木茂ル所有之候者、各見分之上算用場懸相談、スカシ可申候、洗《スカシ》松之儀ハ可為壱尺廻以下、束定跡之通り長サ六尺結縄曲尺三尺弐寸ニシテ片口為結、直段別紙定帳之通其村段々ニ而相極メ、人足ニ剪《きる》手間之儀ハ壱束ニ付弐厘宛引、壱分弐厘之段ハ壱束壱分宛取立、壱分之段は壱束八厘宛取立可申事

一、松木落枝被仰付候者、枝階数弐間以上ハ縁共七階残シ下枝落シ申様ニ仕、幷四尺廻り以上之神木・墓所松・境松・村林風除水除松迄可為指図事

一、落松御定之外落シ過シ有之、其枝之員数難知儀有之候者、其木之目通りニ応シ御定之銀、先規之通三ノ一取立可申事

一、田畠江懸ケ申畔松為肝煎願候者、算用場江相達可受指図事

一、山々風水松・雪折松有之候者、壱尺廻り以下之分ハ松横目遣シ為致束、唯今迄之通定値段ニ払渡可申事

一、植松者先年目通値段ニ候得とも、向後目通値段一倍ニ払可申事

一、往環筋並木松風折・雪折払木有之候者、各見分之上以払可申事

一、御払松幷落枝候者、年中ニ剪取不申翌年江越候者、先規之通可取立事

一、御郡山々ニ而盗松幷枝落過松剪株至迄盗取申候節、山廻り横目見付出シ其所ゟ科銀取立候者、十歩壱銀も先

規之通取立、右見付候横目ニ可被下事
一、松盗人在之節者、其品算用場江相達可受指図幷盗株在之節も同前之事
一、御郡山々領地切ニ其村ゟ山横目ヲ立、松木盗取不申様縮可申付候、若横目不立置而盗松剪株在之、横目見付遂吟味盗人知レ候者、其村之肝煎・組合頭可為越度条、此旨兼而村々江可申付置事
一、毎年正月御家中江被下門松、人持六本・物頭四本・平士弐本宛、敷地限之八本何茂目通壱尺廻り以下、先規之通相渡可為払給事
一、御郡方神木・墓松、先規之通各可有裁許事
一、御郡方湯林可在裁許事
一、各御用之儀有之刻、先規之通人夫使申節ハ勿論御横目可遂相談事
一、御払松木代銀之儀、盗木之外ハ六月迄売渡分七月中銀子取立八月二日上ケ、七月ゟ売渡候ハ十一月切十二月二日差上可申事
右之通可得其意候、惣而難心得儀在之候者、算用場江相達可請指図候也
元祿八年四月十六日　　算用場
松奉行
右からの松奉行の主要業務を抽出すると、おおむね次のようになろう。
松木の取り締まり
風折・雪折など損木の入札払い
植林の奨励
神木・墓松など拝領木の取り扱い
右には七木の禁止条項がみられないものの、松の取り締まりに含まれていたものだろう。この外、松奉行は帳前役

（二人）・曲尺巻役（二人）と共に松山の松を調査し、「松山帳」（用木帳）を作成して算用場に提出した。松山帳には、松山の村名・山名（字名）・本数・歩数などを明記した。松奉行は、この松山帳を確認の上で七木の払い下げを行った。享保期（一七一六～三五）の「御役料幷雑用渡方」には、松奉行が毎年銀三枚（春二枚、暮一枚）の雑用を受けていたことを記す(39)。

大聖寺藩では百姓山廻（山廻役）が置かれず、足軽山廻（松山廻）だけが置かれた。これは、能美・江沼両郡が最も遅く加賀藩領に編入され、十村制度が不備であったためだろう。松山廻の設置時期は明確でないが、それは加賀藩治世に遡って置かれていたようだ。今のところ、松山廻の史料的初見は元禄八年（一六九五）の定書であり、「山廻り横目」と記す。ただ、この定書には「一、御郡山々領地切ニ其村ゟ山横目ヲ立、松木盗取不申様縮可申付候」とも記すので(40)、山廻り横目は「足軽山廻」（松山廻）を指すものだろう。松木御横目（松方横目・松横目）は御徒士《かち》であり(41)、足軽の松山廻とは異なった。『石川県史』は足軽山廻の定員を二名と記すものの(42)、「御算用場留書」の元禄一一年（一六九八）七月二〇日条には「山廻り足軽嶋本甚助・近藤六左衛門・小沢茂右衛門」とあり(43)、それは江戸中期に三名が存した。松山廻の主な業務は、松山・御藪および加越国境を巡回して盗伐者を逮捕することであった。前述のごとく、松山の松盗伐者は寛文年間（一六六一～七二）まで吸坂村の登口で磔刑に処せられたものの、その後は科料だけを徴収するようになった。

大聖寺藩は越前国（福井・丸岡・勝山藩）と長い国境を接しており、加越国境ではしばしば盗伐事件が発生した。「日記頭書」の元禄四年（一六九一）八月条には「一、越前領之者、熊坂山入込柴盗申儀ニ付詮議有之」とあり(44)、越前熊坂村の農民は熊坂村の柴を盗み刈りし松山廻に逮捕された。また、「御算用場留場」の元禄一一年（一六九八）七月二〇日条には「当六月十三日真砂山へ山廻り足軽嶋本甚助・近藤六左衛門・小沢茂右衛門所之者召連罷越候所、越前前岩屋村ゟ当御領へ三里斗新道迄作り山ヲ荒シ申ニ付、折節炭焼罷在岩屋村喜七郎と申者壱人召捕真砂村へ罷越候、彼方ゟ詫言等をも仕候ハバ可応、其品ニと待合候へ共かって左様之義無之ニ付、同廿六日大聖寺へ引出し口上書為改、同廿八日郡奉行中ゟ岩屋村領主勝山小笠原土佐守殿之郡奉行尻橋小兵衛・太田惣内方へ右口上書之写幷書状指添、右喜七郎馬ニ乗セ、足軽三人内一人・郡付取手ノ者弐人小仕弐人、但是ゟ罷出候時分夜中故挑灯持弐人遣し引渡し」とあり、[45] 越前岩屋村（勝山藩領）の農民は真砂《まなご》村の山を切り荒らし松山廻に逮捕された。岩屋村の農民（盗伐者）は「御領へ三里斗新道迄作り山ヲ荒シ」たにもかかわらず、あまり反省がみられなかった。このことは、当時まだ加越国境が明確でなかったことを示すものだろう。なお、右文書には「岩屋村ニ慶長八年九谷山永沽券之証文有之旨申越候」とあり、岩屋村には慶長八年（一六〇三）右山が九谷村から同村に永代売りされた証文が存したことを記す。その後も加越国境では盗伐事件が続発した。明和九年（一七七二）越前熊坂村の農民は曾宇村の山で盗伐し同村農民に逮捕された。それを左に記す。[46]

詫状之事

一、越前国熊坂村清次郎と申者、加賀山へ入込切あらし盗取申ニ付、今般加賀御領分曾宇村へ右清次郎被捕、御公儀様へ御訴可被仰上之所、私共早速罷越御詫仕、是以後山少茂切あらし不申様に、急度縮り可仕旨御請合申候故、御了簡を以、下々に而御済被成被下忝奉存候、只今迄不届義奉詫候、是以後急度締り可仕候、為其後日証文仕候所如件

明和九年辰二月卅日

越前熊坂村 忠兵衛
清左衛門
庄屋 清太衛

加賀曾宇村肝煎 長兵衛殿
同組合頭 庄右衛門殿
（組合頭二人略）

越前熊坂村の庄屋・組合頭は「詫証文」をもって曾宇村に来ており、この頃には加越国境も明確になっていたよう

だ。右のような事情から、大聖寺藩は松山廻に加越国境を巡回させると共に、大内・風谷口留番所近くに山小屋を建て、それぞれ足軽山番二人を置いた。「勘定頭覚書」の享保一八年（一七三三）一〇月一九日条には「一、山廻之儀ハ、風谷領ゟ曾宇村領・直下《そそり》村領迄、嶺境毎日無懈怠相廻り可申事、若山ニおいて異之品見届申カ、或ハ山盗人ニ出会とらへ申候者、其趣即刻可及断候」と記す[47]。大内山番人・風谷山番人は松山廻と共に国境の峰々を巡回し、盗伐者の逮捕に当たった。そのため、口峰（北国街道から風谷峠まで）・奥峰（風谷峠から大内峠まで）と称する尾根筋には「尾根道」（尾道）と呼ばれる幅四尺（約一・二メートル）の山道が存した。この尾根道の草刈りは、近くの村々から人足を出して行われた。天明七年（一七八七）の覚書には、「此道かり人足大土村より九谷・真砂・坂下・大内おさかいニかり申候、坂下村りやう分弐り斗、大内村りやう分弐り斗、大内村人足弐百五十三人、坂下村人足弐百七十人四月朔日より同七日までかり」と記す[48]。すなわち、大内村は領分二里ほど（約八キロメートル）を人足二五三人（七日間）で、坂下村は領分二里ほどを人足二七四人（七日間）で尾根道の草刈りを行った。この尾根道は、今も僅か風谷峠近くに残存す。

大聖寺藩の郡奉行は、村々の巡回（御郡廻り）と共に加越国境の巡回にも当たった。江戸後期の「江沼郡雑記」から郡奉行の巡回コースを示す[49]。

口峰廻り（刈安山から北国街道まで）
奥峰廻り（敷地から東谷・西谷まで）
大日廻り（敷地から大日山まで）

口峰廻り・奥峰廻りは毎年四月に実施されたものの、大日廻りは明和七年（一七七〇）と文政一〇年（一八二七）に二度だけ行われた。大聖寺藩の郡奉行は巡回に際し盗伐者を逮捕しており、郡奉行は松山廻の業務を一部担当していたようだ。

最後に、松山廻・足軽山番人の役料をみておこう。享保期（一七一六～三五）の「御役料幷雑用渡方」によれば、松山廻は銀二枚（春暮渡り）、足軽山番人は銀六〇匁（春暮半分宛）、杣人は銀四五匁（春暮半分宛）の役料を得た。[50] 明治四年（一八七一）の「大聖寺領巨細帳」には、各村の山番が役料（平均銀五〇・五匁、米八・二石）を支給されていたことを記す。[51] なお、「勘定頭覚書」には「大内・風谷山番人扶持方米、此山中蔵米ヲ以相渡」とあり、[52] 大内・風谷山番人の扶持米は山中蔵米をもって支給された。

一　松山と雑木山

（1）『聖藩算用場定書』（北陸謄写堂）一九〜二二頁
（2）前掲『加賀藩御定書・後編』四一三頁
（3）前掲『加賀藩農政史考』一四七頁
（4）前掲『加賀藩御定書・後編』四九二〜四九六頁
（5）『加賀市史・資料編第一巻』四六二頁
（6）前掲『加賀市史料五』一三頁
（7）「江沼郡之内十八箇村松山凡歩数并概略之図」（金沢市立図書館蔵）。「同書」の一部は次の通り。
大菅波村――字前山・字天日上ノ山・堂ノ坂山・字中ノ坂山・蛇谷山・西ノ坂山・サムマイ山・西ノ界谷（壱万五千七百九十五歩）
小菅波村――字前山・ヤケ山・チギリ山・高平山（壱万四千七百三十八歩）
作見村――字サンジキ場・藤兵衛山・中山ノ内・大野山・富山ノ内・高ツブリ（壱万六千七百五十歩）
富塚山――字ヒナクボ・千本松・ヒトホシ山・前山・中山・ヲヤシ山・ムカイノ（六万弐千五百四十歩）
明治四年（一八七一）の「大聖寺領巨細帳」から各村（開田九平次組・平岡重五郎組・中谷宇三郎組）の松山歩数を抽出して第46表に示す（前掲『加賀市史料一』一四七〜二五五頁）。
（8）『加賀市史・資料編第一巻』四三九頁
（9）前掲『加賀市史料七』五五〜五六頁
（10）『大聖寺藩史談』（石川県図書館協会）一三五頁。煙焇御藪中には煙硝御蔵が存した（前掲『加賀市史料一〇』二八九頁）。

(11)「宗山遺稿」（鹿野小四郎氏蔵、加賀市片山津温泉）
(12) 前掲『加賀市史料一〇』二二〇頁
(13) 前掲「七日市町区長文書」。同覚には「一、堤・水除・波除幷御立山之義者、枯枝壱本ニ而茂剪取申間敷候」とあり、松山は「御立山」とも呼ばれていた（「同書」）。
(14)『秘要雑集』（石川県図書館協会）一九頁
(15) 前掲『聖藩算用場定書』一二頁
(16) 前掲『加賀市史料六』一七七頁。「秘要雑集」には「宝暦年間に南郷村にて松木を多く盗む。山番・肝煎・組合頭入牢させ詮議の処、少も不存旨申す。月日立てども事分らず」とあり、松山廻は松盗伐者を発見できないこともあったようだ（前掲『秘要雑集』四〇頁）。
(17) 前掲『加賀市史料六』二〇八頁
(18)「直下町区長文書」（加賀市直下町）。藩は文化一二年（一八一五）稽古場再建のため松数十本、文政七年（一八二四）新田開発のため松一〇〇〇本、同年片山津湯普請のため松二五〇本をそれぞれ下付した（前掲『加賀市史料六』一七七頁、一九五頁、一九七頁）。なお、杉本壽氏は盛岡藩の村預け山・御預山・御村預山などが藩から村方に預けた山という意味で、反対に村方からの呼称によると戒能通孝氏のような間違いを生ずると述べるものの、松本藩・大聖寺藩には村持山を村方から藩に一時預けした「留山」（建継林）が存した（前掲『林野所有権の研究』三四一頁）。

第46表　江沼郡の松山歩数

村名	松山歩数	
塩屋	5,652歩	（4ケ所）
瀬越	7,735	（10　）
上木	23,865	（6　）
片野	278,746	（1　）
大畠	35,079	（24　）
塩浜	25,432	（7　）
新保	93,800	（16　）
小塩辻	36,526	（19　）
潮津	46,524	（24　）
野田	5,095	（5　）
宮地	32,161	（3　）
三ツ	17,823	（1　）
荻生	11,446	（8　）
上福田	198,114	（28　）
下福田	91,955	（24　）
極楽寺	431,682	（18　）
岡	6,685	（1　）
敷地	35,834	（17　）
大聖寺	31,196	（22　）
南郷	75,690	（26　）
山中	53,910	（8　）
那谷	20,200	（1　）

『加賀市史料一』より作成.

(19)「右同」
(20)「右同」
(21)『加賀市史・資料編第一巻』四八～一二六頁
(22) 前掲『石川県林業史』一九六頁

二　七木制度の実施

(1) 前掲『石川県の山林誌』五八頁および斉藤晃吉『加賀藩の林政』（石川県農林部）一二頁
(2)「万年代記覚」（若宮守男氏蔵、福井県坂井郡丸

岡町霞町）

（3）「伊切町区長文書」（加賀市伊切町）

（4）「我谷町区長文書」（江沼郡山中町我谷町）

（5）『月津村史』一〇五頁。天明二年（一七八二）の覚には今立村で檜が禁木になっていたことを記す（「今立町区長文書」江沼郡山中町今立町）。「日記頭書」の安政八年（一七七九）一一月二四日条には「百姓持山たり共当分松木剪取候事御停止之旨被仰付」と記す（前掲『加賀市史料六』一二三頁）。

（6）「橋立町区長文書」（加賀市橋立町）。橋立村では、明治一三年（一八八〇）頃まで松高山の松数を戸長に報告していた（「同書」）。

（7）前掲『加賀市史料一〇』二一五頁

（8）「深田称名寺文書」（加賀市深田町）

（9）前掲『加賀市史料五』七頁

（10）前掲「伊切町区長文書」

（11）前掲『加賀藩史料・第五編』二三一〜二三二頁

（12）『加賀市史・資料編第一巻』八八頁、二四九頁

（13）前掲『加賀市史料五』二九五頁

（14）前掲『日本林制資料・金沢藩』六三頁

三　地割制度と山割

（1）『加賀市史・資料編第三巻』二一五頁

（2）前掲『加賀藩御定書・後編』四一三頁

（3）「真砂町区長文書」（江沼郡山中町真砂町）

（4）『加賀市史料五』三六四頁。天保一五年（一八四四）の「加賀江沼志稿」にも「田畠トモ土地ノ上中下ヲ分、草高ニ応シ、千石ノ村方ナレハ、何十鬮ニ割、其地ノ字ヲ以鬮ヲ引、其人ノ作高ニ応シ配分シ、作配スル也」と記す（『加賀市史・資料編第一巻』一二九頁）。

(5) 前掲『加賀市史料五』三六二頁

(6) 『右同』三六〇頁

(7) 『右同』三六三頁

(8) 「荒谷町区長文書」（江沼郡山中町荒谷町）

(9) 村肝煎は改作奉行から地割の許可を得た後、農民が作成した「地割納得定書」に基づいて検地と分配を実施し、その結果を「惣歩合盛書上申帳」に記して改作奉行へ報告した。本文の定書（三ケ条）は「地割納得定書」に当たった。加賀藩では、本文の三ケ条の外に①地割の終了後、野帳・合帳を調査して合盛帳と共に村肝煎に預け置くこと、②地割に付随して山割を実施すること、③地割の中間に鬮替を実施することなどを定めていた（前掲『藩法集6・続金沢藩』九一四～九一七頁）。

(10) 長岡藩でも田地割に付随して山割が実施されていた（『新潟縣に於ける割地制度』新潟縣内務部、一八頁）。

(11) 青野春水「松山藩の居坪について」（『日本歴史』第四七三号）

(12) 諸橋轍次『大漢和辞典・巻四』（大修館書店）

(13) 前掲『加賀市史料五』二七七頁

(14) 前掲「宗山遺稿」。「宗山遺稿」（二冊）は、一二代虎作が晩年に自己半生の体験と見聞を雑記帳に書いたものであった。

(15) 「百々町区長文書」（加賀市百々町）

(16) 「右同」。これには「地割高弐百八石ニ割」とあり、百々村は慶応期にも地割を実施していた。

(17) 「右同」。この「万歩帳」を次に示す。

本高
一、弐百九石　免三ツ九歩
新高
一、壱石壱斗四升七合　免一ツ弐歩
〆弐百拾石壱斗四升七合
此田歩数　弐万四千九百七拾六歩
内　村竿曲六尺七寸　但シ、壱歩ニ付四合五勺
上田　三千八百七拾四歩

此合盛　拾七石四斗三升三合　但シ、壱歩ニ付三合五勺
中田　八千七歩
此合盛　拾八石八斗弐升五合　但シ、壱歩ニ付三合
下田　一万三千九拾五歩
此合盛　四拾一石九斗四合
此畑歩数　四千三百八拾五歩
上畑　千七百三拾四歩
此合盛　壱石七斗三升四合　但シ、壱歩ニ付壱合
下畑　弐千六百五拾壱歩
此合盛　弐石壱斗弐升壱合　但シ、壱歩ニ付八勺
屋敷歩数　千四十八歩
此合盛　三石三斗五升四合　但シ、壱歩ニ付壱合五勺
惣歩数　三万四百九歩
合合盛　九拾五石三斗七升壱合
九拾石七斗九升弐合　御収納米

（中略）

右之通相違無御座候、以上

明治七年三月　加賀国第一九区百々村
副戸長　刈安久三郎

（18）牧野隆信「加賀国江沼郡柴山における田地割とその起源」（『日本史研究』第十七号）

（19）「柴山町区長文書」（加賀市柴山町）。江沼郡南郷村では明治一九年（一八八六）主な水田を除く、藪土用割・麻畠割・不後割・河原五拾歩割・長田畑割・嶋割・茶院割・山端ニ役割などを実施した。地割は同年三月二四日の「麻畠割」から四月一三日の「藪土用割」まで、地主総代兵之丞・算者重作・竿取兵蔵・長九郎・安吉をはじめ、人足八人をもって実施された。これは地租改正後に村の共有地として残されていたものを割替えたもので、農民の持高に応じた不平等割で、同村最後の地割となった。なお、同村では地租改正時に百々境（二百石）・日谷堺（赤はげ）・南谷・大かめ谷（上ノ割）・滝の屋・大かめ谷・五百石などの

第47表　江沼郡南郷村の不後割

籤組	籤番号	当たり人	歩数	籤番号	当たり人	歩数	籤番号	当たり人	歩数
ア	ふ 1番	與三平	3畝22歩	こ 1番	與平	17歩	え40番	七郎与門	11歩
イ	ふ 2番	善吉	4畝	こ33番	長作	16	え41番	辰吉	4
ウ	ふ 3番	辰吉	2畝	こ 4番	文与門	1畝20	え28番	平三	1畝
エ	ふ 4番	伝与門	1畝24	こ 5番	吉与門	1畝10	え17番	與衛門	1畝16
オ	ふ 5番	宇与門	2畝10	こ 2番	長在門	1畝02	え26番	長九郎	1畝08
カ	ふ 6番	善平	1畝21	こ 3番	孫在門	1畝14	え25番	善平	1畝15
キ	ふ 7番	孫平	2畝10	こ16番	伝与門	1畝02	え27番	源四郎	1畝08
ク	ふ 8番	長九郎	2畝12	こ15番	善吉	1畝07	え 4番	吸坂村	1畝01
ケ	ふ 9番	宗平	1畝24	こ14番	伝在門	1畝16	え19番	文在門	1畝10
コ	ふ10番	長次郎	1畝28	こ11番	兵次郎	2畝10	え39番	長吉	12
サ	ふ11番	幸介	2畝15	こ19番	與三郎	1畝15	え33番	源五郎	20
シ	ふ12番	宇与門	2畝03	こ 8番	兵与門	1畝14	え29番	吸坂村	1畝03
ス	ふ13番	庄与門	2畝03	こ20番	與次平	1畝18	え23番	八在門	29
セ	ふ14番	五十八	2畝	こ27番	八在門	21	え38番	忠在門	29
ソ	ふ15番	重三郎	2畝04	こ28番	喜介	22	え 2番	重与門	1畝24
タ	ふ16番	八三郎	1畝15	こ18番	重作	1畝08	え20番	清四郎	1畝27
チ	ふ17番	宗平	1畝11	こ13番	吸坂村	2畝04	え30番	與三郎	1畝05
ツ	ふ18番	源四郎	1畝15	こ22番	勘平	2畝03	え34番	庄与門	1畝02
テ	ふ19番	重三郎	2畝03	こ21番	庄与門	1畝16	え35番	喜介	1畝01
ト	ふ20番	與在門	1畝24	こ35番	長次郎	29	え13番	直之丞	1畝27
ナ	ふ21番	與之吉	1畝21	こ17番	重与門	1畝06	え24番	孫平	1畝23
ニ	ふ22番	宗平	1畝24	こ12番	兵蔵	2畝11	え31番	與次与門	15
ヌ	ふ23番	庄三郎	1畝26	こ10番	與与門	1畝18	え10番	清蔵	1畝07
ネ	ふ24番	清蔵	1畝13	こ 9番	庄五郎	1畝14	え 9番	忠作	1畝23
ノ	ふ25番	與平	1畝27	こ 6番	栄三郎	1畝07	え15番	長在門	1畝17
ハ	ふ26番	與三郎	2畝	こ 7番	伝次郎	1畝07	え 3番	重作	1畝13
ヒ	ふ27番	善吉	1畝29	こ30番	重三郎	15	え11番	善吉	2畝06
フ	ふ28番	孫平	1畝27	こ29番	源八	1畝13	え16番	伝次郎	1畝10
ヘ	ふ29番	七郎与門	1畝18	こ31番	兵与門	26	え14番	與三平	2畝06
ホ	ふ30番	辰吉	2畝19	こ32番	喜介	1畝01	え32番	幸介	1畝
マ	ふ31番	宗在門	1畝28	こ34番	長九郎	1畝01	え 5番	源四郎	1畝20
ミ	ふ32番	長九郎	1畝15	こ24番	源五郎	26	え12番	庄三郎	2畝09
ム	ふ33番	重三郎	1畝22	こ25番	與三平	24	え 8番	與次平	2畝07
メ	ふ34番	五十八	1畝22	こ37番	兵与門	29	え21番	與平	1畝29
モ	ふ35番	宇与門	1畝22	こ38番	吸坂村	29	え 6番	七郎与門	1畝29
ヤ	ふ36番	文在門	1畝22	こ42番	吸坂村	2畝03	え 1番	與次与門	28
ユ	ふ37番	五郎与門	1畝15	こ39番	長在門	1畝24	え18番	善与門	1畝11
ヨ	ふ38番	新七	2畝09	こ40番	兵与門	2畝11	え42番		
ラ	ふ39番	兵次郎	2畝11	こ26番	宗平	26	え22番	重与門	1畝13
リ	ふ40番	與在門	1畝22	こ41番	庄与門	1畝26	え36番	文在門	1畝02
ル	ふ41番	源三郎	1畝24	こ33番	仁与門	18	え 7番	喜介	2畝08
レ	ふ42番	善吉	2畝14	こ23番	久平	1畝03	え37番	小泉	1畝03歩
合計	8反4畝14歩（13石2斗1升）			5反4畝12歩（8石5斗8合）			5反5畝27歩（8石7斗4升）		

明治19年の「不後鬮縊帳」「不後割帳」「不後子割帳」「不後割切附帳」などにより作成.

第48表　江沼郡南郷村の藪土用割

籤組	籤番号	当たり人	歩数	籤番号	当たり人	歩数	籤番号	当たり人	歩数
ア	ま 1番	辰吉	1畝10歩	け16番	善平	1畝	ふ16番	幸介	1畝
イ	ま 2番	宗平	1畝10	け 6番	庄三郎	1	ふ33番	庄三郎	1
ウ	ま 3番	長在門	1畝10	け 5番	善四郎	1	ふ25番	久平	1
エ	ま 4番	與次平	1畝10	け10番	右与門	1	ふ21番	伝次郎	1
オ	ま 5番	庄三郎	1畝10	け15番	重与門	1	ふ24番	五十八	1
カ	ま 6番	幸介	1畝10	け13番	與次衛門	1	ふ19番	仁与門	1
キ	ま 7番	與三平	1畝10	け14番	平三	1	ふ22番	伝在門	1
ク	ま 8番	十与門	1畝10	け12番	孫平	1	ふ18番	長九郎	1
ケ	ま 9番	善吉	1畝10	け11番	源四郎	1	ふ23番	七郎与門	1
コ	ま10番	重三郎	1畝10	け 7番	伝在門	1	ふ17番	重三郎	1
サ	ま11番	庄三郎	1畝10	け 9番	文在門	1	ふ20番	清蔵	1
シ	ま12番	清四郎	1畝10	け 3番	吸坂村	1	ふ13番	兵次郎	1
ス	ま13番	仁与門	1畝10	け 8番	與三郎	1	ふ15番	善吉	1
セ	ま14番	忠在門	1畝10	け 4番	重三郎	1	ふ 1番	與三平	1
ソ	ま15番	吉郎与門	1畝10	け 1番	五十八	1	ふ32番	與与門	1
タ	ま16番	源五郎	1畝10	け17番	喜介	1	ふ34番	孫平	1
チ	ま17番	與平	1畝10	け 2番	源五郎	1	ふ35番	吉郎与門	1
ツ	ま18番	八三郎	1畝10	け21番	新七	1	ふ42番	善与門	1
テ	ま19番	八在門	1畝10	け20番	六与門	1	ふ40番	兵之丞	1
ト	ま20番	文在門	1畝10	け18番	八在門	1	ふ38番	清四郎	1
ナ	ま21番	久与門	1畝10	け19番	仁与門	1	ふ 2番	與衛門	1
ニ	ま22番	重作	1畝10	け24番	清八	1	ふ 4番	長吉	1
ヌ	ま23番	與次平	1畝10	け23番	長次郎	1	ふ 3番	八在門	1
ネ	ま24番	七郎与門	1畝10	け22番	與与門	1	ふ 5番	善吉	1
ノ	ま25番	宗平	1畝10	け26番	庄五郎	1	ふ 6番	吸坂村	1
ハ	ま26番	源四郎	1畝10	け28番	兵次郎	1	ふ 7番	直之丞	1
ヒ	ま27番	兵次郎	1畝10	け29番	直之丞	1	ふ 9番	忠在門	1
フ	ま28番	善与門	1畝10	け30番	與三平	1	ふ 8番	庄与門	1
ヘ	ま29番	長次郎	1畝10	け32番	七郎与門	1	ふ10番	兵次郎	1
ホ	ま30番	幸介	1畝10	け25番	善吉	1	ふ14番	喜介	1
マ	ま31番	吸坂村	1畝10	け33番	幸介	1	ふ12番	辰吉	1
ミ	ま32番	吸坂村	1畝10	け40番	忠作	1	ふ27番	與次与門	1
ム	ま33番	吸坂村	1畝10	け41番	兵次郎	1	ふ30番	善蔵	1
メ	ま34番	長九郎	1畝10	け42番	善与門	1	ふ26番	文在門	1
モ	ま35番	文在門	1畝10	け34番	長九郎	1	ふ28番	與三吉	1
ヤ	ま36番	與衛門	1畝10	け35番	與平	1	ふ31番	勘与門	1
ユ	ま37番	忠平	1畝10	け37番	五十八	1	ふ39番	清蔵	1
ヨ	ま38番	與次与門	1畝10	け39番	源五郎	1	ふ36番	與次平	1
ラ	ま39番	八在門	1畝10	け38番	善蔵	1	ふ41番	與三平	1
リ	ま40番	源四郎	1畝10	け36番	與次平	1	ふ37番	善吉	1
ル	ま41番	善平	1畝10	け31番	五十五	1	ふ29番	源四郎	1
レ	ま42番	七郎与門	1畝10	け27番	重与門	1	ふ11番	長九郎	1
合計	6反3畝（4石2斗4升2合）			4反6畝6歩（3石1斗8合）			4反7畝18歩（3石1斗9升）		

明治19年の「藪土用圖絵帳」「藪土用割帳」「藪土用親割帳」「藪土用子割帳」などにより作成.

田と河原・河端通畠・六十歩割などの畑が地割された。参考までに、不後割・藪土用割の鬮《くじ》組を第47表・第48表に示す（「南郷町区長文書」加賀市南郷町）。

(20) 加賀市荻生町の辻新作氏（明治三六年生まれ）によると、荻生村では大正期に二度鬮替を実施したという。

(21) 前掲「荒谷町区長文書」

(22) 「右同」

(23) 「荻生町区長文書」（加賀市荻生町）。この「松高山地割帳」の一部を示す。

丸山東平
北ゟ
弐　　　　　　壱
一、百歩　い壱番　一、百歩　同弐番
三　　　　　　四
一、百歩　同三番　一、百歩　同四番
五　　　　　　六
一、百歩　同五番　一、百歩　同六番
七
一、百歩　同七番
〆七百歩
さんまい道下
北ゟ
七　　　　　　六
一、五拾歩　ろ壱番　一、五拾歩　同弐番
壱　　　　　　三
一、五拾歩　同三番　一、五拾歩　同四番
五　　　　　　弐
一、五拾歩　同五番　一、五拾歩　同六番
四　　　　　　壱

一、五拾歩　同七番　一、百歩　同八番

〆四百五拾歩

がめ山割

弐　北ゟ　四

一、五拾歩　は壱番　一、五拾歩　同弐番

五　壱

一、五拾歩　同三番　一、五拾歩　同四番

弐　四

一、五拾歩　同五番　一、五拾歩　同六番

六

一、五拾歩　同七番

〆三百五拾歩

(24)「右同」

(25)「大土町区長文書」（江沼郡山中町大土町）

(26)「大内町区長文書」（江沼郡山中町大内町）

(27)「右同」。明治六年（一八七三）の「相山割覚之帳」によれば、江沼郡枯淵村では明治初期に地割と共に山割を実施し、その分割地に応じて納税額を定めていた。山割は村山を五一鬮（一人～二五人組）をもって分割したが、山林より「むつし」が多く、「むつし割」に近いものであった。五一鬮の内訳は一人組が六本、二人組が一二本、三人組が五本、四人組が一一本、五人組が三本、六人組が六本、七人組が三本、一〇人組が一本、一一人組が一本、一二人組が一本、二五人組が二本の合計であった。なお、田・畑・宅地・山林などの税総額一二円四五銭は地主二六人（九三銭～一九銭二厘）の持高に応じて納入された（「枯淵町区長文書」江沼郡山中町枯淵町）。

(28)前掲「橋立町区長文書」

四　植林政策の推進

(1)『加賀市史・資料編第一巻』四六二〜四六三頁。「加賀江沼志稿」には「上福田領北浜道極楽寺村ヨリ出村シタル所ノ西松ヲ皆切ラシテ、男松苗ヲ植ル」とあり、江戸後期に小塚藤十郎は上福田領の山林に男松苗を植栽した(『加賀市史・資料編第一巻』四六一頁)。
(2) 前掲「宗山遺稿」
(3)『石川県史・第参編』八八三頁
(4)『右同』八八三頁
(5) 前掲『加賀市史料六』一三四頁
(6)『江沼郡誌』二三四頁
(7)『芠憩紀聞』(石川県図書館協会)五頁、一一頁
(8) 前掲『加賀市史料一』六六頁
(9)「加越能御絵図覚書」(金沢市立図書館蔵)
(10)『江沼郡誌』二三五頁
(11) 前掲「宗山遺稿」
(12) 前掲『加賀市史料一』一五九頁
(13) 前掲『加賀市史料五』四〇三頁。明治四年(一八七一)には江沼郡串茶屋村から松苗を購入して塩屋・上木・片野浜に植栽した(『郷土の自然』)。
(14)『右同』五七〜五八頁
(15) 前掲『加賀市史料五』二八四〜二四九頁
(16)『拾椎雑話』(福井県郷土誌懇談会)二八八頁。宝永四年(一七〇七)の「耕稼春秋」には加賀国で菜種油が、越中・能登両国で荏油が、他国で荏油・桐油が多く生産されていたと記す(前掲『日本農書全集4』五七頁)。
(17)『福井県史・第二編』五七三頁
(18) 前掲『加賀市史料五』二八八頁
(19) 岡田孝雄「近世『ころび』の栽培と『若狭油』の生産と流通」(『北陸社会の歴史的展開』能登印刷、四四〇〜四四三頁)。松岡町は正保二年(一六四五)に創設された松岡藩五万石(福井支藩)の城下であったが、享保六年(一七二一)藩主は本藩を継

いだため廃藩となった。
(20) 『加賀市史・資料編第一巻』四八～一二六頁
(21) 『右同』四一六頁
(22) 前掲『加賀市史料五』八八～八九頁
(23) 『右同』一二〇頁
(24) 『七尾市史・資料編第三巻』六四頁
(25) 『小浜・敦賀・三国湊史料』(福井県郷土誌懇談会)五四〇頁
(26) 『金津町史』三七頁。正徳四年(一七一四)小浜藩では油桐実一俵(六斗)が六八匁、米一俵(四斗二升)が六〇匁七分八厘七毛であった(前掲『北陸社会の歴史的展開』四二五～四二六頁)。
(27) 前掲『加賀市史料五』三三三～三三八頁
(28) 『加賀市史・資料編第一巻』四八～一二六頁
(29) 『右同』三三二頁および前掲「宗山遺稿」および「山中行記」(金沢市立図書館蔵)
(30) 『江沼郡誌』二八一頁
(31) 前掲『石川県林業史』二〇九頁
(32) 前掲『日本農書全集5』二七九頁
(33) 『七尾市史・資料編第三巻』六四頁
(34) 前掲『日本農書全集13』一九九頁
(35) 『石川県の林業』(石川県内務部)一四頁
(36) 前掲『日本農書全集4』一五八～一五九頁
(37) 前掲『日本農書全集5』三〇八頁。加賀藩では寛文一〇年(一六七〇)に茶役をまだ賦課していなかった。
(38) 『石川県史・第参編』九四五頁。
(39) 『加賀市史・資料編第一巻』三四五頁
(40) 『江沼郡誌』二七三～二七五頁。藩士・町人は江戸末期に輸出用の茶を製造し、それを茶商人に売っていた(前掲『加賀市史料六』二四〇頁)。

(41)『国事雑抄・中編』（石川県図書館協会）四七五〜四七六頁および前掲『加賀市史料五』一五一〜一五二頁。串村甚四郎は正徳一揆の時、不当な茶口銭を徴収していたとして農民から襲撃された（『那谷寺通夜物語』石川県図書館協会、七〇〜七二頁）。
(42) 前掲『加賀市史料五』一五三頁
(43)『右同』二四六〜二四七頁。文政四年（一八二一）には羽織屋忠蔵が川下げ茶の送り切手を発行していた（『右同』二八九頁）。
(44)『右同』二四五〜二四六頁
(45)『根上町史・通史編』三六七頁
(46) 前掲『日本農書全集4』一五八〜一五九頁。次に、打越茶の製造工程を簡単に示す。打越茶（緑茶）は新芽を小型ボイラーで発生させた蒸気中に通し、それを扇風機で急激に冷し水分を除き、揉み・捻り・乾燥などを繰り返し、細かく折って篩《ふるい》にかけて仕上げた。つまり、これは蒸熱（三〇秒）→冷却→粗揉（四五分）→揉捻（二〇分）→中揉（四〇分）→精揉（四〇分）→乾燥（三〇分）などの製造工程を経て完成した。
(47)『通俗経済文庫・巻二』（日本経済叢書刊行会）一〇九頁。元禄年間（一六八八〜一七〇三）には加賀国石川郡や越中国新川郡でも製絹業が行われていた（前掲『日本農書全集5』三〇八〜三一二頁）。
(48)『江沼郡誌』二五九頁
(49) 前掲『那谷寺通夜物語』八〇頁
(50)『加賀市史・資料編一巻』二五九頁
(51)『加賀市史・資料編二巻』三一二頁
(52)『加賀市史・資料編一巻』三四一頁
(53) 宮本謙吾『大聖寺絹業史』（経業堂）二三頁。小松絹は承応年間（一六五二〜五四）まで生産量が多かったが、寛延年間（一七四八〜五〇）に六〜七万疋、明和年間（一七六四〜七一）に五万疋と減少した（『石川県史・第参編』九二二頁）。
(54)『加賀市史料六』一八三頁
(55)「糸仕法一巻」（加賀市立図書館蔵）
(56)『加賀市史・資料編第一巻』三四一頁
(57) 前掲『日本農書全集5』三〇七〜三五七頁
(58)『石川県史・第参編』九三一〜九三七頁および『富山県史・通史編Ⅳ』二七六〜二八三頁。富山藩には婦負郡野積谷で生産された「八尾紙」があった。これは八尾町の紙問屋に集められた後、紙商人・反魂丹商人・小商人らにより主に領内に販売されていた（『富山県史・通史編Ⅳ』二七九〜二八一頁）。

(59) 前掲『秘要雑集』二〇頁

(60) 『石川県史・第参編』九三四頁

(61) 前掲『加賀市史料一』六三頁

(62) 『加賀市史・資料編一巻』九四頁

(63) 『右同』三四五頁

(64) 前掲『加賀市史料五』九一頁

(65) 前掲『那谷寺通夜物語』六五頁

(66) 前掲『加賀市史料五』四四〜四五頁

(67) 『右同』五二〜五三頁

(68) 前掲『加賀市史料六』一二六頁、一三三頁。東方芝山は文久二年（一八六二）に紙専売制を廃止し、安い他国の原料を移入することを藩に建白した（前掲『大聖寺藩史』二九八〜二九九頁）。

(69) 前掲『日本農書全集4』五九〜一六〇頁

(70) 『加賀市史・資料編一巻』四六一頁

(71) 中津原・滝・荒谷・今立村では大正期に楮をあまり栽培しなくなった（前掲『旧村誌』一八二頁）。

(72) 「民家検労図・人」（石川県立図書館蔵）

(73) 『江沼郡誌』二七六頁

(74) 前掲『芝憩紀聞』一八頁。杉本壽氏は越知山を丹生郡越廼村茗荷近くに存した山と解した（同氏『きじや』文泉堂書店、七六〜七七頁）。

(75) 前掲「真砂町区長文書」。この綸旨は福井県南条・今立・大野郡の山間部にも現存す（『池田町史』二〇二〜二一五頁）。参考までに、正安三年（一三〇一）・天正八年（一五八〇）の綸旨および永祿二年（一五五九）の朝倉四奉行文書を示す（前掲「真砂町区長文書」）。なお、正安三年の綸旨は現存しない。

（後伏見天皇綸旨）

行大嘗会悠紀細工所事、所下越前国轆轤師等、可早以平助守海恒重等為轆轤師祝部職事。右当所御物代々依料進重役無双之御作手也。爰近年構新儀於当国近江国禰祇園半成器物之違乱之事。実《マコト》者太不可然、先例既諸方懃仕被免除之上者、向後間任前々例可停止致違乱之状所仰、如件

正安三年十一月日　　　右史生紀（在判）

（朝倉四奉行文書）

国中轆轤師同塗師屋方無頭之事、正安三年十一月日御院宣幷府中両人折紙有之。殊惣社両度之諸役等無懈怠云々。就其他国轆轤師引物等不及案内商売之儀堅可令停止之。然上者任先規例可進退者也。仍如件

永禄二年八月十日　　　景　連（花押）

吉　統（花押）

長　利（花押）

景　定（花押）

越前国鞍谷轆轤師

（正親町天皇綸旨）

越前州今南東郡吉河・鞍谷・大同丸保塗師屋同轆轤方之無頭事。正応正安任度々例、以織田信忠惣国中塗物以下、於末代無相違可進退旨定訖。然上者御諸役可為免除。若違乱輩有之者、堅可停止之旨可令下知、正重給由天気所候也。仍執達如件。

天正八年三月十六日　　　左　大　弁（花押）

左史殿

(76) 前掲『加賀市史料五』二頁

(77) 前掲「真砂町区長文書」。明治六年（一八七三）真砂の村人は大土村の神社に生立した神木を無断伐採し、警察官から戒められた（「同文書」）。

(78) 前掲「加越能御絵図覚書」

(79) 前掲「真砂町区長文書」および『加賀市史・資料編第一巻』九六頁

(80)「右同」

(81)「右同」

(82)前掲『加賀市史料一』八八〜八九頁

(83)前掲『加賀市史料六』八二頁。大聖寺藩は明治三年(一八七〇)明治政府に流刑地が存しなかったと報告していた(前掲『大聖寺藩史』五三五〜五三六頁)。

(84)『加越能大路水経』(石川県図書館協会)二頁

(85)南条郡大河内・桝谷・高倉村および今立郡檜俣・田代・割谷・尾緩・稗田・籠掛・東青・西青・蒲沢・大本村の人々も長慶寺を檀那寺としていた(『池田町史』八二九〜九五三頁)。

(86)「山中入湯日記」(金沢市立図書館蔵)

(87)『山中町史』七三七頁。加賀藩では江戸前期に鳳至郡輪島村と新川郡平沢村(木地平)を除き、まだ木地製品の生産量が少なかった。江戸中期には礪波郡城端町、江戸後期には射水郡高岡町・婦負郡八尾町(富山藩)などで漆器業が盛んになった(『富山県史・通史編Ⅳ』二七一〜二七三頁)。

(88)「梅田日記」(金沢市立図書館蔵)

(89)『江沼郡誌』二六七〜二六八頁および『山中町史』三六五〜三六六頁

(90)『山中町史』六四三頁

(91)『右同』七七五〜七七七頁

(92)『加賀市史・資料編第一巻』三四一頁

(93)「岡文雄家文書」(今立郡池田町田代)

(94)『加賀市史・資料編第一巻』三四四〜三四五頁

(95)前掲『加賀市史料五』二〇七頁

(96)『加賀市史・資料編第一巻』一一頁および「五明館文書」(江沼郡山中町本町)

(97)前掲『日本農書全集4』一六一〜一六二頁

（1）前掲『大聖寺藩史談』三頁。富山藩では万治二年（一六五九）に十村を創設し、延宝二年（一六七四）に十村六人、長百姓一六人（十村に次ぐ農民）が存した（前掲『越中史料・第二巻』四二五頁、五二三頁）。
（2）前掲『加賀藩農政史考』一〇〇頁
（3）前掲『加賀市史料五』三二五頁および『山中町史』一一三頁
（4）前掲『加賀市史料五』一九頁
（5）『右同』三六五頁
（6）監獄には吟味奉行が管轄した牢獄と、十村が管轄した郡牢（監倉）が存し、後者は初め庄村の外れに住した非人頭の新平が所管していたという（前掲「宗山遺稿」）。
（7）前掲『加賀市史料五』一六七～一七二頁
（8）『右同』一六八頁
（9）『右同』三五七頁
（10）『右同』二五〇頁
（11）『右同』二四一頁
（12）『右同』三～四頁
（13）『右同』一六七～一七二頁。天保年間（一八三〇～四四）十村代官は口米一人当たり正米一〇〇石（草高二五〇石）から五〇石に、番手・手代は役米二〇俵から一〇俵に、代官手代は役米五俵から四俵に減少されたという（前掲「宗山遺稿」）。
（14）『右同』六二頁
（15）『右同』三四八頁
（16）『右同』一七一頁
（17）「鹿野家由緒書」（鹿野小四郎氏蔵、加賀市片山津温泉）
（18）前掲『加賀市史料三』一一五頁。橋立村の一一代西出孫左衛門は天保八年（一八三七）に十村格となり、嘉永七年（一八五四）に苗字帯刀御免となった（前掲『加賀市史料四』四九～五〇頁）。また、同村の初代増田又右衛門は嘉永四年（一八五一）に十村格となり、安政元年（一八五四）に苗字御免となった（『同書』一九一頁）。さらに、瀬越村の初代大家七兵衛は弘化三年（一八四六）に十村格となり、元治元年（一八六四）に苗字御免となった（牧野隆信『北前船の研究』法政大学出版局、四二六頁）。

(19) 前掲『加賀市史料五』三六三頁

(20) 前掲『加賀市史料六』五八頁

(21) 『江沼郡誌』五一三～五一四頁

(22) 前掲『秘要雑集』二八頁

(23) 前掲『加賀市史料五』三四八頁

(24) 荒森兄弟『津軽海峡』一六～二二頁

(25) 前掲「鹿野家由緒書」および「宗山遺稿」

(26) 前掲『加賀市史料五』九頁

(27) 『山中町史』一一三頁。足軽の忠木六右衛門は元文年間（一七三六～四〇）矢田野村に移され、十村になったという（前掲『加賀市史料三』三五四頁）。

(28) 前掲「宗山遺稿」

(29) 「右同」。初代能登屋は、鹿野与四郎（初代鹿野小四郎の二男）の子孫が十村を辞した跡組を継いだ（「同書」）。

(30) 前掲『加賀市史料三』一頁、一一五頁および『加賀市史料四』五〇頁、一九一頁および『山中町史』一一三～一一四頁

(31) 前掲「宗山遺稿」

(32) 『加賀市史・資料編第一巻』一三〇頁

(33) 『石川県史・第参編』八八〇頁

(34) 『加賀市史・資料編第一巻』二三一頁

(35) 前掲『加賀市史料二』三七五頁

(36) 前掲『聖藩算用場定書』二〇頁

(37) 「大聖寺藩官録帳」（加賀市立図書館蔵）。「大聖寺藩官録帳」によれば、野崎直弥は六〇石、笠間助市は四〇石、嶋田久次郎は一〇〇石の禄高を得た藩士であった。

(38) 前掲『聖藩算用場定書』四四～四六頁

(39) 『右同』三四頁

(40)『右同』四五頁
(41)「大聖寺藩士由緒書」によれば、奥村助六は延宝二年(一六七四)に「松方横目」となった(前掲『加賀市史料二』三七三頁)。
これは、今のところ松方横目の史料的初見であろう。
(42)『石川県史・第参編』八八〇頁
(43)前掲『加賀市史料五』一頁
(44)前掲『加賀市史料六』六六頁
(45)前掲『加賀市史料五』一～二頁。「日記頭書」にも盗伐事件を記す(前掲『加賀市史料六』六九頁)。
(46)「曾宇町区長文書」(加賀市曾宇町)
(47)前掲『加賀市史料五』二六四頁
(48)前掲「大内町区長文書」
(49)前掲『大聖寺藩史談』二二五～二四二頁。天保四年(一八三三)の奥山廻りは次の通り(『同書』一三六頁)。

四月一八日　敷地・上河崎・中代・加茂・西嶋・上野・二ツ屋・小坂・横北・水田丸・柏野・須谷・塔尾・四十九院・滝・中津原・菅生谷・荒谷・今立(昼食)・大土(泊り)
四月一九日　大土・九谷・真砂・坂下・片谷(野宿)
四月二〇日　大内・我谷・菅谷・下谷・山中(泊り)
四月二一日　塚谷・上原・長谷田・中田・別所・河南・荒木・黒瀬・吸坂・南郷

小原文英は、江戸後期に郡奉行の奥山廻りが益少なく農民の負担になることを指摘し、三～五年に一度とすべき意見書を藩に提出した(前掲『加賀市史料七』六一頁)。
(50)前掲『聖藩算用場定書』三四頁
(51)前掲『加賀市史料一』一四八～二五五頁
(52)前掲『加賀市史料五』三五頁

第七章　白山麓の「むつし」

一　白山麓の焼畑

焼畑は江戸末期に全国の山間部で広く行われていたものの、それはすでに多くの地域で補助耕作となっていた。[1] 江戸時代の焼畑については、筑前国糸島郡女原村の宮崎安貞が著した「農業全書」（元祿年間）や高崎藩の郡奉行大石久敬が著した「地方凡例録」（寛政年間）にその記述が存す。後者によれば、北国筋・上方筋・四国・九州をはじめ全国の山間部では「切替畑」「鹿野畑」「苅生畑」「薙畑」などと称し、焼畑が行われていた。焼畑は地域によって検地の対象となる場合と、そうではない場合が存した。前者の場合には、焼畑の石盛が最下位の下々畑並に格付けされ、その面積も半分ないし三分の一を原則として検地帳に記載された。後者の場合には、焼畑が山高（村中入会の山林からの収益高を計って村高に見積もったもの）の範疇で扱われた。幕府・諸藩は、江戸中期以降財政難の克服のために焼畑地に課税することもした。[2] ただ、幕府・諸藩は、焼畑の火が御林山（官有林）に類焼することを恐れてそれを基本的に禁止していた。寛文六年（一六六六）の「山林掟之覚」には「但、山中焼畑新規ニ仕間敷事」とあり、[3] また貞享元年（一六八四）の覚書には「附、山中焼畑・切畑新規に仕間敷事」とあって、[4] 幕府は新規の焼畑を厳禁していた。

加賀藩の焼畑については、石川郡御供田村の十村土屋又三郎が著した「耕稼春秋」(元禄年間)に次の一条を記す。(5)

少々長いが全文を記す。

一、金沢より道程四五里、或ハ六七里、又ハ八九里迄の遠山村々にてなき畑する物也。惣してなき畑ハ近山ハ茅柴山、又遠山ハ杪山、或ハなる木なと有険岨の山を木柴茅杪を伐、畑五百歩、或ハ千歩、又千五百歩も、一面に四五月中伐置能枯て、六七月中天気能風無時分、山の頂の方より火を付て杪柴なとを焼。其節風有ハ風下の青山も焼故、気遣して山焼を防く。翌日消て焼残の大木を拾ひ取て、其跡鍬にて打立、其上に種子を平蒔にする。なき畑ハ一年に一作する。惣して糞ハ焼灰迄にて余の糞ハいらず、是に依て茅山ゟハ木を焼ハ畑よく出来する。初年ハ蕎麦を蒔。是ハ秋のなき也。百歩に種子上地ハ弐升、下地ハ三升まく。其上を箒にてはく。其儘置ハ諸鳥種子を拾ひ、又ハ雨にて損す。毎年六月七月両度程草修理す。二年目粟まく。種子百歩に上地三合、中地ハ四合、下地ハ五合。三年目大豆蒔。百歩に種子壱升、下地ハ壱升五合。四年目ハ小豆蒔。種子百歩に上地ハ壱升、下地ハ壱升五合蒔。何も畑打草修理等ハ同事也。去とも蕎麦ハ少しの内にて草取ず。如斯続て四ヶ年畑にする。其内土目能所ハ又立帰りて粟を蒔。土目悪しけれハ四年にて捨る。則年を経れハ本の如く茅柴杪山となる。なき畑ハ検地の時分指除て竿入ず。地目宜敷日当り能、桑なと付て畑面宜敷見ゆれハなき畑わきとて竿下に入る。畑折ハ何方にても七ツ程折物也。

右は加賀藩の焼畑というものの、金沢付近の焼畑に関する記述であった。これは次のように要約できるだろう。

金沢付近の山間部では、焼畑のことを「薙畑」と呼称していた。
四、五月中に山地斜面の柴・茅などを伐採し、六、七月中に火入れした。
火入れが終わった翌日、無肥料で畝を切らずに播種した。

初年蕎麦、二年目粟、三年目大豆、四年目小豆の四輪作であった。

焼畑地は検地の対象とならなかった。

加賀藩における焼畑の輪作は、後述する白山麓のそれとは異なり、初年に蕎麦が作られたが、これは焼畑がすでに水田の補助耕作として位置付けられていたことを示す。火入れの時期についてはきわめて複雑で、作物の種類によって異なっていた。一般的には春期・夏期・秋期の三種に分けられた。留意したいことは、焼畑地の中で土地が肥え、日当たりのよい所が「なき畑わき」すなわち熟畑になったことだろう。熟畑は検地の対象となり、石高は田の七分の一ほどであった。加賀藩の林野は、御林山と百姓持山とに大別されていた。御林山は藩の用材確保を目的としたもので、焼畑はもちろん農民が立ち入ることさえも禁止されていた。寛政七年（一七九五）鹿島郡熊淵村孫十郎は百姓持山で焼畑を行い、御林山に類焼させたため入牢を仰せ付けられた。(6) 加賀藩の山間部では、雑木や草が生える百姓持山で焼畑が行われた。もっとも、そこに杉・松・檜・栂・栗・漆・槻などの七木が生立している場合には焼畑が禁止された。ちなみに、名古屋藩の木曽山でも元禄九年（一六九六）槇・檜・樅・松・椹・明檜などが生立する林野での焼畑を禁止していた。(7)

加賀藩の焼畑名称について、前記「耕稼春秋」には金沢付近の山間部で「薙畑」と称したことを記す。能登国珠洲郡秋吉村では「薙畑」と、同鳳至郡浦上地区では「薙野」または「ノウ」と呼称していた。(8) また、年代不詳（藩政末期）の「なき野畑打立帳」には鳳至郡中斉村で「薙野」または「ノウ」と、(9) 天保九年（一八三八）の「なき野蕎麦歩数書上申帳」には羽咋郡土田組で「薙野」と呼称したことを記す。(10) 能登国羽咋郡続きの越中国射水郡三尾・床鍋両村では「薙畑」または「ノウ」、(11) 飛驒国境に位置した新川郡東猪谷村や礪波郡五箇山では「薙畑」と呼称した。(12) つまり、加賀国の山間部では焼畑を「薙畑」、能登国鳳至・羽咋両郡および越中国射水郡の一部では「薙野」または「ノウ」とそれぞれ呼称していた。このように、焼畑を「薙畑」「薙」と呼称したのは、雑木・柴草を薙ぎ倒して焼くためであったという。したがって、焼畑のため雑木・柴草を伐採することを「薙苅り」といい、火入れすることを「薙焼き」といった。(13) いま、加能越三ケ国の焼畑名称および焼畑用地名称を第49表に示す。

白山麓の村々がいつ成立したかは明らかではないが、養老元年（七一七）泰澄が白山を開き、それにともなって同

第49表　加能越３ケ国の焼畑名称

国名	郡名	村名（地名）	焼畑名	焼畑用地名	出典
加賀	石川	金沢付近	薙畑	むつし	「耕稼春秋」
	〃	坂尻村	薙畑	むつし	「枝家文書」
	能美	神子清水村	薙畑	むつし	『石川県鳥越村史』
	〃	坪野村	薙畑	むつし	『辰口町史・第二巻』
	江沼	山中谷・アチラ谷	薙畑	むつし	「加賀江沼志稿」
能登	珠洲	秋吉村	薙畑		『内浦町史・第二巻資料編』
	鳳至	浦上地区	薙畑・ノウ		『山村社会経済誌叢書10』
	〃	中斉村	薙畑・ノウ		「中斉区長文書」（柳田村）
	鹿島	崎山地区	薙畑・ノウ		『七尾市史・資料編第一巻』
	羽咋	土田組	薙畑		『志賀町史・資料編第二巻』
	〃	甘田組	薙畑		「桜井家文書」（羽咋市）
越中	射水	三尾・床鍋村	薙畑・ノウ		『とやま民俗24』
	新川	上市・早月川沿	薙畑	あらし	『上市町誌』
	〃	東猪谷村	薙畑	あらし	『とやま民俗21』
	婦負	八尾村	薙畑	あらし・草蓮	『八尾町史』
	〃	中村	薙畑	あらし・草蓮	『民俗採訪』
	礪波	小瀬村	薙畑	あらし・草蓮	『富山県史・史料編III』
	〃	相倉村	薙畑	あらし・草蓮	『越中五箇山平村史・下巻』

年に風嵐村、翌年に牛首村が成立したとする伝承が存す。[14] 下出積与氏は、林西寺の縁起や八坂神社の祭神などから白山信仰がほとんどみられないことを指摘し、牛首村成立の時期を「平安末期の十二世紀末葉から鎌倉時代の十三世紀ごろ」と解した。[15] 耕地の少ない牛首村が白山信仰と関係なく成立したことは、焼畑農民や木地師が形成した村であったことを示す。次に、この牛首谷の歴史的推移を『白峰村史』により略述したい。[16]

牛首谷は、長い間白山社家領として無主・無年貢地であった。その後、同谷は富樫氏の領地となったが、無年貢地には変化がなかった。長享二年（一四八八）富樫氏が滅亡すると、加藤藤兵衛が同谷に入り土豪的支配を行ったが、永正年間（一五〇四～二〇）藤兵衛が一揆軍に破れたため、子息三郎助則直は福岡村（現河内村）の城主結城宗俊に援軍を求めた。宗俊は大永元年（一五二一）一揆軍を滅ぼし、牛首谷を領有し支配を則直に任せた。天正七年（一五七九）越前国より谷峠を越え同谷に進軍したのは、織田信長の武将柴田勝家の甥柴田三左衛門であった。牛首谷を支配していた加藤藤兵衛は、三左衛門の配下となり自分の地位を守った。この時、無年貢であった牛首谷の村々にも見積り高が決定され、年貢が徴収されるようになった。慶長三年（一五九八）の太閤検地でも、石高をそのまま検地帳に記載した。東谷の検地帳は加藤藤兵衛が預かっていたが、延宝元年（一六七三）藤兵衛が追放になったとき紛失したという。西谷の新保村・杖村・小原村のそれは『新丸村の歴史』にみられるものの、原本の所在は不明という。慶長六年（一六〇一）松平秀康が越前国守となった際、加藤藤兵衛が郷代官として東谷・西谷一六ケ村を支配した。寛文八年（一六六八）この一六ケ村と加賀藩領であった尾添・荒谷両村が天領となり、美濃笠松の代官杉田九郎兵衛が支配し、陣屋を釜谷村に置いた。ここに天領白山麓一八ケ村が成立した。その後、鯖江・本保に陣屋が置かれたり、福井藩の御預所となったりした。

江戸時代、白山麓の人々はどのような生活をしていたであろうか。それを探る手立てとして、元禄三年（一六九〇）の「白山麓十八ケ村鉄砲改書上帳」から天領白山麓の村高を第50表に示す(17)。第50表のように、白山麓の村々の石高はきわめて低いものであった。この村高は険岨で平坦地の少ない自然条件の中にあって、水田を開くことが困難であったため、幕末に至ってもほとんど変わらなかった。幕府の代官は白山麓の村々の石高が里方の村々のそれに比べて低かったことに不審を持ち、しばしば村々の竿入れを要求した。村では水帳が存しないこと、耕地の不安定性をあげてこれを拒んだ。ところで、白山麓ではどのようにして村高（草高）を決定していたのであろうか。前述のごとく、天正七年八月に柴田三左衛門は白山麓の検地を行ったが、それは村々との示談すなわち投免（測量しないで税率を定めること）による定免であった。その後、太閤検地でも特に測量を行わず、柴田検地をそのまま踏襲して検地帳を作成したという。白山麓の西谷五ケ村を除く東谷一三ケ村（牛首村は明確ではない）は無反別であり、焼畑地および焼畑用地は一括して村高に打ちこまれていたのだろう。ただ、

第50表　白山麓の村高一覧

谷名	現在	村名	村高
牛首谷	白峰村	牛首村	39.906石
		風嵐村	5.580
		島村	19.850
		下田原村	3.330
	尾口村	鴇ケ谷村	8.750
		深瀬村	2.516
		釜谷村	12.470
		五味島村	3.753
		二口村	6.050
		女原村	10.260
尾添谷		瀬戸村	5.750
		荒谷村	20.910
		尾添村	151.070
西谷	小松市	杖村	16.760
		小原村	21.254
		丸山村	59.520
		須納谷村	21.160
		新保村	21.495
計		18ケ村	430.384

本来、雑木林の焼畑用地をどのくらいの割合で村高に入れたか判明できない。ともあれ、村高に含まれる土地は年貢を払う点で村領であり、農民は百姓持山として利用した。いま少し白山麓の人々の生活を明らかにするため、寛政六年（一七九四）の「乍恐以書付奉願上候」を次に示す。(18)

乍恐以書付奉願上候

一、白山麓拾八ヶ村見取場・荒地之場所、近来厳重被仰渡茂有之ニ付、此度一村限小前持分一筆限帳面相仕立、右小前帳之通荒地之場所一筆限字書附建札いたし、村境之傍に相立、村役人共御案内仕御改を請可申旨被仰渡奉畏候（中略）、白山麓拾八ヶ村之儀至而高山引請罷在、例年八・九月頃ゟ雪降、三・四月ゟ八月頃迄農業之間、冬中焼キ候薪を取入、其外山稼・せんまいを取、或者木之実等を拾ひ夫食足合ニ仕、漸渡世仕候段申上候処、被仰聞候者、此度作右衛門様態々被遊御越候儀故、為少々共御益筋無之ニ而者、御帰府之上被仰上様も無之段至極御尤奉承知候得共、北国一高山之日影ニ住居仕候村々ニ而、前書ニ申上候通八・九月ゟ雪降、三・四月迄者山々雪消不申、暖気之間者纔ならでハ無御座、其上田畑共ニ至而土地悪敷薄地故、里方与違肥等茂多分入、蒔付仕候而も冷気勝成年柄ニ者諸作共自然と実法《のり》不宜、且亦焼畑之儀者粟・稗等之雑穀畑、壱枚漸四・五年宛之間ニ一作相仕舞、其跡四・五拾年茂捨置候を山をこやすと申候、夫ゟ木草生シ土自然と肥申節新刈畑仕、其刈取候木草江茅等差添焼キ、則是を焼畑と唱、其焼灰を以肥ニ仕雑穀等相仕附申候所、しめり無之内風吹候得者不残灰肥被吹取、引続跡肥仕候抔者不及沙汰、迚茂自力難相叶、無拠其儘捨置候故一向実法不申候、尤焼畑跡等御覧被遊候ハバ場広ニ可被思召候得共、前文之通四・五拾年之内ニ漸四・五年宛之間一作仕候而も、或者本田・焼畑共猪鹿ニ被喰荒、無難取入之儀者稀成儀ニ而、年々及難儀相続茂難相成もの共多分有之、居村ニ住居茂相成兼、表向申立ニ者不相成恐入候儀ニ者候得共、例年共右困窮者共十月前後ニ者在所出立仕、来二・三月頃迄者上方筋江袖乞ニ罷越、漸露命繋候儀ニ而、往古ゟ国々ニ而白山乞食と相唱へ候儀者無隠儀ニ御座候

寛政六寅年四月

牛首村庄屋
利兵衛(印)

長百姓　市郎右衛門(印)
百姓代　新右衛門(印)
(一七ケ村役人略)

この文書は、白山麓一八ケ村の村役人が連判して見取米の取り立て免除を願ったものであった。右には農業生産の劣悪さを強調するあまり、拡張表現もみられた。いま、これは次のように要約できるだろう。

(1) 白山麓では焼畑を中心とした雑穀生産を行っていたものの、寒冷地で地味が悪く、収穫がきわめて少なかったので、炭焼き・山稼ぎ・薇採り・木の実拾いなどの副業も行った。

(2) 焼畑地は一見広くみえるが、四〇〜五〇年に一作（四〜五年作）で、また猪・鹿の被害や焼灰が風に吹き飛ばされることもあって、収穫がほとんどないこともあった。

(3) 零細農民の多くは、一〇〜三月頃まで上方筋へ袖乞い（白山乞食）に出て露命をつないだ。

右文書には白山麓において焼畑を「焼畑」と呼称していたことを記すものの、これは幕府に提出された文書のためであり、焼畑農民は「薙畑」または「山畑」と呼称していた。藩に提出された文書にも、同様に「焼畑」の名称が使用されていた。いま、天領白山麓一八ケ村の焼畑名称を第51表に示す。白山麓では焼畑を「薙畑」または「山畑」、その用地を「むつし」または「あらし」と呼称した。前述のごとく、「薙畑」の名称は山地斜面の草木を「薙ぐ」ことから始まったもので、草木の伐採を「薙刈り」、火入れを「薙焼き」と称した。また、火入れ初年目の畑地を「新《あら》畑《ばた》」、地力が減退したそれを「古畑《ふるばた》」と呼称した。薙畑には稗を初年目作物とする「稗薙」、蕎麦を初年目作物とする「蕎麦薙」、大根を初年目作物とする「菜薙」の三種類があり、伐採や火入れの時期、二年目以後に栽培される作物の種類、経営される面積などに若干の差異がみられた[19]。

焼畑は入会山を原則とした百姓持山で行われたが、これは農民の持高に応じて山割し、個人所有として利用する場合もあった。白山麓の村々では、各村近くの山林に大なり小なり私有地を有していた。白山麓の村々の石高はきわめ

第51表　白山麓の焼畑名称

谷名	現在	村名	焼畑名	焼畑用地名	出典
牛首谷	白峰村	牛首村	薙畑・山畑	むつし・あらし	『白峰村史・下巻』
		風嵐村	薙畑・山畑	むつし・あらし	『同上』
		島村	薙畑・山畑	むつし・あらし	『同上』
		下田原村	薙畑・山畑	むつし	『同上』
	尾口村	鴇ケ谷村	薙畑	むつし	『尾口村史・資料編第一巻』
		深瀬村	薙畑	むつし	『同上』
		釜谷村	薙畑	むつし	『同上』
		五味島村	薙畑	むつし	『同上』
		二口村	薙畑	むつし・あらし	『同上』
		女原村	薙畑	むつし・あらし	『同上』
尾添谷		瀬戸村	薙畑	むつし・あらし	『同上』
		荒谷村	薙畑	むつし・あらし	『同上』
		尾添村	薙畑	むつし・あらし	『同上』
西谷	小松市	杖村	薙畑	むつし	『新丸村の歴史』
		小原村	薙畑	むつし	『同上』
		丸山村	薙畑	むつし	『同上』
		須納谷村	薙畑	むつし	『同上』
		新保村	薙畑	むつし	『同上』

て低いものであったが、近世の石高制においては、焼畑によって生産された雑穀（稗・粟など）を貢租とすることはできず[20]、現金収入を得るための商品生産が強制された。慶応二年（一八六六）の「白山麓村々産業始末書上帳」によると[21]、白山麓では下田原・須納谷・新保村を除く村々で農業外の養蚕・生糸が行われていた。この他、木材加工の杉板・杉小羽・檜木笠（深瀬村）、木具生産の鋤棒・鍬柄・コシキ（雪掻板）、炭焼き、薬用の黄蓮・黄蘖《きはだ》、食用の平茸・山葵《わさび》・薇《ぜんまい》・独活《うど》、香料の辛夷《こぶし》などがあった。このように、白山麓における焼畑農民の生活は、焼畑を中心とした雑穀（稗・粟・大豆・小豆など）生産と現金収入源としての商品（生糸・炭・杉板・杉小羽など）生産が複合して成立していた。つまり、白山麓の農民にとって山林は、稗・粟などの雑穀を生産する焼畑地および生糸・炭・杉板・杉小羽などの商品を生産する場所として大きな意味があった。ただ、「親っ様」と称する地主の中には、山林・「むつし」などの外に田畑を所有する者もいた。

白山麓の焼畑方法は、前記「耕稼春秋」に明記した加賀藩のそれとほぼ同じであった。白山麓の焼畑は昭和三〇年代に急激に衰え、現在ではほとんどみられなくなった。次に、古老から聞き取りした明治末期から昭和初期の焼畑方法を記す[22]。

白山麓の焼畑には「稗薙」「蕎麦薙」「菜薙」の三種類があった。稗薙の方法は、焼畑用地「むつし」の選定から始まった。「むつし」は、緩斜面の窪地で黒くて柔らかい土が存する南又は西向きの場所が良かった。火入れの前年の秋（九月下旬から一一月中旬）に山地斜面の樹木を伐採し、薪材を除いた比較的細い伐木を横に縞状に並べて乾燥させた後、その斜面を整えた。翌春になると、伐木は積雪のため地面に圧縮されたままで焼けないので、

これらの並べた伐木をいま一度ひっくり返して風通しをよくした。火入れは、五月中旬から下旬頃の天気の良い日を選んで行われた。これは山火事が起こらないように周囲を整理し、最上部から火をつけ、よく燃やしながら榛《はん》の木で作った「イブリ」で徐々に下方に引き下げて焼いた。火入れの当日又は翌日に播種し、鍬でほんの少し打ち込んだ。初年目は稗を作付して九～一二俵の収穫を得た。二年目は粟で八斗程の収穫、三年目は大豆、四年目は小豆を播種した。五年目以降は休閑地（三〇～四〇年）にしたが、良い焼畑地の場合には五年目に荏を植えた。白山麓において稗薙が多かったのは、単位当たりの収穫量が粟のほぼ二倍もあり、冷涼な山地でも適したからであった。蕎麦薙は、稗薙の不作時に緊急的に作付された補助農耕であり、平年は「蕎麦は土地を荒す」として火入れしなかった。これは七月中旬～八月上旬に山林を伐採し、七月下旬～八月上旬に火入れを行った。初年目は蕎麦、二年目は粟、三年目は大豆または小豆を作付した。菜薙は六月下旬から七月中旬に山林を伐採し、七月中旬から八月上旬に火入れをした。初年目は大根（菜薙大根）を作り、二年目は大豆または小豆を植え、三年目以降は休閑地とした。三年目に荏を植える場合もあった。作付順は、肥料を多く必要とする作物を先に植え、肥料が多いと困る作物を後に回した。

第52表　白山麓の焼畑種類

	稗薙	蕎麦薙	菜薙
伐採	9月下旬～11月中旬	7月中旬～8月上旬	6月下旬～7月中旬
火入れ	5月中旬～5月下旬	7月下旬～8月中旬	7月中旬～8月上旬
初年目	稗	蕎麦	大根
2年目	粟	粟	大豆（小豆）
3年目	大豆	大豆（小豆）	休閑
4年目	小豆	休閑	休閑
特色	主穀生産用耕地（春焼き型）	補助耕地（夏焼き型）	菜園用耕地

石徹白村（現岐阜県）では焼畑を「薙焼」「山畑」と称し、その用地を「あらし」と呼び、五月中旬に昨秋（一〇月下旬）薙焼した場所にもう一度茅を横に並べて焼いた。また、焼畑農民は薙切りの時、山小屋の建築材となる楢・栗・橅などを選んで「あらし」の外に出して置き、翌年に一家総出で山小屋を建てた。山小屋は休息や昼食をはじめ、宿泊にも利用した。このように、焼畑の方法は地域によって少々異なっていた。

二　白山麓の「むつし」

「むつし」の意味についてみよう。まず、『綜合日本民俗語彙』の「ムツシ」の項には、「石川県の白山を中心にして、岐阜・福井と三県の山地では、焼畑耕作をムツシまたはヤマムツシという。或はムツドコロともいうそうだから、ムツシはムツ地かと思われるが、この地方にはムズスという動詞もあり、それは焼畑を荒しておくことであるらしく、岐阜県揖斐郡徳山村などは現にその三年連作した跡地をムツシといっている。ムツシは普通十五年から二十年ほどの間荒しておくという。しかも一方には岩手県下閉伊郡などで、百姓持高をムズという言葉もあるから、まだいずれが元とも断定はできない。石川県能美郡などには、この山ムツシには特殊な小作制があり、それをネンキヤマ（年季山）といっている。出作り初年に定額の使用料を払うのみで、毎年の収穫については形ばかりの礼物を持参する以上には負担がない」と記す。(1) また、『日本国語大辞典』の「むつし」の項には、「北陸地方で焼畑耕作のこと」と記す。(2) 右には、「むつし」用語が石川・岐阜・福井県以外の滋賀県伊吹山地でも使用されていたこと、焼畑耕作そのものを「むつし」と解したことなどの誤りがあった。

歴史学の立場から若林喜三郎氏は「むつし」の語源が「戻し」から転じた「むずし」から出たことを指摘した上で、「一般にカエス・ソラスなどと呼ばれたものと同様に、一応薙畑として用益した後、十数年ないし数十年放置した空間地をふくむ地域をいう」と記す。(3) また、民俗学の立場から田中啓爾・幸田清喜両氏は「一旦薙畑を作りて後十数年乃至数十年間放置せる土地の名称で、薙畑可能な茅原や雑木林のこと」[4]と、佐々木高明氏は「焼畑（ナギ）のために伐採・利用したのち、適当な休閑期間をおけば森林が回復して、再び焼畑に利用できるような土地。あるいはもう少し限定的には、現に焼畑に利用しているか、または間もなく利用できるような林地のことをムツシとよぶのだといってもよい」と記す。[5]「ムズス」と「戻す」という言葉が白山麓に伝承されているかを調査した橘礼吉氏は、「投げる」「放る」「擱《お》く」「荒らす」などの動詞は存したが、「ムズス」のそれが確認できなかったことを記し、旧能美郡新丸村杖（廃村）では「木むつし」（樹林地）と「草むつし」（草地）の区別が、白峰村下田原（廃村）では「ハシケむつし」（落葉樹林地）と「草むつし」の区別が、牛首川本流筋では「若むつし」（休閑期間が短い）と「陳《ひね》むつし」（休閑期間が長い）の区別がそれぞれ存したことを指摘した。[6]要するに、「むつし」は焼畑終了後の「焼畑適地」または「焼畑用地」といえるが、いま少し詳細に表現すれば「焼畑終了後の休閑地で、植生・地力が回復途中又は回復した樹林地・草地」（狭義）および「休閑地の樹林地・草地と現に耕作している焼畑地」（広義）となろう。

焼畑は、林野であればどこでも行われたわけではない。焼畑は山地の急斜面や地力の劣る尾根筋を避け、緩斜面または窪地で黒くて柔らかい土壌が存する西向き・南向きの日照時間が長い場所で行うのが最良とされた。つまり、焼畑用地「むつし」「あらし」には良否が存し、この選定には長い経験を要した。以下、「むつし」の立地条件に関して高度・地形・土質・植生・副産物の順で考えたい。まず、その立地条件を探る手がかりとして、嘉永二年（一八四九）の「杖邑地内持分地見帳」の前文を示す。[7]

嘉永二年の秋九月、万右衛門・鶴右衛門の両人を同道せしめ杖村江罷越、藤左衛門殿方ニ宿して藤左衛門殿を先達として所々のむつし・杉林等一覧いたし、後年むつし卸渡候時の一助共成なんとそんじ、むつしの善悪・ひろせば・卸直段等迄あらかじめ書記し置候、乍併時節ニ依て事一様ニ難申、むつしは人々の見所ありて、むつしの肥・不肥、薪の手寄、水の手、雪なだれ、小屋場の様子、桑のそだち、養飼のよしあしの勘へ、はけミものゝ手寄等様々ニ其人の見込替るものゆへに杖村ニ限り先作人の代金の例ハ用ひがたし、それハいかんと申に、先一事を申ば牛首・嶋等の人々蚕飼を大事ニ飼ふ故、作と桑と見込故ニ年季ながくほしかり、代金高く共いとはず、杖村の人は桑ハ望まぬから、年季みじかくても相請、其替りに金ハだし申ぬなり、夫ゆへ先作の代金之例ハ難用とは申也（後略）

これは、白山麓嶋村助五郎（杉原家）が杖村領に所有していた「むつし」・杉林などを現地管理人の藤左衛門を同伴して巡見したときの記録であった。右文書中にも「牛首・嶋等の人々蚕飼を大事ニ飼ふ故、作と桑と見込故ニ年季ながくほしかり、代金高く共いとはず」とあって、「むつし」はその耕作目的によって立地条件が少々異なっていた。

いま、右文書から「むつし」の立地条件を抽出すると次のようになろう。

土壌が肥えていること。

薪・飲料水の入手が容易であること。

雪崩の被害がなく、出作り小屋を建てる平坦地があること。

山桑の生育がよく、養蚕に適していること。

副産物の入手が容易であること。

右のごとく、「むつし」は稗・粟など主食生産の場であるだけでなく、山桑の生育、炭・杉板・杉小羽などの生産、薇・蕨・路・独活・山芋・山葵・黄蓮・片栗など副産物の生産の場として重要であった。

高　度

まず、田中啓爾・幸田清喜両氏が、昭和八年に「五万分の一地形図」（明治四三年測量）により作成した石川・福井両県の出作り高度分布を第53表に示す。(8) 出作りは海抜三〇〇～一一〇〇メートルの間に限られ、五〇〇～九〇〇メートルの間が最も多かった。「むつし」の高度は出作りのそれに準じていたので、五〇〇～九〇〇の間が最も多かった。ただ、出作りの極高度については、千葉徳爾氏が海抜一二〇〇メートルに「庄五郎山」（白峰村湯谷）「庄兵衛山」（同村柳谷）が、[9] また橘礼吉氏が海抜一三五〇メートルに「松与門山」（同村大杉谷）が、[10] それぞれ位置していたと報告しているので、「むつし」の極高度も海抜一三五〇メートル前後になろう。「むつし」の高度が五〇〇〜九〇〇メートルの間に多かったのはなぜであろうか。これは、この高度に「むつし」に最適な西向き・南向きで日照時間が長く、「バラ」（大規模）または「ジャーラ」（小規模）と呼ばれる肥えた平坦地が多く存したためだろう。伊藤常次郎氏（加賀市分校町）は、海抜四五〜五〇メートルの里山で焼畑を行い、一本の大根も収穫できなかった体験から、里山が焼畑に不向きで、海抜高度の高い奥山が焼畑に適しているのは土壌に原因があると指摘した上で、険しい壮年期地形の土壌表面を焼くことで殺菌効果が生じ、害虫や雑草駆除に役立ったという。

「むつし」には、稗・粟・大豆・小豆などの穀物生産が極端に劣る高度限界があった。これは、海抜高度が高く気温が低いため根雪期間が長いこと、山地の尾根近くが乾燥し痩せた土壌であることなどの理由によるという。白峰村では、この高度限界を「作り境」または「むつし境」と呼称した。また、この「作り境」の上部には焼畑不適地の山林が存したが、これを大野郡勝山町・上打波村および白山麓須納谷村では「山剝《さんぱく》」、白山麓二口村では「荒山《あらやま》」、白山麓杖村では「深山《ふかやま》」、白山麓牛首村では「嶽山《だけやま》」、白山麓嶋・下田原両村では「サンカ」と称した。[11] 焼畑不適地は入会山が原則で、建築材・家具材をはじめ、杪材・炭材などの供給地、「むつし」の肥料補給地として意味があった。

第53表　白山麓出作り高度分布

高度	戸数
300〜400m	33戸
400〜500	76
500〜600	108
600〜700	211
700〜800	168
800〜900	126
900〜1000	45
1000〜1100	16
計	783

地　形

「むつし」は上部から降雨によって養分（マグネシウム・カルシウムなど）が流れたため、山地斜面の中腹以下に存した。これに対し、山地斜面の上部は降雨のため土壌が流れ、腐植層が薄く乾燥して「むつし」に適さなかった。緩斜面（一〇〜一八度）の「むつし」は急斜面のそれに比べ、土壌の地力減退度が遅いこと、焼畑の伐採作業や火入れ作業が容易であることなど有利な面が多かった。したがって、「さがしき」「豆ころがしき」と表現される急斜面の「むつし」は請作・売買時の値段が安く、「地面さがしく小屋場もなし」のような「むつし」は焼畑農民から敬遠された。ただ、江戸末期から明治前期における出作り全盛期には、五五度を越える急斜面の「むつし」も存した。「バラ」または「ジャーラ」と称する山地の平坦地は肥沃な「むつし」が多く、出作り住居の屋敷地ともなった。特に「ノマ」と称する凹地は肥料分に富み、稗・粟などの収穫が多かった。これに対し、「サシオ」と称する凸地は土壌が痩せて穀物の収穫が少なかった。前記「杖邑地内持分地見帳」には「肥たる事は不及申、むつし並極々よろしく、日請もよく、又だけにてもてなし（中略）、嶋近辺ニ有之は、金八両とも拾両共難斗候共、遠所ゆへ四両位のものか」（傍点筆者）とあり[12]、凹地や凸地が少なく並のよい「むつし」は請作・売買時の値段が高かった。

右文書中に「日請もよく」とあり、日照時間が長いことも、「むつし」の立地条件として重要であった。白山麓では南向きの「むつし」が最も多く、次いで西向きのものが多かった。これは南向き・西向きの「むつし」が東向きのそれに比べ、日照時間が長いことから積雪期間が短く、いくぶんでも早く農作業ができたためだろう。白山麓には北向きの「むつし」が存したのであろうか。前記「杖邑地内持分地見帳」には「むつしハ北向きなれ共さしてあてもなく、正味はかりのむつし也」とあり[13]、出作り全盛期には北向きの「むつし」も存したようだ。ただ、これには「久敷作り申さぬむつしにて」とあって、焼畑農民からは敬遠されていた。

土質

土質は「むつし」の立地条件の中で最も重要であった。土質は稗・粟などの収穫量に最も影響を及ぼすため、焼畑農民は「むつし」選定にあたって念入りにこれを調査した。白山麓では黒っぽい肥えた土壌を「上田」、赤っぽい痩せた土壌を「白田」と称した。「上田」は土壌が柔らかく、ほどよい水分を含んでいたが、このような「むつし」を白山麓では「上むつし」と称した。「上田」の中でも、その表面に黒色の小石が広がっているものは特に肥沃な土壌とされ、このような「むつし」を白山麓では「極上むつし」または単に「大上」と称した。この小石が土壌に適度に混入すると、土中に隙間ができ、水・空気の移動を容易にし、作物の育成を有利にした。[14] これを白峰村河内谷では「ゴゥロ」、同村大道谷では「ジャレ石」、旧新丸村小原では「マナゴ」と称した。「白田」は山地の尾根筋や斜面の上部に多く、土壌が固く、水分が少なかった。伊藤常次郎氏によると、「上田」には榛の木が（草類では独活・薊《あざみ》など）、「白田」には水楢（草類では鳥足・茅など）が多く自生した。「むつし」の中には腐植しないままの落葉層が存した。これを白峰村では「ツヅレ原」、旧新丸村小原では「ジャムネ原」と称した。これは気温が低く、乾燥して水分が少ない焼畑不適地に多くみられたが、水楢、橅の老樹が生立する「むつし」の中にも存した。[15] ただ、これは火入れ作業に時間がかかりすぎたため、「むつし」として利用することは少なかった。

植生

「むつし」と焼畑不適地「荒山」「深山」「山剝」「嶽山」「山林」「サンカ」との植生には、歴然とした差があった。前者には榛の木（オバル）・沢胡桃《さわぐるみ》・空木《うつぎ》・令法《りょうぼ》などが、後者には、水楢・橅・栗などが多く自生していた。「むつし」に生立する樹林を「むつし原」と称したが、これは積雪によって根元から斜面を這うように成長する樹木が多く、白峰村大道谷では「根逸《ねぞ》れ原」と呼んだ。これに対し、「荒山」「深山」「山剝」「嶽山」「山林」「サンカ」などには立木が多く、「立木原」と称した。「むつし原」では「榛の木原」が最も土壌が肥えていて、次いで「空木原」で、「ハシケ」（秋に紅葉する樹木の総称）と呼ばれた場所は痩せていた。[16]

前記「杖邑地内持分地見帳」には「久敷作り申さぬむつしにて、木大きに太り、伐苅にひまとり申故、場所は金壱両くらいニ者作人有之むつしなれ共、右の訳故に今ハかゝ銀四拾匁位」（傍点筆者）とあり、[17]「むつし」の樹木が大木に生育すると、その伐採に時間がかかったため、焼畑農民はあまり喜ばなかった。その樹木の伐採は、休閑年数二〇～三〇年が最もよく、長くとも四〇年ほどとされた。伊藤常次郎氏は「二〇～三〇年を経た樹木（小楢・水楢など）を伐採した場合には、その切株から新しい芽が出て再生するが、五〇年を経たものでは芽の出が悪く、枯れるものもある」と述べ、森林破壊の元凶と思われてきた焼畑が森林再生の役割を果たしていたことを指摘した。焼畑農民が「むつし」の樹木を休閑年数二〇～三〇年で伐採したことは、彼らの長い経験から生まれた生活の知恵であった。

「むつし」には樹木がまったく生えず、虎杖《いたどり》・独活・薊・蕗など草類だけが生える「草むつし」があり、これを白峰村では「草原」または「ノマ草原」（沼草原と書く）と呼んだ。[18]「ノマ草原」は、雪崩の時に雪と共に表土・枯草・落葉などを斜面上部から供給された肥沃な土壌で、「極上むつし」であった。ただ、焼畑の火入れ時には燃料となる樹木がほとんどなく、近くの山林・「むつし」などから樹木を伐採して「草むつし」内に運び込まなければならず、作業上の困難が大きかった。

副産物

前記「杖邑地内持分地見帳」の一条には、「一、割谷のせめ了珍の三郎太夫ゟ流入候むつし、先一作杖孫右衛門と申者へ卸渡候処、同人ニ百姓に不入情之者にて、多くは炭焼て作付不致ゆへ（中略）、桑ハ不及言、物も上々出来候よし、中々よろしきむつしにて、山葵抔もうへ付れば出来可申、此むつしの隣藤左衛門殿持分むつしに者、山葵うへずして出来申候、嶋近辺ニ有之は、金八両とも拾両共難斗候」と記す。[19]白山麓の村々では江戸前期から製炭が盛んに行われていたが、江戸末期には「むつし」「あらし」においてもそれが行われた。右の「むつし」は、山桑の生育や山葵の栽培に適していたので値段が高かった。山桑については、前記「杖邑地内持分地見帳」に「牛首・嶋等の人々蚕飼を大事ニ飼ふ故、作と桑と見込故ニ年季ながくほしかり」とあったことからも理解できるだろう。山葵は黄蓮と共に白山麓における数少ない現金収入源であったが、これは主に金沢・鶴来・勝山・大野などに売られた。[20]

江戸後期に取次元の山岸十郎左衛門から出された触書によると、[21]白山麓では凶作の年に備えて栗の実・栃の実・楢の実・榧《かや》の実・茱萸《ぐみ》・山芋・片栗・蕨・葛根・干柿などを家々で貯えていた。特に、栃の実・栗の実・楢の実・榧の実などは「持木たり共猥り伐取不申、若杪場等ニ苗木等有之候ハヽ、随分生立置、尚又川谷端或者、山小屋風垣等ニ者植付置可申候事」と、[22]大切に貯蔵されていた。伊藤常次郎氏によると、旧新丸村小原では栃の実・栗の実・榧の実・薇・蕨・独活・蕗・山芋・片栗などの一部を収穫時に現金化したという。たとえば、山芋は一日に五～六本（約四キロ）、多い日には一二～一三本掘られ、その一部は小松市内の旅館に売られた。山芋は「むつし」でよく自生したが、掘る時間が短くてすむため急斜面のものを掘った。いま一つ、片栗の球根は毎年六月中に掘られ、天日乾燥したのち石臼で「片栗粉」に引かれ、妊婦や病人用の一～二升を除き尾小屋鉱山の人々に売られた。[23]球根掘りは農作業や山仕事で忙しいため、稗・粟などの収穫後に行われたが、夏掘りに比べて澱粉《でんぷん》は少なかった。平成二年の秋、私は伊藤氏に同行して片栗の球根掘りを行った。場所は旧新丸村小原地内に存する休閑年数三五年ほどの「むつし」で、伊藤氏が指差す榛の木・空木が自生する斜面を鍬で深さ三〇センチほど掘ると、三～五センチの球根がポロポロと出てきた。片栗の痕跡らしいものは何一つ見当たらない斜面から球根が出てくるのは、何とも不思議であった。後で分かったことだが、場所は片栗の花が咲いている時に覚えておくそうだ。一日の収穫は球根約一升、これから一七〇グラムの片栗粉ができた。

「むつし」は焼畑地として利用した後、休閑年数二〇～三〇年で再び焼畑地としたが、伊藤氏によると、焼畑終了後の古畑には蕗→片栗→薊→山芋→蕎麦菜→薇の順で副産物が生育したという。これに対し、焼畑終了後の古畑に山桑や杉苗を植え、「桑原」や「杉原」とする場合もあった。文政八年（一八二五）の「嶋村諸覚帳」には「一、峠之平之北、七右衛門之上ニ、少々明キ間有之候所、西長右衛門相望申ニ付抔申候、代銀ニハ杉苗植付請取可申定也、若かれ候へハ、植直シ受取申候極ニ御座候」とあり、[24]白山麓嶋村長右衛門は惣山（入会山）から請作した「むつし」の代金を、焼畑終了後の明地（古畑）に杉苗を植えることで支払った。

以上、「むつし」の立地条件に関して高度・地形・土質・植生・副産物の順でみた。これには土壌が肥えていること、薪・飲料水の入手が容易であること、雪崩の被害がなく出作り住居を建てる平坦地があること、山桑の生育がよく養蚕に適していること、副産物の入手が容易であることなどをはじめ、種々の条件があった。本論には掲載しなかったが、「むつし」の四境が明確に分かることも立地条件の一つといえよう。ともあれ、焼畑農民はこれらの立地条件を念頭に置き、「むつし」の選定に当たった。

三 「むつし」と「あらし」

白山麓の村々がいつ頃成立したかは明らかではないが、少なくとも鎌倉時代には成立していたであろう。そして、これらの村々では、その成立と同時に焼畑を慣行したに違いあるまい。周知のごとく、入会山は中世において成立していたが、焼畑はこの入会山で行うことを原則としていたので、焼畑終了後の休閑地を再び焼畑にする必要性が生じた時期が大きな問題となろう。つまり、この時期が「むつし」の発生時期といえるだろう。今のところ、白山麓における「むつし」の史料的初見は、天正一〇年(一五八二)嶋村の「永代売渡申山畠之事」であろう。それを左に記す。(1)

永代売渡申山畠之事

合壱ケ所　　アリツホハタノヒラニアリ、ミナミハヲゝカキリ(中略)

右件山畠ハ仍有要用売渡申処実正也、但此むつしニさいしょヨリ違乱煩申候ハバ、為公方かたく御成敗可有者也、其時一言子細申間敷候、仍為後日永代売券之状如件

代五斗也

天正十年六月二十日　　嶋村惣中(略押)

甚左衛門まいる

白山麓には文祿三年(一五九四)の「永代売渡申むつしの事」(二口村)をはじめ、(2)近世初期の「むつし文書」が多く存す。白山麓と国境を接する越前国大野郡河合村にも、慶長二〇年(一六一五)の「永代売渡申田地留山もつし之

事」が現存す[3]。今のところ、これは越前国における「むつし」の史料的初見であろう。

永代売渡申田地留山もつし之事

有坪ハ、但田ハしやうふいけニ有（中略）、又山もつしハミやうか谷ニ有、東川をさかい、南ハ谷とうり、上ハせさかい（中略）

合三ケ所

右之田地留山もつし、雖為我等重代相伝依有要用現銀子弐拾二匁五ふんニ永代売渡申所実正也、尤自今以後我等子々親親類他人ニよらす、違乱煩申輩於在之盗人御成敗可被成、其時一言之儀申間敷候、仍永代売券状如件

慶長弐十年六月十七日

うり主川合村 又右衛門（略押）
（子ども三人略）

口入 四郎兵衛

同村 甚右衛門参

右文書では「むつし」を「もつし」と明記しているが、これは越前地方における訛で、「むつ」を「もつ」と発音したためであろう。白山麓と同様、越前国でも「むつし」用語が中世に遡って使用されていたものだろう。ただ、河合村が白山麓に隣接していたことからもわかるように、越前国でも白山麓に近い地域に限って「むつし」用語が中世に遡って使用されていた。今のところ、全国における「むつし」の史料的初見は、天文三年（一五三四）の「はしか（初鹿）谷之事」であろう[4]。

はしか谷之事

一、くわふねのせときり

一、大ほらむつし

一、同むつし

一、そいほらむつし

一、おぐしむつし

（中略）

一、とち山年貢　弐百文つゝ

一、のて　年貢　三百文つゝ

一、くろ木年貢　弐百文つゝ

（中略）

天文三年三月三日　　　　　　　　　　根尾右京亮

板屋村
間木太夫
八や新次

美濃国本巣郡の根尾右京亮（根尾領主）は板屋村の間木太夫・八や新次両人に鹿谷の「むつし」耕作権、栃拾い・草刈りなどの権利、杉・檜などの伐採権を認めた。なお、「むつし」には年貢が賦課されていなかったようだ。ところで、盛岡藩でも江戸後期に「むつし」用語が使用されていた。「御家被仰出」の延享四年（一七四七）一〇月一九日付の一条には次のように記す。(5)

一、先年被仰出候通御留山幷水之目ニ而、萩・笹・むつし等、為炊料剪取候儀者各（格）別、其外諸木・小柴ニ而茂堅剪取申間敷候、勿論松・杉者風折・枯枝成共相障申間鋪旨、尚又被仰出候、此旨支配有之者ハ其頭より、召仕ハ主人ゟ可申含旨被仰出、

右之通被仰付候付、相触候様御目付江申渡之

右は、御留山・水之目林における諸木の伐採を禁じたものであった。ここでは「むつし」が焼畑用地を意味せず、荊棘（茨）を指していたようだ。このことは、江戸後期の「山林雑記」に「沼宮内通沼宮内村民部田御山天保十五年ゟむつし為苅払候処、小松立ニ相成候事」とあることから明らかだろう。(6)ただ、藪を青森県津軽地方では「ムツ地」、

秋田県北秋田地方では「ムツ地原」と呼称していた事実から、[7]焼畑用地を意味する「むつし」用語も、もとは藪を指す用語であったかも知れない。これについては、「むつし」文化圏の焼畑農民が他地域に移動し「むつし」用語が伝播された可能性も否定できない。[8]いま、江戸時代における「むつし」用語の使用地域（村）を第54表に示す。「むつし」の名称は文書中に「むつし」「山むつし」と表われることが多く、外に「杪むつし」「草むつし」「杉むつし」「桑むつし」「桑原むつし」「平むつし」「稗むつし」「麻むつし」などがあった。[9]また、その字は「むつし」と平仮名で書くことが圧倒的に多く、外に「ムツシ」「陸」「陸仕」「睦支」「睦地」「六仕」「六師」「六鋪」「無つし」「無津志」などの字が当てられた。[10]

いま一つ、白山麓には「あらし」という焼畑用語が存す。『綜合日本民俗語彙』の「アラシ」の項には、「新潟県岩船郡で焼畑のこと。岡山市の附近では、輪作の都合で一時遊ばせてある田畠をいう」と記す。[11]また、『日本国語大辞典』の「あらし」の項には、「新潟県中頸城郡桑取では草生地のこと。富山県西礪波郡臼中では、焼畑を三年間つくったあとの地面が肥えるまで放っておくこと。福井県遠敷郡上中では田を乾して野菜をつくること」と記す。[12]右にも「あらし」用語が新潟・岡山・富山・福井県以外の広い地域で使用されていたこと、焼畑耕作そのものを「あらし」と解したことなどの誤りがあった。「あらし」は再び山に戻すという意味の動詞「荒らす」から生じた用語（名詞）で、「むつし」同様に焼畑用地として用益できる土地であった。ただ、民俗学的にいえば、「むつし」と「あらし」はその意味が少々異なっていた。石川県石川郡尾口村東荒谷（尾添川水系）では焼畑地を休閑することを「荒らす」といい、休閑後約一〇年ほどの植生状態を「あらし」と呼称し、それ以上経た所を「むつし」と呼称した。[13]福井県大野市上打波では焼畑を終えた五年未満の休閑地を「あらし」と呼称し、それ以上経た所を「むつし」と呼称した。[14]岐阜県本巣郡根尾村越波では焼畑を終えた一五年未満の休閑地を「あらし」と呼称し、一五年から三〇年までの休閑地を「むつし」と呼称した。[15]このように、民俗学的に「あらし」と「むつし」は、休閑中の焼畑用地程度によって区別された。

白山麓における「あらし」について、高沢裕一氏は「牛首谷では『むつし』の名が圧倒的に多く、尾添谷では『あ

第54表　「むつし」用語の使用地域

文書名	用語	出典
永代売渡申山畠之事	むつし	「新田民家文書」(石川県立図書館蔵)
永代売渡申山むつし之事	むつし	『尾口村史・資料編第１巻』
永代うり渡し山むつし之事	山むつし	「新田民家文書」
永代うり渡申むつし之事	むつし	「新田民家文書」
永代売渡申むつし之事	むつし	『新丸村の歴史』
一作ニ売上げ申むつし之事	むつし	「山口新十郎家文書」(石川郡白峰村)
一作売申むつし之事	桑むつし	「山口新十郎家文書」
永代売申むつし之事	むつし	『新丸村の歴史』
永代売渡し申小赤谷むつし之事	むつし	「山口新十郎家文書」
一作売渡シ申山むつし之事	山むつし	「西山巳之助家文書」(石川県立図書館蔵)
買取申むつし堺証文表覚	むつし	「春木盛正家文書」(小松市泉町)
売渡し申むつし証文事	むつし	『尾口村史・資料編第１巻』
むつし年季売代書上	むつし	「枝家文書」(石川県立図書館蔵)
不詳	むつし	「嶋田克三家文書」(石川郡鳥越村)
不詳	むつし	「嶋田克三家文書」
植田組村鑑	山むつし	『辰口町史・第２巻』
切高ニ売渡シ申証文之事	むつし	「嶋田克三家文書」
田地割野帳	むつし	「真砂町区長文書」(江沼郡山中町)
おろし申山むつし之事	山むつし	「生水町区長文書」(江沼郡山中町)
居引帳	むつし	「荒谷町区長文書」(江沼郡山中町)
万手帳	むつし	「阿知良家文書」(江沼郡山中町)
加賀江沼志稿	ムツシ	『加賀市史・資料編第１巻』
一村約定証	むつし	「大内町区長文書」(江沼郡山中町)
永代売渡申田地留山もつし之事	山もつし	「斎藤甚右衛門文書」(勝山市北谷町河合)
永代売渡シ申山むつし之事	山むつし	『勝山市史・資料編第１巻』
一作ニかり申山陸士之事	山陸士	『大野市史・諸家文書編１』
不詳	桑むつし	「山岸弥右衛門家文書」(勝山市元町１丁目)
むつしうりかいしゃうもん事	むつし	『大野市史・諸家文書編１』
質物書入借用申証文之事	山むつし	「坪田惣作家文書」(大野市中挟)
相渡申一札之事	山むつし	『勝山市史・資料編第２巻』
むつし山一作請証文之事	むつし山	『勝山市史・資料編第２巻』
売渡し申山むつし之事	山むつし	「佐々木弥太郎家文書」(勝山市北谷町)
むつし一作請証文之事	山むつし	『西谷村誌・上巻』
一作山抔シ証文之事	山むつし	「小倉長良家文書」(大野市弥生町)
質物書入申年賦証文事	山むつし	『農地山林水没補償の研究』
むつし売渡申証文之事	むつし	「山崎吉左衛門家文書」(大野市春日３丁目)
山むつし抔し申証文之事	山むつし	「上野久雄家文書」(今立郡池田町)
尾緩山境むつし請証文	むつし	「田中共栄家文書」(今立郡池田町)
取極申一札之事	むつし山	「橋本範住家文書」(今立郡池田町)
覚	山むつし	「橋本喜兵衛家文書」(今立郡池田町)
質物書入借用申田地むつし之事	むつし	『河野村誌・資料編』
持高田畑山有坪帳	むつし	「伊藤助左衛門家文書」(南条郡今立町)
はしか谷之事	むつし	「蜂矢義明家文書」(本巣郡根尾村東板屋)
売渡申無辻之事	無辻	『根尾村史・史料民俗編』
御ひかえ之栃山ゆづり之事	むつし	『徳山村史』
種本村惣むつし弁み山むつし改帳	むつし	『春日村史・上巻』
酉年むつし代請取帳	むつし	『春日村史・上巻』
山林古改帳	むつし	『坂内村誌・民族編』
譲渡し申証文之事	睦支	「宮川好央家文書」(岐阜県立歴史資料館蔵)
山わり覚帳	むつし	『余呉町誌・資料編下巻』

国名	郡名	村名	年代
白山麓		嶋	天正10年（1582）
		二口	文禄３年（1594）
		下田原	慶長15年（1610）
		深瀬	元和７年（1621）
		丸山	寛永２年（1625）
		鴇ケ谷	延宝８年（1680）
		牛首	貞享５年（1688）
		須納谷	元禄３年（1690）
		五味島	元禄６年（1693）
		杖	享保10年（1725）
		新保	寛保２年（1742）
		女原	寛政５年（1793）
加賀	石川	坂尻	嘉永６年（1853）
	能美	相滝	明和７年（1770）
		杉森	天明５年（1785）
		坪野	天明５年（1785）
		神子清水	天保４年（1833）
	江沼	真砂	寛文５年（1665）
		生水	元禄９年（1696）
		荒谷	寛保２年（1742）
		九谷	天明６年（1786）
		下谷	天保15年（1844）
		大内	明治26年（1893）
越前	大野	河合	慶長20年（1615）
		六呂師	元禄10年（1697）
		熊河	享保９年（1724）
		横倉	享保13年（1728）
		中嶋	寛延３年（1750）
		小沢	寛延３年（1750）
		牛ケ谷	宝暦４年（1754）
		勝山町	明和７年（1770）
		木根橋	安永７年（1778）
		本戸	天明３年（1783）
		桜久保	寛政７年（1795）
		久沢	寛政８年（1796）
		巣原	明治３年（1870）
	今立	楢俣	安永２年（1773）
		大本	文化２年（1805）
		西青	天保元年（1830）
		板垣	嘉永６年（1853）
	南条	菅谷	天明４年（1784）
		瀬戸	文政２年（1819）
美濃	本巣	板屋	天文３年（1534）
		越波	寛延３年（1750）
	池田	漆原	元禄12年（1699）
		種本	享保８年（1723）
		中山	享和元年（1801）
		広瀬北	文化元年（1804）
	山県	神有	文政５年（1822）
近江	伊香	奥川並	安政３年（1856）

らし』の名が圧倒的に多く、両方の中間の二口村では併用されている」と指摘した上で、「尾添谷には焼畑の適地が少ないと言われることから、むつしよりもあらしが、より悪い条件の焼畑かもしれないといえる。そして、むつしがおそらく中世以来の用語であるのに対して、あらしは今のところ一八世紀に入ってからの初見であるから、従来のむつしよりも悪条件の場所がのちに開発をされるようになり、区別してあらしと名付けられたとも推測できよう」と記す[16]。白山麓における「あらし」の史料的初見を一八世紀に求めているが、これは後述するように誤りといえよう。

また、高沢氏は「二口村では一通の証文にむつしとあらしが一緒にあらわれる例が八例あり、また、正徳三年（一七一三）の尾添村での争論関係の文書に『山畠・荒シ』と記されているので、あらしは普通の山畠と区別されているようにみえる」と記す[17]。これは同氏が「むつし・あらし・あら山・むし畑が白山麓における山畑の主な種類である」と記すように[18]、「あら山・むし畑」を「あらし・むつし」の同種と考えたことによる誤解であろう。事実、『尾口村史』には、「あら山」（荒山）を「あらし」と表記した数ケ所が存す[19]。「あら山」は「あらし」「むつし」の上部に存する焼畑不適地のことで、「むし畑」は常畑のことであった。[20] 争論文書に「山畠・荒シ」と見えたのは、農民が「山畠」（焼畑地）と「荒シ」（荒畑用地）とを区別していたためであろう。

「あらし」の史料的初見は、今のところ至徳元年（一三八四）の「奉寄進方上庄般若寺田畠山林等事」であろう。[21] それを左に記す。

奉寄進方上庄般若寺田畠山林等事

（中略）

御油畠之事

壱所　在坪池尾打越、下ハ限岸ヲ、南ハ限三郎太郎山ノ荒ヲ、北ハ限作分之峰ヲ

壱所　在坪松尾、東限峰ヲ、下ハ藤四郎地ヲカキル

壱所　在坪松尾、東ハ荒之小尾塚、南ハ限谷ヲ、上ハ限禅念ノ山、北ハ限峰ヲ

壱所　在坪松尾、東ハ限小谷ヲ、南ハ限小尾重則畠、北ハ藤平次畠ヲカキル

（中略）

至徳元年甲子正月十一日　　助当（花押）

右は、方上庄（古く摂関家殿下渡領の一つ）の荘官と考えられる助当が般若寺宛に田畑・山林などを寄進したものであった。文書中の「荒」は焼畑用地の「あらし」を指すものだろう。いま一例、寛文四年（一六六四）越前国丹生郡城有・八俣・梨子ケ平三ケ村の「取替せ申証文之事」には「一、城有・八俣・梨ケ平右三ケ村江血ケ平村ゟ山手を出し請持申候せうし山之儀、右河水浦戸川左衛門与申仁、応永三年之証文ニ山四方からミの名所、東ハはんとう（坂東）山之堺、南ハ梅浦嵐切、西ハ左右浦之山堺、北ハ二ツ岡堺与有之」とあり、[22] 城有・八俣・梨子ケ平三ケ村では応永三年（一三九六）頃に「嵐」用語を使用していた。丹生郡越廼村城有・八ツ俣・赤坂・居倉・大味、同越前町梅浦・血ケ平・梨子ケ平・左右、同織田町茗荷・赤井谷・山田、同朝日町天谷・東二ツ屋・小川、福井市国山・畠中・風尾・水谷町などで

は最近まで焼畑を「あら畑」、焼畑用地を「あらし」と呼称していた。[23] 以上のように、越前国では「あらし」用語が室町時代に遡って使用されていた。

越中国における「あらし」の史料的初見は、今のところ寛永三年（一六二六）新川郡有峰村の「永代ニ売渡し申あらし之事」であろう。それを次に示す。[24]

永代ニ売渡し申あらし之事

但、つほ本ハはばたノははの下

白木卅具ニ右永代ニ売渡し申所実正也、いらいニおいて子々孫々出来候て何様之儀申候ハヽ、此状おもつてかたく御せんさく可被成候、其由ニ惣村中之儀ハ不及申ニ、所肝煎衆証文ニ而御座候、仍而後日状永代状、如件

寛永三年閏四月一日　上野・下方・惣村中(判)

うれ村 丸山弥兵衛殿まいる

「あらし」は江戸前期に売買の対象となっていたが、それは中世に遡って行われていたようだ。いま一例、寛永一一年（一六三四）礪波郡小瀬村の「山荒し割帳」には「当年我々田地ならしいたし申候、就其買地之儀ハ不及申ニ、山荒し同くさかり堺迄も、其上はつれはつれの遠堺ニ不寄此割申候」（傍点筆者）とあり、[25] 小瀬村では田地ならし（田地割を前提とした内検地）に際し、「買地（開津）」「山荒し」や「くさかり場」をも同時に割替えていた。小瀬村ではこれ以前にも「あらし割替」を実施していたので、「あらし」用語は中世に遡って使用されていたものだろう。次に「あらし」用語の使用地域（村）を第55表に示す。[26]

「あらし」用語は白山麓をはじめ、加賀国石川郡、越中国礪波・新川郡、越前国大野・今立郡、飛驒国大野・吉城・益田郡、美濃国郡上・池田郡、遠江国豊田郡などで広く使用されていた。ことに、越中国礪波・新川郡、飛驒国吉城・大野郡には江戸前期の「あらし文書」がみられ、これらの地域では中世に遡って「あらし」用語が使用されてい

たものだろう。「あらし文書」の古いものは、白山麓（初見は貞享年間）よりもその周辺地に多くみられた。民俗学的調査によっても、「あらし」用語は富山・石川・福井・岐阜・長野・静岡・新潟・山形県などの山間部で広く使用されていた(27)。次に、「むつし」用語と「あらし」用語の使用分布を第7図に示す。

第55表　「あらし」用語の使用地域

文書名	用語	出典
不詳	あらし	『尾口村史・資料編第１巻』
売渡シ申阿らし之事	阿らし	「山本清助家文書」（石川県立図書館蔵）
あやまり書之覚	山あらし	『尾口村史・資料編第１巻』
乍恐返答書を以申上候	荒	『尾口村史・資料編第１巻』
村御法度之事	あらし	「上吉野区有文書」（石川郡吉野谷村）
山荒シ年季売渡シ証文	山荒シ	「不破亀家文書」（石川郡吉野谷村）
永代ニ売渡し申あらし之事	あらし	『富山県史・史料編III』
山荒シ割帳	山荒シ	『富山県史・史料編III』
永代替申田地之証文	あらし	『越中五箇山平村史・下巻』
かいつ廻りあらし割帳	あらし	『越中五箇山平村史・下巻』
えんぼ岩すあらし割	あらし	『越中五箇山平村史・下巻』
拾あらし割人々取帳	あらし	『越中五箇山平村史・下巻』
売渡申あらし之事	あらし	『福井県史・資料編７』
川合村廿三割帳	あらし	『和泉村史』
覚	あ羅し	『白鳥町史・史料編』
売申くゆかふ証文之事	あらし	『福井県史・資料編７』
一作ニ売渡申荒山証文之事	荒山	「朝日牧雄家文書」（大野郡和泉村）
覚	荒	『今立町誌・第二巻史料編』
山あらし質入証文	山あらし	『宮川村誌・史料編』
売渡し申横平山荒シ	山荒シ	『宮川村誌・史料編』
嵐一作売年季証文之事	嵐	『河合村誌・史料編』
嵐一作証文之事	嵐	『河合村誌・史料編』
御触	荒シ	『明方村史・史料編下巻』
あらし質入証文	あらし	「小寺四郎家文書」（揖斐郡春日村）
済口取替証文事	あらし	『朝日村誌・下巻』
草木村山地書出覚	あらし	『水窪町史・下巻』
西手領戸口村本途改出帳	あらし	『佐久間町史・史料編三』
売渡申年季山証文之事	あらし	『佐久間町史・史料編三』

以上のように、「あらし」用語は「むつし」用語に比べて大変古く、しかも広い地域でみられるので、白山麓特有の焼畑用語とはいえないだろう。「あらし」の名称は文書中に「あらし」「山あらし」と表われることが多く、外に「桑あらし」「桑原あらし」「杪あらし」「畑あらし」「稗あらし」などがあった。また、その字は「あらし」と平仮名で書くことが圧倒的に多く、外に「アラシ」「荒らし」「阿らし」「あ羅し」「荒し」「荒」「嵐」などの字が当てられた。

前記「山荒し割帳」には、

国名	郡名	村名	年代
白山麓		尾添	貞享２年（1685）
		嶋	宝永５年（1708）
		瀬戸	宝永７年（1710）
		二口	延享３年（1746）
加賀	石川	吉野	享和３年（1803）
		中宮	明治29年（1896）
越中	新川	有峰	寛永３年（1626）
	礪波	小瀬	寛永11年（1634）
		相倉	正保２年（1645）
		嶋	寛文12年（1672）
		中江	延宝６年（1678）
		小来栖	安永３年（1774）
越前	大野	角野前坂	承応２年（1653）
		川合	寛文10年（1670）
		石徹白	享保２年（1717）
		池ノ嶋	寛保３年（1743）
		朝日	文化２年（1805）
	今立	横住	正徳４年（1714）
飛驒	吉城	巻戸	万治３年（1660）
		三ケ原	元祿12年（1699）
		森安	天保２年（1831）
		臼坂	天保９年（1838）
美濃	郡上	郡上領	年代不詳
	池田	種本	寛延元年（1748）
信濃	筑摩	大池	宝暦10年（1760）
遠江	豊田	草木	貞享元年（1684）
		戸口	元祿２年（1689）
		大井	天保９年（1838）

「一、南草連荒し、下嶋村小左衛門ニ跡ゟ下置申ニ付て、わり不申候」（傍点筆者）の一条があり[28]、礪波郡小瀬村では南アルプス（長野・山梨・静岡・愛知・神奈川県）の山麓で使用された焼畑用語の「そうれ」が使用されていた。『綜合日本民俗語彙』の「ソウリ」の項には、「山中の林叢を長野県北安曇郡ではソウレイといい、学のある人は草莱などと書き、同県東筑摩郡・諏訪郡などではホウレイとさえいう者もあるが、語の起りはソリで、焼畑跡地のことである。神奈川県津久井郡青根村では、ソウリは焼畑で、今年と異なる作物を次の年につくることをいい、奥武蔵ではゾーリと濁り、これを焼畑のことだという。ソリをソウリ、またはゾウレという傾向は、中央部一帯の地名によく現われている。ソリという語の意味が不明になった結果かと思われる」と記す[29]。また、『日本国語大辞典』の「そうり」の項には、「岩手県で休耕中の畑、神奈川県で焼畑、岡山県で原野をいう。ソリ、ゾーリ、ソウレイなどと発音し、複合語となって各地に点在する語」と記す[30]。次いで、『庄川峡の変貌』には「草嶺とは通常聚落から相当離れたところにある山間の緩斜面で焼畑を行っている場所あるいは行わんとすれば行いうる場所である。また草刈場はこれらの組に入る」と記す[31]。右にも焼畑耕作そのものを「そうれ」と解したことの誤りがあった。「そうれ」用語は後世に拡大解釈された可能性もあるが、江戸時代には農民がそれを焼畑用語として使用していた[32]。少なくとも、越中五箇山では焼畑を「薙畑」、焼畑用地を「あらし」または「そうれ」とそれぞれ呼称してい

第7図　「むつし・あらし」用語の村分布

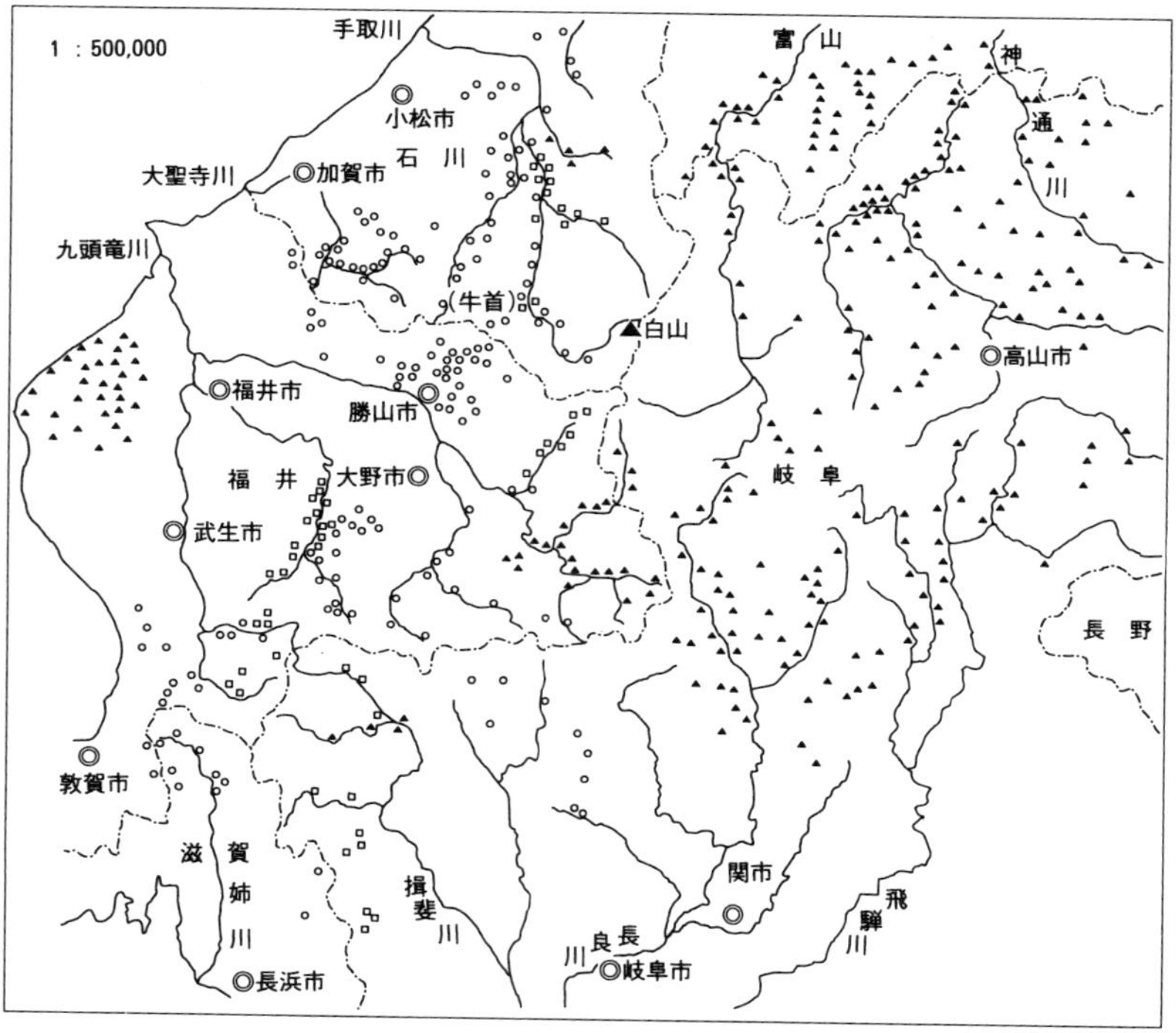

○は「むつし」，▲は「あらし」，□は併用の村を示す．

た。要するに、「そうれ」は再び山に戻すという意味の動詞「逸らす」から生じた用語（名詞）で、「むつし」「あらし」同様に焼畑用地として用益できる土地を指した。

越中国礪波郡（五箇山）をはじめ、同婦負・新川両郡の山間部では、「そうれ」用語と共に「あらし」用語が併用されていた。一例を示すと、明暦二年（一六五六）の「梨谷村切高証文」には「一筆申上候、然ハ私当御年貢御城米何共可仕様無御座候而者、私持高内田地大のま申処のくわ畠・あらしともニ、北ハ甚右衛門田地さかい、しりハ左左（ママ）衛門・甚兵衛田地さかい、ミなミハ中畑ケ他右衛門作さかいニ、又壱ケ所ハ北田のそうれ、にしハミち切、北ハはきり、ひかしハははきり、南ハあいのくら田地さかいニ、右弐ケ所御年貢本壱斗本ニ相極、銀子弐拾七匁礼物ニ而、貴殿へ永代うり渡」（傍点筆者）と記す。[33] これは梨谷村六郎左衛門が年貢米未進のため、「桑畑」「あらし」と共に「北田のそうれ」一ケ所を来栖村彦右衛門に売渡した証文であるが、五箇山では「あらし」用語と「そうれ」用語が併用されていた。右からは「あらし」と「そうれ」の違いを読みとれないものの、古く両者は区別されていたものだろう。白山麓では休閑年数の長い焼畑用地を「むつし」、休閑年数の短いそれを「あらし」と区別していた。五箇山（平村・上平村・利賀村）の古老は、「そうれ」が草が生えている焼畑用地で入会山が多く、「あらし」が雑木が生えている焼畑用地で個人所有が多かったという。

今のところ、加賀藩における「そうれ」の史料的初見は寛永一一年（一六三四）礪波郡小瀬村の「山荒し割帳」であろう。[34] この外、五箇山には慶安五年（一六五二）相倉村の「一筆申上候」をはじめ、[35] 江戸前期の「そうれ文書」が多くみられることから、同地域では「あらし」用語と「そうれ」用語が中世に遡って併用されていたものだろう。次に越中国における「そうれ」用語の使用地域を第56表に示す。[36]「そうれ」の名称は文書中に「草嶺」と表われることが圧倒的に多く、外に「山草嶺」「草嶺山」などがあった。また、その字は「草嶺」と書くことが圧倒的に多く、外に「草連」「草蓮」「惣蓮」「惣林」「惣礼」「惣荒」「草利」「草令」「草里」「草莱」「双里」「蔵礼」「蔵蓮」「沢蓮」などの字が当てられた。

以上のことを踏まえ、「むつし」用語の発生時期を推測しよう。焼畑は二次林よりも原生林を焼畑用地にあてた方が作物の収穫が多かった。前述のごとく、焼畑は入会地で慣行することを原則としていたので、焼畑終了後の休閑地（二次林）を再び焼畑にする必要性が生じた時期が「むつし」の発生時期といえるだろう。白山麓に初めて入山した人々は、領分境の問題など社会的制約をほとんど受けず、自由に焼畑地の開拓を行ったが、やがて入会権をはじめ、種々の制約が生じてきた。白山麓における村の成立は平安末期から鎌倉初期と考えられるので、早い時期とすれば、鎌倉末期から室町前期に「むつし」が発生したことになろう。ただ、白山麓の周辺地には室町前期に「あらし」用語がみられ、しかも広い地域にみられるので、もともと「あらし」用語は白山麓を含む広い地域で使用されており、新

第56表　越中国「そうれ」用語の使用地域

文書名	用語	出典
山荒シ割帳	草連	『富山県史・史料編III』
一筆申上候	そうれ	『越中五箇山平村史・下巻』
一筆申上候	そうれ	『越中五箇山平村史・下巻』
千束・桑淵草嶺永代売渡証文	草嶺	「高桑久義蔵文書」（東礪波郡利賀村）
おろし申草嶺之事	草嶺	『越中五箇山平村史・下巻』
七郎右衛門持分歩帳	草嶺	「上野清安蔵文書」（東礪波郡利賀村）
大沼草嶺割	草嶺	『越中五箇山平村史・下巻』
持山宮谷を惣山ニ仕儀納得判形書付	草嶺	『越中五箇山平村史・下巻』
田向村肝煎助左衛門御□下割地桑楮畑并草嶺持分之覚	草嶺	『越中五箇山平村史・下巻』
碁盤割鬮帳	草嶺	『越中五箇山平村史・下巻』
草嶺林草かり場割帳	草嶺	「利賀村区有文書」（東礪波郡利賀村）
内輪地平均定書之事	草嶺	『庄川峡の変貌』
碁盤割諸□歩帳	草嶺	「藤井橘太郎蔵文書」（東礪波郡利賀村）
覚	草嶺	『越中五箇山平村史・下巻』
御田地割野帳	草嶺	「高沼区有文書」（東礪波郡利賀村）
碁盤割之節持高弐拾壱石七斗八合ニ相当リ申歩数帳	草嶺	「米沢康蔵文書」（東礪波郡利賀村）
草嶺鬮割帳	草嶺	「草嶺倉区有文書」（東礪波郡利賀村）
桑畑開津草嶺等集帳	草嶺	『越中五箇山平村史・下巻』
下し申草嶺証文之事	草嶺	『越中五箇山平村史・下巻』
碁盤割定書之事	草嶺	『庄川峡の変貌』
山草嶺野帳	草嶺	『越中五箇山平村史・下巻』
碁盤割持高惣歩当帳	そうれ	「長谷甚勝蔵文書」（東礪波郡利賀村）
碁盤割持高ニ相当ル歩数所附帳	草嶺	「宮本一郎蔵文書」（東礪波郡利賀村）
碁盤割定書	草嶺	「野原与宝蔵文書」（東礪波郡利賀村）
碁盤割草嶺林山歩牒	草嶺	「押場区有文書」（東礪波郡利賀村）
納得証文之事	沢連	『細入村史・史料編』
山割定書之事	そうれ	『細入村史・史料編』

たに室町後期に「むつし」用語が轆轤師により白山麓に伝播されたものだろう。一方、白山麓では室町後期に地内子制度の確立にともなう村落階層問題が激化する中で、焼畑用地の重要性が再確認され、これまで休閑年数が少ないとして利用しなかった焼畑用地をも焼畑地とする必要性が生じた。つまり、白山麓では休閑年数の少ない焼畑用地と休閑年数の多い焼畑用地を区別し、休閑年数の多いそれを特に「むつし」と呼称したものだろう。このことは、江戸時代に白山麓（尾添・二口・嶋村）において「あらし」と「むつし」用語が併用されていたこと、安永六年（一七七七）嶋村の「小あらしむつし証文定之事」および天保九年（一八三八）二口村の「指引方ニ相渡申証文之事」の中に「あらし」用語を有坪（字名）として用いていることからも理解でき

国名	郡名	村名	年代
越中	礪波	小瀬	寛永11年（1634）
		相倉	慶安５年（1652）
		梨谷	明暦２年（1656）
		大勘場	万治２年（1659）
		嶋	元禄５年（1692）
		下原	宝永８年（1711）
		上梨	正徳４年（1714）
		見座	享保４年（1719）
		田向	享保11年（1726）
		下梨	元文５年（1740）
		下利賀	延享３年（1746）
		小来栖	安永３年（1774）
		栗当	寛政11年（1799）
		夏焼	寛政11年（1799）
		高沼	文化元年（1804）
		坂上	文化５年（1808）
		草嶺倉	文化７年（1810）
		高草嶺	文化13年（1816）
		来栖	文化13年（1816）
		南大豆田	文政元年（1818）
		中江	文政２年（1819）
		細島	文政８年（1825）
		百瀬川	安政３年（1856）
		北大豆田	元治２年（1865）
		押場	明治８年（1875）
	婦負	楡原	正徳６年（1716）
		笹津	享保５年（1720）

るだろう。[37]

「あらし」用語は「むつし」用語以前に発生したもので、白山麓特有の焼畑用語とはいえない。前述のように、室町中期に価値の細分化および階層問題によって「あらし」と「むつし」は区別されたが、現存する「売買証文」「質入証文」「一作請証文」などには代価差や年季差がみられないので、その後明らかに「若いむつし」（休閑年数の少ない焼畑用地）とわかるものを「あらし」と呼称したものだろう。この点、文書中の「あらし」と「むつし」にも差異がみられず、焼畑中心の地域（村）を除く村々では「あらし」「むつし」の一方の用語を使用するに至ったといえるだろう。

ところで、農民は「むつし」「あらし」に対し山林同様の所有意識を持っていたのだろうか。白山麓の山林は「巣鷹山」を組み替えた御林山と、中世以来の地頭山や「山剝」「荒山」「深山」「嶽山」「サンカ」などと呼称する入会山が存した。その割合は村事情によりそれぞれ異なったが、牛首村を除く村では入会山が多く、御林山や地頭山が少なかった。牛首村は中世の遺制を継いだ地頭山がきわめて多く、御林山や入会山が少なく、地頭山の大半を「親っ様」という地主が所有し、それを彼らに従属する「地内子」という小作人に貸与していた。すなわち、地内子は親っ様から「むつし」「あらし」・山林などを借り請け、そこで稗・粟・大豆・小豆などの雑穀や生糸・薪炭・杉苗などの林産物を生産・販売して生活していた。「むつし」「あらし」は彼らにとって主食の雑穀を生産する土地であったので、その毛上よりも地面の善し悪しが関心事であった、この点からすれば、山林と異なって田畑に近い所有意識を有していたといえるだろう。このことは、江戸後期の「むつし売証文」「あらし売証文」などの中に「土地」を売買したと明記することからも理解できるだろう。

最後に、白山麓の「むつし割」「あらし割」についてみよう。「むつし割」の史料は、今のところ見当たらない。ただ、白山麓西谷新保村では明和二年（一七六五）に「地割」[38]が、また東谷尾添・二口両村では正徳三年（一七一三）と延享三年（一七四六）に「山割」が実施されているので[39]、「むつし割」も実施されていたものだろう。なお、白山麓では村高が低く、「山割」「むつし割」は単独で実施されることが多かった。「あらし割」について、延享三年（一七四六）二口村の「乍恐返答書を以申上候」には次のように記す[40]。

乍恐返答書を以申上候

一、今般二口村百姓中私対御訴訟申上候間御答申上候、村地さんはく之内三ケ所近年私押領我儘仕持山ニ致、百姓及迷惑退転仕候間、早速右三ケ所之山相返申様被仰付可被下置候由申上候

一、字名薊生山之義ハ私方ニ数代持伝候山ニ而、先代ゟ為渡世多足炭山等ニ抨し来リ候事ハ幾度与申事難相知奉存候へ共、代々申伝候分共ニ荒増申上候

一、右場所、先年五味嶋村兵左と申者ニ抨し切替畑為仕候字名兵左作ト申候事

一、卅年以前六右衛門と申者世中仕候時、家普請伐取申候事

一、廿六年以前右兵左作ト申所、加州三津屋野村作兵衛、二口村兵九郎ト申者共ニ炭山ニ抨し申候而、其跡兵右衛門・兵九郎ト申両人切替畑に抨し、則代銀受取申候御事

一、尾地畑山之義ハ、先年ハ弐ケ所に所持仕候而、東之方ハ久兵衛持分、西之方ハ古ゟ私持分御座候所、四郎兵衛と申者世中仕候時分右場所半分とらせ申候へハ、三代目孫右衛門ト申者あせち仕ニ付持出候へハ、後甚太郎ト申者ニ売渡、只今ハ兵右衛門所持仕候、残半分中之分ハ代々私所持仕候、度々炭山に抨し渡世之多足ニ仕候

一、三十年以前左礫村源五郎と申者ニ炭山ニ抒し申候後去子年迄荒置、二口村善六与申者ニ又々炭釜為仕候、惣而此近辺ハ銘々持分ニ御座候へハ惣村さんはくハ無御座候、私分斗を惣村地抔と申上候義無謂偽リと奉存候事

一、上場山之義ハ、凡百年以前正保年中村中相談納得之上銘々持荒之峯通ハ御高切ニ直ニ持添ニ仕候定ニ致候而持伝、則定証文所持仕候へハ私支配ニ紛無御座候御事（後略）

延享三年（一七四六）二口村では総持山をめぐって訴訟事件が起こり、同村の長百姓二人・農民三二人は久左衛門が総持山を押領したと牛首村の大庄屋に訴えた。つまり、彼らは総持山の中で「薊生山」「尾地畑山」「上場山」の三ケ所を、村中が年貢を納入しているにもかかわらず、久左衛門が自分の持山であるとし、勝手に伐り荒らし製炭などのために売り渡したと訴えた。これに対し、久左衛門は「薊生山」「尾地畑山」を近世初期から焼畑地・製炭地などに利用してきたこと、正保年中（一六四四～四七）村中納得の上で分割された「上場山」を薪材・炭材の供給地に利用してきたことを述べ反論した。この山割は無高層を除いた不平等なものであっただろう。右文書の八条には「銘々持荒」（焼畑用地）とあり、同村では正保以前に「荒」も農民の持高に応じて分割されたものだろう。

四　焼畑と出作り

白山麓の村々は水田が少なく、農民の主食は焼畑生産による稗・粟・大豆・小豆などの雑穀であった。焼畑は村付近にもあったが、多くは四、五キロメートルも離れた山中にあったので、村の家を離れて山中に「出作り住居」（出作り小屋）を建て、そこで家族全員が春から秋まで生活をした。これを「季節出作り」と呼んだ。牛首村の場合には「親っ様」と呼ばれる地主がほとんどの山林を所有していたため、「地内子」と呼ばれる小作人は村から遠く離れた自村または他村の深山で年中生活をした。これを「永住出作り」と呼んだ。出作り住居には仏壇が備え付けられ、母村の家とほとんど変わらなかった。(1) また、その周囲には倉・馬小屋・便所などが別棟で建てられていた。

出作りは季節出作り・永住出作りを問わず自給自足を原則とした生活であり、実に無駄のない林野利用を行っていた。白山麓における出作りは焼畑によって稗・粟・大豆・小豆などを栽培し、現金収入として養蚕・製炭・杉苗養成・黄蓮掘り・山葵栽培などを行うことを基本としていた。寛政六年（一七九四）の「乍恐以書付奉願上候」には「三、四月ゟ八月頃迄農業之間、冬中焼キ候薪を取入、其外山稼・せんまいを取、或者木之実等を拾ひ夫食足合ニ仕」とあり、[2] 右の外にも薪・杪・杉板・杉小羽・鍬柄棒・雪掻板・木鋤板などの木材加工品、薇・蕨・蕗・独活・山芋・片栗・木の実などの副産物を生産していた。白山麓では深瀬村の檜木笠、荒谷村の蒲脛巾《がまはばき》（怪我防止のため足に巻くもの）を除くと、おおむね右同の生産傾向を示していた。出作りは個人所有および入会を問わず、一作請けされた「むつし」内で行われた。[3]

出作り関係文書は早くからみられるものの、「出作り」名称の史料的初見は意外に遅い。今のところ、それは「白山収公一件」収載の寛文八年（一六六八）八月二六日付の御算用場奉行（四人連名）から加賀藩への報告で、「一、勝山領瀬戸村より出作仕石川郡分之高御取上候間、向後裁許仕間敷旨申渡、瀬戸村百姓御請書付を取上之申候」（傍点筆者）と記す。[4] これは寛文八年に福井藩預り領の一六ケ村と加賀藩の尾添・荒谷両村とが「白山麓」に収公された事情を記したものであるが、瀬戸村一〇戸（三〇人余）は加賀藩領の石川郡木滑村の山中に出作りしていた。また、越前国大野郡における「出作り」名称の史料的初見は、「平泉寺文書」収載の元禄二年（一六八九）三月付の大野郡小原村庄屋から幕府代官への「指上申一札之事」で、「一、平泉寺ゟ白山江之通道先規ゟ之御法度を背、道幅をもせばめ諸木をも伐往還之妨ニ罷成候段、平泉寺ゟ御届御座候ニ付御吟味被成、自今以後先例之通少も相背不申様ニ、出作之者迄にも可申付之由被仰付奉畏候」（傍点筆者）と記す。[5] 当時、福井藩預り領の小原村民は自村の山中に出作りしていた。

江戸時代の白山登山者は、出作りを奇異な山村の生活形態として紀行文に多く書き留めていた。以下、その紀行文から出作りに関する部分を抜粋して紹介しよう。文政一三年（一八三〇）福井藩加賀成教が著した「白山全上記」（天嶺禅定筆記）には「谷村より上り道五拾三町。大杉あり。熊野杉にて葉短く濃密なり。根より分れて三本となる。因て大杉の峠と云。又谷の峠と云。堂之森又大北とも云。出作り小屋二三軒あり。凡谷村辺よりして牛首辺諸山中出作り小屋と称するものあって、或は山上或は谷間に草茅を結ひ、夏秋の間ここに住して、畑を作り薪を採て世を渡るもの啻に千百にあらず。冬春の際は深雪を避て諸方の大在に出づ。福井に於て牛首乞食と称するもの是なるべし」と記す。[6] これは成教が同年七月一二日から二三日にかけて中山政森と共に福井・勝山・谷峠・牛首・市之瀬などの道順で白山を登山した記録であるが、谷村（勝山藩領）から大道谷堂森（牛首村領）までの山中には多くの季節出作りが存した。

天保四年（一八三三）福井藩士高田保浄が著した「続白山紀行」には「谷峠より一里斗下れば、処々に牛首村出作小屋見ゆ、大人云、出作ハ其本村之者、金弐三十両或ハ四五十両を以、其山を買切作り取にし、冬は本村に帰り、夏向の用意をなし、或ハ寺参等を致し、春三月末に又出作小屋へ行とそ、右出作小屋へ出る時、持仏をハ寺へ預け行、是より農業のミにて日を送る。若其間に死する者あれハ、多く者其地に埋葬すといふ、此辺より大概平地なり」と記す。[7] これは「白山全上記」に啓発されて書かれたものであるが、谷峠から大道谷堂森の山中には多くの牛首村民が季節出作りを行っていた。なお、文中の「大人云」は保浄の父井上翼章で、「越前国名蹟考」（全十三巻）の著者でもあった。

文化一三年（一八一六）大聖寺藩士小原文英が著した「白山紀行」には「平泉寺より此所迄五里計りの間、嶺のみ通る事故水一滴もなく、人家は勿論也。何も喉乾き甚だ難儀せし事也。白山へ登らん人、必此道通るまじきこと也。扨此渓水を吸て口をうるほし、中飯を喰す。是より又暫くは平易に似たる所を往くに、小原村より出作りの小屋とて所々にあり。是より雉子神峠といふに登る。一名のぞき峠ともいふ由」と、[8] 文政五年（一八二二）紀伊藩の本草学者畔田伴存が著した「白山草木志」には「谷を登る事二里許にして谷川を渡り左に移る。坂けわし。峠に登る。少し下りて沢あり。人家一軒ある。凡て此二里許の谷に五六丁七八丁にして小家あり。皆小原村よりの出作小屋なり。夏は此小屋に居て耕作をなし、冬は此谷雪深ければ小原村にかへるなり。さびしきすぎわひなり。此先より登り坂なり。七八丁登れば樹木生繁して日色をみず。深山なり。峠までは一里許あり」とあって、[9]雉子神峠（小原峠）に向かう山中には小原村民（郡上藩領）が季節出作りを行っていた。

化政期に加賀藩の儒学者金子有斐が著した「白嶽図解」には「尾添村、夏は農業を勤して村より五里六里山奥に仮小屋をしつらいて、家内の男女不残其小屋に住居して耕作をなす。山は力次第に墾闢《ひらき》て年貢を不出。纔なる山銭を出すのみ也。此を出作と云。四月五月の中蚕を養て多く糸を取る。尾添村の貧くて農業をなしがたき者は薬草を取事を業とする也。又春未雪内には熊を取てあきなふ者あり」と、[10]明治一四年（一八八一）高林景寛が著した「白山百首」には『みねたかくさとより出てつくりおく伏屋にひともすまぬ冬かな』中宮辺の村々峰高く、稗・粟・蕎麦など作り置て、日毎に峰に通はむことたやすからねは、いつも三月頃より九月頃まて、峰々に仮庵作りて住を出作り小屋といへり。下より見れば山高くして、人もさやかに見分かぬはかりなり」とあって、[11]白山麓尾添・中宮両村では養蚕を中心とした季節出作りを行っていた。なお、天明五年（一七八五）金子有斐が著した「白山遊覧図記」には「夏月率妻子入山。近五六里。遠至十余里。結盧舎居之。此曰出小屋。又曰日出作小屋。夫耕婦蠶。至九月収盧還家。又有終冬居盧者。其法予蓄塩米菜薪。以御一冬之用」とあり、[12]尾添村近くには「冬籠り」すなわち永住出作りを行う者もいた。

右のように、白山麓およびその周辺地では江戸時代に出作りが広く行われていた。出作りの分布について、文久三年（一八六三）に著された「白山麓拾八ケ村留帳」の一条には次のように記す。[13]

一、村方過当之人家相続仕候義者、全ク場広ニ而安木ニ渡世可仕義ニ無之、先牛首村四百八拾軒之処、百軒程ハ年分村方ニ居通し、弐百程者春八十八夜頃一家内引連出作所へ罷出、冬十月末ニ至り村方へ立戻、残り百八拾軒余ハ諸方奥山小屋舗住、年分打通しニ住居いたし、当村人別与申迄ニ而、年中一両度村方へ罷出候義ニ而、家内女童共本村を不存、尤右三百八拾軒余り之者共者、青山大膳亮様御領分、上打波・下打波・木根橋・小原・栃神谷、小笠原左門様御領分、浄土寺山・暮見山・平泉寺山・谷・中之俣、白山領、河内谷、御料所、杉山、松平加賀守様御領分、今立村・大杉・三ツ瀬・左り・阿手・中宮・瀬波等、其余組会村々奥山入交有之、其外木挽炭焼等ニ而他稼ニ罷出、貧乏躰之者ハ、冬分ハ大半袖ニ乞罷出取続申土地ニ有之、従往古上方筋ニ者牛首村乞食と申無隠義ニ御座候、然共、村人者至極大切ニいたし、壱人ニ而も他領へ引越等ハ為致不申候（後略）

すなわち、江戸末期に白山麓牛首村には四八〇戸が存し、その内二〇〇戸が八十八夜から一〇月末まで季節出作りを、一八〇戸が一年中奥山に居住する永住出作りを、残り一〇〇戸が本村で「むつし」耕作と養蚕に従事していた。[14]そして、牛首村民の季節および永住出作り先は、左のように広い地域に及んでいた。

勝山藩領――浄土寺村・平泉寺村・谷村・中之俣村（越前国大野郡）

郡上藩領――暮見村・木根橋村・小原村・栃神谷村・上打波村・下打波村（越前国大野郡）

白山領　――河内谷（白山麓）

幕府領　――杉山村（越前国大野郡）

加賀藩領――中宮村・瀬波村（加賀国石川郡）、大杉村・左礫村・阿手村・三ツ瀬村（加賀国能美郡）

大聖寺藩領―今立村（加賀国江沼郡）

注目したいことは牛首村民が白山麓を越え、加賀国石川・能美・江沼郡および越前国大野郡の山間部へ頻繁に出作りを慣行していたことだろう。牛首村民の季節および永住出作りは「むつし」用語を周辺地に伝播する役割を果たした。田中啓爾・幸田清喜両氏が明治四三年（一九一〇）の「五万分の一地形図」から計測した白峰村（白峰・桑島・下田原）の出作り戸数は約二八〇戸（永住出作り一九七戸、季節出作り八三戸）で、[15]加藤惣吉氏が古老から聞き取りした明治末期のそれは三六〇戸（白峰二二四戸、桑島六六戸、下田原七〇戸）で、[16]牧野信之助氏が集計した大正二年（一九一三）頃のそれは三四二戸（永住出作り一五七戸、季節出作り一八五戸）で、[17]加藤助参氏が昭和九年の手取川大洪水直前に調査したそれは三二二戸（永住出作り一九六戸、季節出作り一二六戸）であった。[18]田中・幸田両氏が集計した出作り戸数と加藤惣吉氏が調査したそれには八〇戸の違いがみられるが、もともと前者は地形図に記載された家屋記号を読みとり、それを分布図に記入したもので、広範囲な地域に散在する出作りを漏れなく地形図に記入したものか疑問があった。また、永住出作りの場合には江戸末期から明治初期に本籍を出作りの地の村に移した者も存し、出作り戸数を明確に把握することは困難であった。ちなみに、文久三年(一八六三)の出作り戸数三六〇は白峰村白峰(牛首村)のみの戸数で、それ以外のものは白峰村桑島・下田原の戸数を含んでいた。その後、出作り戸数は昭和三一年に一四八戸(白峰九九戸、桑島二四戸、下田原二五戸)、同四七年に三二戸(白峰二六戸、桑島一戸、下田原五戸)と減少した。[19]なお、白峰村では明治四三年(一九一〇)自村に一一〇戸(季節出作り五〇戸)、新丸村に二七戸(季節出作り三戸)、吉野谷村に四戸、鳥越村に九戸(季節出作り三戸)が永住出作りを行っていた。

牛首村民が出作りした時期について、田中・幸田両氏は昭和八年の論文の中で、出作りの発生要因が人口増加に伴うものであることを指摘した上、「福井県北谷村の報告には『各字出作の大部分は白峰村より本籍共に来るもの多し。始めたのは二、三百年前、正確なることは明かならず。』とあり」と記す。[20]また、加藤助参氏は昭和一〇年の論文で、出作りが通い(毎日母村より出作地へ)→周期的出作り→永久的出作りの過程を経て発達したことを指摘した上、「白峰に於ける出作の発生は極めて古く凡そ四五〇年前であり、人口の自然増加と種々なる天災地変の頻発は之が発展の動機を与へ、特に自今約一五〇年前の天明の大飢饉は出作の発展に拍車を加へて福井県下等へ進出せしめ、遂に自今約七〇年前文久年代を以て白峰に於ける出作発展の最盛期を出現した」と記す。[21]さらに、若林喜三郎氏は「白山麓の村々では、その開村の当初からやや高地の出作り薙畑が行われていたもので、低地川縁の開墾水田化はむしろ後れていたのではあるまいか。それが多数戸口を維持する一条件であったが、その増加からいきおい奥地への進出を余儀なくされ『通い』の段階から夏期の季節出作りに転じ、さらに村域を越えての永久的出作りの盛行をみるに至ったものと考える」と記し、[22]「通い」から季節出作りに移行した時期を慶長・元和〜寛永期と想定した。

第54表に示したように、白山麓の周辺地には寛文五年(一六六五)加賀国江沼郡真砂村の「田地割野帳」をはじめ、元禄九年(一六九六)同国江沼郡生水村の「おろし申山むつし之事」、同一〇年(一六九七)越前国大野郡六呂師村の

「永代売渡シ申山むつし之事」、天文三年（一五三四）美濃国本巣郡板屋村の「はしか谷之事」、元禄一二年（一六九九）美濃国池田郡漆原村の「御ひかへ之栃山ゆづり之事」などの古い「むつし文書」がみられた。生水村は文久三年に牛首村民が永住出作りを行っていた今立村に隣接していたので、生水村にも牛首村民が永住出作りしたものだろう。

なお。今立町の川原長吉氏によると、牛首村民は明治中期までの安谷の「芋小屋」と称する場所で永住出作りを行っていたが、その後は能美郡大杉村民（五戸）が大正七年（一九一八）まで季節出作りを行ったという。[23] 牛首村の御三家の一つ、織田家の成立事情を記した弘化三年（一八四六）の「家の規矩」には次のように記す。[24]

一、当家我等ゟ七代ノ先祖ヲ利右衛門、法名ヲ道願ト申候、御同人始メテ立身致シ候原由ハ、万治元戌年三月越前国大野郡勝山地内字暮見谷ト申所弐拾ケ年之間出作農業入精シ農事ニ一心ヲ極メ、戸外へ出ル時ハ鎌鍬を離サス他事ニ心ヲ掛ケズ農務一心ナリ（中略）、延宝五巳年十一月帰村、家建再建仕候由、此道願殿ヲ以テ当家ノ元祖ト仕候、爾今於テ右作跡ヲ利右衛門作リト唱ヒ候也、実々御同人ノ御苦労ヲ可思知、元禄十二卯年六月廿三日死去仕候

元祖利右衛門は、万治元年（一六五八）から二〇年間にわたって越前国大野郡の「暮見山」（福井藩預り領）に永住出作りを行っていた。同時期に利右衛門は、加賀国能美郡新保村の「倉谷」や越前国大野郡の「打波山」（大野藩領）にも永住出作りを行っていた。織田家ではその後も暮見山・打波山に永住出作りを行っているので、元祖利右衛門の以前にも同所に出作りを行った可能性があろう。[25] この文書中にみえる市郎右衛門・利兵衛・利左衛門は元祖利右衛門家からの分家であった。重視したいことは、元祖利右衛門が「むつし」耕作によって立身出世をなしたように、当時「むつし」が経済的に利益を上げるものになっていたことだろう。当時、焼畑の主要生産物は貢租納入物および換金作物となりえず、「むつし」耕作の中心は養蚕を指していたものだろう。つまり、元祖利右衛門は永住出作りした「暮見山」で繭を生産し、近くの嶋村や牛首村に販売したものだろう。

次に、牛首村民が出作りした越前国大野郡・白山麓河内谷・白山麓西谷の三地域についてみよう。越前国大野郡に

ついて、慶長六年（一六〇一）の「山畑なぎすて」には「山ばたをうけ作り申者共はうしくび村の七郎右衛門・孫左衛門・兵四郎・四郎三郎、此者共にて御座候」とあり[26]、大野郡浄土寺村は同六年に「湯の谷」の山畑を袋田町の農民が不当に「なぎすて」（薙刈り）したと代官に訴えた。この山畑は浄土寺村が以前から牛首村民四人に杉板二〇〇〇枚（代官青木清左衛門へ）と大豆二石（浄土寺村へ）を納めることを条件に一作卸していたものであった。袋田町が全面的に詫びを入れて解決した。右が永住出作りであったか、季節出作りであったかは明確でないが、牛首村民が江戸初期に遡って越前方面に出作りを行っていた。いま一例、寛文一一年（一六七一）の「乍恐口書を以申上候」には「牛首風嵐村之者共ニ彼山ヲ下シ自由ニ切畑為仕数拾年為作申候」とあり[27]、これは大野郡七ケ村と勝山町が争った山論文書であるが、牛首・風嵐両村民は江戸前期に遡って「平泉寺山」に出作りを行っていた。牛首村民二人は寛延四年（一七五一）にも「平泉寺山」続き法恩寺山の南斜面、女神川の最奥部に永住出作りを行っていた[28]。その後、この地には牛首村民をはじめ、市之瀬・打波・一本松・中之俣村民が出作り定住して山家集落（平泉寺領）が成立した。この外、牛首村民は享保期から勝山町・牛ケ谷・木根橋・河合・谷・横倉・桜久保村などにも出作りした。

白山麓河内谷について、享保一五年（一七三〇）の「乍恐口上書を以申上候」には「一、白山境宮谷加持谷之内四拾軒余之作所有之百年哉弐百年以来之儀ニ而無之往古ゟ之作場ニ御座候由此度両村百姓申上候」と記す[29]。これは牛首・風嵐両村と平泉寺が争った山論文書であるが、平泉寺が権現領という市之瀬・赤岩には牛首・風嵐両村民（四三戸）が居住し、焼畑による稗・粟などの生産や養蚕・製炭・黄蓮掘りなどを行って生活していた。注目したいことは、牛首・風嵐両村民が享保一五年から二〇〇年以前すなわち室町後期に市之瀬・赤岩に出作りを行ったことだろう。加藤助参氏は昭和一〇年の論文の中で「白峰より市之瀬・赤岩・大道谷方面へ出たものが最も古いらしく、約四五〇年前とされている」と述べているが[30]、当たらずといえども遠からずであろう。なお、牛首村民は「風嵐村義ハ当村（牛首）と立毛入会之村柄ニ而、田畑山むつし杉原等ニ至迄当村同様ニ候」や「風嵐・牛首・嶋三ケ村山年貢もなし」のため[31]、風嵐村領に早く出作りしたものだろう。貞享年間（一六八四〜八七）に書かれた「白山紀行」には「牛首より一の瀬へ五里。一の瀬は常の居村にあらず。牛首・風嵐の者山畑をまもる小屋を立てて白山参詣の人又は湯治の人をやどすなり」とあり、[32]この頃牛首・風嵐両村民は季節出作りを行っていた。つまり、牛首・風嵐両村民は、元禄期から享保期にかけ永住出作りを行ったものだろう。天明元年（一七八一）頃の文書には「越前加賀白山麓牛首村枝郷」とみえ、[33]牛首・風嵐両村民は市之瀬・赤岩両村に定住していた。同文書には「跡々及出入候頃ハ家数四拾三軒有之候処、追々及潰当時漸弐拾壱軒ニ相成」ともあって、[34]その後両村は平泉寺領に編入されたため、戸数が四三戸から二一戸に半減した。天保四年（一八三三）頃には、市之瀬村が一二戸、赤岩村が一六戸、三ツ谷村が七戸に増加していた。[35]

白山麓西谷について、元禄三年（一六九〇）の「永代売申むつし之事」が存す。[36]これは須納谷村源右衛門が牛首村三右衛門に永代売却した「むつし証文」で、この頃牛首村民が西谷に出作りを行っていた。弘化三年（一八四六）の「家の規矩」には「一、当家《(織田家)》我等ゟ七代之先祖を、利右衛門法名道願と申候、此人ゟ段々立身いたせしと申伝候、諸帳面証文等も、此人代ゟ以前ハ相見へ不申候、依之而、此代を以当家の元祖と仕候、尤山畑作り等御入精之御人ニ而候、其いわれハ、新保のくら谷、越前の呉見山、打波山等ニ爾今利右衛門作と唱候山むつし有ニ而、其御苦労を可思知なり、元禄十弐卯年六月廿三日御死去」とあり、[37]江戸前期に元祖利右衛門は「大赤谷」の白木峠を越え新保村領の「倉谷」に永住出作りを行っていた。嶋村民は慶長期に自村領の「大赤谷」、万治期に「百合谷」に季節出作りを、[38]牛首村利左衛門は宝永七年（一七一〇）に「大赤谷」に出作りを行っていた。[39]なお、慶長三年（一五九八）の太閤検地（新保村）には「上畠弐畝拾分、壱斗六升三合、山きし」と記す。[40]この「山きし」は白山麓一八ケ村の最高実力者であった牛首村の山岸十郎右衛門を指すと考えられ、もしこれが事実とすれば、山岸十郎右衛門は新保村に土地を所有していたことになり、地内子が同村に出作りを行っていたとしても不思議ではない。要するに、牛首村民は室町中期に大道谷（堂森・太田谷・苅安谷・五十谷・細谷）・明谷・風嵐谷へ、室町後期に大杉谷（大空・苛原）・河内谷（市之瀬・赤岩・三ツ谷）および谷峠を越えて越前国大野郡（谷・杉山・暮見・浄土寺・平泉寺・打波村など）へ出作り進出した。[41]一方、彼らは室町末期に西谷（新保・須納谷・丸山・小原・杖村など）へ、江戸初期から同前期にかけ赤谷・下田原・深瀬村および荒谷・尾添・中宮・左礫・阿手村などへ出作り進出した。越前国大野郡へ多く出作りした理由は、九頭竜川斜面が手取川斜面に比べて平坦地に恵まれ、土地が肥え、日照時間が長かったことや、生糸業が盛んな牛首・嶋両村に近かったためであろう。

白山麓の出作り発生説には次の二説が存す。一つは本村の人口増加と耕地不足が要因となって、他所に耕地を新たに求めざるをえず、山に奥深く分け入って焼畑を行ったとする考え方で、[42]これは初め夏期だけ出作り地に住み、冬期は本村に帰る形態であったが、やがて自然環境に適応して冬期も山中で生活する永住出作りに発展したという。二つは本村の人口が増加する以前に周辺山地に居住した焼畑農民が生活の利便性を求めて漸次本村に流入し、冬期は本村で生活し夏期は山へ行くという季節出作りが発生したとする考え方で、[43]これはやがて本村が生活上重要性を増すにつれて人口が増加し出作りが一層発達したという。いま、出作りの発生要因と考えられるものを示す。

(1) 人口増加に伴って食料が不足したため。
(2) 御林山の設置に伴って入会山が不足したため。
(3) 貢租の金納化が早く行われたため。
(4) 地内子制度が実施されたため。

(1)については人口の増加に伴い焼畑用地「あらし」「むつし」が不足したので、出作りの発生要因といえるだろう。白山麓の焼畑農民は「往古ゟ人多ク居住仕候所田畠無御座、山畠計ニ而度々不作仕、百姓立申ニ付」と繰り返し述べていた。[44](2)については慶長年間(一五九六〜一六一四)松平三河守が白山麓に設置した巣鷹山が御林山(御巣鷹山)となったものの、これは「極深山壁険岨之場所」に存し、[45]焼畑地にならなかったので、その発生要因といえないだろう。なお、御巣鷹山は、大道谷藤まき二〇町歩(牛首・風嵐村)・明谷とよの西一四町歩(同)・風嵐谷めんす六町歩(風嵐村)・ねくら一〇町歩(権現領)・かち山ノ上六町歩(同)・よもき一三三町歩(同)・つゝみ一〇〇町歩(同)・風嵐谷之えぼしかた六〇町歩(風嵐谷)・こもちかつら五町歩(権現領)・はたの山ノ上一二町歩(同)・ミや谷二〇町歩(同)・ほそはら一一町歩（嶋村）・藤まき七町歩（同）・こきうかたち一〇〇町歩（杖村）・なべわり一四町歩（新保村）・ほやはら二町歩（同）など一六ケ所に存した。[46] (3)については焼畑農民が米・雑穀を除く林産物を換金し、貢租を納めたので、その発生要因といえるだろう。すなわち、白山麓ではその地域的特性から繭・生糸・杉板・杉小羽・炭・黄蓮・山葵などの商品を生産し、[47] 換金せねばならなかった。特に、繭・生糸は杉板・杉小羽・炭などに比べ運搬が容易であったため、小松町・大聖寺町などにも販売された。なお、文久三年（一八六三）の「白山麓拾八ケ村留帳」には「本高拾九石弐斗九升之小物成者家割ニいたし、百姓水呑無甲乙割合出銭仕候」とあり、[48] 牛首村では小物成を惣百姓で平等に割当てていた。(4)については地内子制度の説明から始めなければならないだろう。この制度は生産力の低い山間部において中世的小土豪が検地によって本百姓に格下げとなり、経済的にも石高を所有し、これを譜代・下人らに経営させ、高に入らない山畑・山林などを地内子（名子・被官・作子・地下・地内）という隷属農民に家・屋敷地と共に貸与し、その地代として物納小作料・賦役などを課したものであった。[49] 地内子制度は牛首村をはじめ、白山麓深瀬・釜谷・二口・五味嶋・女原・尾添村などでも実施されていた。ただ、牛首村では親っ様（御舘・地頭・名主）が家・屋敷地・耕地などを地内子に貸与したのに対し、他村では屋敷地のみの貸与であった。また、牛首村の親っ様が他村に比べて多くの地内子を抱えていたことからも分かるように、牛首村の地内子制度には中世的遺制が強く残っていた。

白山麓における地内子制度は、室町中期以来、牛首の土豪として絶大な勢力をふるってきた加藤藤兵衛によって成立したと考えられるが、藤兵衛が追放された延宝元年（一六七三）以降は、牛首村の御三家と称された山岸十郎右衛門・織田利右衛門・木戸口孫左衛門が牛首谷を政治・経済・社会的に支配した。その一家、織田家の九代利太郎が著した「由緒書」には「当家ニハ以前ヨリ小方ト云フ事アリ。是レハ田畠幷ニ家屋敷貸シ年貢ヲ取ルモ、其外ニ一年中ニ米酒金幷ニ諸品ヲ貸シ置キ、其代トシテ繭生糸ヲ取リ盆ト年末ニ至リ精算スル事ヲ成シテ出入スル人ヲ云フナリ。七代目ノ時迠小方二百戸アリタリ」と記す。[50] 地内子には家・屋敷地と共に田畑が貸与され、その地代として労働力と賦役が課された者（本地内子）と、米・酒・金などが貸与され、その代料として繭・生糸を納めさせられた者が存した。前者の賦役には養蚕をはじめ、植林・伐木・運材・雪下ろしなどがあった。注目したいことは、七代利右衛門が抱えた小方（地内子）二〇〇戸と山岸家・木戸口家・永井家などが抱えた地内子が文久三年の出作り数三八〇戸と一致したことだろう。[51] すなわち、牛首村の田畑・むつし・山林は少数の地主（親っ様）に集中していたので、焼畑農民は地主から金を借り自村および他村で「むつし」の一作請けを行わなければならなかった。このことは、幕末頃の「御尋ニ付乍恐以書付奉申上候」に「生糸百拾貫匁、是者御案内被下置候通、当村纔之御高ニ而村人過半加越両国御他領村々奥山請地仕出作いたし、右出稼先ニ而養蚕仕候義ニ而、其最寄地元町方等おいて年分米穀桑諸色仕入人相頼置、養蚕生糸を以勘定仕来候」とあることからも理解できるであろう。[52] 牛首村では一年間に生糸二四五貫匁が生産され、この内一三五貫匁が季節出作り分、一一〇貫匁が永住出作り分であったが、これは文久三年の季節出作り二〇〇戸、永住出作り一八〇戸に比例する生産量であった。なお、風嵐村では生糸八貫匁中、五貫八〇〇匁が季節出作り分、二貫二〇〇匁が永住出作り分で、嶋村では生糸六〇貫匁中、五〇貫匁が季節出作り分、一〇貫匁が永住出作り分であった。以上のように、白山麓では室町後期に成立した地内子制度により地内子が自生する山桑を求めて山中に多く出作りした。つまり、地内子制度が出作り発生の最大要因であったといえるだろう。なお、地内子の中には、資金を蓄積して家・屋敷地・「むつし」などを買い求めて独立する者もいた。

季節出作りと永住出作りの差異はどうして生じたのであろうか。田中・幸田両氏は「初期に於ては冬期谷間の原住部落に帰る周期的移動であったが、その中のある者が孤独感に苦しみながら一冬を山中に暮して見て案外気候的条件が有利であったから遂に永住することになった。この方が甚だしく経済的であることから漸く出作を本拠とする風起り徐々に永住性を示し来り、又他村に拡がれる者は初めは小作していたが遂に所有権を得るに至った」と述べ、[53] また加藤助参氏は「出作発生の初頭は、山腹の耕作地に作小屋を建てて、毎日母村より之へ通っていたが、其の後夏季耕作期間は一家盡く出作地にて生活し、冬期のみ母村へ帰る周期的出作となり、遂に出作地に於ける越冬が案外容易であって且経済的なることを発見するに及んで、漸く永久的出作が発生するに至った」と述べ、[54] 出作り地が遠隔地の場合、その経済的負担が多いことから定住するようになったと指摘した。さらに、橘礼吉氏は「下田原の各共有地の一筆が二〇年に固定しているのは、おおまかに一筆の面積規模は、毎年の火入れ作業が二〇年（二〇回）しかできない程度と予想されます。下田原での休閑地植生回復は三〇年かかるとすれば、二〇年の請作が終った時点では、最初の休閑地の植生回復・地力復元は完全でなく、次の請作地を求めなければならないのです」と述べ[55]、出作り地の経営規模差が出作りでの定着度となり、季節移住や定住の差が生まれたと指摘した。

後述のように、勝山藩では三〇年から五〇年にわたる一作請けを認めながらも山籠り（永住出作り）を禁止していたので、右の諸説では理解できない。このことは、勝山市北谷町杉山の織田清人氏が「同家の先祖は四〇〇年前に白山麓牛首村から杉山村領の山中へ季節出作りし、私の三代前（江戸末期）から現在地に定住した」と述べていることからも理解できるであろう。織田家は出作り地の杉山村（天領）が山籠りを禁止していたため、毎年収穫後に稗・粟などを背に担ぎ谷峠を越えて牛首村まで運んだという。なお、同家では江戸末期から「冬暮シ代」（山籠り代）を杉山村に納めて永住出作りを行った。寛政九年（一七九七）の「相定申冬籠諸印帳」によれば、白山麓嶋村では「冬籠役」として男子に八〇〇文、女子に四〇〇文、一七歳以下の男女に半額を課していた[56]。「改作所旧記」の元禄一二年（一六九九）三月朔日付の「就御尋申上候」には「第一先年より奥池村を本村之由申候。然共此村之儀、雪多降積居住危所に而御座候故、三里程口江罷出、久保村幷中直海村領続屋敷取仕、奥池村之通家いたし、冬十月中旬之頃より翌年三月迄口池江罷出居申候。三月下旬より奥池村江罷帰、雪降不申内者かせぎ仕申候。右之通に御座候に付、両所共に家所持仕罷在申候」とあり[57]、直海谷の最奥に存した石川郡奥池村では冬期間だけ谷の入口に下りて越冬していた。このように、出作地の積雪量が少ないことが永住出作りを可能にしたといえるだろう。

永住出作りは牛首村に多く、他の白山麓の村にはあまりみられなかった。文政八年（一八二五）以降の「嶋村諸覚帖」には「明治三午年迄、山むつし卸方之儀者、往古之六そうばいを以卸来候処、去午年ゟ村中触流之上、入札可致様相定候へ共、夫ニ而ハ村方住家無之者ハ、出作山余人ニ被落候而者、路途ニ立ゟ外之事無之様ニ相成候而者面倒之が増え「むつし」が不足したため、他村民に卸すことを禁止した。なお、明治二三年（一八九〇）桑島村（嶋村）では、村の戸数が増え「むつし」が不足したため、他村民に卸すことを禁止した。次に、永住作りの条件と思われるものを示す。

冬籠りを禁止していないこと。

雪積量が少ない場所であること。

請作地が広いこと。

永住出作りする者が近くにいること。

以上を要約すると、牛首村民が季節出作りした時期は、地内子制度が成立し、「むつし」用語が発生した室町中期（一五世紀後半）となり、また永住出作りした時期は江戸初期となろう。ただ、越前国大野郡河合村には慶長二〇年（一六一五）の「永代売渡申田地留山もつし之事」が、また白山麓の周辺地にも古い「むつし売買証文」が存するので、季節出作りおよび永住出作りの発生にはあまり年代差がなく、永住出作りも室町末期まで遡って慣行された可能性もあるだろう。なお、出作りは白山麓（牛首村）から周辺地に「むつし」用語を伝播する要因の一つとなった。いま一つ、「むつし」用語が周辺地に伝播された要因として木地師の移動が考えられよう。木地師は「渡木地師」と呼ばれ、一ケ所に定着することなく山々を漂泊したが、室町中期には白山麓でもその姿をみることができた。木地師は木地の原木（欅・栃・橅）が尽きると他所へ移動したが、その当初から木地業のみで生活できたのではなく、必ずといってよいほど焼畑による食料補足を行っていた。元禄元年（一六八八）越前国南条郡大河内・岩屋・増谷村の「乍恐書付を以御訴訟申上候」には「一、五ケ山之轆轤師之儀、先規ヨリ山畑稗田ヲ作木地ヲ引、八石余之御山手米を指上罷有候」とあり、[60]三ケ村では木地業と焼畑によって生活していた。すなわち、木地師にとって「むつし」耕作は大変重要なものになっていたのであり、「むつし文化圏」で生活した木地師の移動は「むつし」用語を周辺地に伝播する要因となった。木地師は綸旨をはじめ、種々の免許状によって自由伐採や税免除を主張したが、江戸中期から幕府・

諸藩が木地師の自由伐採を認めなくなったため、地元民との間に焼畑用地の権利などをめぐって争いが多発した。ともあれ、木地師が定住したという美濃国池田郡漆原・種本・中山村、同山県郡神有村、近江国伊香郡奥川並村、越前国大野郡河合・中野俣・六呂師・桜久保・中嶋・本戸・巣原・熊河・久沢村、同今立郡河内・樽俣・田代・大本・尾緩村、同南条郡菅谷村、加賀国江沼郡下谷・真砂村などには、「木地屋文書」と共に「むつし文書」が多く存す[61]。なお、漂泊性の強い鉱山師・漆掻き・猟師などの移動も、右の木地師のそれに準じていた。

五　一作請証文と出作り

白山麓は越前国大野郡（福井藩・勝山藩・大野藩・郡上藩・幕府領）と隣接していた関係上、古くから同郡との間に経済交流がみられた。前述のように、万治元年（一六五八）白山麓牛首村の織田家の元祖利右衛門は、越前国大野郡の「暮見山」（福井藩預り領）と「打波山」（大野藩領）に出作りして立身出世を遂げたが、それは「むつし」耕作と養蚕を中心としたものであった。その後、享保四年（一七一九）織田家の二代目利右衛門は、大野郡河合村（勝山藩領）の農民二人から「むつし」・稗田・桑畑などを代金一三両と山手米三俵（毎年）をもって一作請けしていた[1]。この請作地は同家の地内子に耕作させたものだろう。さらに、織田家の分家と考えられる市郎右衛門・利左衛門両人は、享保一一年（一七二六）大野郡牛ケ谷村（勝山藩領）から「むつし」六ケ所・田畑二五石・居屋敷八ケ所などを[2]、同一三年（一七二八）同村から「むつし」六ケ所・田畑五〇石・居屋敷八ケ所などを請作していた[3]。

右のように、白山麓牛首村民の大野郡への出作りは、「むつし」耕作と養蚕を中心としたものであった。逆に、越前国大野郡から加賀国・白山麓への出作りもみられた。元禄一一年（一六九八）の「横倉村明細帳」には「一、男之はけミ賀州山越俵起炭焼申候」とあり[4]、大野郡横倉村（郡上藩領）では江戸前期に加賀国へ出作りを行っていた。また、延享四年（一七四七）横倉村兵右衛門は、白山麓新保村から炭山を五貫文で請作（二年間）していた[5]。注目したいことは、越前国大野郡からの出作りが「むつし」耕作と養蚕でなく、炭焼き・薪材の生産が中心であったことだろう。牛首村民が越前国大野郡へ多く出作りしたのは、大野郡の山地が白山麓および加賀国のそれに比べて土地が肥え、南向きで日照時間が長く、斜面が緩やかで稗・粟などの栽培や養蚕に適していたためであろう。また、出作り地が嶋村や牛首村（牛首紬の里）に近く、生糸・繭を運ぶのに便利であったことも忘れてはならない。焼畑農民は村の共有地（入会地）および個人所有地の「むつし」を借用して耕作した。

「むつし証文」には、「永代売証文」「売買証文」「質入証文」「一作請証文」「替地証文」などが存した。以下、白山麓の「むつし借用文書」すなわち「一作請証文」について分析したい。「永代売証文」では「むつし」の所有権・耕作権の移動がみられたが、「一作請証文」では所有権の移動がみられず、耕作権のみの移動であった。つまり、前者には年貢上納の義務が付帯していたが、後者にはそれがみられず、請作料・初穂の義務が付帯していた。後者が入会地の場合には、金銭によって一定地域の耕作権を買い取ることができた。白山麓の「一作請証文」には「卸」「抃」「下」「売」「買」「請」などの字が当てられているが、これらの間に授受行為上の相違点はみられず、貸与者からの「売」「卸」「抃」「下」で、借入者からの「買」「請」であった。田川捷一氏は「証文表題用語の使用例であるが、天明・寛政期には『売』、寛政期後期から文化期においては特定用語の使用はみられず、文政期前半においては『卸』が、文政期後半から慶応期にかけては『請』が一般化しており、土地授受上の時代的概念の変遷が知れる。又、証文中における授受行為用語としては、天明期には『請』、寛政期には『売』、文化期以降は『請』『卸』が一般的使用例となっている」と記す。(6) 越前国の「一作請証文」は点数が少ないため明確とはいえないが、おおむね白山麓のそれと同傾向にあったことを指摘しておこう。

白山麓から越前国大野郡への出作りは、ほとんどが「一作請証文」によって行われた。まず、その一例を次に示す。(7)

むつし山一作請証文之事

むつし山壱ケ所、西ハ一本松一之落目婦ゟ南指尾を境、東ハ大杉沢ゟ小丸山を境、

北ハ大師谷川水流を境、南ハ南又谷川水流を境

請代金三拾両也
内渡方
金拾五両也　卯六月限
金拾五両也　辰六月限
〆
外ニ
銀拾五匁　何年ニ而も一作相済候迄ハ毎年秋中ニ相立可申候、但山年貢也
粟白米八升　作り初尾毎年秋中ニ相立可申候
一、右むつし山之内、作畑之外ハ木草等伐苅之義御勝手次第是迄之通御立入可被成候、毛頭申分無御座候

（中略）

右ハ勝山町惣御百姓中持分奥山之内、右書面之通相定むつし山一作請仕候処実正ニ御座候、則請代金三拾両之内来卯正月限拾五両、辰六月限拾五両、合金三拾両也、外ニ畑作致候内山年貢として毎年銀拾五匁並作り初尾粟八升宛、町庄屋中迄急度相納可申候、ケ様ニ相究出作り仕候上ハ、御法度条目前書之通堅相守可申候、万一此上ニも我儘かましき義有之候ハヽ、何時ニ而茂請所之山御取放し可被成候、其節一言之違義申出間敷候、為後年むつし山一作請証文相渡申所仍而如件

明和七庚寅年七月

作人　牛首村
新左衛門
（以下三人略）

勝山三町
庄　屋　中
惣御百姓中

明和七年（一七七〇）白山麓牛首村の新左衛門・助七・助五郎・三郎左衛門四人は、大野郡勝山町の入会山を代金三

○両・請作料一五匁・初穂粟八升などをもって「むつし」一作請けした。これは請作料を毎年支払う点で「請作証文」であるが、年季の明記がない点では「売買証文」であった。越前国の「一作請証文」中、年季を明記したものは安永二年（一七七三）今立郡河田村（幕府領）の「山むつし抒し申証文之事」など数例にすぎず[8]、白山麓のそれと異なった。つまり、白山麓における「一作請証文」には年季の明記があるが、毎年請作料を支払うことの明記はなかった。「むつし」の中には初年目の作付のみで、二年目以降の作付ができない痩せた土地もあり、当然のことであった。ただ、寛政五年（一七九三）の「売渡し申むつし証文之事」によれば、白山麓女原村には基準年季（大年季が三〇年、小年季が八年）というものが存したので[9]、越前国でもこれに近いものがあったかも知れない。代物には金・銀・銭・稗・藩札などがあり、白山麓におけるそれに準じていた。また、「むつし」の所在地を示す「有坪」は明記したものの、面積を記載しないことも白山麓と同様であった。なお、請作者が複数の場合には「地所一円中間ニ申候而者、何角都合不宜、此度相談ノ上双方立合境を立、地所引訳申候」[10]と、請作後に「むつし」を分割して利用するのが一般的であった。参考までに、「一作請証文」の雛形を次に示す[11]。

一作卸申山むつし之叓

一、有坪杖山庄司谷之内、伊織と申所、先年貴殿御作配之通、一所少も不残

此代金三両弐歩ニ相定申候

右ハ当酉年鎌掛ゟ来ル酉年迄弐拾五ケ年之間、貴殿御勝手ニ御作配可被成候、廿六年め戌年ゟ此方江御帰戻し可被成、為後日一作卸証文相渡置申所仍而如件

天保八酉八月六日

利右衛門(印)

平　助殿

右は、白山麓杖村領内に田畑・「むつし」などを所有していた牛首村平助（織田家の手代）から杖村利右衛門が「む

つし」を一作請けしたものであった。年季の明記はあるものの、請作料のそれはみられない。なお、飛騨国吉城郡森安・臼坂両村にも、江戸後期の「あらし一作請証文」が存す。[12] 明和七年の「一作請証文」には、「右請山ニ付相定申山法度之事」として次の六ケ条を記す。[13]

一、作小屋四軒之外立申間敷事
一、作小屋ニ一切人宿人寄セ致間敷事
一、薪類並萱木草売出し申間敷事
一、右境之外へ一鍬も開出し申間敷事
一、作場上り畑ニ相成候分、其年限りニ御改請可申候事
一、歳々穂之実取入次第在所へ罷帰り山籠仕間敷事

右の三条・四条について、天保二年（一八三一）牛首村吉右衛門が勝山町の入会山を代金二二両と初穂小豆一斗で一作請け（三〇年季）した証文にも「一、右むつし山之内、作畑之外は草木伐苅之義は是迄之通御勝手次第御立入可被成候」とあり、[14] 請作者は請作期間中に「むつし」耕作をはじめ、炭材・薪材・柴などの伐採、山桑の植栽など、あらゆる林野利用活動をこの土地で行うことが可能であった。六条では勝山町が牛首村民の季節出作りを認めていたものの、永住出作り（山籠り）を禁止していた。もっとも、これには「然共作小屋守りハ御差置可被下候」と、作小屋に留守番を置くことは許可されていた。勝山町は三〇年という長い年季を認めながらも、山籠り（永住出作り）を認めなかったのはなぜであろうか。これは幕府が農民の移動を禁止していたこともあるが、永住出作りが年貢・諸役の徴収をはじめ、種々の点で弊害をもたらすものになっていたためであろう。つまり、母村は永住出作りにより年貢・諸役などが減少し、村方の諸用務に差し支えたため山籠りを禁止していたが、出作り地の村々でもこうした問題をめぐって母村と対立することを避けるため同様にこれを禁止していた。ただ、江戸後期には「冬籠役」を徴収して永住出作りを認める村も現われた。永住出作りの禁止は幕府・諸藩が定めた「新規焼畑」の禁止と共に焼畑農民を大いに

苦しめたが、彼らは永住出作りをやめず、より遠隔地へと進出した。次の「一作卸証文」は、その一例といえよう。(15)

一作山卸シ証文事

一、私持分山むつし壱ケ所、字阿らけ山壱作不残

代銀百五拾匁

右山むつし一作卸シ代銀書面之通慥ニ請取申所実正也、然上者小作銀拾壱匁・初穂粟弐升宛毎年無滞相納メ、貴殿御勝手ニ御支配可被成候、右小作銀壱ケ年ニ而も相滞り候ハゞ、右山作配不致定ニ御座候、村法相守後日彼是無之様可被成候、為後日仍一作卸加判証文相渡申処如件

天保六年四月

牛首村
孫左衛門(印)

桜久保村
長五郎殿

天保六年(一八三五)牛首村の木戸口孫左衛門(御三家の一つ)は、大野郡桜久保村(郡上藩領)長五郎の持山を代銀一五〇匁・請作料一一匁・初穂粟二升などをもって「むつし」一作請けした。もちろん、この「むつし」は孫左衛門がみずから耕作したものでなく、木戸口家の地内子に耕作させたものだろう。桜久保村は、今のところ白山麓牛首村民が大野郡に出作りした中で、最も遠い打波川の中流に位置していた。木戸口孫左衛門は、天保六年から四〇年前の寛政七年(一七九五)にも、桜久保村長五郎の持山を代金二両二分・請作料一一匁・初穂粟二升をもって「むつし」一作請けしており、(16)「むつし」が知音を頼って請作されたことを示すものだろう。次に、越前国の「むつし・あらし一作請証文」を第57表に示す。白山麓の村々から越前国大野郡に出作りした九例はすべて牛首村民の出作りであった。この中には「織田利右衛門」「木戸口孫左衛門」の名前がみえ、両家は地内子に「むつし」耕作をさせていた。地内子の中には資本を蓄積し、地主(親っ様)から田畑・「むつし」などを買い求めて分家または独立する者もいた。「一作請証文」の初見は白山麓が寛永七年(一六三〇)嶋村の「一作売帳」(17)で、越前国が享保四年(一七一九)大野郡河

第57表　越前国「むつし・あらし」一作請証文

年代	卸主			請主		地目	代価	用語	出典
享保2年(1717)	大野郡	石徹白	長左衛門	上村	六左衛門	あらし	3両2分	売	「石徹白徳郎家文書」(岐阜県郡上郡白鳥町)
4年(1719)		河合村	甚右衛門	*牛首村	利右衛門	むつし	13両	売	「斎藤甚右衛門文書」(勝山町北谷町)
8年(1723)		朝日前坂村	太郎左衛門	角野前坂村	九郎右衛門	あらし		抔	「朝日牧雄家文書」(大野郡和泉村)
9年(1724)		熊河村	喜右衛門	巣原村	甚之助	むつし	1分	借	『大野市史・諸家文書編1』
寛延3年(1750)		中嶋村	又六	中嶋村	兵左衛門	むつし	稗9斗	売	「林又六家文書」(大野市春日2丁目)
宝暦4年(1754)		牛ケ谷村	庄屋	*牛首村	孫右衛門	むつし		請	『勝山市史・資料編第2巻』
明和6年(1769)		中嶋村	又六	中嶋村	仁兵衛	むつし	稗6斗	売	「林又六家文書」
7年(1770)		勝山町	庄屋	*牛首村	新左衛門	むつし	30両	請	『勝山市史・資料編第2巻』
安永2年(1773)	今立郡	檜俣村	久右衛門	河田村	彦右衛門	むつし	50匁	抔	「上野久雄家文書」(今立郡池田町)
7年(1778)	大野郡	木根橋村	順右衛門	*牛首村	小左衛門	むつし	5両	売	「佐々木弥太郎家文書」(勝山市北谷町)
天明3年(1783)		石徹白	九郎左衛門	上村	伊右衛門	あらし	1分	売	「石徹白徳郎家文書」
寛政4年(1792)		木根橋村	庄左衛門	*牛首村	小左衛門	むつし	1両1分	売	「佐々木弥太郎家文書」
7年(1795)		桜久保村	長五郎	*牛首村	孫左衛門	むつし	120匁	卸	「小倉長良家文書」(大野市弥生町)
享和2年(1802)		石徹白	治左衛門	朝日前坂村	喜七	あらし	3両	売	「朝日牧雄家文書」
文化2年(1805)		朝日村	清吉	岡畑村	新左衛門	あらし	1両3分	売	「朝日牧雄家文書」
文政2年(1819)		熊河村	庄屋	熊河村	喜左衛門	むつし	50匁	卸	『大野市史・諸家文書編1』
天保6年(1835)		桜久保村	長五郎	*牛首村	孫左衛門	むつし	150匁	卸	「小倉長良家文書」
9年(1838)		桜久保村	善右衛門	桜久保村	左兵衛	むつし	120匁	抔	「小倉長良家文書」
弘化2年(1845)		木根橋村	市左衛門	*牛首村	小左衛門	むつし	7両	売	「佐々木弥太郎家文書」
嘉永4年(1851)		熊河村	庄屋	熊河村	久左衛門	むつし	90匁	請	『大野市史・諸家文書編1』
安政2年(1855)		桜久保村	次右衛門	牛村	惣左衛門	むつし	75匁	抔	「三橋光蔵家文書」(大野市春日2丁目)
文久3年(1863)		木根橋村	新右衛門	*牛首村	小左衛門	むつし	17両	抔	「佐々木弥太郎家文書」

*は白山麓牛首村民が一作請けしたもの.

合村の「売渡シ申田畑林むつし稗田桑共ニ証文之事」であった。[18]「むつし一作請証文」は白山麓で早くみられるので、その形式は白山麓で始まり、周辺地へと伝播されたものだろう。

白山麓の一作請年季について、高沢裕一氏は「十八世紀十年代までは年季はほぼ八年であるが、二十年代になると平均十一年以上に長期化する。そしてその長年季化傾向は、その後も進展しつづけ、幕末期には二十年を越えるようになる」と述べ、[19]その長短は桑・養蚕と「むつし」耕作を組み合わせたか否かによるものと解した。このことは、享保二年（一七一七）白山麓嶋村の「請証文之事」に「一、年季之義ハ、当戌年ゟ未年迄拾年私作り可申候、其間すいぶん桑原ニ相成申様ニ、大切ニ可仕候」とあること、[20]また嘉永二年（一八四九）の「杖村地内持分地見帳」に「むつしの肥・不肥、薪の手寄、水の手、雪なだれ、小屋場の様子、桑のそだち、蚕飼のよしあしの勘へ」（傍点筆者）とあることからも理解できるだろう。[21]

このように、白山麓において一作請年季は桑・養

第58表　白山麓の一作請年季

年間（西暦）	山口家文書		桑島区有文書		白峰村諸家文書		尾口村史1,3巻		総計	
	件数	平均年季	件数	平均年季	件数	平均年季	件数	平均年季	件数	平均年季
天和１～元祿３										
（1681～1690）	5	8.0							5	8.0
～元祿13（1700）	7	8.0							7	8.0
～宝永７（1710）	20	7.9			3	8.0			23	7.9
～享保５（1720）	34	8.1					1	6.0	35	8.0
～享保15（1730）	19	10.7			2	14.5			21	11.1
～元文５（1740）	33	11.0			2	21.5			35	11.6
～寛延３（1750）	29	12.2			5	16.0			34	12.8
～宝暦10（1760）	31	14.3			1	45.0			32	15.3
～明和７（1770）	37	11.1			2	13.5			39	11.3
～安永９（1780）	44	13.4			6	22.0			50	14.4
～寛政２（1790）	41	14.4	7	34.0	1	10.0			49	17.1
～寛政12（1800）	33	12.7	12	20.1	5	19.2	3	8.7	53	14.8
～文化７（1810）	42	12.9	8	21.3	7	19.4	2	14.5	59	14.9
～文政３（1820）	44	12.6	32	22.9	7	20.4	8	13.8	91	16.9
～天保１（1830）	54	15.6	19	33.5	2	14.0	5	15.6	80	19.8
～天保11（1840）	15	14.3	20	27.6	4	43.3	7	13.4	46	22.5
～嘉永３（1850）	24	15.0	26	26.3	7	20.6	4	16.8	61	20.6
～万延１（1860）	30	17.1	22	25.2	2	29.0	4	13.8	58	20.3
～明治３（1870）	13	17.2	49	23.9	2	15.0	2	14.0	66	22.0
合計	555	12.9	195	25.6	58	20.7	36	13.7	844	16.5
1681～1720（40年間）	66	8.0			3	8.0	1	6.0	70	8.0
1721～1770（50年間）	149	11.9			12	18.7			161	12.4
1771～1820（50年間）	204	13.2	59	23.4	26	19.9	13	12.7	302	15.8
1821～1870（50年間）	136	15.8	136	26.5	17	25.5	22	14.6	311	20.9

『白山麓山口家・杉原家文書目録』『白山麓嶋村諸家文書目録』『白峰村史・下巻』『尾口村史・資料編第一巻』『同書・第三巻』などにより作成.

蚕と「むつし」耕作が組み合わさって長期化したが、越前国でも江戸中期の一二年から江戸末期の三〇年へと長期化した。「桑むつし」の初見は、白山麓が延宝八年（一六八〇）嶋村の「質入証文」(22)で、越前国が寛文五年（一六六五）大野郡河合村の「永代売渡申平畠むつしの事」であった(23)。越前国でも早くから桑・養蚕と「むつし」耕作が複合していたものの、白山麓に比べて少し遅かったようだ。白山麓では「桑むつし」が中世に遡って発生し、周辺地に伝播されたものだろう。参考までに、高沢氏が整理した白山麓の一作請年季を第58表に示す(24)。

第58表の「山口家文書」および「桑島区有文書」に収載される赤谷の「むつし」分布について、矢ケ崎孝雄氏は「赤谷川の源流部は桑島区の共有地が広いのに対して、下流部が民有地で集落に近く、条件のよい地域である。奥地の区有地のむつしが同一家系による長期的な出作り地となり、他方、集落に近い下流部が回転の著しい出作り地であったことは、たいへん興味深い配置である」と記す[25]。これは、江戸時代に自村の口山を高持層が分割所有し、奥山を無高層を含む全村民が入会う総山としていたことからすれば、その後総山が区有地へと受け継がれたのであり、当然のことであったといえるだろう。また、同氏は「赤谷地域で、同一年代のむつしについて、請代金を比較してみると、桑島区のものは山口家のものに比べ、著しく低廉になっている点大きな特色である」とも記す[26]。奥山（区有地）は、もともと無高層などの自村の困窮者を救済する目的から設置されたもので、区有地の「むつし」が山口家のそれに比べて安値であることも当然であろう。なお、年季が長い場合（土地が広い）には、次々と区画を火入れする間に最初に火入れした場所が焼畑可能となるので、四〇年季の「むつし」は四〇年にわたって火入れをすることができたものだろう。

六　出作り民の定住

出作りには、季節出作りと永住出作りとの二種が存した。両者とも母村の山中に出作りする場合にはそれほど問題がなかったが、他村の山中に出作りする場合には出作り地・出作り民の帰属、年貢徴収・諸役負担などの難題が生じることが多かった。ことに、他村の山中に永住出作りした場合にはそれが著しく、出作り地の村では村法を定めてこれを禁止していた。出作りは一般的に個人または村から「むつし」を二〇〜三〇年にわたって請作して行うので、季節・永住出作りを問わず年貢・諸役などは出作り地の村に納入することが原則であった。もともと、永住出作りは季節出作りの延長線上にあり、年貢・諸役などは母村に納入すべきものであった。ただ、牛首・風嵐・嶋の三ケ村では山年貢の徴収が行われず、諸役のみの負担であった。ともあれ、母村にとって、年貢・諸役などを徴収できないことは村運営上の大問題であり、母村からは出作り地に係人を派遣して諸役の徴収を行った。

前述のごとく、「永住」出作りは母村または他村の山中に存する「むつし」を個人または村から請作し、それを焼畑・養蚕・製炭などに利用しながら二〇～三〇年にわたって居住することで、諸役の一部を母村に納めた。これに対して、「定住」は母村または他村の山中に存する「むつし」を個人または村から購入し、それを焼畑・養蚕・製炭などに利用しながら無期限に居住することで、年貢・諸役などを出作り地の村に納めた。つまり、「永住」は「むつし」の耕作権を基本としたもので、「定住」は「むつし」の所有権を基本としたものであった。所有権を有することは、事実上出作り地の村民と同様の権利を有したことを示す。もっとも、前者の耕作権は二〇～三〇年の長期にわたるものであり、後者の所有権に近いものもあった。焼畑農民は出作り地にどのような諸役を納入したのであろうか。残念ながら、この諸役を示す明確な史料は見当たらない。次に記す明治一四年（一八八一）の「差入申一札之事」はその参考になろう。(1)

差入申一札之事

今般貴殿方ヨリ当村江対シ山地之儀ニ付争論ヲ生シ候処、挨拶人立入更ニ双方協議之上済方示談致処左之如シ

一、馬役之事

一、冬暮シ代之事

一、林代之事

一、萱代之事

一、田壱反歩ニ付三升ツヽ納之事

右者従前貴殿ヨリ村方ト夫々取立来候処、今般地租御改正相成リ候上者、地租及諸入費ヲ除之外右米金等モ向後一切取立申サス、総テ村籍人同様取扱必ラス隔意有之間敷候、為後日差入申確証仍テ如件

明治十四年四月十四日

大野郡杉山村総代人
（以下五一人略）

第59表　白山麓牛首村民の出作り集落

国名	郡名	集落名
白山麓	牛首領	堂森・太田谷・五十谷・刈安谷・細谷（大道谷），明谷，風嵐谷，河内谷，苛原・大空（大杉谷）
	権現領	三ツ谷，赤岩，市之瀬
	他村領	赤谷・小赤谷・百合谷（嶋），下田原，苦原谷（小原），大田原，主谷（杖），倉谷（新保），尾原（須納谷），大山（丸山），目附谷（尾添）
加賀	石川	鈴原（中宮），滑谷（瀬波）
	能美	山崎（大杉），鷲走（左礫），揚原（阿手），割原（野地）
	江沼	安谷（今立），西又（生水），四ノ原（大土）
越前	大野	一本松・山家・郡原（勝山），刈谷（浄土寺），暮見谷，平泉寺山，栃神谷山，木根山（木根橋），五所ケ原・東山・上原・奥河内（谷），原山（牛ケ谷），筋ケ原（杉山），南俣・西俣（中野俣）

これは大野郡杉山村の山中に永住出作りしていた牛首村の織田清兵衛が、地租改正を契機として本村の農民と同じ権利を主張して裁判に訴え、それが本村から認められた証文であった。つまり、織田家は江戸末期から杉山村（幕府領）に馬役・冬暮シ代・林代（薪代）・萱代・年貢（田一反に付き三升）などの諸役を納め、永住出作りを行っていた。「冬暮シ代」は山籠りすなわち永住出作りに課された税であるが、寛政九年（一七九七）白山麓嶋村では牛首村成人男子に八〇〇文、成人女子に四〇〇文、一七歳以下の男女に半額を課していた。[2] なお、檀那寺は「永住」「定住」ともに母村に置いていたが、明治以降にはそれを他寺に移した。[3] これは出作り民が田畑・山林・「むつし」などの購入を容易にし、本村民として認めてもらうためでもあった。

文久三年（一八六三）の「白山麓拾八ケ村留帳」によれば、牛首村民が季節・永住出作りした地域（村）は白山麓をはじめ、加賀国石川・能美・江沼郡、越前国大野郡などの山中にまで及んでいた。[4] つまり、牛首村民は出作り地で五戸から一〇戸ほどの集落を多く形成していた。出作り住居はその経営上から一〇〇〜一〇〇〇メートルほども離れて散在したが、出作り民の絆は大変強く、道普請・屋根葺き・火入れなどの作業を共同で行った。しかし、これらの集落は、年貢・諸役などの問題および季節・永住出作りの混在によってほとんどが行政上の独立村となることなく、出作り地の枝村または出村として扱われた。そして、これらは昭和三〇年代からの高度経済成長による山村の人口流出、同三六年の北美濃地震、同三八年の豪雪などを契機として

第８図　白山麓牛首村民の出作り集落図

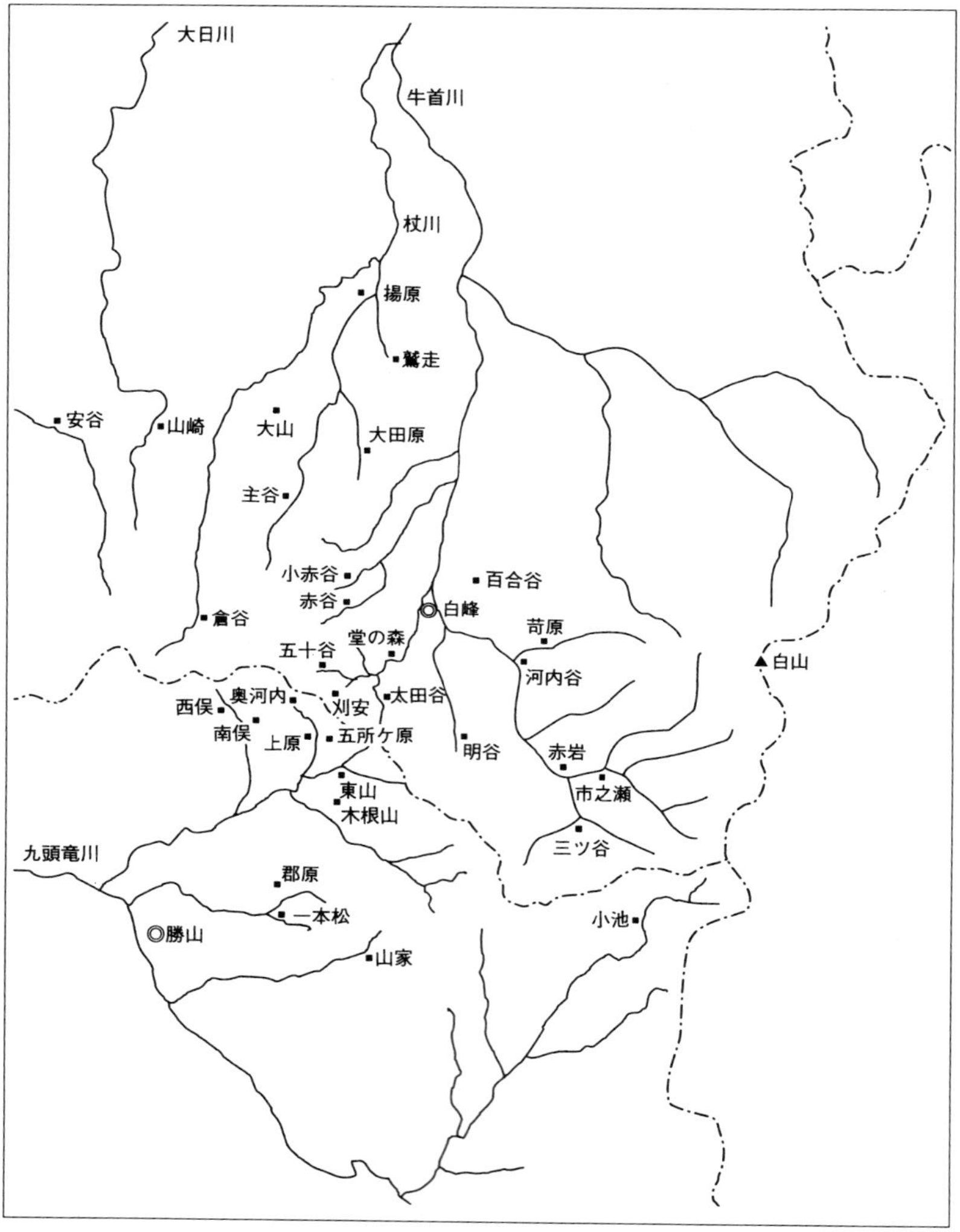

廃村となった。いま、牛首村民の出作り集落を第59表および第8図に示す。[5]堂森・太田谷・五十谷・苅安谷・細谷（以上大道谷）、明谷、風嵐谷、河内谷、苛原・大空（以上大杉谷）などの集落は、牛首村民が母村の山中に出作りしたもので、いずれも牛首の出村として終始した。これら以外は牛首村民が他国・他領・他村に形成した集落で、江戸末期には赤谷・下田原・五所ケ原・東山などが二〇戸を、大田原が五〇戸を越えたという。最後に市之瀬村・一本松村・小池村・五所ケ原村の成立についてみよう。

市之瀬村

白峰村白峰から東南一〇キロメートルの牛首川沿いに市之瀬があり、現在、温泉旅館一軒・登山センター・キャンプ場・公園管理事務所などが存す。かつて、手取川最奥部のこの地域には湯谷川と柳谷川の合流点に位置した市之瀬の外、東俣谷・中俣谷・西俣谷の合流点に位置した三ツ谷、牛首川と三ツ谷川との合流点に位置した赤岩があった。この三集落は「河内谷」と称され、明治二〇年頃まで七二戸の民家が存したものの、度重なる水害のため昭和三〇年頃に二一戸に減少し、同三六年の北美濃地震を契機に廃村となった。貞享年間（一六八四〜八七）の「白山紀行」には「牛首より一の瀬へ五里。一の瀬は常の居村にあらず、牛首・風嵐の者山畑をまもる小屋を立てて白山参詣の人又湯治の人をやどすなり」とあり、[6]牛首・風嵐両村民は江戸前期に市之瀬に季節出作りを行い、焼畑や山稼ぎに従事しながら白山参詣人および湯治客の接待に当たっていた。つまり、市之瀬には室町時代から平泉寺の「中ノ宿」が置かれていたものの、永住出作りは元禄期以降に行われたものだろう。

白山をめぐる争論は、室町末期から江戸時代を通じて五回も起った。[7]明暦年間（一六五五〜五七）牛首・風嵐両村と尾添村とが山上で衝突した事件は、越前藩と加賀藩の争いに発展しそうな形勢となった。これをみた幕府は、寛文八年（一六六八）に対立する尾添・荒谷両村を含む東谷・西谷の一八ケ村をすべて天領とした。しかし、両者はその後も山上に祠堂を建立する必要が生ずるたびに対立し、また美濃馬場に属した石徹白村も加わって三つ巴の争いが続いた。この頃は平泉寺の宗政を背景とした牛首・風嵐両村がおおむね優位な立場を獲得していた。元祿一一年(一六九八)から牛首・風嵐両村では白山総神主・社家の公称を用いるようになったが、平泉寺は別当の権威をないがしろにしたと寺社奉行に訴え、正徳・享保の長い争論となった。この争論では寛永寺(徳川家の菩提寺)の末寺となっていた平泉寺が全面的に勝訴し、牛首・風嵐両村は白山に関する一切の差し出口を禁止された。また、享保一三年(一七二八)には権現領の出作り民が住居を取り壊された。彼らは天明元年(一七八一)頃に、享保以前のごとく焼畑・山稼ぎを認めてくれるように本保代官所に願い出た(8)。山論以前、この地域には四三戸の出作り住居が存したが、立木伐採の禁止や新規焼畑の禁止によって当時二一戸となっていた。こうした厳しい状況の中にあっても、出作り民が生活しえたのは養蚕および黄蓮栽培によるものだろう。彼らは諸役を母村に納め、本籍を母村に置いていたように、牛首村民としての意識が強かった。一方、牛首村は出作り民から諸役を徴収するため、彼らが平泉寺の領民となることを拒んだ。文政一三年(一八三〇)福井藩士加賀成教が著した「白山全上記」には「此辺二か村平泉寺領なり。家一軒毎に金二分人足十人を以て年貢とする」とあり(9)、市之瀬村(一二戸、湯本八戸)・赤岩村(一六戸)は平泉寺に年貢を納入して行政上の独立村となっていた。嘉永六年(一八五三)の「差上申一札之事」には、市之瀬・赤岩両村の情況を次のように記す(10)。

差上申一札之事

一、白山麓一之瀬・赤岩ニ、我々共数年来入会出作仕候処、享保年中出入之節ハ四拾軒余茂罷居候処、其後追々退転相減し、当今ニ至り弐拾軒たらすニ相成、難渋之儀共有之、歎願書差上候処御取用無之候ニ付、牛首村役人中江相歎候処、今般御取次元名代奥左衛門・同村理右衛門勝山江出町被致候処、同町赤尾屋文右衛門御墾望ニ立入、段々取計取究候趣者、壱ケ年ニ金壱両宛入会百姓江御手当として被下候事、并天明度御願申上入書仕候切替畑、御年貢金拾両之処五両御減し被下、人足三ケ条可相勤之処、かやかき人足壱ケ条御用捨被下、是迄作来候切替畑等者、外人より切替作配等不仕様候御聞済被下、難有次第ニ奉存候、然上者御定之御山法弥相守、

御門前百姓与一同ニ惣而御用向相勤（後略）

嘉永六年三月晦日

入会百姓惣代
弥右衛門（印）

七　蔵（印）

平泉寺御役僧衆中

河内谷の出作り民は天明以降、従来の永二貫文の外に山年貢金一〇両（のち五両）、人足三ケ条（のち萱刈り人足除外）などを課され、平泉寺の門前農民と同様に扱われた。右の永二貫文と山年貢は牛首村山庄屋が徴収し、平泉寺に渡された。

一本松村

九頭竜川の支流湯ノ谷川（浄土寺川）の上流、南又谷川と大師谷川との合流点には昭和三〇年代まで一本松村があり、一〇戸ほどの民家が存した。村民は農業や炭焼きに従事しながら生活していたものの、同三〇年代の高度経済成長や同三八年の豪雪などを契機に多くが勝山市に移住し、やがて廃村となった。牛首村民はいつ頃この地に出作りしたのであろうか。慶長六年（一六〇一）の「山畑なぎすて」には「今度上どうし村の湯の谷の山ばた（中略）、みぎの山ばたをうけ作り申者共はうしくび村の七郎右衛門・孫左衛門・兵四郎・四郎三郎、此者共にて御座候」とあり[11]、この頃牛首村民が浄土寺村の「湯の谷」で出作りを行っていた。法恩寺山の西斜面（湯の谷・暮見谷）一帯は勝山藩領であり、その一部は「奥山」と称し、勝山町の高持町人が支配する共有地であった。前記のごとく、牛首村民は明和七年（一七七〇）勝山町に代金三〇両・請作料一五匁・初穂粟八升を払って季節出作りを行っていた[12]。一本松村は江戸末期に勝山藩から行政上の独立村として取り立てられた。それを示す貴重な史料を次に記す[13]。

一、当町奥山之内一本松分、是迄年季抔之場所追而切渡一ケ村ニ取立候上は、其方共永代当領百姓ニ相成一本松

支配可致候事

一、愈当領江引越候上は相当之収納米可申付候、尤収納之義外村々同様致直納、其外諸雑用等一本松之分ハ一本松限差出シ、町方と一切懸組無之事

但し、人別之義ハ少人数ニ候得は、町方人別ニ繰込宗判相改可申事

右は其方共当領百姓ニ相成可申規定大意如斯、猶引越之上委細申渡候

安政七庚申年二月

勝山地方
小林八十郎(印)
前野菊次郎(印)

一本松
助　七殿
利右衛門殿

勝山町の奥山に永住出作りしていた牛首村民は、安政七年(一八六〇)に勝山藩の郡奉行から同地への定住が認められた。すなわち、一本松村はまだ少人数であったため「町方人別ニ繰込」としたものの、規定の年貢・諸役を勝山藩に収納することで行政上の独立村となった。この独立は長期にわたる永住出作りの後に行われたので、所属をめぐる争いはほとんどなかった。一本松村は明治六年(一七八三)勝山町(二二戸)となり、やがて勝山町芳野区の一部となった。なお、一本松村民は西又家を除き、すべて白峰村の林西寺・行勧寺・真成寺の門徒であった。

法恩寺山の南斜面、女神川の最奥部にも、牛首村民が出作り定住して成立した山家集落(平泉寺村領)があった。寛延四年(一七五一)の「山家弐人に申渡覚」によれば、牛首村民二人は山家集落に永住出作りを行っており、彼らには「山番」の役割があった。(14) 勝山町でも、奥山に山番を置いて年に数度巡回させていた。『平泉寺史要』には、山家集落の住民が牛首村民(九戸)・市之瀬村民(一戸)・打波村民(二戸)・一本松村民(一戸)・中野俣村民(一戸)などであったことを記す。(15) 山家集落は江戸初期に牛首村民が出作りを行い、江戸後期に定住して成立したもので、昭和五年頃にはまだ四戸の民家が存した。なお、天保二年(一八三一)の「越前国大野郡平泉寺村宗門御改帳」には、山家

集落に居住する牛首村民（五戸）の名前がみえ、彼らの中には平泉寺村の地内子になった者もいた。(16)

小池村

九頭竜川の支流打波川の最奥部には、昭和三〇年代まで小池集落（上小池・下小池・奥平《おくびら》）があり、一九戸の民家が存した。村民の一部は明治三二年（一八九九）国有林野法の制定により保安林における焼畑が禁止されると、北海道や他県に移住していった。村民は畑作や山稼ぎ（養蚕・黄蓮・山葵栽培）に従事しながら生活していたものの、昭和三六年の北美濃地震、同年の第二室戸台風によって大被害を受け、多くが大野市に移住し、やがて廃村となった。明治四五年（一九一二）の『福井県大野郡誌』には、「小池は牛首の者の出作なりしが、其者等維新後、納税上の関係より、原籍を此処に定めしものなれば風俗習慣加州的にして、笠踊の如きも、牛首伝来のものに属す」と記す。(17) 昭和四年の『福井県大野郡阪谷・五箇村誌』には、「最近白峰村より移住せし一団、上打波本村を去る二、三里の山中なり。冬季は山入木鋤（雪シャベル）製造年二万円の収入を挙げ、夏季は部落付近に耕作養蚕に従事し、青年男女の冬季出稼亦盛なり。養蚕は全生産の半を超え、黄蓮の如きは漸次衰微の状態にありと云ふ」と記す。(18) 右のごとく、小池は牛首村民が出作り定住した集落であり、住民はすべて白峰の林西寺・真成寺・行勧寺の門徒であった。

牛首村民が小池集落に出作りした時期はいつ頃であろうか。江戸初期には上打波村の枝村として嵐・中畑・蒲谷・木野・桜久保・中洞・中村などの集落名を記すが、「小池」のそれはみられない。(19)『福井県大野郡阪谷・五箇村誌』には「和歌六右衛門家、之れ亦約二百年前白峰村より来り小池の元祖となれりと云ふ」とあり、(20) 牛首村民がこの地に永住出作りした時期を享保期（一七一六〜三五）という。杉峠を越えた市之瀬・赤岩両村には牛首村民が江戸中期に永住出作りを行っているので、当たらずといえども遠からずであろう。ただ、上打波村の住民が小池集落同様、白峰の林西寺・真成寺・行勧寺などの門徒が多いこと、『福井県大野郡阪谷・五箇村誌』に「大川仁三郎家、大凡四百年前加賀白峰村風嵐より移住、中洞の草分となれりと云ふ」とあることなどをみると、(21) 牛首村民がこの地に出作りしたのは意外に早く、江戸初期に遡るかも知れない。上打波村は田畑の少ない山村であり、古くから焼畑が頻繁に行われていた。このことは、享保六年（一七二一）の「大野郡内郡上領分村明細帳写」に「上打波村、高六石八斗弐升、此反別弐町八反六畝拾歩、内上畑壱町三畝、中畑壱町三反五畝、下畑四反八畝拾歩」とあることからも理解できるだろう。[22]なお、上打波村は貞享三年（一六八六）に福井藩領から幕府領となり、元禄五年（一六九二）に郡上藩領となった。

五所ケ原村

国道一五七号線を勝山市から白峰村に向かう新谷トンネルの手前、旧国道と合流する左緩斜面には、昭和三〇年代まで五所ケ原村があり、二一戸の民家が存した。村民は焼畑や山稼ぎに従事しながら生活していたものの、高度経済成長による山村人口の流出、同三八年の豪雪などを契機として多くが勝山市に移住し、やがて廃村となった。文政一三年（一八三〇）の「白山全上記」には「谷村辺よりして牛首辺諸山中出作り小屋と称するものあって、或は山上或は谷間に草茅を結び、夏秋の間ここに住して、畑を作り薪を採て世を渡るもの啻に千百にあらず」とあり、[23]谷村辺から谷峠を越えた大道谷には江戸末期に牛首村民が数多く出作りを行っていた。この地域は飲料水に恵まれた平坦地が多く、五所ケ原をはじめ、取立山の五〇〇メートル下の平坦地に存した東山、その向かいの平坦地に存した木根山、新谷トンネルの西緩斜面に存した上原、その二キロメートル奥の平坦地に存した奥河内などの集落があった。天保四年（一八三三）の「続白山紀行」には「右ニ五升ケ原村、谷の出村なり、穏田五百石斗此所に有て、昔は一束之稲に米五升あり、上田成しか共今は痩地と成し由、此辺より水田に見なれさる穀あり、土人のいふ、又兵衛草とて種を取、団子に製し、食事とする」とあり、[24]五所ケ原村は谷村の出作り集落であった。五所ケ原には織田・加藤・刈安・山口などの家名が多く、村民のほとんどが白峰の林西寺・行勧寺の門徒であったので、牛首村の出作り集落であろう。同集落には谷道場の門徒が数軒存するので、牛首・谷の両村民が入会に出作りした集落であったかも知れない。ともあれ、同集落は行政上の独立村となることなく、谷の出村として終始した。当時、同村民は稗の一種の「カモアシ」を栽培し、主食としていた。なお、上原集落（三戸）と奥河内集落（六戸）も昭和三〇年代に廃村となった。

牛首村民が五所ケ原集落に出作りしたのはいつ頃であろうか。残念ながら、それを示す史料は見当たらない。取立山の平坦地に存した東山集落には、次のような伝承が存す。取立山は古く谷村が領有し、「東山」と呼ばれていたが、江戸中期に郡上藩領の木根橋村と山論が起こったため、稜線を境に両村が分割したという。この頃、勝山藩は東山に居住した牛首出作り民から山年貢（山手米）を厳しく取り立てたため、取立山と称するようになったという。これからすると、牛首村民がこの地に出作りした時期は、少なくとも江戸前期に遡るであろう。ただ、五所ケ原は古く「御所ケ原」と書き、六呂師との関係も考えられるので、中世に遡って成立していたかも知れない。

白山麓には、昭和初期に多くの出作り集落が存した。出作り民は牛首村（白峰村白峰）の出身者が多かったため、周辺の人々から「牛首者」と呼ばれていた。彼らは白峰の林西寺・行勧寺・真成寺などの門徒を変えず、白峰の言語や踊りを守り、独特の山村文化を継承してきた。すなわち、山林原野に生育する植物を採取したり、そこに生息する動物を捕獲したり、原野を切り開いて焼畑を営んだりして、みずからの生活を成り立たせてきた。しかし、こうした山村文化も終末的段階を迎え、今まさに消滅寸前の状態にあるといえよう。今回の調査中、今も頑固なまでに出作り生活を続ける「牛首者」と出会った[25]。ただ、彼らのほとんどは明治生まれであり、近い日、延々と継承してきた「出作り」文化も消滅するだろう。

一　白山麓の焼畑

（1）古島敏雄『近世日本農業の構造』（東京大学出版会）二三八～二七二頁

（2）前掲『地方凡例録・上巻』一〇〇頁。焼畑の呼称は地方によって異なり、東北地方では「アラキ」（新処）または「カノ」（刈野）、北陸・中部地方では「ナギハタ」（薙畑）、四国・九州では「コバ」（木場）または「ヤブ」（弥生）などの名称が多く使用された（野本寛一『焼畑民俗文化論』雄山閣、二五～三一頁）。

（3）前掲『御触書寛保集成』七〇六頁

(4) 前掲『日本林制史資料・江戸幕府法令』六一頁
(5) 前掲『日本農書全集4』一六五～一六六頁および『日本経済叢書・巻十四』(日本経済叢書刊行会) 三一五～三一六頁
(6) 前掲『日本林制史資料・江戸幕府領下』金沢藩預所、六一頁。「御郡奉行年中行事」には「一、御林山ニ焼有之候者、山奉行見分之上御算用場へ相達候由之事」とあり(「加越能文庫」金沢市立図書館蔵)、焼畑の火が御林山に類焼した場合には山奉行が検分した上で算用場へ報告した。
(7) 前掲『日本林制史資料・名古屋藩』九九頁
(8) 『山村社会経済誌叢書10』(国土社) 八〇頁
(9) 「中斉区長文書」(鳳至郡柳田村字中斉)
(10) 『志賀町史・資料編第二巻』三八三頁
(11) 『とやま民俗・24号』(富山民俗の会) 四七頁
(12) 『旧白萩村の民俗』(東洋大学民俗研究会) 五二頁および『越中五箇山の民俗』(富山県教育委員会) 六二頁
(13) 野本寛一氏は、焼畑呼称を「火・焼地名」「輪作地名」「循環地名」「伐採形状地名」「その他」に分類し、「薙畑」とは「薙ぐ」という動詞の連用形「薙ぎ」が名詞化したもので、「伐採形状地名」に属すると考えた(前掲『焼畑民俗文化論』三〇三～三〇九頁)。
(14) 『白峰村史・下巻』四一九頁
(15) 『右同・上巻』六〇二頁
(16) 『右同』六二〇～六三四頁。天文一一年(一五四二)牛首・風嵐両村と尾添・荒谷両村との間に発生した白山論争は、根本的な解決とならず、慶長八年(一六〇三)・寛永一四年(一六三七)・明暦元年(一六五五)にも同様な論争が発生した。特に、明暦元年の論争は寛文八年(一六六八)まで一三年間も続き、ついには加賀・越前両藩の政治問題にまで発展し、白山麓一六ケ村に加賀藩の尾添・荒谷両村を加えた一八ケ村をすべて幕府領とすることで解決した(『尾口村史・第三巻』一三〇～一三一頁)。
(17) 「山口家文書」(石川県立図書館蔵)
(18) 『尾口村史・資料編第一巻』六〇〇～六〇一頁。越中国五箇山でも「水田は固よりなくして、穀類も稗・粟・大豆・小豆に過ぎず。是も猪・鹿・猿の為にそこなはれて、たやすからず」の状況にあった(『越の下草』北国出版社、七四頁)。
(19) 『尾口村史・資料編第二巻』一七九～一八一頁

(20) 木曾では享保検地の際に、米一升に小豆一升・大豆一升五合・蕎麦二升・稗三升・粟二升五合などの代替年貢規定を定めた。この代替年貢はもっぱら村々の役木（年貢木）の下用（扶持米）に充てられるものであったから、その役木の完納次第で村方に還付された。

(21)『尾口村史・第三巻』二一八頁。参考までに、白山麓（西谷五ヶ村を除く）の主な産物を第60表に示す。

(22)『白峰村史・第三巻』九四五～九四六頁

第60表　白山麓の諸産物

村名	生糸	杉板	杉小羽	炭	檜笠	黄蓮
牛首	250　貫	4,500間	3,800束			150貫
風嵐	9					50
嶋	60	800				
下田原						
鴇ケ谷	11	150	300	600俵		
深瀬	13				2000かへ	
釜谷	3.5			1,000		
五味島	3					
二口	10	150	300	2,100		
女原	10					
瀬戸	11			1,500		
荒谷	2.5					
尾添	21					300

二　白山麓の「むつし」

(1)『改訂綜合日本民俗語彙・第四巻』（平凡社）一五六二頁

(2)『日本国語大辞典・第19巻』（小学館）八四頁

(3)『白峰村史・上巻』七二三頁

(4) 田中啓爾・幸田清喜「白山山麓に於ける出作地帯」（『地理学評論・第三巻』）四六九頁

(5)『尾口村史・資料編第二巻』一七五～一七六頁

(6) 橘礼吉「ムツシの呼称とその意味――白山麓の焼畑用地の民俗的考察その1」（『石川県白山自然保護センター研究報告・第14集』）九一～一〇五頁

(7)『白峰村史・下巻』六九二～六九三頁

(8) 前掲「白山山麓に於ける出作地帯」四五八頁

(9) 千葉徳爾「白峰村の小地名――特に出作り地名について」（『石川県白山自然保護センター研究報告・第2集』）一四三頁。白峰村の「庄五郎山」や「庄兵衛山」の出作り名称について、千葉氏は「経営者についてみると白峰の場合にはたとえ借地農であっても、数十年、親子数代にわたって同一家系同一屋号のもとに、出作地が管理されている形であるから、住民がその地区を呼ぶ場合には、この家系が出作りしている山ムツシとして○○ヤマという呼称が一般化しやすいといえよう。これに対して、その他の村に行われる方式では、山ムツシは数年から一〇年内外で経営者が中止もしくは交代することとなるので、その屋号で土地を呼称するわけにはいかない。つまり、その土地を表現する特性としての自然地名、あるいは土地の由来が明らかな歴史をもつ場合には、歴史地名によって呼称するのを通例とすることとなろう」と記す（同氏『新・地名の研究』古今書院、一六六頁）。

(10) 橘礼吉「ムツシの生態的環境条件——白山麓の焼畑用地の民俗的考察その2」（『石川県白山自然保護センター研究報告・第15集』）八九頁

(11) 『白峰村史』『尾口村史』など参照。前記「杖邑地内持分地見帳」には「山手銀壱匁つゝ年々相納るは、此深山の山役也、杖村領ニ而深山と申候、他村ニ而あら山と申也」とあり（『白峰村史・下巻』六九七頁）、白山麓杖村では焼畑不適地を「深山」、その他の村では「荒山」と呼称していた。この深山は薪材・炭材などとして利用したので、山役銀が課せられていた。

(12) 『白峰村史・下巻』六九四頁

(13) 『右同』六九四頁

(14) 前掲『石川県白山自然保護センター研究報告・第15集』九九頁

(15) 『右同』一〇一頁

(16) 「ハシケ」の落葉は腐植しても肥えた土壌にはならなかった（『右同』九五頁）。

(17) 『白峰村史・下巻』六九四頁

(18) 『白山麓自然環境活用調査報告書』（石川県白山自然保護センター、一九八八年）三四頁

(19) 『白峰村史・下巻』六九四頁

(20) 加賀藩の儒学者金子有斐が著した「白嶽図解」には「尾添村、家数百十軒、上村下村二つに分かれて中に小なる石橋あり（中略）。夏は農業を勤して村より五里六里山奥に仮小屋をしつらいて、家内の男女不残其小屋に住居して耕作をなす。山は力次第に墾闢《ひらき》て年貢を不出。纔なる山銭を出すのみ也。此を出作と云。四月五月の中蚕を養て多く糸を取る。尾添村の貧くて農業をなしがたき者は薬草を取事を業とする也。又春未雪内には熊を取てあきなふ者あり。尾添村より出る薬種は黄蓮・桔梗・芍薬《しゃくやく》・大《だい》黄《おう》・忍冬《にんどう》・升麻《しょうま》・細辛《さいしん》・黄柏《おうばく》・厚朴《こうぼく》等也」とあり（『白山紀行——近世の白山登山』白山問題研究会、五七頁）、この頃黄蓮は白山麓尾添村民の現金収入源の一つになっていた。また、江戸末期の「白山麓拾八ケ村由緒扣」には「本村江名前不差出別家門前百姓ニ相成、夫ゟ段々平泉寺強よ気ニ相成、色々過役申付黄蓮掘取候事まて弐割之運上為相立」とあり（『白峰村史・下巻』八一五頁）、平泉寺領の市之瀬・赤岩両村でも黄蓮が現金収入源の一つとなっていた。

(21)『白峰村史・下巻』八二九〜八三〇頁

(22)『右同』八二九頁。天保八年(一八三七)の「御法度書之事」には「一、秋之節、栗・栃何ニ而茂木実之類かちいぶり仕間敷候、此上相背かちいぶり仕候者有之候ハヽ、誰ニよらす見付次第ニ御在所江附出し可申候事」とあり(『白峰村史・下巻』七三六頁)、白山麓では栗木・栃木を特に大切にしていた。

(23)大聖寺藩は文化八年(一八一一)奥山方の村々から藩用の片栗粉一八七目を一升五五〇文で購入していた(『加賀市史料五』一三六頁)。

(24)『白峰村史・下巻』五六四頁。嘉永三年(一八五〇)の「四十ケ年季抔渡申証文之事」には「右者地内好ミを以、外々江抔之直段と者、格別直安クいたし遣し候へ共、右恩報ニも明地へ可成丈杉植付置可申候」とあり(『白峰村史・下巻』五四九頁)、牛首村の山岸十郎右衛門は自家の地内子忠次郎に「むつし」を安く卸し、焼畑終了後の古畑に杉苗を植栽させた。

三 「むつし」と「あらし」

(1)「新田民家文書」(石川県立図書館蔵)

(2)『尾口村史・資料編第一巻』三八七頁

(3)「斎藤甚右衛門文書」(勝山市北谷町河合)

(4)「蜂矢義明家文書」(岐阜県本巣郡根尾村東板屋)

(5)前掲『日本林制史資料・盛岡藩』一四九頁

(6)『右同』四九二頁

(7)前掲『改訂綜合日本民俗語彙・第四巻』一五六二頁

(8)野本寛一氏は「南アルプス山麓の一角にあたる甲斐南部で焼畑を営んでいた農民が奥州の南部各地で焼畑技術を駆使して村を拓き、定着していったケースも多かったはずである。早池峰山麓は土地条件も南部と似ており、そこに、南アルプス山麓型の焼畑が展開されたのであった」と記す(前掲『焼畑民俗文化論』六一〇〜六一一頁)。加賀藩は寛文八年(一六六八)尾添・荒谷両村が幕府直轄地となったことにともない、尾添村の出作り民九一人(二二戸)を鳳至郡山是清村に、同六五人(九戸)を同郡鑓川村に移住させた(『白山所属争議』石川県図書館協会、四五〜一三二頁)。今回の調査では、両村で「むつし」用語が使用されていたか確認できなかった。

(9) 複数の「むつし文書」を存する村は、最も古いものを掲載した。
(10) 「無津志」の当て字は、明治以降のものであった。
(11) 前掲『改訂綜合日本民俗語彙・第一巻』五五頁
(12) 前掲『日本国語大辞典・第1巻』四七五頁
(13) 前掲『石川県白山自然保護センター研究報告・第14集』九七頁。尾口村東二口の「むつし」「あらし」について、善財宗一郎氏は「ムツシ・アラシともに普通名詞であり、端的には常畑である。ムツシは緩斜面、即ち豆コロビの山地、傾斜一〇度から一八度程度の山作り地である。これに対し、アラシは多少条件の悪い山作り地を云う」と記す（『はくさん・第12巻第1号』石川県白山自然保護センター、二頁）。
(14) 大野市上打波の古老からの聞き取り。
(15) 前掲『焼畑民俗文化論』一五一頁
(16) 『尾口村史・第三巻』二〇八～二〇九頁
(17) 『右同』二〇九頁
(18) 『右同』二〇八頁
(19) 『尾口村史・資料編第一巻』三九七～三九八頁
(20) 前掲『石川県白山自然保護センター研究報告・第14集』一〇三頁
(21) 『福井県史・資料編5』三～五頁
(22) 「藤井信家文書」（丹生郡越廼村役場蔵）
(23) 越廼村大味の谷口みどり（大正七年生まれ）、同村城有の西谷キクノ（明治四四年生まれ）両人からの聞き取り。天正七年（一五七九）越前国丹生郡天谷村の「山林田畠譲状」には「弐百五十文本、同所うへのひろ畠うへのあらし共ニ」（傍点筆者）と記す（『福井県史・資料編5』四三二頁）。
(24) 『富山県史・史料編Ⅲ』九〇七頁
(25) 『右同』九〇八頁
(26) 複数の「あらし文書」を存する村は、最も古いものを掲載した。
(27) 「あらし」用語は、山形県西田川郡温海町一霞、新潟県上越市東飛山、同県糸魚川市大久保（以上、橘礼吉氏の調査）、長野県下水内郡栄村秋山郷（福原直一氏の調査）、岐阜県揖斐郡徳山村（篠原通弘氏の調査）、静岡県静岡市梅ケ島・同市有東木、同県榛原郡本川根町藤川、同県磐田郡水窪町両久頭（以上、野本寛一氏の調査）などでも使用されていた。

(28)『富山県史・史料編III』九〇八頁

(29) 前掲『改訂綜合日本民俗語彙・第二巻』八二一頁

(30) 前掲『日本国語大辞典・第12巻』三二四頁

(31) 小寺憲吉『庄川峡の変貌』（ミネルヴァ書房）一四七頁

(32) 野本寛一氏は「『ソーリ』という焼畑用語は鎌倉以前、遠く古代まで遡源することができそうに思われるのである」と記す（前掲『焼畑民俗文化論』六一一頁）。

(33)『越中五箇山平村史・下巻』七〇三頁

(34)『富山県史・史料編III』九〇八頁

(35)『越中五箇山平村史・下巻』七〇二〜七〇三頁

(36) 複数の「そうれ文書」を存する村は、最も古いものを掲載した。

(37)『尾口村史・資料編第一巻』四一三頁

(38) 春木盛正家文書（小松市泉町）

(39) 正徳三年（一七一三）の「山割取許可願書」には「先年長百姓相談仕通、人々持高ニ応シ近山・奥山共割符仕候様ニ奉願申候間、乍憚此通在所へ小高持共一統ニ納得仕申候様ニ被為仰付被下候ハヽ難有忝可奉存候」とあり（『尾口村史・資料編第一巻』四八九頁）、白山麓尾添村では小百姓・頭振を除く長百姓八人が持高に応じて山割を実施した。また、延享三年（一七四六）の「取暖証文之事」には「一、二口村之義ハ、先年ゟ面々持分山之上ニ惣百姓持分ヲ持添ニ仕候得共、当春ゟ持添之分村中へ相返申候」とあり（『尾口村史・資料編第一巻』五七三頁）、白山麓二口村でも長百姓が持高に応じて山割を実施していた。尾添・二口両村では山割と共に「むつし割」「あらし割」も実施されたものだろう。

(40)『尾口村史・資料編第一巻』三六七〜三六八頁

四　焼畑と出作り

(1) 白山麓における出作りの研究には、地理学の立場から研究した田中啓爾・幸田清喜「白山山麓に於ける出作地帯」（『地理学評論・第三巻』昭和八年）、加藤助参「白山々麓に於ける出作の研究」（『京大農業経済論集・第一輯』昭和一〇年）、民俗学の立場から研究した牧野信之助「出作の話」（『郷土研究・第一巻第八号』大正二年）、佐々木高明「白山麓の出作り――その盛衰と実態」（『尾口村史・第三巻』昭和五六年）、橘礼吉「白峰村の焼畑・出作り」（『白峰村史・第三巻』平成三年）、歴史学の立場から研究した若林喜三郎「出作りの発達」（『白峰村史・上巻』昭和三七年）などの優れた論文があった。なお、出作りは石川以外にも、福井・秋田・福島・長野・山梨・岐阜・静岡・高知県などでもみられた。

（2）『尾口村史・資料編第一巻』六〇一頁。白山麓では、慶応二年（一八六六）鴇ケ谷村が六〇〇俵、釜谷村が一〇〇〇俵、荒谷村が一五〇〇俵、小原村が一〇〇〇俵の炭を生産していた。炭は自家用と石灰の生産用を除き、鶴来村・小松町・勝山町などに販売された（『尾口村史・第三巻』二一八頁）。

（3）出作り地の「むつし」は焼畑地をはじめ、常畑地・山桑の生育地・副産物の採取地・住居地などに利用された。常畑は「キヤーチ」と称したが、これは江戸時代の「垣内《かいと》」「開地」に由来した用語という。下田原・赤谷では「平畑《だいらばた》」「平垣地《じゃーらじ》」と、尾口村では「むし畑」と呼称した（前掲『石川県白山自然保護センター研究報告・第14集』九六頁）。常畑では、大根・人参・胡瓜・南瓜・葱・白菜・茄子・馬鈴薯・里芋・蕪・蝦夷蕪・蕗・隠元豆・杓子菜・唐辛子などや大豆・小豆・唐黍・稗・四国稗などが栽培された。山桑苗は三年ほど常畑で育生した後、初年目の焼畑地（稗発芽前）に六尺間隔で移植し、四年目に摘葉が可能となった。山桑が大きく生育した場所を「桑原」と呼んだ。牛首・嶋両村に近い鴇ケ谷・深瀬・釜谷・五味島村は生糸（繭を含む）を牛首・嶋両村の親っ様（山岸・織田・木戸口・杉原家など）に、加賀藩領に近い二口・女原・瀬戸・荒谷・尾添村は鶴来商人を通して小松町（小松絹）に販売し、幕末には生糸が「当谷（牛首谷）之大一の産業」となっていた（『白峰村史・下巻』四八〇頁）。なお、寛永二〇年（一六四三）京都の松江重頼が著した『毛吹草』には「牛首布」「嶋布」の名称がみえるので、この頃「牛首紬」も生産されていたものだろう。江戸末期には牛首村が一五〇貫目、風嵐村が五〇貫目、尾添村が三〇〇貫目の黄蓮を収穫していた（『尾口村史・第三巻』二一八頁）。副産物では独活・蕗・蕨・薊・楤《たら》などがあり、狩猟動物で熊・猪・鹿・兎・貂《てん》などがあった。農民は常畑に猪垣を築いたり、猪小屋を建て家族交替で寝ないで番をした（『尾口村史・資料編第一巻』六〇一頁）。なお、出作り地近くの川では、岩魚《いわな》・天魚《あまご》・桜鱒（川鱒）・鮴《ごり》などもよく捕れた。

（4）前掲『白山所属争議』五四頁

（5）『平泉寺文書・上巻』（福井県平泉寺村役場）一一四頁

（6）前掲『白山紀行――近世の白山登山』二四頁。貞享年間（一六八四〜八七）福井藩の漢学者野路汝謙が著した「白山紀行」には、谷峠から大道谷堂森に至る出作りの記事がない。

（7）『続白山紀行』（石川県白峰村役場）一六頁

（8）『白山詣』（白山比咩神社）四四頁

（9）前掲『白山紀行――近世の白山登山』一二頁

（10）『右同』五七頁

（11）「白山百首」（金沢市立図書館蔵）

（12）前掲『白山詣』二九頁

（13）『白峰村史・下巻』四三六～四三七頁。本文中には「其外木挽炭焼等ニ而他稼ニ罷出、貧乏躰之者ハ、冬分ハ大半袖に乞罷出取続申土地ニ有之、従往古上方筋ニ者牛首村乞食と申無隠義ニ御座候」とあり、出作り民は冬期間、多くが上方筋まで出稼ぎや乞食に出ており、往古から上方筋で「牛首乞食」と呼ばれていた。文化一三年（一八一六）の「越前国名蹟考」には「牛首は極めて山深き所にて、冬月雪多く降故に（中略）、細民の薪食の貯乏しき者は或は大家に寄宿し、其壮年の者は或は伏見・大津などに行て冬かせぎをなす。又平日山小屋抔に居住する老少婦女は、福井へ出て食を請者も有。惣して打波・穴間の辺山居の者皆同様にて、かならず牛首にかぎるにあらざれども、福井にては概して牛首者といへり」と記す（前掲『新訂越前国名蹟考』四八四～四八五頁）。すなわち、牛首村の「細民」（地内子）には冬期間、豪家に寄宿して労働奉仕をする者、伏見・大津などに出稼ぎをする者、福井城下で乞食行為をする者がいた。越前国大野郡打波・穴間の出作り民も同様の生活を行っており、彼らも福井城下で「牛首者」と呼ばれていた。牛首乞食の中には乞食行為と同時に、木挽きや炭焼きなどを行う者もいた。つまり、出作りは季節・永住を問わず、冬期間に出稼ぎや乞食を行うことで成り立っていた。なお、白山麓二口村では嘉永二年（一八四九）に豊松、同七年（一八五四）に弥助、慶応元年（一八六五）に又右衛門一家、明治五年（一八七二）に平助・久次郎、年代不詳に嘉助夫婦が小松勧帰寺の道場から往来手形を受け、出稼ぎや乞食に出ていた（『尾口村史・資料編第一巻』四三五頁）。

（14）天保四年（一八三三）の「続白山紀行」には「牛首村家数四五〇軒斗」と記す（前掲『続白山紀行』一八頁）。

（15）前掲「白山山麓に於ける出作地帯」四五八頁

（16）『白山麓・民俗資料緊急調査報告書』（石川県立郷土資料館）二八頁

（17）『郷土研究・第一巻第八号』（名著出版）四一頁

（18）前掲「白山々麓に於ける出作の研究」二五四頁

(19) 前掲『白山麓・民俗資料緊急調査報告書』二七頁

(20) 前掲「白山山麓に於ける出作地帯」四六一頁

(21) 前掲「白山々麓に於ける出作の研究」三四三頁

(22) 『白峰村史・上巻』七一九頁。加藤惣吉氏は「白峰明谷口の元和三年（一六一七）三月と刻まれている苗字岩の碑文は、開さく者加藤藤兵衛の水田灌漑用水の記念碑と考えられ、このころ牛首村付近の水田開発が行われ、その後食料事情の好転にしたがって人口増加の問題がおこり、薙畑適地を比較的近いところに求めるようになり、ここにジゲから通いの季節出作りという慣行を生んだのではあるまいか」と記す（前掲『白山麓・民俗資料緊急調査報告書』二七頁）。

(23) 大聖寺藩の郡奉行宮永理右衛門が著した「江沼郡雑記」には「又左に御本家様御領大杉谷へ行く道あり。是を今立村の安谷といふ。深山の中を行くこと長く、大杉よりの出作り小屋十軒許あり」とあり（前掲『大聖寺藩史談』二二七頁）、文政一〇年（一八二七）大杉村民は今立村の安谷に出作りを行っていた。また、享和四年（一八〇四）の「茇憩紀聞」には「大土村より二里許奥に、一ノ原・二ノ原・三ノ原とて谷間に平なる処あり。昔は不残畑にて、加賀新保の者へおろし畑にせし由。今は大かた荒地となる」とあり（前掲『茇憩紀聞』四頁）、新保村民は江戸中期に江沼郡大土村（大聖寺藩領）の奥山に出作りを行っていた。大土町の古老は「江戸後期から昭和一〇年代まで二ノ原に能美郡大杉村の農民が季節出作りを、三ノ原に同郡新保村の農民が季節出作りを、四ノ原に石川郡白峰村白峰の農民が永住出作りを行い、毎年正月前に初穂と請作料を大土の区長に納めていた」という。

(24) 『白峰村史・下巻』四五六頁

(25) 織田利太郎が著した「由緒書」には「当家ハ先祖ヨリ七代目迠ハ山岸十郎右衛門に引続イテ劣ラザル資産家ナリ、寛永年間内ニ創立シタルモノラシク」とあり（「織田日出夫家文書」石川郡白峰村白峰）、九代利太郎は織田家の創立を寛永年間（一六二四〜一六四三）と記す。

(26) 「勝山市史料」（勝山市史編纂室蔵）

(27) 前掲『平泉寺文書・下巻』九〜一〇頁

(28) 寛延四年（一七五一）の覚書には「一、南はむつし限、北は大そうけ尾境、新畑にても当春より作り不申候様に去暮申渡候」とあり（前掲『平泉寺史要』三七九頁）、牛首村民は寛延四年以前に山家に永住出作りを行っていた。

(29) 前掲『平泉寺文書・下巻』二五四〜二五五頁。この口上書には「右温泉白山湯谷ニ有之別当相籠候。中ノ宿ゟ半道両村（牛首・風嵐）ゟハ五里奥山難所ニ而牛馬之通路も無之常ハ居住之者無御座入湯之者一切食物等迄持参仕両村ゟ鍋釜山小屋借り湯治仕候」（傍点筆者）ともあって、享保一五年（一七三〇）にはまだ白山温泉に人々が定住していなかった。

(30) 前掲「白山々麓に於ける出作の研究」三三九頁

(31) 『白峰村史・下巻』四四七頁

(32) 前掲『白山紀行――近世の白山登山』六～七頁。元禄六年（一六九三）の「指上申口上書之事」にも「北ハ湯谷南ハ風嵐村源五作り荒候六万部之古畑ゟ上白山境内之由申候」とあって（前掲『平泉寺文書・上巻』一四〇頁）、風嵐村源五は江戸前期に六万部（河内谷）へ出作りを行っていた。また、江戸後期の「白山麓拾八ケ村由緒扣」には「川上御前神躰者、夏者密谷之川上鎮座いたし、冬者牛首村之上丸子山ニ堂社建置此処ニ安置いたし置」とあって（『白峰村史・下巻』八一四頁）、川上御前の御神体は室町中期に冬季間だけ牛首村の「丸子山」に移されていた。当時、三ツ谷村には人々がまだ定住していなかったようだ。

(33) 『白峰村史・下巻』五三九～五四〇頁

(34) 『右同』五三九頁

(35) 前掲『続白山紀行』二二一～二二三頁

(36) 『新丸村の歴史』四二〇～四二一頁

(37) 『白峰村史・下巻』四四一～四四二頁。尾口村尾添の上田太市家は今から八代前、織田利右衛門家が尾添村領に所有していた田畑・「むつし」などを管理していた時、同村民と懇意となり同地に居住したという（『尾口村史・資料編第一巻』五六六頁）。

(38) 『右同』六一六～六二〇頁、七三八～七四〇頁

(39) 『右同』八五二～八五三頁

(40) 『新丸村の歴史』三八頁

(41) 従来、打波川流域への出作りは杉峠を越えて進出したと考えてきたが、小池集落以外は法恩寺山を経て進出した可能性が強い。

(42) 前掲「白山山麓に於ける出作地帯」および前掲「白山々麓に於ける出作の研究」を参照。

(43) 佐々木高明「アマボシ考――白山麓のヒエ穂の火力乾燥法」（『日本民俗風土論』弘文堂）、千葉徳爾「いわゆる『出作り耕作への疑問」（『はくさん・第11巻第1号』石川県白山自然保護センター）、橘礼吉「いわゆる『焼畑、出作り』への視点」（『はくさん・第12巻第2号』石川県白山自然保護センター）、岩田憲二「白峰村における出作り地の土地利用について」（『石川県白山自然保護センター研究報告・第10集』）など参照。

(44)『尾口村史・資料編第一巻』四〇五頁

(45)『白峰村史・下巻』四二九頁。巣鷹山はおおむね林相が勝れていたため、鷹巣の在否にかかわらず、一律に林業目的の禁林として留山同様に保護された。白山麓では元祿二年（一六八九）巣守一六人が巣鷹山の反別木数を調査した時から「御巣鷹山御林」と呼ぶようになった。その面積は他地域に比べて広かったが、立木数は少なく（一六ケ所合計二万一〇三〇本）、樹種も大半が橅・楢であった。松代藩では宝永六年（一七〇九）頃に沓野巣山が「沓野御林」（領内最大）に編入されたが、これは奥山に位置し採運が困難であったため、あまり利用されなかった。所三男氏は「逼迫財政の緩和に役立てようとする意図から巣鷹山を『御林山』に組み替えた」と記す（前掲『近世林業史の研究』三二〇〜三二三頁）。

(46)『右同』四二六〜四二九頁

(47) 西田谷功「牛首紬」（『はくさん・第12巻第1号』石川県白山自然保護センター）。天正二年（一五七四）仏師ケ野村の「永代売渡申山之事」には「右彼山者依有要用為代銭与糸三ばたはなかに永代売渡申処実正也」とあり（『尾口村史・資料編第一巻』三八七頁）、白山麓では生糸が中世に遡って生産されたものであろう。

(48)『白峰村史・下巻』四二二頁

(49)『白峰村史・上巻』四二一頁

(50) 前掲「織田日出夫家文書」

(51)『白峰村史・下巻』四八〇頁

(52)『尾口村史・資料編第一巻』六五〇頁。牛首村の季節出作り民（風嵐・下田原・鴇ケ谷・深瀬・釜谷・五味嶋村など）は、山岸十郎右衛門・織田利右衛門・木戸口孫左衛門らの親っ様から米・諸色を借り、生糸をもって勘定していた。

(53) 前掲「白山山麓に於ける出作地帯」四七八頁

(54) 前掲「白山々麓に於ける出作の研究」三三九頁

(55) 前掲『はくさん・第12巻第2号』九〜一〇頁

(56)『白峰村史・第三巻』一一二八〜一一三三頁

(57) 前掲『改作所旧記・中編』二一九〜二二〇頁

(58)『白峰村史・下巻』五八六頁

(59)『右同』五九三頁

(60)『福井県史・資料編3』七六七頁
(61)『池田町史』二〇二～二一五頁、八二九～九五三頁および『木地師の習俗』(平凡社) 一五三頁。下出積与氏は「牛首は木地師の形成した社会でなかろうかという推定が、ますます可能性を増してくる」と記す(『白峰村史・上巻』六〇三頁)。

五　一作請証文と出作り

(1) 前掲「斎藤甚右衛門文書」
(2)『勝山市史・資料編第二巻』六三七～六三九頁
(3)『右同』六三九～六四四頁
(4)『勝山市史・資料編第三巻』八八三頁
(5)『右同』八八五頁
(6)『白山麓島村諸家文書目録』(石川県立図書館) 一〇五頁
(7)『勝山市史・資料編第二巻』八四〇～八四一頁
(8)『右同』および「上野久雄家文書」(今立郡池田町)
(9)『尾口村史・資料編第一巻』三三八頁。なお、文化一三年(一八一六)には大年季が二〇年、小年季が六年に短縮された(『同書』三三九頁)。
(10)「佐々木弥太郎家文書」(勝山市北谷町木根橋)
(11)『白峰村史・下巻』八〇二頁
(12)『河合村史・史料編上巻』二九〇頁
(13)『勝山市史・資料編第二巻』八四〇～八四一頁
(14)『右同』八四三～八四四頁
(15)「小倉長良家文書」(大野市弥生町)
(16)「右同」
(17)『白峰村史・下巻』六一六頁
(18) 前掲「斎藤甚右衛門文書」

(19)『尾口村史・資料編第三巻』二一一頁

(20)『白峰村史・下巻』八五四頁

(21)『右同』六九二～六九三頁

(22)『白山麓島村山口家・杉原家文書目録』(石川県立図書館) 六一頁

(23)『勝山市史・資料編第三巻』九五八頁

(24)『尾口村史・通史編第三巻』二一二頁

(25)矢ケ崎孝雄「白山麓における出作りの研究」(『文教大学教育学部紀要22』) 三一頁

(26)『右同』三四頁

六 出作り民の定住

(1)「織田清人家文書」(勝山市北谷町杉山)

(2)『白峰村史・第三巻』一一二九～一一三三頁

(3)勝山市内には林西寺の門徒が一一七戸、行勧寺のそれが一一〇戸、真成寺のそれが四七戸存す。また、大野市内には林西寺の門徒が一二戸、行勧寺のそれが五戸、真成寺のそれが八戸存す。

(4)『白峰村史・下巻』四三六～四三七頁

(5)前掲『白山麓・民俗資料緊急調査報告書』および前掲『白山麓自然環境活用調査報告書』を参照。新保出は文化年間に新保村民が出作り定住して成立した集落といわれるが、江戸末期には牛首村民が一六戸も居住していた(『石川県能美郡誌』九五五頁)。

(6)前掲『白山紀行――近世の白山登山』六～七頁。「白山紀行」は「越前国名蹟考」に引用したものを拾い出し道筋順に結び合わせたものであった。

(7)『白峰村史・上巻』および『同書・下巻』を参照。

(8)『白峰村史・下巻』五四二頁

(9)前掲『白山紀行――近世の白山登山』二六頁。文政五年(一八二二)紀伊藩の本草学者畔田伴存が著した「白山草木志」には、「一の瀬村、民家十軒許あり。夏は白山詣のものに宿をかし与ふるなり。爰より一の瀬湯本へ八町あり。一の瀬の内に平泉寺の出張有て白山詣の山銭をとるなり(中略)。湯本は民家七、八軒あり。湯小屋あり」と記す(前掲『白山紀行――近世の白山登山』一二～一三頁）。

(10)『白峰村史・下巻』五四三頁

(11) 前掲「勝山市史料」

(12)『勝山市史・資料編第二巻』八四〇～八四一頁

(13)『右同』八四五頁

(14) 前掲『平泉寺史要』三七九頁

(15)『右同』三八〇～三八二頁

(16)『勝山市史・資料編第二巻』四〇四～四三〇頁

(17)『福井県大野郡誌・下編』一〇九九頁

(18)『福井県大野郡阪谷・五箇村誌』四九頁

(19)「鍋ケ平」と呼ばれる場所には、享保頃に一六戸の出作り住居が存したという（『福井県大野郡阪谷・五箇村誌』四二頁）。

(20)『福井県大野郡阪谷・五箇村誌』四七頁

(21)『右同』四六頁

(22)『大野市史・諸家文書編二』四〇七頁

(23) 前掲『白山紀行――近世の白山登山』二四頁

(24) 前掲『続白山紀行』一五頁

(25) 白峰村桑島地区の小赤谷に季節出作りした勝山市在住の織田喜市郎氏（明治四二年生まれ）、大野市打波小池に季節出作りした同市在住の加藤留吉氏（明治四二年生まれ）、白峰村白峰地区の大道谷堂森に季節出作りした勝山市在住の永井喜三由氏（大正五年生まれ）、白峰村白峰地内の大道谷細谷に季節出作りした勝山市在住の中山喜四松氏（明治四四年生まれ）、白峰村白峰地内の大道谷堂森に季節出作りした福井市在住の尾田秀一氏（明治四四年生まれ）、白峰村白峰地内の大杉谷大空に季節出作りした愛宕富士氏（明治三九年生まれ）らは近年まで右の山村文化を継承していた。彼らの出作り生活については、拙著『白山麓・出作りの研究』を参照されたい。

終　章　本書の要約と今後の課題

本書では加賀藩を中心に大聖寺藩・白山麓の林制を系統的に研究し、これが農政と共に改作法の施行中に整備されたことをみた。ただ、林制と改作法の関係については、きわめて少ない林制資料の中で十分に究明しえなかったかも知れない。本書で究明した事柄を問題別に要約し、それらに若干の補説を加え、今後の課題を明記したい。

藩有林の設定

加賀藩は同初期の城郭新築・修築、寺社邸宅の造築、戦災復旧工事などの用材を加越能三ケ国をはじめ、他領の南部・津軽・秋田・飛驒・大坂などに求めた。三代利常はこうした用材に対応するため、慶長末期〜元和初期に保安的御林を、改作法の施行中に林業的御林を設定した。御林山の木材は城下町の建設をはじめ、用水・道橋などの土木用材、藩使用の薪材・炭材、火災・水害などの罹災者救済材などに、改作法の施行中に設定された松山（加賀国）や持山御林（越中国礪波・射水郡）・御預山（同新川郡）・字附御林（能登国）など準藩有林のそれは「改作」に関わる村方の土木工事に多く使用された。領主は立木の支配を目的に百姓持山を御林山に指定編入したため、その地域内に領主の一時的な所有権が成立したものの、地盤を支配することはなかった。

加賀国では御林山が少なかったため、改作法の施行中に御藪と共に準藩有林の松山（持山御林）を多く設定した。加賀国では改作法の施行中に「御林」の名称を使用していたが、それは当時「御藪」を指したものかも知れない。貞享二年（一六八五）には河北郡に六ケ所、石川郡に七ケ所、能美郡に一〇ケ所の御林山が「御藪」と別に存した。能美郡では今江村の十村庄蔵が天明元年（一七八一）と寛政二年（一七九〇）に「御林仕立山」を設定することを条件に、松枝下ろし・下刈り・雑木の伐採などの許可を得た。越中国では元和五年（一六一九）礪波郡小院瀬見村に、寛永九年（一六三二）新川郡島尻村に設定された「取立林」が改作法の施行中に御林山に改編された。もっとも、今石動城山（礪波郡）・鞍骨城山（射水郡）・魚津城山（新川郡）などは改作法の施行前から保安的御林に指定されていた。御林・持山林の退転・出来は、それらを管理する村（村肝煎）から提出された請書に基づき、最終的に算用場が決定した。すなわち、御林・持山林の指定編入には農民側から請書を提出させる形式をとったが、これには一種の領主対農民の間に取り決めがみられた。礪波郡鷹栖村では天明二年（一七八二）に御藪（三九〇八歩）を農民三一人の持高に応じて分割（最高二五〇歩・最低三〇歩）した上で管理していた。礪波郡では持山林の下刈りを「村預り」の農民（本百姓）に認めたものの、御林山のそれを認めなかった。そのため、農民は「蔓払い」と称して御林山に生立する七木苗の周囲だけ下刈りした。能登国では寛文年間（一六六一〜七二）城跡・御亭跡・御旅屋跡および山論地を指定した鎌留御林一五ケ所（往古御林・古来御林）、元禄七年（一六九四）新しく設定した新御林（口郡九四ケ所）、その後百姓持山を選定した字附御林（口郡二二七一ケ所）などが存した。文化一一年（一八一四）の「真館諸書物留」によれば、同国口郡では御林山総数一三七八ケ所が享和元年（一八〇一）の「山方御仕法」施行により、御林山三二二ケ所、貯用林三〇四ケ所、御林藪（唐竹）一三七ケ所（内一ケ所出来、二ケ所退転）、矢篦竹藪一二四ケ所（内二五ケ所退転）と変化した。御林山の減少は一村一ケ所以外の字附御林が百姓持山に戻された結果であり、その不足分は村方の非常時に備えられた貯用林を当てた。なお、御林山・貯用林などの管理は山奉行から郡奉行―十村に移り、七木の伐採も郡奉行の許可を得た上で十村が極印を打ち行った。

要するに、加賀藩の山林統制は用材確保のための山林保護政策に他ならず、御林山の林業的な収益も低く、財政的機能を十分に発揮できなかった。このことは林産物の流通が必ずしも木材市場を媒介とせず、領内の小都市や近郷村落に供給される家作材以下の木材、ことに燃料用薪炭にほとんど消費されたことを示す。

留木制度の設定

七木制度は特定木の伐採を禁止した諸藩の留木制度にあたり、慶長末期~元和初期に改作法の前段階として施行された。加賀国では慶長一八年(一六一三)に松・栗が、越中国では慶長一九年(一六一四)に松、元和五年(一六一九)に栗が、能登国では元和二年(一六一六)に松・杉・栂・栗・檜・漆・槻の七種が禁木となった。これには「七木」の名称がみられず、その初見は寛永四年(一六二七)能登国鳳至郡赤崎村の「御法度之事」であった。能登国は早くから製塩業により百姓持山が濫伐傾向にあったため、加越両国に比べ七木制度が早く整備されたようだ。七木制度は改作体制の整備中に強化され、農民の屋敷廻・田畑畦畔に生立する七木まで規制の対象となった。これを「垣根七木」「畦畔七木」と称した。寛文三年(一六六三)には加賀国で松・杉・桐・槻・樫・唐竹の六種が、越中国で松・杉・檜・槻・栗・桐の六種が、能登国で松・杉・樫・槻・栗・桐・栂の七種が禁木となった。七木は時代・地域により区々であり、慶応三年(一八六七)に至って松・杉・檜・樫・槻・栂・唐竹の七種が加越能三ケ国共通の禁木となった。

加賀国能美郡では安永五年(一七七六)沢村の十村源次が、越中国礪波・新川両郡では寛政六年(一七九四)両郡の十村が運上銀を藩に上納し七木を伐採した。射水郡でも寛政期に七木伐採の願書を藩に提出したが、これが藩に受け入れられたかは定かでない。明治元年(一八六八)の「旧領地租税録」によれば、加賀国では七木運上銀三五五貫が、越中国では七木運上銀三〇一貫が賦課されていたので、その後も加越両国では七木の伐採が許可されたようだ。能登国では「山方御仕法」の施行により七木・林産物(板・薪・炭など)が十村の「雑津印」をもって津出されたものの、これは「領内留り」(加越能三ケ国)であり、他領に販売されることはなかった。七木制度の緩和策には改作法の精神「領内の自給自足化」が大きくかかわっており、その要因は江戸中期に能登国で準藩有林(のち字附御林)が増設されたこと、宝暦年間（一七五一～六三）に黒部奥山（御林山）が本格的に伐採されたことなどにあったようだ。藩は将来に向かって用材を確保するような政策を打ち出し、農民の山林利用に対する統制を強化したものの、商品経済と深い関係を持つ農村経済を前にして、自壊作用を起こしていた。結果として、藩は黒部奥山（新川郡）・常願寺奥山（同上）・立山中山（同上）・井波（礪波郡）・増山（同上）などの御林山から御用材・板材・薪木呂などを多く伐採すると共に、南部・津軽・松前藩から杉・檜・草槇などの御用材を移入し続けた。七木制度は百姓持山および農民の屋敷廻・田畑畦畔の七木まで対象としたため、農民の植林意欲を喪失させた。藩（郡治局）は明治三年（一八七〇）七月に七木の伐採手続きが煩雑であったこと、七木が生立する百姓持山を御林山同様に扱ったことなどを反省し、百姓持山および農民の屋敷廻・田畑畦畔の七木を自由伐採させた。

七木（御林山・準藩有林・百姓持山）の盗伐者は古く死罪、のち禁牢または村追放を、その村は「一作免一歩」（一作に租米一歩の増免）を命じられた。鳳至郡荻嶋村では明和九年（一七七二）に過怠免（収納米・秋春夫銀）「四百六匁八分三厘」を村肝煎が二〇匁三分四厘、組合頭両人が一六匁二分八厘、百姓が三七〇匁二分二厘、盗伐者の庄左衛門が五〇匁を支払った。なお、礪波郡では寛政元年（一七八九）に許可なく垣根廻・田畑畦畔の七木を盗伐した者に禁牢を命じたものの、村方「一作過怠免」は免除された。頭振の盗伐者は延宝八年（一六八〇）から定検地所（公事場）に引き渡され、赦免後も里子百姓（軽犯罪者）として諸事の労役に当てられた。盗伐者は改作法の施行中から増加の傾向を辿り、元禄九年（一六九六）領内で八〇〇人を数えた。山廻役は盗伐を抑止するため七木の切株（損木を含む）に極印を打たせたものの、あまり効果がなかった。彼らは盗伐者の逮捕時に殺傷が容認されていたものの、いささか遠慮もあって足軽山廻に比べて逮捕者が少なかった。ただ、江戸後期には盗伐者の逮捕が形骸化し、山廻役・足軽山廻共に毎年、二、三人の盗伐者を逮捕するにとどまった。御林山・準藩有林を有した村では盗伐を抑止するため、一村申し合わせの上で山番人を置いた。彼らは監視を怠った場合（村役人への報告遅滞）、禁牢を命ぜられた。

民有林の成立

近世の入会山は領有山が村の惣有山に分割され、検地によって確立した村が領主に山銭（山地子銭・山年貢）を納めることで成立した。つまり、入会山には数ケ村が入り会う「村々入会山」と一村が入り会う「村中入会山」が存した。藩は山銭を多く上納した村に入会山の利用権を認めたため、自発的に上納増額を藩に願い出て従来の利用権を確保した村も少なくなかった。農民は入会山を百姓持山・百姓持林・百姓稼山などと称し、主に材木・燃料（薪・炭）・肥料・飼料などの採取地として利用した。山銭は地代的性格が強く、米納が可能であったものの、改作法の施行中に山役と改称され、銀納化となった。山役は林産物の小物成（炭役・漆役・蠟役・野役・苦竹役など）中で圧倒的に高い比率を占めていた。

百姓持山がない村は、それを他村から「請山」と称し借用した。請山は請方村が卸方村に山手米（山手銀）を支払って百姓持山の一定地域に入り会うもので、一作請山と永請山の形態が存した。一作請山は山手米を支払って一年季に限って入り会う場合で、江戸前期から能登国奥郡の製塩村および越中国新川郡の山方村落で塩木・茅などの入手法として実施された。一作請証文は改作法の施行中に書式が固定し、山種類・山境・請作料・請作期間・請主・卸主などを明示した。永請山は永山手米を支払って無期限に入り会う場合で、江戸前期から加越能三ケ国で広く実施された。年季山証文は一〇年以上の年季が多く、永請山証文の範疇にあったといえるだろう。請山は一般的に運搬の不便な地域が多く、燃料・肥料・飼料などの採取地に利用された。永請山は一作請山に比べ山論が多く発生したが、そのほとんどは村々の示談（和談）により解決された。藩の解決法には一村の申し分を認める場合、御林山に指定編入する場合、山分けを命ずる場合の三ケースが存した。

村々入会山は改作法の施行中に山役銀高に応じ、村中入会山は持高に応じ山割替えされた。前者は村割、後者は戸数割（戸別割）と称し、地割（田地割）に付随して多く実施された。山割替えは正徳期（一七一一～一五）から面割・人数割が、化政期（一八〇四～二九）から面割・人数割併用が進み、次第に平等割が多くなった。山方村落では焼畑用地「むつし」「あらし」が山林と共に地割に付随し割替えされ、山割帳と別に「むつし割帳」「あらし割帳」が作成された。一方、正徳期からは割替えをともなわず、個人所有林へ移行する永代割も実施された。入会山は新百姓（頭振の自作農化）が独立して林産物が不足したこと、牛馬の増加で飼料用の草が不足したこと、御林山・準藩有林の増設で山林の利用が制限されたこと、新田開発で肥料用の草が不足したことなどの理由から戸別分割された。入会山は明治期の地租改正にともなってかなり山割されたものの、全域が山割の対象となったわけではなかった。なお、加賀藩でも近江国などと同様に、個人分割された山林が農民の総意をもって再び元の入会山に戻される場合があった。

売山には利用権を留保した上で所有権を一定期間売却する年季売山と、利用権・所有権を同時に永代売却する永代売山の二種が存した。質入山は所有権だけを担保として一定期間質入れしたもので、年季売山の範疇にあった。売主は売却後も利用が可能で、永代売でも後年に至って売山を取り戻すことが可能であった。売山は村が行う場合と農民が行う場合が存し、田畑に付随して売却されたものもあった（高付山）。売山証文には古く惣百姓および近村の肝煎が署名したが、その後は自村の肝煎が同意し、山地名（有坪・字・所）・四方境（尾境・谷境・道境・川境）を明示した。永代売山は林産物の需要が増大する中で、山割と共に入会山の変質・解体を促進させた。つまり、買主は売主が元利を滞納すれば山林を取り上げ、別人に貸し与えることが可能になった。藩は元禄六年（一六九三）に「切高御仕法」を発令し頭振（無高層）の小百姓化（新百姓）を公認したものの、反面、本百姓の頭振への転落を促進させる結果にもなった。その後、藩は「切高御仕法」を何度か制約し、天保八年（一八三七）に「借財方御仕法」と「高方御仕法」を発令して天保改革を実施したものの、切高を思うように抑制できなかった。十村および村肝煎は地主化し商業資本・産業資本を基礎に新しい生産関係を醸成する可能性を秘めていたものの、彼らは藩の強い拘束力によって地主的発展を阻止されていた。ただ、村肝煎は困窮者の救済に務め、年貢・諸役銀の未納者から田畑・山林・居屋敷などを購入し貨幣を貸与したため、地主的な要素が十村に比べて強かった。特に、山方の村肝煎は山林と共に「むつし」「あらし」「そうれ」などを購入し、山林地主になった者もいた。

百姓持山は目的に応じ林山・薪山・草山・「むつし」「あらし」「そうれ」などの名称で利用された。林山は建築材・家具材・土木材を採取した山、薪山は燃料用の薪を採取した山であった。五箇山・白山麓では「春木山」（三月上旬〜四月中旬）と称し、農民が残雪の林山・薪山に入り杉・樵・栓を伐採して手橇で運び出した。能登国奥郡では「春伐山」（二月下旬〜三月下旬）と称し、薪山から薪（塩木を含む）を伐採した。薪山は主に枚（鋸で伐る薪）を採取した枚山と、主に杪（鉈で伐る薪）を採取した杪山とに区別された。枚山は「はへ山」「炭山」、杪山は「柴山」（芝山）とも呼ばれた。薪山は都市生活者の増大により薪・炭が増産されたため、江戸中期から荒廃が進んだ。草山は肥料・飼料用の草を採取した山、「むつし」「あらし」「そうれ」は薙畑用地（休閑年数二〇〜三〇年の山林）であった。草山は肥料・飼料用の草を採取した肥山（秣場）と、屋根・炭俵用の萱を採取した萱山（萱場）とに区別された。草山は山役の対象となり、柴山と共に「野毛山」（野毛）とも呼ばれた。この外、百姓持山は水持林・雪持林・風持林・宮林・寺林をはじめ、薇・蕨・蕗・独活・山芋・山葵・黄蓮・片栗などの採取地に利用された。

植林政策の推進

植林は山林植林・砂防植林・並木植林・川土居植林・荒地植林の五種に分けられた。藩は早くから松苗・杉苗を農民に無償で下付し、野毛・野方などを百姓持山に仕立てることを認めてきた。ただ、藩は御林山および準藩有林にあまり植林せず、農民が植林した苗木が成育した頃に百姓持山を御林山および準藩有林に指定編入すると共に、七木制度を施行したため、農民の植林意欲を喪失させた。その後、藩は苗樹の下付を廃止し、御林山・準藩有林の植林をそれらを管理する村々に一任させた。植林は藩費植林・過怠植林・部分植林・献上植林などと異なり、どちらかと言えば「公役植林」（夫役植林）に近いものであった。すなわち、山廻役は郡奉行を通じ算用場（産物方）から入用銀を受け、地元の農民を人夫に使用して御林山・準藩有林に植林させた。御林山・準藩有林の植林は土木工事用材の赤松が圧倒的に多く、杉・檜・草槇などの御用材は南部・津軽・松前藩などの他領から移入された。加賀国能美郡では天明期～寛政期に十村が御林仕立山を設定し、その利用権（松枝下ろし・下刈り・雑木の伐採）を得た。加賀藩は関東の諸藩に比べ、杉苗の植栽がきわめて少なく、特に能登国は海が近く強風が吹いたので、余り杉苗を植栽しなかった。天明二年（一七八二）には珠洲郡で松苗三六〇八本・杉苗九〇〇本、鳳至郡で松苗四五〇〇本・杉苗九〇〇本、鹿嶋郡で松苗一万三三五五本・杉苗二五〇本・栂苗四九〇本、羽咋郡で松苗一万二八一〇本が御林山に植栽された。並木植林（往還道植林）は松・杉が、川土居植林は漆・櫨・雑木が、荒地植林は桑・茶・楮・漆が多く植栽された。礪波郡藤橋村与五郎は天明四年（一七八四）に桑苗四五万二〇〇〇本（代銀四貫八一〇匁）を、翌年に四五万本を井波御林の中で養成し、越中国礪波・新川・射水郡および加賀国能美郡に販売した。桑苗は産物方（三次）の勧めにより領内の桑畑をはじめ、荒地・野毛などに多く植栽された。

苗木には山林から抜き取った天然苗（野生苗）と、種子を苗圃に播き稚木を発生させた養成苗が存した。農民は百姓持山から抜き取った天然苗を一般に「拾い苗」と称した。養成苗は播種法の外、挿木法（杉・檜・草槇・档など）・取木法（檜・档など）・分根法（桐）により養成された。加賀国では寛文六年（一六六六）接木畠（柿）が設けられ、寛政期に杉・檜・草槇などの苗木が挿木法により養成された。なお、档・草槇などは江戸初期から能登国奥郡に、孟宗竹は明和三年（一七六六）金沢に植栽されたという。砂防植林は「浜端田地砂吹入、作不出来ニ罷成」のため、地域住民によって熱心に行われた。これは当初、地域住民の負担が建前であったが、その後は藩の一部および全額補助となった。植栽法は簀垣の新設（一年目）、合歓木・柳・萩・芒などの新植（二年目）、簀垣の修繕（三年目）、黒松苗の新植（四年目）、黒松苗の補植（五年目）により一応完成した。植林地には「鎌留山」と書いた高札を建て、人馬の通行を禁じ黒松苗を保護した。

山林役職の整備

山林支配は主に山奉行―山廻役の系列で行われた。山奉行は慶長末期～元和初期に加越能三ケ国で別々に設置された。加賀国（石川・河北郡）では慶長二〇年（一六一五）郡奉行の下僚に山奉行が三人存し、承応二年（一六五三）頃に一人となり、寛文三年（一六六三）改作奉行（四人）が、同六年（一六六六）郡奉行が兼帯した。同国能美郡には当初から山奉行が置かれず、別宮奉行が山林支配を行った。これは同郡の林制が石川・河北両郡に比べ不整備であったことを示すものだろう。越中国では山奉行が射水・礪波両郡に一人（初め二人）、新川郡に一人置かれたが、それが寛文期（一六六一～七二）に郡奉行により兼帯されたかは明確でない。能登国では承応二年（一六五三）御塩奉行二人が珠洲郡飯田村から鳳至郡宇出津村に引越し、「山奉行兼御塩方・船破損方御兼帯」となった。彼らは宇出津村に居住したことから「宇出津山奉行」とも称した。その業務は七木の取り締まり、損木の入札払い、植林の奨励、難破船修理材木の下付、百姓居屋敷廻の竹木拝領の取り扱いなどであった。彼らは文政四年（一八二一）から天保一〇年（一八三九）まで廃止され、郡奉行が能登国の山方・御塩方御用を兼務した。右のごとく、山奉行は加能両国で改作法の施行中に、改作奉行・郡奉行・御塩奉行を兼帯した。

藩は早くから山奉行の下僚に足軽山廻を置き、御林山・準藩有林の盗伐者の逮捕に当てた。加越両国では寛文三年（一六六三）足軽山廻に百姓持山廻（山廻役）を併置し、山林支配を強化した。加賀国能美郡には山廻役が置かれず、小松町に居住した足軽山廻と別宮口留番所に属した与力が盗伐者の逮捕に当たった。これは同郡が江沼郡と共に最も遅く加賀藩領となり、十村制度の整備が十分でなかったためであろう。能登国奥郡では山廻役が改作法の施行中に製塩役職すなわち御塩吟味人・御塩懸相見人を兼帯した。その後、同国口郡でも山廻役が製塩役職を兼帯した。越中国新川郡にも、天明年間（一七八一～八八）御塩吟味人を兼帯する山廻役が存した。山廻役は元祿六年（一六九三）郡中の二、三人が蔭聞役を兼帯し、その創設期には蔭聞役を第一義としていた。藩は軍事上の目的から黒部奥山を重視し、早くから浦山村伝右衛門を取り締まりに当てていたものの、改作法の施行中に新川郡の山廻役三、四人を奥山廻役に任命した。奥山廻役は足軽山廻と共に杣人足数人を引き連れ、上奥山と下奥山を隔年に巡回した。彼らは黒部奥山の国境（飛騨・信濃・越後国）警備を第一義とし、「二百十日比減水之時節」に入山し彼岸頃までに下山した。杣人足は黒部奥山の近村から合計三〇～四〇人が選ばれ、寛政期には一日一匁四分の日用銀を滑川の役所で得ていた。彼らも奥山廻役と同様、その役目上から誓詞を書き郡奉行に提出した。なお、山廻役（御扶持人山廻役・平山廻）は代官帳二冊（一〇〇〇石）を、奥山廻役は代官帳三冊（一五〇〇石）を受けた。

山廻役は改作法の施行中に十村分役として制度化され、御扶持人山廻と平山廻が設けられた。彼らには退職後に「列」となる待遇が存し、臨時増員の本役加人「並」があった。ただ、この「並」は十村・新田裁許の倅が任命された見習加人と異なったようだ。ともあれ、山廻役は十村と同数ほど領内に存したので、郡別に十村組の山方を巡回したものだろう。その業務は七木盗伐の摘発、御用竹木伐採の監督、川除・用水材木下付の改め、御普請方・船橋懸役の勤方、御隠密（蔭聞役）の勤方、代官の勤方など本業務の外に、補助業務・兼帯業務・代官業務が存した。これは本業務より十村分役としての補助業務が中心で、特に道路修理・橋梁修理・堤防工事・用水工事などの土木工事が多かった。この傾向は時代と共に強くなり、加賀国河北郡大衆免村の山廻役伊兵衛は安政三年（一八五六）の「御用留」中で「近年御用方繁多ニ而、賃金モ多相成甚迷惑仕候」と嘆いていた(1)。補助業務が主体になったのは、藩が十村の業務手腕に大きな期待をかけていたことに外ならない。すなわち、藩は「山方御仕法」の施行後に従来の山奉行―山廻役の系列を廃し、新たに郡奉行―十村の系列を出現させた。山廻役は十村同様に収納代官を努め、藩の末端官僚に位置付けられ、農民の前に立ち塞がった。つまり、彼らは十村と共に藩の強い拘束力によって地主的発展を阻止されていたため、十村同様に苗字帯刀を強く要求するなど、名誉や家格に拘った。この点、村肝煎はそれが比較的に緩く、困窮農民の救済に努め、年貢未進者から田畑・山林・居屋敷などを購入して地主になる者がいた。

大聖寺藩の林制

松山（松御山・御山）は初め本藩に準じた準藩有林で、のち藩有林となったようだ。藩は明暦四年（一六五八）頃に松山をすべて「松高山」（民有林）に返還したものの、農民がそれを濫伐したため、再び松山に編入した。文政期、城下周辺の一八ケ村には総歩数六六万二八八〇歩、松総数五万三〇八〇本を有する松山が存した。松山は城下を中心とした建築土木用材および罹災救済用材の供給地に利用されたものの、遠隔地には不必要な松山も存した。藩士小原文英は文化年間（一八〇四〜一七）に「滝ケ原・菩提・馬場・荒谷・湯上・戸津等之如き村々の松山ハ、皆百姓持山ニ被仰付」と藩に上書した。[2] 藩は用材を多く三国湊・宮腰湊から堀切湊に移入し、川船で織部河道（御河道）まで運び、藩邸内の御材木蔵に備蓄した。二代利明は寛文五年（一六六五）山代村に御藪を設定し、建築・竹刀・弓矢・鳥指竹などの供給地に当てた。これは上藪（見定寺御藪・山王御藪・立石御藪）と下藪（塩焇御藪・竜宮院御藪）から成り、上藪には番卒二人（役銀三匁）が置かれていた。藩は本藩に準じ七木制度を施行し、松・杉・槻・桐・唐竹を禁木としていた。藩は陶工師に対し松を伐採することを許可したものの、漁師に対し桐を伐採することを許可しなかった。農民は江戸中期から五〜七階を残した松枝下ろしを行い、江戸後期から役銀（松役）を納めて七木伐採の許可を得た。七木の盗伐者は初め死罪、享保期から科料（罰金）を仰せ付けられた。足軽山廻（松山廻）は盗伐者から山代銀の一〇分の一を取り、第一発見者に渡した。

山林支配は主に松奉行―足軽山廻の系列で行われた。藩は初め郡奉行に山林支配を命じたものの、江戸前期から松奉行を置き、元禄八年（一六九五）に正式名称とした。松奉行は定員数が二、三人で、明和八年（一七七一）から用水奉行・植物方を兼帯し、松奉行兼用水奉行・松奉行兼植物方・松奉行兼用水奉行兼植物方となった。その業務は本藩の山奉行に準じたもので、松山帳（用木帳）の作成時に帳前役一人・曲尺巻役一人の補助を受けた。松山廻三人は松山および加越国境を巡回し盗伐者の逮捕に当たった。その後、藩は国境で盗伐が頻発したため、大内・風谷口留番所近くに山小屋を建て足軽山番人を置き、松山廻と共に国境の峰々を巡回させた。口峰（北国街道〜風谷峠）・奥峰（風谷峠〜大内峠）と称する峰々には幅四尺の尾根道（尾道）が存し、この草刈は毎年四月に近辺の村々から人足を出して行われた。なお、郡奉行は村々の巡回（御郡廻り）と共に加越国境をも巡回（大日廻り）し、盗伐者の逮捕に当たった。小原文英は文化年間に御郡廻りの一部（奥山廻り）が農民の負担となるため、三〜五年に一度とすべき意見書を藩に提出した。

　百姓持山（雑木山）は目的に応じ松高山（松山）・はへ山・杪山・柴山・草山・「むつし」などと呼ばれた。天保期には領内一四三ケ村中、松高山が六五ケ村、はへ山が一〇ケ村、杪山が二二ケ村、柴山が二二ケ村、草山が四一ケ村、「むつし」が二〇ケ村に存した。江沼郡直下村では天保九年（一八三八）盗伐防止のために、丸山・荒谷山・ショウ谷山などの百姓持山を松山にする願いを藩に出して許可された。村では土地所有権を強く意識しており、地面を除いて毛上だけを藩に預けた。同村の火事羅災者は安政二年（一八五五）にこれらの松山から伐採した松を一戸に二、三本宛支給された。請山は一作請山・永請山共にみられたが、本藩に比べて少なかった。奥山方では居引《いびき》（簡略化した地割）に付随し、山割と共に「むつし割」「山畑割」などが実施された。山割は林産物の商品的価値が増大するなか、次第に単独で永代割された。奥山方では江戸後期に高利貸を営み、担保の山林・「むつし」などを買い集め、山林地主になる者も現われた。浜方村落では諸藩でまったくみられない「コッサ山割」が毎年、実施されていた。これは農民が雑木林を除く松林を鍬の柄で測量し五〇〜六〇歩の区画に分け、鬮を引いて決めたという。

　砂防植林は早くから盛んで、文政八年（一八二五）小塚藤十郎が松奉行に任命され本格化した。藤十郎は小塩辻村の十村鹿野小四郎・塩屋村の肝煎井斎長九郎らの協力を得て、松山・松高山の土質を綿密に調べ、長い年月をかけ伊切・篠原・片野・上木・瀬越・塩屋浜に黒松苗三五万本を植栽した。小四郎は土を詰めた俵を砂に埋め、その俵の中に黒松苗を植栽する方法を考案し、大きな成果を上げた。黒松林は松食虫の被害により立枯れすることも多く、藩は周辺の村々にその駆除を命じたものの、あまり効果がなかった。山林植林・並木植林・川土居植林・荒地植林などはあまり盛んでなかったものの、油桐苗・桑苗・茶苗・楮苗・漆苗などは江戸後期から本格的に荒地・野毛などに植栽された。ちなみに、桐油・生糸・絹織物・茶・漆器などは藩の重要な財源として領外に移出された。なお、茶は天保期に領内一四三ケ村中の八四ケ村で生産されていた。

白山麓の「むつし」

白山麓一八ケ村は慶長六年（一六〇一）郷代官の加藤藤兵衛が支配した西谷・東谷一六ケ村と、寛文八年（一六六八）天領となった尾添・荒谷両村（旧加賀藩）から成っていた。白山麓は耕地が少なく、農民は焼畑耕作（雑穀生産）を中心に養蚕・炭焼き・杉板作り・黄蓮掘りなどの副業を行って生活していた。焼畑（薙畑）には初年目に稗を作付けした稗薙、緊急的に作付けした蕎麦薙、初年目に大根を作付けした菜薙の三種類があった。稗薙は南向きまたは西向きの緩斜面の「むつし」を選び、その樹木を伐採して乾燥させた後、上部から「イブリ」を使って火を下に引き、火入れまたは翌日に播種し、鍬で少し打ち込み、初年目に稗（九～一二俵収穫）、二年目に粟（八斗収穫）、三年目に大豆、四年目に小豆を作付け、五年目から三〇～四〇年休閑地とする栽培方法であった。白山麓には「むつし」の外に「あらし」と称する焼畑用地が存した。「むつし」（ムツシ・陸・陸支・陸仕・睦地・六仕・六師・六鋪・無つし・無津志）用語は白山麓および加賀・越前・美濃・近江国などで、「あらし」（アラシ・荒・嵐・荒らし・荒し・阿らし・あ羅し）用語は白山麓および加賀・越中・越前・飛騨・美濃・信濃・遠江国などで使用されていた。「むつし」は「あらし」の後に発生し、その後出作り民・木地師らにより周辺地に伝播された用語であった。白山麓では休閑年数の少ない焼畑用地「あらし」と休閑年数の多い焼畑用地「むつし」を区別していた。これは白山麓の人口増加にともない、これまで休閑年数が少なく利用しなかった焼畑用地を焼畑地とする必要が生じたためだろう。「むつし割」「あらし割」は山割と共に、地割に付随せず単独で実施された。なお、白山麓には元禄期に御林山が一六ケ所に存し、村民一六人が巣守として年に二度巡回した。これは慶長期に松平三河守が設置した御巣鷹山を継承したもので、「極深山壁険岨之場所」に存したため、御用木に利用できなかった。

農民は村から離れた山中の「むつし」に出作り住居を建て、そこで家族全員が春から秋まで生活した（季節出作り）。牛首村には中世的遺制「地内子制度」が強く残り、小数の地主（親っ様）が田畑・「むつし」・山林などを所有したため、農民（地内子）は村から遠く離れた自村および他村の山中で年中生活した（永住出作り）。牛首以外の村々では入会山中に「むつし」が多く散在したため、季節出作りが中心であった。農民は自村および他村の村（地主）から「むつし」を一作請けし、出作り地で「むつし」耕作および副業生産を行って生活した。「一作請証文」には卸・抔・下・売・買・請などの字が当てられているが、これらの間には授受行為上の相違点がみられず、貸与者からの売・卸・抔・下で、借入者からの買・請であった。これは利用権の借用であったため、借入者に山年貢を納める義務がなく、請作料（金・銀・銭・稗・藩札）・初穂（稗・粟・大豆・小豆）を納める程度であった。一作請年季は享保期まで平均約八年であったが、これは「むつし」耕作の複合化（養蚕との組み合わせ）により長期化し、江戸末期に二〇年を越えた。牛首・嶋両村に近い鴇ケ谷・深瀬・釜谷・五味島村は生糸（繭を含む）を牛首・嶋両村の親っ様（山岸・織田・木戸口・杉原家など）に、加賀藩領に近い二口・女原・瀬戸・荒谷・尾添村は鶴来商人を通して小松町（小松絹）に販売し、幕末には生糸が「牛首谷之大一の産業」となっていた。文久三年（一八六三）牛首村には戸数が四八〇戸存し、その内二〇〇戸が八十八夜から一〇月末まで季節出作りを、一八〇戸が年中山中で居住する永住出作りを、残り一〇〇戸が自村で「むつし」耕作および副業生産（養蚕・生糸）を行っていた。すなわち、農民は白山麓を越え、加賀藩・大聖寺藩（以上加賀国）・勝山藩・郡上藩・幕府領（以上越前国）に季節および永住出作りを行っていた。農民は貸与者（村）が年貢徴収・諸役負担の問題から山籠り（永住出作り）を禁止したなか、江戸末期から年貢・諸役（冬暮シ代＝冬籠役・馬役・薪代・萱代）を負担し、出作り地に定住するようになった。こうして、彼らは白山麓および加賀国石川・能美・江沼郡や越前国大野郡の山中に出作り集落（五～二〇戸）を五〇余も成立させた。出作り集落は年貢徴収・諸役負担の問題から行政上の独立村とならず、出作り地の枝村または出村として扱われた。こうしたなか、牛首川の上流に存した市之瀬・赤岩両村は江戸後期に平泉寺から、浄土寺川（九頭竜川の支流）の上流に存した一本松村は万延元年（一八六〇）勝山藩から行政上の独立村として取り立てられた。出作り集落は昭和三〇年代からの高度経済成長による山村の人口流出、同三六年の北美濃地震、同三八年の豪雪などを契機として廃村となった。

本書は加越能三ケ国を領有した加賀藩を研究対象としたので、林制が地域の経済発展の相違により異なったことを考えれば、国単位でなく郡単位で研究すべきだったかも知れない。また、加賀藩では林制が農政と共に十村の業務手腕に委ねられたため、結果として十村・山廻役の役職研究に力点を置きすぎたかも知れない。さらに、富山藩（越中国婦負郡）を研究対象外としたことは、諸藩の林制と比較検討する作業と共に、今後の研究課題として残った。本書はこれらの問題を除けば、加賀藩および大聖寺藩・白山麓の林制の全体像を明確にしえたと思うが、十分でなかったかも知れない。なお、史料編には天明三年（一七八三）越中国礪波郡下川崎村の山廻役宮永十左衛門が著した「山廻役御用勤方覚帳」を収載したので、参照されたい。

今後、加賀藩の林制は諸藩のそれと比較検討する中で、藩財政との関係から研究を進めるべきだろう。正徳期の藩財政は内高が約一三〇万石、家臣の知行高が約八〇万石、蔵入高が約五〇万石で、それを五公五民とすれば、物成が約二五万石となった。この内、元禄四年（一六九一）には二三万石が大坂登米となっていた。一方、貨幣収入は宝永二年（一七〇五）に歳出が一万一〇四二貫七二三匁、歳出が九四一〇貫〇五四匁で、残銀が一六三二貫六六九匁となった。(3) 加賀藩では七木・炭・牧木・苦竹・唐竹・漆・蠟・楮などの林産物が自給自足経済の中で、津出禁止品となっていたものの、領内の城下および在郷町にはそれが多く販売された。つまり、山役・木呂役・炭役・苦竹役・漆役・蠟役・茶役などは税額が高く、藩財政の重要な位置を占めていた。これは領内の流通機構・流通市場および他領材の移入量を明確にする中で、百姓持山と藩有林・準藩有林との林産物を区別し、藩財政上に占めた位置を究明すべきであろう。塩は米に次ぐ藩の収入源で、能登国奥郡をはじめ、同国口郡・越中国新川郡・同国射水郡・加賀国能美郡で生産されていた。安永六年（一七七七）には能登国奥郡に一三九七枚、同国口郡に三一九枚、越中国新川郡に一〇枚、同国射水郡に九枚、加賀国能美郡に六枚の塩田が存し、一六万五二三五俵の塩を生産していた。藩はこの塩を塩手米一万一八六二俵と交換させた。(4) これらの製塩には一年間にどれくらいの塩木が必要だったのだろうか。また、塩木の確保は林制の整備と関係があったのだろうか。塩木は燃料用の薪材・炭材に劣らぬ需要があったので、それらと比較検討する中で究明すべきだろう。[5]

また、林野利用の問題から焼畑用地「そうれ」の性質を明らかにすることも大きな課題であろう。焼畑用地「むつし」「あらし」には山役が課されており、これには山割同様に、地割に付随して「むつし割」「あらし割」が行われた。越中国（礪波・婦負・新川郡）には南アルプスの山間部同様に、「あらし文書」と共に「そうれ文書」が多く現存す。「そうれ文書」には売買・質入・譲渡・割替えなどに関するものが存し、その字には草嶺・草連・草蓮・惣蓮・惣林・惣礼・惣荒・草利・草令・草里・草萊・双里・蔵礼・蔵蓮・沢蓮などが当てられた。白山麓では「むつし」（休閑年数が長い）と「あらし」（休閑年数が短い）が区別されていたが、越中国でも「あらし」と「そうれ」が同様に区別されたものか明確でない。[6]また、「そうれ」は「むつし」「あらし」と共に林野所有権の成立過程を解明する要素を秘めていたものの、十分に究明できなかった。この問題は御林山（官地官林）・準藩有地（民地官林）・百姓持山（民地民林）・野毛山（民地民林）などを詳細に分析する中で、地盤たる林地の所有権と毛上物件たる林木・柴草などの所有権がどのように構成されていたかを究明しなければならない。そこで今後はまず「そうれ文書」を調査・整理し、「むつし」「あらし」との関係を解明する中で、「そうれ」の性質を究明したい。

さらに、御林山・準藩有林・百姓持山・野毛山などが明治期の林野制度の改革の中で、どのような変遷を辿ったかを明らかにすべきであろう。石川県では明治三年（一八七〇）の七木解除令および同五年（一八七二）の官有地払下規則により山林の濫伐がさらに激しくなったため、同一二年（一八七九）頃から数度にわたり育樹養林法を諭達したものの、一向にその効果があがらなかった。払い下げ政策は林野の所有権を確定する手段でもあり、官有林と民有林の区別と地価を決定づけることになった。入会山については農民の所有意識も薄弱であったので、同九年（一八七六）の山林原野税法の改正などにより官有林に多く編入されていた。石川県では同三二年（一八九九）の国有林野法および森林資金特別会計法により、同三二年度から大正一〇年度まで国有林野特別経営事業が実施された。国有林野特別経営事業は不要存置林野の売り払い、存置国有林の境界の明確化、施業案の編成などによって国有林野を整理すると共に、国有林野内の無地に人工植林を積極的に推進し、国有林野経営の基礎づくりを行うものであった。『石川県統計書』によれば、同三五年（一九〇二）には国有林野が総面積四万八四三八町歩（五一六ケ所）で、原野が総面積二八三町歩（二九ケ所）であった。国有林野の総面積は同二〇年（一八八七）のそれ一〇万一九二四町歩に比べて半減していた。この頃、公有林には村共有林や入会山などがまだ多く含まれていた。このように、石川県では特別経営事業開始以降に国有林野の整理処分が急速に進み、最終的に不要存置林野の売り払いを中心に三〇〇〇町歩余に達した。小面積のものは地元民に、大面積のものは公共造林用地として地方公共団体に多く売り払われた。その後、石川県では民有林の濫伐を防止するため、同三〇年（一八九七）の森林法に基づき、同三三年（一九〇〇）に保安林の施業規程および民有林取締規則が公布された。森林法は同四〇年（一九〇七）に改正され、土地の使用および収用と森林組合の条文が加えられた。ともあれ、御林山・準藩有林・百姓持山・野毛山などが明治期の林野制度の改革の中で、どのような変遷を辿ったのかを明らかにすることは、「近世の林野はいったい誰のものか」という林野制度の素朴な疑問を解明する何らかのヒントを与えてくれるに違いない。この点からも、明治期の林野制度の改革を検討しておく必要があろう。

（1）前掲「本岡三郎家文書」。天保期に改作奉行を務めた河合祐之は、「河合録」の中で江戸初期の理想的な十村が同後期に農業外業務に追われたことを慨嘆していた。
（2）前掲『加賀市史料七』五五～五六頁
（3）前掲『加賀藩農政史の研究・上巻』三七八～三七九頁
（4）前掲「加能越産物方自記」。明治四年（一八七一）の「製塩出来高之表」によれば、羽咋郡では三八ケ村で六万九五〇〇俵余、鹿島郡では二〇ケ村で一万四〇〇六俵、鳳至郡では四九ケ村で七万四九二八俵、珠洲郡では六〇ケ村で三四万三八一二俵の塩が生産された（『石川県史料・近代篇5』三七～四三頁）。
（5）寛文一〇年（一六七〇）の「村御印」によれば、炭役は加賀国が一〇三二匁（三〇ケ村）、越中国が一四〇三匁（二七ケ村）、能登国が一五七六・三匁（五一ケ村）で、能登国奥郡と越中国礪波郡が半ばを占めていた。また、鍛冶炭役は越中国が二九〇匁（一二三ケ村）、能登国が一三二匁（二三ケ村）で、越中国新川郡と能登国鳳至郡が大半を占めていた（前掲「加能越三箇国高物成帳」）。この頃、炭は金沢・富山・高岡・七尾・小松など城下町の武士や鍛冶屋だけでなく、都市生活の進展にともない町人にも多く使用されるようになった。明治四年（一八七一）の「能登国生産帳」によれば、鹿島郡では薪四〇万二九束（六万二四八三貫文余）・炭三万一〇二〇俵（二万七八四六貫文余）が、羽咋郡では薪一三万五七九四束（五万三〇四七貫文余）・炭一一万七〇〇二俵（一七万四六六貫文余）が、鳳至郡では薪不詳（二万四一貫文余）・炭二九万一八八三俵（一六万六九二二貫文余）が、珠洲郡では薪不詳（八八六五貫文）・炭五四五俵（二三六五貫文）が生産されていた（『石川県史料・近代篇5』三〇〜三四頁）。

（6）　礪波郡五箇山では「そうれ」が売買・質入れ・譲渡などの対象となり、地割に付随し「そうれ割」が行われた。

史料編

一　天明三年　山廻役御用勤方覚帳

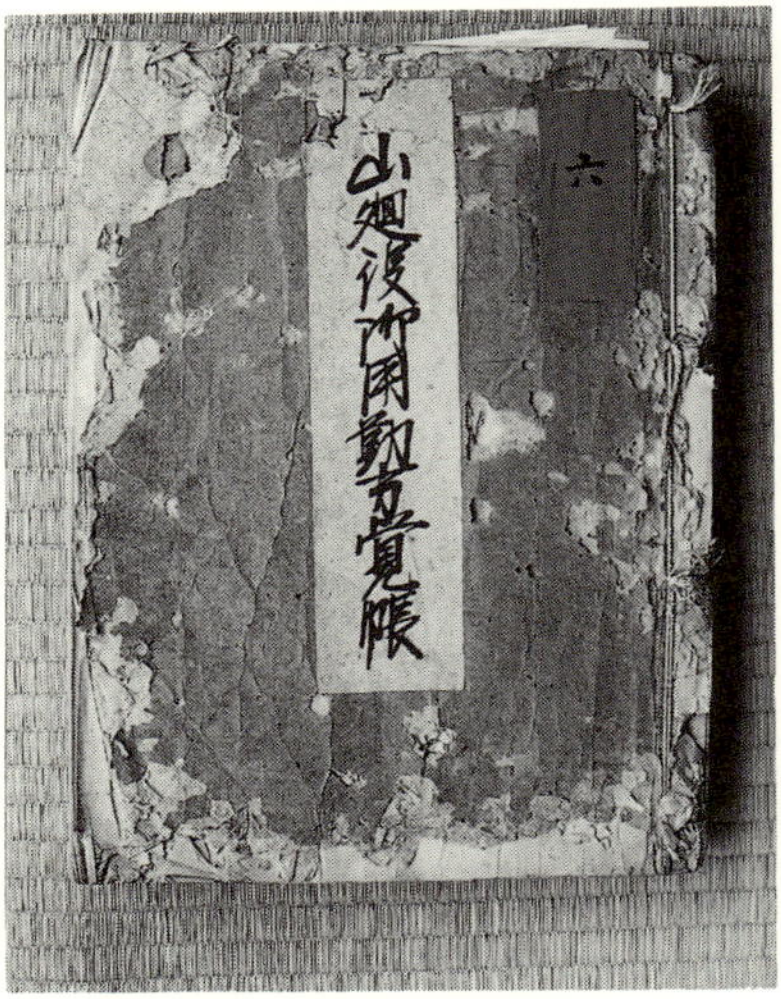

第9図　「山廻役御用勤方覚帳」

「山廻役御用勤方覚帳」は、前記「越中諸代官勤方帳」「能州代官十村勤方」「御用留」「旧藩御扶持人十村等勤方大綱書上」などの山廻役に関する資料の中で最も系統的なものだろう。これは本稿の不備を補い、山廻役（里山廻役・奥山廻役）の全体像のみならず、林制全般を解明する上で重要なので、次に全文を掲載したい。「山廻役御用勤方覚帳」の原本は一時的に紛失して見当たらなかったが、その後所蔵者の宮永正平氏（富山県小矢部市下川崎町）に戻された。

「山廻役御用勤方覚帳」は寛文元年（一六六一）六月より天明三年（一七八三）六月に至る間の、主に越中国礪波郡における山廻役の御用勤方に関する旧例・先例を書き収めたもので、筆者は礪波郡下川崎村の篤農家で知られる宮永十左衛門（五代正運）であった。寛政七年（一七九五）の「宮永氏系譜」によれば、宮永家の初代正意は寛永年間（一六二四～四三）郡奉行原五郎左衛門の勧請により、加賀国江沼郡滝ケ原村から礪波郡下川崎村に移住し農事に尽くしたという。二代正高・三代正興・四代正長は下川崎村の肝煎を務め、五代正運は安永八年（一七七九）に礪波・射水郡の蔭聞役、翌年に郡奉行九里幸左衛門の推挙で山廻役（兼山廻代官）、天明四年（一七八四）に礪波・新川郡の産物方裁許兼役となり、享和三年（一八〇三）に病死するまで役職を努めた。なお、正運の嗣子正好は、天明二年（一七八二）に山廻役の名代を務めた。正運は「寛文年中以来山廻役勤方之内申来覚書」「御用見聞之記」「御用留帳」「山廻役御用勤方覚帳」などの外、「私家農業談」「養蚕私記」などの産業書、「越の下草」「春の山路」「世々の楳《まど》」などの旅行記、和歌・連歌・俳諧・詩文などの書物を著した。

覚

礪波　十日市村　九郎兵衛
　　　中田村　七郎兵衛
射水　杉木新町　義右衛門
　　　二塚村　市郎兵衛

右之者共、川西山廻役被仰付候旨被申渡、御用等御申付可在候、以上

寛文八年申四月八日　　御算用場

津田右京殿
郡勘三郎殿

右御算用場様御折紙之趣奉得其意、私共川西山廻被為仰付旨畏奉存候、為其御請上可申候、以上

寛文八年四月十四日
十日市村　九郎兵衛
中田村　七郎兵衛
杉木新町　義右衛門
二塚村　市郎兵衛

津田右京殿
郡勘三郎殿

但、杉木新町義右衛門病死後、延宝弐年十一月廿六日せがれ半右衛門ニ跡役被仰付候

一、杉木新町義右衛門儀、中称村ゟ寛文四年二月十四日被仰出、杉木新町江引越御休所ニ被仰付、則材木伐大工作料銀として、同年四月十四日ニ津田右京殿御取次ニ而銀子弐貫目被為下候、且又屋敷打渡役人宮丸村次郎四郎・金屋本江村長左衛門ニ被仰付打渡シ申候

一、義右衛門中称村ゟ引越御休所ニ被仰付候節、無役ニ而御代官千石被仰付候、其後同八年ニ山廻役被仰付候事

敬白　天罰霊社上巻起証文

前書之事

一、私共山廻被仰付候、就夫御後闇儀毛頭仕間敷候、被仰渡候通切々情ヲ入、山幷御林廻可申候、御林又者山々之儀者不及申上、在々持山林垣根廻ニ而茂、御法度之竹木剪取申者見付申候者、親子・兄弟・一門・縁者・知音た里といふとも下ニ而相済申間敷候、若金銀・米・銭其外酒肴何色之者ニ而茂、礼儀(禮カ)誹物を以侘言仕候共聊承引不仕、罷帰次第早速可申上候事

一、御用之竹木被仰渡候数之外剪申間敷候、人足役人遣申刻無油断申付、杖突役人依怙贔屓仕間敷候、大工・杣罷出候共無油断申付、日数・時付有様ニ可申上候、附り為御用何方江罷出候共、見聞之通罷帰無偽可申上候事

一、山々幷御林廻申刻、於在々百姓其外何者によらす非分之偽申懸、金銀・米・銭之儀者不及申上、其外何ニ而茂一切取申間敷候、附り雨降蓑笠か里申儀御座候者、其主江慥ニ相返シ可申事

一、山々在々ニ泊り申刻、如御定宿賃相渡きちんに可仕候、米買候共代銀渡切手取置可申候、其外何様之馳走も請申間敷候事

一、川除用水材木百姓其外何者によらす被下候、御林之竹木惣而御用ニ為剪申材木之儀、木数・間尺相改極印ヲ打渡可申候、附り御林竹木之儀茂本木・末木共ニ員数念ヲ入相改、是又極印打枝葉之分者束数等相改置、買主人々江無相違様ニ相渡可申候、私共役儀ニ付何事によらす御奉行被仰渡候儀違背仕間敷候、若又御奉行之手前ニ対シ御公儀非分成事御座候者、見聞次第有様ニ可申上候事

一、御普請方幷舟橋懸役其外御用被仰付候刻、随分情ヲ入相勤、日用人足買上物色々舟橋道具等麁末ニ成不申様ニ仕、員数等有様ニ可申上候事

一、新川郡之儀者作雑木幷持山・垣根雑木御裏書之員数ゟ多為伐申間敷候

附り、猟師買申桐幷持山・垣根ノ七木御用ニ立申間敷哉と御尋ノ刻者、罷越相改有様ニ可申上候、在々自分林切々情ヲ入廻可申候事

一、御隠密ケ間敷儀見聞仕候共、一切他見他言仕間敷候事

一、御代官被仰付候趣諸事情を出シ相勤可申候、手代等江茂誓詞可申付候、就夫何によらす礼物一切取申間敷候、惣而小百姓中無費様ニ可仕候、勿論自分貸借手廻シケ間敷儀仕間敷候、附り何様之御用被仰付候共無油断裁許可仕候事

右之条々於相背者左ニ申降ス神罰・冥罰可罷蒙者也

安永九年子九月廿八日

礪波郡下川崎村
十左衛門（判）
四十九歳

七木
一、松・杉・槻・檜・桐・樫・栗
　但、能州ニ而者栂
〆
一、当時者雑木た里といふとも、目廻五尺以上者不残御
縮方可仕事ニ候

宝永弐年御条数書山廻御用勤方之事

一、毎年正月三郡共ニ金沢江罷出、於御算用場改作奉行
申渡候趣承届罷帰申候
一、一郡切十村組々ヲ手分仕置候而、御林幷竹藪・往還
並松都而御郡之内ニ而、御縮之諸木御縮之筋夫々御郡
奉行申渡之趣を以、手分之十村組々之領度々相廻、竹
木枝葉ニ至迄猥成儀無之様ニ、常々村々肝煎・組合頭
江申渡シ、一ケ年ニ両度為致請書付、廻り口之百姓山
廻奥書仕御郡奉行江出申候、勿論猥之族見聞次第ニ其
筋村々致吟味、其様子右御奉行江相断申候
一、新川郡奥山御領堺相廻申儀、同郡百姓山廻之内三人
先年ゟ御郡奉行申渡置候ニ付、毎年上筋下筋を隔年ニ
毎六月・七月之内相廻、罷帰次第ニ御領境之様子御郡
奉行江書付出之申候
一、御郡奉行毎春秋御郡廻被成候節、御郡之廻り口切ニ
右奉行ニ付添、村々肝煎・組合頭手寄之所々江相集、
御林其外御縮之諸木幷御藪御縮之筋書立を以申渡シ、
相済御請帳面ニ其組十村・御扶持人・廻り口百姓山廻
連判奥書仕、右奉行江出申候
一、三郡共御林者勿論惣而其御郡之内ニ而、松・杉・
桐・槻大木之分、先年御郡奉行申渡を請、夫々見届木
之名目幷目廻り・有所等帳面ニ記出置候、右書立置候
諸木之内雪折・風折・立枯有之刻者、右奉行ニ相断請
指図申候
一、三郡ニ而伐木礪波郡・射水郡ハ御縮り之諸木迄御郡
奉行承届、山廻足軽ニ為相見、其御郡手寄之百姓山廻
り可罷出旨、右奉行申渡シを請罷出、山廻足軽江御郡
奉行ゟ相渡り候木数幷目廻間尺・木之名目付紙面見届、
木株極印打申所相見仕候、新川郡之儀者都而諸木共御
郡奉行承届伐申刻、山廻足軽ハ不罷出、其手寄百姓山
廻江木数幷目廻間尺・木之名目付之紙面相渡り候、罷
出為伐、則木株ニ打申極印御縮之諸木迄ニ打、雑木ニ
者打不申候、三郡共若諸木之枝おろし申儀、右格を以

相務申候

一、高岡瑞竜寺御花松幷御仏殿毎暮御門餝松相渡り候節、御郡奉行ゟ員数等紙面を請相見仕候

一、三郡共川除又者御郡ニよ里波除・塩除・其外用水御普請入用材木幷宿々在々火事ニ逢申者家作材木、且又百姓自分ニ而懸申橋材木等剪渡シ申節者、木数・間尺目廻・木之名目付御郡奉行書記候紙面を以、山廻役人罷出為伐之夫々相渡シ申候、右橋材木之儀者枝共ニ被下候

一、新川郡黒部川之上奥山ニ而御用木煎出シ申刻者、御郡奉行ゟ木数・間尺・木之名目等相記、何方迄流出シ誰江可相渡之紙面を請為伐之、指図之所迄流シ出シ夫々改、剪人足賃銀百姓山廻請取切手ニ御郡奉行奥書御算用場会所江印を以、御銀請取人々相渡シ切手取置申候

一、三郡共御林之諸木幷往還並松御竹藪風折・雪折・立枯・根返シ有之刻者、御郡奉行其竹木有所幷目廻り・員数等目録ニ相記、入札申触候得者、望申者共其所々江罷越、村肝煎等相添見届候上入札右奉行江出シ、当札相極次第山廻役人江右奉行ゟ員数・木之名目等相記候紙面を以罷出為剪渡申候、並松根返シ之分ハ組々十村ニ山廻役人相加り罷出、其領ゟ人足出為起置申候、難起分ハ右格を以入札払ニ罷成剪渡申候

一、百姓持山林ニ而御縮之諸木立枯・雪折・風折・根返シ・且又百姓・頭振居屋敷廻ニ有之、御縮諸木持之百姓願之上、御用ニ無之被下候分、御郡奉行申渡シを請山廻役人罷出、右奉行ゟ木数・間尺・木之名目等記申紙面を請為伐相渡申候

一、御林幷百姓持山林ニ而伐木之株掘取申間敷旨御郡奉行申渡シ、山々相廻り候度毎ニ村々肝煎・組合頭江急度申付候

一、百姓持山ニ而風折・雪折・立枯之内、御縮之諸木或者田畠際或者百姓・頭振之居屋敷廻ニ有之、御縮之諸木拝領願之上、御用ニ難相立分、御郡奉行ゟ木之名目・木数・間尺目廻り何等書記候紙面を請、山廻役人罷出為剪改相渡シ申候

一、百姓・頭振居屋敷廻幷田畠際ニ有之、御縮之諸木枝葉茂田畠日陰罷成候分、且又百姓持山小松生立不申候傘《(ママ)》枝葉も下枝下シ申儀、断之上御郡奉行申渡を請罷出、枝おろさせ申候

一、御林之諸木幷往還並松御竹藪共雪折・風折・立枯入札を以買請候者共、手前ゟ為商売相払申節、御縮之諸木之分者売人改書付村肝煎・組合頭江出候上ニ致奥書、組々十村幷其御郡百姓山廻方江出シ申ニ付、遂吟味何日を限売仕廻可為案内旨、右書付致添書相渡シ為売可申候由、万一木呂ニ仕申首尾ニ御座候得者、木呂伐り木一本ニも極印打為売之、枝等有之候得者枯申所を見届、是又何日切ニ為売可申旨、御郡奉行江相達候而其通ニ可申付由ニ候

一、能州御公領地幷他領此方様御領御縮之諸木を、越中三郡江之者為商売買請舟積仕、越中浦方江相廻候節者、御郡奉行江相断候上其浦方肝煎・組合頭罷出、右木買請申者持参仕御公領或他領木主売切手之表と見合遂吟味、為致浜揚商売仕候様ニ可申渡旨、其御郡手寄山廻役申渡を請ケ、右之趣を以支配仕、畢竟相改候木数を其浦肝煎・組合頭帳面ニ記出候様ニ申付、員数見届為致浜揚申候旨、致奥書右奉行江出申候、富山御領分之売木買人手寄之所者、陸(ママ)を取寄セ申儀も御座候、此分者買請申者之村肝煎吟味仕、其組十村手寄山廻役人江相断候旨、あなたノ木主ゟ売切手之表見届、十村・山廻役人致奥書為買請申候

一、三郡作食蔵破損修理、且又御郡ニよ里定渡舟破損修理或新艘合申時分、御郡奉行申渡シを請、御郡切ニ手寄次第罷出、其組十村・御扶持人等相加り諸事相勤申候

一、三郡川除幷用水御普請御郡ニゟ塩除御普請有之刻、川除奉行申渡シを請、御郡切ニ手寄次第罷出、其組十村・御扶持人等ニ相加り相勤申候

一、婦負郡与此方様与御境塚之内、損シ築置申時分、其手寄山廻之内御郡奉行申渡を請、其組十村ニ相加りあなた御領十村与対談仕相勤申候、右奉行江連判を以案内書付出申候

一、婦負郡牛ケ首用水射水郡之内、彼用水筋村々ゟ水取分申格ニ付而、射水郡百姓山廻之内手寄を以、壱人右為裁許改作奉行申渡置候ニ付、例年用水之節あなた御領之裁許人与諸事申談シ、右郷筋相廻水取分様夫々申渡候、若水論仕時分者、射水郡其組十村与申談、あなた御領十村幷用水裁許人与相談、右用水取分様之御格先年ゟ相極有之趣、相違不仕様双方江申渡候、右用水裁許之百姓山廻江毎年射水郡彼用水下村々ゟ高ニ応シ

給米出申付、先年ゟ改作奉行申渡を請申通請取申候
一、右郷筋双方御普請有之刻、射水郡右用水下高当り入用中勘銀請取切手ニ組々十村奥書仕、川除奉行江出シ銀子請取、段々相払御普請相済次第ニ諸切手取集、算用帳面十村方江出シ、相しらべ次第奥書を以川除奉行江出申候
一、三郡之内道橋修理又ハ御郡ニよ里波除御普請有之節、御普請之品ニゟ御郡奉行申渡シを請ケ、御郡手寄次第ニ罷出、組之十村等ニ相加り諸事相勤申候
一、三郡百姓・頭振等禁籠仕者手前家財闕所罷出候節、御郡御奉行申渡シを請、御郡切ニ手寄次第罷出、其組十村・御扶持人等ニ相加り裁許仕闕所帳ニ連判仕候、右闕所物御払ニ罷成候時分者申渡を請罷出、右之者共与申談シ罷出品々改相渡シ申候
一、三郡之内御旅屋幷御収納蔵・作食蔵御材木囲之近所、其外村々幷御郡奉行支配宿々火事出来之刻、見聞次第御郡切ニ早速罷出、其組之十村・御扶持人江申談、村々ゟ罷出候人足共ニ申付、夫々申付火為防申候、尤十村・御扶持人ゟ御郡奉行江之案内書付ニ連判仕候、若於火事場盗賊又者不審成躰之者有之節者、十村・御扶持人ゟ申合相捕へ御郡奉行江相談申候
一、定作食米貸渡奉行罷出候刻、相見ニ可罷出旨改作奉行申渡シを請、手寄之蔵所江罷出、脇借物ニ為引取不申様ニ申付候、人々指札之通俵数無相違請取申段見届、則借用帳人々判本見届、其趣書付を以案内仕候
一、改作奉行春夏村廻之節、右申渡シを請、自身幷せがれ之内罷出、村々相応之農作やしない仕様末々迄見届候而、不精之所者夫々申付候
一、百姓共田畠やしない代銀拝借仕ニ付、改作奉行申渡を請、其組十村与申談シ、御銀相見を以村々肝煎共江相渡候、以後村々江罷出相調置申やしない員数見届、御銀拝借帳面人々判本見届、其組之十村ゟ連判奥書仕右奉行江出申候
一、毎秋百姓収納米皆済不仕内其組十村紙面指添不申、新米売買仕者有之候者、双方承届為致書付可及案内旨、改作奉行申渡シを請、御郡切手寄を以町方・宿方江罷出見聞仕、若右之族有之候者、其組之十村江茂相達、右奉行江書付出申候
一、米高直之年御郡切ニ於町方御米小売被仰付候刻、御郡奉行申渡シを請、小売場江手寄次第両人充代り〳〵

ニ罷出付居、御算用場覚書之趣を以諸事相勤、俵成御米為斗立減米見届、小売人手前帳面ニ俵成員数減米員数之所印仕、其外見届候品々帳目録ニ印仕、畢竟小売相止候、以後御郡奉行江相見仕趣目録ニ記出申候
一、廻国上使御通之刻、御宿拵道橋掃除人・馬裁許御賄方其外品々御用之内十村・御扶持人相加候歟、又者山廻迄歟御郡奉行申渡シを請罷出、夫々指図を請相勤申候
一、江戸御上下之刻、寄馬幷舟橋駒裁許馬渡シ所、惣而品々御用之内十村・御扶持人相加り申歟、又ハ山廻迄其時々御郡奉行申渡を請罷出、先年格を以夫々相勤申候
一、三郡百姓山廻之内御郡切十村幷御扶持人手前、其外末々迄善悪之儀、蔭聞役・改作奉行申渡候ニ付、見聞仕趣毎月両度充右奉行江書付出申候
一、三郡共手代召置候刻、御郡切ニ相談所江召連罷出、為致誓紙候節、改作方下裁許御算用者判本見届申候
一、新川郡浦山村御旅屋支配仕儀、同村百姓山廻江御郡奉行ゟ兼而申渡シ置候ニ付、毎年御上下以前御旅屋見届破損所有之候得者、組之十村江断書付出之、御郡奉行江相達候上見分候大工罷越候ニ付、破損所為見届、追而修理奉行罷越候節、罷出万端指図を請相勤申候、御材木等余候得者、修理奉行右百姓山廻江預ケ置申ニ付、改請取之預切手右奉行出シ翌年修理有之節、奉行右之預切手持参仕ニ相渡申候
一、御上下前廉右御旅屋幷御露次共内外掃除之儀、御郡奉行ゟ毎年支配之百姓山廻江申渡シを請、為自分掃除仕置、尤御着之刻其組十村手寄山廻之内、御郡奉行申渡を請罷出掃除等申付、召仕候人足賃銀右之者共請取切手ニ御郡奉行添書を以御銀請取、人々江相渡申候
一、右御旅屋附御道具之儀、御郡奉行ゟ品々帳面ニ記、御旅屋支配之山廻江相渡置候ニ付、御上下之節、夫々裁許人ゟ断次第ニ其品改相渡シ、御用済改請取置申候、若損シ申品有之候得者、其裁許人ゟ損シ申趣共書付取之、御郡奉行江右帳面一所ニ出之、右損シ申品々ケ条ニ付札印取置申候
一、御公領御代官幷大蔵大輔様・飛騨守様其外他国大名衆御通、遊行上人廻国之刻、道橋掃除幷舟渡所川々、川越為寄人馬裁許等之内、十村・御扶持人相加り申歟、又者山廻迄其時々御郡奉行申渡を請夫々相勤申候

一、新川郡有領村之山松子宜時分、御郡奉行申渡シを請罷出、右村ゟ人足出シ見分仕為取之、右奉行江相渡シ申候、召仕候人足賃銀山廻請取切手ニ御郡奉行奥書を以御銀を請取、其組十村江相渡申候

一、同郡立山之硫黄取申為御用先年御射風罷越候節、御郡奉行申渡シを請、手寄次第ニ右御異風相添罷越、指図を請、人足ニ申付硫黄取之相渡シ申候、尤人足賃銀百姓山廻請取切手ニ御異風奥書を取御銀請取、其組之十村江相渡申候

一、同郡黒部川洪水度毎流木之内御用ニ可相立分、為御拾魚津居住御代官弐人川原江罷出候節、兼而御郡奉行申渡シを請、手寄を以罷出、右御代官与申談シ、御用木分相撰、御用ニ難相立分者、先格ニ而右川筋百姓共江被下候ニ付相見仕候

一、同郡境村塩焼申薪・木呂、奥山ゟ毎年境川江流出申ニ付、棚数改申分御郡奉行申渡シを請、組之十村幷同郡百姓山廻相加り棚数相改、御極之通役銀取立、散小物成取立人江相渡シ申候

一、元祿拾弐年境村之者共御貸米就被仰付、塩焼申者共手前品々かせき油断不被仕様ニ可申付旨、境村奉行ゟ同村山廻可申付与指図を請相勤申候

一、御代官役之儀、三郡十村・御扶持人勤様与同事ニ御座候

一、前々相勤候御用之内稀成儀ニ付、一作御用之分者指除申候

覚

一、其方共役付下帳を以其品々ケ条ニ上ケ文言者、御算用場之文言ニ草案調相越候事

一、一郡切ニ者調不申三郡打込候而、礪波郡ニ有之射水郡ニ無之品者、仮令三郡之内御郡ニゟケ様ケ様と相記候事

一、壱郡之内ニ而茂一統相勤不申品者、一郡之内ニ而手寄を以相勤候旨相記候事

一、勤方同様成品者、何々と其品をケ条之内江集メ、名目を記其勤方を調候事

一、其方共出置候下帳一ケ条〱一書上済与記置候、ケ条者草案帳ニ載申儀ハ除而記候、ケ条詮議之上指除申ケ条ニ候事

一、惣而之文言其方共出候下帳与此草案帳之文言与過不

足可有之候条、とくと読ほとき致得心、其ケ条之筋不分明之儀候者、其様子付紙ニ可仕事

一、草案帳之表其方共勤方与相違之品候与、是又付紙ニ可相記候事

一、其方共之下帳之表品ニゟ委細相記候得共、一村・御扶持人勤方本行ニ而、其方共儀者加役人ニ而相勤候ニ付、態与委細者記不申候、其組之十村・御扶持人等ニ相勤申旨記候、然者委細之儀者、十村・御扶持人役付帳ニ而おのつから相知候事

已上

追而為見合最前其方共ゟ出候下帳も遣候、左之品々与一所ニ可相返候、其方共役付之儀草案帳出来ニ付、一冊并覚書一通相添遣シ候条、一郡切ニ寄合候而委細ニ見届、相違之所者其違目之様子具ニ付紙ニ記シ、末々御郡江可遣候

一、先礪波郡ゟ見届何日ニ射水郡誰方江遣候由、此紙面ニ付札いたし、射水郡見済候者、何日ニ新川郡江遣候由段々相記、後之所ゟ者飛脚を以可罷越候、惣而十村・御扶持人其方共役付帳共御急ニ候之条、尤無油断見届早々可相返候、已上

宝永弐年酉五月十一日　根来九兵衛

礪波郡
射水郡　山廻中
新川郡

今御場御役付所ニ而根来九兵衛様ゟ礪波郡・射水郡・新川郡山廻衆中江紙包壱通急御用ニ候間、礪波郡迄飛脚ニ而為持遣候得与被仰渡候ニ付、態《ワザト》飛脚を以十日市村十左衛門様方迄遣申候間、無滞先々江即刻御送り可被成候

一、飛脚賃銭三百文十日市村十左衛門様ゟ此者ニ御渡シ可被成候、追而三郡江割府(符カ)可仕候間、何れも其御心得御尤ニ候、且亦落着ゟ飛脚を以御上可被成候者、其段私共江御申越可被成候、以上

五月十一日

礪波番代　伴兵衛
射水番代　清右衛門
新川番代　九郎兵衛

礪波郡
射水郡
新川郡
山廻・御中間様方

右之通、酉五月十一日七ツ時分ニ十日市江飛脚参着仕、
中間衆江十左衛門ゟ廻状仕、同十二日ニ中保村ニ而中間
四人寄合拝見仕候上、則御草案帳ニ難心得所付札仕、同
日之内ニ東海老坂村江送り申候事
役付御草案帳面壱冊幷御覚書一通、五月十二日昼申刻ニ
東海老坂村五兵衛方江送り申候

杉木新町 半右衛門
沢川村 田畑兵衛
栃上新村 五郎八
十日市村 十左衛門

右宝永弐年之御条数書之通相守可申儀ニ候事

瑞竜寺御仏殿花松入申由住寺ゟ断ニ候之条、長弐間斗之
松弐本・長弐三尺之小松五本毎月晦日立替申由ニ候条、
瑞竜寺断次第可被相渡候、恐惶謹言

寛文三年
卯四月廿七日 奥村内近
岡嶋甚七
伴藤内膳
津田 右京殿
金森長右衛門殿

瑞竜寺御仏殿花松七本充御用ニ付而、瑞竜寺ゟ各宛所之
切手を以各江相談、高岡町夫々伐寄瑞竜寺江可被相渡之
旨、御用所ゟ高岡町奉行江御申遣候条、可被得其意候、
以上

卯六月十一日 御算用場(印)
津田 右京殿
金森長右衛門殿

利波郡

滝村・中野・若林新村預り
一、芹谷野御林 但、栗
同村預り
一、増山城御林 但、松・栗・雑木
一、徳万村御林 但、栗
但、退転
井波・松嶋・山見・藤橋・志観寺・北川預り
一、井波御林 但、松・栗・雑木
同村預り
一、年代村御林 但、栗
但、虫喰近年絶申候
松原新村預り
一、野尻野御林 但、松

桜町・上野預り
一、今石動城山御林　但、松・栗
北野村預り
一、次郎丸村御林　但、栗
但、虫喰近年絶申候
同村預り
一、小院瀬見村御林　但、栗
宗守・梅原預り
一、山田野御林　但、栗
一、山田野御藪　但、唐竹
但、退転延宝三年書上ル
一、浅地村御藪　但、唐竹
一、鷹栖村御藪　同
一、伊勢領村御藪　同
一、上向田村御藪　同
一、中保村御藪　同
〆

利波郡百姓持山林

西明村
一、細野村御林　但、杉
次郎丸村
一、東西原村御林　但、栗・雑木
一、林道村御林　但、松
一、野口村御林　但、栗・雑木
一、原　村御林　但、栗・雑木
一、樋瀬戸村御林　但、栗
一、嫁兼村御林　同
一、広谷村御林　同
一、香城寺村御林　但、栗
一、倉ケ原村御林　同
五ケ山下梨組之内
一、新屋村御林　但、松・杉・栗・雑木
〆

氷見庄

一、鞍骨村御林　但、樫・栗・雑木
一、市ノ宮村御藪　但、唐竹
一、串岡村御藪　同
但、退転
〆

同庄百姓持山分

東海老坂村分
一、守山城御林　但、松
一、長坂村御林　但、松
〆

一、黒川村御藪　　唐竹
〆　以上
寛文元年六月廿一日　　篠嶋太郎右衛門(印)
御算用場

右篠嶋豊前裁許礪波郡・射水郡竹木帳面壱冊相渡候、各裁許可有之候、以上
寛文元年丑六月廿二日　　御算用場(印)
津田　右京殿
金森長右衛門殿

礪波郡・射水郡両御郡御林幷御藪出来・退転仕幷百姓持山之内、小松出来仕分村附等元禄八年相改書記上ヶ申覚

礪波郡
一、芹谷野御林　　但、松・栗・雑木
一、増山城　同　　同断
一、井　波　同　　同断
一、松原新村　野尻野　同　　但、松
一、今石動城同　　但、松・栗・雑木
一、小院瀬見同　　但、栗・雑木
一、山田野　同　　但、栗
〆

氷見庄
一、鞍　骨御林　　但、樫・松・雑木
〆

退転仕候所々
一、徳　万御林　　但、栗　御新開ニ被仰付候
一、次郎丸　同　　右同断
〆

近年出来
一、五ヶ新村御林　　但、松　御囲跡只今者御材木入不申ニ付書上ル
一、年　代　同　　栗　先年虫喰書上ル、其後小立出来ニ付書上ル
一、御亭跡古屋舗　大清水村同　　松・雑木
但、大清水御亭者、慶長十六年三月於高岡御城瑞竜院

様被仰出出来仕候而度々御成被為遊候、其後微妙院様
　茂御成被為遊候由承伝候事

御旅屋跡
一、戸出村　同　杉

御亭跡
一、高儀村　同　杉

〆

　御藪唐竹

一、中保村　但、唐竹
一、上向田村　同
一、伊勢領村　同
一、江尻村　同
一、中川村　同
一、鷹栖村　同　百姓垣根ニ有之、
　　　　　　　御竿除ニ成居申候
一、浅地村　同　右同断

　退転仕御藪

一、市ノ宮　御藪
一、黒川　同
一、山田野　御新開ニ被仰付候
一、串岡　御藪
一、埴生　同

〆

　礪波・射水郡百姓持山先年御印ノ御林

一、守山城　松
一、長岡　同
　西明
一、細野　杉
　次郎丸
一、林道　松
一、野口　栗・雑木
一、原村　同断
一、樋瀬戸村　栗
一、嫁兼村　栗・雑木
一、広谷村　栗
一、香城寺村　栗・雑木
一、倉ケ原村　同断
一、東西原村　同断

〆

礪波・射水両御郡近年百姓持山林出来之村附記

一、黒川村　但、松御林
一、橋下条村　同
一、常国村　同
一、金屋岩黒村　松江淵通り
一、示野村　同断
一、坪野村　同持山
一、井波持山　同
一、瀬戸村　同
一、西原村　同
一、蓑谷村　同
一、北野村　同
一、搭尾村　同
一、是安村　同
一、信末村　同
一、梅原村　同
一、小院瀬見村　松持山林
一、下川崎村　同
一、興法寺村　同
一、岩木村　同
一、西勝寺村　同
一、臼谷村　同
一、高窪村　同
一、小又村　同
一、土屋村　同
一、上向田村　同
一、下向田村　同
一、西明寺村　同
一、赤丸村　同
〆

今般御尋ニ付申上候

一、毎年正月金沢江罷登、於御算用場御改作御奉行被仰渡承届申候御事
一、礪波郡十村十組之内、五ケ山弐組之儀者礪波四人相廻申候、里方八組者弐組宛相務申候御事
一、御林幷百姓持山ニ而茂、用水川除百姓自分懸之橋入用材木、在々火事ニ逢申者共家作材木御剪渡相見仕候御事
一、百姓持山林幷垣根廻り御法度之竹木、根返シ・立

枯・雪折ニ罷成候刻相見仕候御事
一、御竹藪雪折・立枯御座候刻入札御払被仰付候節、罷出相見仕候御事
一、百姓持山之内小松出来、下枝しげ里林立不申所、下枝おろし申時分相見仕候御事
一、御林幷百姓持山之内、木株掘取不申様ニ申渡候御事
一、松・杉・桐・槻・樫先年五木御改刻、廻り口切ニ罷出書上申候御事
一、右五木帳面ニ上ケ置申内、雪折・風折ニ罷成候時分、御足軽御出ニ付相見仕候御事
一、御郡方ニ而松材木売払候時分吟味之上、其組十村幷山廻承届売書付奥書仕候御事
一、毎年初秋ゟ御蔵所江自身又者せかれ・手代等罷出、御収納米高ニ応シ請取申候御事
一、右裁許米之内出船幷斗立被仰付候時分罷出申候、勿論外廻等同事ニ相務申候御事
一、御代官分春秋夫銀取立上ケ申候御事
一、御代官分払方残り米御座候得者、米代共ニ売払御算用場江上ケ申候御事
一、御代官之内病死人或者御指除御座候得者、代り人相立候迄組合代官相勤候御事
一、御代官之内御知行出、或者引免御検地引高御座候得者、御断申上候御事
一、御代官被下口米石ニ付弐升宛、銀納者石ニ付壱升宛納高之内引御算用仕候御事
一、惣而御代官分御米払切、金沢江罷登遂御算用申候御事
一、私共手代召置候時分杉木新町相談所江召連罷出、為致誓詞申候御事
一、殿様御上下之刻、両御郡御通道筋御郡御奉行御指図次第所々江罷出、御用相勤申候御事
一、宗門御改御横目毎歳御廻之時分罷出、御請帳面上申候御事
一、御郡御奉行両度御郡廻御出之時分廻り口切ニ罷出、御請帳面奥書仕候御事
一、毎歳川除御普請ニ、十村・御扶持人せがれ私共幷其組十村江申談相勤申候御事
一、用水幷懸樋御普請被仰付候時分、其組之十村江申談シ相勤申候御事
一、所々宿々ニ而新米売買仕候時分、御改作御奉行ゟ被

仰渡候所々江罷出、指紙無之新米相改申候御事
一、定作食御貸渡御奉行御出候刻、十村・御扶持人せがれ相役ニ而罷出相見仕候御事
一、作食御蔵御修理被仰付候時分、罷出相勤遂御算用申候御事
一、先年両御郡御米小売被仰付候刻、罷出相見仕候御事
一、御改作御奉行御村廻被成候時分、御召連村々時節相応之野仕事見分仕日々ニ申上候御事
一、在々百姓之内屎手問《ツカエ》申者共江屎代御貸ニ付、御改作御奉行被仰渡、十村江申談相勤申候御事
一、廻国御上使御廻り刻、十村・御扶持人相加り相勤申候御事
一、御蔵御囲小屋幷御給人方蔵所幷村々之内火事出来時分罷出、十村・御扶持人申談火ふせき申候御事
一、御郡之内往還筋定渡舟修理之時分入札被仰付、其組十村幷私共吟味いたし、御入用銀切手御奥書ニ而為請取、入札人々ニ相渡御算用とけ申候御事
一、元祿十六年ゟ杉木新町半右衛門・十日市村十左衛門在々之儀、隠聞仕儀御改作御奉行所ゟ被仰渡相勤申候御事
一、御上下刻、近年新川郡江御通御用ニ被遣罷出相勤申候御事
右先年御算用場江私共御用勤方書上申候、願書迄唯今書上申候、以上

享保六年五月

杉木新町 半右衛門

栃上新村 五郎八

永原清右衛門殿

加藤九郎太郎殿

覚

一 百四拾本　目廻三尺ゟ五尺迄 松木　礪波郡御林

内

八本　大西組 小院瀬見村

弐拾本　苗嶋組 岩木村

拾三本　同 土山村

五拾本　中田組 増山村

四拾九本　三清村 井波町

右松木為御伐被成候而も、すき不申所々書上可申旨被仰

渡候ニ付、右所ニ而為御伐被遊候而者透申間敷与奉存候、
以上

子九月　　栃上新村　五郎八

御改作
御奉行所

覚

一、弐百九拾四本　　礪波郡
但、目廻三尺ゟ五尺迄

内
拾　本　大西組　小院瀬見村
百　本　中田組　増山村
九拾本　三清組　井波町
弐　本　大瀧組　久利須村
三　本　森屋村
三　本　小野村
弐　本　淵ケ谷村
三　本　花尾村
四　本　栃谷村
三拾六本　苗嶋組　坪野村
弐拾三本　岩木村
拾五本　土山村
三　本　倉ケ原村

〆

右所々十村ゟ書上ケ申候、御場ニ而戸出村又右衛門江被
仰付、諸郡共取集被書上候筈十村ゟ上ケ御郡分之写
但、埴生・金屋本江・内嶋・五ケ山両組之分ハ松無之
由書上ケ申候事

覚

一、百四拾本　目廻三尺ゟ五尺迄　松木　礪波郡

内
八　本　大西組　小院瀬見村
弐拾本　苗嶋組　岩木村
拾三本　同　土山村
五拾本　中田組　増山村

四拾九本
〆
右所々御林ニ而為御伐被成候得者御林すき不申候、井波御林ニ而不残為御伐候者御林透可申与奉存候、以上
享保五年子十一月十日
三清組
井　波　町
栃上新村
五　郎　八
御改作
御奉行所

但、井波瑞泉寺殿井波ニ而被相願候ニ付、御林すき申間敷哉御尋ニ付、前々御詮議有之大木之儀不残為御伐候者、すき可申旨申上候所届候者、如斯ニ書上ケ可申段坂井知右衛門殿被仰渡、則野々市村吉兵衛江申談書上ケ申候事
右木数所付御郡御奉行中孫丞殿・永原清右衛門殿江も書上ケ申候事
一、今般井波町瑞泉寺拝領松木就被仰付候、右木数しらべ方為御用越中三郡ゟ罷出シ候人々
東海老坂村
五　兵　衛
栃上新村
次郎右衛門
石仏村
平　七　郎

〆
覚
一、百四拾本　　礪波郡
一、三百七拾本　射水郡
一、弐　百　本　新川郡
一、千四百本　　石川郡
一、七　百　本　河北郡
一、百九拾本　　能州ニ而も、能美郡ニ而も
〆三千本
右享保五年井波瑞泉寺被相願候ニ付被仰付候事

各御支配所御林之分百姓持林ニ有之候栗之儀、勝手次第伐取筈ニ候、目廻四尺六寸以上之大木伐取候節者、願書付指出各ゟ当場江被相達、当場之印ヲ請、伐取候様ニ令詮議候条、向後之儀可被得其意候、以上
享保八年癸卯五月廿八日
御算用場(印)
永原清右衛門殿
中　孫　丞　殿
右之通、御算用場ゟ申来候条、可得其意候

一、百姓山廻共儀、尺寸之栗之木何方〳〵ニ有之候段改
置、尤段々大木ニ罷成申儀ニ候間、無油断改置可申候、
以上
卯六月
永原清右衛門(印)
中　孫　丞(印)
礪波・射水
御扶持人
十　村
山　廻り

御林并百姓持山竹木縮方之儀、前々申渡候就所々持山等
松盗伐候者粗有之候儀者、其方共相廻申儀等閑ニ有之故
伐株等有之候得而茂見付不申躰ニ相聞候、尤先各之通
村々肝煎・組合頭共江縮方之儀、其方共申渡趣者印形仕
帳面等茂相出見届候得共、右之族有之候段、畢竟肝煎・
組合頭印形仕候得者事済候様ニ相心得申者茂有之、縮方
油断仕、仮令盗伐候者相知候得而茂見逃ニ仕不申顕躰ニ
相聞、肝煎・組合頭不届之儀不申及義、是以其方共相廻
申儀茂間違ニ有之様子ニ付、右之族等相聞得候、向後之
儀者御林者勿論村々持山切々相廻り垣根等ニ至迄厳重ニ
相改、尤少ニ而も疑敷有之儀者即刻及断可申候
一、礪波・射水両御郡方ゟ七木之内売出シ申儀有之、町
方江茂買請紛敷候ニ付、今石動・高岡町御奉行中江茂
申談、向後所々於町方七木取扱仕者之儀者、山廻役之
者共相改候様ニ相窮候間、不依何方七木取扱仕者有之、
紛敷品見聞仕候者、吟味仕即刻可及断候、則町方御奉
行中江相達候紙面写并十村中江申渡趣等別紙之通候条、
右之趣を以厳重ニ相改可申候
一、其方共余御用有之在々山々相廻申儀間違ニ罷成候者、
面々申談切々早々相廻可申候、此上ニ茂若御用等ニ而
難相廻儀茂有之候者、其砌此方江可及断候、畢竟相廻
申儀油断仕、盗伐申者有之候者、其方共申分難立趣茂
可有之候条、精誠ニ念を入相改可申候、此書状具ニ見
届令判形可相返候、以上
享保十一年十二月十四日
中　孫　丞(印)
永原清右衛門(印)
山内　豊太夫
松本市郎左衛門
沢川村
田畑兵衛

十日市村　十左衛門
栃上新村　五郎八
福光村　平兵衛
東海老坂村　五兵衛
下村　宅右衛門

御林幷百姓持山縮方之儀、山廻役之者共相廻為改候所ニ手立等仕密々盗伐申者茂有之候、第一其村肝煎・組合頭不存儀者無之筈ニ候所ニ隠置不相断段不届至極ニ候、猶向後者御林請取之村々者勿論在所持山林之儀者、其村肝煎・組合頭一ヶ月数度相廻伐株有之候哉、又者枝葉小松ニ而茂伐取候躰有之候哉委細ニ相改、若右之族有之候者早速可及断候様ニ可申付候、ヶ様ニ申渡上伐株等有之歟、小松等ニ而茂盗伐申儀山廻役之者共見付申歟、又者脇ゟ相知候者其村肝煎・組合頭馴合隠置申儀ニ相聞候条、急度越度可申付候、厳重ニ可申渡候

一、御郡方ニおいて七木之内或者木枝葉至迄御払有之、買請候人々為商売先々江売出申儀者、買人々手前ゟ其在所役人等江相断、御払木紛無之旨紙面取候上ニ而買請可申候、若右書付取不申買請候者者、急度可遂吟味候間、此趣厳重可申渡候、尤氷見・高岡・城端・今石動之者共江売渡申砌茂、右切手取置買請候様ニ所々町御奉行中江茂申談候間、右町方江御払木売渡申砌者、其村肝煎ゟ御払木ニ候者、其段手付相渡候様ニ是又可申渡候

附、御郡方ニ而垣根廻七木之内拝領仕候上、品ニゟ末々江売出シ申儀茂有之候者、是又右之趣ニ可相心得旨可申渡候

一、寺社方拝領山幷寺内ニ有之七木之内、仮令古松ニ而も御郡方江売渡買請申刻者、右寺社方ゟ売渡申旨急度書付を取買請可申候、山廻役之者相廻改申砌右書付為見届候様ニ可申渡候、自然改申砌右書付取不申七木等之儀者、即時ニ召捕出候様ニ申渡候条、此趣可申渡候、右之趣御林・持山縮方今般相改申渡候条、面々逐一令承知下役人幷末々家来等至迄急度申渡縮方可仕候、尤組下之内役人共承知之趣、御請書付ニ十村廻り口御扶持人奥書を以早速可指出候、書状見届先々相廻落着ゟ可相返候、以上

享保十一年十二月十四日　中　孫　丞（印）
永原清右衛門（印）

礪波・射水両御郡
御扶持人・十村中

御郡方ニおいて七木盗伐売買有之、跡々ゟ山廻等相廻為改候所ニ町方江茂買請申者有之紛敷候間、向後之儀者七木挽板・割木・枝葉等ニ而茂御支配之者御郡方ゟ買請申砌者、其村肝煎・組合頭ゟ紛敷木ニ而茂無之段、書付を取買請候様ニ被仰渡可被下候、尤山廻役之者相廻申砌御支配所ニ而茂七木取扱仕者有之候者、可為遂吟味候間、其砌右之取置申肝煎・組合頭書付山廻役之者江為見届候様ニ可被仰渡候、若肝煎・組合頭等書付取不申買請申者之儀者、及御断被遂御吟味候様ニ仕度候間、此段御支配所々之者厳重ニ被仰渡可被下候

一、寺社方拝領山幷寺内ニ有之七木其寺方ゟ御支配之者買請申砌、右寺社方ゟ売渡申旨書付取置、山廻役者共相廻改申砌、右書付為見届候様ニ是又可被仰渡候、仮令真松ニ而茂同事ニ御座候条、間違不申様ニ可被仰渡候

一、能州ゟ相廻り候松材木等紛敷御座候間、御支配之者共買請申砌者、其町役人其品委細ニ承届置候様ニ可被仰渡候、山廻役之者共相廻改申砌、能州松材木茂候者所役人手前ゟ為承届、若紛敷品茂候者相断候様ニ申渡候間、左様ニ御心得可被成候、以上

享保十一年十二月十一日　中　孫　丞
永原清右衛門

山崎九郎右衛門様
今村　喜太夫様
山村　五兵衛様

私共支配礪波・射水両御郡之内大清水村御亭跡御林幷御竹藪竹木退転ニ罷成、田畑ニ茂可成与地方江相渡、開ニ茂可被仰付哉之旨、享保十八年正月相窺置候所々之儀、重御算用場江及示談、惣而御林所々共ニ次第ニ薄罷成候間、右之御林跡等相応之松・杉・竹苗植立候者、畢竟御用ニ茂可相立哉之旨申達候所、御入用等茂相考可申聞旨ニ付、山廻共ニ申付御入用中勘為相図、右之外山田野御林退転ニ付、是又山廻共中勘図申付、御算用場及相談、右中勘帳面壱冊・書付一通何茂写上之申候、急ニ植立候

而茂御入用茂一時ニ相渡植立茂不可然奉存候間、今年ゟ
三ケ年之内植立候様ニ仕可然奉存候間、可被仰付候哉奉
窺候、以上
　元文五年庚申六月十六日　　　葭田六郎左衛門
　　　　　　　　　　　　　　　菅野　内右衛門
　　前田土佐守殿
右御用番前田土佐守殿江上申ニ付、写并山廻り共図り帳
面壱冊・書付一通相添指出シ申候、以上
　六月　　　　　　　　　　　　葭田六郎左衛門
　　　　　　　　　　　　　　　菅野　内右衛門
　　　御算用場
当六月被指出候、礪波・射水両御郡之内御亭跡等ニ松・
杉・竹苗植立候儀ニ付、御算用場江茂被及示談、御入用
中勘図帳一冊并書付写之趣遂詮議候、右植付之儀今年ゟ
三ケ年之内与有之候得共、四・五ケ年ニ茂寄々植付候様
ニ被相心得可被申付候事
　庚申八月
右元文五年八月御年寄衆ゟ菅野内右衛門殿江、於金沢御
渡被成候御覚書ニ候事

覚

一、壱万五百歩程　　　　礪波郡山田野御林・栗林弐
　　　　　　　　　　　　ケ所
但、此御林・栗林先年ゟ御用方ニ度々為御剪、段々立
枯ニ罷成御払物ニ被仰付、唯今御用相立不申栗・雑木
少々御座候、此分御払物ニ被仰付、松・杉苗為御植可
然奉存候
御入用銀中間図
　五千弐百五拾本　　　　杉苗長弐尺ゟ弐尺五寸迄
　　　　　　　　　　　　但、六尺間ニ植申図り
此入用銀
　壱貫五百七拾五匁　　　但、壱本ニ付三匁宛ニ〆
　　　　　　　　　　　　杉苗代・持賃・植手間共
　五千弐百五拾本　　　　松苗長弐尺ゟ三尺迄
　　　　　　　　　　　　但、六尺間ニ植申図り
此入用銀
　五百弐拾五匁　　　　　但、礪波郡信末村・是安村
　　　　　　　　　　　　持山林ゟ持賃・植手間共拾
　　　　　　　　　　　　本ニ付壱匁宛ニ〆
御入用銀

二口合弐貫百目程

右御林ニ有之候栗・雑木御払物ニ被仰付候者、中勘図直段

三拾五匁位　栗・雑木三拾七本代

右礪波郡山田野御林退転仕候ニ付、杉・松苗為御植被成候者可然奉存候ニ付、御入用銀中勘図幷右御林有之栗・雑木御用ニ相立不申木改、御払物ニ被仰付候者、右直段位茂可仕候哉与奉存候ニ付、何茂委細詮議仕書上ケ申候、以上

元文五年五月十八日　松本市郎左衛門
山内　豊太夫
栃上新村　次郎右衛門
柴十日市村　弥三左衛門
沢川村　伝兵衛
福光村　平兵衛

葭田六郎左衛門殿
菅野　内右衛門殿

覚

一、四拾弐歩程　礪波郡高儀村御旅屋跡唯今相残有之候土居

但、此所先年杉有之候得共、御用方ニ為御剪退転仕、唯今土居ニ杉四本有之候、此所ニ木苗植申明地無御座候

一、六拾歩程　同郡五ケ村高儀新村御囲跡

但、此所木苗植候而茂生立兼可申与奉存候

右両所者木苗植申御入用銀図り指除ケ申候、以上

元文五年五月十八日　松本市郎左衛門
山内　豊太夫
栃上新村　次郎右衛門
柴十日市村　弥三左衛門
沢川村　伝兵衛
福光村　平兵衛

葭田六郎左衛門殿
菅野　内右衛門殿

左之帳面之上書

御林・御竹藪退転之所々木苗植申見図、御入用中勘図幷

御払物雑木代中勘図書上申帳

一、三千三百六拾歩程　　礪波郡大清水村御亭跡
但、此所御亭跡杉并雑木御座候所先年ゟ御用方御剪渡、
損木御払ニ罷成、唯今御用茂相立兼申杉・雑木御払物
ニ被仰付候而、杉苗為御植可然奉存候
中勘御入用図
一、弐千本　　杉苗弐尺ゟ弐尺五寸迄、杉
木大木之透シ并惣廻ニ植申
図り
此御入用銀中勘
壱貫目程　　但、拾本ニ付五匁宛之図、
杉苗代・持賃・植手間共
右御亭跡ニ有之杉之分相立置、雑木御払物ニ被仰付候者
中勘値段
弐貫目位　　雑木数百三拾九本代
〆
一、千百四歩　　礪波郡上向田村御藪跡
但、先年ゟ竹退転仕、小松并雑木林渡申候、うすき所
ニ少々松苗為植可然奉存候
御入用中勘
弐拾目程　　松苗弐尺斗同村持山林ニ而
百本斗、こき手間・植賃拾
本ニ付弐匁ノ図り
一、弐百六拾六歩　　同郡中保村御竹藪
但、先年ゟ志祢こ付為御剪御用竹ニ罷成申候、古根ゟ
少々小竹出申候、畢竟御竹藪ニ罷成可申と奉存候、う
すき所ニ少々竹苗為御植可然奉存候
御入用中勘
五拾目　　竹苗賃・こき手間・植手間
共
一、九百歩　　同郡埴生村御竹藪
但、先年ゟ竹退転仕、少々松はへ渡り申候、うすき所
松苗為御植可然奉存候
御入用銀
九拾目程　　松苗長弐尺斗うすき所植申、
苗数三百本斗同郡上野村・
後谷村・埴生村持山之内ニ
而、こき手間・植手間共拾
本ニ付三匁ノ図り
一、百五拾歩　　同郡山田野御竹藪

但、先年ゟ竹退転仕候得共、小竹少々出申ニ付、畢竟
御竹藪ニも罷成可申与奉存候
一、百四拾四歩　　同郡浅地村御竹藪
但、先年志爾こ付為御剪御用竹ニ罷成、其後古根ゟ小
竹出申ニ付、畢竟御竹藪ニ罷成可申与奉存候
一、三千九百八歩弐厘　　同郡鷹栖村御竹藪
但、先年志爾こ付為御伐御払物ニ被仰付候、唯今古根
ゟ小竹出申ニ付、畢竟御竹藪ニ罷成可申与奉存候
一、千三百三拾四歩　　同郡伊勢領村御竹藪
但、先年ゟ竹退転仕、唯今ハ根笹ノ様罷成候、此所者
木苗植候而茂生立申間敷与奉存候、此儘被指置候者、
畢竟ハ竹藪ニ茂罷成可申与奉存候
一、七百三拾歩　　射水郡市ノ宮村御竹藪
但、先年ゟ竹退転仕、古竹株根笹ニ罷成有之候、此所
松苗為御植可然与奉存候
御入用銀
　九拾目程　　松苗長弐尺斗六尺間ニ植申
図り、但惣廻共苗数九百本
斗同村持山之内ニ而、松苗
こき手間・植賃拾本ニ付壱
匁図
一、七百四拾歩　　同郡串岡村御竹藪
但、先年ゟ竹退転仕、古竹株根笹之様ニ罷成有之候、
此所松苗為御植可然奉存候
御入用銀中勘
　九拾目程　　松苗長弐尺斗六尺間ニ植申
図、但惣廻共苗数九百本斗
同村山之内ニ而、松苗こき
手間・植賃共拾本ニ付壱匁
図
一、千三百歩程　　同郡江尻村御竹藪
但、先年ゟ竹退転仕候、此所松苗為御植可然奉存候
御入用中勘
　三百七拾五匁　　松苗長弐尺斗六尺間植申図
り、但惣廻共木苗数千五百
本射水郡城光寺村・矢田村
持山之内ゟ、松苗植賃・こ
き手間共拾本ニ付弐匁宛図
り
一、三千弐百歩　　同郡中川村御竹藪

但、先年ゟ竹退転仕候、此所松苗為御植可然奉存候

御入用中勘

壱貫五拾目程

松苗長弐尺斗六尺間植、但

惣廻共木苗数三千五百本射

水郡城光寺村・矢田村持山

林ノ内ゟ、松苗こき手間共

拾本ニ付三匁宛

一、弐百歩　同郡黒川村御竹藪

但、先年ゟ竹退転仕候、近所宮林御座候而松・杉・雑

木等はへ渡り申候ニ付、唯今植申ニ及間敷与奉存候

右礪波郡・射水郡御林・御竹藪退転之所々、木苗・竹苗

等為植可然所々夫々相しらべ書上可申旨被仰渡ニ付、私

共其所々江罷越委細相しらべ御用幷御払ニも可罷成雑木

何茂中勘図書上申候、以上

元文五年五月十八日

山内　豊太夫

松本市郎左衛門

下八ケ新村　兵　九　郎

加　納　村　弥　兵　衛

柴十日市村　弥三左衛門

栃上新村　次郎右衛門

沢　川　村　伝　兵　衛

福　光　村　平　兵　衛

葭田六郎左衛門殿

菅野　内右衛門殿

覚

一、礪波郡芹谷野御林幷同郡ニ而常国村・井波町・山見村・北川村・金屋岩黒村・庄金剛寺村・是安村・下川崎村・興法寺村・上向田村・下向田村・土屋村・赤丸村、射水郡橋下条村・黒川村百姓持山林うすく罷成候ニ付、当分渡り方御指留被成候者、林立可申与奉存候

一、御郡方用水入用材木・火事家拝領材木且又百姓垣根之木拝領願申筋、夫々廻口山廻江案内仕候様ニ被仰渡被下候者、間違御座有間敷与奉存候

一、被仰渡置候五木之内大木相しらべ申候、目廻五尺以上之木帳面相記、当八月中指上可申候、以上

元文五年申五月十八日

松本市郎左衛門

山内　豊太夫

下八ケ新村
兵九郎
加納村
弥兵衛
柴十日市村
弥三左衛門
栃上新村
次郎右衛門
沢川村
伝兵衛
福光村
平兵衛

御郡
御奉行所

五木帳面仕立目録左ノ通

一、壱本　何木長何間程目廻七尺何寸　何村御林
一、壱本　何木長何間程目廻八尺何寸　同　断
一、壱本　何木長何間程目廻九尺何寸　同　断
一、何本　何木長何間ゟ何間程　同　断
目廻五尺ゟ六尺九寸迄
一、同　右之通書立　何村百姓持山
一、同　何村宮林
一、同　何村百姓誰垣根
一、同　何村領往還並木

〆

右何村誰何村誰組御林・百姓持山林・宮林・往還筋・百姓垣根・田畑之畔、松・杉・樫・槻・檜目廻五尺以上之木相改、帳面ニ記上之申候、以上

元文五年八月　山内　豊太夫
松本市郎左衛門
下八ケ新村
兵九郎
加納村
弥兵衛
柴十日市村
弥三左衛門
栃上新村
次郎右衛門
沢川村
伝兵衛
福光村
平兵衛

御郡
御奉行所

御林・百姓持山・宮林・往還並木・百姓垣根廻・田畑之畔、目廻五尺以上之五木相改書上申帳

左之趣共紛敷品茂有之由粗令沙汰先達而有増申渡
候得共、為自今以後覚書

一、礪波・射水両御郡百姓山廻中廻り口之組々書記出置候、山廻居村之同組を廻り口ニ極置候、此儀旧例者他組を廻り口ニ極有之尤ニ相聞候条、自今以後者古格之通他組を廻り口ニ相定可申事

一、射水郡七組ニ百姓山廻弐人ニ付、不手支之義茂有之候条、沢川村田畑兵衛儀仏生寺村平太先組を兼帯ニ相廻可申候、沢川村ゟ山続手寄ニ候下八ケ新村兵九郎・仏生寺村九郎兵衛居在所、同組之外年替りニ割符相廻り可申候、右同組之内者唯今迄廻り来り候ニ付、何方之様子茂逐一ニ見聞覚有之筈ニ候事

一、礪波郡十組ニ百姓山廻り六人有之候、廻り口組々割符之儀射水郡之趣ニ相心得、十組を年替ニ割合可相廻事

一、御林幷百姓持山御林且又先奉行中御入用銀を以御亭跡御竹藪跡ニ木苗為植付申所々、右何茂百姓山廻り居在所ゟ手寄〱を以主付相廻可申候、勿論廻り口人々茂廻可申候、尤主付候所々可書出事

一、往還並松大風等ニ而致根返往来人指支候節ハ、手寄之山廻江早速及案内候様ニ肝煎共江可申渡置候、断次第ニ山廻共罷出為剪除、枝葉員数相改預ケ置候、先格之通山廻足軽ゟ夫々可書出候、尤右之損木極印打置可申事

一、五ケ山両組之儀不案内之族茂有之躰ニ候、向後申談シ替々ニ相廻可申事

一、川除江筋田地畔之堤等洪水ニ而切可申躰之節、近所何れ之地之木ニ而茂剪取水堰申砌、裁許之十村幷手寄之山廻り役之者江申断為剪取可申候、左様之急節之時分者廻り口ニ而無之候共、手寄之者早速可罷出候、小杉近在ニ而者足軽も指出可申候、尤其木数等之儀先格之通可書出事

一、松青葉枝を薪ニ伐取、又者仏前心松ニ折取候沙汰有之候、此儀前々ゟ申渡之趣茂有之候、縮方急度紛敷族見聞次第召捕可申断事

但、寺方拝領山ゟ被伐出候心松指紙相添候旨ニ候、弥其趣ニ候者心松員数誰ニ相渡出候与申訳、増印章之指紙を手寄之山廻方ニ而相改候様ニ茂可有之哉、此品致詮議可申聞事

一、松苗生へ渡候所々何方ニ而茂一両二・三年鎌留ニ仕

置、植松程ニ罷成候者可及断候、既ニ高岡瑞竜寺御花松枝並格ニ逢申松払底ニ罷成候、ケ様之た免茅（ママ）ニ候事

一、御郡方之者垣根之木無拠趣ニ付而、拝領仕度旨申候者格別ニ候、畢竟茂り有之候得者村立見隠ニ茂罷成、其上火除・風除之ためニも候間、ケ様之品相心得とくと遂詮議為相願可申事

一、礪波郡西明村・細野村・北野村御林之儀者古帳入之内ニ候、御入用ニ可罷成杉共有之様子ニ相聞候条、山廻中何茂罷越木数間尺委細ニ相しらべ可書出事

一、同郡見座村・相倉村・梨谷村此三ケ村領山ニ者杉苗多有之旨ニ付、先年先奉行見分申付置候旨、今程木生長いたし橋御入用材木ニも可罷成候、橋之大小ニ而木も大小入用有之筈之儀ニ候間、委細木数間尺相しらべ尤木苗之様子員数可書出事

但、三ケ村ゟ谷川・庄川江続き川出手寄触有之筈ニ候、此義茂とくと見届可申聞事

一、右両谷村々之外、礪波・射水両御郡之内杉者勿論栗ニ而も相改可申候、栗之儀者橋板ニ茂可罷成候条、其心得尤ニ候事

但、栗・胡桃・栃此品者深山里の者粮テ、之加又ハ代替候儀も有之由及聞候条、其心得可仕事

一、寺社方・道場方御寄進山寺領高拝領屋敷在住之所々別紙ニ記指遣之候、別紙之外ハ何茂百姓ゟ請地又者地子銀地域ハ持高之内ニ在住候条、夫々訳ヲ相心得、若紛敷品候者可申聞事

一、社地続たりといふとも百姓ゟ請地ニ居住之寺庵垣根廻之損木拝領願候義者、地主之百姓相願宮地之損木者産子共相願申儀ニ候、寺庵道場之内所替有之時者、古屋敷者百姓江被相返ニ而可有之候、有木者田畑之畔木ニ候条、此趣共間違無之様ニ可相心得事

一、若百姓ゟ寄進などと申畑并山有之候者、表立申筋無之候、寺庵道場江相対を以下シ置候地茂同事ニ候、惣而無断七木伐除申儀無之筋ニ候、何茂其村高之内ニ候、ケ様之類紛敷趣有之候条、相違無之様ニ可相心得事

但、右之趣ニ付役人共心得違有之、上を不憚躰茂有之様ニ粗其聞有之候、品ニゟ急度相糺ニ而可有之候

一、社頭修覆入用ニ仕度旨申立、生木を拝領願候族茂有之候得共不申付候、社地川崩等ニ罷成根返木又ハ風折・雪折或ハ社頭再興抔ニ而、指支伐除度願者可有之候、とくと遂詮議其趣共願帳面ニ書載可出事

一、宮林之杉盗伐取候族有之伐株為改候処、伐取候木数之外古き伐株共有之候、前々損木有之候得共、拝領不願朽くさり候木株与相聞候、併見廻り候者損木有無之儀相知可有之候哉、等閑故不縮之品出来与相聞候事

一、社頭無之宮林茂譫ニ有之候社地之木を拝領願候在所有之候、右之様子兼而相知有之趣故遂詮議候所、願之木伐取候而ハ退転之地ニ候ニ付、自今以後之儀申渡置候、為相願申筋不念ニ相聞候、向後ヶ様之儀有之間敷候事

一、田畠ニ相障候与申立墓印ノ木を拝領願候、其木を寄進ニ仕者有之由ニ候、先祖之墓印を無故掘崩申儀者有之間敷候、不浄之障有之改葬仕儀者格別ニ候、右之趣相心得可申事

一、先年五尺以上之諸木相改帳面ニ記指出置候内、損木ニ茂罷成拝領申付候、就夫数年相過候ニ付、其節改之間尺ニ洩申木共今程生長仕筈ニ候条、礪波・射水両御郡之内委細ニ相しらべ、今度者四尺以上ゟ相改帳面ニ記可指出事

一、右書立之趣を以諸木相改候節、礪波郡百姓山廻三人充一手合仕可改候、追而山廻足軽共向寄次第猶又為見届候ニ而可有之事

一、射水郡者百姓山廻両人ニ山廻足軽壱人指加シ為改可申候条、罷出候節可及断事

右之趣共令承知、御林・百姓持山林・垣根・田畑之畔木・宮林等ニ至迄度々相廻見届置可申候、若紛敷族有之候者、本人者不及申在所役人可為曲事候、面々茂不念之趣ニ候条、末々迄急度縮方可申渡候、垣根廻木拝領相願候共、木立宜ク御買上ニ茂成り御入用ニ可相立分者相残置可申候、ヶ様之品者皆以御為ニ候条、随分其心得可仕候、縮方等閑ニ候得者、畢竟其在所之費御上江茂御難題ノ趣ニ候間、向後少ニ而茂御為ニ可罷成筋者、猶更不相残様ニ急度令詮議、十村・山廻中遂示談一度ニ相心得尤之至ニ候、山廻役江申聞候、惣而近年ハ七木之御縮り方猥ニ相心得申族多有之躰ニ候得共、村役人共見迯置候躰沙汰之限ニ候、以来者綿密ニ申談、不縮之儀無之様ニ相改可申候、以上

寛延三年正月廿六日

二上山 慈高院

覚

一、御寄進御供田高 六石七斗九升二合

一、三ケ寺拝領屋敷高
五石壱斗壱升　　本覚坊
山八町四方　　金光院
〆
一、御寄進宮地
横百九拾間、竪弐百八拾間
一、寺領高
拾石　　一ノ宮　慶高寺
一、寺屋敷収納高
三石弐斗四升壱合
〆
一、御寄進山
五町四方　　朝日　上日寺
一、寺屋敷収納地高
三石
〆
一、御寄進山
横三百間、竪弐百五拾間程
一、寺領高
拾弐石三斗九升　　太田　国泰寺
〆
一、社領高
弐拾石　　安居　安居寺
〆
一、社領高
六拾石　　小境　内外之両官
但、伊勢堤太夫旅屋屋敷者請地

〆
一、拝領屋敷
千弐百三拾歩　　井波　瑞泉寺
〆
一、社領高
三拾石　　埴生　上田石見守
一、拝領屋敷
百間四方　　福岡　厳照寺
一、拝領観音山　　芹谷　千光寺
一、拝領屋敷
九百五歩　　手洗野　信光寺
一、同断
千五百六拾歩　　立野　長久寺
一、同断
九百弐拾歩　　柴野十日市　三光寺
一、屋敷
三百九拾歩余　　和沢　心足寺
但、慶長十年御検地之節、御指除ケ申御印も無之候得共、是迄屋敷之年貢取立不来候
〆
右者貞享年中ゟ元禄年中迄指出置候改帳を以如斯
一、礪波郡浅地村神明ニ社領高有之由、同郡松尾村之社ニ寄進山有之由ニ候得共、右両所之様子書物見届不申候間、夫々相しらべ可申聞候、右書立候所々之内今程

屋敷替茂有之候哉、其外相違之品候者可申聞候、十村
中手前者委細之趣可有之候得共、為念如此ニ候、以上、
別紙両通相渡候条可得其意候、尤廻り口組々令割符書
記可指出候、以上

寛延三年正月廿六日

千秋三郎太夫(印)

沢川村 田畑兵衛
十日市村 弥三左衛門
栃上新村 五郎八
杉木新町 半右衛門
木舟村 長兵衛
福光村 平兵衛
下八ケ新村 兵九郎
仏生寺村 九郎兵衛

別紙之通百姓山廻江申渡候、尤十村中江茂申触候、面々
儀猶更諸事念ヲ入可申候、以上

庚午正月廿六日

千秋三郎太夫(印)
松本市郎左衛門
山内　和左衛門

別紙之通山廻足軽幷百姓山廻江申渡候、猶以面々承知可
有之趣ニ付、弐通指出之候条得其意、若又相違之趣者可
申聞候、以上

庚午正月廿六日　千秋三郎太夫(印)

下条村弥四郎　大白石村又太郎　東海老坂村五兵衛
加納村弥兵衛　北野村小左衛門　五十里村庄右衛門
内嶋村佐次右衛門　大滝村太左衛門　金屋本江村長左衛門
三清村仁九郎　大西村加伝次　埴生村佐次兵衛
中田村源五郎　下梨村宗左衛門　田中村三右衛門
和泉村彦市　戸出村又八　宮丸村次郎四郎

覚

一、増山城御林　芹谷野御林　金屋岩黒江縁御林
示野新同断　庄金剛寺百姓持山林
〆　主付 栃上新村 五郎八
一、井波御林　西明村・細野村・次郎丸村御林
林道村同断　東西原村同断　坪野村百姓持山林
〆

杉木新町 半右衛門

一、上向田村御竹藪跡　年代村御林　野尻野同断
高儀村御旅屋跡　樋瀬戸御林　嫁兼村同断
広谷村同断
〆　木舟村 長兵衛
一、小院瀬見村御林　山田野同　梅原村同
岩木村同　是安村・信末村・大窪村百姓持山林
〆　福光村 平兵衛
一、埴生村御竹藪跡　浅地村同断　鷹栖村同断
〆　沢川村 田畑兵衛
一、今石動城御林　大清水村御亭跡　伊勢領村御竹
藪跡　中保村同断
〆　柴十日市村 弥三左衛門
一、香城寺村御林　倉ケ原村同　西勝寺村・下川崎
村・興法寺村百姓持山林
〆

福光寺 平兵衛
木舟村 長兵衛
一、埴生村・石坂新村・蓮沼村・長村・松尾村百姓持山
林
〆　沢川村 田畑兵衛
十日市村 弥三左衛門
一、鞍骨村・長坂村・上除川村・熊無村御林
〆　仏生寺村 九郎兵衛
一、守山城御林　市之宮村・串岡村・中川村・江尻村
御竹藪跡
〆　下八ケ新村 兵九郎
一、下条村・黒川村百姓持山林
〆　下八ケ新村 兵九郎
仏生寺村 九郎兵衛
右所々御林・御竹藪跡・百姓持山林私共詮議之上、夫々

主付上申候、以上

寛延三年正月廿七日

沢川村 田畑兵衛

柴十日市村 弥三左衛門

栃上新村 五郎八

杉木新町 半右衛門

木舟村 長兵衛

福光村 平兵衛

下八ケ新村 兵九郎

仏生寺村 九郎兵衛

但、各判印共

千秋三郎太夫殿

越中礪波郡福野村恩光寺元屋敷等ニ有之、垣根杉五本・松六本・槻壱本伐取申度旨相願候ニ付、願之通承届候条、寺社奉行断次第可被伐渡候、以上

寛延二年六月十日

御算用場

千秋三郎太夫殿

内藤 善太夫殿

礪波郡福野村恩光寺元屋敷等ニ有之、杉五本・松六本・槻壱本伐取申度旨被相願候ニ付、願之通御聞届被成候間、寺社奉行断次第可被為伐渡旨、六月十日御紙面之趣承知仕候

一、百姓ゟ請地之寺庵垣根廻之木、先年御詮議之上ニ而地主之百姓共ゟ相願拝領仕来候、且又元屋敷与申儀請地屋敷ニ候得者、地主之百姓江被相返願ニ付、田畑之畔木ニ御座候、右之品ニ付恩光寺被伐取度願之通者、自今以後之御格ニ罷成申義ニ付、難伐渡御座候、寺社奉行中江茂被遂御詮議候様ニ奉存候、依之入之御紙面先返上仕候、以上

七月廿八日

千秋三郎太夫

内藤 善太夫

御算用場

礪波・射水両御郡之内往還道並松立枯・根返等ニ相成、其後及退転又者前々ゟ道松植無之所々も有之、往来之者雪中抔別而道形茂見得兼候節、其便ニ茂相成申儀ニ候、向後夫々相改為植可申候条、其組之所々相改書出可申候、尤山廻役之者江申渡候

一、往還筋茂往来等少き所者自然道形茂不宜相成、或者道之内養土等仕置又者両玉縁御定茂有之候処、田地江仕入候而細ク罷成候躰之所茂多有之候、ケ様ニ者有之間敷儀ニ候、併此儀者急ニ相改作り直申儀者如何敷候、目立不申様ニ連々道形不作法ニ相成不申様ニ面々相心得可申候、其上向後往還筋不埒仕族見逃置候者、其領道番人不念ニ候間夫々相糺可申候、以上

宝暦三年正月廿三日

千秋三郎太夫(印)
高沢　勘太夫(印)

大白石村　又　太　郎
北野村小左衛門跡組　同　　人
下条村　弥　四　郎
東海老坂村　五　兵　衛
内嶋村　佐次右衛門
大滝村　太左衛門
金屋本江村　長左衛門
埴生村　佐次兵衛
中田村　源　五　郎

追而、先々早速致巡達各承知之印形を以納得可相送候、以上

両御郡之内往還並松退転之所幷新ニ松為植候趣ニ付、十村中江申渡候品別紙之通ニ候条可得其意候、以上

正月廿三日

千秋三郎太夫(印)
高沢　勘太夫(印)

沢川村田畑兵衛　柴十日市村弥三左衛門　栃上新村五郎八　杉木新町半右衛門　木舟村長兵衛　福光村平兵衛　仏生寺村九郎兵衛　下八ケ新村伊左衛門

礪波・射水両御郡往還並松唯今迄無之所々幷立枯等ニ而退転之分、夫々相改十村共ゟ為書出候、右之所々手寄之山々ゟ松苗を取為植可申候、当秋中御入国以前往還筋者、猶又先植付申様ニ可仕候、併年々退転之所且又当時新ニ植付候大門筋迄之分者、別而松木茂過分ニ有之候ニ付、一時ニ為植候而者当時改作之方ニ茂指搆有之候間、左様之所者間数相斗当時者其内を間抜、仮令ハ五間・拾間ニ相向弐三本宛雪中道之目験ニ茂相成候様ニ為植渡可申候、此等之趣其組之十村共江茂委曲ニ申談候而、田苅仕廻其間抜候所者、無退転植付候様ニ可致候、尤唯今迄道筋玉

縁茂細ク相成申所茂是又当時之植付ゟ其心得仕、追而田地ニ相障不申節玉縁に茂付添申様ニ相心得可申候、往還筋者不及申惣而道者玉縁茂夫々定法有之候得共、連々道筋其手入有之道脇川筋者、猶更田地之所茂おのづから玉縁等猥ニ鍬入茂仕族有之躰ニ相見得申候、沙汰之限ニ候、向後者左様之儀無之様ニ相心得可申候、往還筋道之儀茂向後者其方共江申渡候間、万端猥ニ無之様ニ可申談候、

以上

宝暦三年七月　高沢　勘太夫(印)

千秋三郎太夫(印)

山内和左衛門　松本市郎左衛門　下八ケ新村伊左衛門　仏生寺村九郎兵衛　沢川村田畑兵衛　栃上新村五郎八　柴十日市村弥三左衛門　杉木新町半右衛門　福光村平兵衛　木舟村長兵衛

立木才図り覚

一、弐尺五寸　廻り

但

七寸九分壱厘　指渡シ　三壱六ノ正

六寸弐分五厘　角　七九ノ　鉦

三拾九本六厘　六　壱寸角

〆

一、三尺　廻り

但

九寸四分五厘　指渡シ

七寸五分　角

五拾六本弐分五厘　壱寸角

〆

一、三尺五寸　廻り

但

壱尺壱寸五分　指渡シ

八寸七分五厘　角

七拾六本五分六厘　壱寸角

〆

一、四尺　廻り

但

壱尺弐寸六分六厘　指渡シ

壱尺　角

百本　壱寸角

〆

一、四尺五寸　廻り
但
壱尺四寸弐分四厘　指渡シ
壱尺壱寸弐分五厘　角
百弐拾六本六歩　壱寸角
〆
一、五尺　廻り
但
壱尺五寸八分壱厘　指渡シ
壱尺弐寸五分　角
百五拾六本　壱寸角
〆
一、五尺五寸　廻り
但
壱尺七寸四分　指渡シ
壱尺三寸七分五厘　角
百八拾九本　壱寸角
〆
一、六尺　廻り
但
壱尺八寸九分九厘　指渡シ
壱尺五寸　角
弐百弐拾五本　壱寸角
〆
一、六尺五寸　廻り
但
弐尺五分七厘　指渡シ
壱尺六寸弐分五厘　角
弐百六拾四本　壱寸角
〆
一、七尺　廻り
但
弐尺弐寸壱分六厘　指渡シ
壱尺七寸五分　角
三百六本六歩　壱寸角
〆
一、七尺五寸　廻り
但
弐尺三寸七分三厘　指渡シ
壱尺八寸七分五厘　角

三百五拾壱本六歩　　壱寸角
〆
一、八尺　　廻り
但
弐尺五寸三分　　指渡シ
弐尺　　角
四百本　　壱寸角
〆
一、八尺五寸　　廻り
但
弐尺六寸九分　　指渡シ
弐尺壱寸弐分五厘　　角
四百五拾壱本六歩　　壱寸角
〆
一、九尺　　廻り
但
弐尺八寸四分八里　　指渡シ
弐尺弐寸五分　　角
五百六本弐分五厘　　壱寸角
〆

一、九尺五寸　　廻り
但
三尺　　指渡シ
弐尺三寸七分　　角
五百六拾壱本七分　　壱寸角
〆
一、壱丈　　廻り
但
三尺壱寸六分　　指渡シ
弐尺五寸壱分　　角
六百三拾本　　壱寸角
〆
一、壱丈五寸　　廻り
但
三尺三寸弐分弐厘　　指渡シ
弐尺六寸弐分弐厘　　角
六百八拾八本八分　　壱寸角
〆
一、壱丈壱尺　　廻り
但

三尺四寸八分　指渡シ
弐尺七寸五分　角
七百五拾六本三分　壱寸角
〆
一、壱丈壱尺五寸　廻り
但
三尺六寸四分　指渡シ
弐尺八寸七分六厘　角
八百弐拾七本　壱寸角
〆
一、壱丈弐尺　廻り
但
三尺八寸　指渡シ
三尺　角
九百本　壱寸角
〆
一、壱丈弐尺五寸　廻り
但
三尺九寸五分六厘　指渡シ
三尺四寸弐分五厘　角

千百七拾三本　壱寸角
〆

覚

一、長六尺　廻壱尺
才　拾五坪八合五勺
一、弐尺才　三拾壱坪六合四勺
一、弐尺壱寸才　三拾四坪八合八勺
弐寸才　三拾八坪弐合九勺
三寸才　四拾壱坪八合五勺
四寸才　四拾五坪五合七勺
五寸才　四拾九坪四合四勺
六寸才　五拾三坪四合八勺
七寸才　五拾七坪六合七勺
八寸才　六拾二坪弐合五勺
九寸才　六拾六坪五合三勺
〆
一、三尺才　七拾壱坪弐合弐勺
一、三尺壱寸才　七拾六坪弐勺
弐寸　八拾壱坪壱勺

三寸　八拾六坪壱合五勺
四寸　九拾壱坪弐合五勺
五寸　九拾六坪九合壱勺
六寸　百弐坪五合三勺
七寸　百八坪三合七勺
八寸　百拾四坪弐合四勺
九寸　百弐拾坪三合三勺
〆
一、四尺　百弐拾六坪五合八勺
一、四尺壱寸　百三拾弐坪九合九勺
弐寸　百三拾九坪五合五勺
三寸　百四拾六坪弐合八勺
四寸　百五拾三坪壱合六勺
五寸　百六拾坪弐合
六寸　百六拾七坪三合九勺
七寸　百七拾四坪七合七勺
八寸　百八拾弐坪弐合七勺
九寸　百八拾九坪九合五勺
〆
一、五尺　百九拾七坪七合八勺

一、五尺壱寸　弐百五坪七合五勺
弐寸　弐百拾三坪九合四勺
三寸　弐百弐拾弐坪弐合三勺
四寸　弐百三拾坪六合九勺
五寸　弐百三拾八坪三合弐勺
六寸　弐百四拾八坪壱合
七寸　弐百五拾七坪弐勺
八寸　弐百六拾六坪壱合三勺
九寸　弐百七拾五坪三合九勺
〆
一、六尺　弐百八拾四坪八合
壱寸　弐百九拾四坪三合八勺
弐寸　三百四坪壱合壱勺
三寸　三百拾四坪
四寸　三百廿三坪九合七勺
五寸　三百三拾四坪弐合五勺
六寸　三百四拾三坪六合弐勺
七寸　三百五拾五坪壱合四勺
八寸　三百六拾五坪八合弐勺
九寸　三百七拾六坪六合六勺

一、〆　七尺　三百八拾七坪六合五勺
壱寸　三百九拾八坪八合壱勺
弐寸　四百拾坪壱合弐勺
三寸　四百弐拾三坪六合八勺
四寸　四百三拾三坪弐合弐勺
五寸　四百四拾五坪壱勺
六寸　四百五拾六坪九合五勺

〆
但、末木ハ長六尺ニ廻りハ三寸壱分六厘、落口指渡シ
ハ六尺ニ壱寸落

三百九拾八本八分八厘
一、七尺壱寸　才四拾九本四分四厘
弐尺五寸ニ直シ八本六厘八毛
六拾弐本弐分五毛
弐尺八寸ニ直シ

四百拾本壱分弐厘六毛
一、七尺弐寸　八本弐分九厘六毛

四百弐拾壱本六分九厘八毛
一、七尺三寸　六本七分七厘四毛

四百三拾三本弐分弐厘七毛
一、七尺四寸　八本五分弐厘九毛

四百四拾四本壱厘五毛
一、七尺五寸　八本九分七厘壱毛
七本壱分三厘七毛

四百五拾六本九分弐毛
一、七尺六寸

四百七拾九本六厘六毛
一、七尺七寸　九本六分八厘八毛
七本六分九厘六毛

四百拾壱本三分弐厘九毛
一、七尺八寸

一、七尺九寸

五百五本九分九厘弐毛
一、八尺　拾本弐分三厘四毛
八本壱分弐厘八毛

一、八尺壱寸

一、八尺弐寸

五百四拾五本壱分九毛
一、八尺三寸　拾壱本弐厘五毛七
八本七分五厘六毛七

一、八尺四寸

五百七拾壱本五分九厘八毛
一、八尺五寸　拾壱本五分六厘壱毛
九本壱分八厘八毛

一、八尺六寸

一、八尺七寸　六百弐本七分六厘壱毛
一、八尺八寸
一、八尺九寸
一、九尺　六百四拾本七分九厘九毛
一、九尺壱寸
一、九尺弐寸
一、九尺三寸　六百八拾四本弐分五厘三毛
一、九尺四寸
一、九尺五寸　七百拾三本九分八厘八毛
一、九尺六寸
一、九尺七寸　七百五拾三本六分弐厘六毛
一、九尺八寸
一、九尺九寸

（拾弐本壱分九厘弐毛
九本六分八厘三毛

（拾弐本九分六厘壱毛
拾本弐分九厘四毛

（拾三本八分四厘
拾本九分八厘九毛

（拾四本四分四厘壱毛
拾壱本四分六厘九毛

（拾五本弐分四厘三毛
拾弐本壱分七厘

一、壱丈　六百九拾壱本壱分壱厘
一、壱丈五寸　八百七拾弐本弐分三厘九毛
一、壱丈壱尺　九百五拾七本弐分七厘壱毛
一、壱丈壱尺五寸　千四拾六本弐分八厘壱毛
一、壱丈弐尺　千百三拾九本壱分九厘九毛

（拾六本壱毛四
拾弐本七分八毛五

（拾七本六分四厘弐毛三
拾四本壱厘弐毛

（拾九本三分六厘弐毛弐
拾五本三分七厘八毛

（弐拾弐本壱分六厘弐毛六
拾六本八分七毛七

（弐拾三本四厘弐毛
拾八本三分

〆

丸木才廻シ之覚

一、目廻ヲ掛合、夫を△壱弐六四を以割候得者、才数相
知申候
但、此算法出所如何
答テ
円法七九ト申ハ、さし渡シ壱尺ノ丸ニハ壱寸坪七十九

有之故、是を円法と申也、指渡シ壱尺有之物ハ目廻三尺壱寸六分有之、是ヲ懸合候得者、九九ハ五六と成ル、是ヲ七九ニテ割候者、壱弐六四と成故、是ヲ鉦ニシテ何尺ノ木ニ而茂目廻を懸合候、畧算ニ而候也

一、才廻算と申ハ、常々此辺に取扱申、目廻りを円廻法三壱六ニテ割指渡シヲ知ル、夫ヲ自乗〆七九ヲ懸才数ヲ知候ヲ正算と申候、右畧算ハ手早ナル算術故記之申候、右壱弐六四才廻シ算ハ、金沢御家中拝領材木此才廻シを以相渡り申由ニ候事

一、才廻シ壱本才壱寸四方ニシテ廻り三尺此指わたしを知候時、鉦三壱六割九寸五分ノ指渡シ、是を図ルニハ両方ヲ掛合候得ハ、九拾坪弐合五勺トナル、是ニ鉦七九ヲ掛ケ候得ハ、壱寸四方才七拾壱切三ツニ成り申事

礪波郡御林

一、（中田）増山城跡　松・栗・雑木
但、栗ハ立枯又ハ百姓拝領仕、大形退転仕候

一、（三清）井波　松・栗・雑木
但、右同断

一、（中田）芹谷野　栗
但、栗退仕、松出来

一、（苗加）野尻野　松原新村ニ有之候松

一、（同）年代村　栗・雑木
但、栗虫喰絶申所、近年古株ゟ少々生立申候

一、（大滝）今石動城跡　松・栗・槻・雑木

一、（大西）小院瀬見村　栗・雑木

一、（中田）金屋岩黒村　松
但、江縁通ニ有之候

一、（同）示野新村　松
右同断

一、（同）徳万村　栗
但、虫喰退転仕、先年新開ニ被仰付候

一、（三清）次郎丸村　栗
右同断

一、（中田）庄金剛寺村　松
但、川原ニ有之候所、庄川出水之節崩流退転仕候

一、（苗加）五ケ村御囲跡　松
但、千保川洪水ニ而崩流退転仕候
一、（苗加）高儀村御旅屋跡　杉・雑木
但、先年新開ニ被仰付候跡杉有之候所、安永七年苗嶋村弥左衛門江御預ケ人参畑覆修理料願上、杉五本同年五月伐取候而退転仕候
一、（大西）梅　原　松・杉
一、（三清与）山田野　栗
但、栗立枯ニ罷成退転仕ニ付、寛保三年ゟ御入用を以松・杉等苗被為植候
一、（同）岩木村　松
一、（内嶋組歩数三千三百六歩）大清水村御亭跡　松・杉・雑木
但、御用材木并百姓拝領或ハ損木ニ罷成申ニ付、寛保三年ゟ御入用を以松・杉・あて苗等被為植、近年致繁茂候所、安永七年苗嶋村弥左衛門江拝領被仰付、絶々ニ罷成居申所、天明三年大清水村百姓布曝場ニ相願、則被仰付松・杉不残伐取退転仕候

百姓持山林

（三清）西明村
一、細野村
次郎丸村　杉
但、三ケ村入合
一、（三清）東西原村　栗・雑木
一、（同）林道村　松
一、（同）野口村　栗・雑木
一、（大西）樋瀬戸村　栗・雑木
一、（同）嫁兼村　栗・雑木
一、（同）広谷村　松
一、（大西）香城寺村　栗・槻・雑木
一、（苗加）蔵ケ原村　栗・雑木
但、栗立枯ニ罷成、当時シデノ木少々有之候
一、（三清）原村　栗・雑木
一、（苗加）坪野村　松
一、（三清）是安村　同

同 一、信末村　同
大西 一、大窪村　松
苗加 一、西勝寺村　同
下牧野 一、安居村　同
但、近年安居寺持山と混雑仕ニ付、盗伐仕退転仕候
同 一、下川崎村　松
但、安居寺持山と入込申ニ付、盗伐仕松僅ニ七本相残
申候
同 一、興法寺村　同
右同断ニ付、松拾三本相残申候
下牧野組 一、浅地村神明林　松・杉
同 一、藤森村神明林　同断
同 一、埴生村　松
同 一、石坂新村　松
同 一、松永村　同
同 一、的谷村　同
同 一、高窪村　同

金屋本江 一、蓮沼村　松
同 一、長村　同
同 一、松尾村　同
三清 一、井波持山 北川 松嶋　松・雑木
同 一、蓑谷　同
同 一、北野　同
三清 一、塔尾村　松
大西 一、祖谷村　松
三清 一、西原村　同
同 一、瀬戸村　同
苗加 一、小又村　同
大滝 一、上向田村　同
同 一、下向田村　同
同 一、西明寺村　松
同 一、土屋村　同

同
一、赤丸村　同
中田
一、常国村　同

礪波郡御竹藪

元文五年御改
一、九百歩　下牧野　埴生村
但、竹退転仕候ニ付、寛保三年御入用を以松苗等被為植候
同断
一、百四拾四歩　同　浅地村
但、先年志禰こ付枯申、古根ゟ竹生シ申候
同断
一、三千九百八歩弐厘　同　鷹栖村
但、百姓預り居申候唐竹幷雑木等有之候
同断
一、百五拾歩　大西　竹林新村支配 山田野
但、先年退転仕候得共、当時又小竹茂り申候
同断
一、千百四歩　大瀧　上向田村
但、寛保三年松苗等御植させ被成候
同断
一、弐百六拾歩　内嶋　中保村
但、寛保三年竹苗御付被為成候
同断
一、千三百三拾四歩　同　伊勢領村
但、小竹相茂居申候
一、弐歩程　殿村御竹藪跡
但、半右衛門と申者之東ノ方ニ有之候所ハ、城光寺ノ高とも申候、小竹少々生立居申候
一、弐拾五歩程　竹林新村御竹藪
但、仁兵衛与申者ノ近辺ニ而御座候、小竹少々生立申候
一、五百歩　下野村御竹藪
但、同村又右衛門持高之内ニ有之候、小竹生立居申候、
右三ケ所共山田野御竹藪と申名目之内ノ由ニ候、福光村平兵衛留帳ニ有之候故、此所ニ書加申候事

射水郡御林

一、守山城跡　松
一、鞍骨村　松・槻・栗・雑木
一、長坂村　松
一、熊無村　松・雑木
上余川村

同郡御竹藪

一、七百三拾歩　市宮村
一、七百四拾歩　串岡村
一、千三百歩　江尻村
一、三千弐百歩　中川村
一、弐百歩　黒川村
〆

鷹栖村御藪預り人々覚

一、三千九百八歩弐厘　惣歩数
内
一、百五拾歩　六右衛門
但、唐竹生立居申候
一、百七拾歩　才右衛門
右同断
一、百　歩　孫七
但、唐竹幷大名竹生立居申候
一、百五拾歩　与五郎
但、小竹少々生立居申候
一、百七拾歩　弥右衛門
右同断
一、百三拾歩　新右衛門
右同断
一、百七拾歩　作右衛門
但、唐竹生立居申候
一、百七拾歩　甚五
右同断
一、百五拾歩　次郎兵衛
右同断
一、百　歩　兵左衛門
右同断
一、五拾歩　新左衛門
右同断
一、弐百歩　作助
右同断
一、百　歩　徳左衛門
右同断
一、百八拾歩　七兵衛
但、唐竹生立居申候

一、五　拾　歩　　　宗右衛門
右同断
一、百四拾歩　　　与五郎
右同断
一、五　拾　歩　　　五右衛門
但、雑木幷小竹生立申候
一、百四拾歩　　　藤左衛門
但、唐竹少々生立申候
一、五　拾　歩　　　岩　松
但、小竹少々生立申候
一、百七拾歩　　　与兵衛
但、唐竹少々生立申候
一、八　拾　歩　　　伝四郎
右同断
一、弐百五拾歩　　　平九郎
但、小竹少々生立申候
一、百七拾歩　　　三郎左衛門
但、唐竹生立居申候
一、五　拾　歩　　　長右衛門
但、小竹生立居申候

一、百四拾歩　　　彦右衛門
右同断
一、弐　百　歩　　　六　蔵
但、唐竹生立居申候
一、弐百三拾歩　　　三郎兵衛
右同断
一、三　拾　歩　　　四郎兵衛
右同断
一、九　拾　歩　　　六兵衛
但、唐竹生立居申候
一、四拾八歩弐厘　　　与右衛門
右同断
一、三　拾　歩　　　助兵衛
右同断
〆三拾壱人
右天明二年五月御郡所ゟ御改被成候節、村方ゟ書上ヶ申帳面之写ニ候事
今般井波瑞泉寺寺家誓立寺先祖墓印松五本共不残拝領奉願候処、御林之続ニ而紛敷被思召候旨被仰聞候、先年誓

立寺小児被葬候灰ニ植置候松ニ者相違無御座候ニ付、此
段御聞訳御示談之上御伐渡シ被成候、尤被仰聞候通御林
続ニ者相違無之場所ニ御座候、先年何故灰を捨候哉今程
不埒ニ相聞申候、依而以来小児ニ而茂葬候灰為捨申間敷、
勿論近所ニ墓等為築申間敷旨、段々被仰渡之趣奉得其意、
急度御縮方相守可申候、為其私共連判仕上ケ申候、以上

安永十年四月

井波町肝煎　六兵衛
組合頭　与右衛門
同　平次郎
同　三郎兵衛
同　与六郎
山見村肝煎　理右衛門
志観寺村肝煎　覚兵衛
藤橋村肝煎　藤右衛門
松嶋村肝煎　長九郎
北川村肝煎　新右衛門

松本市郎左衛門殿

滝田　儀左衛門殿
下川崎村　十左衛門殿

河西御郡御奉行御烈
小杉西御役所

御類家之儀ニ付御指除
津田　右京様
加藤　次郎兵衛様
山森　藤右衛門様
大嶋　甚兵衛様
馬淵　加右衛門様
岡田　助七郎様
加藤　九郎太郎様

組外御番頭江
中　孫丞様
菅野　内右衛門様　御病死
内藤　善太夫様　御断
高沢　甚太夫様　御病死
津田　十郎兵衛様　御断
井上半五右衛門様　御免除
中川　八右衛門様　御病死

岡田十郎左衛門様
岡田一郎左衛門様

山岸八郎右衛門様
矢野　仁左衛門様
大河原　助進様

小杉東御役所
金森　長右衛門様
郡　　勘三郎様
真田　　治兵衛様
古屋　　六丞様
松原　庄右衛門様
永原　清右衛門様
葭田六郎左衛門様
千秋　三郎太夫様
牧　　甚左衛門様
成瀬　　権佑様
横地忠太左衛門様
高田弥次右衛門様
小寺　甚右衛門様

依御願御免除
安永元年ゟ同二年十月迄御
加人御用ニ無之旨被仰出候
御病死
加州御郡所江

御先手物頭江
御免除
御病死
三十日斗御勤之上御指除
御指除
御免除
御一家之儀ニ付御免除

九里　幸左衛門様
御扶持人山廻り等拾五人烈
鳳至郡　大沢村　内　記
同　郡　中居村　三右衛門
珠洲郡　上戸村　真　頼
羽喰郡　菅原村　行　長
同　郡　土橋村　新兵衛
鳳至郡　道下村　孫三郎
同　郡　荒屋村　三郎左衛門
同　郡　諸橋村　次郎兵衛
羽喰郡　中川村　太郎左衛門
鳳至郡　皆月村　彦
珠洲郡　大谷村　頼　兼
同　郡　若山村　延　武
鳳至郡　鹿磯村　藤次右衛門
礪波郡　沢川村　田畑兵衛
石川郡　吉野村　弥　丞
右拾五人者
高徳院様御代末森・石動山御出陣之節、其外加越能御戦

場御用相勤申者之儀ニ付、安永四年未閏十二月御郡奉行
御連名ニ而御用部屋御三人御名宛之御願書付上ケ、翌安
永五年正月之御礼之砌ゟ別烈ニ被為仰付候事
九里幸左衛門殿　山岸八郎右衛門殿　（能）高沢平次右衛門殿
（能）槻尾　左膳殿　（加）寺西　清助殿　（加）木梨　助三郎殿
右六人御連名を以御願被為成候事

一、私共相守申所々御林猥ニ無御座候様ニ堅縮仕、男女
共御林江立入不申様ニ常々吟味仕置申候、往還筋並木
之儀茂御林同事ニ縮仕置候御事
一、私共在所百姓中持山之儀、跡々ゟ被仰渡之通、竹木
御法度之趣ハ不及申上、木苗等迄急度相立縮申付置候
御事
一、御林并百姓持山之内、木株掘取申間敷由被仰渡畏申
候御事
一、私共在所百姓中居屋舗・垣根廻・田畑畔ニ植置申候
御用竹木、并宮林墓印ニ御座候御用竹木之儀茂、仮令
立枯・風折・雪折・根返シ罷成候共、下ニ而剪取申間
敷候御事
一、居屋敷・垣根廻・宮林墓印ニ而茂雑木たりといふと
も大木者、御用木同事御法度之由畏奉存候御事
一、宮林墓印寺社方ニ有之御用木之儀茂、御法度之旨被
仰渡之趣畏申候、右之通慥ニ寺社方江茂可申渡候御事
一、私共在所ニ而松材木其外御法度之諸木賣買仕候儀御
座候者、先年御請上置候通相心得、其組之十村并山廻
御役人方江相断、受御指図賣買仕候様ニ可仕候御事
一、御林又者百姓持山其外居屋敷・垣根廻之内ニ而茂、
御法度之諸木剪株御座候を見付申歟、盗取候を見聞仕
候者、早速各方江御案内可申上候御事
右者毎年度々御廻被成、御法度之品々被仰渡之趣慥ニ承
届畏申候、則在所百姓中頭振末々下人等迄急度申渡縮申
付置候、若御法度之筋目相背申儀訴人仕候歟、又者各御
廻之刻御見付被成候者、御奉行所江被仰上私共越度ニ可
被仰付候、為其御請印形仕指上申候、以上

天明二年三月

何村　肝煎（印）
組合頭（印）
同（印）
何村肝煎　誰（印）
組合頭　誰（印）

同　誰　（印）

下川崎村 十左衛門殿

右礪波郡三清村与五右衛門組山方・里方村廻仕、御法度之品々申渡、村々肝煎・組合頭御請印形為致上之申候、以上

天明二年五月四日　下川崎村 十左衛門（印）

九里幸左衛門殿
大河原　助進殿

右御請帳上書

天明二年　礪波郡

礪波郡三清村与五右衛門組村廻御請帳

五月　下川崎村 十左衛門

但、右御請帳ハ中折四ツ折小帳ニ相調、口張仕張目ニ印章仕袋入ニ仕上ケ申候、袋ノ上書茂同事ニ候事

御郡廻之砌別札御請案文之事

今般御郡廻被為成御条数書之趣、其外万端慎之様子厳重ニ被仰渡奉得其意候、私幷妻子・下人等至迄急度申渡堅相守候様ニ縮可仕候、為其御請上之申候、以上

天明二年八月十三日　下川崎村 十左衛門（印）

大河原　助進殿
九里幸左衛門殿

但、御廻被成候御方御先名上中折を以立紙ニ調之、上包中折を以巻包

上ル　下川崎村 十左衛門

右書付者宅ニ而相調御廻先江持参仕、於御前判印仕上ケ候事

覚

一、大西組　福光村 平兵衛
一、中田跡組　同　人
一、大滝元組　沢川村 田畑兵衛
一、五ケ山西組　同　人
一、三清村与五右衛門組　苗嶋村 弥左衛門
一、五ケ山東組　同　人

一、金屋本江組　　　　　　　　杉木新町　磯右衛門
一、内嶋組　　　　　　　　　　木舟村　宗四郎
一、三清組　　　　　　　　　　下川崎村　十左衛門
一、下牧野組　　　　　　　　　同　人
〆
右組々当年私共廻り口相極書上ケ申候、以上
天明三年正月　　　　　　　　沢川村　田畑兵衛
　　　　　　　　　　　　　　福光村　平兵衛
　　　　　　　　　　　　　　杉木新町　磯右衛門
　　　　　　　　　　　　　　木舟村　宗四郎
　　　　　　　　　　　　　　苗嶋村　弥左衛門
　　　　　　　　　　　　　　下川崎村　十左衛門
九里幸左衛門殿
大河原　助進殿

覚
興法寺村　百姓持山林之内
一、壱本　風折松　長四間壱尺　目廻四尺三寸
一、七本　右末木枝葉共
但、三尺縄ニ〆
〆
右当月十五日大風ニ而、私共在所持山林之内松壱本風折ニ罷成申ニ付、其砌御断申上候、右損木林之内其儘ニ仕置候而者、昼夜番等ニ迷惑仕候ニ付、重而其段御断申上候所、御見分之上相違茂無御座候ニ付、御伐除御申渡私共江御預ケ被成慥ニ預り置申候、然上者何時ニ而茂御用次第指上可申候、為其預り書付上之申候、以上
安永十年正月廿九日　　　　興法寺村肝煎　市六
　　　　　　　　　　　　　組合頭　平兵衛
　　　　　　　　　　　　　同　小右衛門
下川崎村
十左衛門殿

書付を以申上候
一、壱本　松　長五間斗　目廻四尺斗
右三清村仁九郎組下信末村百姓持山林之内ニ而、当六月之夜盗伐ニ仕旨村役人ゟ相断申ニ付、私罷出御林之内相改申候所、目廻・間尺右之通ニ御座候、且又村方并右御

林近所之村々迄具ニ詮議仕候得共、盗人相知不申候、右為御案内申上候、以上

安永九年十一月八日

下川崎村
十左衛門（印）

御郡

御奉行所

覚

一、壱本　松　目廻四尺余　長六間斗

但、四木呂ニ仕置申候

右三清村与五右衛門組下西勝寺村百姓持山御林ニ而、当月十八日之夜岩木村者共盗伐仕所、林番人見届御断申上候旨村役人ゟ及案内候ニ付、私罷出御林之内相改候所、目廻・間尺等相違無御座候

一、右枝葉者岩木村者共家越江引取隠置申由ニ御座候

一、右御林之内紛敷儀茂有之候哉与見廻り候得共、外ニ者疑敷伐株等茂無御座候

一、右盗伐ニ仕候松木呂谷川之中江引込置申ニ付、西勝寺村ゟ昼夜番人付置申候、若出水之砌流失可申哉与迷惑仕候間、早速村方江御預ニ被仰付候様ニ奉願度旨申候

右為御案内申上候、以上

天明元年十一月廿二日

下川崎村
十左衛門（印）

御郡

御奉行所

覚

一、壱本　松　長七間　目廻七尺余

和泉村彦三郎

先祖墓印

一、壱本　杉　長三間　目廻壱尺八寸

同村頭振四兵衛

墓印ニ而

右当月十七日之夜大風ニ而根返シニ罷成、御田地江茂相障出作指支候故御伐除奉願候ニ付、罷出伐除候様ニ御紙面を以被仰渡奉得其意候、則私罷出間尺等相改弐本共為伐除、彦三郎幷村役人江預置申候

右為御案内申上候、以上

天明二年二月晦日

下川崎村
十左衛門（印）

大河原　助進殿

九里幸左衛門殿

覚

一、弐本　立枯杉　但、目廻二囲斗

右者昨九日金屋本江村金右衛門宅焼失仕砌、私罷出火為防候所、立枯之垣根木ニ火燃付朽穴ゟ段々焼上り相残申蔵等甚危御座候ニ付、金右衛門江申談為伐除申候

右為御案内申上候、以上

天明三年三月十日

下川崎村
十左衛門(印)

九里幸左衛門殿
大河原　助進殿

覚

一、壱木呂　杉　長弐間壱尺 目廻五尺六寸

但、弐枚ニわれ申候

一、壱木呂　同　長四間三尺 目廻三尺八寸

一、壱木呂　同　長弐間 目廻弐尺八寸

一、四　束　右枝木

一、拾五束　笹　木

〆

右浅地村神明林之内ニ而、当四日之晩同村七兵衛盗伐ニ伐懸申杉、御伐除被為仰渡候ニ付、私罷出為伐除、本木・末木呂・枝葉迄委細ニ相改、村役人共江預置申候、為其御注進申上候、以上

天明三年六月十八日

下川崎村
十左衛門(印)

九里幸左衛門殿
大河原　助進殿

書付を以申上候

一、壱本　松　長四間壱尺 目廻三尺五寸

右者浅地村神明林之内ニ而、当月四日之晩同村七兵衛盗伐ニ伐懸申杉、今般御入を以御伐除被為仰渡、私共罷出為伐除申候所、右之杉ニ立双居申虫入之松懸り木ニ罷成、根本ゟ打折青田江相倒耕作手入ニ相障申ニ付、私共見分仕為伐除、間尺・目廻等相改村方江預ケ置申候

右為御注進申上候、以上

下牧野村
喜兵衛(印)
下川崎村
十左衛門(印)

九里幸左衛門殿
大河原　助進殿

右此一冊者山廻役御用勤方御条数書、并先役之人々ゟ承伝候役筋之古実等致増補書記置申候、偏子孫連続而奉蒙役儀候節、不怠熟覧仕、御用入情ヲ可相勤者也

天明三年癸卯六月廿六日　　宮永十左衛門

正運(判)

二　寛政年間　礪波郡七木縮之覚

「礪波郡七木縮之覚」（仮題）は福光町立図書館の司書が礪波郡における「七木制度」に関する史料を収集したもので、現在、同館が保管す。これは「山廻役御用勤方覚帳」の記述に続く寛政期（一七八九～一八〇〇）の史料が多く、寛政期の「御領国七木之定」（富山県立図書館蔵）や寛政期の「福光村肝煎文書」（福光町立図書館蔵）や寛政六年（一七九四）の「新川郡御林山併七木御縮方之儀書上申帳」（金沢市立図書館蔵）と同趣旨であるものの、前掲『日本林制史資料・金沢藩』および『日本林制史調査資料・金沢藩』にまったく収載されていないので、ここに採録した。なお、「御領国七木之定」は射水・礪波郡における「七木制度」の緩和策を、「福光村肝煎文書」は射水郡におけるそれを、「新川郡御林山併七木御縮方之儀書上申帳」は新川郡におけるそれを中心に明記したものであった。ともあれ、これは天明期（一七八一～一七八八）に続く礪波郡における「七木制度」の緩和策を記したもので、その基本資料として貴重であろう。

七木御縮方之義、当時射水郡村々百姓中等居垣根拝領木願書付指出、組主附より御郡所ニ御達申上、御聞届之上山廻中江御入候得、其村方江被指向間尺等被相改伐木為致置、其上重テ山廻足軽中被相廻御極印打渡相済、右伐木之義用木幷賣買取扱来最初願出ニ付、指出候より凡半年も相懸不申而ハ賣買も出来不申、元来礪波・射水両郡数百村之義、山廻足軽中出改方及達ニ候ニ付、一統迷惑至極不少相歎罷在申候、加之七木隠伐之名目ニ仕、悪党者より改方江申入、無実之御咎人出来候族も御座候、伐木取扱方厳重之御縮方ニ付、小前之者心得違伐木仕候義も有之、御極印打済方両御郡之儀、自然廻方等相渡シ候所より、右等之義出来仕候義ニ御座候、就中越中三郡之内ニも新川郡之義、七木御運上銀之義、伐木御免被仰付候等振合も御座候間、射水郡之義伐木御免被仰付被下候様御願申上候

御林幷百姓持山林垣根等ニ有之七木盗伐候節、入牢幷過怠免被仰付候儀御尋に御座候、先前之様子相しらべ候得共、書物見當り不申候、明和七年長村領・松永村領百姓持山之内、蓮沼村百姓源四郎せかれ弥八・松永村仁太郎・石坂新村長八と申者松木盗伐仕候ニ付、御郡所ゟ禁牢被仰付、蓮沼村・松永村・石坂新村一作過怠免被仰付候、御林之儀ハ同様之旨ニ御座候、垣根・野畔七木之儀者、御願不申伐取候得者、御縮等にて過怠者不被仰付候旨承伝申候、當御郡ニて右之類無御座候ニ付、先年之様子相知不申候

右就御尋書上申候、以上

寛政元年酉五月

田中村 角兵衛
戸出村 又右衛門
内嶋村 孫作
和泉村 市右衛門
三清村 与五右衛門
大滝村 十郎右衛門
中田村 小四郎

御改作
御奉行所

御林幷百姓持山林ニ有之七木盗伐仕候節、過怠免等被仰付候、差別委細先達て書付を以申上候、猶又様子御尋ニ

付相しらべ候所、百姓持山之内或ハ村中惣持山之内、入合山にても木立宜敷故先年御留山ニ相成候分、百姓持山林と唱申候得共、持山林・持山之訳を山中之儀故下タニてハ分兼申候、持山之儀ハ人別ニ所持いたし候故、其百姓家作等仕度候得者、御郡所江相願拝領仕候、持山林之儀ハ用水材木等ニ拝領仕候、山役銀百姓中ゟ指上申候

一、御林之内若変死人等有之候者、如何可仕哉と御尋ニ御座候、是迄右之類無御座候得共、御林者村方江付候故其村ゟ御断申上、取斗可仕筋ニて茂可有御座哉と奉存候

一、百姓持山之内御留山御林ニ被仰付候御場所、松木等盗伐仕候得ハ、本人禁牢・村方過怠免被仰付候間、百姓垣根・野畔ニ有之七木相願不申伐取候得ハ、本人御縮等にて過怠免者不被仰付候旨承伝候、野畔・垣根ハ顕ニ見江申物故、御縮方大躰麁抹茂御座有間敷候、若了簡違ニて垣根・野くろ等伐取候節、過怠免者無御座候、右之御縮方ニ茂可有御座哉、又ハ人々持山ニても作村々入合山等も続ひて山陰茂有之故、御縮方御林等に順シ厳重ニも御座候哉と奉存候、野毛に七木有之場所、礪波郡ニてハ無御座候得共、野畔同様之御縮方ニも可有御座哉と奉存候、右御林幷百姓持山林等之儀ハ、先達て申上候通ニ御座候、其余ハ承伝等にて慥成儀相知不申候得共、覚書仕上申候、以上

寛政元年六月

田中村 角兵衛
戸出村 又右衛門
内嶋村 孫作
和泉村 市右衛門
三清村 与五右衛門
大滝村 十郎右衛門
中田村 小四郎

御改作
御奉行所

右戌五月朔日御算用場於詰所写之

寛政元年酉六月

七木御縮方等心付申儀仲間寄合仕相極申覚

一、先年御郡中宮林・田畔・畠畔・垣根木等、目廻四尺以上之七木被仰渡を以、中間相廻相改木数帳面ニ記指

上申候得共、其後段々拝領木等ニ相成、今程ハ右之内壱分通位ならてハ相残不申躰ニ候、尤其節之小木茂今程ハ大木ニ及申木共可有之候間、折を以此儀御再興被仰付候様ニ御窺可申哉否之事
但、三昧木者迚も御用ニ相立不申儀ニ付、先年茂相省申候事
一、御林・宮林幷垣根木等拝領有之相見ニ罷出候砌、目廻候義兼而願上置候帳面と致相違候儀中ニも有之躰ニ候、目廻三・四寸斗之事ハ木ノ根元又ハ中程等、廻り之改所ニ而違候儀と存候間、見通シニいたし申儀も可有之候得共、若壱尺とも違候時ハ堅相見仕間敷事
一、垣根木拝領願有之伐渡シ砌立極印と申儀、伐申木ノ下ニ立毛又ハ畠作物抔有之時分者、不斗相願申儀茂先年ハ有之由ニ候得共、此儀ハ以来不相成儀と相心得可申事
一、御林幷百姓持山林等近年木立薄ク相成、退転同事之ケ所茂有之ニ付、村方より年々境等打穿、歩数次第ニ致減少躰ニ候間、村廻等仕砌無油断相廻、右御林等預り之相役人共江御縮方厳重ニ可申渡事
附、右御林之内ニ三昧等在来候所者、年々御林之内江相ひろけ、墓松之躰ニ植出し申所茂有之候、此儀是以後ハ堅不仕様ニ可申渡事
一、御林ニ而下苅仕儀古来ゟ一向無之儀ニ候、併連年手入不仕下草等繁茂いたし候へ者、都て木苗等生立不申儀も有之ニ付、村方ゟ願上蔓払と申名目ニ而、木苗ニ相障申蔓草之類迄を苅払申儀有之格ニ候事
一、持山之内ニ百姓持山御林と百姓持山林と両様有之事ニ候、尤右持山御林等古来ゟ貫文山之内ニ候得ハ、下苅者村方ゟ為致可申儀ニ候得共、是者持山人人別に割置、毎年勝手次第ニ致下苅候ニ付、生立申木苗も苅損シ申躰ニ候間、是以後ハ秋暮ニ及下苅仕砌ハ、向寄之仲間江及案内定日等相極見分を請、一村之山持人一度に下苅仕様ニ可申渡候、且又其節ニハ右場所江罷出見分之上、松・杉・栗・槻・樫等之木苗随分為立置可申候事
一、安居寺・芹谷山千光寺・今石動永伝寺・埴生八幡宮・八講田村本献寺拝領山之分、古来ゟ自分と伐取、自身といたし賣切手相添勝手次第ニ賣出申ニ付、隣村等ニ而紛敷義茂粗有之躰ニ候得共、先前ゟ之通例ニ成来候得ハ、今更難相改候間、猶又右近辺之村々ニてハ、御

縮方相洩不申様ニ是以後心を付可申付事
一、古屋敷・田畔・畠畔等に有之松・杉等之大木を墓印と品を替、願上申儀茂有之躰ニ候、是以後其真偽をとくと相改、仮令村方ゟ墓印之由願上御入下り候共、其場所墓所之躰ニ無之時者相見仕間敷事
一、拝領木伐渡有之候上ニ而、願人右之材木舩方等江相払、川下ケ等仕砌、川筋・道筋為証拠通切手相願候者、村役人ゟ書付為調右之書付ニ裏書可仕候、且又直之切手相願候者此儀も先例有之候間、左之案文之通相認相渡可申候、右切手者浦方潤改人江請取置、右役人之方ゟ直ニ御郡所江指上申古格ニ候間、此方江取返候申ニ者及不申事

覚

一、何拾何本　拝領杉　何村何某垣根木
但、目廻三尺五寸ゟ四尺迄
　長三間ゟ四間半迄
右之通、伏木浦江指下候間、川筋等無異儀相通可被申候、
以上
　酉六月五日　何村　何某(印)

浦々
　潤改役人中

一、仲間春秋村廻之儀、是迄者其組之内深山入之村々平場之村方江遠程ニ及候所者、御郡廻之砌席を以御縮方申渡、印形取請候儀も適有之候得共、是以後者此義指止可申候、尤右深山入村々江程近き村方迄罷越為寄取調極、随分右之村々遠方江呼出不申様ニ相心得可申事
一、山廻之儀ハ何も古来ゟ蔭聞役を第一といたし、都而御郡所之横目を相兼居申事ニ候間、平日其心得を以相勤可申儀ニ候事
一、御郡所ゟ頭振御貸米御願上御貸渡被成候砌者、其組相廻申山廻其場江罷出、十村ゟ順適ニ貸渡候哉否之儀、相見仕儀古格ニ候事
一、御通御用之砌、立野・福岡・福町・埴生等ニ止宿仕砌之宿賃者、一泊之価一人分百五拾文上下三百文宛払可申事
一、本役村廻幷川方御普請附役等ニ而村方ニ止宿仕砌ハ、飯米代幷主人四分・下人弐分御法之通急度宿払可申事
一、御封切相見注進書付幷損木等注進、其外何御用ニて

も金沢・小杉江飛脚等遣申儀ハ、自分ニ遣シ候而村方江入用懸申間敷事

一、御通御用之砌、御郡所急御紙面者不及申、其外何御用ニても御郡之内仲間等江取遣仕飛脚之分者、其村方之人足を以指遣可申事

一、是以後若七木之儀ニ付、訴人其外不依何事御縮方之義ニ付、入組申儀出来仕義有之候者、手寄之仲間江申談取捌可仕候、独立決談仕間敷事

一、毎年一度宛於何方成共、仲間打寄御用勤方振合等之儀内談可仕事

但、一ケ年ニ両度宛共申見候得共、両度ニてハ御用等ニ指障、懈怠も出来可仕義ニ候間、一ケ度ニ相極申候、其時ニ當り無拠可申談儀有之候得者、幾度ニても不時に集来可仕事

一、是以後仲間一統申談候、密々之御用談之儀者、聊も他役之面々江相洩申間敷事

右今般仲間致寄合熟談之上、如斯相極申候、以上

寛政元年酉六月五日

福光村 平兵衛

杉木新町 磯右衛門

下川崎村 十左衛門

桐木村 権兵衛

苗嶋村 弥右衛門

覚

礪波郡下向田村 持山

一、壱本　槻　長三間目廻五尺五寸

〆

右私持山ニ所持仕候槻拝領仕、伐取稲置取等膳り仕度奉存候間、願之通被仰付可被下候、以上

寛政二年四月

木舟村 長兵衛

稲垣外記殿

岩田平八殿

右之通、槻壱本可被下哉、則帳面指出之申候、以上

稲垣外記(印)

岩田平八(印)

御算用場

別紙礪波郡下向田村百姓持山之槻伐取度旨、本紙奥書に帳面と相調有之指支候ニ付、扣とも両通相越候間調替可

被指越候、且又百姓持山と申、各自是迄茂願之内ニ度々有之候、山役銀出分ハ持山と唱申義ニ候哉、薪山之義ニ候得者雑木迄之儀、七木之分者各手前ニ御林帳も有之、委曲相記可有之義と被存候間、百姓垣根同事ニ相願候とて、被下候義ハ有之間敷事に候間、持山之訳合委細可被申越候、依而書付一先致返達候、以上

四月晦日　　御算用場

稲垣外記殿

別紙之通、従御算用場申来候間、百姓持山林と百姓持山と申訳合、先前よりの様子委細ニ相しらべ、小紙ニ相調早速可申聞候、且又寛文山と唱申儀如何之訳合ニ候哉、是又右小紙ニ相記可申聞候、以上

戌五月朔日　　稲垣外記

下川崎村
十左衛門

寛文山と申候儀者、寛文年中迄者年々山役銀入札等ニて一作宛之請山ニ御座候所、寛文十二・三年之頃前々之山役銀ならしを以定役銀ニ被仰付、村々御印ニ何百何拾目と御記被下、其後役銀増減無之、尤何村之山と相極申候、寛文年中ニ相極申ニ付、寛文山と唱申由承伝申候

一、百姓持山林と申候者、寛文山之内七木多生立候所を先年御立林ニ被仰付、何村持山林と唱申候、則御用之砌者御伐取被為成候、尤寛文山役銀仕候山之内ニ付、七木之外雑木生繁候得者、村方ゟ私共江相断罷出見分仕、下苅為致松・杉等之若木為生立申候

一、百姓持山と申候者、先年七木少キ場所ニ而其村方百姓山役銀上納仕、応歩高割取人々之持山ニ仕草柴ニ苅申候、尤右山之内雑木幷七木生立候得者、其儘立置家作等に入用之節、雑木ハ勝手次第ニ伐取候得共、七木之儀ハ御縮方茂御座候故、百姓垣根・野畔同事に願上拝領被仰付候

右先前より御振合就御尋書上申候、以上

戌五月　　下川崎村
十左衛門

稲垣外記様

岩田平八様

乍恐小紙を以申上候

一、千弐百九拾歩　　広谷村百姓持山・雑木御林

此木数六百本程　　　雑木
一、千三百七拾歩程　　香城寺村百姓持山・雑木御林
此木数弐百六拾本程　　雑木
但、両所皆雑木ニ御座候、弐十年以来迄栗少々御座候所、用水方拝領木ニ被仰付、残雑木之分数十ケ年相立候得ハ、藤巻・虫入幷折木ニ相成年々雪折・風折等ニ而、御用ニ相立申木無御座候、然ハ右折失候而其跡今更栗等木立無御座、只今茨葛等年々生茂り申候
一、九百五拾歩程　　樋瀬戸村持山・雑木御林
但、此分跡々余程栗御座候所、用水方江拝領被仰付、只今ニ而者栗木立御座候得共、年々雑木生茂獄山ニ而宜木無御座、其上藤巻・虫入等ニ而折失、年々御不益之義相見へ候間、一先雑木之分御伐被為遊候者、相残栗木立此末拾五・六年之内、宜栗御林ニ相成可申と乍恐奉存候、右三ケ村百姓持山・雑木御林長六尺ゟ八・九尺迄目廻弐尺ゟ三尺迄之木ニ御座候へ共、右之趣ニ而年々雪折等相成申ニ付、御不益之筋と乍恐奉存候間、広谷村・香城寺村ハ皆伐、樋瀬戸村栗幷雑木折捨可申分、右之通御払被為遊候者、炭薪抔ニ為焼賣払、右代銀を以香城寺村・広谷村此二ケ所之分、地味宜相見へ候間桑苗為御植被為遊候者、三・四年目ゟ桑葉出来仕、代銀上納相成御益之筋ニ奉存候
右御内意ニ而御益筋御尋ニ付、乍恐申上候、以上
(寛政二年)
戌十二月　　　福光村
　　　　　　　彦右衛門
稲垣外記様

御往来街道幷中田・氷見両往還道往古ハ道幅御定茂有之、両淵並松根廻之所茂余斗有之候所、近年田畔ゟ穿取両淵狭ク罷成申ニ付、並松相痛少シ之風ニ茂年々根返シいたし段々及減少候、且又右往還淵並松退転之跡ハ、畠等ニ拵申所茂有之躰ニ候、元来往還道之儀ハ山廻之主附ニ候間、村廻等仕節見咎、向後掠取不申様ニ村役人江厳重ニ申渡、其上に茂得心仕候ハバ、御断可申上旨稲垣外記様ゟ被仰渡候、則各様江此段私ゟ可申談旨御座候間、左様ニ御心得可被成候、此状早速御廻達、御承知後私宅江御返可被成下候、以上
(寛政二年)
亥九月十三日　　　下川崎村
　　　　　　　　　十左衛門
沢川村
　田畑兵衛様
杉木新町
　磯右衛門様

桐木村
権兵衛様
木舟村
長兵衛様
福光村
彦右衛門様

七木御定濫觴極印入方之儀、先達而申達夫々仕書出御年寄中江相達候処、則入御覧候所、三州共七木取捌区々ニ相見へ候間、以後御縮方之儀可遂詮議旨被仰出候間、此度於當場夫々以来御縮方相立候儀遂詮儀候間、各手前ニて是迄流例之取捌且極印之儀、字形是以後御縮方ニ可相成心附之趣等有之候ハバ、其段々下々被相調、早速可被差出候

一、御林山数御郡々支配分、何所ゟ何所迄と被相記可被指出候、急ニ難相調候ハバ、先前ケ条之分迄可被指出候、以上

（寛政四年）
二月四日

御算用場

稲垣外記殿

礪波・射水両御郡御林幷百姓持山之内ニても一国持山林（ママ）と先年ゟ有之所々ハ、其村々役人共之外御林番人定置為相廻縮方仕候

一、山廻足軽両人之外、百姓山廻折々山方相廻御縮方申付候事

一、百姓山廻組々廻り口毎年割替山方・里方共相廻り、且春秋両度ハ其廻り口組之分、一村々百姓垣根・宮林等七木御縮方申渡、村役人請帳面印形為仕、私共迄指出置候事

一、御林幷百姓持山七木御作事所御用ニ御伐取候節ハ、御用番御年寄衆ゟ御覚書御渡御用木伐渡候上、御作事奉行請取切手ニ御年寄衆御裏印請取置候事

一、御郡方用水材木ニ茂伐渡候節ハ、定検地奉行奥印之帳面木数ニ御場印受、右奉行ゟ致到来候ハバ為伐渡候事

一、火事家之者江家作材木被下候節、私共奥印帳面指出、御場印請取候て為伐渡候事

一、百姓垣根幷宮林七木伐取度願出候得ハ、私共奥印帳面指出、御聞届之御場印受候て為伐渡候、目廻五尺以下之分ハ私共役所ニて遂僉儀候上聞届為伐渡申候

一、山方畠畔田地陰打ニ相成場所之松等伐除願、帳面改作奉行へ指出、右奉行ゟ御場印請、私共江指越候上為

伐渡申候
一、墓所ニ植置候七木私共切手ニて承届為伐渡候事
一、御寄近地寺社境内之七木伐出候節、山廻之者指出極印打渡候儀無御座候、其所ニ寺社方賣出切手に居村肝煎致奥書、右切手に手寄之百姓山廻致奥印、夫を以賣買仕候
一、寺社方請地屋敷之分ハ、居村役人ゟ願帳十村奥書ニて私共役所江指出申候、百姓垣根・宮林と同事之取捌ニ御座候事
一、都而七木伐渡候節、私共ゟ山廻足軽江印章之入帳面等相渡、百姓山廻相見を以伐渡極印打渡申候、尤致相見候段入帳面ニ百姓山廻名印為仕候事
一、御林并往還筋並松・百姓持山松木等、立枯・風折等に罷成候ハバ、時々山廻足軽相しらへ書出候ニ付、入札御払ニ申渡入札御場へ指出、落札之者江為相渡、代銀當時ハ私共役所貯用銀之内江請取、通帳御場印受置候事
一、山林之七木暨宮林盗伐ニ仕者之儀ハ、吟味之上牢舎或其村一作過怠免等被仰付候、垣根等之七木無断伐取候者之儀ハ、牢舎・手鎖縮十村願等ニ申付候事
一、七木為賣買致津出、御国之内江相廻候節ハ、私共ゟ其所之御奉行へ入津切手指遣、着岸之儀承届申候
一、御郡印文字(正)(叶)(直)此通にて御座候
右礪波・射水両御郡七木御縮方流例之取捌等如此ニ御座候、以上

（寛政四年）壬子二月　　稲垣外記

御算用場

三州七木之叓

一、松・杉・桐・槻・檜・栗　但栗御免　礪波郡
一、松・杉・桐・槻・樫　新川郡
一、松・杉・栗・槻・桐・竹　能州三郡
一、松・杉・桐・樫・唐竹　但唐竹御免　加州三郡

右栗・竹・樫小木之分伐取可申叓

覚

一、松・杉・桐・樫・槻・檜・栗
右西礪波郡・射水郡七木之品如此覚罷在申候、此内栗之分ハ、百姓持山・垣根等ハ百姓勝手次第剪取申候、右之外先年御縮被仰付候、百姓持山之分ハ今以御縮被仰付置

候、以上

享保五子七月廿六日

戸出村
又右衛門

御改作

御奉行所

覚

一、杉・桐・樫・槻・松　五木

一、檜・栗　右五木ニ相添七木ニ唱申候

右如斯覚相尋申候、以上

（享保二年）
酉十月三十日　礪波郡

加藤治兵衛殿

右御尋ニ付改作所へ罷出改作所ニ而調上ル

覚

一、松・桐・杉・槻・樫・檜・栗

右礪波郡七木御尋ニ付書上申候、此内栗之木正徳四年ゟ雑木同事ニ百姓勝手次第伐取申候様ニ被仰付候、以上

享保十年七月

戸出村
又右衛門

御改作

御奉行所

一、百姓・頭振居屋敷廻有之御縮諸木伐取申度願申節ハ、木主より木之名目・木数・間尺等帳面ニ記、其村肝煎・組合頭奥書仕出申ニ付吟味仕、組之十村・御扶持人致奥書、御郡奉行添書取御算用場へ出之、奥書印有之右奉行受申渡、山廻り役人・組之十村罷出相見を以為伐、御用無之候得ハ木主へ被下候

一、百姓持山御縮諸木枝葉しけり田畠日陰ニ罷成候ハバ、右伐木之格を以組之十村へ相断申ニ付、御郡奉行江書付を以相断候上、山廻役人ニ組之十村相見ニ而枝為下、束数等相改其領村肝煎江預ケ置申ニ付、相改請取之候趣肝煎書付ニ十村奥書仕、御郡奉行江出之、追而御払ニ罷成申候

一、御郡ニより申渡有之手寄之山ニ而、山廻役人・組之十村罷出相見ニ而苗松致拝領、十村幷せがれ手代之内付居為植申候

覚

一、壱本　松　長七間 目廻七尺

右和泉村彦三郎先祖墓印松、當月十七日大雨ニ而根返ニ相成候ニ付、致拝領度旨願帳面指出承届候、併御田地出作之障ニも相成候旨申聞ニ付、其方罷出先為伐除預り置可申候、追而入帳面小杉山廻共迄可相渡候條可得其意候、以上

寅二月廿日　　　　　　　　　　　　御用番
　　　　　　　　　　　　　　　　　大河原助進(印)

　　福光村
　　平　兵　衛

追而其方儀外御用等有之難出候ハバ、下川崎村十左衛門江可申談候、以上

覚

一、壱本桐　目廻り三尺弐寸 長三間　　　　福光新町
　　　　　　　　　　　　　　　　　　　　与三郎垣根

但、末木・枝葉共

右私垣根ニ植置候桐御伐除拝領仕度奉存候間、願之通拝領被仰付被下候様、被仰上可被下候、以上

弘化三年三月　　　　　　　　　　福光新町
　　　　　　　　　　　　　　　　与三郎(印)

　田中村
　小四郎殿

右私共町与三郎垣根之桐拝領仕度旨書付上申ニ付、目廻

り・間尺相改候処相違無御座候ニ付、奥書仕上之申候、以上

福光新町肝煎
宗兵衛

組合頭
次兵衛

同
和右衛門

同加人
此右衛門

三　明暦二年　郷中山割定書幷山割帳

「郷中山割定書幷山割帳」（院瀬見区長文書）は井波町立図書館が『井波町史』編纂時に収集したもので、現在、同館が保管す。これは『井波町史・上巻』の中で存在が明らかになったものの、その内容については明記されなかった。これは今のところ加賀藩における最古の山割替で、改作法が完了した明暦二年に実施されたことに注意せねばならないだろう。礪波郡井口郷一一ケ村は同郷の入会山（赤祖父山）を山役銀高に応じて上・中・下三段の一〇番に山分けし、この一〇鬮を各村毎に鬮を引いて割替えた。これは改作法の一政策、田地割に付随して実施されていたことを示す貴重な史料といえるだろう。なお、同館は貞享三年（一六八六）井波村が村中入会山を柴山割と草山割に分け、それぞれを九四丁の鎌数で個人割したことを記す「山割帳」を保管す。

（内題）明暦弐年
郷中山割定書幷山割帳
五月

井口之郷拾壱ヶ村御山銭ニ応シ割符仕申ニ付定書
之叓

一、割山ニ罷成申内、少シニ而茂盗申候者、銀子五匁宛
過銀為出、山主取可申叓
一、山拾ヲニ割、内輪与合鬮取可申事
一、山割申候義、上・中・下三段ニ割可申事
一、小山之義者、小山銭ニ応シ割可申事
一、右山割立鬮取申而者、草山之分者入込ニ苅可申候、
木柴之分者小山共ニ壱本茂苅申間敷叓
一、草柴出シ申候後、引場勝手次第何れ之山ニ而茂通り
可申叓
一、牛馬置申小場之阿たり、惣山境を入残シ可申叓
右之通、相談之上を以相定申候間、少シ茂相違御座有間
敷候、為其連判仕処如件

明暦弐年五月十六日　窪村肝煎 孫右衛門

組合頭 吉兵平
同 小右衛門
池田村肝煎 孫左衛門
組合頭 藤右衛門
同 次郎右衛門
蛇喰村肝煎 喜兵衛
与合頭 清十郎
同 六助
井口中村肝煎 少九郎
与合頭 仁右衛門
同 七右衛門
井口村肝煎 間兵衛
与合頭 藤右衛門
同 助市
同 加門
東西原村肝煎 次郎左衛門

宮後村肝煎 喜左衛門
池尻村肝煎 善四郎
与合頭 兵助
田屋村肝煎 宗三郎
与合頭 忠三郎
同 仁助
東石田村肝煎 七郎右衛門
与合頭 孫助
石田村肝煎 理兵衛
与合頭 太兵衛
同 文右衛門
同 宗右衛門
同 弥右衛門
〆

井口郷小山割村々取申山所附之叓

一、是跡石田山者　石田村

一、是跡田屋山者　但、南やくわ切、西能美道切、北ハやくわ切、東ハ川切　井口村

一、是跡窪山者　但、又左衛門山之東、小山壱つ添ル　窪村

一、是跡中村山者　但、壱斗五升山南切ニ添ル、半分東石田村、半分者残ル　東石田村

一、是跡井口山者　但、田屋村壱斗五升山、并同上ノきれ山添　中村

一、ミろくてん山者　但、南西北三方ハ谷切、東道切　宮後村

一、大林山者　但、東谷切、南迄又左衛門山ノ西、能美境添ル　蛇喰村

一、是跡蛇喰山ハ　但、西者どしやく谷切、東松木・小おぼね切　池田村

一、是跡宮後山者　但、池田山境迄、南道切、北ハやくわら谷切　池尻村

一、是跡池尻池田山者　但、南ハやくわら谷切、東ハ小おぼね道切、北ハ田境　田屋村

一、御山銭者如跡々、壱ケ村分弐匁弐分宛、東石田村ハ壱匁壱分、右拾割山納得同心之上を以、鬮取なしニ村々如斯取申所相違無之候、為其何茂連判仕所如件

明暦弐年五月十九日

石田村　理兵衛
井口村　間兵衛

窪村 孫右衛門
東石田村 七郎右衛門
中村 少九郎
宮後村 喜左衛門
蛇喰村 喜兵衛
池田村 孫左衛門
池尻村 善四郎
田屋村 宗三郎

明暦弐年五月廿四日ニ井口郷弐番野山割

一、壱番 〆 しなノ木野上ノ割、北ハあま池ゟやくわ同大道下畑ノ北ふちゟ谷へ見通シ、東ハ大谷川切、南ハやくわ切、西ハ能美境切　石田両村

一、弐番 〆 しなノ木下割、西ハ能美境ゟ同林割ノ境道切、北ハ屋くわ切、東ハ大谷川切、南ハほそ谷畠北ふちゟ大道ノ上やくわ同天池きり　中村

一、三番 〆 大野尻、西ハ大谷川切、北ハ田有之北ノ沢ゟ細谷切、東孫兵衛所へ参り申細道ゟ孫兵衛がこいのとえ切、南ハたにをきり　井口村

一、四番 〆 南ハ大野尻田有之北ノ沢ゟ細谷切、西ハ大川切、北ハちとり場迄ノ小谷切、東ハ孫兵衛所江参り申道ゟほそミちやくわ切　宮後村 蛇喰村

一、五番 〆 はうか谷ゟ大野へ懸テ、東ハ開ノ畠切、南ハ開境切、西ハ孫兵衛所江参り申細道ゟ、北ハ林境屋くわゟ大野大道ノ北、沢田中嶋共ニ北ノ沢きり　蛇喰村

一、六番 〆 きつね山ゟ天池へ懸テ、西ハ林境ノ道切、南ハやくわ切、沢田切、東ハ開境ノ道切、北ハ九右衛門家こし沢田ゟ谷細道屋くわ　池尻村 くぼ村

一、七番 〆 水尻谷ゟはらの山懸テ、東ハ栃原道切、同川迄見通シ、南ハ九右衛門家こし沢田ゟ細ミそ屋くわ切、西ハ林境ノ道切、北ハやくわより細溝ゟ谷切、ミしり谷北ノ尾中細道を切谷川迄　田屋村 東西原村

一、八番　〆　水尻谷北ノ尾ゟ西懸テ、西ハ林境ノ道切、北ハ屋くわ切、同谷川大道へかけ見通シ、東ハ同谷川切、川原共ミしり谷北ノ尾中細道切、同谷よりやくわ切　田屋村

一、九番　〆　おいわけ、東ハ同谷川切、同川原共、南ハ細溝屋くわ切、西ハ林境道切、北ハ屋くわ切、外ニえほしかたニ而添有、ミね筋ハ横ニ屋くわ有、東ハいせ見境北より西ハ川切、但落合川原共弐ケ所　池田村

一、拾番　〆　えほしかた、北ハやくわ切、いせ見境切、東ハ大牧ケ谷切、南ハ屋くわ川切　くぼ村

右拾割之山郷中十一ケ村相談同心之上を以、村々如斯取申所相違無之候、為其証文ニ村肝煎連判仕処如件

明暦弐年五月廿六日

石田村　理兵衛
東石田村　七郎右衛門
田屋村　宗三郎
宮後村　喜左衛門
井口村　間兵衛
中村　少九郎
東西原村　次郎左衛門
蛇喰村　喜兵衛
池田村　孫左衛門
窪村　孫右衛門
池尻村　善四郎　〆

明暦弐年五月廿八日ニ井口郷中草山三番割

一、壱番　〆　北ハいせ見境、頭ハたか打場ノまぶ切、西ハ杉ノ尾嶺筋ゟせんまい谷ノ落合ゟ指口ノせんまい谷出口ノ西尾ゟなか小おぼねの道切　窪村

一、弐番　〆　北ハ成ケね骨の道ゟ指口せんまい谷ノ出口西ノ尾谷杉ノ尾ノ嶺切、頭ハ鷹打場ノまぶ切、南おぼね通りゟ中ノ尾ノ頭ゟ持懸谷の溝きり　池尻村　くぼ村

一、三番　南ハしこく谷南こば丿尾切、下ハしこく谷道通り切、西ハ谷川切、北ハ嶺筋まぶゟ上下ハ中尾丿頭、屋くわゟ持懸ケ谷の溝谷切、但頭ハ南丿尾ハ弐つはけ上丿尾きり
〆　池田村

一、四番　北ハしこく谷、南ハこば丿上尾ゟ下道筋切、西ハ谷川切、南ハ大窪ミそ屋くわ切、頭ハしこく谷丿まぶ切、しこく谷北平丿奥ハくずれ嶺尾切、南平おくハ岩栖丿有之尾切
〆　宮後村
蛇喰村

一、五番　北ハ大窪丿溝切、南ハはる木丿尾嶺ハ屋くわ切、とやの落シハ向のミそやくわ切、同とやの落頭ハ三つケ辻両方小ミそ切、中同四次郎落シハ東尾切、北ハ谷切、頭ハ南丿まぶ切下、西ハへこ谷丿西黒岩の有之ミそ切、〆三ケ所壱割
〆　蛇喰村

一、六番　東ハへこ谷丿西黒岩の有之ミそ切、下ハ谷川切、大野頭ハ道ゟ沢田丿ミそ切、西ハ丸山白岩の田丿上の尾屋くわきり、三郎谷さふ谷の頭ハまぶ切、三郎谷頭ハまぶの上へ懸テ、四次郎落シ東尾ゟ下ハ谷切、東道溝ゆい立切、頭ハまぶ切、弐ケ所壱割
〆　井口村

一、七番　西ハ田くろゟ北焼山の谷切、北ハやけ山の北宮後林山割境切、白岩の田切、東ハ白岩の田丿上丿尾通り屋くわ切、頭ハ屋くわ切、南ハ牛ケ首のたおミ切、谷きり
〆　田屋村

一、八番　北ハ小谷切、牛ケ首のたおミ切、東ハ北平の頭のまぶより上、南ハはら谷引場ゟ下ハ明神丿杉の高尾切、西ハ川迄、但畠くろ林のけて三郎谷丿頭のまぶ上少シ北へ入ル
〆　中村

一、九番　北ハほう谷丿引場きりニ、下ハ明神杉丿上尾切、西ゟ南ハ赤祖父谷切、東ハほう谷引場丿頭ゟまるつふりのくほミゆい立より、松尾の嶺ゟつべた清水のミそゆい立切、同細丿間の頭ハ屋すミ場下ミそ切ニ、のふミ境切ニ、三つ辻岩切、北ハ白岩の有之南通り尾切、下ハ大谷川きり、〆弐ケ所壱割
〆　東石田村
石田村

一、拾番　南ハ能美境ゟ三つケ辻岩ゟ白岩有之南通り尾きり、下ハ大谷川きり、にしハ正谷きり、頭ハ能美境きり
〆　田屋村

右拾割之山郷中拾壱ケ村相談同心之上を以、村々如斯ニ取申所相違無之候、為其証文村肝煎連判仕所如件

明暦弐年五月廿八日

石田村 理兵衛
東石田村 七郎右衛門
田屋村 宗三郎
宮後村 喜左衛門
井口村 間兵衛
井口中村 少九郎
東西原村 次郎左衛門
蛇喰村 喜兵衛
池田村 孫左衛門
池尻村 善四郎
窪村 孫右衛門
〆

明暦弐年七月十日ニ井口郷柴山嶺筋山四番割

一、壱番 西ハすりこのはちノ東尾筋ゟしよろめきの頭の尾ゆい立切、北ハ嶺筋ゆい立切、東ハ袖ケひらの頭雨池の下ミそ切、南ハ赤祖父の谷切、但蛇喰村へ渡り申荒畑ハ四方詰の境ゟのけて 〆 井口中村

一、弐番 西ハ袖ケひらの頭雨池の下ミそ切、北ハ嶺ゆい立ゟうはほところの南丸山の中ミそゆい立ゟ上ハかぶちゆい立切、東ハ栃原切ニ、南ハ赤祖父の谷切、但蛇喰村へ渡り申荒畠ハ四方詰のさかいゟ内のけて 〆 窪村

一、三番 南ハうはほところの南山ノ中くほミゆい立切ニ、下嶺筋ゆい立切ニ、西ハ石田山境ゆい立切ニ、北ハうはほところの北の尾通り切、東ハけんもち平の南の小おぼねゆい立切 〆 田屋村 東西原村

一、四番 南ハけんもち平の南嶺筋切、上ハうはほところの頭の溝ゟかぶたちゆい立切、西四次郎落之東ノ通りミそ井口山境切、北ハたうくわんかべの下蛇喰山境のミそ同道切、東ハたうくわんのミちを切ニ 〆 池尻村 くぼ村

一、五番　〆北ハ小右衛門落之南尾を切、東ハ栃原境を切、南ハたうくわんの頭道を切、西ハ引場の道ゟたうくわんかべの東ノ下ハ蛇喰村ノ山境のミそ切　　蛇喰村

一、六番　〆南ハ小右衛門落之南ノ尾骨ゟ下ハ谷切、西ハはる木尾小ミそゆい立切、北ハ大窪の嶺道筋切ニ、上袖の大窪の小溝ゆい立切、東ハ栃原境きり　　宮後村　蛇喰村

一、七番　〆南ハ袖の大くほの小ミそゆい立より大窪の嶺筋ゟ道を切ニ、東ハ栃原境きりニ、北ハしこく谷ひはの尾の頭へ見通シ、西ハしこく谷の北平岩栖の有之尾をきりニ　　井口村

一、八番　〆北ハ鷹打場のまぶ切ニ、上ゟ頭ハいせ見境切ニ、東ハ栃原境切ニ、南ハひはの尾ヲきりニ、頭ハしば原こばゟひはの尾のつぶれ見通シ、西ハしこく谷南平黒かべ有之尾切　　池田村

一、九番　〆南ハたかの尾のふミ境切ニ、西ハ細沼ノ休場ノ下谷ミそを切、北ハ細沼ノ北平中の通りミそゟうはほところへ参り申道小溝切ニ、同東ハすりこのはちノ尾ゆい立切ニ、南ハ大谷川切、西ハしよろミきの東尾まぶゟ上、北嶺ニゆい立切、〆弐ケ所壱割　　田屋村

一、拾番　〆南ハ鷹打の尾のふミ境ゟ頭ハ新山道切、西ハうはほところへ参り申道ゟ下小ミそ切ニ、北ハうはほところの谷切、頭ハつくしふねの小溝切、東ハ新山境切ニ、同西ハつべた清水ノ上通ミそゆい立切、北ハ嶺筋ゆい立切、東ハしよろめきの尾通りまぶ切ニ、南ハ赤祖父ノ大谷川を切、〆弐ケ所壱割　　石田村　東石田村

右拾割之山郷中十一ケ村相談同心之上を以、村々如斯取申所相違無之候、為其証文ニ村肝煎連判仕処如件

明暦弐年七月十日

石田村　理兵衛
東石田村　七郎右衛門
田屋村　宗三郎
宮後村　喜左衛門
井口村　間兵衛

井口中村 少九郎
東西原村 次郎左衛門
蛇喰村 喜兵衛
池田村 孫左衛門
池尻村 善四郎
くぼ村 孫右衛門
〆

明暦弐年七月十一日ニ井口郷大野のけ五番割

一、壱番 〆 西ハ道通屋くわ切、南ハ江切、東ハやくわ切、北ハ蛇喰村大道切 中村

一、弐番 〆 南ハ江ヲ切、東ハ屋くわ切、北ハ大道切、西ハ屋くわ切 宮後村 蛇喰村

一、三番 〆 南ハ江ヲ切、西ハ屋くわ切、北ハ大道切、東ハ屋くわ切 蛇喰村

一、四番 〆 南ハ沢切、西ハやくわ切、北ハ大道切、東ハ屋くわ切 田屋村 東西原村

一、五番 〆 南ハ大道切、東ハ三郎谷切、北ハ屋くわ切、西ハ大道切 田屋村

一、六番 〆 南ハやくわ切、東大谷切、北ハ屋くわ切、西ハ大道きり 井口村

一、七番 〆 南ハ屋くわ切、東大谷ゟぬけとノまぶノ上屋くわ切、西ハ大道切 石田村 東石田村

一、八番 〆 南ハ屋くわ切、東ハまぶノ上屋くわ切、北ハ屋くわ切、西ハ大道きり 池田村

一、九番 〆 南ハ屋くわ切、東ハまぶノ上屋くわ切、北ハ屋くわ切、西ハ大道切 くぼ村

一、拾番 〆 南ハ屋くわ切、西ハ大道切ノ屋くわ、北ハ最前の野山割ノ境切、東ハはふちゟ林境の下ハはばの下畠境きり 池尻村 くぼ村

右拾割之山郷中拾壱ケ村相談同心之上を以、村々如斯取申処相違無之候、為其証文ニ村肝煎連判仕処如件

明暦弐年七月十一日

石田村 理兵衛
東石田村 七郎右衛門
田屋村 宗三郎
宮後村 喜左衛門
井口村 間兵衛
中村 少九郎
東西原村 次郎左衛門
蛇喰村 喜兵衛
池田村 孫左衛門
池尻村 善四郎
くぼ村 孫右衛門
〆

明暦弐年五月廿四日

一、井口之郷中之内、うちが平与申山御新開之御印此跡九兵衛申請、御高壱石弐斗四升開御年貢米御納所仕ニ付、うちが平ノ山中村・井口・蛇喰三ケ村与して才許仕、残郷中村々より牛馬入不申候、以上

明暦弐年五月十四日

少九郎
六助
清十郎

一、井口郷之内うちが平与申山之内、蛇喰村九兵衛御新開仕候得共、耕作茂出来不申候ニ付、廿ケ年斗以前ゟすて置申候、右うちが平此度十一ケ村山割之内江割符可仕候、以上

明暦弐年五月十六日

蛇喰村 喜兵衛
清十郎
六助
又右衛門

一、内が平
西ハたいらノふん、頭ハさいせん作跡、東ハぬけゟ下ハかぶを見通シ、南ハ大谷きり

一、外が平
頭ハ弐本杉を見通シ、東ハ溝切、南ハ大谷切り、西ハミそを切、同下ハだいらノふん

此奥書ハやぶれてなし

四　延享二年　礪波郡法林寺村山割帳

「礪波郡法林寺村山割帳」は福光町立図書館の司書が収集したもので、現在、同館が保管す。福光村の和泉屋太郎右衛門は懸作百姓として法林寺村に田畑と共に山林を多く所有していたため、同帳の一冊を所持したものだろう。法林寺村は延享二年（一七四五）算用に和泉村源兵衛、縄引に法林寺村喜左衛門・福光村の川合田屋孫兵衛を雇い、田地割同様に実測をもって山割を行った。これには「引縄之儀引山之歩当り前々之通ニ御座候」とあって、法林寺村ではこれ以前にも田地割に付随して山割替えを実施していた。これは山割替えを単に「山割」と称したこと、鬮山と共に引山が存したこと、山割替えが田地割に付随して行われていたことなど、山割の基本的な性格を示す貴重な史料といえるだろう。なお、同館は明治三年（一八七〇）福光村が算者に西勝寺村藤左衛門を雇い、実測をもって山割を行ったことを記す「山割御願申候定書帳」を保管す。これには「一、次山割年季之儀者弐拾ケ年ニ相立可申事」とあって、福光村では明治二三年（一八九〇）にも田地割に付随して山割を実施していた。

（表題）延享弐年
法林寺村山割覚帳
三月廿六日ヨリ

福光村
和泉屋
太郎右衛門

山割定書之叓

一、山竿縄金之四間ニ切、弐間ニ〆引可申候
一、引山鬮壱本ニ付、三百弐拾歩宛引可申候
一、引山・鬮山共田畠かけ打申所者、壱縄宛中年弐ケ年廻ニ苅取可申候
一、引山・鬮山之境目ニ干場割有之所者、拾ケ年以上高林木山ニ可罷成候、境目ゟ全弐間宛指除木立可申候
一、干場・にう場割共柴林置申者ハ、是以中年弐ケ年ニ〆苅取可申候
一、林之壱番割・弐番割・檜木苗南平割・はセはら割漆苗迄者、当八月晦日迄苅取可申候
一、其外草山之儀者、林越有之候共相渡可申候
一、引山引仕廻候上ニ又引替申儀、少ニ而茂仕間敷候
一、山割年数本年ゟ拾五年過申候ハバ、山割可仕候
一、百弐拾壱匁定山役銀、山高弐拾三本割符仕、御納所相勤可申候
一、にう場之歩数九百弐拾歩、山高弐拾三本ニ割符申候
一、算用捨まかない一日一夜弐匁宛ニ〆、廻り宿ニいつれも可仕候
一、屋くわ人足鬮三本組ゟ壱人宛出シ相勤可申候
但シ、一日ニ付八分宛
一、引山之縄引両人他村ゟ屋とい出シ可申候、但シ日用銀一日ニ付、壱匁四分宛ニ可仕候
一、引山林割幷漆谷迄之分境目苅込申候ハバ、過銀三匁五分宛為出取遣可仕候、但シ草山之分者三匁宛為出取遣可仕候
一、山割以後ニ山番人相立可申候
右之通、何れも山百姓中納得仕申所相違無御座候、為其連判如件

延享弐年二月　法林寺村　惣百姓中(印)

近年山境うせ無之候ニ付、山割仕度と百姓中被申候、引縄之儀引山之歩当り前々之通ニ御座候、此証文之上被上召人等御座候ハバ、いケ様共村方相洩申儀無御座候、以上

二月　法林寺村　彦四郎(判)

百姓中
四拾四人

懸作
御百姓中様

二月廿七日持参仕ニ付、印形仕相渡ス

一、算用者　いつミ村　源兵衛
　　　　　　法林寺村　喜左衛門

一、縄　引　福光川合田屋　孫兵衛
　　　　　　　　　　　　太郎右衛門

引山鬮壱本ニ付、三百弐拾歩宛
一、千弐百拾八歩五厘
　但シ、三本八歩七毛八

内

弐拾間　（宮谷之入口
拾弐間　　北平
〆弐百四拾歩

五　間　（右之山之内
四間六歩　下ノ方
〆弐拾三歩

三歩　（右之山道ノ
〆　　　下見込

四間五歩　瀧谷之入口
五　間
〆弐拾弐歩

拾弐間　同所之上
三間八歩
〆四拾六歩

八間弐歩　（同所野口
三間七歩　　道之下
〆三拾歩

三　歩　（にう場割道ノ
〆　　　　両脇懸り見込

拾八間
八間五歩
〆百五拾三歩
瀧谷之せり
見南平
はり木拾壱本有

九歩
〆
同所之セ免
北平男山

拾七間三歩
六間六歩
〆百拾四歩
右之山之内
北平

拾九間五歩
九間五歩
〆百八拾五歩
北滝谷之
南平

拾八間
四間五歩
〆八拾壱歩
地蔵堂
三昧下

七間八歩
北三昧之上

五間三歩
〆四拾壱歩

弐拾間
七間五歩
〆百五拾歩
す五谷北方
ち西平へ懸り

拾弐歩五厘
〆
同所向切藤
崎切

弐間五歩
八間弐歩
〆弐拾歩
南三昧上
南平

拾六間
五間四歩
〆八拾六歩
北滝谷之
見付中
おぼね

合千弐百拾八歩五厘
相済也

壱番割柴山

一、四番 四月六日ニ引 百弐拾歩　す五ノ谷 半右衛門山

一、拾番　宮谷之 源兵衛山

一、拾三番　同所 善右衛門山

一、拾七番 出　覚正寺 庄兵衛山

〆

弐番割柴山

一、八番 四月六日ニ引　檜谷之 長兵衛山

一、拾番　同所 安兵衛山

一、拾六番　南向之 小左衛門山

一、拾八番 出　一用上 九兵衛山

〆

三番割草山

一、拾番　檜谷之 彦右衛門山南平

一、拾壱番　同所 半助山

一、拾五番　同所 源兵衛山

一、拾七番 出　同所 喜兵衛山

〆

四番割草山

一、八番　同所南平 喜蔵山

一、拾四番　同所之　庄兵衛山

一、拾八番　同所之　与左衛門山　かまとき場

一、弐拾弐番出　同所之　与左衛門山

〆

五番割

一、壱番　四月十日ニ引　檜木谷之　五左衛門山

一、五番　同所　九郎右衛門山　但シ、井波常丸山懸り

一、拾五番　としめ寺　源兵衛山

一、弐拾壱番出　地ほく谷　庄兵衛山

〆

六番割

一、五番　四月十一日ニ引　はせはん〱　長兵衛山　むしなセ、とび有ル

一、八番　同所　重郎右衛門山

一、九番　同所　喜兵衛山

一、十九番出　としめ寺　源兵衛山

〆

七番割

一、十六番四月十一日ニ引　漆谷之
太郎右衛門山

一、十九番　同所之
源兵衛山

一、弐拾番　同所
太郎右衛門山

一、四拾弐番出　同所之
彦右衛門山

彦右衛門渡ス

〆

八番割

一、十四番　漆谷北平割
半右衛門山

一、十五番　同所
孫兵衛山

一、十八番　同所
喜蔵山

一、弐拾番出　同所
半助山

〆

九番割

一、壱番　城ケ尾
太郎右衛門山

一、四番　同所
彦右衛門山

一、六番　同所
善右衛門山

一、十六番出　ふくへら尾
半右衛門山

〆

拾番割

一、壱番　六条
五左衛門山

一、弐番　同所　半兵衛山
一、拾番　同所　四兵衛山
一、十五番出　同所之　善右衛門山
〆　彦右衛門へ渡ス

拾壱番割

一、五番　尻馬割　長兵衛山
一、七番　同所　七兵衛山
一、拾番　あそ谷之西平　少兵衛山
一、拾弐番出　同所　太郎右衛門山
〆

拾弐番川ばた割

一、三番　六条丸山　彦右衛門山
一、五番　ふくへら尾　同人山
一、七番　同所　喜兵衛山
一、拾弐番出　てらし口　九右衛門山
〆

拾三番たいら割

一、弐番　城ケ尾　彦右衛門山
一、八番　八ふせ割取　太郎右衛門山

一、十五番　おやすんば
善右衛門山
一、十六番出　同所之
茂左衛門山
〆

拾四番割

一、十七番　おやすんば
東平田中山
一、壱番　六条たいら
八ふせ割
一、十番　八ふせ
源兵衛山
一、弐拾番　同所
彦兵衛山
おやすんばへとび有ル
〆

あとがき

私はこの三〇年近く近世の林制史、特に加賀藩のそれを中核に据え、外にも相関連する焼畑用地・山村経済・交通などの論文・著書の刊行を織り交ぜ、紆余曲折を経ながら研究を続けてきた。この間、市町村史編集のための史料採訪をはじめ、出版社や当地の新聞社の学術調査、歴史研究会の地方調査、個人の史料採訪などのため各地を廻った。こうしたなか、富山県礪波市の旧山廻役であった宮永家文書調査の折、同家五代十左衛門（正運）が著した「山廻役御用勤方覚帳」（二冊）を見いだした。あの時の感動は今も忘れることができない。また、石川県内の旧山廻役であった旧家文書調査の時も、その御用勤方を中心とする文書に接して感動した。さらに、焼畑用地「むつし」「あらし」「そうれ」などの調査中、岐阜県本巣郡根尾村、同揖斐郡春日村、福井県今立郡池田町、同大野市弥生町、同勝山市北谷町、富山県東礪波郡利賀村などでもしばしば感動を味わった。私はこうして採訪した在地史料を中心に、厖大な資料を駆使して学位請求論文「加賀藩林制史の研究」を提出し、平成一三年三月に中央大学より文学博士の学位を受けた。これは未熟ながらも長年続けてきた私の研究成果について、客観的な評価を受けたかったこと、研究の指導・助言をいただいた先生や史料の提供者に感謝の気持ちを表わしたかったことなどに他ならない。

本書は右の学位論文を中心に、既発表論文を一部加えて作成した。既発表論文は、本書の出版にあたり若干手を加えたものの、大筋は発表当時のままで、大きな変更はない。なお、本書は昭和六二年に出版した『加賀藩林制史の研究』（法政大学出版局）に収載しない論文を多く纏めた関係上、『加賀藩林野制度の研究』とした。特に、第七章「白山麓の『むつし』」などは、白山麓の出作り発生や山方村落の成立だけでなく、林野所有権に関する疑問解明の大きな手がかりになるであろう。今後は「近世の林野はいったい誰のものか」の研究テーマを解明すべく、諸藩の林制との比較、藩財政と林産物の関係、焼畑用地「そうれ」の分析、明治期の林野制度の変遷などについて研究したい。

私は大学や専門の研究機関などに属することなく、在野の一研究者として本務の高等学校教育に全力を傾注し、その余暇を林制史の研究に注いできた。したがって、このような研究成果を纏める機会を与えられたことは、この上ない幸福であった。最後に、石川県立歴史博物館の学芸員の方々や古文書調査地区委員の方々、富山・福井・岐阜・滋賀・長野・静岡県などの学芸員の方々や古文書調査委員の方々から常に最新の古文書情報をいただき、その解読に助力を得たことを深く感謝したい。この外にも、各県で多くの古老から林業用語・焼畑用語などについて知識をいただき、資料不足の補助を得たことを心から感謝申し上げたい。

二〇〇二年一二月

山口隆治

第六章

第七章

史料編

図表一覧

研究者名索引

ら　行

わ　行

や　行

な　行

さ　行

た　行

か　行

歴史人名・地名・事項索引

山口隆治（やまぐち・たかはる）

1948年，石川県に生まれる．中央大学大学院修了．
現在，石川県立加賀聖城高等学校教諭．文学博士．
主な著書：『加賀藩林制史の研究』（法政大学出版局），『白山麓・出作りの研究』（桂書房），『加賀藩山廻役の研究』（桂書房），『大聖寺藩産業史の研究』（桂書房），『大聖寺藩祖・前田利治』（北国新聞社）など．
現住所：〒922-0825 石川県加賀市直下町ニ14の1

＊叢書・歴史学研究＊
加賀藩林野制度の研究

2003年3月25日　初版第1刷発行

著者　山口隆治 ©

発行所　財団法人　法政大学出版局

〒102-0073　東京都千代田区九段北3-2-7
電話(03)5214-5540/振替00160-6-95814
製版・印刷／三和印刷　製本／鈴木製本所
Printed in Japan

ISBN4-588-25050-7

（価格は消費税抜きで表示してあります）

浅香年木著
日本古代手工業史の研究
古代から中世への移行期における生産様式の変貌を手工業生産の発展と社会的分業の展開過程に視点をおいて究明する一方、官営工房中心の分析がもつ限界を衝き、在地手工業の技術と組織とを精細に発掘・評価して古代手工業の全体像を提示する。

7000円

山本弘文著
維新期の街道と輸送（増補版）
明治初年における宿駅制度改廃の歴史的意義と、これを断行した維新政府の政策の問題性とを実証的に跡づける。わが国における馬車輸送登場後の資本主義的交通・輸送・道路体系の成立過程を対象に、初めて学問的な鍬入れを行なった経済史的研究
3800円

佐々木銀弥著
中世商品流通史の研究
荘園領主経済と代銭納制、国衙・国衙領と地方商業の展開過程及び座商業を実証的に追求し、商品流通の中世的構造の特質を解明することにより、中世の新たな歴史像に迫る。従来の通説を方法論的に検討し、中世商業史研究に画期をもたらした労作
6800円

旗田　巍著
朝鮮中世社会史の研究
高麗時代を中心に、新羅・李朝にわたって、郡県制度、土地制度、家族・身分・村落制度を精細に考察し、朝鮮中世社会の独自な構造と特に土地私有の発展過程を解明する。土地国有論の克服等によって、戦後わが国朝鮮史研究の水準を一挙に高めた。

〔品切〕

宮原武夫著
日本古代の国家と農民
人民闘争史観の鮮烈な問題意識に立って、古代国家と農民との矛盾を租税・土地制度・生産諸条件等において綿密に考究し、その上に律令体制下の農民闘争と奴婢の身分解放闘争を展望し位置づける。古代史研究に大きく寄与する新鋭の野心的労作。

〔品切〕

家永三郎著
田辺元の思想史的研究
――戦争と哲学者――
西田哲学と並び立つ壮大な思想体系を構築し、「種の論理」に立つ十五年戦争下の協力と抵抗、戦後の宗教的自省とにおいて独自の思索を続けた田辺元。その哲学の生成と展開、思想史的意義と限界を追求し、昭和思想史の一大焦点を鮮やかに照射する
〔品切〕

秋山國三／仲村研著
京都「町」の研究
班田制、条坊制、巷所、「町内」等、平安京から近世京都に至る都市形成の指標を、主に個別の「町」の成立・変貌を描きつつ追求する。研究史をつぶさに展望、同時に荘園研究で培われた実証的方法によって、近年の都市史研究に大きく寄与する。
7000円

米田雄介著
郡司の研究
古代国家とその律令的地方行政機構の本質、ならびに在地の階級関係と人民闘争の実態をともに追求するための結節点として郡司研究は長い歴史と蓄積をもつ。先行業績の厳密な検討の上に、郡司制の成立・展開・衰退の過程と意義を本格的に考察。
6800円

衣笠安喜著
近世儒学思想史の研究
〈思想の社会史〉、つまり思想的営為と社会構造との関連を重視する見地から、近世儒学の展開とその法則性を追い、幕藩制社会の思惟様式を分析する。とくに羅山朱子学、折哀学派、差別思想、文人精神、幕末の変革思想等々に独自な視座をもって迫る。
〔品切〕

小葉田淳著
金銀貿易史の研究
わが国鎖国前一世紀間の金輸入の実態を明らかにして従来の通説をくつがえした画期的論考を初め、中近世の金銀銅・硫黄・水銀をめぐる日朝・日中間貿易、技術と産業の発達を論じた九篇を集成、明代漳泉人の海外通商、唐人町に関する三篇を付す。
〔品切〕

杉井六郎著
徳富蘇峰の研究
近代日本の言論・思想界に巨歩をしるした蘇峰の、明治九年熊本バンド結盟から、同三十年に欧米旅行より帰国するまでの思想形成期に焦点を当て、そのキリスト教、「国民」の論理、明治維新＝吉田松陰観、中国観・西欧文明観等の内実を追求する。
〔品切〕

土井正興著
スパルタクス反乱論序説（改訂増補版）
スパルタクス評価の変遷を辿り、国際的な研究業績の検討に立って、奴隷反乱の経緯と背景、思想史的・政治史的意義とを考察した、わが国スパルタクス研究史上初の本格的労作。初版以降の研究動向と著者の思想的発展を補説し、関連年表も増補。
〔品切〕

誉田慶恩著
東国在家の研究

中世的収取体制の下で幾多の夫役を担いつつ、多彩な農業生産活動を展開した東国辺境地帯の在家農民の実像を古典的在家から田在家への推移のうちに捉える。実証的で周到な論証に加え、研究史を深く検討し、宗教史との関連をも鋭く示唆する好著。

〔品切〕

鬼頭清明著
日本古代都市論序説

正倉院文書に記された高屋連赤万呂ら三人の下級官人の生活と行動を追求し、その舞台である平城京の「都市」としての歴史的性格を生々と考察する。優婆塞貢進、民間写経、出挙銭等に関する論稿も収め、さらに文化財保存問題の現状と課題に及ぶ。

4800円

浅香年木著
古代地域史の研究
——北陸の古代と中世 1

古代のコシ＝北陸地域群の独自な発展過程を、対岸の東アジア及び畿内・イヅモ地域群等との交通、在地首長層と人民諸階層の動向・扇状地・低湿地の開発等の分析によって追求。日本海文化圏を想定して近年の〈地域史〉の模索に貴重な寄与をなす。

7800円

浅香年木著
治承・寿永の内乱論序説
——北陸の古代と中世 2

有数の平氏知行国地帯である北陸道において、在地領主層と衆徒・堂衆・神人集団の「兵僧連合」が義仲軍団の構成勢力として反権門闘争を展開した過程を分析。従来の東国中心の内乱論を問い直す一方、転換期北陸道のダイナミズムを見事に活写。

〔品切〕

浅香年木著
中世北陸の社会と信仰
——北陸の古代と中世 3

南北朝動乱と一向一揆の時代の北陸——その庄園領有関係、領主層の動向、商品流通の実態を踏まえつつ、社会生活と信仰、特に泰澄伝承と寺社縁起、在地寺院・村堂をめぐる結衆＝共同体的結合の様相と地域の特殊性を追求する。畢生の三部作完結

7500円

杉山　宏著
日本古代海運史の研究

明治以降の研究史の検討を踏まえて、朝鮮半島との交流、海人の性格、船舶管理、官物輸送、津と船瀬の造営管理、運送賃、海賊取締等にわたり、律令制成立前—確立期—崩壊期の時期区分に従って古代海運の実態を究明。斯学における初の本格的研究

4700円

柚木學著
近世海運史の研究

上方—江戸間、瀬戸内、そして日本海と、近世の主要航路に展開された海上輸送の実態を追求、とくに菱垣廻船、樽廻船、北前船の問屋組織、輸送状況、経営実態を、船と航海術の技術史的背景も視野に入れて分析、近世海運の特質を総体的に捉える。

〔品切〕

小早川欣吾著
日本担保法史序説

資本主義以前のわが国において、法制度と経済生活の接点をなした「質」概念の発達、即ち人的担保と物的担保の成立と発展の動向、その諸形態、保証の種類と性格、時代的特質を、研究史上初めて通史的に体系づけた記念碑的労作。待望の改訂新版

5800円

平山敏治郎著
日本中世家族の研究

公家衆や武士団の中世家族のうち、主に前者に焦点をあて、家の成立と相続、旧家・新家の動向、同族的結合、家礼・門流の問題を考察する。伝承文化の基軸としての家族的結合を、民俗学と歴史学の接点から初めて本格的に追求した注目の書下し。

〔品切〕

小野晃嗣著
日本産業発達史の研究

中世における製紙・酒造・木綿機業の三つの産業の成立・展開を追い、その製造技術と組織、流通過程及び用途、幕府の酒屋統制等をも実証的に究明。堅実な方法と物の生産の場への斬新な視角とは産業史研究の範とされ、多大の影響を与えた。新版

5800円

秋山國三著
近世京都町組発達史
——新版・公同沿革史

戦国末期より明治三〇年の公同組合設立に至る京都町組三百年の沿革を通観し、町組＝都市の自治を、制度・組織・理念にわたり巨細に追究した古典的労作。著者急逝の直前まで製作に没頭して完成された町組色分け図を付し、増補改訂を得た新版。

9500円

村瀬正章著
近世伊勢湾海運史の研究

伊勢湾・三河湾の近世海運の実態を、廻船業の経営を中心に、浦廻船と商品流通、河川水運、沿海農村の構造的変容、海難及び海上犯罪、造船と海運業の近代化の諸問題にわたって追求する。地方史と海運史の結合がもたらした貴重な研究成果である。

5800円

高麗朝官僚制の研究

周藤吉之著

高麗朝は宋の官僚制を導入した官僚国家である。その両府・三司・翰林院・宝文閣・三館等々の中枢的機関と地方制度、科挙制、さらに内侍・茶房、兵制に及ぶ官僚制の全体を、宋のそれと綿密に比較し考証する。朝鮮中世の制度史的基底を照射する

7800円

古代医療官人制の研究

――典薬寮の構造

新村　拓著

令制医療体制の成立から崩壊に至る過程を、国家医療の軸となった内薬司・典薬寮の機構、医療技術官の養成、薬事・医事行政の成立と展開等にわたって追求、中世医療体制の成立までを展望する。通史としての日本医療史を構築する注目の第一作。

8500円

関東河川水運史の研究

丹治健蔵著

利根川を中心とする近世河川水運は江戸市場の形成に大きな役割を果した。河川問屋・船積問屋の盛衰、領主による河川支配と川船統制の構造、川船の種類や技術を究明、併せて信濃川水運との比較、明治以降の動向をも検討。関係史料67点を付す。

〔品切〕

中世惣村史の研究

――近江国得珍保今堀郷

仲村　研著

今堀日吉神社文書の編纂研究を基礎として、惣村農業の形態、村落生活の様相、座商業の特質と展開、守護六角氏と家臣団の郷村支配の実態、郷民の祭祀・芸能等、多角的に追求。今堀郷の徹底的かつ実証的な解明により中世惣村の構造を見事に描く。

9500円

自由民権革命の研究

江村栄一著

自由民権運動を広範な民衆運動の中に位置づけ、国会設立建白書・請願書の網羅的分析、主権論争及び秩父・群馬等の激化事件の考察、新潟県の運動の事例研究等により、ブルジョア民主主義革命としての全体像を描く。〈自由民権百周年〉記念出版。

〔品切〕

日本医療社会史の研究

――古代中世の民衆生活と医療

新村　拓著

悲田院・施薬院の機能と歴史を皮切りに、古代中世の疾病と治療。祈療儀礼や養生観、僧医・民間医の動向、医薬書の流布、薬種の流通等々を多面的に検討し、病気と病人を取りまく問題を社会史的に浮彫りにする。医史学の技術偏重を超える労作。

7500円

岡藤良敬著
日本古代造営史料の復原研究
——造石山寺所関係文書

正倉院文書中の造石山寺所関係文書は、古代の建築・彫刻・絵画・工芸等の造営・製作事業の実態を伝える世界史的にも稀な史料である。先行業績を踏まえ、文書断簡の接続・表裏関係、編成順序、記載内容を精細に検討し古代の原型を見事に復原。

6800円

船越昭生著
鎖国日本にきた
「康熙図」の地理学史的研究

清代の康熙帝が在華イエズス会士に実測・作成させた「皇輿全覧図」とそれを採り入れた西欧製地図の伝来は、日本人の世界像の形成、近代的地図作成技術と地理学の発達を促した。百点近い地図図版を収め、その受容・考証・利用の過程を克明に追求

10000円

浜中　昇著
朝鮮古代の経済と社会
——村落・土地制度史研究

正倉院所蔵新羅村落文書の精緻な分析により、統一新羅における家族と村落の歴史的性格を考察し、また高麗期の土地制度を田柴科、小作制、公田と私田、民田の租率、賜給田、量田制、田品制等にわたって検討、朝鮮古代史の基礎構造を究明する。

8000円

田端泰子著
中世村落の構造と領主制

山城国上久世荘、備中国新見荘、近江国奥島荘、津田荘その他における村落結合の実態を具さに検討する一方、小早川家・山科家等の領主制の構造、さらに農民闘争の展開を分析する。戦後の研究史を継承して、中世後期社会像の一層の具体化に寄与

6500円

今谷　明著
守護領国支配機構の研究

南北朝・室町期の畿内近国における管国組織の復原を主眼とし、守護所、郡代役所等、地方官衙の成立・所在地・立地条件、守護・守護代・郡代等の人名・在職期間等を精細に考証して、守護領国概念の有効性と復権を説き、その具体像を提示する労著

8900円

前川明久著
日本古代氏族と王権の研究

古代氏族の成立と発展の過程、とくに記紀神話伝承および伊勢神宮・熱田社の成立に果たした役割をはじめその実態を、考古学・歴史地理学・神話学等の広い知見を採り入れて考察、政治史の枠をこえて大和政権＝古代国家の本質と構造を解明する。

〔品切〕

山口隆治著
加賀藩林制史の研究

加賀藩の山廻役、御林山、七木の制、植林政策、請山と山割、焼畑、さらに大聖寺藩の林制等を考察して研究史の欠落を埋める労作。宮永十左衛門「山廻役御用勤方覚帳」をはじめ、「御領国七木之定」、「郷中山割定書并山割帳」等の参考史料を付す。

4500円

牧野隆信著
北前船の研究

その起源と発達の過程、経営と雇用の形態、労使関係、航海と海難、文化交流の実態等々を実証的に追究、北前船の「航跡」を照らし出す。研究史を踏まえ、民俗学の成果を取り入れ、北前船とは何かに答えた、第一人者の三十余年に及ぶ研究の集成。

〔品切〕

小野晃嗣著
日本中世商業史の研究

「油商人としての大山崎神人」をはじめ、北野麴座、興福寺塩座・越後青苧座・奈良門前市場・淀魚市等の具体的考証で、今日の中世商工業史及び非農業民研究の先駆となり、今なお大きな影響を与えている著者の単行本未収録全論考（網野善彦解説）

6800円

小野晃嗣著
近世城下町の研究〔増補版〕

江戸や大坂はロンドンやパリをも凌駕せんとする巨大都市であった。世界史的視座から城下町の成立と発展・没落の過程、組織構造、封建社会におけるその経済的意義を究明した古典的名著。「近世都市の発達」他三編の都市論を増補。（松本四郎解説）

7800円

米沢　康著
北陸古代の政治と社会

国造制・国郡制の実態から古代氏族の存在形態と伝承の究明を始め、神済とその史的環境、北陸道の伝馬制、さらに越中からみた『万葉集』の独自な考察に及び、辺境後進地域と見なされてきた北陸＝越中の実像を描き上げる。日生財団刊行助成図書

6800円

前川明久著
日本古代政治の展開

律令国家の展開、特に七・八世紀政治の特質を究明すべく、聖徳太子妃入内、蘇我氏の東国経営、飛鳥仏教と政治、大化改新と律令制、壬申の乱と湯沐邑、陸奥産金と遣唐使、近江・平城・平安各遷都、等を論ずる。日置氏、名張厨司に関する論考を付す。

4800円

土井正興著
スパルタクスとイタリア奴隷戦争
前著『反乱論序説』以来二四年、〈反乱〉から〈蜂起〉へ、さらに〈戦争〉へとその見方を深めた著者は、スパルタクス軍の構成と再南下問題等の細部を検討する一方、古代トラキアや地中海世界の動向の中に位置付けて〈戦争〉の意味を解明する。

11600円

網野善彦著
悪党と海賊　日本中世の社会と政治
鎌倉後期から南北朝動乱期にかけて活動した悪党・海賊を取り上げ、彼らの位置づけをめぐる従来の通説を検討する一方、その存在形態を明らかにして、中世社会に定位する。精力的な実証研究を通じて日本史像の転換を促し続ける網野史学の原点。

6700円

川添昭二著
中世九州地域史料の研究
覆勘状、来島文書、肥前大島氏関係史料、豊前香春・香春岳城史料、宗像大社八巻文書、太宰府天満宮文書等々を分析・考証して、九州の中世史料総体を論ずる一方、地域規模の史料研究の意義と方法を問う。調査・整理・刊行の技術にも論究する。

7300円

宇佐美ミサ子著
近世助郷制の研究　西相模地域を中心に
近世の宿駅制を維持すべく設けられた補助的な人馬提供制度であり、同時に地域に役負担を課す幕府の経済支配政策の一環でもあった助郷制。小田原宿・大磯宿を中心に、その成立と実態、地域間の係争や貨幣代納への転換、解体への過程を究明する。

9000円

山内　譲著
中世瀬戸内海地域史の研究
弓削島荘・菊万荘・得宗領伊予国久米郡等の沿岸部・島嶼部荘園の存在構造、産物と輸送などの特質の分析はじめ、塩入荒野の開発、村上氏＝海賊衆の水運・流通・軍事の各方面の活動と海城の実態、伊予河野氏の成立と消長の過程等々を追究する。

7100円

笠谷和比古著
近世武家文書の研究
「文書学」と「文書館学」の統一的研究の必要を唱える独自の視点から、全国に伝存する近世武家文書の内容構成を網羅的に概観し、幕藩関係及び各大名家（藩）間の、またその内部で作成・授受される、諸文書の類型・機能・伝存等々を考察する。

5300円

⑨

江戸幕府御用金の研究

賀川隆行著

宝暦・天明期の大坂御用金の指定・上納・返済・年賦証文等を分析、賦課と反発、その経済効果や混乱の実態を解明する。また、文久以降の三井組・大坂銅座・長崎会所・箱館産物会所等の業務・財政構造から近世後期の金融・経済政策を展望する。

7700円